汽轮机设备及运行

Steam Turbine Equipment and Operation

主编　马　宏　曾　娜　魏佳佳
参编　曾国兵　王亚军　王　磊

合肥工业大学出版社

内 容 提 要

本书介绍了汽轮机的结构、控制及运行等方面的最新知识和技术,主要内容有汽轮机的工作原理、汽轮机的本体结构、汽轮机的支承与膨胀、汽轮机的凝汽设备及运行、汽轮机的调节与保护、汽轮机的汽水油系统、汽轮机的启动与停机、汽轮机的运行维护和汽轮机的典型事故等。本书注重理论与实际相结合,将理论教学与技能实训有机地融合在一起,把知识点的传授、技能点的训练和职业素质的培养贯穿于整个教学过程中。本书可作为高职高专院校发电运行技术专业和热能动力工程技术专业的专业课程教材,也可作为其他相近专业课程教材或教学参考书,还可作电厂运行、检修及管理人员的培训教材。

图书在版编目(CIP)数据

汽轮机设备及运行/马宏,曾娜,魏佳佳主编. --合肥:合肥工业大学出版社,2025.4
ISBN 978 - 7 - 5650 - 6533 - 0

Ⅰ.①汽… Ⅱ.①马… ②曾… ③魏… Ⅲ.①火电厂-汽轮机运行 Ⅳ.①TM621.4

中国国家版本馆 CIP 数据核字(2023)第 219320 号

汽轮机设备及运行
QILUNJI SHEBEI JI YUNXING

马　宏　曾　娜　魏佳佳　主编	责任编辑　马栓磊　毛　羽　许璘琳
出　版　合肥工业大学出版社	版　次　2025 年 4 月第 1 版
地　址　合肥市屯溪路 193 号	印　次　2025 年 4 月第 1 次印刷
邮　编　230009	开　本　787 毫米×1092 毫米　1/16
电　话　基础与职业教育出版中心:0551 - 62903120	印　张　25.5
营销与储运管理中心:0551 - 62903198	字　数　650 千字
网　址　press. hfut. edu. cn	印　刷　安徽联众印刷有限公司
E-mail　hfutpress@163. com	发　行　全国新华书店

ISBN 978 - 7 - 5650 - 6533 - 0　　　　　　　　　定价：80.00 元

前　言

随着我国电力建设、生产和运行技术的快速发展,现行教材中关于汽轮机设备及运行的很多知识均已过时,为了使专业课程的教学内容更加贴近生产实际,本书作者深入企业,了解国内外汽轮发电机组的发展趋势,吸收汽轮机设备及运行方面的最新技术,将其充实到教材中,尽量使教材能够紧跟时代发展的步伐。

本书围绕火电厂汽轮机典型工作过程,把理论教学和实训操作结合起来,突出理论知识点和实操技能点的内在联系,使读者在掌握从事汽轮机运行和检修所需理论知识的同时,也培养了从事汽轮机运行和检修的岗位技能。

本书根据学习任务不同采取不同的教学手段在不同的场景实施教学,对于理论知识部分可在多媒体教室中开展教学;对于汽轮机结构部分可安排在汽轮机结构实训室或企业生产现场,还可利用汽轮机虚拟装配软件开展教学;对于汽轮机运行操作部分应安排在火电机组仿真实训室,除了教师的讲授外,更注重让学生自己动手操作,并进行过程化考核。

本书由安徽电气工程职业技术学院马宏、曾娜和魏佳佳主编,曾国兵、王亚军(合肥电厂)和王磊参编,本书的绪论、第一章、第二章和第三章由马宏负责编写,第五章、第六章和第七章由曾娜负责编写,第四章、第八章和第九章由魏佳佳负责编写,此外,曾国兵、王亚军和王磊也参加了部分章节内容的编写工作。在教材的编写过程中,还参考了有关兄弟院校和企业的诸多文献、资料,在此表示衷心的感谢。限于编者的经验、水平以及时间限制,书中难免存在不足和缺陷,敬请读者批评指正。

编　者

2023 年 9 月

目　　录

绪　　论

　　火电厂的生产过程实际上就是通过水-蒸汽的热力循环不断地从高温热源（锅炉）吸热，向低温热源（凝汽器）放热，同时，通过汽轮机将蒸汽的热能转变成机械能，再通过发电机转变成电能的过程，而汽轮机就是工作于高温热源和低温热源之间的热机，是完成热功转换的重要设备。

一、汽轮机在电厂的作用

　　火力发电厂的主要设备是锅炉、汽轮机和发电机，它们被称为火电厂的三大主机。火电厂的生产过程实质上就是能量的转换过程，首先燃料在锅炉中燃烧，将化学能转变成热能，再通过汽轮机将蒸汽的热能转变为机械能，最后在发电机中将机械能转变为电能。

　　火力发电厂的生产过程如图0-1所示。给水进入锅炉省煤器，吸收锅炉烟道烟气的热量后进入汽包；在汽包中，水经下降管后进入布置在炉膛四周的水冷壁中，吸收热量后经上升管返回到汽包；在汽包中进行汽水分离，分离出的水进入下降管继续循环，分离出的蒸汽经过低温过热器和高温过热器的加热，变成过热蒸汽，然后进入汽轮机的高压缸膨胀做功；高压缸的排汽送回到锅炉的再热器中再加热，然后再返回汽轮机的中低压缸继续膨胀做功；低压缸的排汽进入凝汽器中，由流经凝汽器的循环水来冷却，其排汽侧凝结成凝结水，经过凝结水泵、低压加热器、除氧器、给水泵和高压加热器加热后，返回锅炉；蒸汽在汽轮机中膨胀做功，推动汽轮发电机转子旋转，使发电机产生电能，并通过主变压器将电能输送出去。

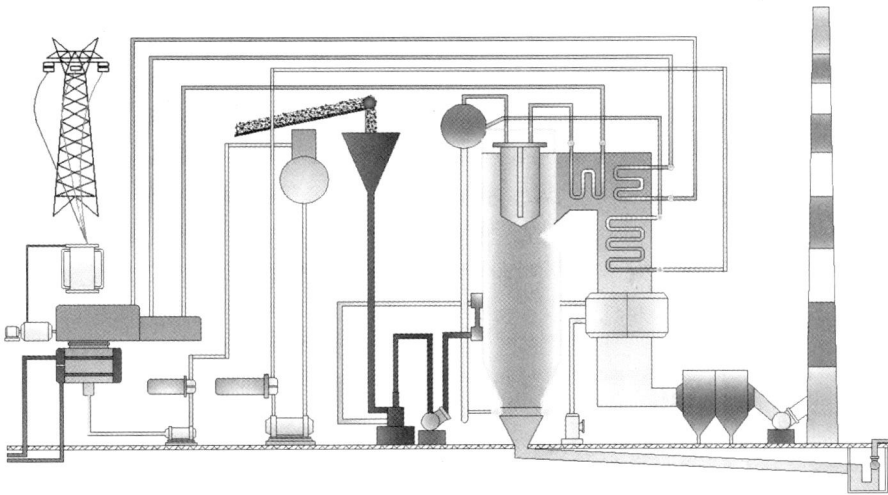

图0-1　火电厂生产过程简图

电厂朗肯循环的系统图和 T-S 图如图 0-2 所示,其做功过程如表 0-1 所示。

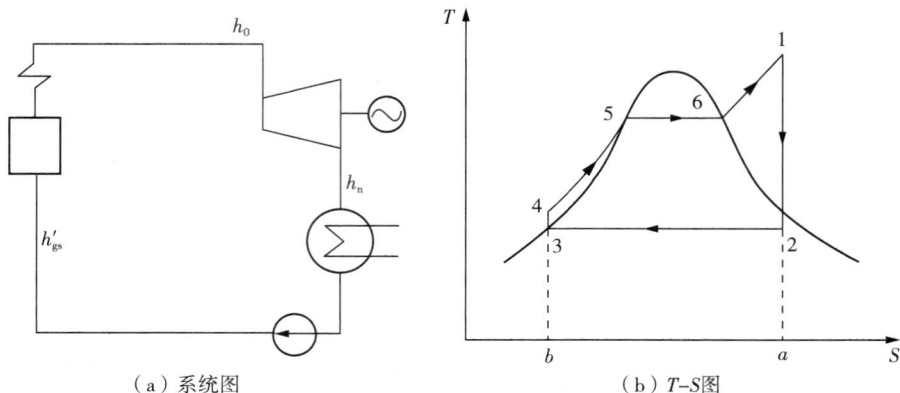

（a）系统图　　　　　　　　（b）T-S图

图 0-2　朗肯循环

表 0-1　热力循环做功过程分析

热力循环做功过程			热力学理论做功过程		
热力过程	热力过程说明	对应设备	做功原理	组成	能量转换过程
4—5—6—1	等压吸热过程	锅炉		高温热源	吸热
1—2	膨胀做功过程	汽轮机		热机	膨胀做功
2—3	等压凝结放热过程	凝汽器		低温热源	放热
3—4	压缩过程	水泵			

由表 0-1 可见,水-蒸汽通过不断循环,在锅炉(高温热源)中吸热,在汽轮机(热机)中膨胀做功,在凝汽器(低温热源)中凝结放热,从而实现连续不断的能量转化过程。

根据热力学理论,提高高温热源温度、降低低温热源温度,可以提高循环热效率。因此,汽轮机的进汽温度越高、排汽温度越低(即凝汽器的真空越高),循环热效率就越大,机组的热经济性就越高。

二、汽轮机的发展历程

1. 国外汽轮机的发展状况

1883 年瑞典工程师拉瓦尔制造了第一台单级冲动式汽轮机,功率为 3.68 kW;1884 年英国工程师帕森斯制造了第一台多级反动式汽轮机,功率为 7.35 kW;1900 年法国学者拉托和瑞士工程师佐莱分别制造了多级冲动式汽轮机,多级汽轮机的出现为汽轮机进一步增大功率提供了方向;30 年代是汽轮机结构设计变化最快的时期,相继出现了双流排汽缸、双轴布置、再热结构等汽缸结构设计,此后,汽轮机参数在不断提高,但多缸单轴的汽缸结构形式逐渐成为结构设计的主流。

汽轮机不断朝着高参数、大容量方向发展。1972 年瑞士 BBC 公司制造的 1300 MW (24 MPa/538 ℃/538 ℃,$n=3600$ r/min)双轴全速汽轮机在美国投运,1974 年西德 KWU 公司制造的 1300 MW 单轴半速(1500 r/min)饱和蒸汽参数汽轮机投运,1982 年苏联 1200 MW (24 MPa/540 ℃/540 ℃)单轴全速汽轮机投运。目前,汽轮机的主流容量在 600～1000 MW,属于超临界或超超临界汽轮机,蒸汽压力达到 30 MPa,蒸汽温度达到 620 ℃。

1998 年,欧盟就开启了"Thermie AD700 计划",研制下一代超超临界机组,汽轮机采用二次再热,进汽参数达到 37.5 MPa/700 ℃/700 ℃,发电效率达到 52%～55%,但面临镍基合金大型铸锻件制造和焊接等技术难题,研制工作尚在进行中。此后,2000 年,美国启动了 Vision21 计划,所研制汽轮机的进汽参数将达到 35 MPa/760 ℃/760 ℃。2008 年,日本公布了"凉爽地球能源技术创新计划",开始 700 ℃ 等级先进超超临界压力发电的研究。

国外汽轮机制造企业主要有美国的通用电气公司(GE)、西屋电气公司(WH),欧洲的 ABB 公司,英国的通用电气公司(GEC),日本的东芝公司、日立公司、三菱公司,俄罗斯的列宁格勒金属工厂、乌拉尔汽轮机厂、乌克兰的哈尔科夫汽轮机厂和法国的阿尔斯通-大西洋公司(AA)等。生产冲动式汽轮机的企业有美国通用、英国通用、日本东芝和日立、俄罗斯列宁格勒金属工厂等,生产反动式汽轮机的企业有美国西屋、日本三菱、英国帕森斯和德国西门子等。

2. 我国汽轮机的发展状况

我国汽轮机生产制造起步比较晚,新中国成立后相继建成了上海、哈尔滨和东方三大汽轮机厂,主要生产大功率电站汽轮机。1955 年上海汽轮机厂制造了第一台国产中压 6 MW 冲动式汽轮机,此后,我国汽轮机制造得到迅速发展,陆续生产了中压 12 MW、25 MW,高压 50 MW、100 MW,超高压中间再热 125 MW、200 MW,亚临界参数 300 MW,超临界 600 MW 以及超超临界 660 MW、1000 MW 的汽轮机。此外,还建立了北京北重汽轮电机厂、武汉汽轮机厂和青岛汽轮机厂,以及以生产工业汽轮机为主的杭州汽轮机厂和以生产燃气轮机为主的南京汽轮发电机厂,形成一整套完整的汽轮机生产制造体系。目前行业的整体设备水平已经接近国外先进水平,汽轮机设备开始出口国外,出口量也逐年上升。

三、近年来我国汽轮机的发展及主要特点

汽轮机是工作在高温、高压、高转速下的大型精密旋转机械,汽轮机的制造水平反映了一个国家科学技术和工业装备技术发展的水平,近几十年我国汽轮机制造发展迅速,其发展方向及主要特点如下。

1. 单机功率增大、蒸汽初参数提高

单机功率的增大,使得机组单位功率投资成本降低,加快了电站的建设速度,降低了单位功率电站的运行费用,提高了机组的热经济性。

蒸汽初参数的提高,一方面使得循环热效率提高,另一方面,由于单位蒸汽做功焓降的增大,也使得机组的功率增大。但蒸汽初参数的提高也会受到一些制约,并带来一些不利的影响,如初压的提高,将造成排汽湿度增大,使得汽轮机末几级的湿汽损失增大,对叶片的冲蚀加剧。为此,大容量机组普遍采用一次中间再热,采用再热后可降低排汽湿度,保证末几

级叶片工作的安全,同时也减少了湿汽损失,提高了汽轮机的相对内效率。初温的提高,受限于耐热合金钢材的研制,20世纪30年代初汽轮机的主汽压力达到3～4 MPa,温度达到400～450 ℃,随着耐热金属材料的不断改进,蒸汽压力也提高到6～12.5 MPa,温度提高到535 ℃;现代亚临界参数汽轮机主汽压力达到16.7 MPa,主汽温度和再热温度达到535 ℃,超临界参数汽轮机主汽压力达到24.2～26 MPa,主汽温度和再热温度达到535～578 ℃,超超临界汽轮机的主汽压力达到28 MPa,主汽温度达到600 ℃及以上。

采用600 ℃及以上高温、一次或二次再热的超超临界汽轮机已经成为现今火电机组提高经济性的重要技术途径。截至2019年底,已投入运行的这类机组统计如表0-2所示,目前,我国已成为国际上投运600 ℃超超临界机组最多的国家。

表0-2　截至2019年底已投运的600 ℃及以上超超临界机组数量

机组类型	660 MW 机组	1000 MW 机组
600 ℃,超超临界一次再热	108	90
610～620 ℃,超超临界一次再热	61	31
610～620 ℃,超超临界二次再热	6	9

现代新型大容量电站汽轮机主要有火电湿冷一次再热超超临界汽轮机、火电湿冷二次再热超超临界汽轮机、火电空冷超超临界汽轮机与核电汽轮机。近年来,我国汽轮机的参数和功率不断提高,创造了许多世界第一,截至目前,我国火电汽轮发电机组单轴最大功率达到1240 MW,双轴最大功率达到1350 MW,核电汽轮发电机组最大功率达到1755 MW。

近年来我国湿冷一次再然超超临界汽轮机的发展及典型技术特点如表0-3所示。

表0-3　近年来我国湿冷一次再然超超临界汽轮机的发展及典型技术特点

功率（MW）	进汽参数 主汽压力/主汽温度/再热温度（MPa/℃/℃）	技术特点	制造企业	电站简称	投运或并网日期
660	27/600/620	国内首台620 ℃　660 MW（单轴、四缸四排汽）	上汽	田集	2013-05-31
1050	28/600/620	国内首台620 ℃　1050 MW	东汽	万州	2015-02-09
1000	28/600/620	全球最大620 ℃热电联供1000 MW机组	上汽	北疆	2018-06-22
1000	28/600/620	全球首台双机回热1000 MW（单轴四缸四排汽＋抽汽背压小汽轮机）	上汽	甲湖湾	2018-11-09
1240	28/600/620	全球首台单轴全速单机功率最大（五缸六排汽）	上汽	阳西	2020-07-07

2. 采用二次再热超超临界汽轮机

从2012年开始,我国开始进行1000 MW级二次再热超超临界汽轮机的研发,主汽压力由25 MPa提高到35 MPa,主汽温度由600 ℃提高到615 ℃,再热温度由600 ℃提高到630 ℃。近年来我国湿冷二次再热超超临界汽轮机的发展及典型技术特点如表0-4所示。

表 0-4　近年来我国湿冷二次再热超超临界汽轮机的发展及典型技术特点

功率（MW）	进汽参数 主汽压力/主汽温度/ 一次再热温度/二次再热温度 （MPa/℃/℃/℃）	技术特点	制造企业	电站简称	投运或并网日期
660	31/600/620/620	全球首台 620 ℃ 二次再热	东汽	安源	2015-06-28
1000	31/600/610/610	全球首台 1000 MW 二次再热 （单轴五缸四排汽）	上汽	泰州	2015-09-25
1000	31/600/620/620	全球首台 620 ℃　1000 MW 二次再热	上汽	莱芜	2015-12-24
1000	31/600/620/620	全球首台全速、单轴六缸六排汽 （全球最长轴系、由 1 个超高压缸、1 个 高压缸、1 个中压缸和 3 个低压缸串联 布置，超低背压，设计背压 2.9 kPa）	上汽	东营	2020-11-11
1350	32.5/610/630/623	全球首台双轴高低位布置 630 ℃　1350 MW 二次再热 （七缸六排汽）	上汽	平山	2020-12-16
1000	31/605/622/620	二次再热＋双机回热	上汽	瑞金	2021-09-23
1000	35/615/630/630	全球首台常规布置 630 ℃超超临界 二次再热 1000 MW 汽轮机 低背压（4.0～4.1 kPa），末级叶片 叶高 1450 mm（五缸四排汽）	东汽	郓城	2023-08-31

3. 直接空冷和间接空冷一次再热 660～1100 MW 超超临界汽轮机不断投运

我国自主设计制造参数高、容量系列完整的直接空冷和间接空冷一次再热 660～1100 MW 超超临界汽轮机不断投运。近年来我国空冷一次再热 660～1100 MW 超超临界汽轮机的发展及典型技术特点如表 0-5 所示。

表 0-5　近年来我国空冷一次再热 660～1100 MW 超超临界汽轮机的发展及典型技术特点

功率（MW）	进汽参数 主汽压力/主汽温度/ 再热温度（MPa/℃/℃）	技术特点	制造企业	电站简称	投运或并网日期
1100	25/600/600	全球首台最大功率空冷 1100 MW	东汽	农六师	2013-12-31
660	27/600/610	全球首台 610 ℃空冷	上汽	哈密	2015-12-16
660	28/600/620	全球首台 620 ℃空冷 660 MW	东汽	托克托	2016-12-24
660	28/600/620	全球在役最长空冷，末级叶片叶高 1100 mm	哈汽	宁东	2017-08-31
660	28/600/620	全球首台全高位布置直接空冷 （三缸两排汽，高压缸、中压缸和低压缸 均布置在 65 m 汽轮机运转平台上）	哈汽	锦界	2020-12-23
1000	28/600/620	全球首台并网 620 ℃空冷 1000 MW	上汽	赵石畔	2018-10-24
1000	28/600/620	全球首台投运 620 ℃空冷 1000 MW	东汽	横山	2018-12-13

（续表）

功率（MW）	进汽参数 主汽压力/主汽温度/ 再热温度（MPa/℃/℃）	技术特点	制造企业	电站简称	投运或并网日期
1100	28/600/620	全球首台投运 620 ℃空冷 1100 MW	东汽	鸳鸯湖	2019 - 04 - 27
1000	28/600/620	全球首台 940 mm 末级叶片的 620 ℃空冷 1000 MW	哈汽	常乐	2020 - 09 - 23

4. 核电汽轮机快速发展

随着核电站汽轮机数量的快速增加，适用于不同反应堆型、性能良好的汽轮机的研究就显得尤为重要。截至 2023 年底，我国已有 55 台核电汽轮机投入运行，居世界第三，还有 26 台核电汽轮机正在安装，居世界第一。近年来我国核电汽轮机的发展及典型技术特点如表 0-6 所示。

表 0-6　近年来我国核电汽轮机的发展及典型技术特点

功率（MW）	进汽参数 主汽压力/主汽温度/ 再热温度（MPa/℃）	技术特点	制造企业	电站简称	投运或并网日期
1089	6.43/280	半速汽轮机、国内在役最长、 末级叶片叶高 1447.8 mm	东汽	岭澳	2010 - 09 - 20
1089	6.43/280	半速汽轮机、国内生产核电首根焊接转子	东汽	宁德	2013 - 04 - 15
1086	6.43/280	半速汽轮机、国内生产核电首根套装转子	上汽	阳江	2014 - 03 - 25
1125	6.02/275.8	半速汽轮机、国内首台水-水 高能反应堆 VVER	哈汽	田湾	2017 - 12 - 31
1250	5.38/268.6	半速汽轮机、全球首台 AP1000	哈汽	三门	2018 - 10 - 12
1755	7.5/290	半速汽轮机、全球首台最大功率 1755 MW（四缸六排汽）世界上 首台并网发电的 EPR 第三代核电机组	东汽	台山	2018 - 12 - 13
200	13.24/566	全速汽轮机、全球首台高温气冷堆 200 MW	上汽	石岛湾	2021 - 12 - 20

5. 采用燃气-蒸汽联合循环机组

燃气轮机和汽轮机的联合循环可以大大提高热能动力装置的循环热效率，节省大量的冷却水，另外投资相对降低，负荷适应性也比较好；但由于国家的能源政策，目前国内燃气-蒸汽联合循环的火电机组投运相对较少。

6. 机组的自动化水平和运行水平不断提高

单机功率的增大导致热力系统、自动调节系统和保护系统等进一步复杂化，为了提高机组运行、维护和检修水平，现代大容量机组都设置和完善了保护、报警和状态监测系统，有的还配置了智能化的故障诊断系统，以保障在规定的使用年限内热力设备能得到合理的使用。

拓展提高

1. 甲湖湾电厂一次再热 1000 MW 机组

甲湖湾电厂为全球首台双机回热一次再热 1000 MW 机组,配置了 1 套 100% 容量、变转速、抽汽背压式给水泵汽轮机(简称 BEST)。BEST 汽轮机双出轴,给水前置泵和主泵由 BEST 汽轮机同轴驱动(前置泵-减速箱-BEST 汽轮机-给水泵)。

常规机组的回热抽汽都是由主机来提供汽源,小汽轮机仅拖动给水泵;甲湖湾电厂 BEST 小机与主机组成独特的双机回热系统,如图 0-3 所示,该系统共有 10 级回热抽汽(4 高 5 低 1 除氧),其中 1 号、2 号高加由主机高压缸供汽,3～6 号加热器由 BEST 小机供汽,7～10 号低加由主机低压缸供汽。双机回热系统中,BEST 小机汽源为主机高压缸排汽,BEST 小机也有回热抽汽;小机在驱动给水泵和前置泵的同时,BEST 小机的抽汽供给 3 号、4 号高加及除氧器,其排汽排到 6 号低加中。

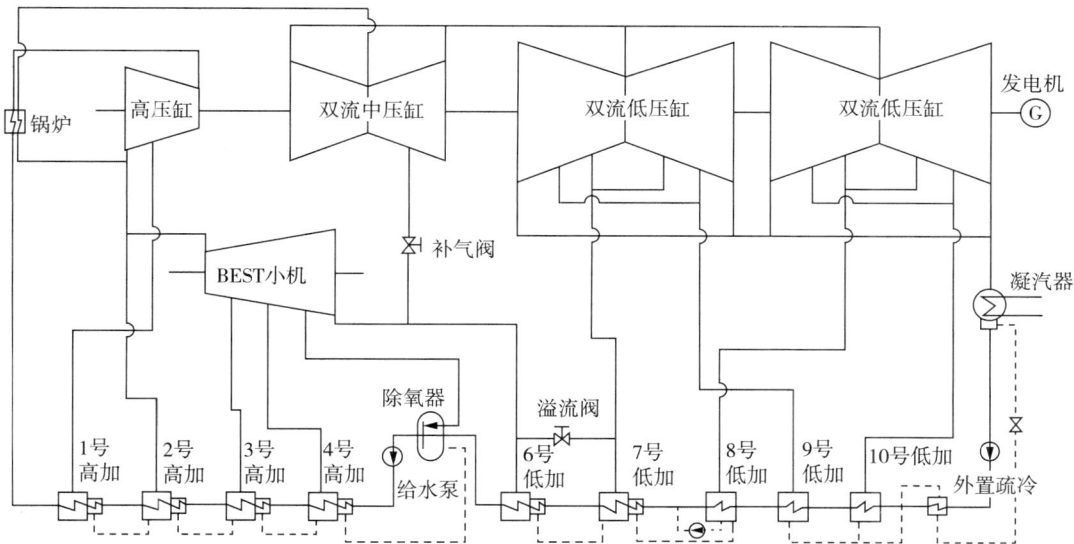

图 0-3　一次再热 1000 MW 机组的双机回热系统

由于 BEST 小机需要同时满足给水泵耗功和 4 级加热器的用汽需求,在设计工况下,BEST 小机的排汽能满足 6 号低加回热用汽,在非设计工况下,其用汽量和给水泵耗功不可能完全匹配。为此在 6 段抽汽管道上设置了溢流阀和补汽阀,以调节进入 6 号低加的蒸汽流量。正常工况下 BEST 小机的排汽排至 6 号低加;高负荷时,给水泵耗功增幅较大,当 BEST 小机的排汽量超过 6 号低加回热用汽量时,打开溢流阀,将多余的排汽溢流至 7 号低加;低负荷时,BEST 小机的排汽量不足,打开补汽阀,从主机中压缸抽出部分蒸汽作为 6 号低加加热的补充汽源。

采用双机回热的优势:

(1)提高了机组的经济性。双机回热可以大幅地提高能级利用效率,BEST 小机的进汽来自高压缸排汽,并将原来位于中压缸上的回热抽汽转移到 BEST 小机上,提高了主机中压缸的通流效率;BEST 小机进汽参数为中压段的参数,驱动给水泵采用的转速高,小机效率也得到大幅度提高。使得整个机组的热耗水平在一次再热机组中达到最优,接近二次再热机组的水平。

（2）随着主机参数的提高,若主再热蒸汽温度提升至700℃以上,最高回热抽汽温度将达到630～650℃,意味着回热抽汽管道甚至高加都需要采用镍基材料,带来成本的大幅上升,并威胁到机组的安全。采用BEST小机可以降低回热抽汽温度,提高能级利用率;同时,抽汽温度的降低也提高了高加工作的可靠性。

（3）降低成本。再热蒸汽流量减小,降低了再热管道材料的用量,同时,由于抽汽温度的降低,减少了高温合金钢的使用量;另外,取消2个前置蒸汽冷却器,降低了设备和管道造价,精简了主厂房布置,降低了投资成本。

2. 瑞金电厂二次再热1000 MW机组

华能瑞金电厂二期1000 MW机组结合了泰州电厂和甲湖湾电厂的优势,采用全球首创1000 MW二次再热＋双机回热系统,并在二次再热1000 MW机组上首次采用单流高压缸设计,BEST小机的进汽来自主机超高压缸排汽,减小了主机高压缸的进汽量。

瑞金电厂1000 MW机组的双机回热系统如图0-4所示,BEST小机的汽源为主机超高压缸的排汽,BEST小机抽汽供给2号、3号、4号、5号高加和除氧器,排汽至7号低加。BEST小机的排汽量不足时,由主机中压缸的排汽补充,BEST小机的排汽量过多时,则溢流到8号低加。

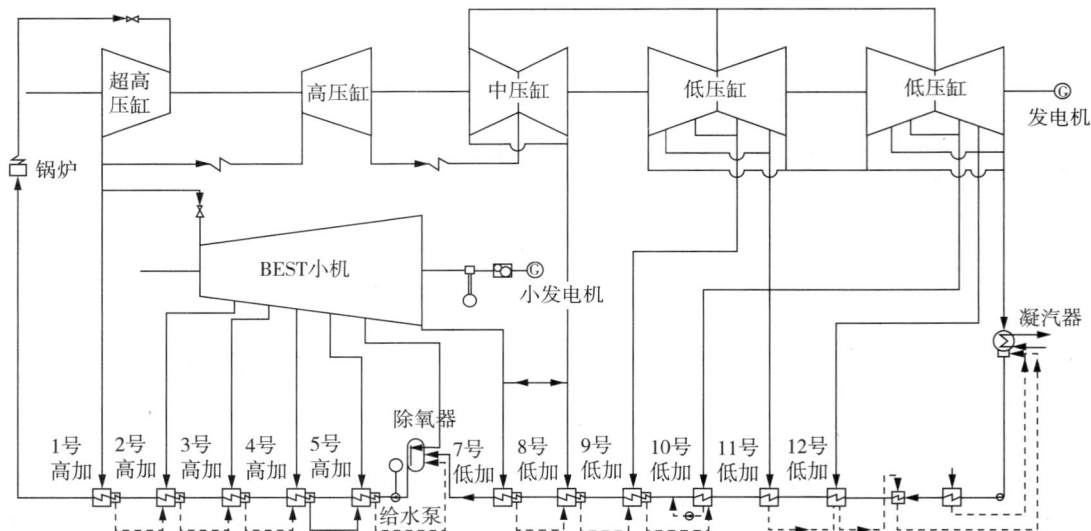

图0-4 二次再热1000 MW机组的双机回热系统

甲湖湾电厂采用的双机回热系统不带小发电机,BEST小机为变转速,直接驱动给水泵,由于BEST小机功率与给水泵功率的不一致,小机调门无法在各工况下全开,使得机组经济性受到一定的影响。该系统配置相对简单,但变工况特性略差。

瑞金电厂双机回热系统中,BEST小机还拖动1台小发电机,BEST小机驱动给水泵后剩余的功率带动小发电机发电。如图0-5所示,BEST小机和小发电机均跟随给水泵变转速运行,由变流器来控制转速,BEST小机的调门保持全开,能够最大限度地保持BEST小机的高效率,使得整个机组运行效率最高。该系统调节特性强,变工况特性好。

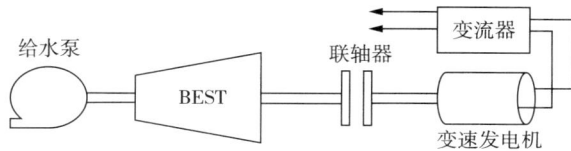

图 0-5　双机回热系统＋小发电机示意图

采用双机回热的优势：

（1）提高了机组的经济性。双机回热增加了高压回热抽汽级数，调整了各级回热抽汽压力，进行了回热抽汽能量梯级利用，提高了能级利用效率；超高压缸、高压缸和中压缸取消回热抽汽口，优化了通流部分设计，提高通流效率；由 BEST 小机驱动给水泵，BEST 小机效率较凝汽式小机大幅提升。

（2）BEST 小机还利用剩余功率带动小发电机供给厂用电，降低了厂用电率。

（3）双机回热系统解决了常规回热系统下再热后抽汽温度高、过热度大的问题，大幅度降低了高加工作温度，提高了高加运行的可靠性。

（4）降低了全厂投资成本。与常规回热系统相比，双机回热系统减小了主机一次再热、二次再热的蒸汽流量，再热管道的尺寸变小，节省了再热管道的造价；同时，由于抽汽温度的降低，也降低了抽汽管道的成本；取消了外置蒸汽冷却器，节省了设备投资。

3. 平山电厂二次再热 1350 MW 机组

安徽淮北平山电厂二期 630 ℃、1350 MW 超超临界机组，采用全球首创的双轴、高低位汽轮发电机组布置，该机组为七缸六排汽，1 个单流超高压缸和 1 个双流高压缸、1 个高位发电机组成高置轴系，高位布置，2 个双流中压缸和 3 个双流低压缸、1 个低位发电机组成低置轴系，低位布置；其中，高置轴系容量为 603.3 MW，低置轴系容量为 746.7 MW。高低位轴系汽缸配置如图 0-6 所示。双轴高低位布置汽轮发电机组放置位置如图 0-7 所示。

高置轴系布置在紧靠末级过热器和再热器出口的高位平台处，使得主蒸汽管道、一次冷再蒸汽管道、一次热再蒸汽管道、二次冷再蒸汽管道大幅缩短，不仅大幅降低了管道本身投资，同时，由于管道压损和散热损失的降低，可显著提高机组的热经济性。

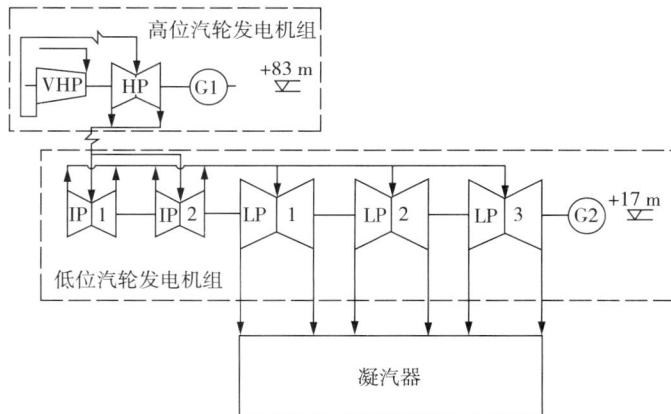

图 0-6　双轴高低位布置汽缸配置示意图

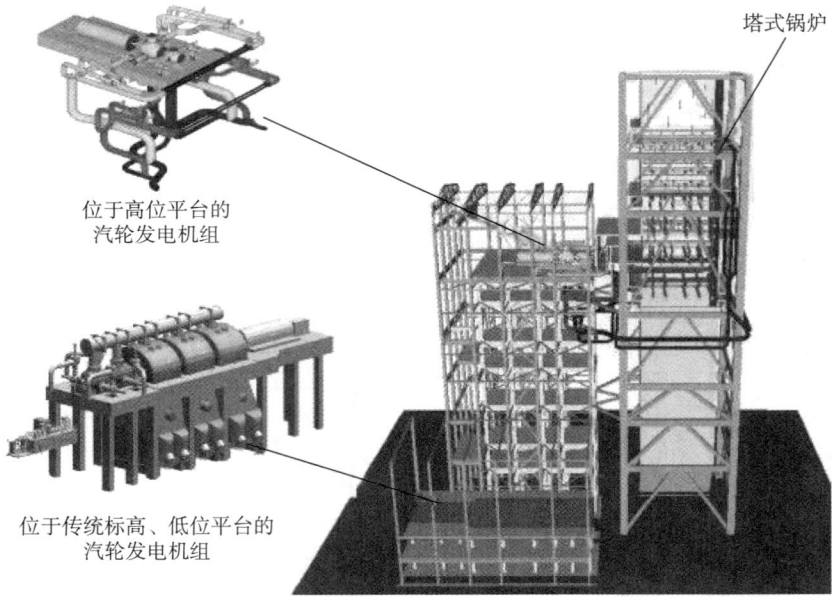

位于高位平台的
汽轮发电机组

位于传统标高、低位平台的
汽轮发电机组

塔式锅炉

图 0-7　双轴高低位汽轮发电机组放置位置示意图

第一章 汽轮机的工作原理

火电厂是通过热力循环来实现热功转换的,实现热功转换的设备是汽轮机。蒸汽的热力循环(朗肯循环、回热循环、再热循环)是在热工基础课程学习的内容,本章将从最简单的单级汽轮机开始,介绍汽轮机的结构、蒸汽在级中流动过程及其热功转换过程,并逐步深入到结构复杂的多级汽轮机的工作原理。

第一节 汽轮机的热功转换过程

一、单级汽轮机的结构组成

汽轮机是以蒸汽为工质、将热能转变为机械能的旋转式原动机,汽轮机、发电机和励磁机通过联轴器连接在一起,因此,常把汽轮机与发电机合在一起称为汽轮发电机组。

单级汽轮机的结构如图 1-1 所示,喷嘴固定不动,动叶安装在叶轮上,叶轮再安装在转轴上,蒸汽先在喷嘴中膨胀加速,当高速汽流进入动叶通道时,会对动叶产生一个冲动作用力,带动叶轮和转轴高速旋转。

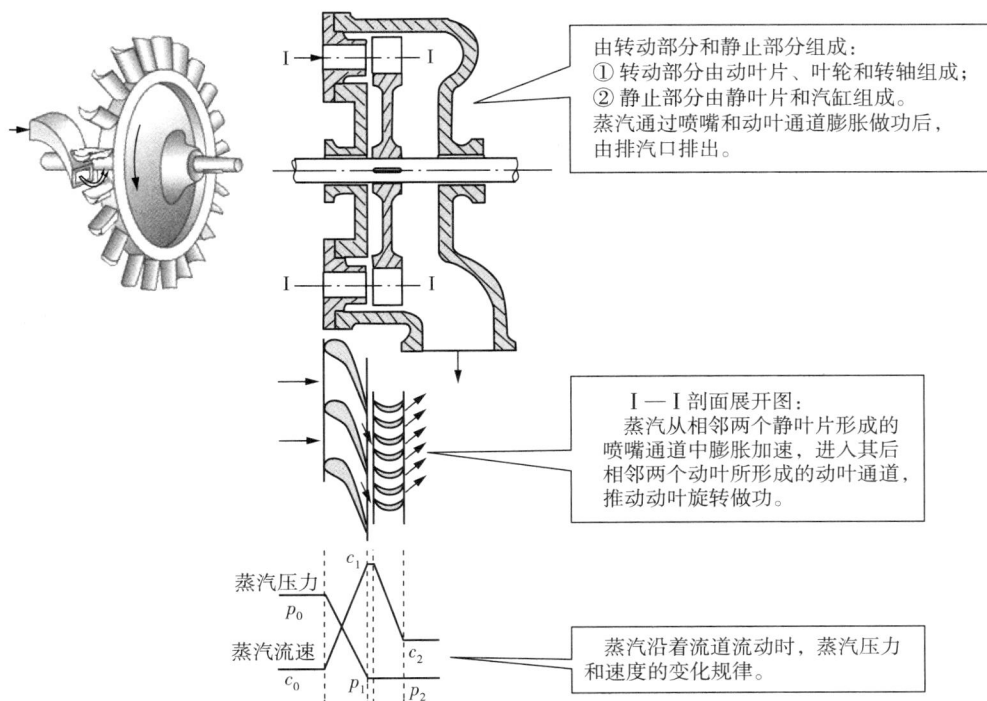

由转动部分和静止部分组成:
① 转动部分由动叶片、叶轮和转轴组成;
② 静止部分由静叶片和汽缸组成。
蒸汽通过喷嘴和动叶通道膨胀做功后,由排汽口排出。

I—I剖面展开图:
蒸汽从相邻两个静叶片形成的喷嘴通道中膨胀加速,进入其后相邻两个动叶所形成的动叶通道,推动动叶旋转做功。

蒸汽压力 p_0
蒸汽流速 c_0
c_1
p_1
c_2
p_2

蒸汽沿着流道流动时,蒸汽压力和速度的变化规律。

图 1-1 蒸汽在单级汽轮机中流动过程

喷嘴是由相邻两个静叶片所构成的汽流通道,通过喷嘴流道进出口面积的变化来实现蒸汽流动时膨胀加速的功能,其工作原理与热力学中的喷管一样,只是形状不同,蒸汽流经喷嘴时,膨胀加速,压力下降,流速上升,汽流从喷嘴中高速喷射出来,蒸汽的热能转变成汽流的宏观动能;汽流进入其后的动叶通道,动叶通道由相邻两个动叶片围成,由于沿流动方向动叶通道的通流面积保持不变,因此,蒸汽流经动叶通道时,既不膨胀也不扩压,蒸汽压力保持不变,但由于汽流在流经动叶通道时改变了流动方向,推动动叶旋转做功,动叶出口的汽流速度降低,将宏观动能转变成动叶和转轴高速旋转的机械能。

由此可见,喷嘴的作用是膨胀加速,将蒸汽的热能转换成宏观动能,动叶的作用是将来自喷嘴高速汽流的宏观动能转换为转子高速旋转的机械能。由一列喷嘴和一列动叶组成的将热能转变成机械能的基本做功单元称为级。

喷嘴叶片(静叶片)按一定间距和角度排列,构成静叶栅,静叶栅固定在汽缸上,静止不动。动叶片按一定间距和角度安装在叶轮上,构成动叶栅。

二、汽轮机的热功转换过程

蒸汽在级中流动,通过冲动作用原理和反动作用原理将蒸汽的热能转变成转子旋转的机械能。

1. 冲动作用原理与冲动级

(1)冲动作用原理

如图 1-2 所示,为便于分析,假设动叶叶型为对称的半圆形,并忽略蒸汽流动时摩擦阻力的影响。从喷嘴出来的高速汽流(速度为 c_1)进入动叶通道,汽流微团将沿流道做圆周运动,假设动叶固定不动,则蒸汽进入动叶通道的速度 c_1 和流出动叶通道的速度 c_2 大小相等、方向相反,汽流微团在动叶流道中做匀速圆周运动。此时,流道给汽流微团一个向心力,向心力作用在汽流微团上,使其做圆周运动;同时流道也将受到汽流微团给它的反作用力,如图中 F_1,F_2,F_3,… 所示,汽流微团作用在流道上的反作用力与向心力大小相等、方向相反。这些反作用力可以分解为沿圆周方向的周向力 F_{iu} 和沿轴向的轴向力 F_{iz}。由于假设动叶叶型为对称的圆弧形,对称点(1 和 7,2 和 6,3 和 5)上的轴向分力 F_{iz} 大小相等、方向相反,总的轴向力 $\sum F_{iz}$ 为零。而对称点(1 和 7,2 和 6,3 和 5)的周向分力 F_{iu} 大小相等、方向相同,总的周向力 $F_{im} = \sum F_{iu}$。F_{im} 就是冲动力,若动叶没有固定,在冲动力 F_{im} 的作用下,推动动叶旋转做功。

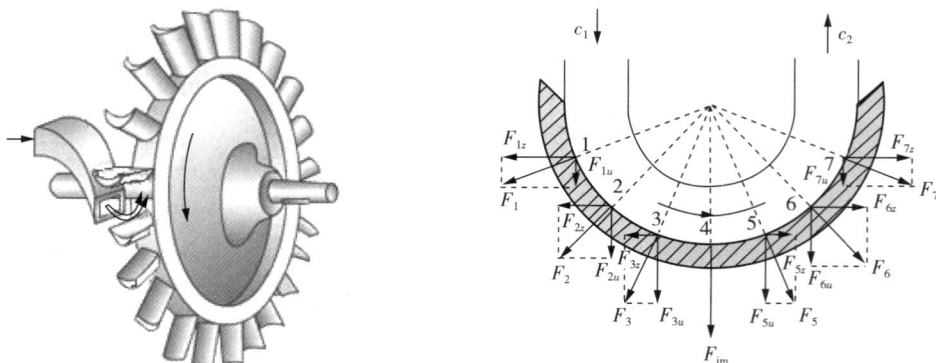

图 1-2 蒸汽作用在动叶片的力

由此可见,冲动力是汽流流经流道时,由于改变流动方向,给流道的一个作用力,利用冲动力做功的原理称为冲动作用原理。

(2)冲动级

如图1-3所示,蒸汽流经动叶通道时不膨胀加速,其进出口压力相等,在流经动叶通道时,蒸汽汽流改变其流动方向,利用冲动力做功,这样的级称为冲动级。冲动级中蒸汽依次流经喷嘴和动叶通道,完成能量的转换过程;蒸汽在喷嘴中膨胀加速,将蒸汽的热能转变成宏观动能,在动叶通道中改变流动方向,将蒸汽的宏观动能转变成机械能。

2. 反动作用原理与反动级

(1)反动作用原理

如图1-4所示,发射火箭时,燃料燃烧产生的高温高压气体高速从火箭尾部喷射出来,给火箭一个反作用力,推动火箭向上运动,从而对火箭做功。

如图1-5所示,动叶叶型不是简单对称的圆弧形,从喷嘴出来的高速汽流进入动叶通道后,汽流微团在动叶通道中改变流动方向,产生一个冲动力 F_{im},作用在动叶片上。此外,汽流在动叶通道内还要继续膨胀加速,加速汽流从动叶通道中喷射出来,产生一个与汽流方向相反的作用力 F_{re},作用在动叶片上,称为反动力。可见,反动力是汽流从流道中加速喷射出来时,作用在流道上与汽流方向相反的作用力,利用反动力做功的原理称为反动作用原理。

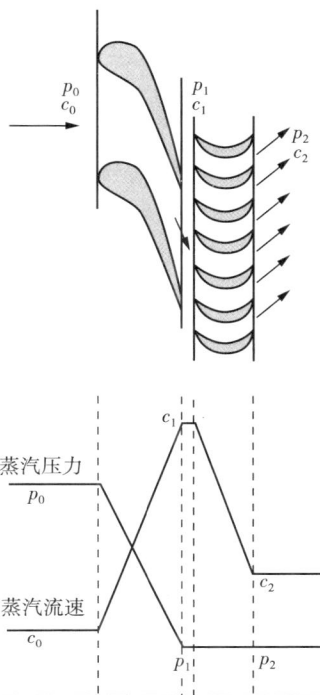

图1-3　冲动级

图1-4　火箭受到的作用力

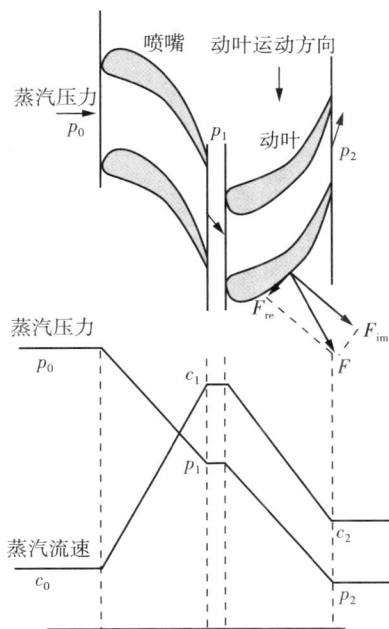

图1-5　蒸汽在反动级中流动

（2）反动级

如图1-5所示，作用在动叶上的力既有冲动力 F_{im}，也有反动力 F_{re}，两个力的合力为 F，在合力 F 的作用下，推动动叶旋转做功，这样的级称为反动级。由此可见，反动级既利用了冲动作用原理，又利用了反动作用原理。

反动级中，蒸汽在喷嘴中膨胀加速，将一部分热能转变成动能，高速汽流进入动叶后，改变流动方向，利用冲动力推动动叶旋转做功。此外，蒸汽在动叶通道中还要继续膨胀加速，从动叶通道中加速喷射出来的蒸汽给流道一个与汽流方向相反的反动力，利用反动作用原理推动动叶旋转做功，将另一部分热能转变成机械能。

三、单级汽轮机及其热功转换

如图1-2所示，只有一个级的汽轮机称为单级汽轮机。对于单级汽轮机，随着功率的增加，喷嘴和动叶出口的汽流速度也逐渐增大；动叶出口速度增大，使得汽流离开动叶时所具有的宏观动能增大，而这部分动能不能转变成功，形成余速损失，使汽轮机的热经济性下降。

为充分利用余速动能，考虑采用速度级。如图1-6所示，在速度级汽轮机中，将蒸汽动能转换为机械能的过程进行了两次。这里，按照级中将蒸汽动能转换为机械能的过程次数不同，将级分为压力级和速度级。

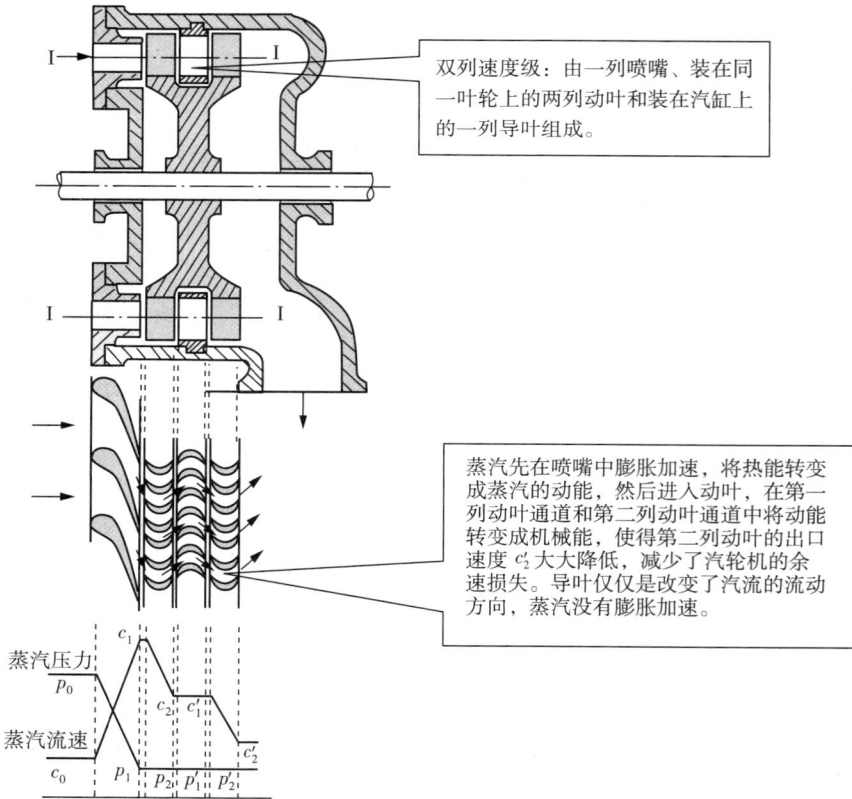

双列速度级：由一列喷嘴、装在同一叶轮上的两列动叶和装在汽缸上的一列导叶组成。

蒸汽先在喷嘴中膨胀加速，将热能转变成蒸汽的动能，然后进入动叶，在第一列动叶通道和第二列动叶通道中将动能转变成机械能，使得第二列动叶的出口速度 c_2' 大大降低，减少了汽轮机的余速损失。导叶仅仅是改变了汽流的流动方向，蒸汽没有膨胀加速。

图1-6　蒸汽在速度级汽轮机中流动

若级中将蒸汽动能转换为机械能的过程只有一次，这样的级称为压力级。压力级只有一列动叶栅，又称单列级。压力级可以是冲动级，也可以是反动级。

若级中将蒸汽动能转换为机械能的过程有多次,这样的级称为速度级。速度级有双列速度级和多列速度级。由双列或多列速度级组成的汽轮机称为速度级汽轮机,这样的汽轮机虽然有两列或多列动叶,仍称为单级汽轮机。

四、多级汽轮机及其热功转换

1. 冲动式多级汽轮机

随着功率的进一步增大,即使采用速度级汽轮机,余速损失仍然很大;为了进一步增大功率,同时减少损失,将若干级按压力的高低顺序排列,蒸汽依次通过各级膨胀做功,形成了多级汽轮机,多级汽轮机的功率等于各级功率之和。

冲动式多级汽轮机的结构如图1-7所示,图中汽轮机由四个冲动级组成。动叶安装在叶轮上,叶轮再装在转轴上;静叶片装在隔板上,隔板再安装在汽缸上。

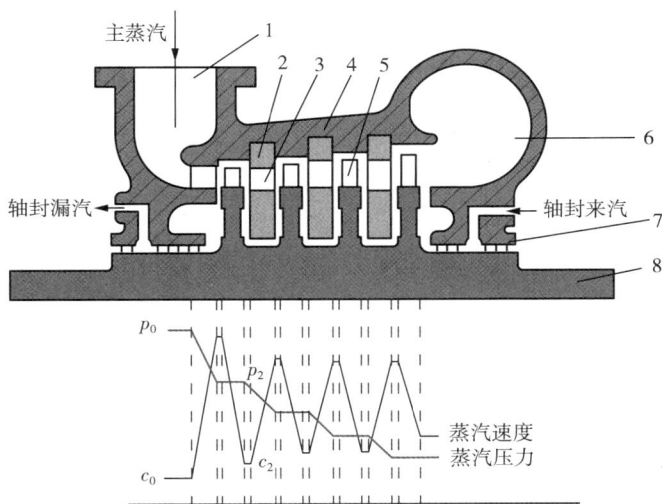

图1-7 冲动式多级汽轮机结构示意图
1—进汽室;2—隔板;3—喷嘴;4—汽缸;5—动叶片;
6—排汽缸;7—轴端汽封;8—转子

冲动式汽轮机级的结构组成

蒸汽流经第一级喷嘴时,膨胀加速,压力下降、流速上升,将蒸汽的热能转变成宏观动能;进入动叶通道后,改变流动方向,推动动叶旋转做功,动叶出口速度下降,将蒸汽的宏观动能转变成转子旋转的机械能;随后,蒸汽依次流过第二、第三和第四级,重复上述流动和能量转换过程。

此外,由于转轴在高速旋转,汽缸静止不动,在转轴穿过汽缸的两端处转轴和汽缸之间存在间隙:在高压端,高温高压的蒸汽会沿轴端间隙向外漏;在低压端,外界的空气会沿轴端间隙漏入汽缸,造成汽轮机真空恶化。无论向外漏出的蒸汽还是外界的空气向内漏入,都将造成汽轮机热经济性降低。为此,在汽轮机轴端设置汽封装置以及相应的管道系统,以减少汽轮机的漏汽损失,并将高压端的轴封漏汽引入低压端,避免外界空气从低压端漏入汽缸造成真空恶化。

2. 反动式多级汽轮机

反动式多级汽轮机结构如图1-8所示,该汽轮机由四级反动级组成,蒸汽流经第一级喷嘴时,膨胀加速,压力下降,流速上升,将蒸汽的一部分热能转变成宏观动能;蒸汽进入动叶通道后,改变流动方向,利用冲动力推动动叶旋转做功。此外,在动叶通道中,蒸汽还要继续膨胀,压力继续下降,利用反动力推动动叶旋转做功,将蒸汽的另一部分热能直接转变成转子旋转的机械能。随后,蒸汽依次流过第二、第三和第四级,重复上述流动和能量转换过程。

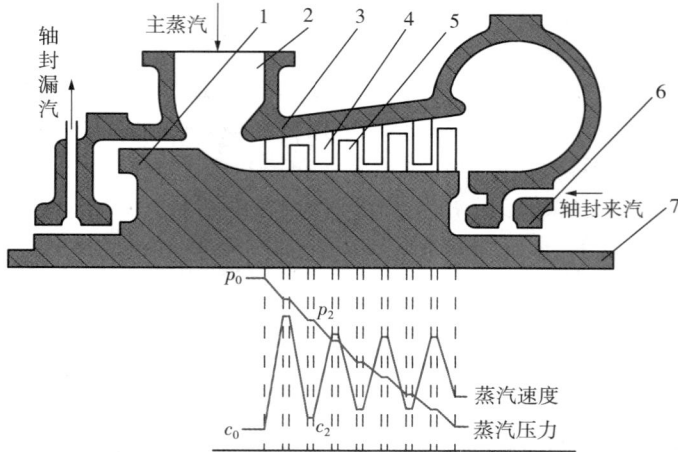

图 1-8 反动式多级汽轮机结构示意图

1—平衡活塞;2—进汽室;3—汽缸;4—喷嘴;5—动叶;6—轴端汽封;7—鼓形转子

第二节 汽轮机的类型与型号

一、汽轮机的类型

1. 按工作原理分类

根据工作原理不同,汽轮机主要分为以下两种类型。

（1）冲动式汽轮机

利用冲动作用原理将蒸汽的热能转变成机械能,结构上采用轮式转子,动叶片安装在叶轮上,喷嘴安装在隔板上。近代冲动式汽轮机,蒸汽在各级动叶通道中流动时都有一定程度的膨胀,如国产 50 MW、100 MW、300 MW 和 600 MW 等汽轮机。

（2）反动式汽轮机

利用冲动作用原理和反动作用原理将蒸汽的热能转变成机械能,结构上采用鼓形转子,动叶片安装在转鼓上,喷嘴安装在汽缸上。近代反动式汽轮机的第一级常采用冲动级或速度级,如上海汽轮机厂引进型 300 MW、600 MW 和 1000 MW 等汽轮机。

2. 按热力特性分类

（1）凝汽式汽轮机（N）

蒸汽进入汽轮机膨胀做功,排汽进入凝汽器凝结成凝结水,凝结水再送回锅炉中加热,汽轮机中除了回热抽汽外其余的蒸汽全部排入凝汽器,这样的汽轮机称为凝汽式汽轮机。

将汽轮机高压缸中做过功的蒸汽全部送回锅炉,再加热到一定温度后,送入汽轮机低压缸中继续膨胀做功,这样的汽轮机称为中间再热式汽轮机。国产 100 MW 及以下的汽轮机一般为凝汽式汽轮机,没有中间再热;125 MW 及以上的汽轮机都采用了再热,为再热式汽轮机。一次再热凝汽式汽轮机的热力系统简图,如图 1-9 所示。

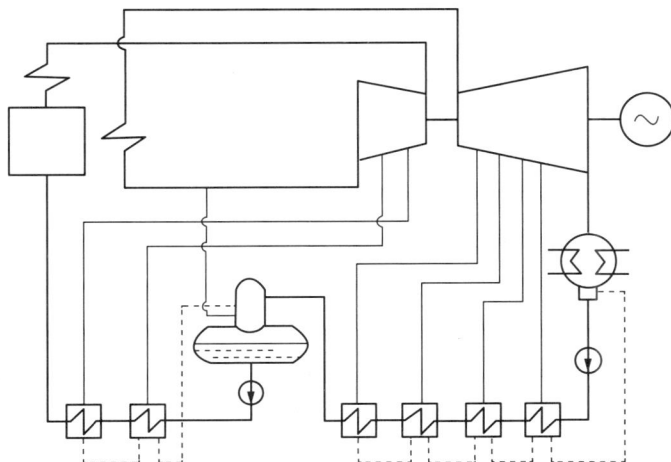

图 1-9　一次再热凝汽式汽轮机的热力系统简图

　　此外,按照中间再热次数不同,再热式汽轮机又可分为一次再热汽轮机和两次再热汽轮机。超超临界 660 MW 和超超临界 1000 MW 及以上机组,为了提高机组效率,现在普遍采用二次再热。锅炉出来的超超临界压力的主蒸汽先进入汽轮机的超高压缸中膨胀做功,超高压缸的排汽进入锅炉的一次再热器中再加热,然后进入汽轮机的高压缸中继续膨胀做功,高压缸的排汽进入锅炉的二次再热器中再加热,随后进入中压缸中膨胀做功,中压缸的排汽进入低压缸中膨胀做功,做完功的乏汽排入凝汽器中凝结成水。二次再热凝汽式汽轮机的热力系统简图,如图 1-10 所示,

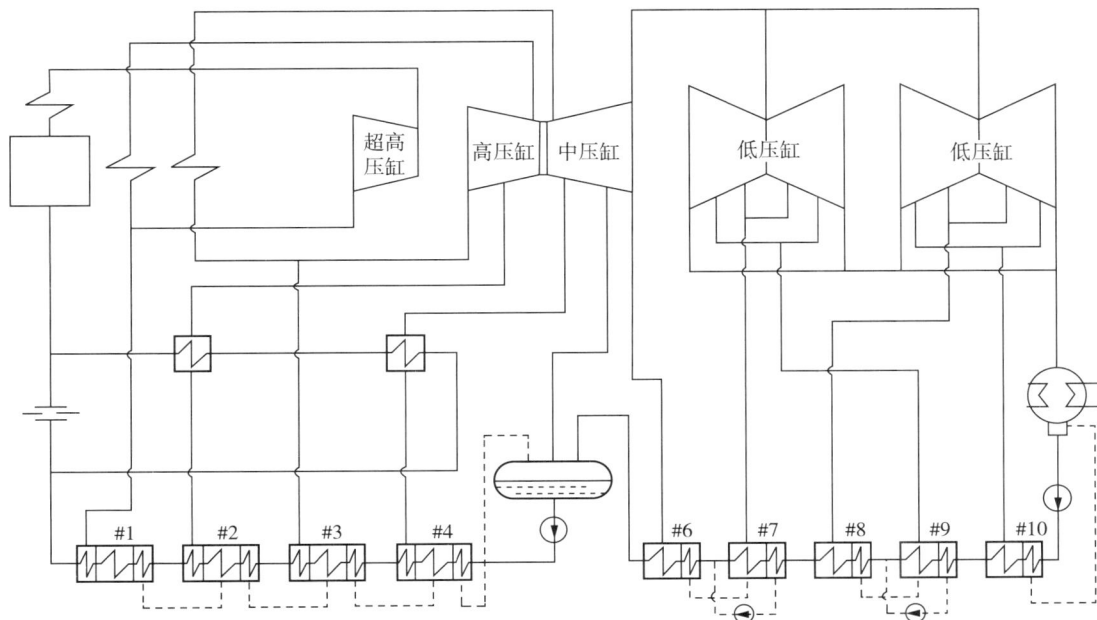

图 1-10　二次再热凝汽式汽轮机的热力系统简图

凝结水经凝结水泵升压后,依次流经♯10、♯9、♯8、♯7、♯6低压加热器,然后进入除氧器中加热除氧;之后经给水泵升压,并依次流经♯4、♯3、♯2、♯1高压加热器,最后送入锅炉中。图中,各台高压加热器内均设有过热蒸汽冷却段、凝结段和疏水冷却段三个区段,另外,在♯2、♯4高压加热器的抽汽管道上装有外置式蒸汽冷却器,以降低进入♯2、♯4高压加热器中加热蒸汽的温度,减少不可逆损失,提高热经济性。

(2)抽汽式汽轮机(C、CC)

用汽轮机中间某级抽出的蒸汽供应热用户,抽汽的参数和流量根据热用户的要求进行调节,这样的抽汽称为可调整抽汽,相应的汽轮机称为抽汽式汽轮机。抽汽式汽轮机有一次调整抽汽式汽轮机(C)和两次调整抽汽式汽轮机(CC)两种,一次调整抽汽式汽轮机的热力系统简图如图1-11所示。供应热用户的抽汽通过压力调节阀后送入基本热网加热器,加热热网水,热网水通过热网水泵输送到热用户,向热用户供热;在冬天很冷的时候,可将锅炉来的主蒸汽通过减温减压后直接送入高峰热网加热器,以保证热用户采暖的需要,热网加热器的凝结水通过疏水泵送入除氧器中。

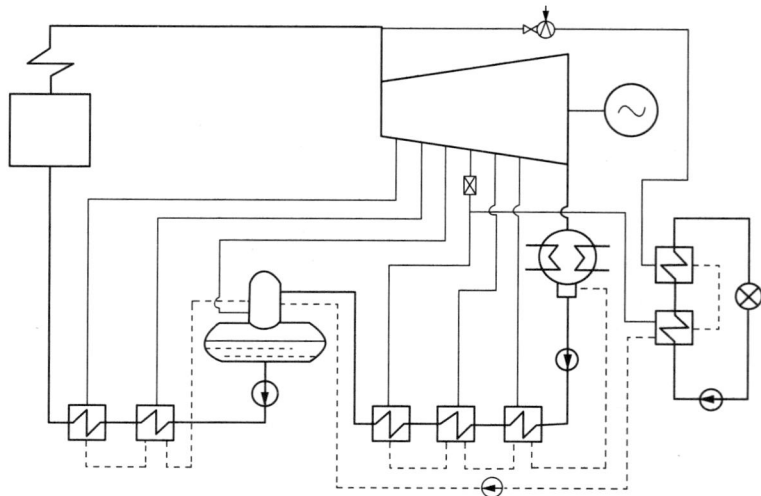

图1-11 一次调整抽汽式汽轮机的热力系统简图

(3)背压式汽轮机(B)

背压式汽轮机的热力系统简图如图1-12所示,汽轮机的排汽压力高于大气压,排汽供工业或采暖用,热用户使用后凝结成凝结水,进入凝结水箱,再通过凝结水泵送入除氧器中;当汽轮机的排汽不能满足热用户需要时,可将主蒸汽减温减压后直接供给热用户。

3. 按蒸汽参数分类

按主蒸汽压力不同,汽轮机可分为:

(1)低压汽轮机:主蒸汽压力小于1.5 MPa。

(2)中压汽轮机:主蒸汽压力为2~4 MPa。

(3)高压汽轮机:主蒸汽压力为6~10 MPa。

(4)超高压汽轮机:主蒸汽压力为12~14 MPa。

(5)亚临界压力汽轮机:主蒸汽压力为16~18 MPa。

（6）超临界压力汽轮机：主蒸汽压力大于 22.15 MPa。

（7）超超临界压力汽轮机：主蒸汽压力大于等于 25 MPa。

4.其他分类

（1）按汽缸数目不同，可分为单缸汽轮机、双缸汽轮机和多缸汽轮机；

（2）按用途不同，可分为电站汽轮机、工业汽轮机和船用汽轮机；

（3）按布置方式不同，可分为单轴汽轮机、双轴汽轮机。

二、汽轮机的型号

汽轮机的型号就是用统一的代号或符号来表示汽轮机的某些基本特征（如蒸汽参数、热力特性和功率等），我国汽轮机型号的表示方法如下：

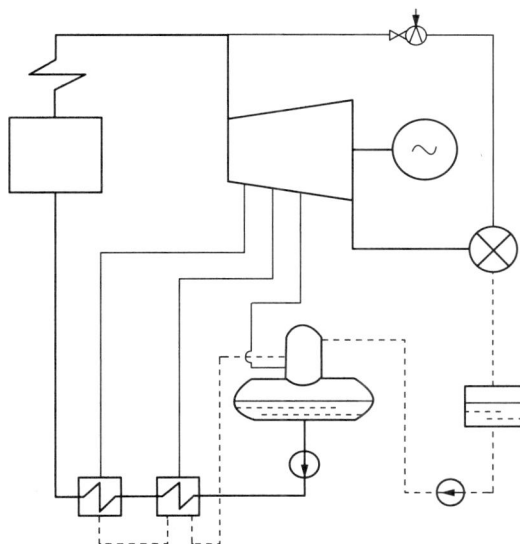

图 1-12 背压式汽轮机的热力系统简图

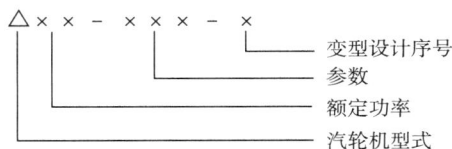

（1）汽轮机型式代号

汽轮机型式代号如表 1-1 所示。

表 1-1 热力特性的代号

型式	凝汽式	背压式	一次调整抽汽式	二次调整抽汽式	抽汽背压式
代号	N	B	C	CC	CB

（2）汽轮机蒸汽参数的表示方式

汽轮机蒸汽参数的表示方式如表 1-2 所示。

表 1-2 汽轮机蒸汽参数的表示方式

型式	参数表示方法	示例
凝汽式	主蒸汽压力/主蒸汽温度	N100-8.83/535
凝汽式（中间再热）	主蒸汽压力/主蒸汽温度/再热蒸汽温度	N300-16.7/538/538
抽汽式	主蒸汽压力/高压抽汽压力/低压抽汽压力	CC200-12.75/0.78/0.25
背压式	主蒸汽压力/背压	B50-8.83/0.98
抽汽背压式	主蒸汽压力/抽汽压力/背压	CB25-8.83/1.47/0.49

注：功率的单位为 MW，蒸汽压力的单位为 MPa，蒸汽温度的单位为℃。

第三节 蒸汽在级中的流动过程

汽轮机的热功转换过程是在各级中完成的,要研究汽轮机的工作原理,首先就要研究级的工作原理,研究蒸汽在喷嘴和动叶通道中的流动及其能量转换过程;然后再研究蒸汽在多级汽轮机中流动及其能量转换过程。本节就从蒸汽流经喷嘴和动叶通道时,工质状态变化和流速变化两个方面来分析蒸汽在级内的流动及其能量转换过程。

蒸汽在喷嘴和动叶通道中的实际流动过程是非连续、非稳定、复杂的、三维的流动,为了便于分析,对蒸汽的流动过程进行适当的简化和假设:

(1)稳定的流动

假定蒸汽在喷嘴和动叶通道中的流动是稳定的流动过程,蒸汽在喷嘴和动叶通道中任意截面上的参数将不随时间变化而变化。

(2)一元的流动

假定在喷嘴和动叶通道中的蒸汽参数只沿着流动方向发生变化,而在与流动方向垂直的截面上蒸汽参数不发生变化,其流动过程是一元的,但考虑到实际汽流的不均匀性,用一元流动来分析蒸汽在喷嘴和动叶通道中流动过程时,蒸汽的参数取级平均直径处的数值。

(3)绝热的流动

由于蒸汽的流速很快,流过级的时间很短,可以近似认为蒸汽在喷嘴和动叶通道中流动时与外界无热量交换,属于绝热流动过程。

通过上述简化和假设后,蒸汽在喷嘴和动叶通道中的流动就变成一元的、稳定的和绝热的流动过程。

一、蒸汽在喷嘴中的流动过程

工程热力学中介绍了理想气体在喷管中的绝热膨胀过程,对理想气体沿喷管流动时工质的参数、流速和喷管截面的变化规律进行了分析,在此基础上,本节将对蒸汽(实际气体)沿喷嘴流动时的流动规律及能量转换过程进行分析。

1. 蒸汽在喷嘴中流动的热力过程线

(1)滞止参数

滞止状态是一种假想状态,假想喷嘴进口的汽流等熵滞止到初速度为零,将其宏观动能全部转变成蒸汽的热能时的状态,此状态下的参数称为滞止参数,如图 1-13 所示,喷嘴进口蒸汽的压力为 p_0,温度为 t_0,蒸汽流速为 c_0,喷嘴进口状态点为 0 点,对应的喷嘴进口滞止状态点为 0^* 点,相应的滞止参数为 p_0^*,t_0^*,h_0^*,图中 $h_0^* = h_0 + \dfrac{c_0^2}{2}$。

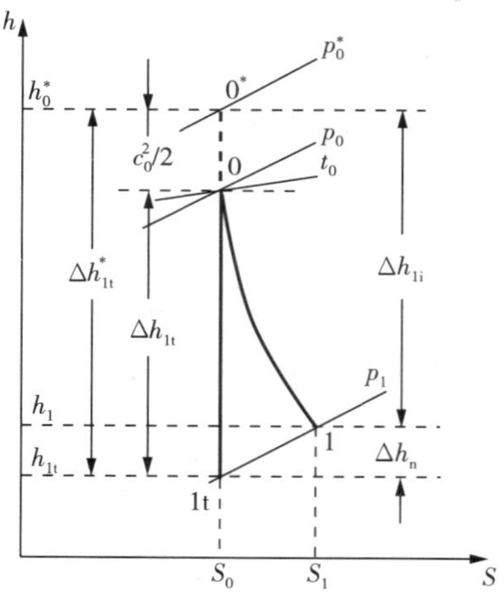

(2)热力过程线

若蒸汽在喷嘴中的膨胀过程是无损失的理想过程,则蒸汽沿等熵线膨胀到喷嘴出口压力 p_1,出

图 1-13 喷嘴中蒸汽流动的热力过程线

口状态点为 1t 点,0—1t 线为蒸汽在喷嘴中的理想膨胀过程线;Δh_{1t} 为蒸汽在喷嘴中的理想焓降,喷嘴的理想膨胀过程中,蒸汽热能减少了 Δh_{1t},减少的热能转变成蒸汽的宏观动能,使得喷嘴出口的流速 c_{1t} 增大。

实际上蒸汽在喷嘴中的膨胀过程是有摩擦、涡流等损失的,使得喷嘴出口的实际汽流速度 c_1 小于喷嘴出口的理想流速 c_{1t},造成宏观动能的损失,这部分损失掉的宏观动能又重新转变成热能被蒸汽所吸收,从而使喷嘴出口蒸汽的热能增加,因此,喷嘴出口实际状态点为 1点。0—1 线为蒸汽在喷嘴中的实际膨胀过程线,喷嘴的实际膨胀过程中,蒸汽热能减少了 Δh_{1i},Δh_{1i} 为蒸汽在喷嘴中的有效焓降。

2. 喷嘴中蒸汽流速的变化

(1)喷嘴前后的压力比

喷嘴前后的压力比 ε_n 为喷嘴出口压力 p_1 与喷嘴进口滞止压力 p_0^* 之比,即 $\varepsilon_n = p_1/p_0^*$。蒸汽在喷嘴中膨胀,当喷嘴出口流速刚好达到当地音速时,蒸汽在喷嘴中的流动状态就达到临界状态,此时喷嘴前后的压力比为临界压力比 ε_{cr},即 $\varepsilon_{cr} = p_{cr}/p_0^*$,式中 p_{cr} 为临界压力,为喷嘴出口流速刚好达到当地音速时所对应的喷嘴出口压力。

临界压力比与蒸汽状态有关:

对于过热蒸汽,等熵指数 $\kappa = 1.3$,临界压力比 $\varepsilon_{cr} = 0.546$;

对于饱和蒸汽,等熵指数 $\kappa = 1.135$,临界压力比 $\varepsilon_{cr} = 0.577$。

(2)喷嘴中的膨胀特点

为了使喷嘴出口的汽流能够顺利地进入动叶通道,在结构上,喷嘴出口都有一段斜切部分,这种喷嘴称为斜切喷嘴。渐缩斜切喷嘴的结构如图 1-14 所示,渐缩斜切喷嘴由渐缩部分和斜切部分 abc 两部分组成。左图为喷嘴中流道中心线与隔板平面之间的夹角,反映喷嘴通道的形状,图中 α_{0g} 和 α_{1g} 的含义如下:

α_{0g} ——喷嘴进口处流道中心线与隔板平面之间的夹角,称为喷嘴进口结构角;

α_{1g} ——喷嘴出口处流道中心线与隔板平面之间的夹角,称为喷嘴出口结构角。

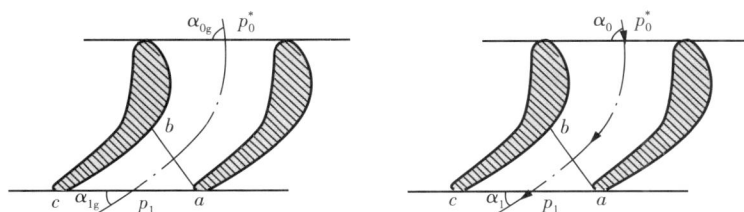

图 1-14 渐缩斜切喷嘴结构简图

右图为蒸汽在喷嘴中流动时,在喷嘴进出口处汽流流动方向与隔板平面之间的夹角,反映蒸汽在喷嘴进出口处的流动方向,图中 α_0 和 α_1 的含义如下:

α_0 ——喷嘴进口处汽流方向与隔板平面之间的夹角,称为喷嘴的进汽角;

α_1 ——喷嘴出口处汽流方向与隔板平面之间的夹角,称为喷嘴的射汽角。

随着喷嘴前后压力比的变化,蒸汽在渐缩斜切喷嘴中流动时压力变化如图 1-15 所示,下面根据喷嘴前后压力比的不同,对蒸汽在渐缩斜切喷嘴中的流动过程进行分析。

① $\varepsilon_n = 1$

喷嘴前、喷嘴后的压力相等,蒸汽不流动,喷嘴出口蒸汽速度 $c_1 = 0$,蒸汽在喷嘴中的压力变化情况如图 1—15 中 1—1′ 所示。

② $\varepsilon_n > \varepsilon_{cr}$

蒸汽在喷嘴中的流动处于非临界状态,仅在喷嘴的渐缩部分膨胀加速,到最小截面 ab 处,蒸汽压力下降为 p_1,流速增大为 c_1,在斜切部分 (abc) 无膨胀,斜切部分只起到导向作用。喷嘴出口截面 ac 处压力仍为 p_1,在出口截面 ac 处的蒸汽流速为 c_1,小于当地音速,为亚音速汽流,喷嘴出口的汽流角 $\alpha_1 = \alpha_{1g}$,蒸汽在喷嘴中流动时压力变化情况如图 1—15 中 1—2—2′ 所示。

③ $\varepsilon_n = \varepsilon_{cr}$

蒸汽在喷嘴的流动刚好达到临界状态,蒸汽从进口截面开始膨胀加速,在最小截面 ab 处压力下降为 p_1,此时 $p_1 = p_{cr}$,为临界压力,汽流速度增大为 c_1,此时的蒸汽流速刚好达到当地音速,在斜切部分 (abc) 无膨胀,喷嘴出口截面 ac 处压力仍为 p_1,出口截面 ac 处的蒸汽流速为 c_1,喷嘴出口的汽流角 $\alpha_1 = \alpha_{1g}$,蒸汽在喷嘴中流动时压力变化情况如图 1—15 中 1—3—3′ 所示。

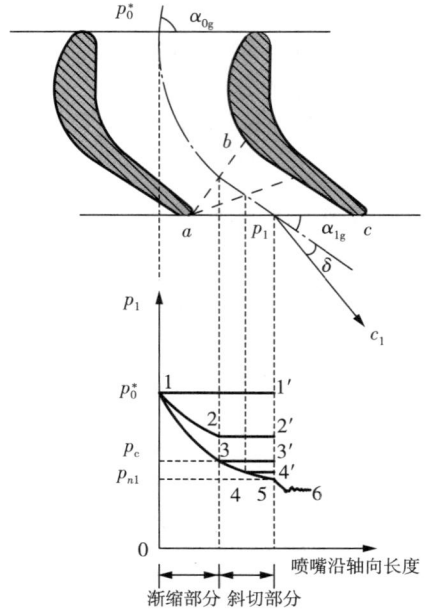

图 1—15　在渐缩斜切喷嘴中
流动时蒸汽压力变化

④ $\varepsilon_n < \varepsilon_{cr}$

在喷嘴最小截面处保持临界状态,最小截面 ab 处的蒸汽压力为 p_{cr},该压力不随喷嘴出口压力的下降而下降,最小截面 ab 处的蒸汽流速保持为当地音速;随着 ε_n 的进一步降低,蒸汽在斜切部分将继续膨胀,在出口截面压力 ac 处压力为 p_1,喷嘴出口的蒸汽流速为 c_1,大于当地音速,由于汽流在斜切部分还要继续膨胀,在喷嘴出口汽流将发生偏转,使得蒸汽出口的汽流角增大,喷嘴出口的汽流角 $\alpha_1 = \alpha_{1g} + \delta$,式中 δ 为汽流偏转角。蒸汽在喷嘴中流动时压力变化情况如图 1—15 中 1—3—4—4′ 所示。

如图 1—16 所示,由于壁面 bc 作用于汽流上的压力由 p_{cr} 逐渐下降到 p_1,而在 a 点则由

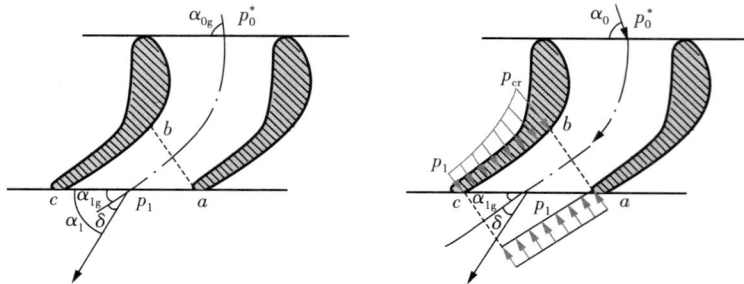

图 1—16　蒸汽在斜切部分膨胀时的汽流偏转角

p_{cr} 突然降低到 p_1，若假想有一个与 bc 平行的壁面 ad，则汽流通道两侧作用在汽流上的压力不等，bc 侧作用于汽流上的压力大于 ad 侧。在此压差的作用下，汽流朝着没有壁面阻挡的 ad 侧偏转，蒸汽在斜切部分的膨胀量越大，汽流偏转角就越大。

⑤ $\varepsilon_n = \varepsilon_{nl}$

随着喷嘴出口压力 p_1 的降低，蒸汽在喷嘴中的膨胀量增大，喷嘴出口的蒸汽速度也相应增大，在喷嘴进口蒸汽参数保持不变的情况下，蒸汽在喷嘴中膨胀做功所能达到的最低出口压力称为极限压力 p_{nl}，此时，喷嘴进出口压力比称为极限压力比 $\varepsilon_{nl} = p_{nl}/p_0^*$。

蒸汽从进口截面开始膨胀加速，在最小截面 ab 处保持压力为 p_{cr}，蒸汽流速达到当地音速；蒸汽在斜切部分（abc）继续膨胀，在出口截面 ac 处压力达到 p_{nl}，蒸汽在斜切部分（abc）的膨胀达到了极限，喷嘴出口的蒸汽流速 c_1 达到最大，喷嘴出口汽流偏转角 δ 也达到最大。蒸汽在喷嘴中流动时压力变化情况如图 1 - 15 中 1—3—4—5 所示。

⑥ $\varepsilon_n < \varepsilon_{nl}$

蒸汽从进口截面开始膨胀加速，在最小截面 ab 处保持压力为 p_{cr}，蒸汽流速保持为当地音速；在出口截面 ac 处压力保持为 p_{nl}，在斜切部分的膨胀达到了极限，喷嘴出口的蒸汽流速也达到最大；蒸汽由 p_{nl} 到 p_1 的膨胀过程在喷嘴外进行，由于没有喷嘴壁面的约束，膨胀是紊乱的，不能使汽流速度增加，也不能转变成蒸汽的宏观动能，从而造成做功能力损失。蒸汽在喷嘴中流动时压力变化情况如图 1 - 15 中 1—3—4—5—6 所示。

（3）喷嘴出口速度

若蒸汽在喷嘴中的流动是无损失的理想过程，如图 1 - 13 所示，蒸汽沿等熵膨胀过程线 0—1t 膨胀，喷嘴出口的理想速度为

$$c_{1t} = 1.414\sqrt{\Delta h_{1t} + \frac{c_0^2}{2}} = 1.414\sqrt{\Delta h_{1t}^*} \tag{1-1}$$

式中，Δh_{1t}^*——蒸汽在喷嘴中的滞止理想焓降，$\Delta h_{1t}^* = \Delta h_{1t} + \frac{c_0^2}{2}$。

实际上，蒸汽在喷嘴中的流动过程是有损失的，蒸汽将沿着实际膨胀过程线 0—1 膨胀，喷嘴出口的实际速度为

$$c_1 = 1.414\sqrt{\Delta h_{1i} + \frac{c_0^2}{2}} = 1.414\sqrt{\Delta h_{1i}^*} \tag{1-2}$$

式中，Δh_{1i}^*——蒸汽在喷嘴中的滞止有效焓降，$\Delta h_{1i}^* = \Delta h_{1i} + \frac{c_0^2}{2}$。

3. 喷嘴损失

由于蒸汽在喷嘴中的流动存在摩擦、涡流等损失，使喷嘴实际出口速度 c_1 小于喷嘴理想出口速度 c_{1t}，这里用 $\varphi = c_1/c_{1t}$ 来反映喷嘴中理想速度和实际速度的差别，称为喷嘴速度系数。

发生在喷嘴中每千克蒸汽的做功能力损失称为喷嘴损失。

$$\Delta h_n = \frac{c_{1t}^2 - c_1^2}{2} = (1 - \varphi^2)\frac{c_{1t}^2}{2} \tag{1-3}$$

由此可见，喷嘴速度系数 φ 越大，喷嘴损失就越小，喷嘴速度系数 φ 主要与喷嘴高度、表

面光洁度、汽道形状以及流速等因素有关。

如图 1-17 所示,当喷嘴高度小于 12～15 mm 时,喷嘴速度系数急剧下降,为减小喷嘴损失,要求喷嘴高度不小于 12 mm。图中的两条曲线分别为对应两个不同喷嘴宽度下喷嘴速度系数 φ 与喷嘴高度 l_n 的关系曲线,上面的曲线喷嘴宽度 B_n 为 55 mm,下面的曲线喷嘴宽度 B_n 为 80 mm。可见,在强度允许的条件下,应尽量采用宽度较小的喷嘴,以提高喷嘴速度系数、减小喷嘴损失。

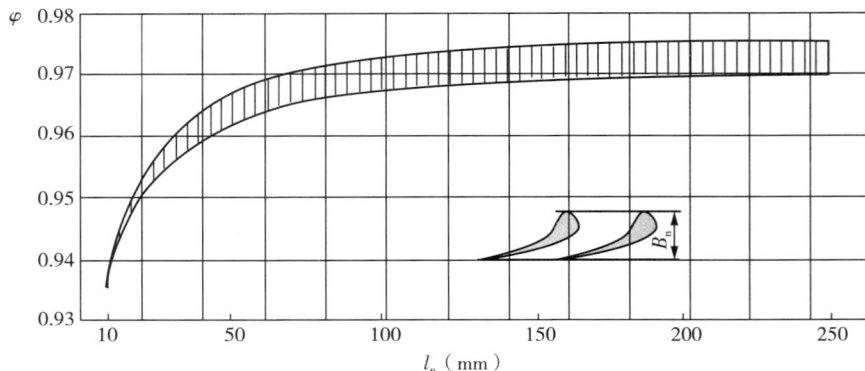

图 1-17 渐缩斜切喷嘴速度系数 φ 与喷嘴高度 l_n 的关系

二、蒸汽在动叶中的流动过程

1. 级的热力过程线

蒸汽在动叶中流动,其热力过程线如图 1-18 所示,图中:

点 1——实际动叶进口状态点;

点 2t——蒸汽在动叶通道中等熵膨胀时出口状态点;

1—2t——蒸汽在动叶中的理想膨胀过程。

实际上蒸汽在动叶通道中的流动过程是有损失的,蒸汽在动叶通道中的实际膨胀过程是沿着 1—2 过程线进行的。图中:

点 2——蒸汽在动叶出口的实际状态点;

1—2——蒸汽在动叶中的实际膨胀过程;

Δh_{2t}——动叶中的理想焓降,即蒸汽在动叶通道中等熵膨胀时的焓降;

Δh_t^*——级的滞止理想焓降,即蒸汽在级中等熵膨胀时的滞止焓降;

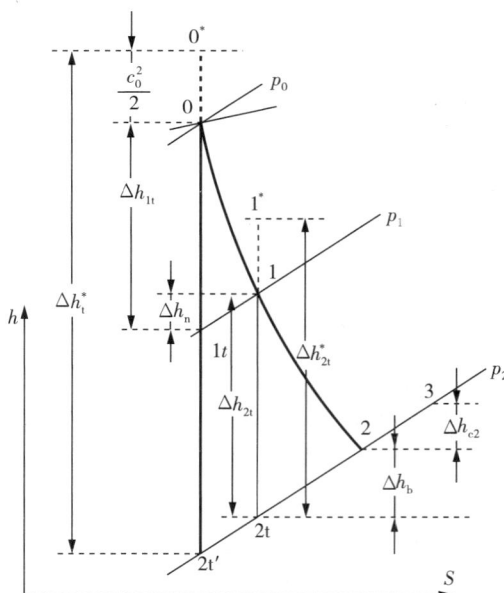

图 1-18 蒸汽在动叶中流动的热力过程线

Δh_b——动叶损失,即每千克蒸汽在流经动叶通道时的做功能力损失。

2. 级的反动度

级的反动度为

$$\rho = \frac{\Delta h_{2t}}{\Delta h_{1t}^* + \Delta h_{2t}} \approx \frac{\Delta h_{2t}}{\Delta h_t^*} \tag{1-4}$$

表示蒸汽在动叶通道内膨胀程度大小,即动叶中的理想焓降与级的滞止理想焓降之比。

按反动度大小的不同,级可分为纯冲动级、冲动级和反动级三种。

(1)纯冲动级($\rho = 0$)

如图 1-19 所示,级的全部焓降都在喷嘴中膨胀并转变成宏观动能,在动叶中利用冲动作用原理转变为机械能。蒸汽在动叶通道中流动时,既不膨胀也不扩压,纯冲动级的动叶叶型近似对称弯曲,从进口到出口动叶通道的通流面积保持不变。

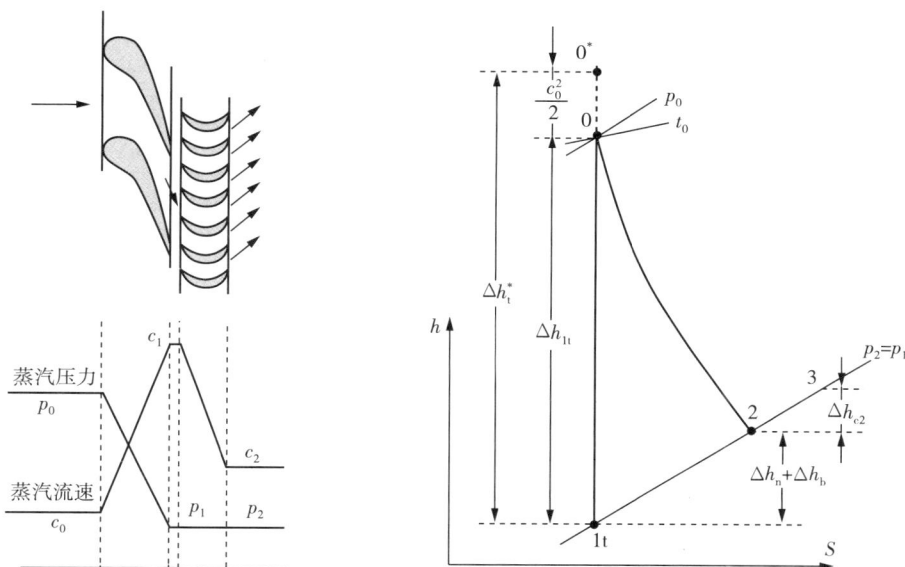

图 1-19　蒸汽在纯冲动级中流动

纯冲动级的做功能力大,效率较低,现代汽轮机不采用纯冲动级。

(2)反动级($\rho = 0.5$)

如图 1-20 所示,级的全部焓降有一半在喷嘴中膨胀并转变成宏观动能,然后在动叶中利用冲动作用原理转变成机械能;另一半热能在动叶中继续膨胀加速,蒸汽从动叶通道中加速喷射出来,利用反动力推动动叶做功,将这部分热能转变成机械能。

反动级动叶叶型与静叶叶型完全相同,只是动叶安装在转鼓上,随着转子一起高速旋转,因此,动叶通道可以看成旋转着的喷嘴。反动级的效率高,但做功能力较小。

(3)冲动级(ρ 为 0.05～0.2)

如图 1-21 所示,冲动级介于纯冲动级和反动级之间,做功能力比反动级大,效率比纯冲动级高。

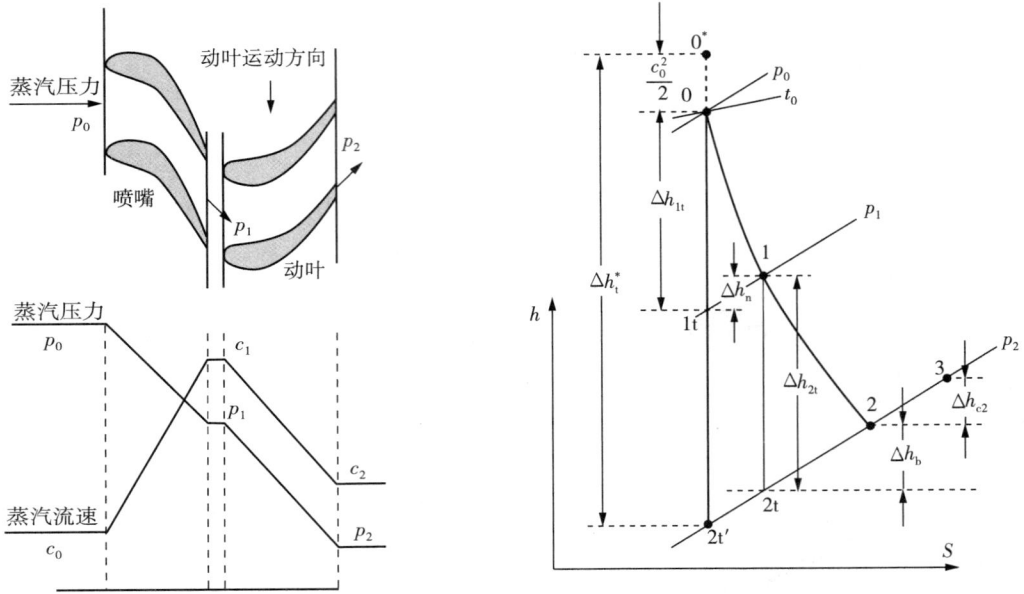

图 1-20 蒸汽在反动级中流动

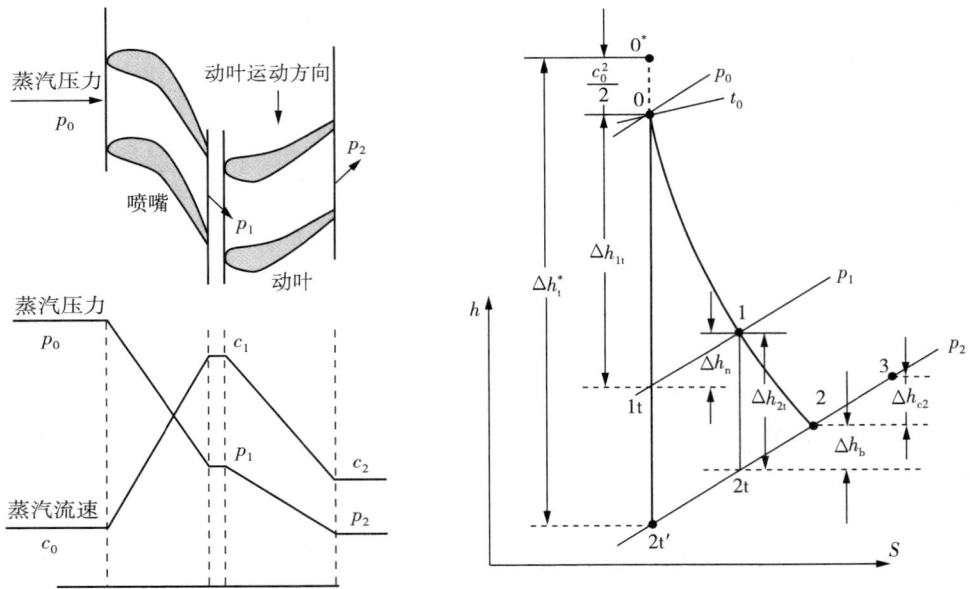

图 1-21 蒸汽在冲动级中流动

3. 动叶进出口速度三角形

如图 1-22 所示，β_{1g} 和 β_{2g} 是动叶通道在进出口处流道中心线与叶轮平面之间的夹角，分别称为动叶进口结构角和动叶出口结构角；β_1 和 β_2 是蒸汽在流经动叶通道时，在动叶通道进出口处汽流方向与叶轮平面之间的夹角，分别为动叶进出口汽流角，其中，β_1 为相对进汽角，β_2 为相对出汽角（排汽角）。

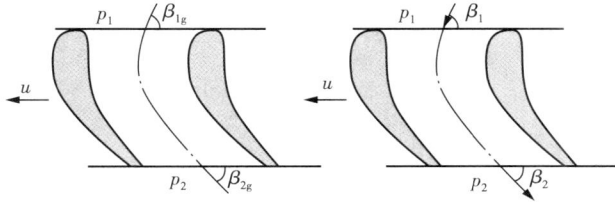

图 1-22　动叶通道结构简图

　　动叶安装在叶轮上,随叶轮一起旋转,如图 1-23 所示,在动叶平均高度处旋转的速度称为圆周速度,圆周速度的大小为

$$u = \frac{\pi d_{\text{b}} n}{60} \tag{1-5}$$

式中:d_{b}—— 动叶平均高度处直径,m;

　　　n—— 汽轮机的转速,r/min。

　　(1)动叶进口速度三角形

　　如图 1-24 所示,由于动叶安装在叶轮上,在高速旋转,喷嘴出口的蒸汽(绝对速度 c_1)能否顺利地进入动叶通道以及进入动叶通道的角度都与动叶旋转的速度有关,根据相对运动理论,若以旋转着的动叶为参照系,动叶旋转的圆周速度 u 就是参照系的运动速度,则蒸汽进入动叶通道的速度即为在动叶通道进口处的相对速度 ω_1。

蒸汽在级内流动的汽流通道
及动叶进出口速度三角形

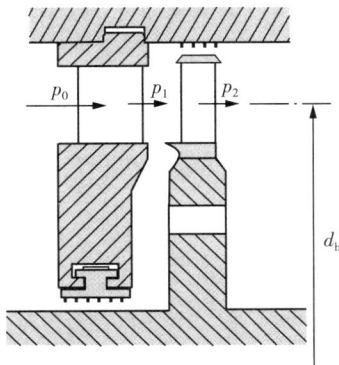

图 1-23　动叶安装位置及圆周速度

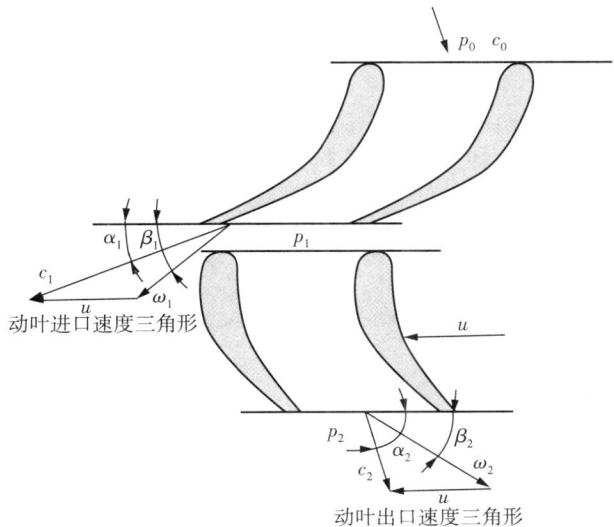

图 1-24　动叶进出口速度三角形

　　动叶通道进口处蒸汽的相对速度:

$$\omega_1 = \sqrt{c_1^2 + u^2 - 2c_1 u \cos\alpha_1} \tag{1-6}$$

相对进汽角：

$$\beta_1 = \sin^{-1}\left(\frac{c_1}{\omega_1}\sin\alpha_1\right) \tag{1-7}$$

为了使汽流能顺利进入动叶，避免撞击在动叶通道进口处，应尽量使 $\beta_{1g} = \beta_1$。

（2）动叶出口速度三角形

如图 1-24 所示，蒸汽在动叶通道中还要继续膨胀，如果把动叶通道看成旋转着的喷嘴，则动叶通道中的膨胀过程和喷嘴中的膨胀过程完全一样，若以旋转着的动叶为参照系，则蒸汽离开动叶通道时的速度为动叶出口处的相对速度为：

$$\omega_{2t} = 1.414\sqrt{\Delta h_{2t}^*} \tag{1-8}$$

这里 $\Delta h_{2t}^* = \rho\Delta h_t^* + \frac{\omega_1^2}{2}$，因此，动叶通道出口处的相对速度可写成

$$\omega_{2t} = 1.414\sqrt{\rho\Delta h_t^* + \frac{\omega_1^2}{2}} \tag{1-9}$$

从动叶通道出来的蒸汽要进入下一级喷嘴，喷嘴是固定不动的，若以不动的汽缸为参照系，则蒸汽离开动叶通道的速度为动叶通道出口的绝对速度 c_2，亦即蒸汽进入下一级喷嘴时的进口速度，动叶通道出口处的绝对速度为

$$c_2 = \sqrt{\omega_2^2 + u^2 - 2\omega_2 u\cos\beta_2} \tag{1-10}$$

动叶通道出口处的出汽角 α_2 为

$$\alpha_2 = \sin^{-1}\left(\frac{\omega_2}{c_2}\sin\beta_2\right) \tag{1-11}$$

4. 动叶损失

蒸汽在动叶通道中的实际流动过程存在摩擦、涡流等损失，使得动叶通道的实际出口速度 ω_2 小于理想出口速度 ω_{2t}，这里用 $\psi = \omega_2/\omega_{2t}$ 来反映动叶通道出口理想速度和实际速度的差别，称为动叶速度系数。

发生在动叶通道中每千克蒸汽的做功能力损失称为动叶损失。

$$\Delta h_b = \frac{\omega_{2t}^2 - \omega_2^2}{2} = (1 - \psi^2)\frac{\omega_{2t}^2}{2} \tag{1-12}$$

可见，动叶速度系数 ψ 越大，动叶损失就越小，动叶速度系数与动叶的叶型、叶高、反动度及叶片表面粗糙程度有关，其中，叶高及反动度对动叶速度系数的影响最大。

图 1-25 为动叶速度系数与叶高、叶型、反动度和出口速度之间的关系，图 1-25(a) 中，若 β_{1g} 和 β_{2g} 越大，动叶速度系数就越大。β_{1g} 和 β_{2g} 反映动叶通道的弯曲程度，β_{1g} 和 β_{2g} 越小，动叶通道的弯曲程度就越大，汽流流动时的阻力就越大，动叶损失就越大。图 1-25(a) 和图 1-25(b) 中，若动叶叶高越大，则动叶速度系数越大，动叶损失越小。图 1-25(c) 中，若反动度越大，则动叶速度系数越大，动叶损失越小。此外，流速对动叶速度系数也有影响，动叶出口速度越大，动叶速度系数就越小，动叶损失就越大；并且，反动度越小，动叶出口速度对动叶速度系数的影响程度就越大。

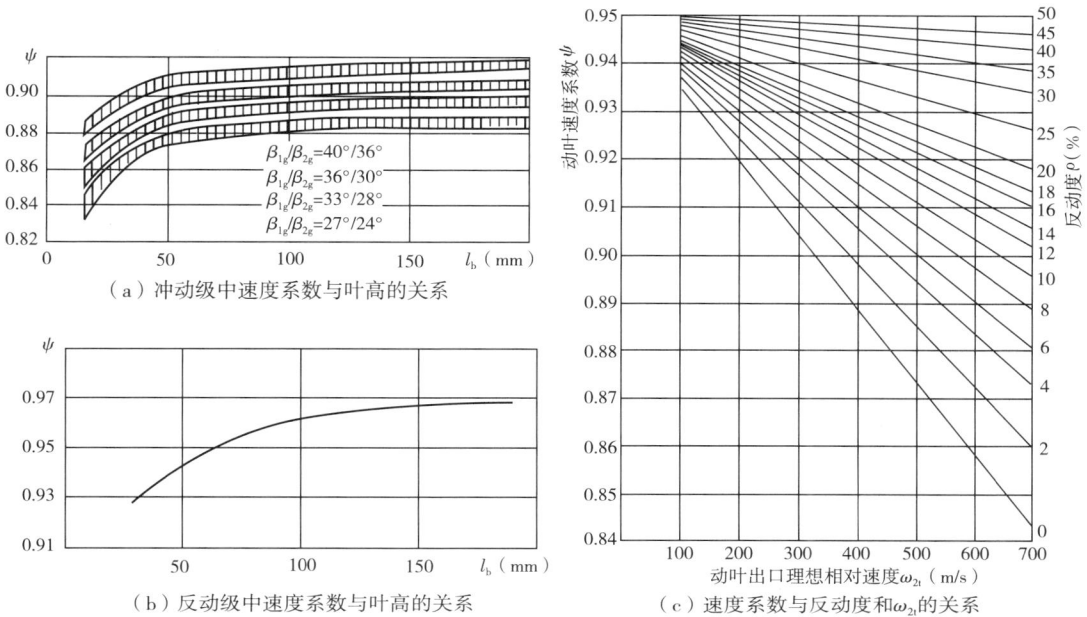

（a）冲动级中速度系数与叶高的关系

（b）反动级中速度系数与叶高的关系

（c）速度系数与反动度和ω_{2t}的关系

图 1-25 动叶速度系数

第四节 级内损失与级效率

蒸汽在级内的流动和膨胀做功过程存在各种损失,除了喷嘴损失 Δh_n 和动叶损失 Δh_b 外,还有叶轮摩擦损失 Δh_f、部分进汽损失 Δh_e、漏汽损失 Δh_p、湿汽损失 Δh_x 和余速损失 Δh_{c2} 等损失,这些损失会影响到汽轮机热功转换效率,下面将分析级内这些损失产生的原因、对级效率的影响及减小损失的方法。

一、叶栅损失

由于喷嘴损失和动叶损失产生的机理是一样的,为此将喷嘴损失和动叶损失合在一起称为叶栅损失。 叶栅损失是蒸汽在喷嘴和动叶通道中流动时所产生的做功能力损失,按损失产生原因不同,又分为叶型损失、叶端损失和波阻损失三种。

1. 叶型损失

叶型是由叶片横截面周边所围成的几何形状,喷嘴和动叶的结构如图 1-26 所示,叶型损失是蒸汽流经叶型表面时所产生的做功能力损失,按损失产生原因的不同又分为附面层摩擦损失、附面层分离时的涡流损失和尾迹损

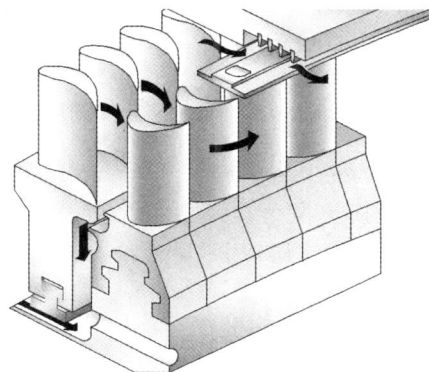

图 1-26 喷嘴和动叶结构

失三种。

（1）附面层摩擦损失

如图 1-27 所示，蒸汽在流过喷嘴和动叶通道时，在喷嘴和动叶通道的叶型表面形成一层附面层，附面层中层与层的汽流速度不同，产生摩擦，造成做功能力损失。附面层的摩擦损失与附面层厚度及叶型表面光洁度有关，附面层越厚，附面层摩擦损失就越大。

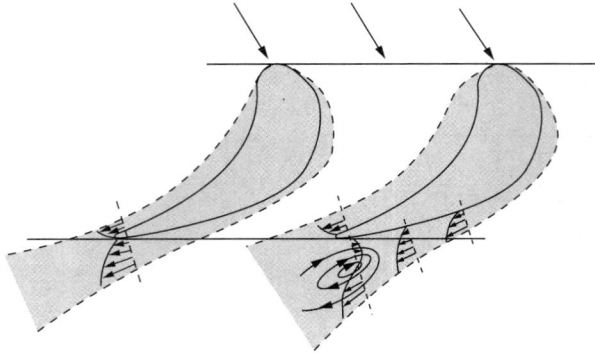

图 1-27　附面层摩擦损失和附面层分离时的涡流损失

蒸汽在反动级的喷嘴和动叶通道中都要膨胀加速，加速汽流将使附面层变薄，附面层摩擦损失减小；蒸汽在纯冲动级的动叶通道中没有膨胀，由于实际流动时存在摩擦，蒸汽的流速是下降的，减速汽流使附面层增厚，附面层摩擦损失增大；因此反动级附面层摩擦损失比冲动级小。

（2）附面层分离时的涡流损失

如图 1-27 所示，在流道扩压区域附面层会越来越厚，达到一定程度后，附面层就会与壁面分离，产生涡流损失。附面层分离时的涡流损失与叶型弯曲程度（$\beta_{1g} + \beta_{2g}$）以及流道进口处汽流角与进口结构角之差（$\alpha_0 - \alpha_{0g}$）有关。

（3）尾迹损失

如图 1-28 所示，由于叶型的尾缘都有一定厚度，当汽流脱离尾缘后，在叶型尾部会形成一定强度的涡流区，引起做功能力损失，称为尾迹损失。尾迹损失与叶型尾部厚度 Δ 有关，厚度 Δ 越大，尾迹损失就越大；因此，在满足强度的条件下，应尽量减小叶片尾部厚度。

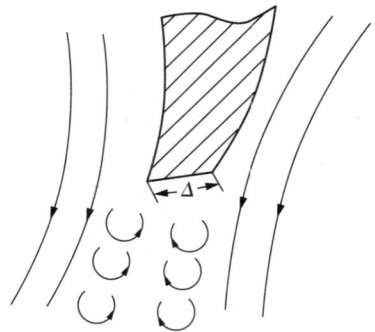

图 1-28　尾迹损失

2. 叶端损失

叶端损失发生在喷嘴和动叶通道的底部和顶部，由端部附面层摩擦损失和二次流损失两部分组成。

（1）端部附面层摩擦损失

汽流在流经喷嘴和动叶通道时，在流道的顶部和底部壁面上要形成附面层，产生附面层摩擦损失，称为端部附面层摩擦损失。

（2）二次流损失

如图1-29所示，蒸汽在流道中流动时，流道内弧面压力高于背弧面压力，在叶片平均高度处，该压差刚好提供汽流改变流动方向所需的向心力。而在流道的底部和顶部的壁面上，由于存在附面层，附面层中汽流流速较低，离心力较小，在内弧面和背弧面压差的作用下，附面层内的汽流除了从流道的进口流向出口外，还会自内弧流向背弧，从而在叶片顶部和根部形成两个旋转方向相反的旋涡涡流，造成做功能力损失，称为二次流损失。

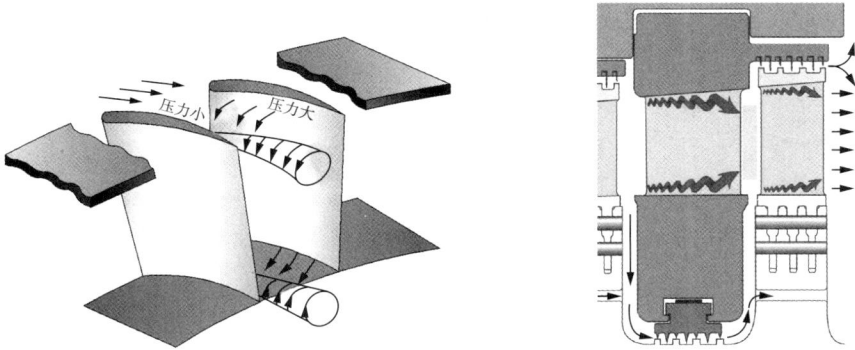

图1-29 叶端损失示意图

3. 冲波损失

喷嘴和动叶通道中，汽流在超声速范围流动时要产生冲波，汽流被突然压缩，产生做功能力损失，同时，还会引起附面层分离，造成很大的能量损失，称为冲波损失。

二、叶轮摩擦损失 Δh_f

（1）叶轮摩擦损失产生的原因

如图1-30所示，叶轮的两侧及外缘都充满了蒸汽，由于叶轮在高速旋转，靠近叶轮表面的蒸汽随叶轮一起高速旋转，靠近隔板表面的蒸汽保持静止，这样，沿轴向蒸汽层与层之间存在速度差，产生摩擦，造成做功能力的损失。右图为叶轮和隔板间隙中沿轴向蒸汽速度分布状况。

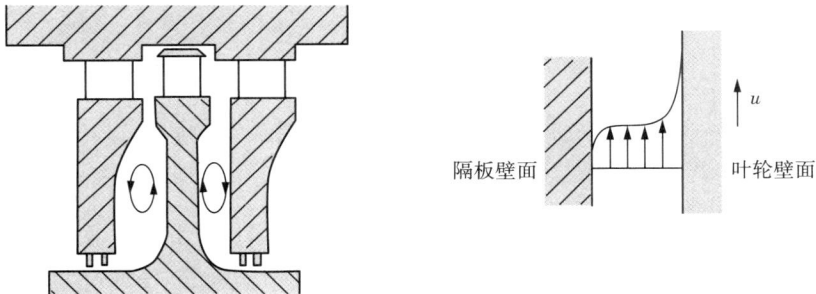

图1-30 叶轮摩擦损失示意图

此外，由于靠近叶轮处的蒸汽随叶轮一起高速旋转，在离心力的作用下，沿径向向外缘流动，而靠近隔板处的蒸汽则会在压差的作用下向中心流动，填补叶轮处蒸汽向外流动时所形成的空隙，从而引起汽流涡流，造成做功能力损失。

（2）叶轮摩擦损失的影响因素

影响叶轮摩擦损失的因素主要有叶轮表面的光洁度、容积流量和级的平均直径等。

叶轮摩擦损失与蒸汽的容积流量成反比。汽轮机高压各级蒸汽压力高、容积流量较小，叶轮摩擦损失较大；低压各级蒸汽压力低、容积流量较大，叶轮摩擦损失较小。

叶轮摩擦损失与级平均直径的平方成正比。在其他条件不变的情况下，随着级的平均直径增大，叶轮摩擦损失也逐渐增大，但平均直径对叶轮摩擦损失的影响相较于容积流量的影响要小得多。

此外，汽轮机在低负荷特别是空负荷运行时，由于流量较小，叶轮摩擦损失所产生的热量不能被汽流及时带走，会引起汽轮机排汽温度升高，影响机组的安全运行。

（3）减小损失的措施

① 减小叶轮与隔板间腔室的容积，即减小叶轮与隔板间的轴向距离；

② 提高叶轮表面的光洁度。

三、部分进汽损失

随着进汽压力的提高，通过第一级蒸汽的容积流量逐渐减小，喷嘴和动叶的高度逐渐降低，喷嘴和动叶损失逐渐增大。为了减小损失，就需要增大喷嘴和动叶的高度，在蒸汽通流面积保持不变的情况下，就不能将喷嘴叶片沿整个圆周布置，而只能布置在部分弧段上，形成部分进汽。这里，用部分进汽度 e 来表示部分进汽的程度，其定义为装有喷嘴的弧段长度 $z_n t_n$ 与喷嘴平均高度处的圆周长度 πd_n 的比值，即

$$e = \frac{z_n t_n}{\pi d_n} \tag{1-13}$$

式中：z_n—— 为喷嘴的个数；

t_n—— 平均高度处相邻两个喷嘴间的距离（节距）；

d_n—— 喷嘴平均高度处直径。

如图 1-31 所示，汽轮机通常有 4～6 个调节汽阀，用于控制进入汽轮机的蒸汽流量，控制进汽流量的方式有节流配汽和喷嘴配汽两种。

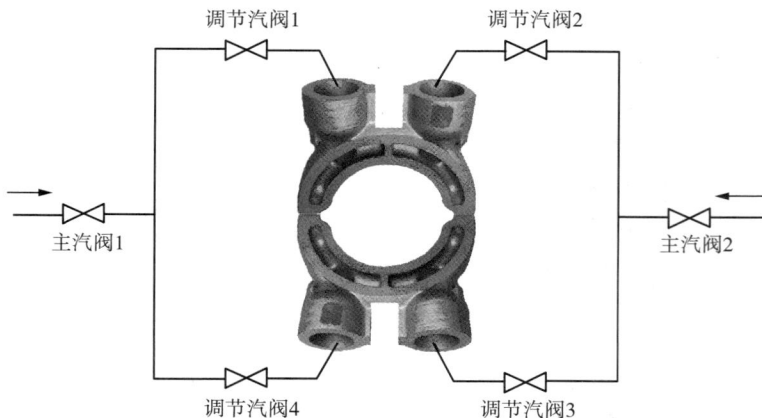

图 1-31　汽轮机进汽部分结构示意图

喷嘴配汽时,随着机组负荷的增大,依次开启各调节阀,即先开第一个调节阀,当第一个调节阀全开后,再开第二个调节阀。汽轮机第一级的通流面积将随着负荷的变化而变化。这种汽轮机的第一级称为调节级,除了调节级外的各级,其通流面积都不随负荷变化而变化。称为非调节级。

节流配汽时,进入汽轮机的蒸汽由一个调节阀或多个调节阀来控制,当采用多个调节阀时,随着机组负荷的增大,各调节阀同时开大,使汽轮机的进汽量增大,汽轮机第一级的通流面积不随着负荷的变化而变化。

部分进汽将引起额外的做功能力损失,按照损失机理不同,部分进汽损失包括鼓风损失和斥汽损失两部分。对于全周进汽的级,没有部分进汽损失。

1. 鼓风损失

(1)鼓风损失产生的原因

部分进汽的级中,动叶在不进汽的喷嘴弧段后面旋转时,就会像鼓风机叶片一样,将蒸汽从动叶前鼓到动叶后,消耗一部分能量,形成鼓风损失。

(2)减小鼓风损失的措施

鼓风损失与部分进汽度 e 有关,部分进汽度 e 越大,鼓风损失就越小,但部分进汽度 e 的增大将使喷嘴和动叶的高度变小,使得喷嘴和动叶损失增大,因此应合理地选择部分进汽度,使喷嘴损失、动叶损失和鼓风损失之和达到最小。

2. 斥汽损失

(1)斥汽损失产生的原因

如图 1-32 所示,部分进汽的级中,在喷嘴弧段的两端存在斥汽损失,引起斥汽损失的因素主要有:

① 旋转着的动叶经过没有布置喷嘴的弧段时,动叶通道内的蒸汽将处于停滞状态,当再次旋转到有喷嘴弧段的后面时,喷嘴喷射出的汽流进入动叶通道,要排斥那些停滞在动叶通道内的蒸汽,由此消耗一部分有用功,引起做功能力损失。

② 在喷嘴组出口端 A 处,由于叶轮高速旋转和压差的作用,喷嘴出来

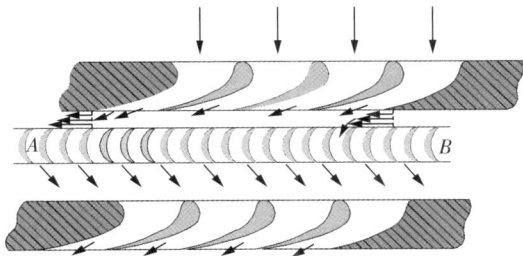

图 1-32 斥汽损失示意图

的汽流将偏向叶轮旋转方向,使得一部分蒸汽未进入动叶汽道做功,而从 A 点处喷嘴弧段端块与动叶之间的间隙流过,引起做功能力损失。

③ 在喷嘴组进口端 B 处,由于喷嘴出来高速汽流的抽吸作用,将一部分停滞在喷嘴弧段端块与动叶之间的间隙中的蒸汽吸入动叶通道,扰乱了主流,引起做功能力损失。

(2)影响斥汽损失的因素

斥汽损失的大小除了与部分进汽度有关外,还与喷嘴组的组数有关。由于动叶在高速旋转时,每经过一个喷嘴弧段就要产生一次斥汽损失,在相同的部分进汽度下,若喷嘴组的组数越多,即喷嘴弧段数越多,斥汽损失就越大。因此,要减小斥汽损失,除了选择一个合理的部分进汽度外,还应减少喷嘴组的组数。

四、漏汽损失

汽轮机转子在高速旋转,汽缸和隔板静止不动,为避免转动部分与静止部分发生碰撞和摩擦,转动部分和静止部分之间留有一定的间隙,间隙的两侧存在压差,如图1-26所示,冲动级的隔板前后及叶轮前后都存在压差,会有一部分蒸汽绕过喷嘴和动叶通道经间隙流出,不参与主流做功,形成漏汽损失。为减小漏汽量,在转动部分与静止部分的间隙处安装有密封装置,称为汽封。

1. 冲动级的漏汽损失

如图1-33所示,冲动级的漏汽包括隔板漏汽 ΔG_p、叶顶漏汽 ΔG_t 和叶根漏汽 ΔG_r 三部分,这些漏汽将造成做功能力损失。

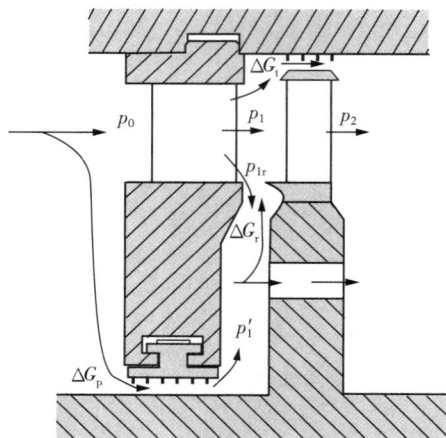

图 1-33　冲动级的漏汽及汽封　　　　　级内漏汽及汽封装置

（1）隔板漏汽

隔板内缘与转轴之间存在径向间隙,隔板两侧又有压差,使得部分蒸汽绕过喷嘴,从隔板内缘与主轴之间的间隙流过,形成隔板漏汽 ΔG_p。

隔板漏汽量的增大使得做功能力损失增大,同时,还会引起叶轮前后压差增大,使得作用在叶轮上的轴向推力增加;为了减少隔板漏汽,如图1-33所示,在隔板内缘与主轴的间隙处安装汽封,称为隔板汽封。

（2）叶顶漏汽

由于动叶顶部与汽缸内壁面间存在径向间隙,若该级具有一定的反动度,则 $p_1 > p_2$,部分蒸汽会绕过动叶通道,从围带与汽缸之间的径向间隙中流过,形成叶顶漏汽 ΔG_t;为了减少叶顶漏汽,如图1-33所示,在动叶顶部与汽缸内壁面的间隙处安装汽封,称为叶顶汽封。

（3）叶根漏汽

隔板漏汽进入隔板和叶轮之间的腔室中,造成隔板和叶轮腔室中压力 p_1' 增大,当压力 p_1' 大于叶根处压力 p_{1r} 时,隔板和叶轮腔室中的蒸汽就会向上流动,并被吸入动叶通道,称为叶根吸汽,被吸入动叶通道的蒸汽不仅不能使汽轮机的做功量增大,反而会扰乱主流,造成做功能力损失。为了避免这部分蒸汽进入动叶通道,在叶轮上开平衡孔,使隔板漏汽 ΔG_p 通过平衡孔由叶轮前流向叶轮后。

叶轮上开平衡孔后,造成隔板和叶轮腔室中压力 p_1' 减小,当压力 p_1' 小于叶根处压力 p_{1r} 时,喷嘴出口的蒸汽就会有一部分不进入动叶通道,而是向下进入隔板和叶轮之间的腔室中,称为叶根漏汽 ΔG_r,并和隔板漏汽一起通过平衡孔进入动叶后面,叶根漏汽也会造成做功能力损失。

由于叶片不同高度处蒸汽参数、圆周速度以及动叶中的理想焓降都不同,因此,沿高度方向,不同高度处级的反动度也不一样。对于较短的直叶片,由于蒸汽参数沿叶高变化不大,通常可以忽略反动度沿叶高的变化。对于长叶片,需要考虑叶片不同高度处反动度的不同,一般从叶根到叶顶,反动度逐渐增大。因此,从叶根到叶顶,动叶前后的压差也是逐渐增大的,为了减小叶根处的漏汽损失,就要减小叶根处压力 p_{1r} 与隔板和叶轮腔室中压力 p_1' 之差,通过选择合适的级的平均直径处的反动度 ρ_m,可以使叶根处的反动度 ρ_r 在 3%～5%,此时,p_{1r} 与 p_1' 之差最小,叶根处就既不吸汽也不漏汽,平衡孔成为隔板漏汽从叶轮前流向叶轮后的通道,总的漏汽损失最小。此外,为了进一步减少叶根漏汽,如图 1-33 所示,在动叶根部与隔板壁面的间隙处安装汽封,称为叶根汽封。

2. 反动级的漏汽损失

如图 1-34 所示,反动级的漏汽包括静叶环漏汽 ΔG_p 和叶顶漏汽 ΔG_t 两部分,这些漏汽将造成做功能力损失。

(1)静叶环漏汽

由于静叶环内径与转鼓间存在径向间隙,使得部分蒸汽绕过喷嘴从静叶环内缘与转鼓间的径向间隙漏到静叶后,形成静叶环漏汽 ΔG_p,并造成做功能力损失。另外,静叶环漏汽 ΔG_p 将顺着静叶环与动叶根部的轴向间隙沿径向向外流动,进入动叶通道,干扰动叶通道中汽流的流动,引起做功能力的损失。为减少静叶环漏汽,在静叶环内缘与主轴的间隙处安装汽封,称为静叶环汽封。虽然反动级静叶环前后压差较小,但反动级静叶环汽封的直径比隔板汽封大,且静叶环汽封的齿数较少;因此,反动级的静叶环漏汽损失较大。

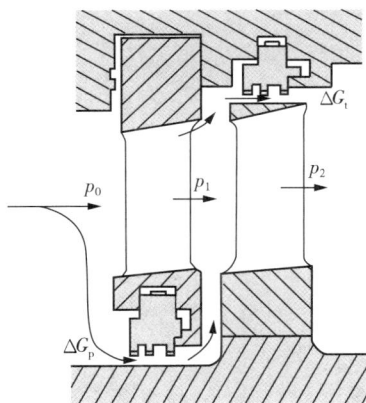

图 1-34 反动级的漏汽及汽封

(2)叶顶漏汽

在动叶顶部与汽缸间存在径向间隙,造成叶顶漏汽,反动级的反动度大,使得动叶前后的压差大,通过动叶顶部与汽缸间径向间隙的漏汽量大,因此,反动级的叶顶漏汽损失较大。

五、湿汽损失

1. 湿汽损失产生的原因

产生湿汽损失的主要原因如下:

(1)由于蒸汽的凝结,使得做功蒸汽量减少,造成做功能力损失。

(2)水滴随着蒸汽的流动过程中,通过与汽流的摩擦获得动能,消耗了蒸汽的宏观动能,造成蒸汽做功能力损失。

(3)如图 1-35 所示,喷嘴中,水滴随蒸汽一起流动,通过摩擦获得动能,但水滴的速度要比蒸汽速度小得多,由动叶进口速度三角形可见,当蒸汽顺利进入动叶、推动动叶旋转做功时,水滴将撞击在动叶进口的背弧上,阻碍动叶旋转,造成做功能力损失。

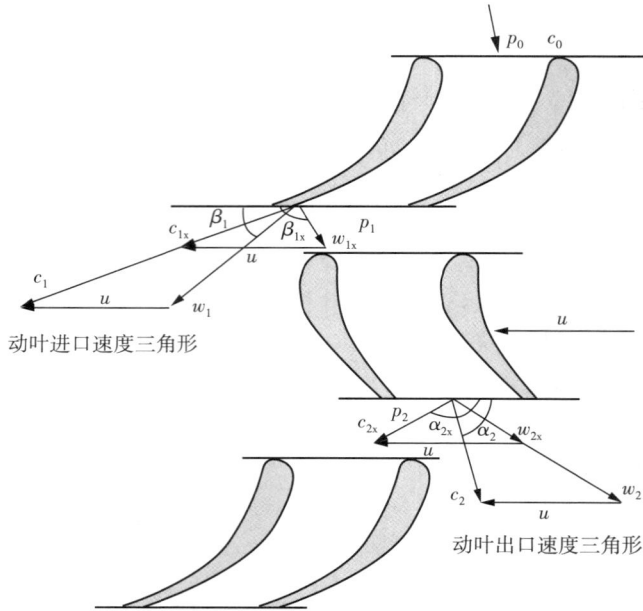

图 1-35　湿汽损失示意图

（4）同样，动叶通道中，水滴继续随蒸汽一起流动，通过与蒸汽汽流的摩擦再次获得一定的速度，但水滴的速度较小，由动叶出口速度三角形可见，当蒸汽顺利进入下一级喷嘴时，水滴撞击在下一级喷嘴进口处的背弧上，扰乱主流，造成做功能力损失。

（5）此外，蒸汽在级中高速流动时，蒸汽来不及凝结，使得蒸汽的理想焓降减少，做功能力下降，形成"过冷"损失。

2. 湿蒸汽对低压各级的冲蚀现象

湿蒸汽对叶片的冲蚀较轻时，叶片表面会变得暗淡无光，甚至变毛；冲蚀比较严重时，叶片将被冲蚀出密集的细毛孔。湿蒸汽对叶片的冲蚀是一个不断发展的过程，在开始阶段，冲蚀现象发展的较快，以后逐渐趋于缓慢，因为叶片经过冲蚀后，表面会出现许多细微的小孔，孔中充满了水，当水滴再次冲击到叶片上时，对动叶表面的冲蚀作用就减弱了，因此检修时，不应将动叶表面因冲蚀所形成的粗糙面打磨光滑。

由于动叶随着汽轮机转轴高速旋转，受离心力的影响，动叶叶顶处的湿度比叶根处大，同时动叶叶顶处的圆周速度也较大，因此，在动叶中上部进汽侧的背弧上，水滴的冲蚀最为严重。

3. 减少湿蒸汽对动叶冲蚀的措施

（1）降低排汽湿度

一般规定汽轮机末级叶片处，蒸汽的湿度不超过 $12\% \sim 15\%$。

（2）采用去湿装置

如图 1-36 所示，在汽轮机的末几级设置去湿装置，利用水滴的离心力，将水滴抛到通流部分外缘，从而去除蒸汽中的部分水滴。

如图 1-37 所示，采用具有吸水缝的空心叶片，或采

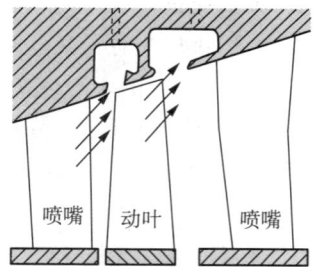

图 1-36　汽轮机中去湿装置

用使水滴雾化的薄出汽边静叶片等。

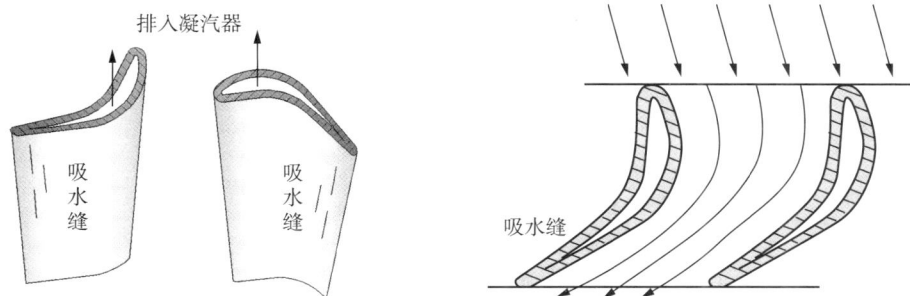

图 1-37　具有吸水缝的空心叶片示意图

（3）提高动叶抗冲蚀能力

如图 1-38 所示，在动叶的中上部进汽侧的背弧上进行表面淬硬、电火花强化处理、镀硬铬、钎焊或喷涂硬质合金等。

六、余速损失

蒸汽从动叶通道中流出，速度为 c_2，称为余速，所具有的动能 $c_2^2/2$ 称为余速动能。这部分动能在本级未做功，形成做功能力损失，也称为余速损失。

对单级汽轮机，本级的余速动能全部损失掉，不能被利用；对多级汽轮机，大多数级的余速动能可以部分或全部被下一级利用，作为下一级喷嘴进口的滞止能量；也有一些特殊的级，其余速动能全部损失掉不能被下一级加以利用，余速动能不能被下一级利用的级有：

1）调节级；

2）级后有抽汽口的级；

3）部分进汽度和平均直径突然变化的级；

4）最末一级。

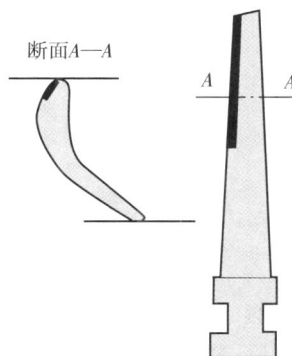

图 1-38　动叶片上强化
处理部位示意图

考虑到余速利用后，级的热力过程线如图 1-39 所示，该级既利用了上一级的部分余速动能，同时本级的余速动能也部分被下一级利用。为了反映本级利用上一级余速动能的份额，以及本级余速动能被下一级利用的份额，我们引入 ξ_0 和 ξ_2 两个能量利用系数。其含义如下：

$\xi_0 \dfrac{c_0^2}{2}$ ——上一级余速动能被本级利用的数量；

$\xi_2 \dfrac{c_2^2}{2}$ ——本级余速动能被下一级利用的数量。

由此可见，本级实际损失的余速动能为 $(1-\xi_2)\dfrac{c_2^2}{2}$，本级的实际出口状态点在 3 点，3 点也是下一级喷嘴的实际进口状态点，而下一级喷嘴进口的滞止状态点则在 3^* 点，无论本级

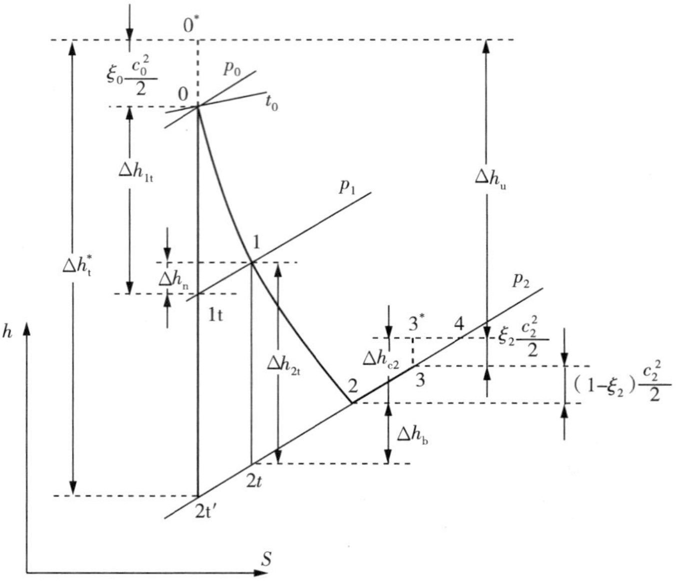

图 1－39　考虑到余速利用后级的热力过程线

的余速动能是否被下一级利用，对于本级来说，余速动能 $\dfrac{c_2^2}{2}$ 都损失掉了，对本级的有效焓降都没有影响。本级余速动能若被下一级利用，则增大了下一级的滞止理想焓降和下一级的有效焓降，提高了下一级的级效率。

七、级的内功率与相对内效率

级效率用来衡量蒸汽在级内流动时热力过程的完善程度，反映级内损失的相对大小。

1. 级的内功率

考虑到发生在级内的所有损失后，级输出的功率称为内功率。

$$P_i = G_n \Delta h_i \tag{1-14}$$

式中：Δh_i——级的有效焓降，kJ/kg；

$\quad G_n$——通过级的流量，kg/s；

如图 1－40 所示，Δh_i 是考虑到喷嘴损失、动叶损失、湿汽损失、漏汽损失、鼓风摩擦损失和余速损失等所有损失后，能够转变成内功率的焓降，称为级的有效焓降，图中 $\sum \Delta h$ 表示除了喷嘴损失、动叶损失和余速损失以外的其他所有损失之和，图中 $0—1t—2t'$ 为蒸汽在级中的理想膨胀过程线，$0—1—2—3—4$ 为蒸汽在级中的实际膨胀过程线。

2. 级的相对内效率

级的相对内效率是考虑了级内所有损失后得到的级的效率，即：

$$\eta_i = \frac{\Delta h_i}{\Delta h_t^*} = \frac{\Delta h_t^* - \Delta h_n - \Delta h_b - \Delta h_{c2} - \Delta h_{vf} - \Delta h_p - \Delta h_x}{\Delta h_t^*} \tag{1-15}$$

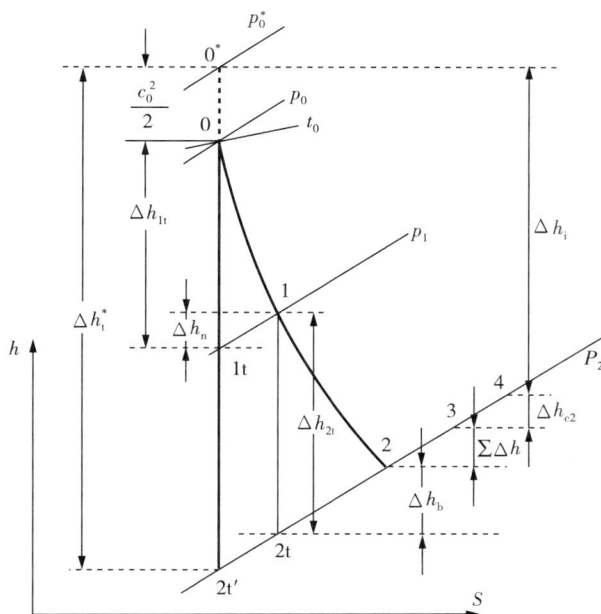

图 1−40 级的热力过程线

第五节 多级汽轮机

为了满足电力生产的需要,汽轮机要求更大的功率和更高的效率。为此,将若干级按压力高低顺序排列组合在一起,形成多级汽轮机,多级汽轮机的功率等于各级功率之和。

若要增大汽轮机的功率,除了增加进入汽轮机的蒸汽流量外,还应尽量提高蒸汽初参数、降低排汽压力,以增大单位蒸汽在汽轮机中的理想焓降;若要提高汽轮机的效率,一方面,要尽量减小汽轮机的各种损失,以提高汽轮机的相对内效率,另一方面,要尽量提高蒸汽初参数、降低排汽压力,以提高循环热效率。由此可见,无论是增大汽轮机功率,还是提高汽轮机效率,都需要尽量提高蒸汽初参数、降低蒸汽终参数(排汽压力)。

一、多级汽轮机的结构组成

多级汽轮机分为冲动式多级汽轮机和反动式多级汽轮机两种。

如图 1−41 所示,冲动式多级汽轮机由若干个冲动级排列而成,其中第一级为调节级,其喷嘴叶片安装在喷嘴室上,其后的各级为非调节级,非调节级的喷嘴(静叶)安装在隔板上,隔板再安装在汽缸上,动叶安装在叶轮上,叶轮再安装在转轴上。

主蒸汽经过调节阀进入喷嘴室,在调节级内膨胀做功后进入调节级汽室,混合均匀后的蒸汽再继续流向其后的各非调节级中膨胀做功;汽轮机功率等于各级功率之和。

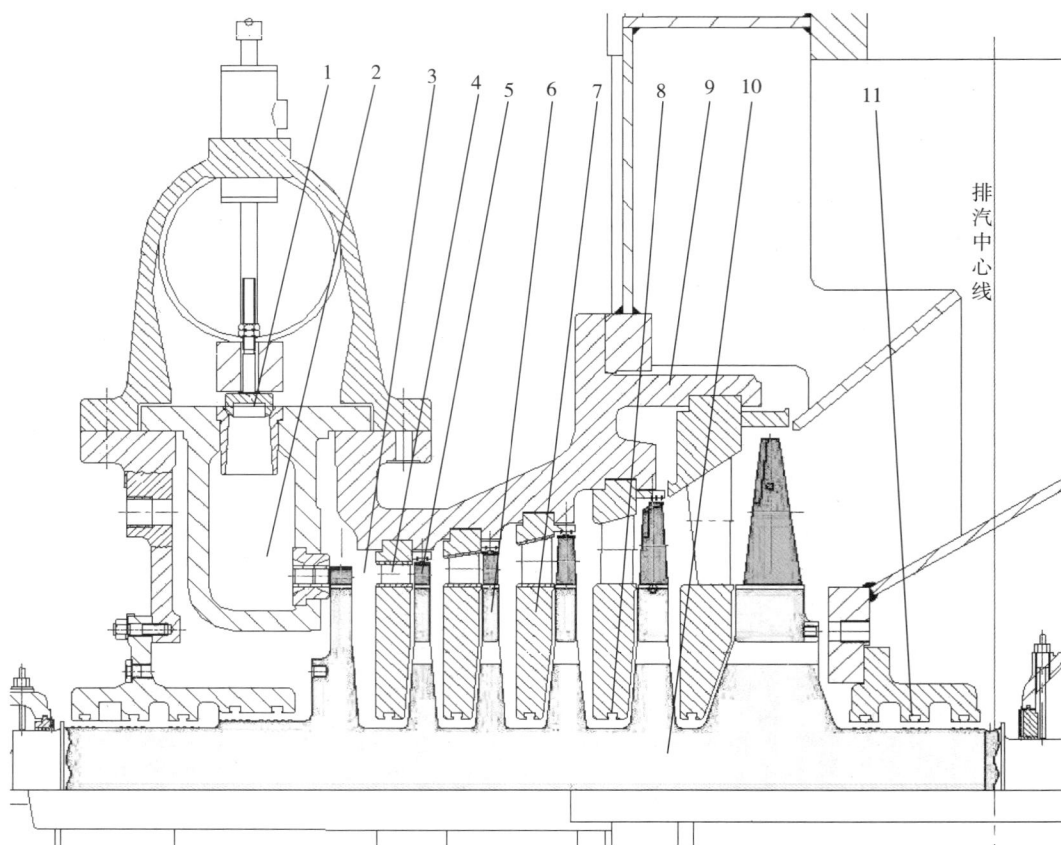

图 1-41　多级冲动式汽轮机结构示意图
1—调节阀;2—喷嘴室;3—调节级汽室;4—喷嘴;5—动叶;6—叶轮;7—隔板;
8—隔板汽封安装槽;9—汽缸;10—转轴;11—轴端汽封安装槽

如图 1-42 所示,为了减小轴向推力,反动式汽轮机采用鼓形转子,其动叶直接安装在转鼓上,喷嘴(静叶)形成静叶环,安装在汽缸上;反动式汽轮机也是由调节级和非调节级所组成,其中,调节级常采用单列冲动级或速度级,其后的非调节级均为反动级。

二、多级汽轮机各级段的结构和特点

对于大功率汽轮机,进汽为超临界或超超临界的过热蒸汽,排汽为负压状态的湿蒸汽,蒸汽参数(压力、温度)逐级变化,各级叶片的高度、反动度、进汽角度等也随之变化,如图 1-43 所示,为便于进一步分析汽轮机各级在结构及流动做功方面的特点,按照蒸汽流动方向将汽轮机级分成高压级段、中压级段和低压级段三部分,针对这三部分蒸汽参数的不同分析其对叶片结构及膨胀做功带来的影响。

多级汽轮机结构及
蒸汽流动过程

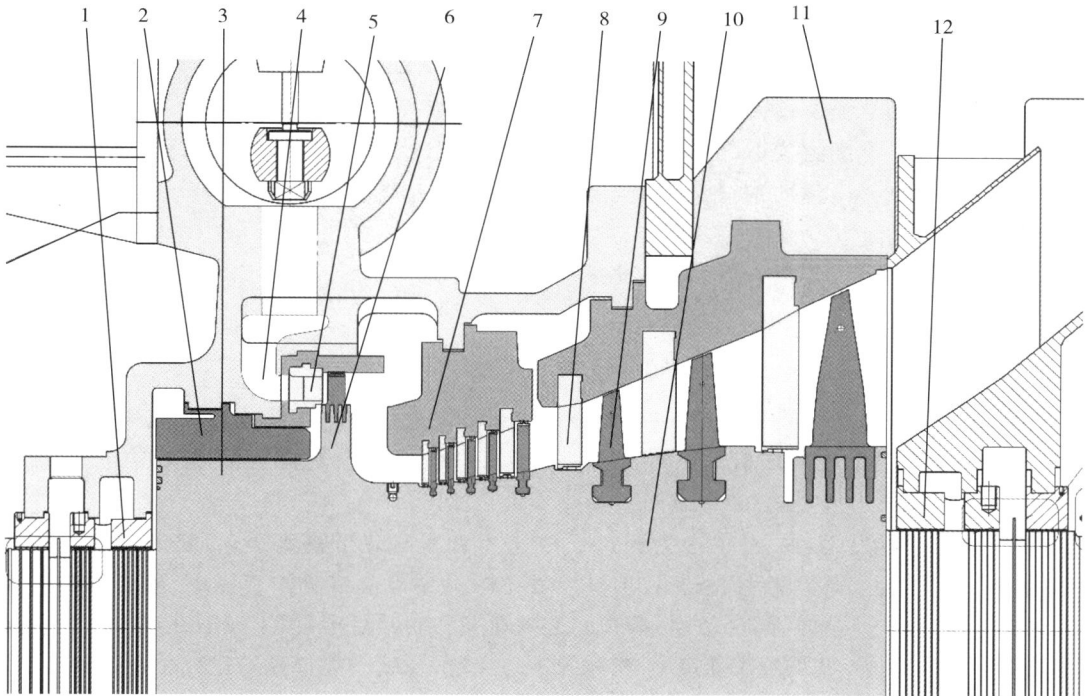

图 1-42　多级反动式汽轮机结构示意图

1—高压端轴封；2—平衡活塞汽封；3—平衡活塞；4—喷嘴室；5—调节级喷嘴；6—叶轮；

7—静叶持环；8—静叶环；9—动叶；10—转鼓（转子）；11—汽缸；12—低压端轴封

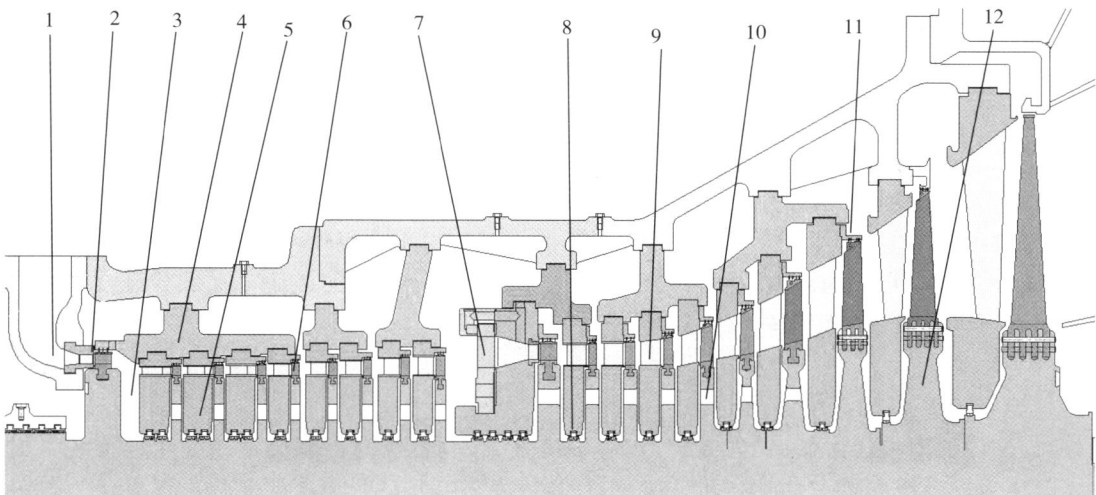

图 1-43　多级汽轮机通流部分结构示意图

1—喷嘴室；2—调节级；3—调节级汽室；4—隔板套；5—隔板；6—动叶；

7—旋转隔板；8—隔板汽封；9—喷嘴；10—平衡孔；11—叶顶汽封；12—叶轮

1. 高压级段

（1）喷嘴出口汽流角 α_1 较小

高压级段蒸汽压力高、比容小，蒸汽容积流量小，所需的通流面积小，喷嘴和动叶高度小，使得喷嘴和动叶损失较大。为了减小喷嘴和动叶损失，可采用部分进汽来增加叶片高度，但随着部分进汽度的减小，部分进汽带来的损失（鼓风损失和斥汽损失）也越来越大，因此，应综合分析选择合适的部分进汽度，使得喷嘴损失、动叶损失和部分进汽损失之和达到最小。

在通流面积 A_n 一定时，渐缩斜切喷嘴的喷嘴高度为：

$$l_n = \frac{A_n}{e\pi d_n \sin\alpha_1} \tag{1-16}$$

由此可见，要想增大喷嘴高度、减小喷嘴损失，就应适当减小喷嘴出口汽流角 α_1。对于冲动式汽轮机最佳的喷嘴出口汽流角 α_1 为 $11°\sim14°$，反动式汽轮机的 α_1 为 $14°\sim20°$。

（2）级的焓降不大，相邻各级焓降的变化不大

高压级段各级比容小、比容的变化也不大，各级喷嘴和动叶高度小，各级叶片平均高度处的直径 d_b 小，且各级间直径的变化也不大，由于叶片平均高度处的直径小，使得圆周速度 u 小，如图 1-24 所示，为了使蒸汽能够顺利进入喷嘴和动叶通道，而不撞击在进口处的顶弧上，以保证各级效率，喷嘴出口速度 c_1 和动叶出口速度 w_2 就只能选择的比较小，从而使得各级的焓降不大，且相邻各级焓降的变化也不大。

（3）反动度 ρ_m 不大

冲动式汽轮机，各级都有一定的反动度，动叶叶根处的反动度 ρ_r 维持在 $0.03\sim0.05$ 左右，此时，叶根处就既不吸汽也不漏汽，叶根漏汽损失最小；虽然随着叶片高度的增加，叶片平均高度处的反动度会逐渐增大，但由于高压级段各级的叶片高度都比较小，因此叶片平均高度处的反动度 ρ_m（也就是级的反动度）也不大。

（4）各级的相对内效率较低

高压级段各级中的损失有喷嘴损失、动叶损失、余速损失、漏汽损失、部分进汽损失和叶轮摩擦损失等。

由于高压级段各级的叶高较小，故喷嘴和动叶损失较大；由于高压级段蒸汽比容较小，叶轮摩擦损失相对较大；并且，蒸汽比容小使得各级的通流面积较小，但漏汽间隙并不能按比例减小，使得漏汽量增大，漏汽损失相对较大；此外，部分进汽的级还存在部分进汽损失。因此，高压级段各级的相对内效率较低。

2. 低压级段

（1）喷嘴出口汽流角 α_1 较大

低压级段蒸汽压力低、比容大，蒸汽容积流量大，且各级间容积流量的变化也很大。因此，低压级段各级喷嘴和动叶高度都很大，且各级间喷嘴和动叶高度的变化也很大。为避免叶高过大影响叶片安全，并使蒸汽通流部分保持连续光滑变化，就需要逐级增大喷嘴和动叶的出汽角，从而使得末几级的喷嘴出口汽流角 α_1 变得较大。

（2）级的焓降增大，相邻各级焓降的变化大

低压级段各级叶片平均高度处的直径很大，且各级间直径的变化也很大，由于叶片平均

高度处的直径很大,使得圆周速度 u 很大。如图 1-24 所示,为了使蒸汽能够顺利进入喷嘴和动叶通道,以保证各级效率,喷嘴出口速度 c_1 和动叶出口速度 ω_2 就只能选择的很大,从而使得各级的焓降很大,且相邻各级焓降的变化也很大。

(3)反动度 ρ_m 较大

冲动式汽轮机,为保证叶片根部处既不吸汽也不漏汽,叶根处反动度维持在 0.03 ~ 0.05,随着叶片高度的增加,叶片平均高度处的反动度也随之增大,由于低压级段各级的叶高很大,导致在叶片平均高度处的反动度 ρ_m 也很大。

此外,由于低压级段各级的理想焓降增大很多。如图 1-15 中 1—3—4—5—6 所示,为避免喷嘴出口汽流速度超过临界状态下的音速过多,使得部分膨胀过程在喷嘴外进行,造成做功能力损失;为此,喷嘴中的焓降不能太大,需要将部分膨胀过程放到动叶通道中进行,从而使得动叶中的焓降进一步增大,导致级的反动度增大。因此,低压级段各级的反动度 ρ_m 明显增大。

(4)各级的相对内效率较低,特别是最末几级,效率降低的更多

低压级段各级中的损失有喷嘴损失、动叶损失、余速损失、漏汽损失、叶轮摩擦损失和湿汽损失等。

由于低压级段蒸汽的容积流量很大,但蒸汽的通流面积受到一定的限制,使得各级的余速损失较大;低压级段处于湿蒸汽区。存在湿汽损失,且越往后面湿汽损失越大;低压级段各级的叶片较高,漏汽间隙相对较小,同时由于蒸汽比容大,使得漏汽量很小,漏汽损失很小;低压级段各级的蒸汽比容大,叶轮摩擦损失也很小;由于低压级段的湿汽损失较大,因此低压级段各级的效率较低。

3. 中压级段

(1)级内损失小,各级的效率高

中压级段各级中的损失有喷嘴损失、动叶损失、余速损失、漏汽损失和叶轮摩擦损失等。

由于中压级段的蒸汽比容既不像高压级段那样小,也不像低压级段那样大,因此中压级段各级叶片高度适中,喷嘴和动叶损失较小;中压级段各级的漏汽损失和叶轮摩擦损失也比较小;此外,中压级段各级为全周进汽,没有部分进汽损失;中压级段各级一般工作在过热蒸汽区,没有湿汽损失;因此,中压级段各级的相对内效率较高。

(2)喷嘴出口汽流角 α_1、级的焓降、反动度 ρ_m

随着蒸汽的膨胀,中压级段蒸汽的容积流量逐级增大,各级流量增大的比较平缓,未达到急剧变化的程度。因此,各级的喷嘴高度、动叶高度以及动叶平均高度处的直径也在逐级增大,逐级增大的幅度介于高压级段和低压级段之间。此外,喷嘴出口汽流角 α_1、级的焓降和反动度 ρ_m 也逐级增大,其变化幅度介于高压级段和低压级段之间,并且逐级增大。

多级汽轮机各级段的结构和工作特点如表 1-3 和表 1-4 所示,

表 1-3 多级汽轮机各级段的结构和工作特点

级段	叶片高度	汽流角 α_1	反动度 ρ_m	级的焓降	级的相对内效率
高压级段	较小,叶高逐级增大,增幅较小	较小	较小,反动度逐级增大,增幅较小	较小,焓降逐级增大,增幅较小	低

(续表)

级段	叶片高度	汽流角 α_1	反动度 ρ_m	级的焓降	级的相对内效率
中压级段	中等,叶高逐级增大,增幅适中	中等	中等,反动度逐级增大,增幅适中	中等,焓降逐级增大,增幅适中	高
低压级段	较大,叶高逐级增大,增幅较大	较大	较大,反动度逐级增大,增幅较大	较大,焓降逐级增大,增幅较大	低

表 1-4 多级汽轮机各级段的级内损失

级段	Δh_n	Δh_b	Δh_{c2}	Δh_f	Δh_p	Δh_e	Δh_x	总损失
高压级段	较大	较大	小	较大	较大	有	无	大
中压级段	较小	较小	可利用	较小	较小	无	无	较小
低压级段	较小	较小	末级较大	较小	较小	无	大	大

三、多级汽轮机的损失

电厂的生产过程就是一个能量转换的过程,在汽轮机中将蒸汽的热能转变为机械能,在发电机中将机械能转变为电能;汽轮机发电机组的能量转换过程是由热力循环、汽轮机设备、轴承和发电机四个环节所组成,能量转换过程中各环节及损失如图 1-44 所示。

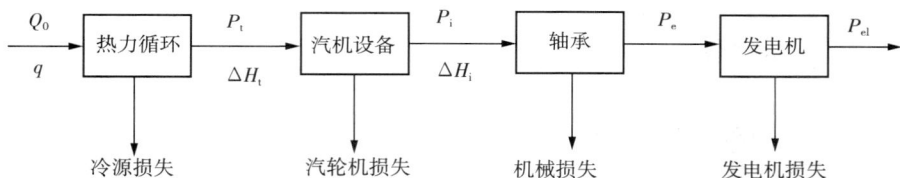

图 1-44 汽轮发电机组能量转换各组成环节框图

1. 热力循环

如图 1-45 所示,通过热力循环,不断从高温热源(锅炉)吸热,向低温热源(凝汽器)放热,同时向外输出功。这里,向低温热源的放热量为冷源损失,是热变功过程中必须付出的代价。

循环热效率:
$$\eta_t = 1 - \frac{\overline{T}_2}{\overline{T}_1} \tag{1-17}$$

式中:$\overline{T}_1$——高温热源平均吸热温度,℃;

$\overline{T}_2$——低温热源平均放热温度,℃。

提高循环热效率的措施:

① 提高进汽参数、降低排汽参数可以提高循环热效率;

② 采用回热、再热(一次再热、二次再热)、双机回热等循环形式可以提高循环热效率。

目前大功率机组的循环热效率达到 45% 左右。

2. 汽轮机设备

汽轮机损失包括汽轮机进汽机构节流损失、外部漏汽损失、汽轮机各级的级内损失、排

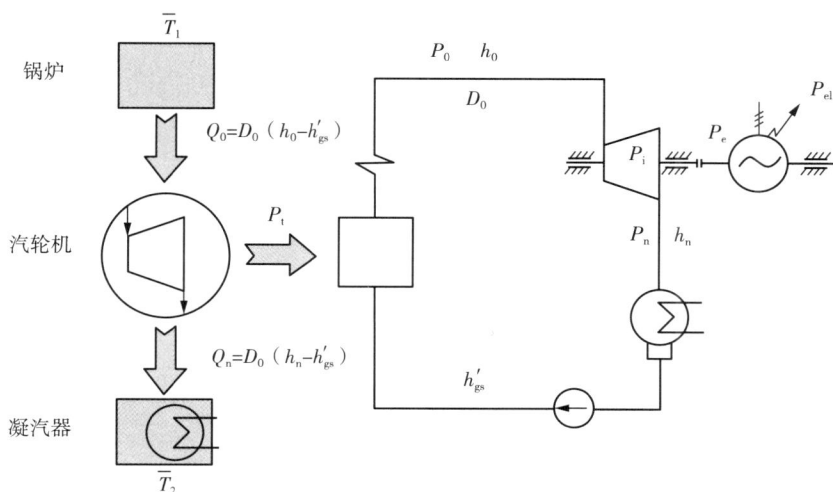

图 1－45 汽轮发电机组能量传递和转换

汽管损失等;其中,汽轮机进汽机构节流损失、汽轮机各级的级内损失和排汽管损失直接影响到蒸汽状态,可以在热力过程线上表示出来;而外部漏汽损失影响的是进入各级通流部分做功的蒸汽流量,并不直接影响到蒸汽状态,不能在热力过程线上表示出来。

(1)外部漏汽损失

在汽轮机主轴穿出汽缸的两端处,为了防止转动部分和静止部分发生碰撞摩擦,主轴与汽缸之间留有一定的间隙,由于汽缸内外存在压差,高压端会有部分蒸汽漏出,漏出去的这部分蒸汽没有参与做功;低压端处于负压状态,会有空气漏入,漏入的空气将引起真空下降,由此造成的汽轮机做功能力的损失称为外部漏汽损失。

为了解决汽轮机高中压缸轴端向外漏汽以及汽轮机低压缸轴端向内漏气,并回收和利用工质,汽轮机设置了轴封系统。

(2)进汽机构节流损失

如图 1－46 和图 1－47 所示,蒸汽流经自动主汽阀和调节阀时,由于阀门的节流作用,造成汽轮机理想焓降下降,形成做功能力损失。图 1－47 中:

ΔH_t——无节流时汽轮机的理想焓降;

$\Delta H_t'$——有节流时汽轮机的理想焓降;

ΔH——进汽机构的节流损失,$\Delta H = \Delta H_t - \Delta H_t'$。

进汽机构节流损失主要与汽流速度、阀门型式、门芯型线及汽室形状等因素有关。

为了减少进汽机构节流损失,需限制通过自动主汽阀和调节阀的流速,一般要求流速不超过 40～60 m/s,并选用流动性能好的阀门结构型式。

(3)排汽管损失

如图 1－46 和图 1－47 所示,汽轮机的排汽经连接排汽缸和凝汽器的排汽管时,由于摩擦、涡流等阻力作用使汽轮机的理想焓降下降,造成做功能力损失。图 1－47 中:

$\Delta H'$——排汽管损失,$\Delta H' = \Delta H_t' - \Delta H_t''$。

排汽管损失与排汽管中汽流速度、排汽缸型线、结构等有关。

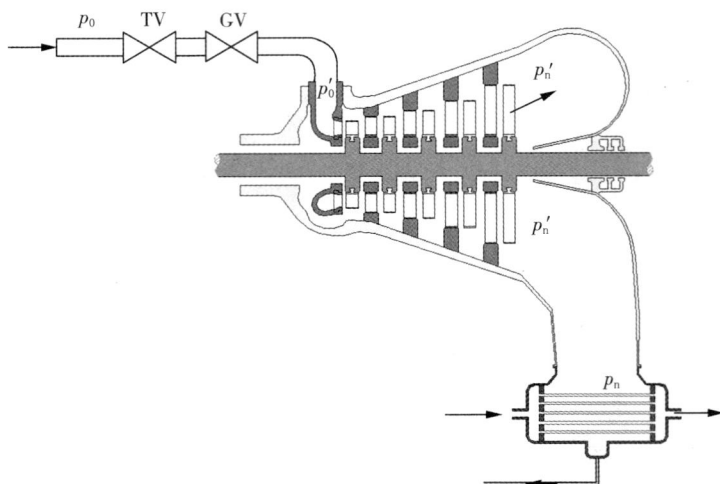

图 1-46 多级汽轮机的结构简图

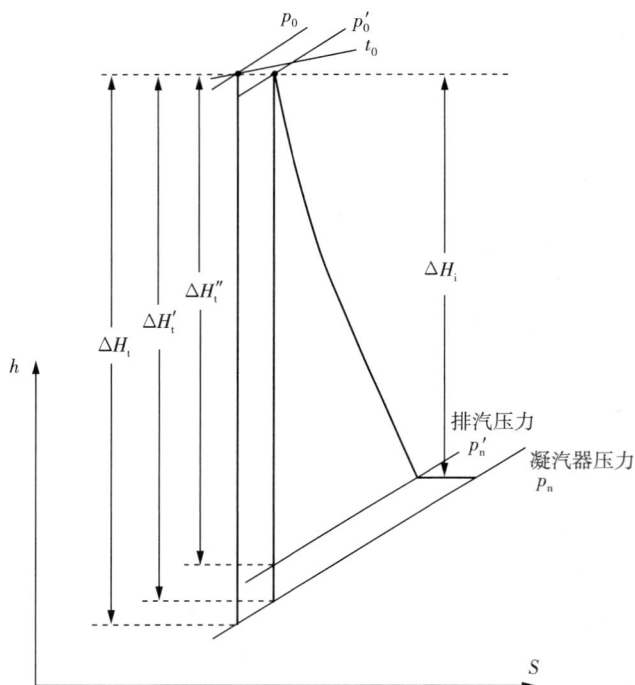

图 1-47 进汽机构节流损失和排汽管损失

为了减少排汽管损失,在排汽缸中安装扩压装置,利用排汽的动能,通过扩压装置的扩压作用来补偿排汽管道中的流动阻力;并在排汽缸中安装导流板来减少蒸汽的流动阻力。

考虑到汽轮机的所有损失后,多级汽轮机热力过程线如图 1-48 所示。

图 1-48 中,0′点为第一级喷嘴前的蒸汽状态点,根据第一级的各项级内损失,可确定第一级的排汽状态点 2′点,画出第一级的热力过程线;第一级的排汽状态点就是第二级的实际

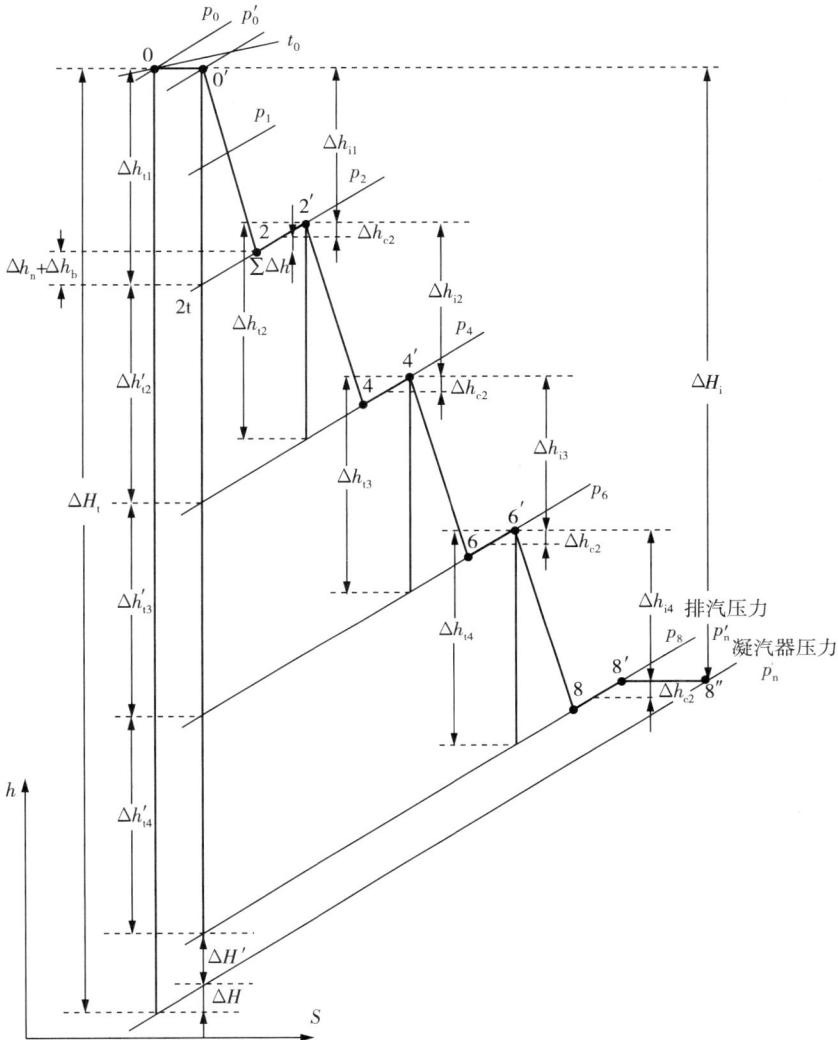

图 1-48 多级汽轮机的热力过程线

进口状态点,同样可以画出第二级的热力过程线;……,进而画出整个汽轮机的热力过程线。图 1-48 中:

ΔH_t——多级汽轮机的理想焓降;

ΔH_i——多级汽轮机的有效焓降。

ΔH_i 是考虑到各级的做功能力损失以及汽轮机在进汽端的进汽机构节流损失和排汽端的排汽管损失后多级汽轮机的焓降。

因此,多级汽轮机的相对内效率为:

$$\eta_i = \frac{\Delta H_i}{\Delta H_t} = \frac{P_i}{P_t} \qquad (1-18)$$

汽轮机的相对内效率考虑了汽轮机中的所有损失,表明了汽轮机内部结构的完善程度,大功率汽轮机的相对内效率已达到 87% 以上。

3. 轴承

汽轮机发电机组运行时,克服支持轴承和推力轴承的摩擦阻力,以及带动主油泵、调速器等都将消耗一部分有用功而造成做功能力的损失,称为机械损失。

机械效率为:

$$\eta_m = \frac{P_e}{P_i} \tag{1-19}$$

机械效率一般为 96%~99% 左右。

4. 发电机

发电机损失包括发电机的机械损失(机械摩擦和鼓风等)和电气损失(电气方面的励磁、铁心损失和线圈发热等)。

发电机效率为:

$$\eta_g = \frac{P_{el}}{P_e} \tag{1-20}$$

发电机效率与发电机的冷却方式及机组容量有关,中小型机组采用空冷,η_g 为 92%~98%;大功率机组采用氢冷或水冷,η_g 在 98% 以上。

四、汽轮发电机组的热经济指标

(1)汽耗量 D

汽耗量为汽轮发电机组每小时消耗的蒸汽量:

$$D = \frac{3600 P_{el}}{\Delta H_t \eta_i \eta_m \eta_g} \tag{1-21}$$

汽耗率是汽轮发电机组每发一度电所消耗的蒸汽量,汽耗率只能反映同型号机组经济性的高低:

$$d = \frac{3600}{\Delta H_t \eta_i \eta_m \eta_g} \tag{1-22}$$

(2)热耗率 q

热耗率是汽轮发电机组每发一度电所消耗的热量:

$$q = d(h_0 - h'_{gs}) \tag{1-23}$$

热耗率不仅反映汽轮机结构的完善程度,还反映热力循环效率的高低以及运行操作水平等。由于汽轮机在不同工况下运行时其热耗率不同,为了便于汽轮机设备选型和性能比较,国外和国内都制定了相应的规范,国外通常采用国际电工委员会制订的 IEC 60045—1 作为设备选型标准,国内采用《固定式发电用汽轮机规范》(GB/T 5578—2024)作为设备选型标准,该规范中规定了汽轮机的 TRL 工况(即铭牌工况)、TMCR 工况、THA 工况和 VWO 工况。国际上对大容量汽轮发电机组功率和工况的一般定义如下:

① THA 工况(turbine heat acceptance)

汽轮机在额定进汽参数下、额定背压、回热系统正常投运、补水率为 0% 时能连续运行发出额定功率时的工况,称为热耗率验收工况(考核工况),用于汽轮机性能的验收和评价。

② VWO 工况(valve wide open)

汽轮机调节汽阀全开,在额定的进汽参数、额定排汽压力、回热系统正常投运、补水率为 0％、进汽量为汽轮机的最大进汽量时能连续运行的工况,称为调节汽阀全开工况,此时的功率为调节汽阀全开工况的功率。

③ TMCR 工况(turbine maximum continue rate)

汽轮机在额定进汽参数下、额定背压、回热系统正常投运,补水率为 0％、进汽量等于铭牌工况进汽量时能连续运行的工况;称为汽轮机最大连续运行工况,此时的功率为机组的最大连续功率。

④ TRL 工况(turbine rated load)

汽轮机在额定进汽参数下、额定背压、回热系统正常投运、补水率为 3％、机组能连续运行并达到铭牌功率的工况,称为汽轮机的铭牌工况,此时汽轮机所需的进汽量为相应于保证功率的进汽量。

根据选取的 300 MW、600 MW 和 1000 MW 机组的实验计算结果,所选机组的热耗率如表 1-5 所示。

表 1-5　300 MW、600 MW 和 1000 MW 的机组汽轮发电机组的热耗率

机组	工况	参数 (MPa/℃/MPa)	热耗率 [kJ/(kW·h)]
亚临界 300 MW	设计值	16.7/537/0.0049	7900
	THA 试验	16.7/537/0.0049	8200
亚临界 600 MW	设计值	16.7/537/0.0049	7750
	THA 试验	16.7/537/0.0049	8012
超临界 600 MW	设计值	24.2/566/0.0052	7535
	THA 试验	24.2/566/0.0052	7715
超超临界 1000 MW	设计值	26.25/600/0.0049	7330
	THA 试验	27.0/600/0.0047	7315

此外,阳西电厂二期 1240 MW 超超临界一次再热机组,THA 工况下汽轮发电机组的热耗率为 7262 kJ/(kW·h),广东陆丰甲湖湾电厂一期 1000 MW 一次再然、超超临界机组,采用双机回热,汽轮发电机组的设计热耗率为 7121 kJ/(kW·h);安徽淮北平山电厂二期超超临界、二次再热、双轴 1350 MW 机组,THA 工况下汽轮发电机组的热耗率可达到 6897 kJ/(kW·h)。由此可见,机组的热耗率随机组容量的增大、参数的提高(蒸汽压力达到超超临界、主蒸汽和再热蒸汽温度提高到 600 ℃ 及以上)、改进热力循环(采用二次再热、采用双机回热等)而逐渐降低。

复 习 训 练 题

一、名词概念

1. 级、压力级、调节级

2. 级的相对内效率

3. 汽轮机的相对内效率

4. 冲动作用原理

5. 反动作用原理

6. 反动度、反动级、冲动级

7. 级内损失

8. 汽耗率

9. 热耗率

二、分析说明

1. 蒸汽在冲动级中流动时,压力和速度是如何变化的? 如何进行热功转换?

2. 简述蒸汽在渐缩斜切喷嘴中的膨胀过程及其特点。

3. 湿蒸汽对汽轮机的运行有何影响? 如何减少湿汽损失?

4. 级内漏汽损失是如何产生的? 如何减少级内漏汽损失?

5. 画出纯冲动级动叶进出口的速度三角形。

6. 画出反动级的热力过程线,并标出级的滞止理想焓降、有效焓降、喷嘴损失、动叶损失和余速损失。

第二章 汽轮机的本体结构

汽轮机本体是由转动部分和静止部分两大部分组成,汽轮机的转动部分包括主轴、叶轮、动叶、联轴器及装在轴上的其他部件,汽轮机的静止部分包括汽缸、喷嘴组、隔板(或静叶环)、静叶、进汽管道、排汽管道、抽汽管道及装在汽缸上的其他部件。

第一节 动 叶

汽轮机中进行热功转换的最小单元是级,级由喷嘴和动叶组成,数量最多,其结构和装配直接影响到机组运行的安全性和经济性。如图2-1所示,动叶安装在叶轮上,叶轮再安装在汽轮机转轴上,并随汽轮机转子一起高速旋转。

对动叶片的要求是:要具有良好的空气动力特性,以减少流动损失,提高热功转换效率;要有足够的强度;对于湿蒸汽区工作的叶片,还要有良好的抗冲蚀能力;要有完善的振动特性;结构合理,工艺良好。

图2-1 汽轮机转子结构

动叶所受到的作用力主要有:

(1)叶片、围带和拉筋所产生的离心力

由于转子在高速旋转,叶片、围带和拉筋都要受到离心力的作用,离心力作用在叶片上,不仅要产生离心拉应力,若离心力作用线不通过承力面形心时,还要产生离心弯应力。

（2）汽流作用力

蒸汽汽流在通过动叶通道时，给动叶片一个汽流作用力，随着叶片的旋转，汽流作用力呈周期性变化。

（3）叶片中的温差引起的热应力

如图 2-2 所示，动叶片一般由叶型、叶根和叶顶三部分组成，动叶通道为相邻动叶片的叶型部分所夹的汽流通道，蒸汽流过动叶通道时，利用冲动作用原理（反动作用原理），将蒸汽的宏观动能（蒸汽的热能）转变成转子高速旋转的机械能。

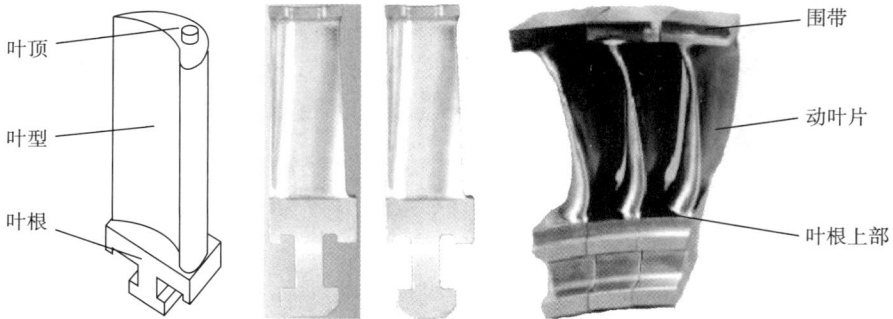

图 2-2　动叶片结构

一、叶型

按叶型的不同，动叶可分成等截面直叶片和变截面扭叶片两种。

1. 等截面直叶片

如图 2-2 所示，等截面直叶片任意高度处叶片横截面的型线和面积都相同，这种叶片加工方便、制造成本低、但空气动力特性较差，流动损失较大，主要用于短叶片。

2. 变截面扭叶片

如图 2-3 所示，随着叶片高度的增加，若采用等截面直叶片，由于叶片不同高度处的圆周速度不同，从叶根到叶顶，圆周速度逐渐增大，即 $u_r < u_m < u_t$，使得在叶片不同高度处进入动叶的汽流相对速度不同；由动叶进口速度三角形可见，在叶顶、叶片平均高度和叶根处，进入动叶通道的汽流角度分别为 β_{1r}、β_{1m} 和 β_{1t}，且 $\beta_{1r} < \beta_{1m} < \beta_{1t}$，因此，在叶片平均高度处，当喷嘴出口的汽流以相对进汽角 β_{1m}（$\beta_{1m} = \beta_{1g}$）顺利进入动叶通道时，在叶顶，汽流将撞击在动叶进口的背弧上（$\beta_{1t} > \beta_{1g}$）；在叶根处，汽流则撞击在动叶进口的顶弧上（$\beta_{1r} < \beta_{1g}$），由此造成做功能力损失，使级效率降低。

为此，对于较长的叶片，为了让汽流能够顺利地进入动叶通道，动叶进口结构角（β_{1g}）从叶根到叶顶应逐渐增大，以适应圆周速度沿叶高的变化。如图 2-4 所示，变截面扭叶片的截面积由叶根到叶顶逐渐减小，并且叶片沿各截面形心的连线发生扭转，这种叶片具有较好的空气动力特性、较高的强度，但制造工艺较复杂。

为了衡量叶片的相对长短，引入径高比概念，径高比定义为

$$\vartheta = d_b / l_b \tag{2-1}$$

式中：d_b——动叶片平均高度处的直径；

　　　l_b——动叶片的高度。

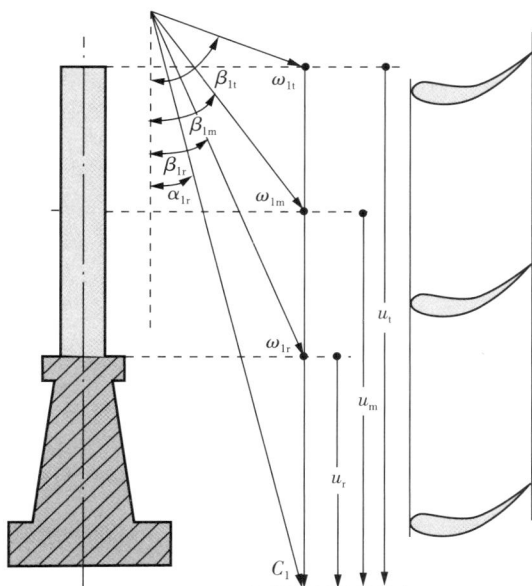

图 2-3　长叶片叶根处和叶顶处的速度三角形

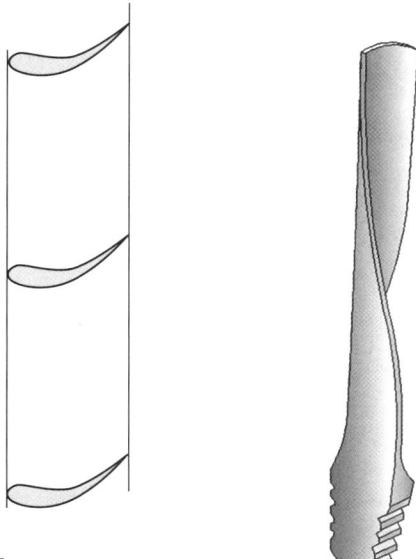

图 2-4　变截面扭叶片结构

当叶片的 $\vartheta < 8 \sim 10$ 时,称为长叶片。

此外,对于较短的等截面直叶片,由于沿叶高圆周速度和蒸汽参数的变化不大,一般不考虑沿叶高反动度的变化,可用动叶平均高度处的反动度来表示。对于较长的变截面扭叶片,由于沿叶高圆周速度和蒸汽参数的变化比较大,不同高度处动叶中的蒸汽膨胀量差别比较大,需要考虑沿叶高反动度的变化,其反动度从叶根到叶顶逐渐增大。

二、叶根

叶根是将动叶片固定在叶轮或转鼓上的连接部分,对叶根的要求是:在任何情况下都应保证叶片牢靠地固定在叶轮或转鼓上,同时制造简单、装配方便。

叶根的结构形式主要有 T 型叶根、菌型叶根、叉型叶根和枞树型叶根四种。

1. T 型叶根

如图 2-5(a)所示,T 型叶根结构简单,加工、装配方便,普遍用在较短的叶片上。但这种叶根在离心力的作用下,轮缘有向外张开的趋势,会对轮缘两侧产生弯曲应力;为了防止叶轮轮缘向外张开,采用外包 T 型叶根,如图 2-5(b)所示,叶根两侧有凸肩,可将轮缘包住,防止叶轮轮缘向外张开。另外,随着动叶长度的增加,叶片的离心力也随之增大,叶根处的应力相应增大,为了提高叶根的承载能力,需要增大叶根处的受力面积,如图 2-5(c)所示,采用双 T 型叶根。

T 型叶根的装配如图 2-6 所示,在叶轮的轮缘上开有一个或两个缺口,沿径向将叶片从缺口处逐个插入轮缘上的轮缘槽中,并沿圆周方向推至相应位置,最后插入缺口处的叶片需要用铆钉固定在轮缘上。这种装配方法简单,但更换叶片时拆装工作量比较大。

动叶结构及安装

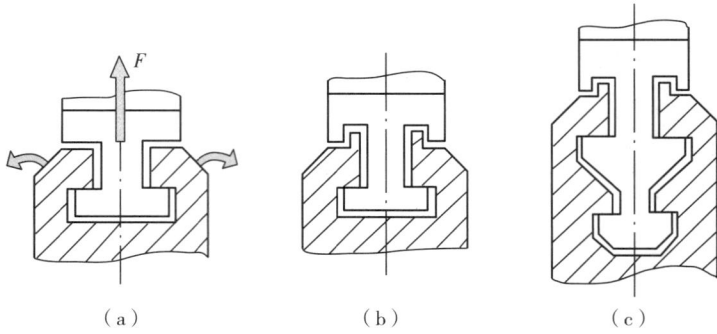

图 2-5　T 型叶根的类型

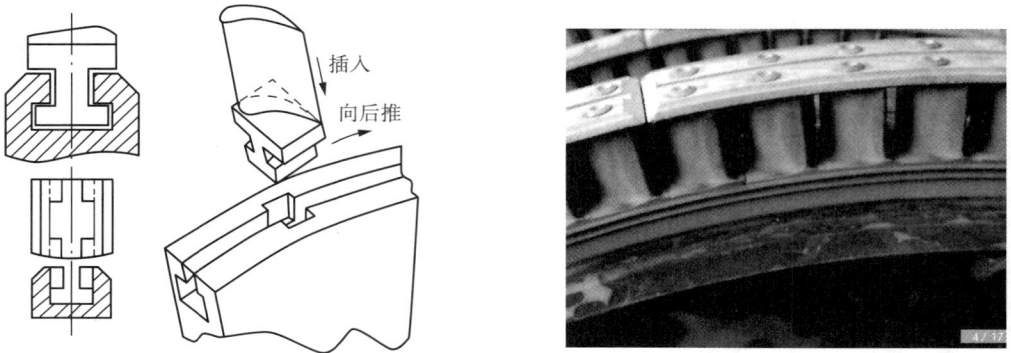

图 2-6　T 型叶根的安装

上汽 300 MW(K156)汽轮机中 T 型叶根末叶锁紧结构如图 2-7 所示,每级的轮槽中均有一个末叶窗口,将叶片从末叶窗口插入,并沿着周向装入轮槽内,叶片根部径向面相互贴合。为了使叶根支承面与轮槽紧密贴合,每个叶根底部均填入垫片。

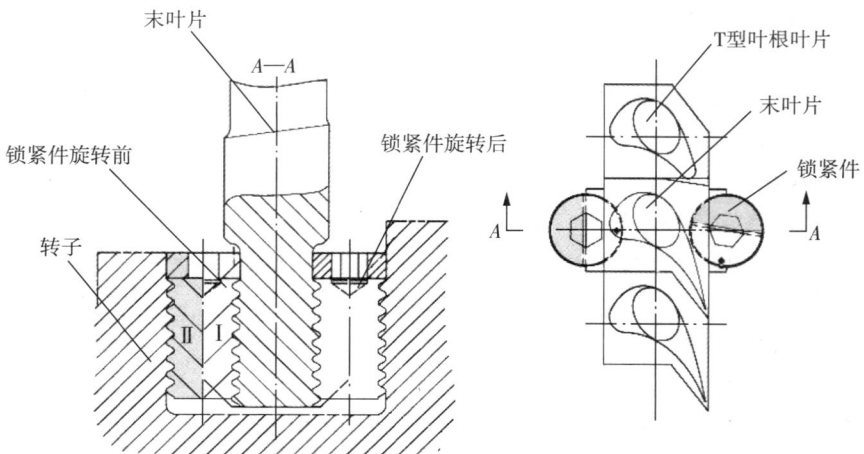

图 2-7　T 型叶根末叶锁紧结构

最后一个装入的为末叶片,末叶片的锁紧方式如图中 $A—A$ 截面所示,末叶片根部轴向两侧加工出与锁紧件齿形相同的半圆形槽,而转子末叶窗口轴向两侧加工出与上述相同的半圆形槽。每级用两个锁紧件,每个锁紧件由Ⅰ、Ⅱ两半组合而成,分别装于末叶根部与转子上的末叶窗口内侧,先将半圆锁紧件Ⅱ放入末叶窗口内侧旋转前位置,再将末叶片连同半圆锁紧件Ⅰ一起装入末叶窗口。当配准相应位置后,锁紧件转动 $80.5°$,并在锁紧件Ⅰ端部的小孔冲铆,从而产生局部变形,防锁紧件转动,使末叶片在末叶窗口内锁紧。

2. 叉型叶根

叉型叶根的叶根形状呈叉形,其叶根结构及其装配如图 2-8 所示,在叶轮的轮缘上开有叉槽,沿径向将叶片插入轮缘上的叉槽中,并用铆钉固定;叉型叶根加工简单,强度高,适应性好,更换叶片也比较方便,多用于中、长叶片。

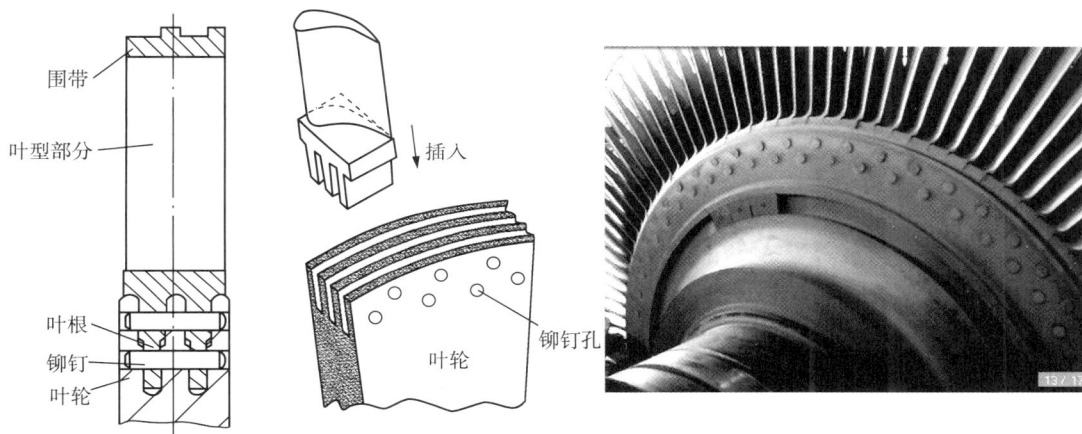

图 2-8　叉型叶根的安装

叉型叶根装配时工作量较大,且钻铆钉孔需要较大的轴向空间,使得叉型叶根在整锻和焊接转子上的应用受到了制约。

如图 2-9 所示,上汽引进型 300 MW 汽轮机为反动式汽轮机,调节级采用冲动级,有叶轮,并且调节级汽室有较大的空间,调节级每三个叶片合在一起作为一个整体加工出来,采用叉型叶根安装在叶轮上。

3. 枞树型叶根

枞树型叶根的结构及安装如图 2-10 所示,在叶轮的轮缘上,开有相应的枞树形安装槽,枞树形安装槽大致沿轴向,叶根沿轴向装入轮缘上的枞树形安装槽中。这种叶根的承载能力大,适应性好,拆装方便,但加工复杂,精度要求高,主要用于载荷较大的长叶片。

4. 菌型叶根

菌型叶根的结构及安装如图 2-11 所示,在叶轮的轮缘上开有一个或两个缺口,叶片从缺口处依次装入轮缘槽,并沿圆周方向推至相应的位置,最后装在缺口处的叶片为封口叶片,装入后用铆钉固定在轮缘上。菌型叶根的叶根和轮缘的载荷分配比 T 型叶根合理,强度较高,但加工复杂,应用不如 T 型叶根广泛。

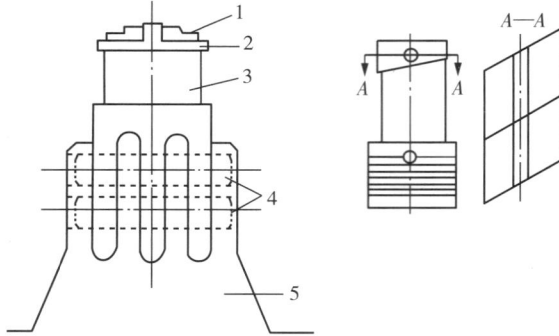

图 2-9 引进型 300 MW 汽轮机调节级叶片

1—铆接围带;2—整体围带;3—动叶片;4—铆钉;5—转子

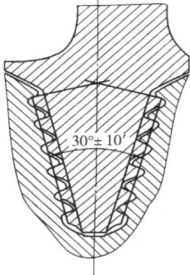

(a)叶根与轮缘配合关系　　(b)动叶片　　　(c)叶轮轮缘安装槽　　(d)安装后的叶根与轮缘

图 2-10　枞树型叶根及其安装

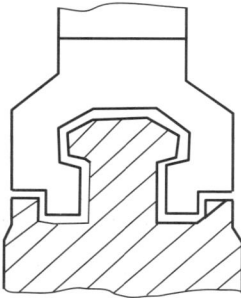

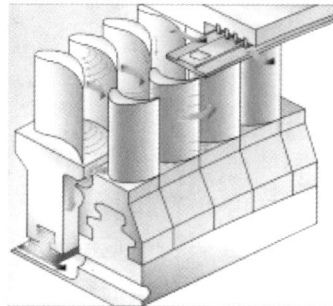

图 2-11　菌型叶根

三、叶顶

对于短叶片和中长叶片,一般在叶顶用围带将叶片连接在一起;对于长叶片,一般会在叶型部分用拉筋将叶片连在一起;如果叶片既没有围带,也没有拉筋,则称为自由叶片。

1. 围带

如图 2-12 所示,在叶顶用围带将叶片连成组,使得相邻叶片叶型部分、叶根及围带围成一个汽流通道,在围带的外缘,为减小叶顶漏汽,提高级效率,还安装了叶顶汽封;此外,围带还提高了叶片的刚性,减小叶片所受的弯曲应力。围带的基本形式主要有整体围带和铆接围带两种。

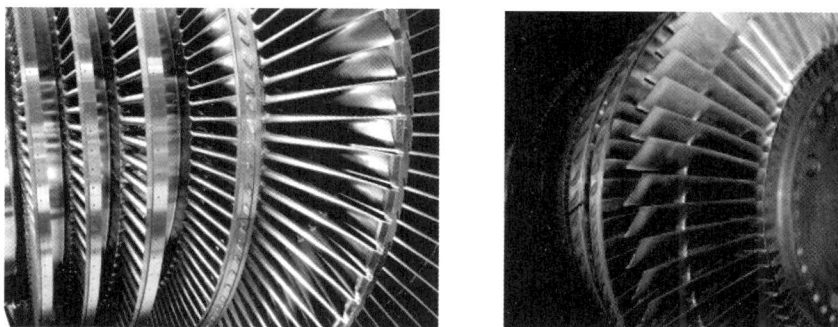

图 2-12　围带结构

（1）整体围带

如图 2-13 所示，叶片和其顶部的部分围带合在一起作为一个整体加工出来，叶片安装好后，相邻叶片的顶部相互靠紧形成一整圈，相邻叶片顶部贴合处可以焊接在一起；也可以不焊接。

如图 2-9 所示，引进型 300 MW 汽轮机调节级的动叶，采用双层围带结构，每三个叶片作为一组，与其顶部围带作为一个整体一起加工出来，顶部的围带呈平行四边形，围带上还开有拉筋孔，叶片安装好后，相邻叶片顶部相互靠紧，形成一整圈，并通过拉筋孔用短拉筋连接

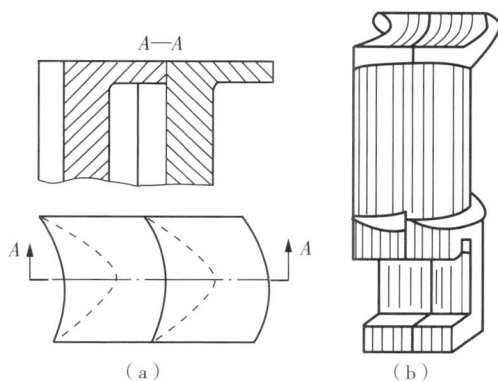

图 2-13　整体围带结构

起来。此外，调节级叶片在整体围带的外缘又加装了一圈铆接围带，形成双层围带结构。

（2）铆接围带

如图 2-14 所示，铆接围带是由 3～5 mm 厚的扁平钢带，用铆接方法固定在叶顶。铆接围带的叶顶都有与围带上的孔相配合的凸出部分，以便与围带铆接在一起；通常将 4～16 片叶片联结成一组，考虑到热膨胀的问题，相邻两片围带间留有 1 mm 左右的膨胀间隙。

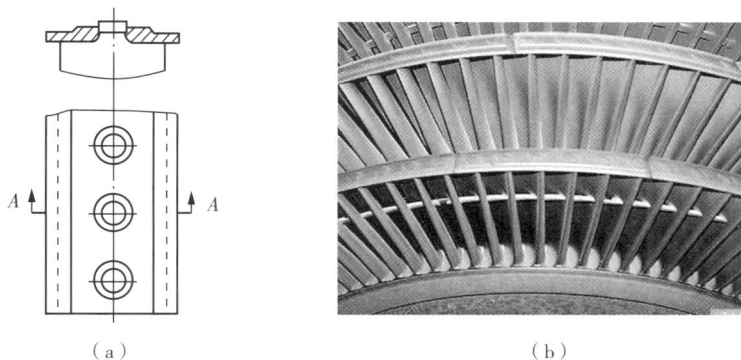

（a）

（b）

图 2-14　铆接围带结构

2. 拉筋

拉筋为 6～12 mm 的实心或空心金属圆杆,穿在叶型部分的拉筋孔中,以增加叶片的刚性,改善其振动特性;但采用拉筋后,加大了蒸汽流动时的阻力,并且,拉筋孔还削弱了叶片强度。

常用的拉筋结构有焊接拉筋、松装拉筋和 Z 型拉筋等,如图 2-15 所示,拉筋与叶片间可以采用焊接结构,也可以采用松装结构。通常每级叶片上穿 1～2 圈拉筋,最多不超过 3 圈。

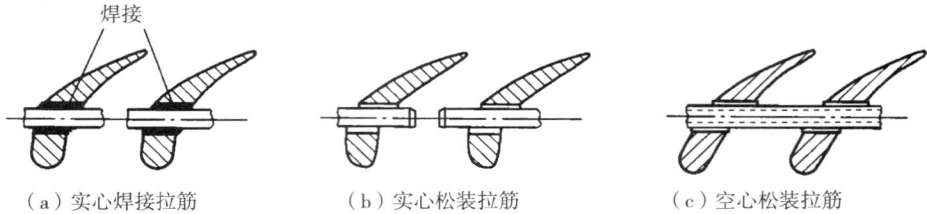

（a）实心焊接拉筋　　　（b）实心松装拉筋　　　（c）空心松装拉筋

图 2-15　常用拉筋的结构形式

焊接拉筋可以减小叶片所受到的弯应力,增强叶片刚性,改善叶片的振动特性;松装拉筋,一方面,增加了附加在叶片上的离心力,相当于提高了叶片的刚性,从而提高了叶片的自振频率;另一方面,增加了叶片的振动阻尼,减小了叶片的振幅。

Z 型拉筋如图 2-16 所示,每个叶片都自带一小段拉筋,其拉筋与叶片是一个整体,与叶片一起加工出来,叶片安装好后,相邻叶片的拉筋相互靠近,再将相邻叶片拉筋结合处焊接在一起,形成一整圈。由于这种拉筋的节距较小,可提高叶片的刚性和抗扭性能,也有利于避免拉筋因离心力过大而损坏。

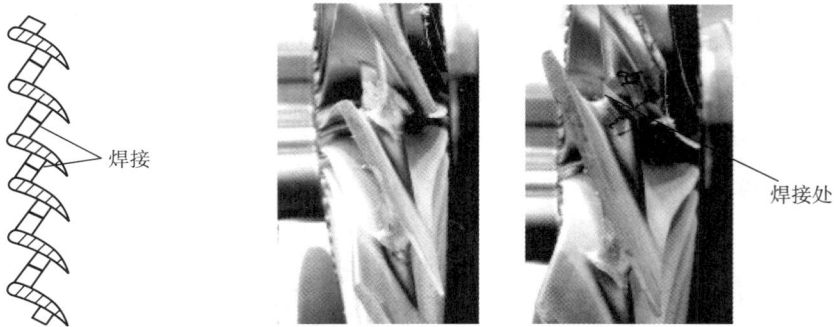

图 2-16　Z 型拉筋结构

如图 2-17 所示,拉筋的连接方式有整圈连接、成组连接、网状连接等。

大功率汽轮机的研制是汽轮机发展的一个重要方向,要增大机组功率,就需要增大蒸汽流量,由于蒸汽流量受到汽轮机排汽口排汽面积的限制,排汽口的排汽面积又取决于末级叶片的长度,而末级叶片的长度则受到材料强度极限的限制,此外,更长的末级叶片可以降低末级余速损失,提高末级的做功能力,还能减少大功率汽轮机的低压缸数量,从而降低汽轮机造价;使得末级叶片的长度及其安全性成为超超临界汽轮机设计的一项关键技术。

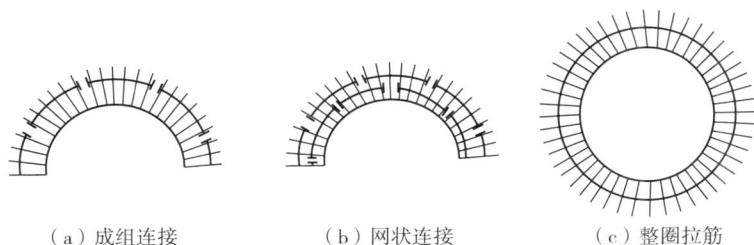

（a）成组连接　　　　　（b）网状连接　　　　　（c）整圈拉筋

图 2-17　拉筋的连接方式

对于 1000 MW 超超临界机组，东汽的末级叶片采用 1092.2 mm 整体围带＋凸台阻尼拉筋整圈连接，叶根为 8 叉根，末级动叶片顶部进汽边经过高频淬硬处理，如图 2-18 所示。

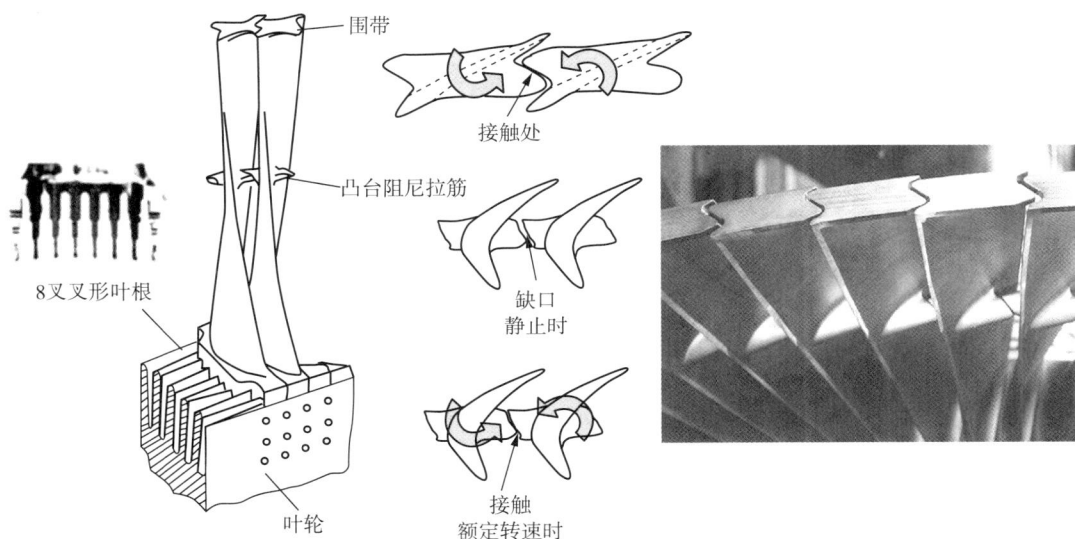

图 2-18　东汽超超临界汽轮机末级叶片结构

如图 2-19 所示，哈汽的末级叶片采用 1219.2 mm 整体围带＋凸台/套筒拉筋整圈连接，叶根为圆弧枞树形叶根，末级动叶片采用 15Cr 高硬度材料，阻尼围带和凸台/套筒拉筋具有高抗振衰减性；而上汽的末级叶片则是采用 1146 mm 枞树型叶根的自由叶片，末级动叶片顶部进汽边激光硬化。

四、叶片振动

装在叶轮或转鼓上的叶片，在外力作用下，叶片偏离平衡位置，当外力消除后，叶片在其平衡位置附近反复振动，这种振动称为自由振动，叶片自由振动时的频率为叶片的自振频率；若作用在叶片上的外力为周期性外力，叶片振动的频率等于周期性外力的频率，这种振动称为强迫振动；若激振力频率与叶片自振频率相等或成整数倍时，将产生共振，叶片的振幅和振动应力将急剧增大。

叶片损坏大多数是由叶片共振引起的，叶片发生共振时，疲劳损伤可在较短时间内使叶片产生裂纹，造成叶片的受力截面积减小，最终在离心力和汽流力的作用下叶片断裂；个别叶片断裂后，还可能导致相邻叶片的损坏，并且，叶片的断裂还会使转子失去平衡而发生强

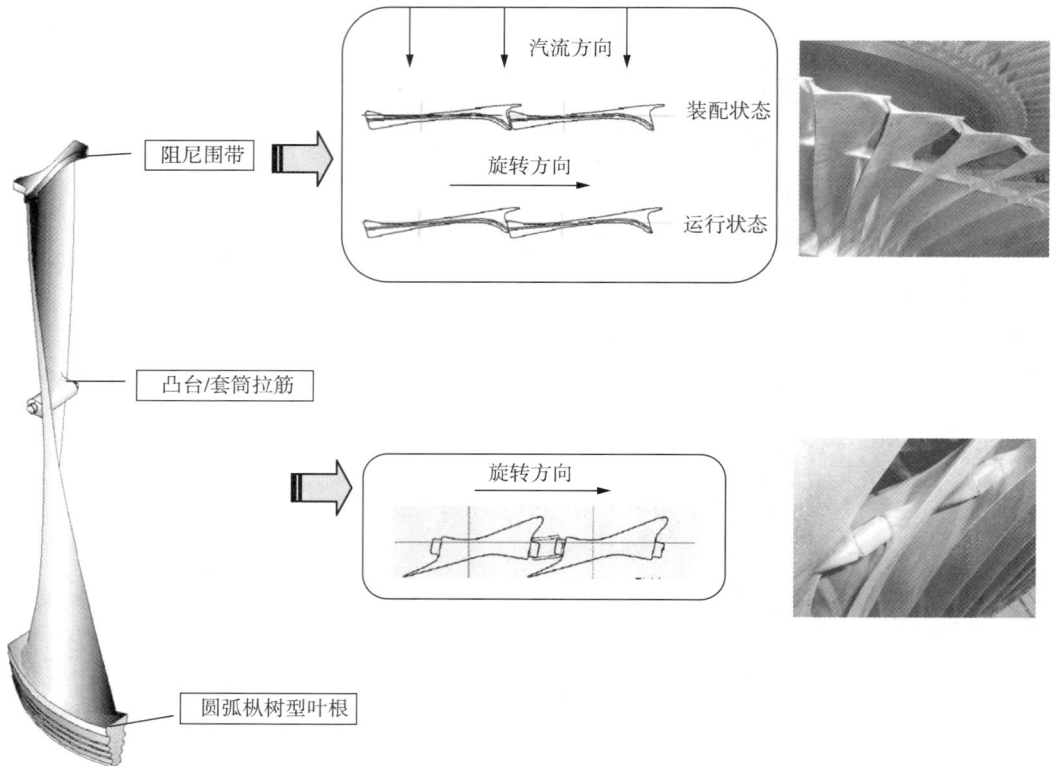

图 2-19 哈汽超超临界汽轮机末级叶片结构

烈振动,造成更严重的后果。

1. 激振力

激振力是作用在叶片上引起其振动的周期性外力,按来源不同,激振力可分为机械激振力和汽流激振力两种,机械激振力是汽轮机其他零部件的振动传给叶片的,振动的大小和方向取决于振源的振动特性,这里不讨论;汽流激振力是由于沿圆周方向汽流分布的不均匀,在旋转着的叶片上形成的一个周期性的作用力,按频率的高低不同,汽流激振力又分为高频激振力和低频激振力两种。

(1)高频激振力

如图 2-20 所示,由于喷嘴出汽边具有一定厚度,使得喷嘴出口处汽流速度分布不均匀,喷嘴通道中部出来的汽流速度高而出汽边尾迹处出来的汽流速度低,当旋转着的叶片处在通道中部时,汽流的作用力大,而当它旋转到喷嘴出汽边尾迹处时,汽流的作用力减小,再旋转到下一个喷嘴的通道中部时,汽流的作用力又增大。由此可见,动叶片每经过一个喷嘴,所受汽流作用力就变化一次,动叶片就受到一次激振。

若整圈喷嘴数为 z_n,汽轮机的转速为 n,则激振力的频率为:$f = \dfrac{Z_n \cdot n}{60}$。

由于级的喷嘴数较多,该激振力的频率较高,故这种激振力称为高频激振力。

(2)低频激振力

由于喷嘴叶片在制造和安装上的偏差,或上下隔板间中分面结合不好,或级前后有抽汽

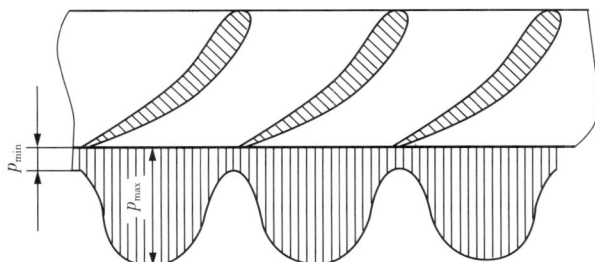

图 2-20 喷嘴出口汽流作用力的分布情况

口以及运行中个别喷嘴叶片损坏等原因,使得喷嘴叶栅后的汽流速度在个别地方发生突变,动叶片每转到此处时所受的汽流作用力就变化一次。

若叶片每转一周受到的激振次数为 i,则激振力的频率为:$f = \dfrac{i \cdot n}{60}$。

因为这些因素不会同时均匀对称出现,且难以预计,一般在一个圆周上只有一次或几次,故这种激振力称为低频激振力。

2. 叶片的振动型式

叶片在激振力的作用下将产生振动,振动的形式较为复杂,但都可看成是弯曲振动和扭转振动两种基本形式的不同组合;弯曲振动又可分为切向振动和轴向振动两种。叶片的振动形式如下。

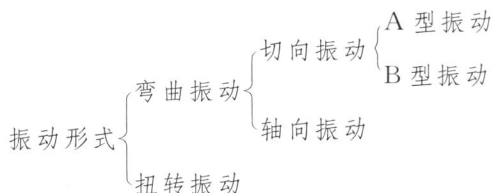

$$
\text{振动形式}
\begin{cases}
\text{弯曲振动}
\begin{cases}
\text{切向振动}
\begin{cases}
\text{A 型振动} \\
\text{B 型振动}
\end{cases} \\
\text{轴向振动}
\end{cases} \\
\text{扭转振动}
\end{cases}
$$

叶片绕截面最小主惯性轴 Ⅰ—Ⅰ 的振动,振动方向接近叶轮圆周的切线方向,称为切向振动,如图 2-21(a)所示;绕截面最大主惯性轴 Ⅱ—Ⅱ 的振动,振动方向接近于汽轮机的轴向,称为轴向振动,如图 2-21(b)所示;沿叶高方向绕截面形心连线往复扭转的振动,称为扭转振动,如图 2-21(c)所示。

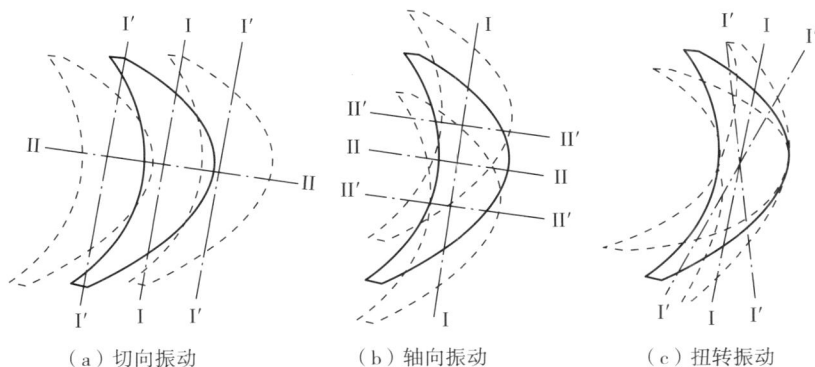

（a）切向振动　　　　　（b）轴向振动　　　　　（c）扭转振动

图 2-21 叶片振动的基本形式

扭转振动主要发生在汽轮机末几级长叶片中；轴向振动通常与叶轮的振动同时发生，形成叶轮-叶片系统的轴向振动；但这两个方向上叶片的刚度较大且作用在叶片上的载荷较小，因此，扭转振动和轴向振动的应力一般比较小，危害不大。而切向振动由于汽流几乎是沿着切向作用在叶片上的，且这个方向上叶片的刚度最小，所以切向振动是最容易发生且最危险的，这里将只对切向振动进行讨论。

按叶顶的状态不同，切向振动可分为 A 型和 B 型两种振型。

（1）A 型振动

叶片振动时，叶根固定、叶顶摆动的振动形式称为 A 型振动。

叶片是一个弹性体，其自振频率有无穷多个，当激振力频率与任一自振频率相等时，就会产生共振，不同频率下的共振振型不同；为便于观察叶片的振型，可在叶片上均匀地撒上一层细沙，再用激振器激发叶片振动，在共振状况下，砂子将因振动被推移并逐渐集中在叶片的某些特定位置上，这些特定的位置是叶片上不振动的地方，称作节点；从叶片上砂子的分布情况（节点数目）可以判断叶片的振型。

如图 2-22 所示，图 2-22(a) 中细沙集中在叶根处，除叶根外叶片上各点都在振动，振动的相位相同，并且，从叶根到叶顶振幅逐渐增大，这种共振称为 A_0 型振动，其振动频率最低；图 2-22(b) 中细沙除了停留在叶根处，还停留在叶片上部某个截面处，即叶片上有一个节点，称为 A_1 型振动，其振动频率比 A_0 型高。但振幅比 A_0 型小；图 2-22(c) 中叶片上有两个节点，称为 A_2 型振动，其振动频率比 A_1 型高，振幅比 A_1 型小。

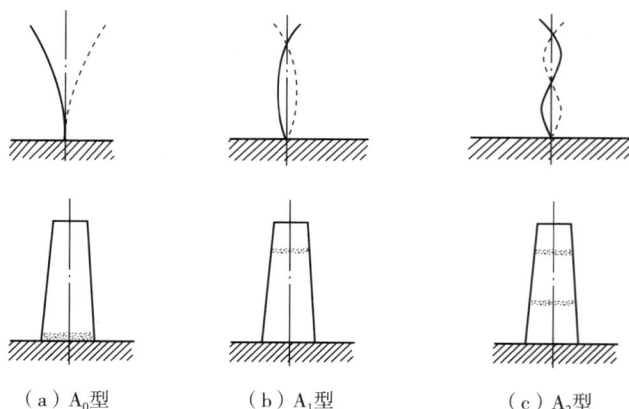

（a）A_0 型　　　　（b）A_1 型　　　　（c）A_2 型

图 2-22　单个叶片的 A 型振动

随着激振力频率提高，叶片将依次出现 A_0 型、A_1 型、A_2 型等振型，振幅逐渐减小。

如图 2-23 所示，叶片组也有 A_0、A_1、A_2 等 A 型振动，叶片组发生 A 型振动时，组内各叶片振动的频率及相位都相同，但由于围带和拉筋对振动频率的影响，叶片组的 A 型振动的频率与同阶单个叶片 A 型振动的频率是不相等的。

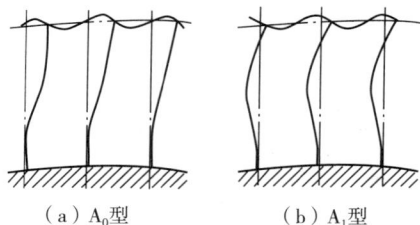

（a）A_0 型　　　　（b）A_1 型

图 2-23　叶片组的 A 型振动

（2）B 型振动

叶片振动时,叶根固定、叶顶基本不动的振动形式称为 B 型振动,装有围带的叶片组可能发生 B 型振动。随着激振力频率的提高,叶片组 B 型振动会依次出现 B_0、B_1、B_2 等不同振型,但同阶 B 型振动组内各叶片振动的相位和振幅并不完全一样。

叶片组做 B 型振动时,组内叶片的相位大多是对称的,如图 2-24 所示,叶片组的对称 B_0 型振动,图 2-24(a)中叶片组中心线两侧对称叶片的振动相位相反,这种振动称为第一类对称 B_0 型振动;图 2-24(b)中叶片组中心线两侧对称叶片的振动相位相同,这种振动称为第二类对称 B_0 型振动。正是由于振动相位的对称性,组内的各叶片作用在围带上的力互相平衡,才使得围带保持不动或基本不动。

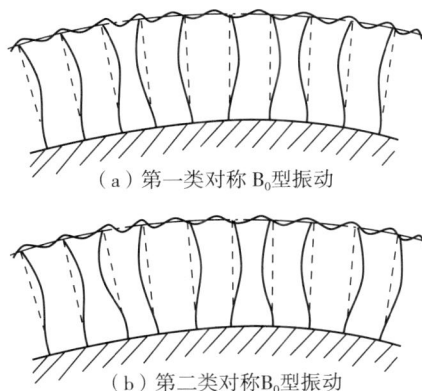

（a）第一类对称 B_0 型振动

（b）第二类对称 B_0 型振动

图 2-24　叶片组的对称 B_0 型振动

除了对称 B_0 型振动外,叶片组还有各种不对称 B_0 型振动,各种不同的 B_0 型振动对应的振动频率是不同的,因此,叶片组 B_0 型振动所对应不是一个自振频率值,而是一个较宽的自振频带。

如果用激振器激发仅用围带联成组的叶片组振动,随着激振力频率的提高,将交替出现 A_0、B_0、A_1、B_1、A_2 等振型,其自振频率依次增高,而振幅则相应减小。通常出现的是 A_0、B_0 和 A_1 型振动。对于高阶振动,振动频率高,一般不易发生,即便发生,由于振幅小,危险性也不大,因此,从叶片振动的安全性出发,通常只考虑 A_0、B_0 和 A_1 型振动的安全性。

3. 叶片的自振频率

叶片的自振频率分为静频率和动频率,在汽轮机的转速为零时,叶片的自振频率称为静频率;当叶片随着汽轮机转子高速旋转时,叶片的自振频率称为动频率。

（1）叶片的静频率及其影响因素

根据弹性体振动理论,单个等截面叶片的静频率为:

$$f = \frac{(kl)^2}{2\pi} \sqrt{\frac{EI}{ml_b^3}} \qquad (2-2)$$

式中:E——叶片材料的弹性模数;

I——叶片横截面的最小形心主惯性矩;

m——叶片质量;l_b 为叶片高度;

kl——叶片频率方程式的根,其值与叶片的振型有关。

由上式可见,影响叶片静频率的因素有:

① 叶片的抗弯刚度 EI,EI 越大,静频率越高;

② 叶片的质量 m,m 越大,静频率越低;

③ 叶片的高度 l_b,l_b 越大,静频率越低。

④ 叶片频率方程式的根(kl),其值与叶片的振型有关

（2）工作条件对动叶片自振频率的影响

考虑到实际叶片的结构及其工作条件的不同,影响叶片自振频率的主要因素有:

① 叶根的连接刚性

叶片制造不精确、安装不当或工作时叶根连接处产生弹性变形等,都可能使叶根处夹紧力不够,在叶根与轮缘之间产生间隙,叶片的振动延伸到叶根处,使得叶片参与振动的质量增加,而叶片的自身刚性和连接刚性降低,这些都会使得叶片的自振频率降低。

② 叶片的工作温度

通常叶片材料的弹性模量 E 随着温度的升高而降低,使得叶片的抗弯刚度 EI 减小,自振频率降低。

③ 离心力

如图 2-25 所示,转子在高速旋转时,切向振动使叶片弯曲,偏离了原来的平衡位置,叶片离心力的作用线将不通过叶根处截

图 2-25　叶片切向
弯曲时产生时附加弯矩

面的形心,离心力可以分解成 F_1 和 F_2,F_2 的作用使得叶片上产生拉应力,F_1 的作用则会形成一个附加弯矩作用在叶片上,这个附加弯矩与叶片的弹性恢复力一起促使叶片返回平衡位置;由此可见,离心力的存在相当于增加了叶片的刚性,使叶片自振频率提高。

叶片的动频率与汽轮机的工作转速有关,动频率与静频率及工作转速间的关系为:

$$f_d = \sqrt{f_s^2 + Bn^2} \tag{2-3}$$

式中:f_d——动频率;

$\quad$ f_s——静频率(考虑到连接刚性和工作温度的影响后,叶片的静频率);

$\quad$ B——动频系数,其值与叶栅结构和振型等因素有关;

$\quad$ n——汽轮机的转速。

④ 叶片成组

叶片用围带和拉筋连成组后,围带和拉筋对叶片的自振频率带来两个不同方向的影响,一方面,围带和拉筋的质量分配到每个叶片上,相当于增加了叶片的质量,使自振频率降低;另一方面,围带和拉筋对叶片的反弯矩作用使叶片的抗变形能力增加,相当于增加了叶片的刚性,使自振频率增大。一般情况下,刚度增加使自振频率的增加大于质量增加使自振频率的降低,所以连成组后叶片的自振频率通常比单个叶片的同阶自振频率高。

4. 叶片振动的安全性

叶片可分为调频叶片和不调频叶片,有的叶片在共振状态下工作可能会损坏,需要将叶片的自振频率和激振力频率调开一段距离,以避免运行中发生共振,这样的叶片称为调频叶片;有的叶片即使在共振状态下也能长期运行而不会损坏,不需要将叶片的自振频率和激振力频率避开,这样的叶片称为不调频叶片。

当叶片的自振频率不符合安全避开率的要求,其强度又不满足作为不调频叶片的要求时,就应对叶片进行调频;通过改变叶片的自振频率或激振力频率来避开叶片共振的方法称为叶片调频。

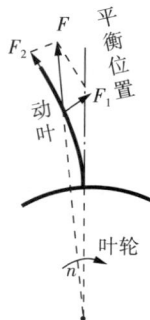

在叶片调频前，首先应检查级的频率分散度是否符合要求，频率分散度指的是某一级中所有叶片 A_0 型振动中最高和最低自振频率之差与平均自振频率之比，即

$$\Delta f = \frac{f_{max} - f_{min}}{\frac{(f_{max} + f_{min})}{2}} \times 100\% \tag{2-4}$$

要求级的频率分散度 $\Delta f < 8\%$，在频率分散度合格后，再检查叶片的自振频率与激振力频率是否符合安全避开率的要求，若不合格，再进行叶片调频；由于激振力频率难于准确估计，叶片调频通常是调整叶片的自振频率，主要是通过改变叶片的质量和刚性（包括连接刚性）来调整叶片的自振频率。常用的调频方法有：

① 对于因制造或安装质量不佳而导致频率不合格的叶片，重新研磨叶根的接触面，增加叶根连接刚性是一种提高自振频率及减小频率分散度的有效方法。

② 如图 2-26 所示，在叶片顶部钻孔或切角，对叶片的刚性影响不大，但减小了叶片质量，提高了叶片的自振频率。

③ 改善围带或拉筋与叶片的连接质量，对焊接围带或拉筋可采用加焊的方法，对铆接围带重新捻铆不合格的铆钉，以增加连接的刚性，提高叶片的自振频率。

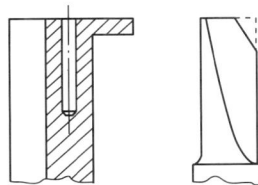

图 2-26 钻孔或切角减荷

④ 加装围带、拉筋或改变围带、拉筋尺寸，这将使得叶片的刚性和质量都发生变化，一方面，叶片刚性的增大使频率升高；另一方面，叶片质量的增大又会使频率降低；因此，叶片频率的变化将取决于叶片刚性和质量的相对变化情况。

⑤ 改变叶片组内的叶片数，当组内叶片数增加时，围带或拉筋对叶片的附加弯矩相应增加，附加弯矩与叶片的弹性恢复力一起促使叶片返回平衡位置，相当于增加了叶片的刚性，使叶片的自振频率提高；但如果组内原有的叶片数就比较多，这种方法对自振频率提高的效果就不大了。

⑥ 采用松拉筋或空心拉筋，运行中，由于离心力的作用，松拉筋将紧贴在叶片上，可以有效地抑制叶片 A_0 型和 B_0 型振动，减小叶片的振幅和振动应力。空心拉筋可以使拉筋分配到每个叶片上的质量减少，从而提高叶片的自振频率。

第二节 转 子

汽轮机的转动部分称为转子，可分为轮式转子和鼓式转子两种，轮式转子的动叶安装在叶轮上，一般由主轴、叶轮、动叶片和联轴器构成，冲动式汽轮机采用轮式转子；鼓式转子的动叶直接安装在转鼓上，反动式汽轮机为避免轴向推力过大，采用鼓式转子。

一、转子

按主轴与装在主轴上的其他部件的组合方式不同，汽轮机转子又可分为套装转子、整锻转子、焊接转子和组合转子四类；采用何种类型转子，由转子所处的温度条件和锻冶技术来决定，大容量汽轮机转子多数采用整锻转子，也有采用焊接转子的。

1. 套装转子

如图 2-27 所示,套装转子的叶轮和主轴是分别加工的,再将叶轮套装在转轴上,要求保证叶轮与转轴同心,并且在离心力和温差作用下不发生松动。

如图 2-28 所示,套装式叶轮由轮缘、轮面和轮毂三部分组成,轮缘上开有叶根安装槽,用于安装动叶片,叶根安装槽的形状与所安装叶片的叶根类型一致;轮毂是叶轮套装在转轴上与转轴配合的部分,在轮毂内表面开有键槽,为了减小叶轮内孔应力,在轮毂部分进行加厚;轮面将轮缘和轮毂连成一体,在轮面上通常开有 5~7 个平衡孔,使得隔板漏汽由叶轮前流向叶轮后,减少漏汽损失;同时,平衡孔还使得叶轮前后的压差减小,减小作用在叶轮上的轴向推力。

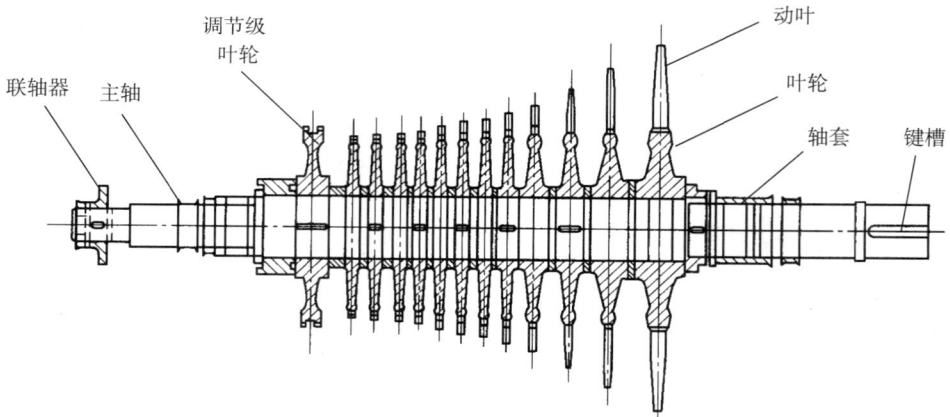

图 2-27 套装转子结构

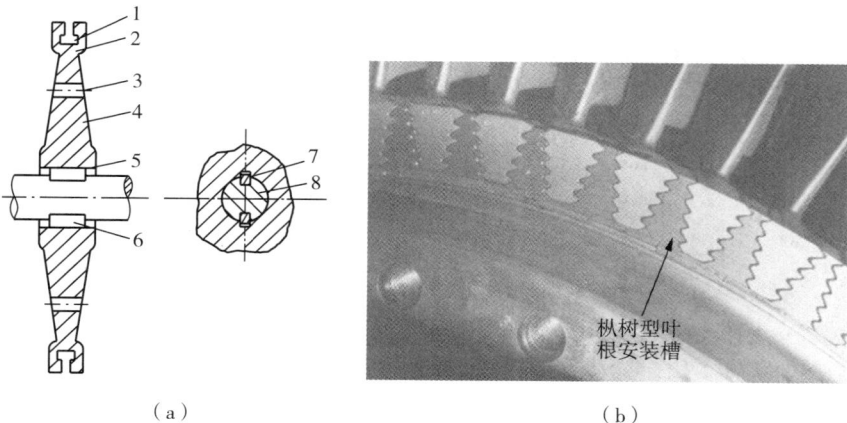

（a）   （b）

图 2-28 叶轮的结构组成

1—叶根安装槽;2—轮缘;3—平衡孔;4—轮面;5—轮毂;6—键槽;7—平键;8—转轴

由于制造加工上的偏差,转子在高速旋转时存在不平衡质量和不平衡力矩,如图 2-29 所示,为了平衡转子上的不平衡力矩,在做动平衡时需要加装平衡重量,为此,在调节级叶轮和末级叶轮外侧的轮面上设有燕尾槽、在末级叶轮外侧的轮缘上开有螺塞孔,可用来固定平衡重量。

　　叶轮在转轴上的固定采用热套加平键的方法,在转轴上开有键槽,将平键嵌在转轴的键槽上,在叶轮的内孔处开有与之配合的键槽。叶轮与转轴之间采用过盈配合,叶轮内孔的直径比转轴的外径小,安装时,先将叶轮加热到一定温度后,再套装在转轴上,等叶轮冷却后就箍紧在转轴上,叶轮的扭矩通过接触摩擦力和平键传递给主轴。

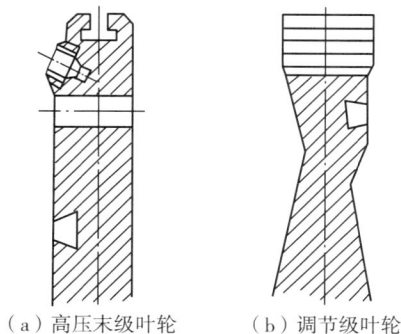

（a）高压末级叶轮　　　（b）调节级叶轮

图 2-29　加平衡重量块位置

　　如图 2-30 所示,按照叶轮轮面纵剖面型线不同,将叶轮分为等厚度叶轮、锥形叶轮、双曲线形叶轮和等强度叶轮四种,等厚度叶轮如图 2-30(a)所示,该叶轮加工方便,轴向尺寸较小,但强度较低,用于叶轮直径较小的高压部分;对于直径较大的叶轮,常将叶轮的轮毂部分适当加厚来提高叶轮的承载能力。锥形叶轮如图 2-30(b)所示,叶轮的轮面呈锥形,该叶轮加工方便,强度较高,应用广泛;一般用在承载能力较大的地方。双曲线形叶轮如图 2-30(c)所示,与锥形叶轮相比,重量轻,但强度并不高,且加工较复杂,一般用于汽轮机的速度级。等强度叶轮如图 2-30(d)所示,该叶轮的强度最高,但对加工要求高,在叶轮上没有平衡孔,多用于轮式焊接转子。

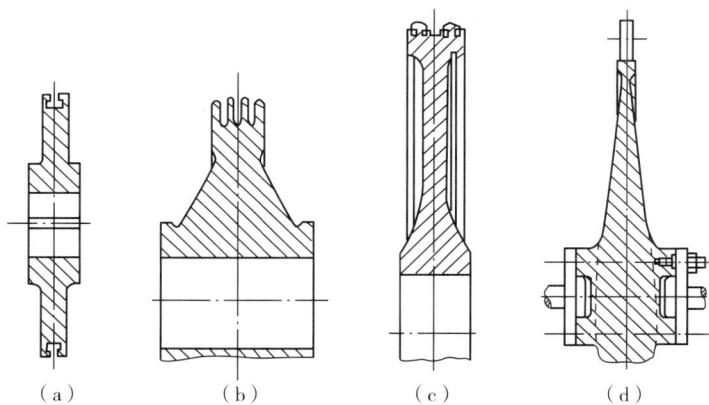

（a）　　　　（b）　　　　（c）　　　　（d）

图 2-30　叶轮的结构形式

　　套装转子加工方便,材料利用合理,叶轮和主轴的锻件质量容易保证;但在快速启动时,叶轮的轮毂部分受热快,膨胀量比主轴大,易造成过盈量减小,导致叶轮松动;此外,在高温和应力作用下,叶轮内孔直径会因材料高温蠕变而逐渐增大,最终导致叶轮与转轴之间的过盈量消失,使叶轮松动,叶轮中心偏离转轴中心线,造成转子质量不平衡,产生剧烈振动;因此,套装转子一般用于汽轮机的中低压部分。

　　2. 整锻转子

　　随着机组参数的提高,尤其是主蒸汽和再热蒸汽温度的提高,不能采用套装转子;现在大型机组汽轮机转子普遍采用整锻转子。

（1）轮式整锻转子

轮式整锻转子的结构如图 2-31 所示，整锻转子是由整体锻件加工而成，其叶轮、轴封凸肩、联轴器和推力盘等部件与主轴为一整体，避免了在高温和应力作用下，叶轮套装在主轴出现松动的问题。

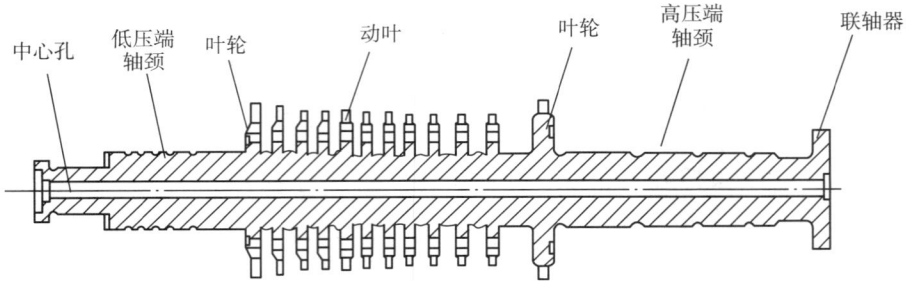

图 2-31　轮式整锻转子结构

东汽 300 MW（C300/220 - 16.7/0.3 - 537/537）汽轮机的高中压转子和低压转子均为整锻式结构、无中心孔。

如图 2-32 所示，高压部分包括调节级在内共有 9 级叶轮，都采用等厚度叶轮，调节级的叶根安装槽为 3 叉型叶根槽，2～9 级的叶根安装槽为倒 T 型叶根槽；中压部分共有 7 级叶轮，第 1～2 级采用锥形叶轮，第 3～7 级采用等厚度叶轮，1～5 级的叶根安装槽为双倒 T 型叶根槽，第 6、7 级为菌型叶根槽。高压 2～9 级叶轮上开有平衡孔，中压 2～7 级叶轮上开有平衡孔，以减少叶轮两侧压差，减少由此产生的轴向推力。

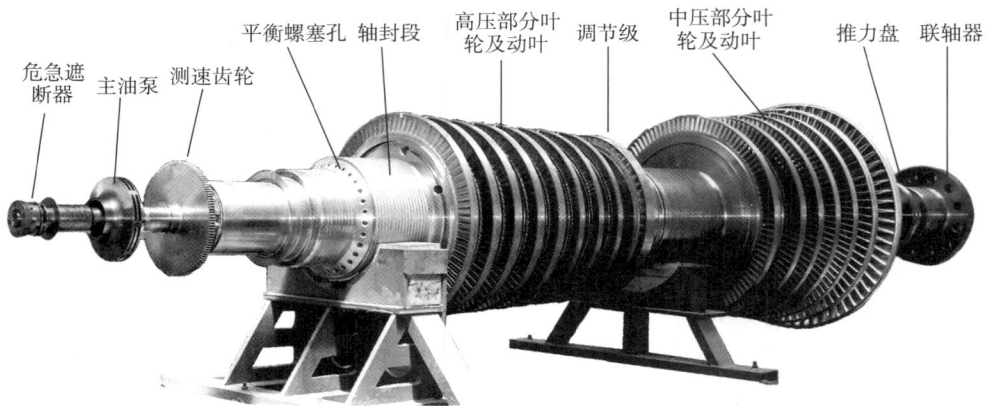

图 2-32　东汽 300 MW 汽轮机高中压转子

高中压转子的两端和转子中间段外侧端面上有装平衡块的燕尾槽，供做动平衡用。

如图 2-33 所示，主油泵的泵轴通过联接螺栓装在主轴轴颈端面上，在主油泵的泵轴上装有测速齿轮和危急遮断器等部件。东汽 300 MW 机组高中压转子上的还设有推力盘。

如图 2-37 所示，东汽 300 MW 机组的低压转子正反向各有 5 级锥形叶轮，轮缘上有叶根槽,1～4级为菌型叶根,末级为叉型叶根,1～2级叶轮上还开有平衡孔;低压转子与高中压转子及发电机转子之间采用止口对中,两端联轴器均采用刚性连接。

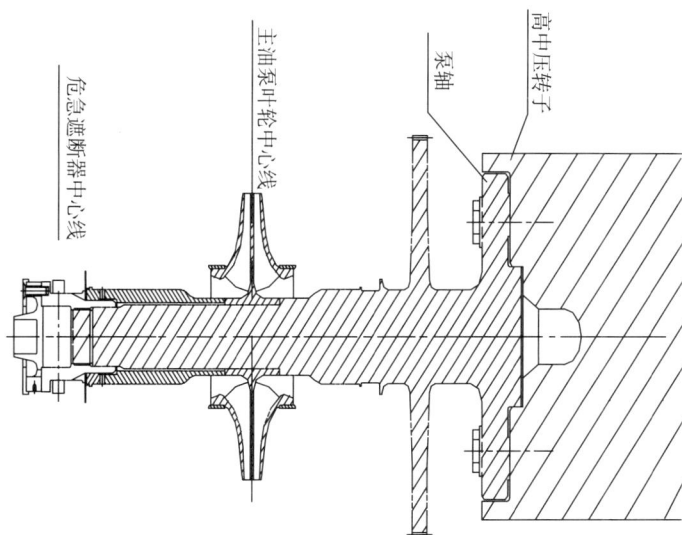

图2-33　主油泵的泵轴与高中压转子的连接

图2-34　东汽300MW机组低压转子

（2）鼓式整锻转子

上汽300MW汽轮机为亚临界、高中压合缸、双缸双排汽、中间再热凝汽式、反动式汽轮机,高中压转子和低压转子均为鼓式整锻结构。

上汽300MW机组高中压转子结构如图2-35所示,对于整锻转子,材质最薄弱之处通常是中心处,因为中心处的成分偏析最严重、夹杂物含量最高、奥氏体化升温速率和淬火及回火的冷却速率最低。为解决这一问题,在以往较长的时期内,都采用在转子中心开中心孔的方法,用以去除转子中材质最薄弱的部分,同时也方便了制造和检修中对转子的无损探伤；但开设中心孔后，要防止油、汽等杂质进入中心孔而影响转子的平衡，在转子两端要用中心孔塞堵严；另外，中心孔还造成转子中心孔表面切向应力增大很多，使转子的蠕变速度加快；但随着冶金、锻造、热处理和无损探伤技术水平的提高，现在大型汽轮机均为无中心孔整锻式转子。

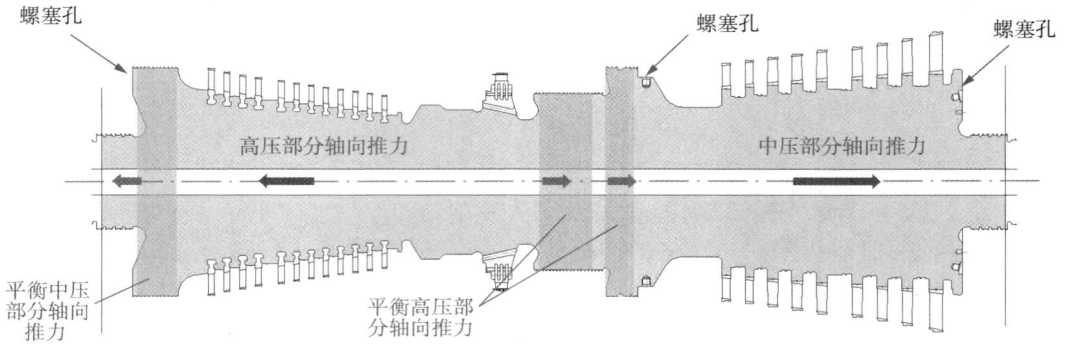

图 2-35　上汽 300 MW 汽轮机高中压转子轴向推力的平衡

高中压转子上高压部分各压力级和中压部分各压力级采用相反流动方向布置，使得作用在高中压转子上的轴向推力相互抵消掉一部分；另外，在高中压转子的高中压进汽区域内，设有高压进汽侧平衡活塞和中压平衡活塞，用以平衡高压通流部分的轴向推力；在高压排汽侧设有高压排汽侧平衡活塞，用以平衡中压通流部分的轴向推力。

如图 2-36 所示，调节级为单列冲动级，动叶采用枞树型叶根，安装在调节级叶轮上，调节级叶轮与主轴为一整体，在叶轮轮面上沿轴向开有若干斜孔，起到冷却和平衡轴向推力的作用，调节级蒸汽朝发电机端流动。然后转 180°，绕过喷嘴室进入高压部分的 11 个压力级中，高压部分各压力级的蒸汽朝调阀端流动，中压部分的 9 个压力级的蒸汽朝发电机端流动。高、中压各压力级直接安装在转轴上的动叶安装槽中，动叶顶部采用围带连成组。

图 2-36　上汽 300 MW 汽轮机高中压转子

如图 2-35 和图 2-36 所示,高中压转子在转子的两侧及中间位置上设有平衡螺塞孔,分别位于高压排汽侧平衡活塞调端的端面上,中压排汽侧端面上及中压平衡活塞端面上,在这三个端面上有加装平衡螺塞的螺塞孔,以供现场不揭缸做轴系动平衡用。

上汽 300 MW 机组主油泵小轴如图 2-37 所示,带有主油泵的小轴通过法兰螺栓与高中压转子主轴连接在一起,该小轴上设置有推力盘、主油泵和转子偏心发讯器等装置。

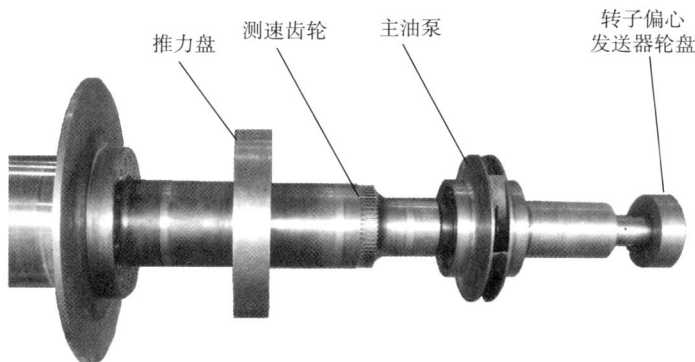

图 2-37 主油泵小轴

图 2-38 为上汽 300 MW 汽轮机低压转子结构示意图,低压转子中间部分为鼓形结构,而末级和次末级采用的是叶轮结构,其主要原因是:①汽轮机的末级和次末级的蒸汽压力很低,其叶轮前后的压差很小,产生的轴向推力很小;②低压转子采用了分流结构,蒸汽从中间进入,通过低压各级做功后从两边流出,在低压转子的左右两侧产生的轴向推力方向相反、相互抵消。

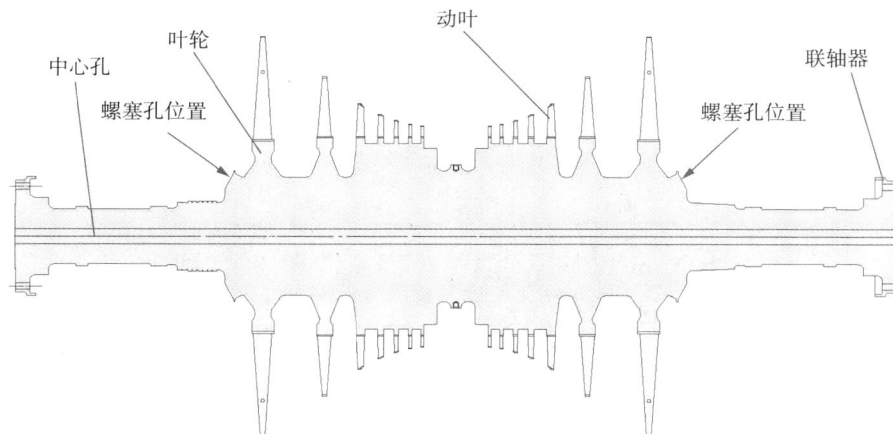

图 2-38 上汽 300 MW 汽轮机低压转子结构

如图 2-38 和图 2-39 所示,低压转子为分流结构,两侧各有 7 个压力级,两侧的轴向推力方向相反、相互抵消,其中 1~5 级动叶采用斜围带连接成组,第 6 级为自由叶片,第 7 级动叶用两圈拉筋连接成组,所有动叶采用枞树型叶根。

图 2-39　上汽引进型 300 MW 汽轮机低压转子

　　上汽超临界 600 MW 汽轮机为反动式汽轮机,由一个高中压转子和两个低压转子组成,高中压转子及低压转子为整锻转子,其结构如图 2-40 和图 2-41 所示。

图 2-40　上汽 600 MW 高中压转子结构

图 2-41　上汽 600 MW 低压转子结构

整锻转子结构紧凑、强度和刚度较高,由于叶轮和转轴是一个整体,没有套装的零部件,可防止高温和应力作用下叶轮出现松动现象,适合高温运行,启动和变工况的适应性较强,便于快速启动;但整锻转子锻件大,工艺要求高,加工周期长,贵重金属材料消耗量也比较大,不利于材料的合理使用。

3. 组合转子

如图 2-42 所示,组合转子的高压部分采用整锻结构,中低压部分采用套装结构,这种转子兼有套装转子和整锻转子的优点,国产汽轮机的某些中压转子采用这种结构。

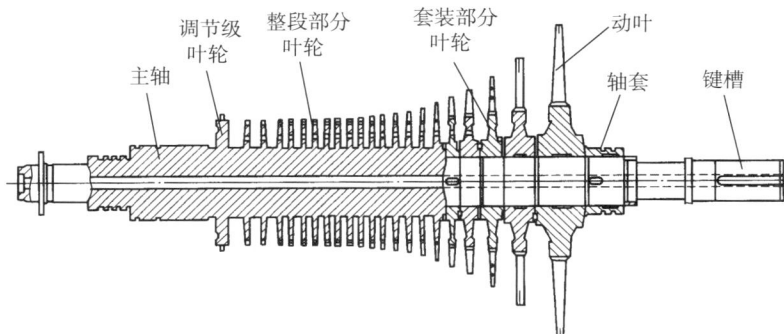

图 2-42　组合转子结构

转子结构

4. 焊接转子

如图 2-43 所示,焊接转子是由若干个实心轮盘和两个端轴焊接而成,各锻件尺寸较小,锻件的材料性能容易得到保证,这种转子强度高,刚度大,结构紧凑,相对重量轻,但要求材料有很好的焊接性能,对焊接工艺要求高。一般用于汽轮机低压转子,但随着冶金和焊接技术的发展,焊接转子的应用越来越广泛。

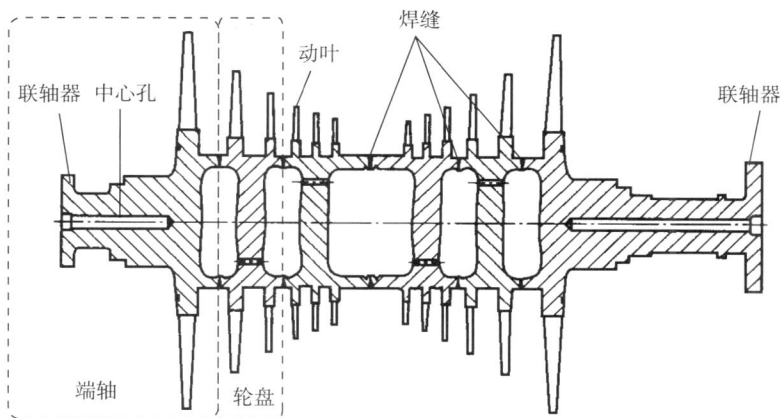

图 2-43　焊接转子结构

二、轴系

联轴器又称靠背轮或对轮,用来连接汽轮机各转子以及发电机转子,并将汽轮机的扭矩传递给发电机;在多缸汽轮机中,如果几个转子合用一个推力轴承,则联轴器还将传递轴向推力。联轴器有刚性联轴器、半挠性联轴器和挠性联轴器三种形式。

1. 刚性联轴器

刚性联轴器结构简单、尺寸小;工作时不需要润滑,无噪声;连接刚性强,传递扭矩大;并能传递轴向推力,多个转子采用刚性联轴器连接时,可只用一个推力轴承;在刚性联轴器两侧可只用一个支持轴承,省去一个支持轴承后缩短了转子的轴向长度。但刚性联轴器会传递振动与轴向位移;对两侧转子校中心的要求较高,制造和安装的少许偏差都会产生附加应力,引起机组较大的振动。

按联轴器对轮与主轴连接形式的不同,刚性联轴器分为套装式和整锻式两种。

(1)套装式联轴器

套装式联轴器如图2-44所示,联轴器用热套加双键的方法套装在转轴的轴端,对准中心后再一起铰孔,并用螺栓紧固,以保证两个转子同心,扭矩通过螺栓以及两对轮端面间的摩擦力来传递。此外,有的联轴器的法兰圆周上还安装了盘车齿轮,供汽轮机启停过程中盘车用;为便于两转子的对中,在联轴器的对轮端面间还有止口或加装对心垫片。此外,汽轮机转子拆卸时,需要将两对轮沿轴向移开一段距离,为此在轮盘的端面上开有顶开螺钉孔,利用顶开螺钉沿轴向移动转子,使止口配合处的凹凸面脱离。

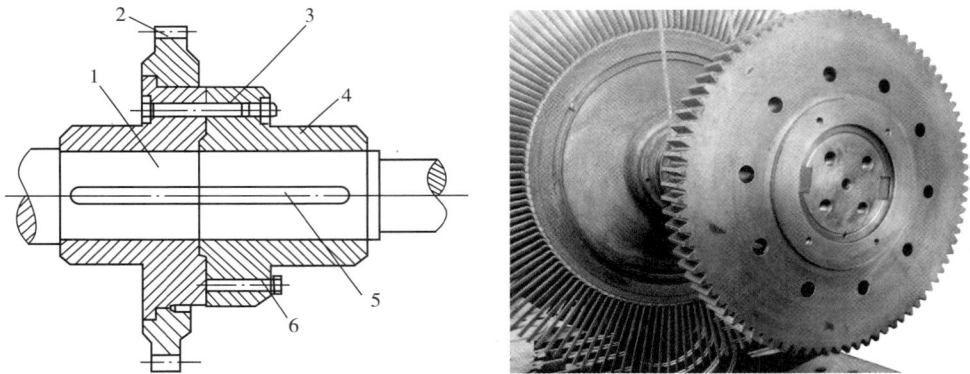

图2-44 套装式联轴器结构

1—转轴;2—盘车齿轮;3—螺栓;4—套装式联轴器;5—平键;6—顶开螺钉

(2)整锻式联轴器

整锻式联轴器的对轮与汽轮机的主轴为一整体,整锻式联轴器的强度和刚度比套装式高,没有松动的危险;目前大型机组各转子之间均采用整锻式刚性联轴器。

如图2-45所示,上汽300 MW机组高中压转子与低压转子采用整锻式刚性联轴器连接,为了使两个转子中心一致,在两对轮端面间装有带凹形止口的垫片,对轮端面上的凸缘与垫片的凹槽相配合,起到定中心的作用,同时,安装时垫片还起到调整两转子间轴向间隙的作用。另外,为了减小转动时鼓风作用带来的损失,将螺栓的头部埋入沉坑中,并装上防鼓风盖板。汽轮机转子的扭矩主要靠螺栓所承受的剪力来传递,对轮端面的摩擦力也能传递一部分扭矩。

如图2-46所示,上汽300 MW机组低压转子与发电机转子采用整锻式刚性联轴器,通

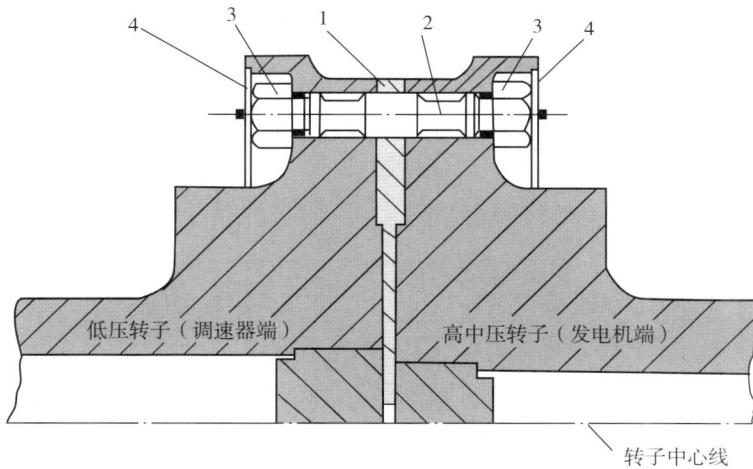

图 2-45　高中压转子和低压转子间的联轴器
1—垫片；2—螺栓；3—螺帽；4—防鼓风盖板

过中间轴将两个对轮连接在一起，在低压转子与中间轴之间装有环形垫片，垫片与对轮端面间采用止口配合，起到定中心和调整轴向间隙的作用。低压转子与中间轴之间的对轮用螺栓连接。在中间轴与发电机转子之间装有盘车大齿轮，中间轴、盘车大齿轮和发电机转子的端面间采用止口配合，并用螺栓连接在一起。

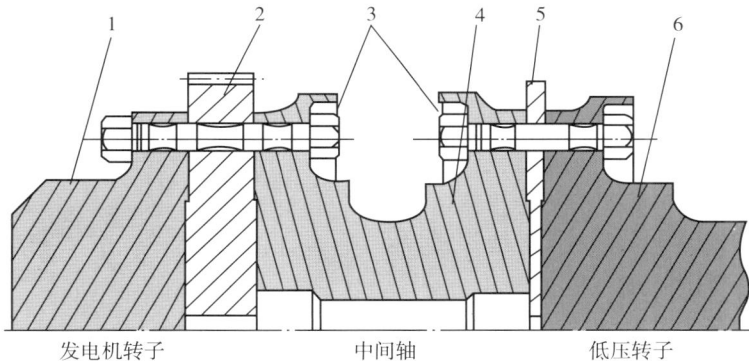

图 2-46　低压转子与发电机转子的联轴器
1—发电机侧联轴器；2—盘车大齿轮；3—防鼓风盖板；4—中间轴；5—环形垫片；6—低压转子侧联轴器

国外大型机组各转子间的连接也多采用刚性联轴器，如法国 CEM 生产的 300 MW 机组，其高、中、低压转子及发电机转子间均采用刚性联轴器连接，并且，由于低压转子与发电机转子之间需要传递的扭矩很大，除了螺栓连接外，还采用了剪力环结构，如图 2-47 所示。

螺栓在靠近对轮接合面处，安装了剪力环，剪力环与螺栓及对轮间的径向间隙分别为 0.2 mm 和 0.125 mm；螺栓与螺孔之间也留有间隙，螺栓中心有孔，装配时用于加热螺栓，以便拧紧螺栓；正常工作时靠螺栓紧力在两对轮端面上形成的接触摩擦力来传递扭矩;但在发电机短路时,扭矩将瞬时增大,其值可达到正常扭矩的6~10倍,有可能克服对轮端面的接触摩擦力,造成两对轮端面相对滑动;采用剪力环结构后,由于剪力环的受剪面积大于螺栓的受剪面积,可使瞬时过大的扭矩由剪力环来承担,由于剪力环与螺栓之间的间隙较大,所以在扭矩瞬时增加过大时,首先引起剪力环变形,从而保证了连接螺栓不受损伤。

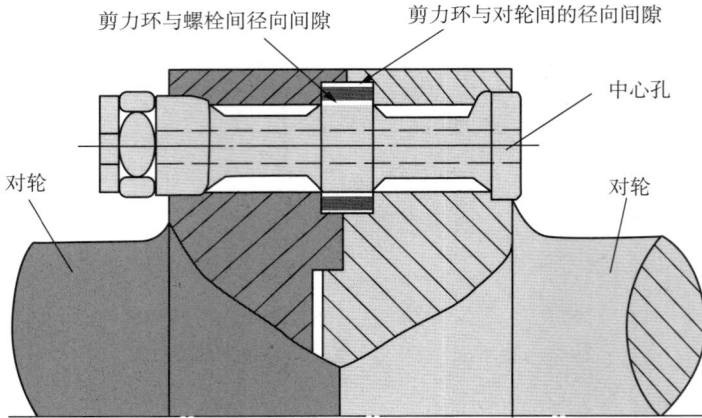

图 2-47　带剪力环的刚性联轴器

2. 半挠性联轴器

半挠性联轴器如图 2-48 所示,用波形套筒将两个对轮连接起来,波形套筒在扭转方向是刚性的,在弯曲方向是挠性的;此外,波形套筒还具有一定的弹性,可吸收部分振动,并允许两个转子的中心有少许的偏差;

半挠性联轴器多用于汽轮机转子和发电机转子间的连接,这种联轴器工艺性较差,传递大扭矩时波形套筒筒壁较厚,挠性降低,故现在大型机组一般不采用。

3. 挠性联轴器

挠性联轴器不传递轴向推力,基本上不传递振动,对中要求也比较低,但容易磨损,需要润滑,造价较高,故现在已很少采用了。

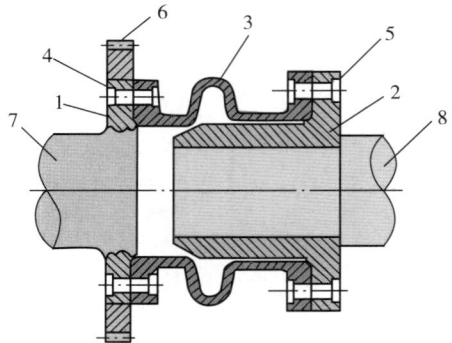

图 2-48　半挠性联轴器
1,2—对轮;3—波形套筒;
4,5—螺栓;6—齿轮;7,8—转轴

齿轮式联轴器如图 2-49(a)所示,在齿轮式联轴器的两个相对的对轮上加工有外齿,它们同时与带有内齿的套筒啮合,从而实现扭矩的传递。主要用在小型汽轮机上,用来连接汽轮机转子与减速箱的主动轴。

蛇形弹簧联轴器如图 2-49(b)所示,在两轴相对的联轴器对轮的外圆上铣出若干个齿,再把用钢带绕成的蛇形弹簧沿圆周嵌在齿内,从而通过蛇形弹簧来实现扭矩的传递。主要用在小型汽轮机上,用来连接汽轮机转子与主油泵的泵轴。

（a）齿轮式联轴器　　　　　　　　　　（b）蛇形弹簧联轴器

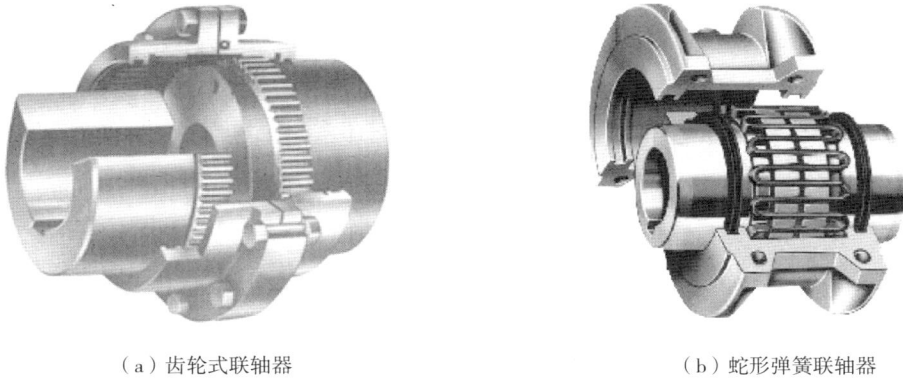

图 2-49　挠性联轴器

第三节　汽　　缸

　　汽缸将汽轮机通流部分与外界分隔开来，形成蒸汽能量转换的汽室；在汽缸内安装有隔板套（静叶持环）、隔板（静叶环）、喷嘴室、喷嘴组、汽封体（平衡持环）、汽封环等部件，在汽缸外连接有进汽管、排汽管及抽汽管等管道。

　　如图 2-50 所示，汽缸在水平中分面处分成上下两半，分别称为上汽缸和下汽缸，在水平结合面处用法兰螺栓连接；对于单缸汽轮机，为了便于制造及合理利用金属材料，汽缸还沿轴向分为高压、中压和低压等若干段，各段通过垂直结合面和法兰螺栓连接。

汽缸结构

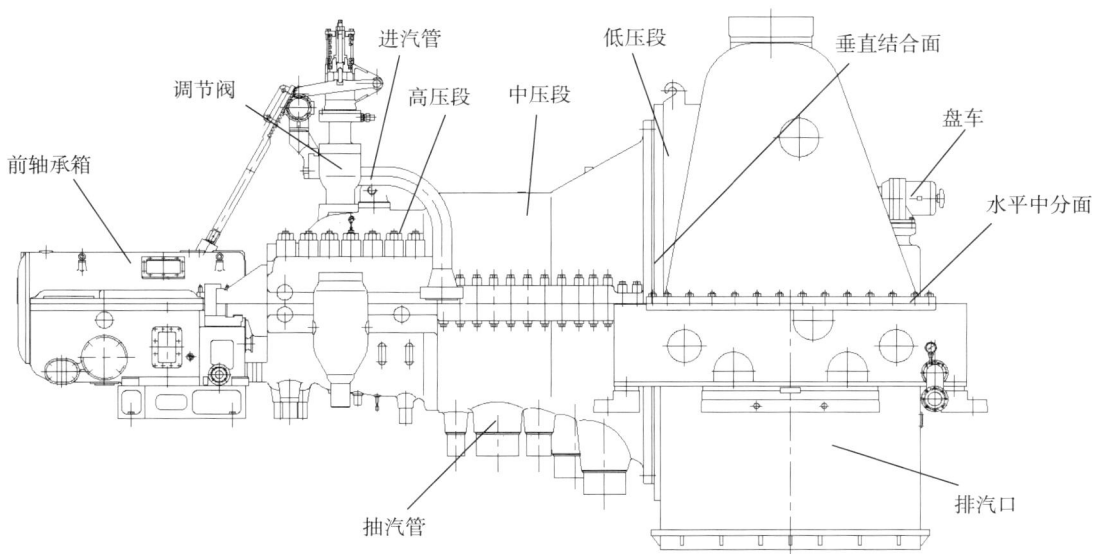

图 2-50　高压凝汽式单缸汽轮机汽缸外形

工作时,汽缸要承受本身重量和装在其内部的零部件重量以及汽缸内外压差所产生的作用力;要承受由于沿汽缸轴向和径向温度分布不均匀而产生的热应力;要承受隔板前后压差所产生的作用力;还要承受蒸汽流过喷嘴时所产生的反作用力等。因此,对于汽缸,除了要保证有足够的强度和刚度、各部分受热时能自由膨胀以及通流部分有良好的流动性能外,还应尽量减小汽缸的热应力。

一、高中压缸结构

高中压缸承受着高温、高压蒸汽的作用,要求高中压缸在保证强度的条件下,避免采用厚重的汽缸壁和水平法兰,并力求形状简单、对称,以减小汽缸的热应力和热变形。

随着机组参数和容量的不断增大,对高中压缸结构的要求也越来越高,汽缸结构也变得越来越复杂,现在 300 MW、600 MW 和 1000 MW 机组高中压缸普遍采用双层汽缸,并设置了高中压缸蒸汽冷却系统,下面就分析一下汽轮机高中压缸的结构及其特点。

1. 双层汽缸

对于主汽压不超过 8.82 MPa,主汽温不超过 535 ℃ 的汽轮机,采用的是单层汽缸。

对于超高参数及以上的汽轮机,由于高压缸内外压差很大,如果采用单层缸,将造成汽缸壁及法兰都很厚,为了保证连接螺栓的预紧力,保证汽缸中分面的严密性,法兰的尺寸和螺栓的直径要相应增大,且汽缸材料须按汽缸所接触到的最高温度来选用,这会消耗大量的贵重金属材料;同时,在汽轮机启停及工况变化时,还会因温度分布的不均匀产生很大的热应力和热变形。为此,采用双层汽缸,并在内、外缸夹层中通以一定压力和温度的蒸汽。

采用双层缸结构的优点:

① 采用双层缸后,每层汽缸承受的压差和温差大为减少,汽缸缸壁和法兰厚度大为减小,减小了汽缸壁和法兰的热应力,加快了启停速度,改善了机组变工况特性。

② 由于在内、外缸夹层中通以冷却蒸汽,外缸接触到的是内外缸夹层的冷却蒸汽,温度较低,因此,外缸可采用耐热温度等级较低的金属材料,节约了优质耐热合金钢。

但双层缸结构比单层汽缸复杂,零部件增多,增加了汽轮机的安装和检修的工作量。

(1)国产冲动式 300 MW 汽轮机高压缸

国产冲动式 300 MW 汽轮机的高、中压缸分开;高压汽缸采用双层缸结构,由内外两层汽缸组成,如图 2-51 所示。

机组正常运行时,高压内缸出口处有一股汽流 a 通过内外缸夹层,然后从进汽连接管上的螺旋圈 3 盘旋而上,经小管 2 流出,并进入高压缸排汽管中,使内、外缸及进汽连接管处得到冷却;在启动或停机过程中,来自夹层加热联箱中的蒸汽经小管、螺旋圈进入汽缸夹层,对内、外缸进行加热或冷却。内缸接触的蒸汽温度较高,材料选用珠光体 ZG15Cr1Mo1V 合金钢,能在 570 ℃ 以下长期工作;外缸接触的蒸汽温度较低,选用 ZG20CrMo 合金钢,能在 500 ℃ 以下长期工作。

(2)引进型 300 MW 汽轮机高中压缸

引进型 300 MW 汽轮机为反动式汽轮机,高中压缸采用双层缸结构,高、中压内缸分开、高中压外缸合并,如图 2-52 所示。

高、中压缸的压力级采用反向流动布置,新蒸汽和再热蒸汽从汽缸中部进入,做完功后的蒸汽分别从汽缸两端排出,使得作用在高中压转子上的轴向推力可以部分抵消,从而减小

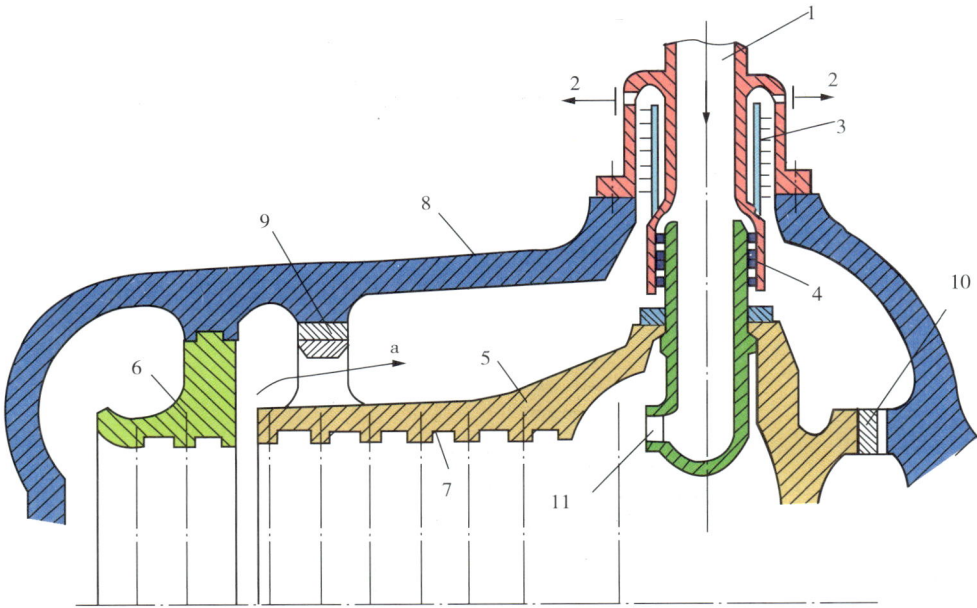

图 2-51　国产冲动式 300 MW 汽轮机高压缸示意图

1—进汽连接管；2—小管；3—螺旋圈；4—汽封环；5—高压内缸；6—隔板套；
7—隔板安装槽；8—高压外缸；9—纵销；10—立销；11—调节级喷嘴组

了作用在转子上的轴向推力。

高中压缸合缸的优点：

1）汽轮机的高温部分都集中在汽缸中部；

2）汽缸两端分别是高、中压排汽，排汽的压力比较低，因此，漏汽量较小；并且轴承处转轴接触的是高、中压排汽，高、中压排汽温度较低，受到的影响较小；

3）高压转子和中压转子合并为高中压转子，轴承个数减少，转子的轴向长度缩短。

高中压缸合缸的缺点：

1）机组相对膨胀较复杂，胀差不易控制；

2）高、中压缸合缸后汽缸的形状复杂，进排汽的孔口较多，管道布置较拥挤；

3）汽缸、转子的几何尺寸较大，重量太重；

4）安装、检修较复杂。

（3）哈汽超临界 600 MW 汽轮机高中压缸

哈汽超临界 600 MW 汽轮机的高中压缸为双层缸结构，高中压缸对头布置，如图 2-53 所示。高压部分包括 1 个调节级（冲动式）和 9 个反动级，中压部分有 6 个反动级。

高压内缸中各压力级的蒸汽流动方向与中压内缸相反，新蒸汽经过汽缸左右两侧的两个高压主汽阀和四个高压调节阀进入高压内缸，通过调节级和高压各级后，由高中压外缸下部的高压排汽口排出，进入锅炉再热器中再加热，再热后的蒸汽经过汽缸左右两侧的两个再热主汽阀和四个中压调节阀进入中压内缸，在中内压缸做功后从高中压缸上部的中压排汽口排出，经中低压连通管，进入 1 号、2 号低压缸中。

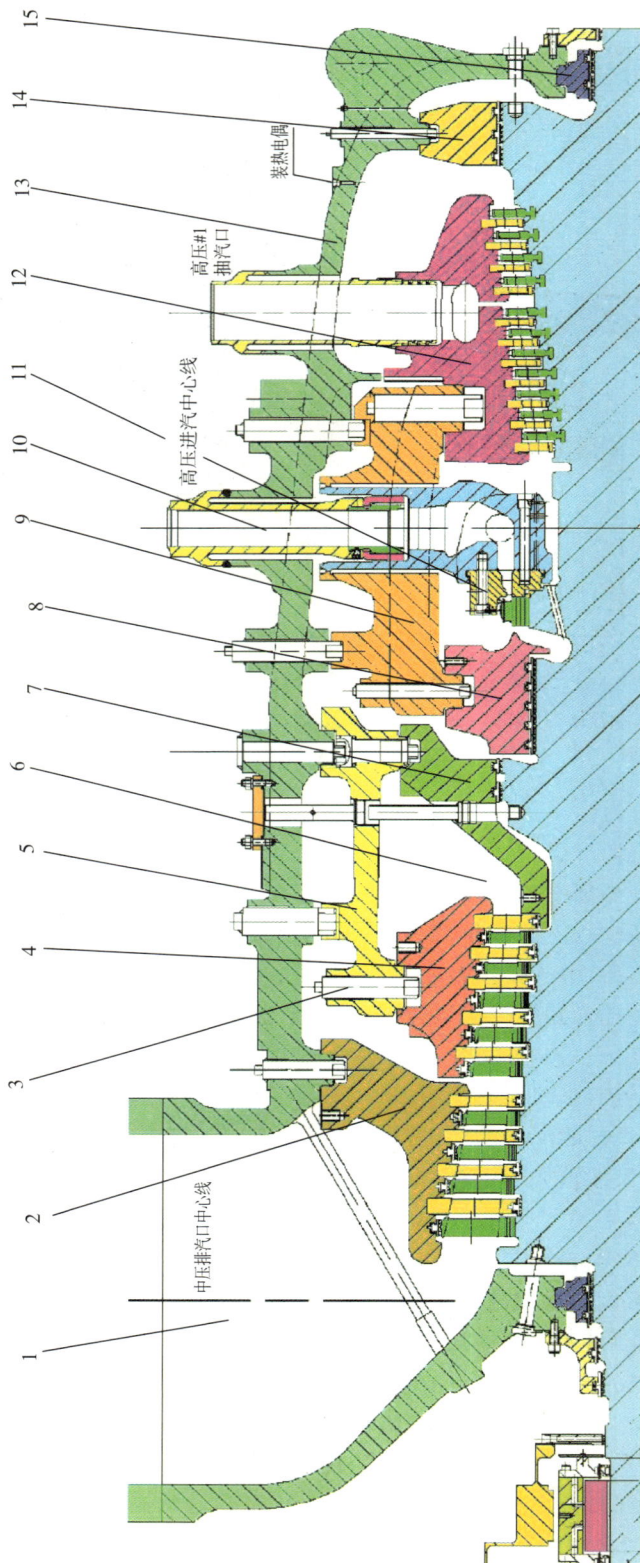

图2-52 引进型300MW汽轮机高中压缸纵剖面图

1—中压排汽口；2—中压二号静叶持环；3—定位销；4—中压一号静叶持环；5—中压内缸；6—中压进汽；7—中压平衡持环；8—高压进汽侧汽侧平衡持环；9—高压内缸；10—主蒸汽进汽管；11—调节级；12—高压静叶持环；13—高中压外缸；14—高压排汽侧汽侧平衡持环；15—内轴封体

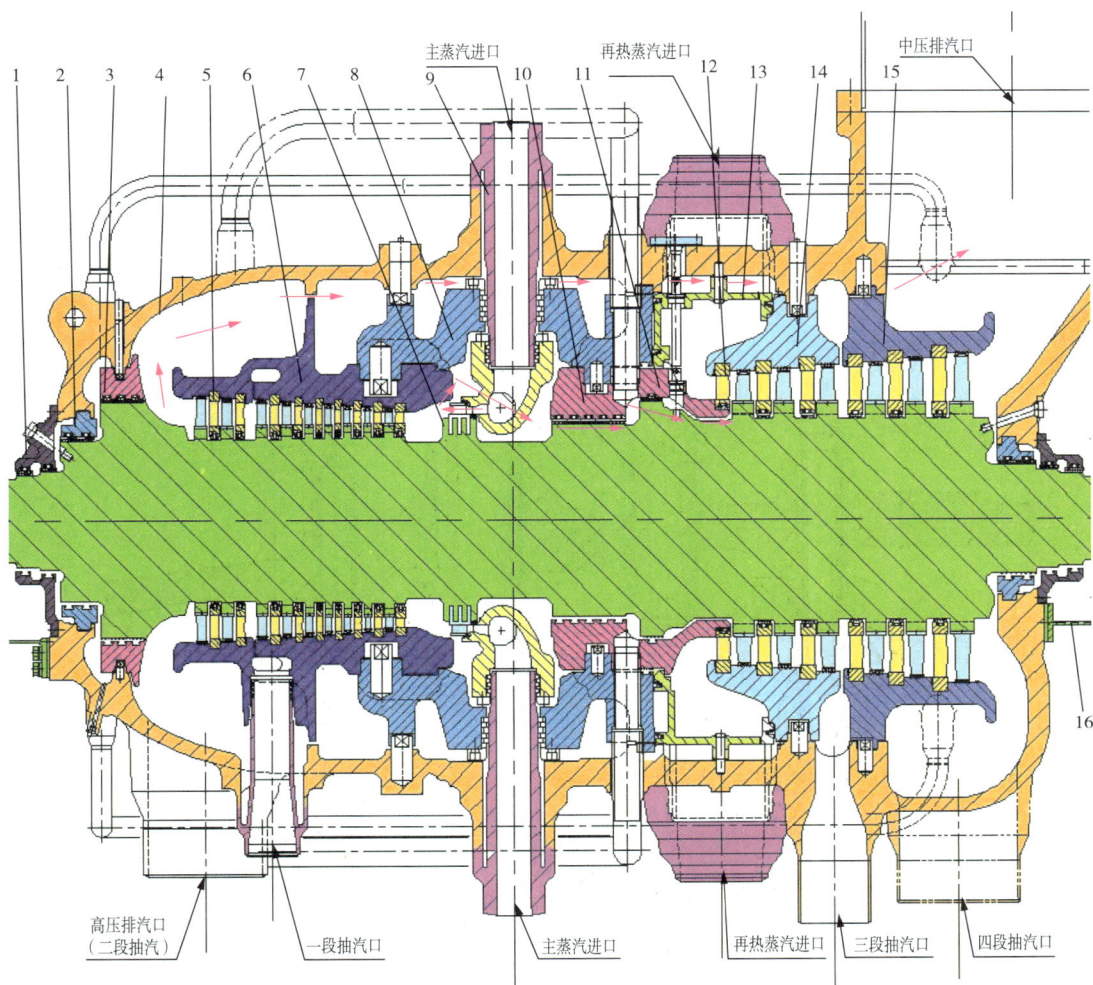

图 2-53 哈汽超临界 600 MW 汽轮机高中压缸纵剖面图

1—外轴封体；2—内轴封体；3—高压排汽侧平衡持环；4—高中压外缸；5—高压缸内静叶环；6—高压静叶持环；
7—调节级叶轮；8—高压内缸；9—主蒸汽进汽套管；10—高压进汽侧平衡持环；11—中压平衡持环；
12—中压缸内静叶环；13—中压内缸；14—中压一号静叶持环；15—中压二号静叶持环；16—H 形梁

新蒸汽和再热蒸汽的进汽部分集中布置在高中压缸的中部，减小了转子和汽缸的轴向温差及热应力；高中压缸中温度最高的部分布置在远离汽轮机轴承的地方，使轴承受汽封漏汽温度的影响较小，轴承的工作温度较低，改善了轴承的工作条件；由于蒸汽作用于高中压转子上的轴向推力方向相反，可以相互抵消掉一部分，减少了汽轮机的轴向推力；由于前后轴端汽封均处于高中压缸排汽部位，使轴封长度显著减少。此外，高中压合缸结构使得高压转子和中压转子合并成高中压转子，由此减少支持轴承个数，缩短了转子长度。

2. 蒸汽冷却系统

采用高中压缸合缸双层缸的汽轮机，机组运行时，由于内缸温度很高，其热量以辐射形式传递给外缸,造成外缸温度过高,为此,设置蒸汽冷却系统,在内外缸夹层引入一股汽流对外缸进行冷却;另外,冷态启动时,为了使内外缸尽可能迅速同步加热,以减小热应力和胀差,缩短启动时间,还可以通过蒸汽冷却系统向汽轮机内外缸夹层引入加热蒸汽对汽缸加热。

(1)引进型 300 MW 汽轮机蒸汽冷却系统

引进型 300 MW 汽轮机蒸汽冷却系统如图 2 - 54 所示,该蒸汽冷却系统一方面可以对高压内外缸、喷嘴室和中压缸进汽室进行冷却,另一方面,还能对高温区段的转子进行冷却,以降低高温区段转子的温度,减小转子的高温蠕变和热应力。

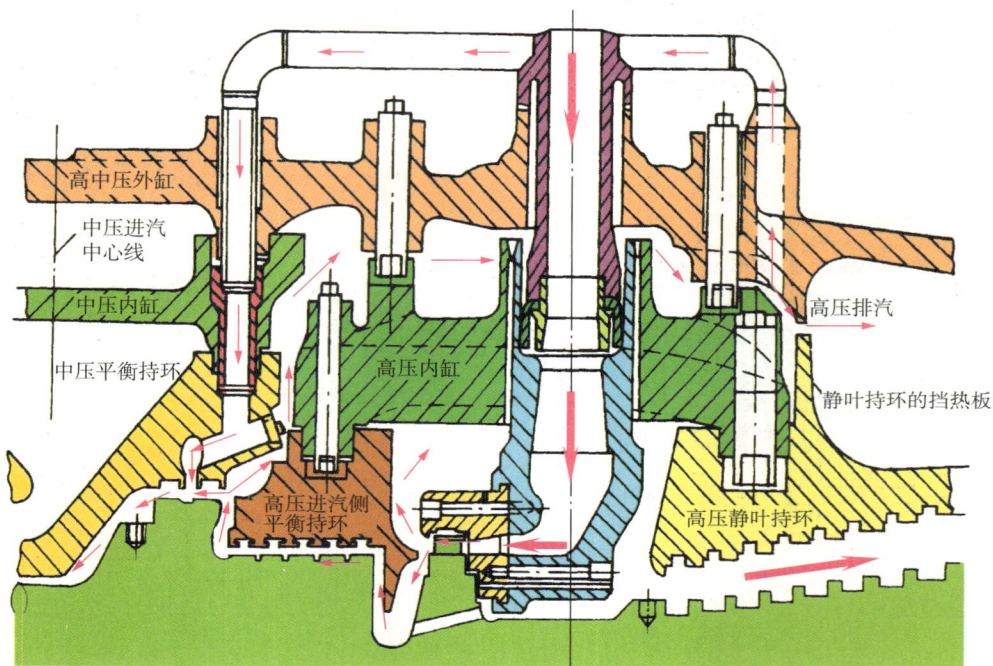

图 2 - 54　引进型 300 MW 汽轮机蒸汽冷却系统

高压内缸中调节级的蒸汽流动方向与各压力级相反,主蒸汽进入调节级膨胀做功后,压力和温度降低,调节级出口的大部分汽流改变流动方向、绕过主蒸汽进汽管和喷嘴室,进入高压内缸各压力级继续膨胀做功,对进汽导管、喷嘴室和高压内缸壁进行冷却。

有一部分调节级出口的汽流通过调节级叶轮上的斜孔进入调节级级后,再进入高压缸各压力级膨胀做功,如图 2 - 55 所示,这部分汽流在流动过程中将对调节级喷嘴室和转轴的外表面进行冷却。

还有一部分调节级出口的汽流通过高中压平衡持环汽封后,分别进入高压内外缸夹层和中压平衡持环汽封,如图 2 - 54 所示,进入高压内外缸夹层的汽流在流动过程中对高压内外缸进行冷却,其冷却蒸汽中的一部分通过高中压外缸上部的连通管进入中压平衡持环汽封中段的汽室中,其余的冷却蒸汽和高压内缸排汽汇合后排出高压内缸。

进入中压平衡持环汽封汽室的汽流沿汽封间隙流向中压缸,并和连通管来的冷却高压

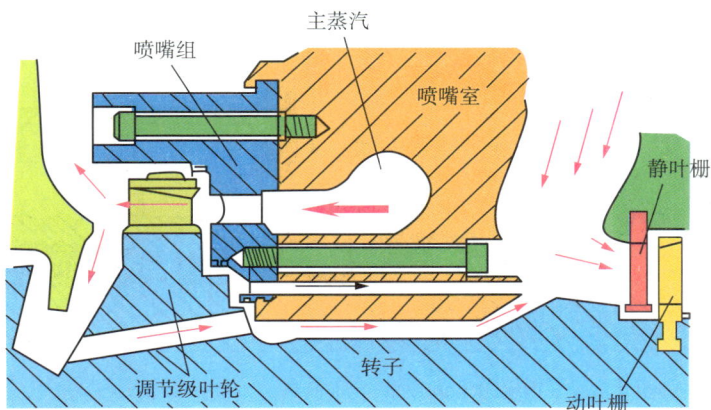

图 2-55　引进型 300 MW 汽轮机调节级处蒸汽流动过程

内外缸后的冷却蒸汽在中压平衡持环汽封中段汽室汇合，汇合后的冷却蒸汽继续沿中压平衡持环汽密封环和中压平衡活塞间的间隙流过，如图 2-56 所示，其冷却汽流一部分在中压第一级静叶后汇入主流，另一部分通过第一级动叶根部的轴向沟槽（汽流通道）进入中压第二级静叶前，并在第二级静叶环前、后汇入主流，冷却蒸汽在流动过程中对中压进汽部分及中压转子进行冷却。

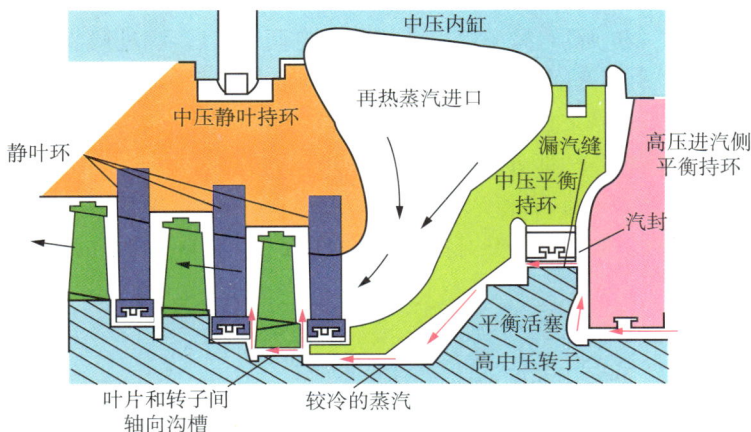

图 2-56　引进型 300 MW 汽轮机再热蒸汽进口处转子冷却结构

　　受限于汽轮机的材料及汽轮机的设计水平，20 世纪 80 年代初，超临界汽轮机及部分大功率亚临界汽轮机采用调节级与高压缸各压力级蒸汽流向相反的高压缸返流设计，以解决转子及汽缸的冷却问题，如上汽引进型 300 MW 编号为 A156、B156、C156、D156、E156、F156、H156 的机组，由此带来了返流损失和绕流损失，导致高压缸通流效率降低。

　　如图 2-57 所示，通过改进材料和提高汽轮机的设计水平，现在汽轮机不再采用返流结构，如编号 K156 的第五代优化机组，避免了高压部分的返流损失和绕流损失，高压缸还可布置更多的级数，缸效率得到了提高。

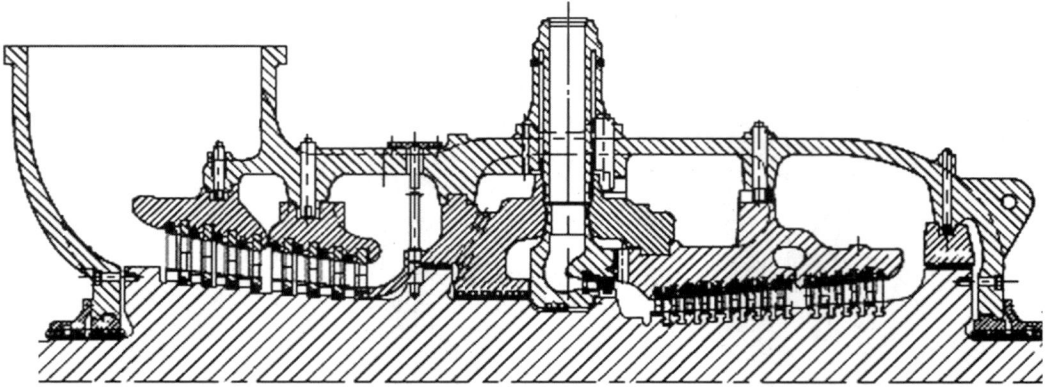

图 2 - 57 引进型 300 MW 中间再热凝汽式汽轮机(K156)

(2)哈汽超临界 600 MW 汽轮机蒸汽冷却系统

如图 2 - 53 所示,哈汽超临界 600 MW 汽轮机蒸汽冷却系统除了用于冷却高中压内外缸外,还用于降低高温再热蒸汽包围的中压进汽口处叶片根部、中压进汽导流环及转子的温度,以减小高温区段转子的金属蠕变和热应力。

如图 2 - 53 所示,经过高压各级膨胀做功后的高压内缸排汽,大部分向下通过高压排汽口进入锅炉的再热器中再热,还有一股蒸汽作为冷却蒸汽,通过挡汽板进入高中压外缸与高压内缸的夹层内,再经过内缸上的小孔进入高中压外缸与中压内缸的夹层中,冷却高温进汽区,防止高中压外缸过热。

如图 2 - 53 和图 2 - 58 所示,另一股冷却蒸汽来自调节级后,绕过调节级,从高压进汽侧平衡持环与高压进汽侧平衡活塞间的汽封间隙以及中压平衡持环与中压平衡活塞间的汽封间隙流出,并沿中压导流环与转轴之间的间隙进入中压第一级的静叶环后面,冷却汽流一部分在中压第一级静叶后汇入主流,另一部分通过第一级动叶根部叶根与轮缘的轴向间隙进入第二级静叶环前,并在第二级静叶环前、后汇入主流,在汽流的流动过程中使转子外表面被冷却蒸汽覆盖,不直接接受高温蒸汽的辐射加热,降低了转子的温度,减少了转子的热应力。

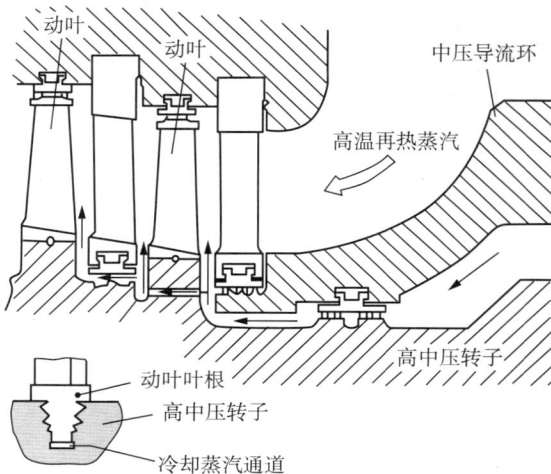

图 2 - 58 哈汽超临界 600 MW 汽轮机转子冷却示意图

3. 法兰螺栓的安装及存在的问题

（1）螺栓的应力松弛和预紧力

为克服由于材料蠕变使螺栓压紧力逐渐小于初始预紧力的应力松弛现象，保证两次大修期间螺栓的压紧力满足汽密性要求，螺栓应具有足够的预紧力。

为了保证螺栓拧紧并具有足够的预紧力，在螺栓的中心有加热孔，采用电加热或汽加热方法对螺栓加热，并通过测量螺帽转角或螺栓的绝对伸长量来控制热紧量，达到所需的预紧力。

（2）汽缸、法兰和螺栓间的温差及其影响

由于汽轮机高中压缸要承受很高的压力，要保证水平结合面的严密性，就要用很厚的法兰和很粗的螺栓来连接。在启停过程中，汽缸与法兰之间、法兰与螺栓之间就会产生较大的温差，法兰和螺栓中产生很大的热应力，严重时会引起法兰塑性变形、螺栓拉断、法兰结合面翘曲和汽缸裂纹等严重损坏。

为了减小汽缸、法兰及连接螺栓间的温差，缩短机组启停时间，有些机组设置了法兰螺栓加热装置，可在机组启停时对法兰和螺栓进行加热或冷却。

国产 300 MW 汽轮机高压外缸法兰螺栓加热装置如图 2-59 所示，启动时将加热蒸汽依次引入各螺栓孔，对法兰和螺栓进行加热，以减少汽缸壁、法兰、螺栓间的温差。

图 2-59　国产 300 MW 汽轮机高压缸法兰螺栓加热装置

图 2-60 为国产 300 MW 汽轮机高压外缸法兰螺栓加热装置加热蒸汽流程示意图，高压外缸采用对穿螺栓，在每个螺孔对应的上、下法兰外侧均开有与螺孔相通的蒸汽连接口 1 和 2，上、下法兰外侧有许多小弯管将相邻的两个螺孔连通。来自法兰螺栓加热蒸汽联箱的加热蒸汽从下法兰第 10 号、11 号螺孔进入后，分别经过 10～1 号螺孔及 11～22 号螺孔，然后从位于下法兰的第 1 号、22 号螺孔排入法兰螺栓加热集汽联箱。蒸汽在流经螺栓与螺栓孔之间的间隙时，对螺栓及法兰进行加热。

法兰螺栓加热装置使汽轮机的结构复杂，增加了启停时的操作，现在的汽轮机中不再设置法兰螺栓加热装置，为了减少启停过程中汽缸壁、法兰和螺栓间的温差，一方面采用双层

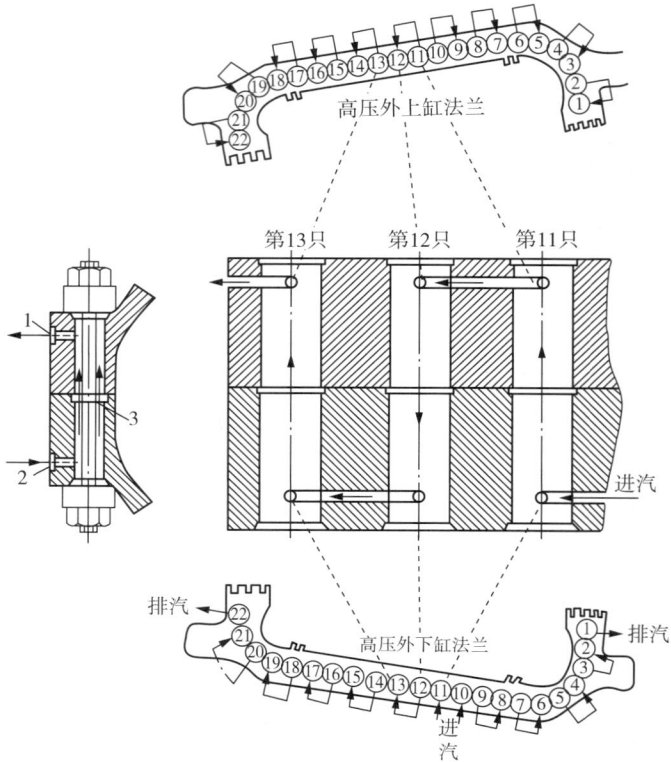

图 2-60 国产 300 MW 汽轮机高压外缸法兰螺栓加热蒸汽流程
1,2—蒸汽连接口;3—平面槽

缸结构,内缸内外温差小而压差大,主要承受机械应力的作用,而沿壁厚的温度梯度较小,热应力较小;外缸内外温差大而压差小,可采用较薄的缸壁和较窄的法兰;此外,采用直径较小、节距较密的螺栓,并尽可能将螺栓靠近外汽缸内壁(如图 2-61),使得螺栓中心线尽量靠近汽缸缸壁的中心线,从而减小法兰内外以及法兰和螺栓之间的温差。另一方面,适当加大动静部分间隙,增大胀差的限制值,以保证机组安全运行。

图 2-61 哈汽 CN300-16.67/537/537-2 型汽轮机高窄法兰结构

二、低压缸结构

大功率凝汽式汽轮机的低压缸,由于蒸汽质量流量大,而低压缸的排汽压力低,蒸汽的容积流量大,因而低压缸的体积大。由于排汽压力低,低压缸的内外压差不大,因此,在低压缸结构设计方面应着重考虑的是如何保证足够的刚度和良好的流动特性,如果刚度不够,将引起汽轮机动静部分间隙和中心的变化,引起机组振动,此外,还要保证排汽通道有合理的导流形状,以减小蒸汽流动过程中的阻力损失。

1. 国产 300 MW 汽轮机低压缸结构

如图 2-62 所示,国产 300 MW 汽轮机低压缸为双层缸结构。

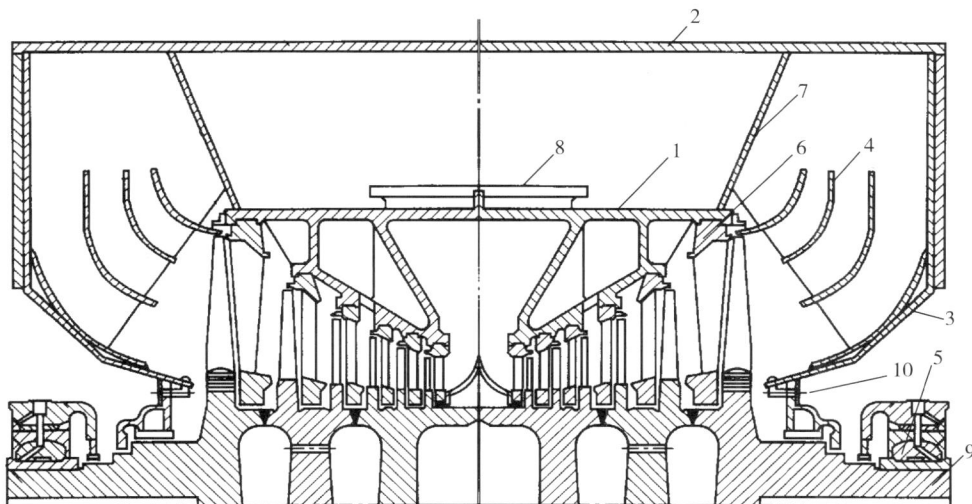

图 2-62　国产 300 MW 汽轮机低压缸结构

1—内缸;2—外缸;3—排汽室;4—扩压装置;5—轴承;6—隔板;7—扩压管斜前壁;8—进汽口;9—低压转子;10—减温水进口

由于低压缸进、排汽温差较大,存在热膨胀问题,为了改善低压缸的热膨胀,防止因刚度不足而产生变形,采用了双层缸结构,将通流部分安装在内缸上,使体积较小的内缸承受温度的变化;而庞大的外缸则均处于排汽的低温区,膨胀变形量较小。外缸和排汽室采用钢板焊接结构,并用加强筋加固,以减小汽缸重量。在外缸排汽处设置了径向扩压装置,以充分利用排汽的余速动能来减小排汽管损失;此外,外缸排汽处还设置了导流装置,引导汽流流动以减少排汽流动过程中的阻力。

2. 引进型 300 MW 汽轮机低压缸结构

引进型 300 MW 汽轮机低压缸结构如图 2-63 所示,低压缸为三层缸结构,由一层外缸和两层内缸所组成,汽轮机的通流部分安装在在两层内缸中,其中低压前五级安装在低压第一层内缸中,低压末两级安装在低压第二层内缸中,使得低压缸较大的温差在三层缸壁之间得到合理分配。

第一层内缸中,在发电机端的静叶持环上装有四级静叶环,调速端的静叶持环中装有二级静叶环。静叶持环圆周上的凸缘部分与第一层内缸上的凹槽相互配合,并通过定位销来定位;按压力的高低顺序,第一层内缸中后面几级静叶环直接安装在第一层内缸上,其中,发电机端装有一级静叶环,调速端装有三级静叶环;在第二层内缸中,有二级静叶,这两级静叶

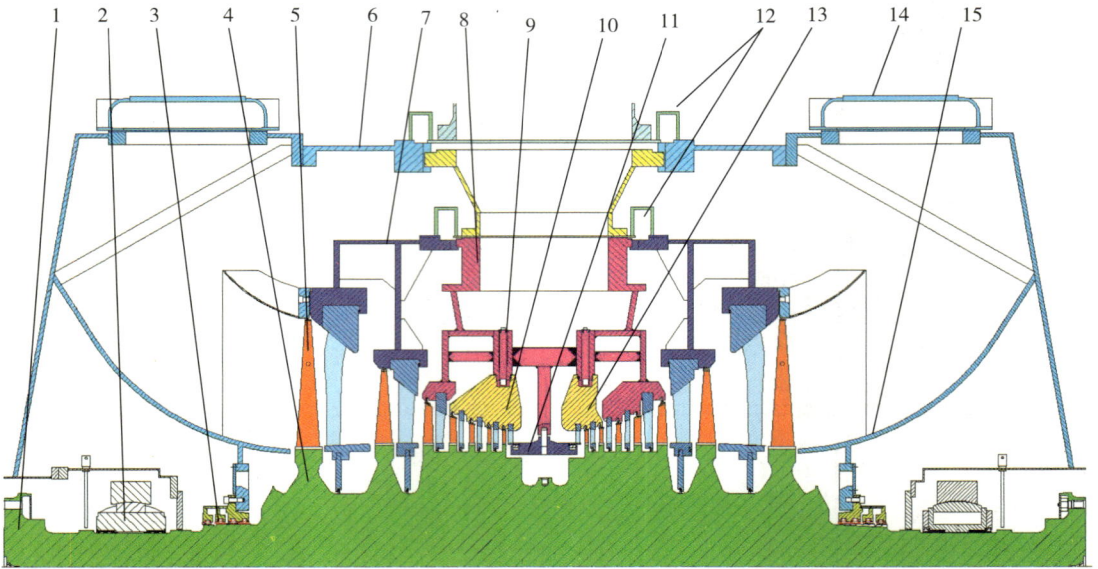

图 2-63 引进型 300 MW 汽轮机低压缸结构

1—联轴器;2—轴承;3—轴封;4—叶轮;5—动叶叶片;6—低压外缸;7—低压第二层内缸;
8—低压第一层内缸;9—定位销;10—低压静叶持环(发电机端);11—分流环;12—进汽密封环;
13—低压静叶持环(调速端);14—大气安全阀;15—排汽导流板

直接安装在第二层内缸的静叶环安装槽内。

在低压外缸、第二层内缸与低压进汽管之间采用的进汽密封环结构如图 2-64 所示,这种密封结构有利于吸收中低压连通管与低压内外缸之间的相对膨胀量,并且只有第二层内缸接触并承受低压进汽的高温。

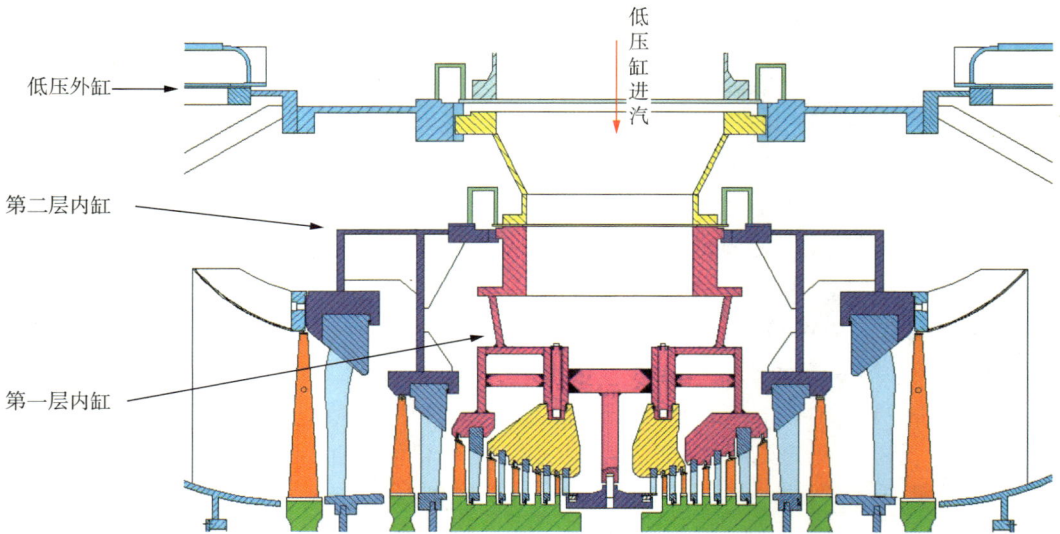

图 2-64 低压缸顶部密封环

第二层内缸和低压外缸之间形成排汽空间,有利于将排汽通道做成径向扩压式,利用最末一级动叶出口的余速动能,在扩压装置中的扩压作用,来补偿排汽管道中的流动阻力,以提高汽轮机的效率。

机组在启动、空载和低负荷运行时,流过低压缸的流量很小,不足以带走鼓风摩擦所产生的热量,使得排汽温度升高,排汽缸的温度随之升高;若排汽缸温度过高,将引起汽缸热变形,使低压转子的中心线改变,造成机组振动甚至发生事故;排汽温度过高还可能使凝汽器铜管泄漏;为此,在低压缸内设置了喷水减温装置。

喷水减温装置如图 2 - 65 所示,在低压缸的排汽导流板上,布置有喷水管 3,喷水管沿着末级叶根呈圆周形布置,喷水管上钻有两排喷水孔,将减温水喷向排汽通道内,以降低排汽温度,减温水为凝结水泵出口的主凝结水,一般规定,排汽温度高于 80 ℃时投入喷水装置。机组启动时,转速升到 600 r/min时,喷水装置自动投入;带上 15% 额定负荷时,喷水装置自动停止。

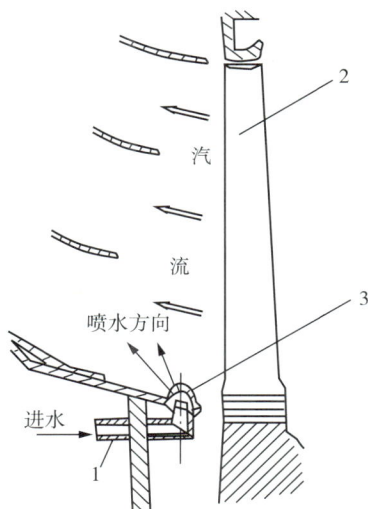

图 2 - 65 喷水减温装置
1—进水管;2—最末级动叶;3—喷水管

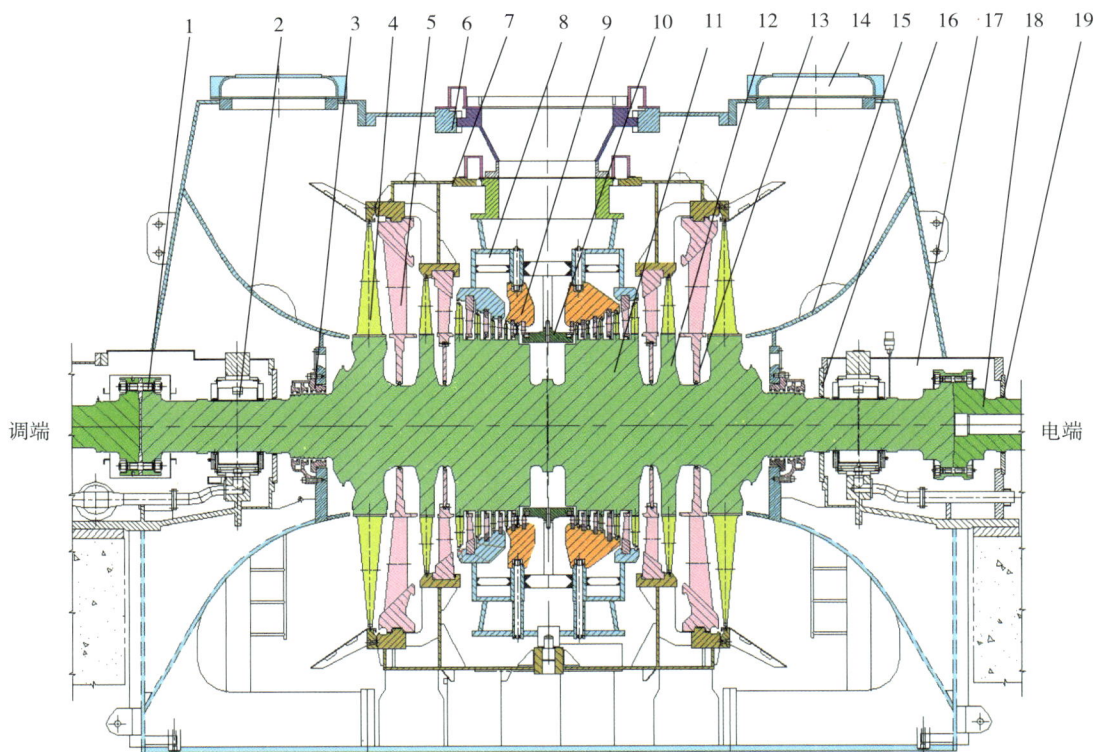

图 2 - 66 哈汽超临界 600 MW 汽轮机低压缸结构
1—联轴器;2—支持轴承;3—轴封;4—动叶片;5—静叶环;6—低压外缸;7—第二层内缸;8—第一层内缸;
9—低压静叶持环;10—分流环;11—转轴(鼓式);12—叶轮;13—低直径弹簧汽封;14—大气安全阀;
15—排汽导流板;16—轴承箱内侧挡油环;17—轴承箱;18—中间轴;19—轴承箱外侧挡油环

3. 哈汽超临界 600 MW 汽轮机低压缸结构

哈汽超临界 600 MW 汽轮机低压缸如图 2-66 所示,低压缸采用三层缸结构,由一层外缸和两层内缸组成,低压缸的较大温差在三层缸之间得到了合理分配,低压外缸由钢板焊接而成,其外上缸和外下缸各由三部分组成:前端排汽部分、后端排汽部分和中间部。各部分通过垂直法兰结合面和螺栓连接成一个整体,可以整体起吊。低压外上缸的两端各装有一个大气安全阀,当低压缸内压力超过其最大安全压力时,自动进行危急排汽。

低压进汽管与低压外缸及第二层内缸之间采用顶部密封环结构,该结构可用于补偿低压进汽管与低压的三层汽缸间的膨胀差。

哈汽超临界 600 MW 汽轮机喷水减温装置如图 2-67 所示,在机组启动过程中,当机组转速达到 600 r/min 时,通过电磁阀使气动阀被打开,低压缸喷水减温装置投入运行;若排汽缸温度超过 70 ℃,则低压缸喷水减温装置会自动投入;当机组带上约 15% 额定负荷时,低压缸喷水减温装置自动停运。此外,在低负荷或空载情况下,如果排汽温度超过 80 ℃,必须通过增加负荷或改善真空来降低排汽缸温度,若排汽缸达到极限温度 120 ℃时,应停机并排除故障。

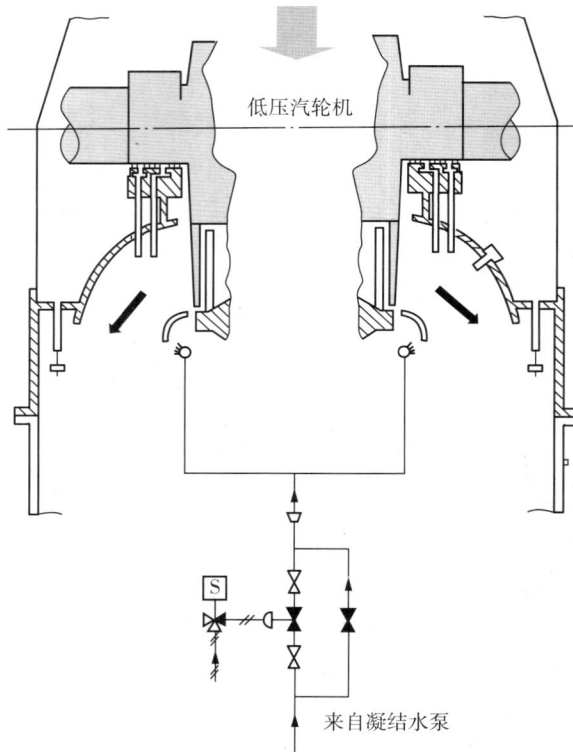

图 2-67 哈汽 600 MW 超临界汽轮机喷水减温装置

第四节 进汽部分、喷嘴组、隔板和静叶环

喷嘴配汽式汽轮机的第一级为调节级,静叶片通常被分成若干组,形成若干个喷嘴弧段,喷嘴弧段固定在喷嘴室出口的圆弧形槽道上;汽轮机的第二级及以后各级的静叶片则被

固定在隔板(或静叶环)上,隔板(或静叶环)可直接安装在汽缸上,也可安装在隔板套(或静叶持环)上,隔板套(或静叶持环)再安装在汽缸上。下面就介绍一下汽轮机进汽部分、喷嘴组、隔板和静叶环等装置的结构组成。

一、汽轮机进汽部分

汽轮机进汽部分指的是从调节阀出口一直到调节级喷嘴这段区域,是汽轮机中承受压力和温度最高的部分,要求形状简单、对称。为便于制造和减小热应力,一般将汽缸、喷嘴室和喷嘴组单独铸造,然后焊接或用螺栓连接在一起。

高压缸第一级喷嘴(调节级喷嘴)根据调节阀的个数分组固定在喷嘴室上,安装于每个喷嘴室上的若干个喷嘴称为喷嘴组(或称喷嘴弧段),流过每个喷嘴组的蒸汽量由各自的调节汽阀来控制,通常主汽阀保持全开,通过调整调节汽门的开度来改变主蒸汽流量以适应外界负荷的变化。

1.300 MW 汽轮机进汽部分及喷嘴组结构

如图 2-68 所示,喷嘴室沿径向对称布置在汽缸的圆周上,调节阀与汽缸分开,并分别布置在汽轮机的两侧,这种结构不但使汽缸形状简化,且汽缸受热均匀,热应力较小,还可以合理利用材料。

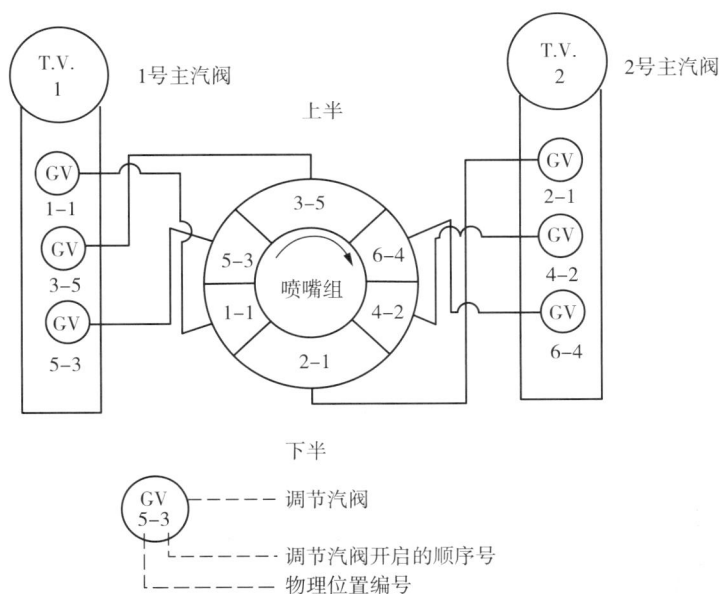

图 2-68　300 MW 汽轮机调节汽阀—喷嘴室—喷嘴组布置

单缸汽轮机的进汽部分结构

如图 2-68 和图 2-69 所示,主蒸汽流经布置在高中压缸两侧的两个主汽阀后,分别进入六个调节汽阀,再经喷嘴室和喷嘴组后进入高压缸做功,喷嘴室进汽导管与内缸焊接在一起,喷嘴室进汽导管采用垂直布置方式,便于拆装。

如图 2-70 和图 2-71 所示,采用精密铸造的方法将喷嘴组整体加工出来,通过进汽侧的凸肩装在喷嘴室出口的环形槽上,并用螺钉固定。这样的喷嘴组制造成本低,并有足够的表面光洁度及精确的尺寸,使喷嘴流道型线可以更好地满足蒸汽流动的要求。调节阀与汽缸之间用六根进汽管连接,进汽管较长并有较大的弯曲半径,进汽管柔性大,可以避免产生较大的应力。

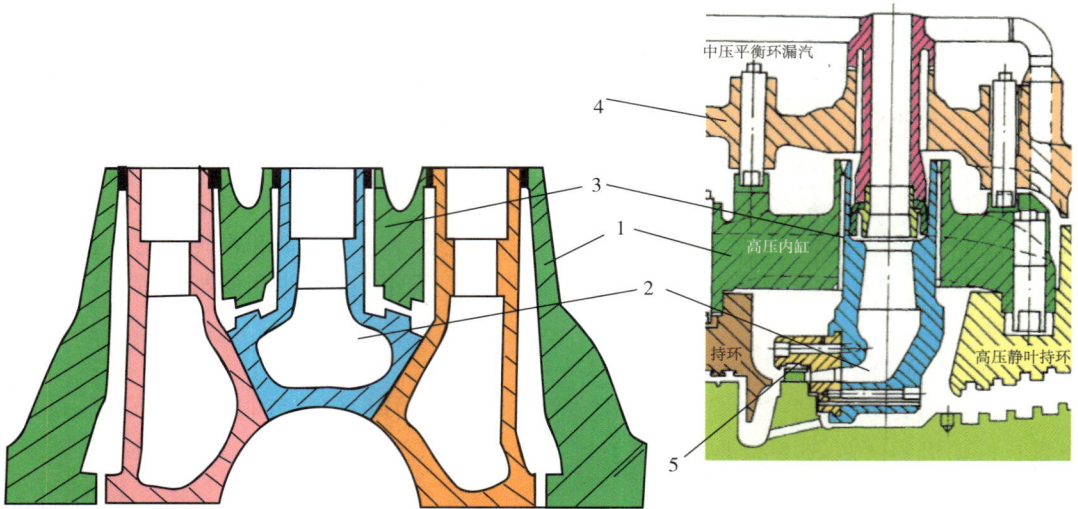

（a）进汽导管、喷嘴室结构（横剖）　　　　　（b）进汽导管、喷嘴室结构（纵剖）

图 2-69　引进型 300 MW 汽轮机进汽导管和喷嘴室结构

1—高压内缸;2—喷嘴室;3—喷嘴室进汽导管;4—高中压外缸;5—喷嘴组(喷嘴弧段)

图 2-70　引进型 300 MW
汽轮机调节级喷嘴组图片

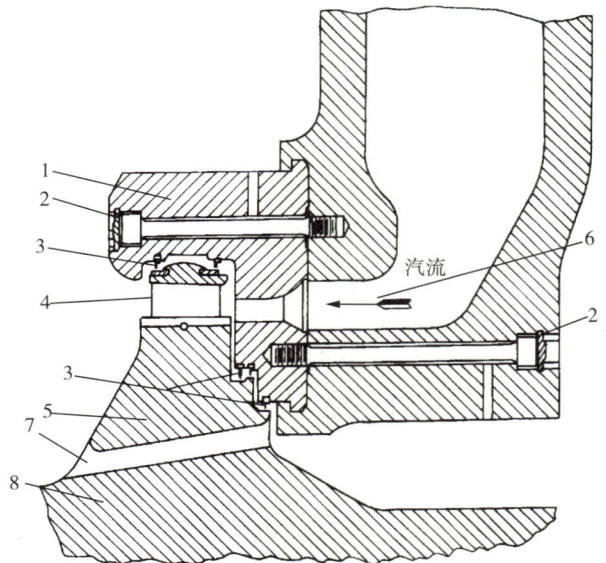

图 2-71　引进型 300 MW 汽轮机调节级结构

1—喷嘴组;2—螺钉;3—径向汽封;4—动叶;
5—叶轮;6—喷嘴室;7—斜孔;8—转轴

　　引进型 300 MW 汽轮机的高中压缸为双层缸结构,其进汽管道要穿过外缸,才能伸到喷嘴室的进汽导管中。运行中,由于内外缸之间存在温差,将产生相对膨胀差,这样进汽管就不能同时固定在内缸和外缸上,但又不允许出现高压蒸汽外漏。为此,采用双层套管弹性密封环滑动连接。

　　如图 2-69 所示,高压进汽管采用双层套管结构,高压进汽管的外套管与外缸焊接在一起,内套管插入喷嘴室的进汽导管中,如图 2-72 所示,高压进汽管与喷管室进汽导管之间采用具有活动接头的连接短管。连接短管上嵌有两圈密封环进行密封,既保证了在受热膨胀时可以相对滑动,又保证了高压进汽管和进汽导管结合处密封不漏汽。

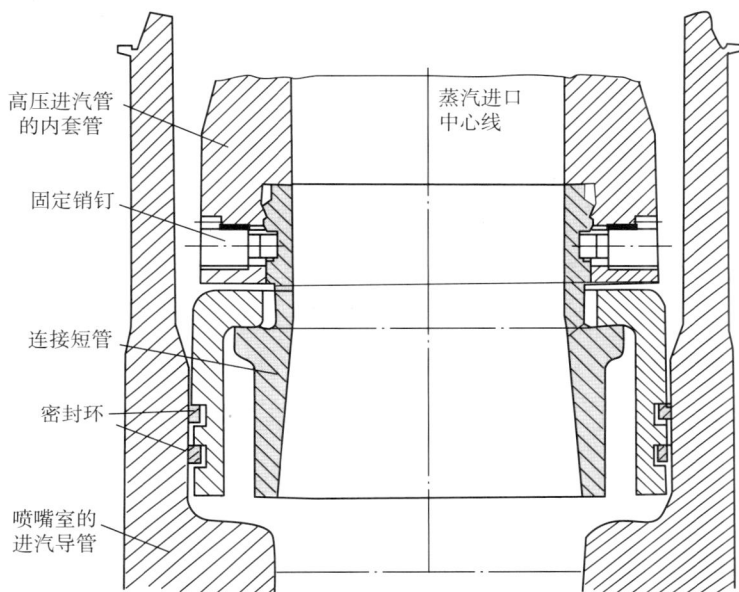

图 2-72　引进型 300 MW 汽轮机高压进汽管与喷管室进汽导管的连接

2.600 MW 汽轮机进汽部分及喷嘴组结构

　　如图 2-73 和图 2-74 所示,哈汽 600 MW 汽轮机的高压内缸沿圆周方向安装了四个喷嘴室,喷嘴室是由合金钢铸成的,通过水平中分面分成上下两半,采用中心线定位,支撑在内缸的水平中分面处。轴向位置是由喷嘴室上下半处的凹槽与内缸上下半处的凸台配合来定位的。上下两半内缸上均设有滑键,滑键决定了喷嘴室的横向位置。从而保证在主蒸汽温度变化时,喷嘴室能沿着正确的方向膨胀或收缩。

　　第一级的静叶栅分成若干个弧段,每一弧段称为一个喷嘴组(或喷嘴弧段),喷嘴组通过电火花加工形成一个整体,再分别焊接在喷嘴室上;高压进汽管采用带有弹性密封环的滑动式钟形套管结构,高压进汽管的外套管焊在外缸上,高压进汽管的内管插入喷嘴室的进汽导管内,高压进汽管的内管与喷嘴室的进汽导管通过弹性密封环进行密封,这种结构使各部件能自由地膨胀和收缩,并且密封性和对中性好,热应力较小,热负荷适应性好。

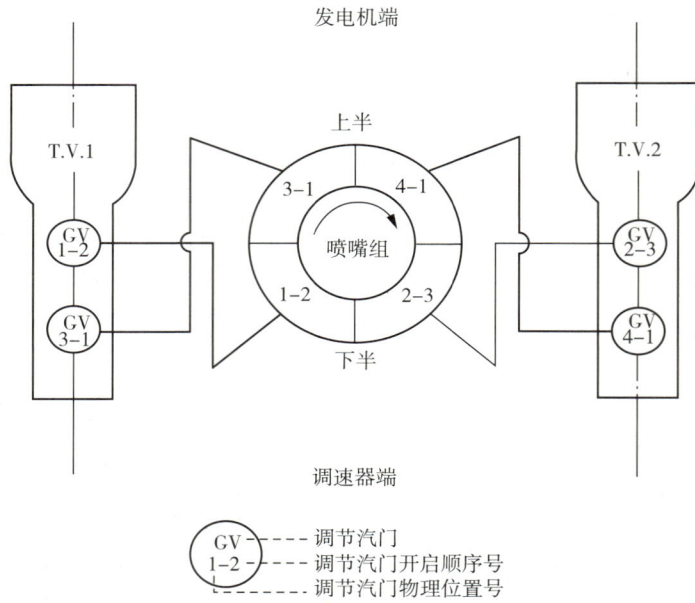

发电机端

T.V.1　　　　　　　　上半　　　　　　　　T.V.2

GV
1-2

GV
3-1

3-1　　4-1

喷嘴组

1-2　　2-3

GV
2-3

GV
4-1

下半

调速器端

GV ───── 调节汽门
1-2 ───── 调节汽门开启顺序号
───── 调节汽门物理位置号

图 2-73　600 MW 超临界汽轮机调节汽阀—喷嘴室—喷嘴组布置

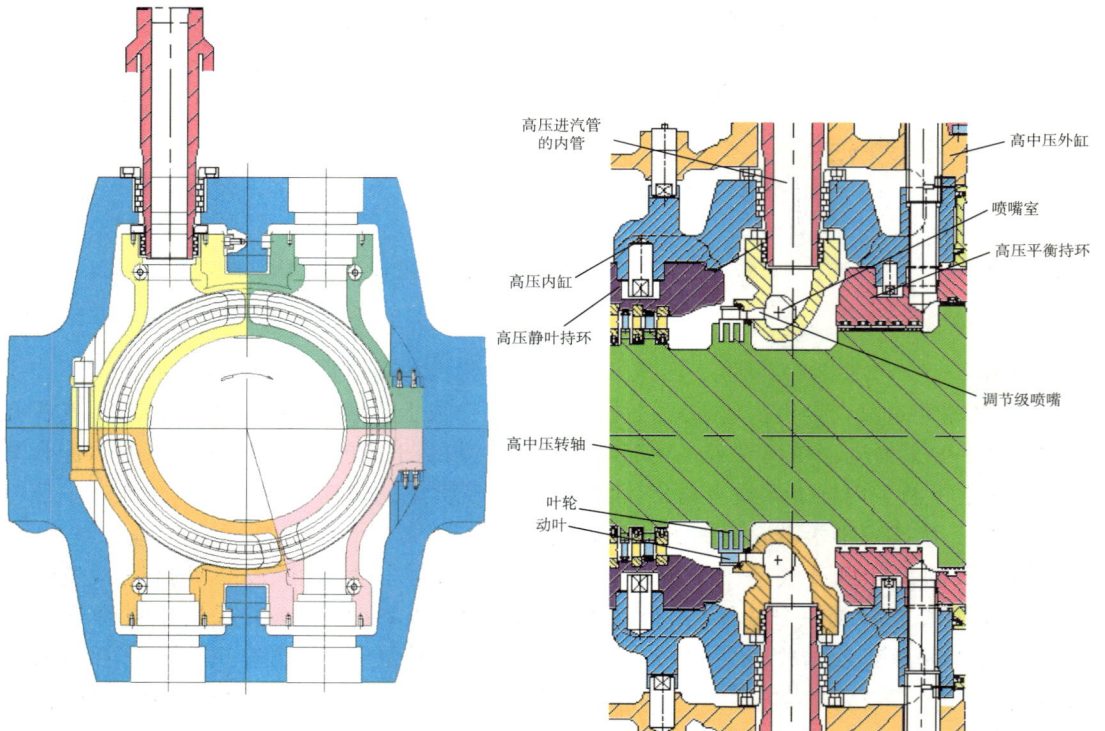

高压进汽管
的内管

高压内缸

高压静叶持环

高中压转轴

叶轮
动叶

高中压外缸

喷嘴室

高压平衡持环

调节级喷嘴

图 2-74　哈汽超临界 600 MW 汽轮机进汽管和喷嘴室结构

二、隔板和隔板套

隔板和静叶环用来固定静叶片,并将汽缸沿轴向分隔成若干汽室,非调节各级的静叶片安装在隔板或静叶环上,高压部分隔板和静叶环承受的温度高、压差大;低压部分隔板和静叶环接触的蒸汽温度低、压差小,但承压面积大,并承受湿蒸汽的作用。

对隔板和静叶环的要求:要有足够的强度和刚度、合理的支承与定位以及良好的密封性和加工性。

为了安装和拆卸方便,隔板和静叶环通常从水平中分面处分为上下两半,在隔板和静叶环的内缘开有汽封安装槽,用来安装隔板汽封或静叶环汽封,以减小漏汽损失;为了使上下隔板对准,在水平中分面上还装有平键和定位销。

(一)隔板结构

隔板主要由隔板体、隔板外缘和静叶片组成,有焊接隔板和铸造隔板两种。

1. 焊接隔板

如图 2-75(a)所示,焊接隔板的是先将铣制、冷拉、模压或精密铸造的静叶片嵌放在冲有叶型孔槽的内、外围带上,并焊接在内外围带上,然后再焊上隔板外缘和隔板体,在隔板外缘的出汽边上焊上叶顶径向汽封安装环,用来安装动叶顶部的径向汽封,用来减小叶顶漏汽;焊接隔板具有较高的强度和刚度、较好的汽密性,加工较方便;主要用于 350 ℃以上的高、中压级,有些汽轮机的低压级也采用焊接隔板。

高参数大功率汽轮机的高压部分,隔板前后压差较大,隔板很厚,若按照整个隔板的厚度来设计喷嘴,喷嘴的宽度与隔板体的厚度一致,由于喷嘴的高度太小,导致喷嘴和动叶损失增大,级效率降低;为此采用窄喷嘴焊接隔板,如图 2-75(b)所示,喷嘴的宽度减小,蒸汽流过喷嘴时的流动阻力减小,喷嘴损失减小;为了保证隔板的刚度,在隔板体和隔板外缘之间,隔板的进汽侧还安装了若干具有流线型的加强筋。

隔板结构

(a)焊接隔板   (b)窄喷嘴焊接隔板

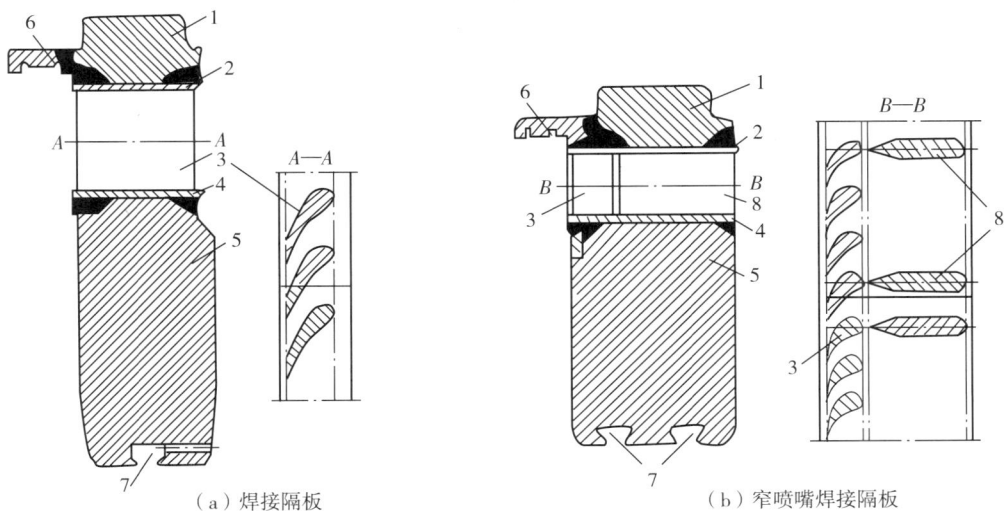

图 2-75 焊接隔板结构

1—隔板外缘;2—外围带;3—静叶片;4—内围带;5—隔板体;6—叶顶汽封片安装槽;7—隔板汽封安装槽;8—导流筋

由于加强筋的型线与叶型不匹配,又缺乏严格的工艺要求,加强筋加工粗糙,且与叶型通常不能对齐,造成喷嘴损失增加;为了减少损失,采用新型分流叶栅取代加强筋结构,如图2－76所示,可使损失大幅度降低,级效率提高2％～3％。

（a）加强筋结构　　　　　　　　（b）分流叶栅结构

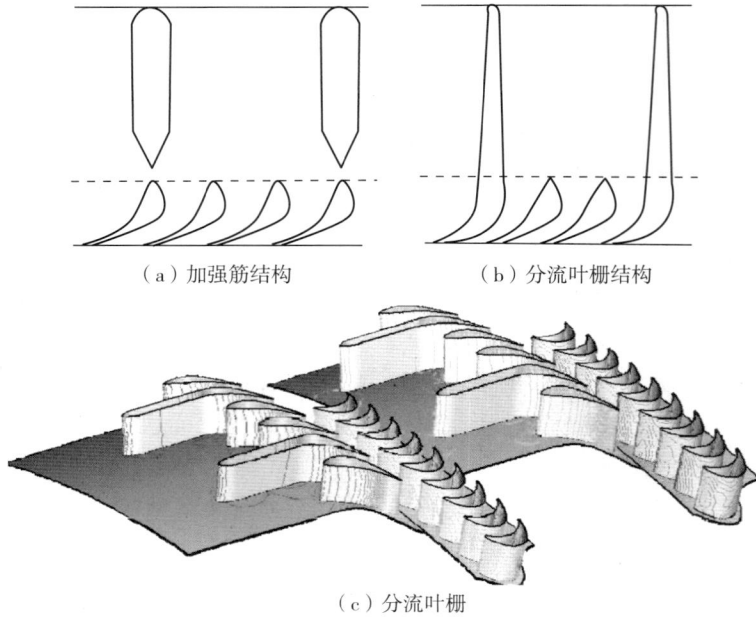

（c）分流叶栅

图 2－76　高压缸分流叶栅

2. 铸造隔板

铸造隔板是在浇铸隔板外缘和隔板体之前,将已成型的静叶片放入一起浇铸,使静叶片、隔板体和隔板外缘紧密联接在一起形成一个整体,然后再沿中分面切割成上下两半,如图2－77所示,为了避免切割隔板时,在水平分界面处将静叶片截断,引起上、下两半隔板组装后接合不良,有些铸造隔板的结合面做成倾斜形,称为斜切中分面的铸造隔板。

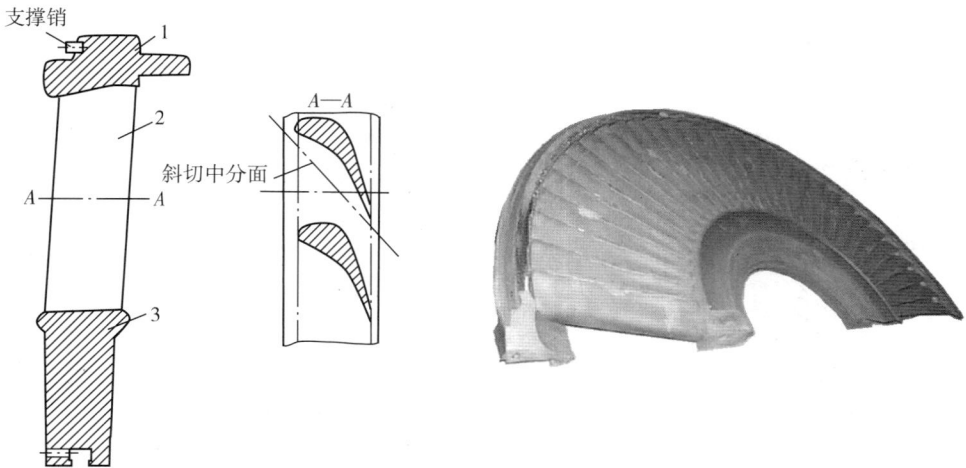

图 2－77　铸造隔板结构

1—隔板外缘;2—静叶片;3—隔板体

铸造隔板制造比较容易,成本低,但表面光洁度较差,使用温度也不能太高,一般用于温度低于 350 ℃ 的级。

(二)隔板套结构

如图 2-78 所示,大功率汽轮机通常将相邻若干级隔板固定在一个隔板套上,隔板套再装在汽缸上,另外,为了安装和检修的方便,隔板套分成上下半,上、下隔板套通过法兰螺栓连接。

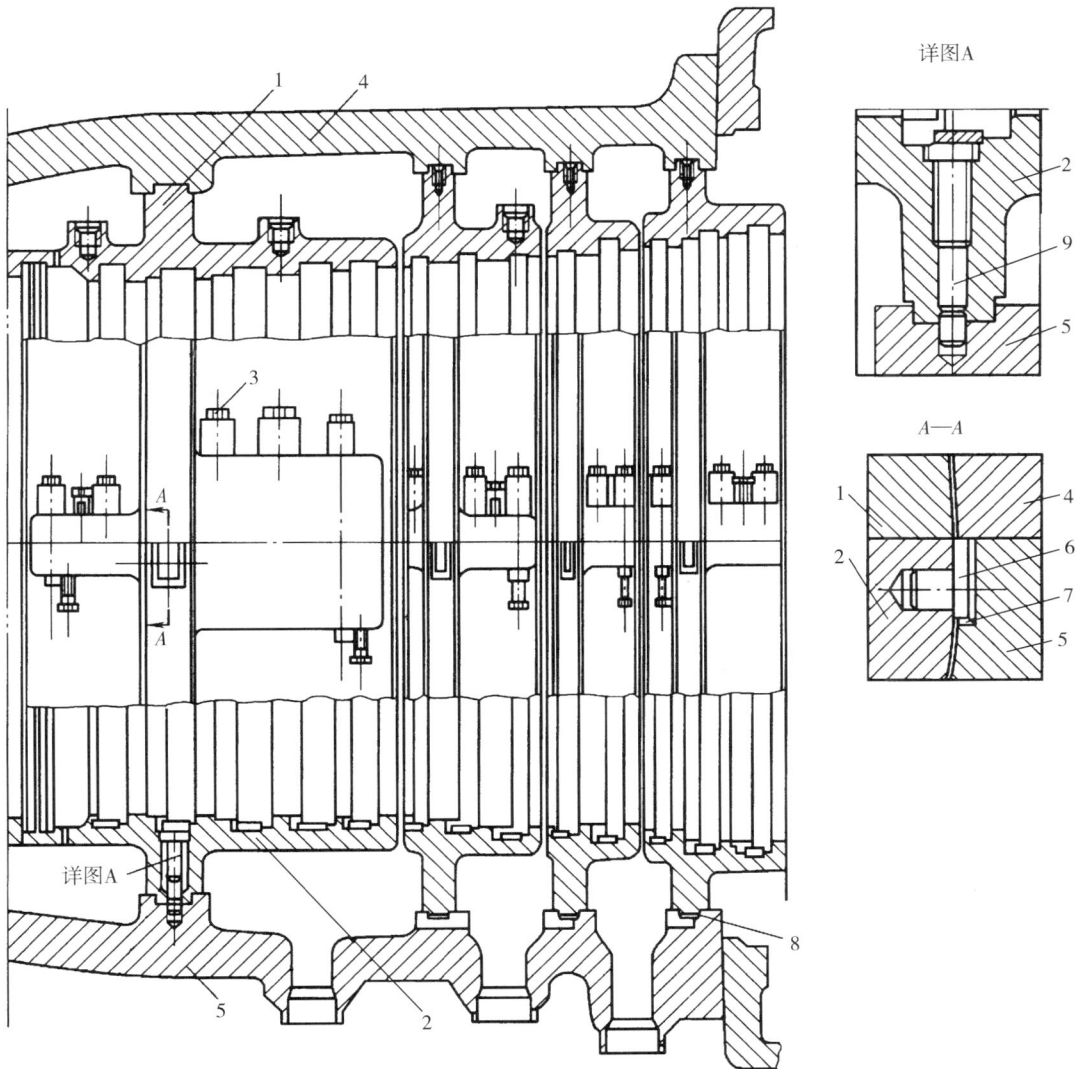

图 2-78　隔板套结构

1—上隔板套;2—下隔板套;3—螺栓;4—上汽缸;5—下汽缸;6—悬挂销;7—垫片;8—平键;9—定位销

隔板套简化了汽缸结构,隔板套与汽缸内壁之间可形成环形的抽汽腔室,减少了抽汽对汽流的扰动,使得级与级之间的轴向距离不再受到或较少受到抽汽口影响,使汽轮机轴向尺寸减小,但径向尺寸增大。

三、静叶环和静叶持环

1. 静叶环结构

反动式汽轮机采用鼓形转子,动叶片直接装在转鼓上,静叶片安装在静叶环内,静叶环由外环、静叶片和内环组成,由于没有隔板体,静叶环的受力面积大大减小,所受的轴向力减小。

(1)引进型 300 MW 汽轮机静叶环结构

引进型 300 MW 汽轮机静叶环结构如图 2-79 所示,外环、单个静叶片和内环是由方钢整体铣制或模锻而成,并在专用的夹具内将静叶排列组装成一整圈,然后沿圆周将各静叶在外环和内环处焊接在一起,精加工后再锯成两半,从而形成具有水平中分面的上、下两半静叶环;上、下两半静叶环分别安装在上、下静叶持环(或汽缸)的直槽中,在直槽侧面的小凹槽中打入一系列 L 形锁紧片,将静叶环固定;上半静叶环还用制动螺钉固定在上静叶持环上,此螺钉位于水平中分面的左侧(当看向发电机方向时)。

为减少静叶环漏汽损失,在高压静叶环的内缘上嵌入径向汽封片,在中压静叶环的内缘上开有汽封安装槽,安装静叶环汽封。

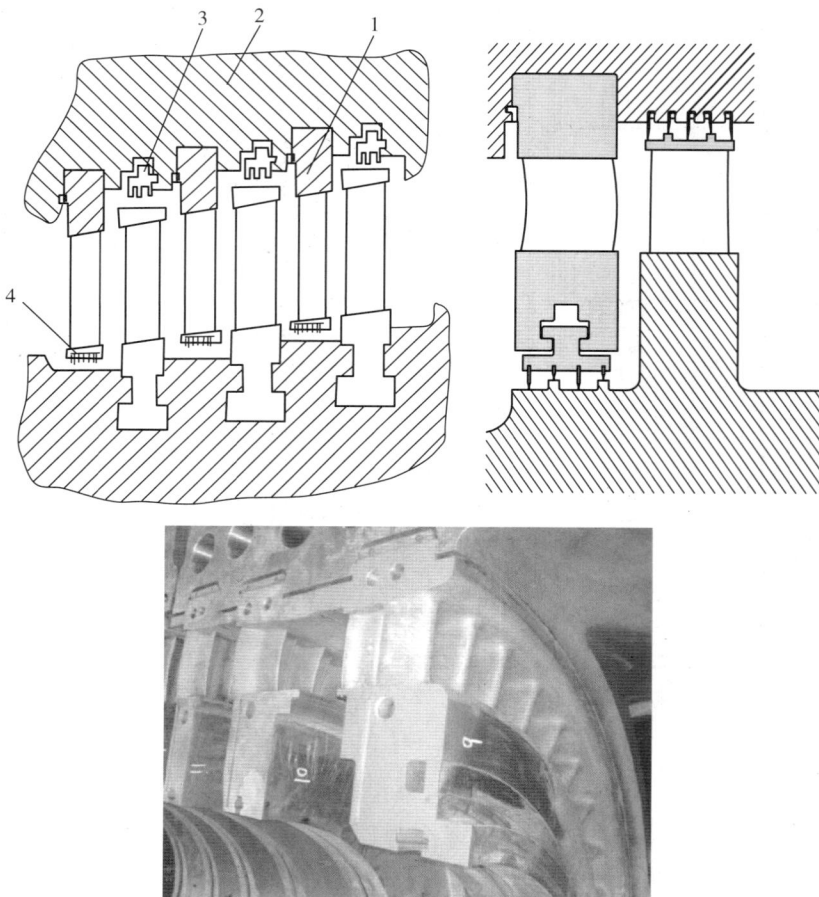

图 2-79　静叶环结构

1—静叶环;2—静叶持环(或汽缸);3—动叶顶部径向汽封;4—静叶环汽封

（2）哈汽超临界 600 MW 汽轮机静叶环结构

哈汽超临界 600 MW 汽轮机高中压静叶环以及低压第二、三、四、五级静叶环结构如图 2-80 所示，每个静叶都带有内外环结构，通过在内、外环处焊接在一起形成整圈的静叶环，并在水平中分面处分割成上下两半，形成具有水平中分面的上、下两半静叶环。

静叶持环上加工有单面平直的安装槽，静叶环安装在静叶持环内缘上的安装槽中，在每个静叶环的环形安装槽上加工了一个放置金属塞紧条的槽，以便固定静叶环；静叶环装配时，在上半和下半水平中分面处还加工了骑缝螺孔，并安装紧定螺钉，防止静叶环运行时相对于静叶持环发生相对转动。

如图 2-81 所示，低压第一级静叶环是由带有整体顶部叶冠的型钢加工而成，静叶环根部由内环热铆到叶片上，当静叶环装入静叶持环后，用塞紧条塞紧，塞紧条为半圆形外加凸台的结构；静叶环内环处设有膨胀槽，用于吸收静叶的热膨胀量。

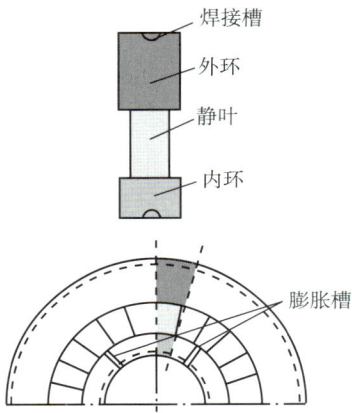

图 2-80　静叶环结构示意图

图 2-81　低压第一级静叶环

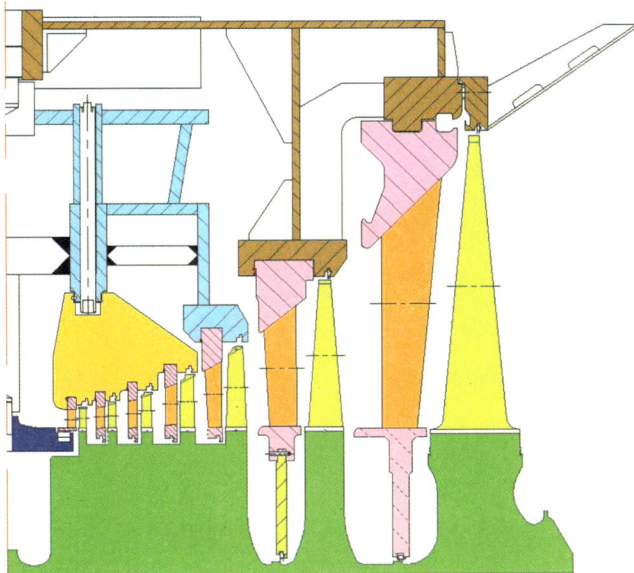

图 2-82　低压缸静叶环

如图 2-83 所示,低压第六级静叶环由精密铸造的静叶片和内环、外环焊接组成。静叶环内环处设有膨胀槽,吸收静叶的膨胀量。静叶环装在低压 2 号内缸相应的直槽中,用 L 形塞紧条将静叶环固定在内缸上。同时,在上半静叶环水平中分面的两端用螺钉将上半静叶环固定在内缸上,以防止其转动。静叶环汽封采用低直径弹簧汽封,这种汽封的密封位置较静叶环内环直径小,漏汽面积相对减小,减少了漏汽量,提高了级效率。

如图 2-84 所示,低压第七级静叶环也是由精密铸造的静叶片和内环、外环焊接组成,为了除去低压末级的水分,末级静叶的内弧面设置有疏水槽,在静叶环外环设置有整圈疏水槽;末级静叶环汽封也采用低直径弹簧汽封,以减少了漏汽损失。上半静叶环外环装有锁紧螺钉,用于防止静叶环在运行中转动,并防止起吊内上缸时静叶环掉落;此外,为了减小腐蚀,在动叶进汽边装有抗腐蚀性很好的司太立合金片。

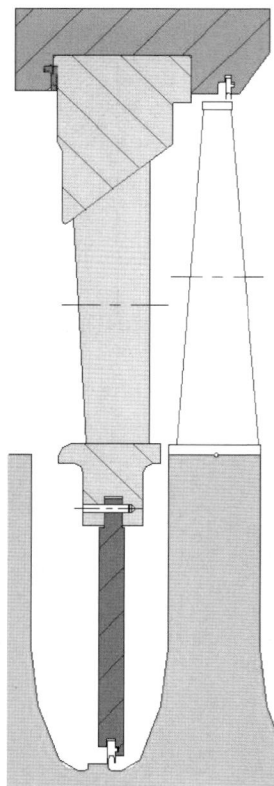

图 2-83　低压第六级静叶环

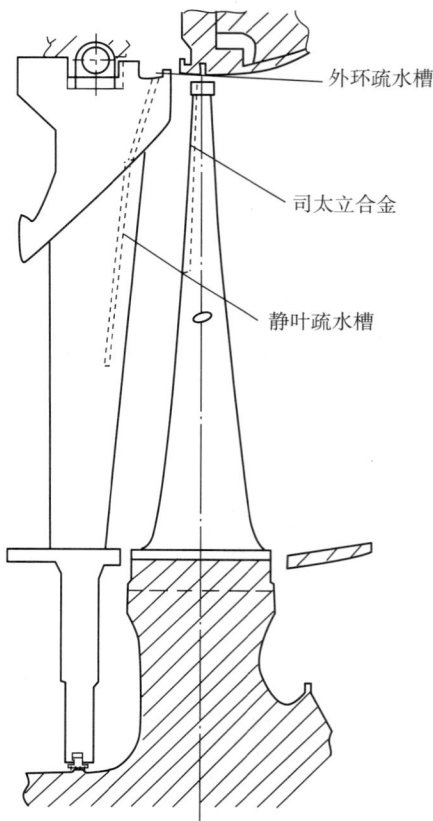

图 2-84　低压缸第七级静叶环

2. 静叶持环结构

(1)引进型 300 MW 汽轮机静叶持环结构

如图 2-52 所示,引进型 300 MW 汽轮机高压内缸中有 11 个反动级,其静叶环全部安装在高压静叶持环中,高压静叶持环则固定在高压内缸上。中压部分的前 5 级静叶环支承在♯1 中压静叶持环上,♯1 中压静叶持环安装在中压内缸上。后 4 级静叶环支承在♯2 中压静叶持环上,而♯2中压静叶持环则固定在中压外缸上。静叶环及静叶持环结构如图2-85所示。

如图2-63所示,引进型300MW汽轮机的低压缸采用分流布置,低压缸内有2个静叶持环,中压缸侧前2级静叶环安装在一个静叶持环中,该静叶持环安装在第一层内缸上。发电机侧前4级静叶环安装在一个静叶持环中,该静叶持环也固定在第一层内缸上。

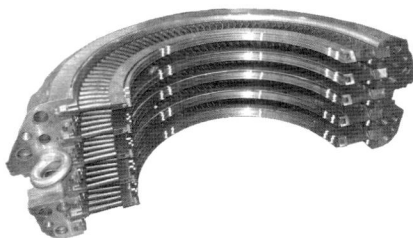

图2-85　静叶持环及静叶环结构

(2)哈汽超临界600MW汽轮机静叶持环结构

如图2-53所示,哈汽超临界600MW汽轮机高压缸的静叶环支承在静叶持环上,静叶持环再安装在高压内缸上;中压部分的静叶环分别安装在♯1静叶持环和♯2静叶持环上,而♯1静叶持环和♯2静叶持环再安装在高中压外缸上。

如图2-66所示,哈汽超临界600MW汽轮机低压缸的通流部分各级分别安装在第一层和第二层内缸内,其中,低压缸调速器端的第1、2级静叶环安装在静叶持环内,该静叶持环再支撑在第一层内缸上,第3、4、5级静叶环安装在第一层内缸内,第6、7级静叶环安装在第二层内缸内。低压缸发电机端的第1～4级静叶环安装在静叶持环内,该静叶持环再支撑在第一层内缸上,第5级静叶环安装在第一层内缸内,第6、7级静叶环安装在第二层内缸内。

第五节　汽封装置

汽封装置用来减少汽轮机级内漏汽以及通过转轴两端的轴端漏汽,汽轮机级内漏汽使得汽轮机的相对内效率降低;沿轴端向外漏汽除了造成大量蒸汽损失外,外漏蒸汽进入轴承还会使油中带水,润滑油油质变差,破坏润滑效果,造成机组振动甚至烧瓦;沿轴端向内漏入空气,将影响凝汽器的真空,增加抽气器的负担。

按照密封机理不同,汽封可分为接触式汽封和非接触式汽封两大类,接触式汽封有碳精环汽封和刷式汽封等形式;非接触式汽封有曲径式汽封和蜂窝式汽封等形式。传统的汽封装置为曲径式汽封,主要是利用汽封齿的节流降压来减少漏汽量;随着汽轮机密封技术的发展,从曲径式汽封到刷式汽封和蜂窝式汽封,从传统的不可调式汽封到可调式汽封,减小了汽封的漏汽量,提高了汽轮机运行的安全性和经济性。

一、曲径式汽封的结构型式

1. 曲径式汽封的类型

曲径式汽封主要有梳齿形、J形和枞树形等结构形式。

(1)梳齿形汽封

高低齿汽封如图2-86(a)所示,在汽封环上直接车出或镶嵌上汽封齿(汽封片),汽封齿高低相间,在主轴上车有环形凸肩或套装上带有凸肩的汽封套,汽封的低齿与凸肩顶部配合,汽封的高齿与凹槽底部配合,形成了由许多环形缩孔和环形汽室组成的曲折的汽流通道。蒸汽通过各环形缩孔时节流降压,汽封的齿数越多,每个缩孔前后的压差就越小,流过缩孔的蒸汽量就越小。

平齿汽封如图 2-86(b)所示,平齿汽封比高低齿汽封简单,但阻汽效果要差些。

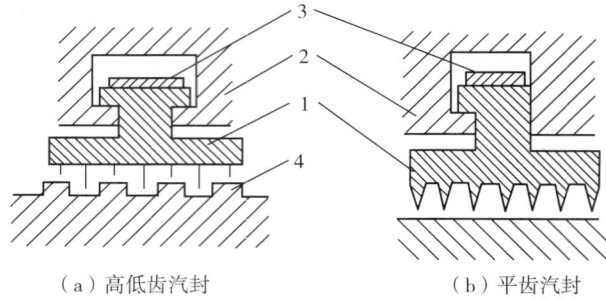

（a）高低齿汽封   （b）平齿汽封

图 2-86　梳齿形汽封

1—汽封环;2—汽封体;3—弹簧片;4—转轴上的凸肩

（2）J 形汽封

如图 2-87 所示,J 形汽封的汽封齿（汽封片）是由不锈钢或镍铬合金薄片制成的,并用不锈钢丝嵌压在转子的凹槽上。J形汽封结构简单、紧凑;汽封片薄且软,即使动静部分发生摩擦,产生的热量也不多,安全性较好;但由于汽封片较薄,每一个汽封片所能承受的压差较小,因此需要的汽封片较多,且汽封片容易损坏。

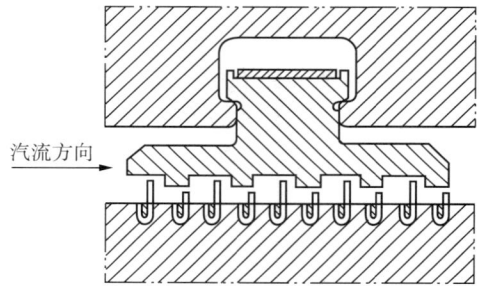

汽流方向

图 2-87　J 形汽封

2. 曲径式汽封结构组成

曲径式汽封一般由汽封体、汽封环及轴套(或在转轴上直接车出凸肩)三部分组成,如图 2-88 所示,汽封体固定在汽缸上,汽封体的内缘处开有汽封安装槽(隔板汽封则是在隔板体的内缘上开有安装槽,安装隔板汽封)。

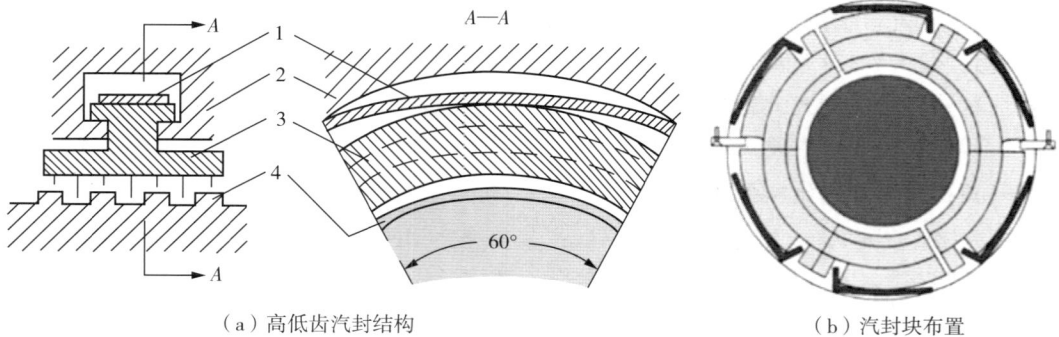

（a）高低齿汽封结构   （b）汽封块布置

图 2-88　梳齿形汽封

1—弹簧片;2—汽封体;3—汽封环;4—转轴上的凸肩

汽封环一般由 6～8 个汽封块组成,装在汽封体的汽封安装槽内,每个汽封块的背部有一个弹簧片,弹簧片将汽封块沿径向向内压向转轴,使得汽封齿与转轴的径向间隙保持较小值,由于梳齿片尖端很薄,当转轴与汽封环发生碰磨时,产生的热量不会太大,且由于弹簧片的弹性变形,汽封环可沿径向向外退让,防止汽封环与转子发生严重碰磨而损坏。

3. 曲径式汽封特点及存在的问题

曲径式汽封成本低、结构简单、安全可靠、易于安装;广泛用于各种汽封装置中,汽轮机高压轴封及高压隔板汽封一般采用高低齿汽封,材料采用 Cr11MoV、1Cr1Ni9Ti 合金钢;低压轴封及低压隔板汽封一般采用平齿汽封,材料为锡青铜。

启停过程中,通过临界转速时,汽轮机转子振幅较大,若汽封径向间隙较小,汽封齿与转轴之间就很容易出现碰磨现象;如图 2 - 89 所示,由于沿轴端的轴封漏汽量较大(尤其是在汽封齿磨损后),蒸汽对转轴加热区段的长度有所增加,并且温度也有所升高,使得胀差变大,转轴上的凸肩与汽封环上的高、低齿就会沿轴向发生相对移动,出现碰撞倒伏,造成漏汽量增加,密封效果变差。

转轴凸肩　汽封齿损坏　　　汽封块

图 2 - 89　汽封齿损坏

另外,汽封齿与转轴发生碰磨时,瞬间产生大量热量,造成轴颈局部过热,甚至可能导致大轴弯曲,因此,机组检修时,一般将汽封的径向间隙适当调大一点,以牺牲经济性为代价来确保机组的安全。

二、曲径式汽封的工作原理

曲径式汽封如图 2 - 90 所示,在汽封齿与对应的转轴之间形成环形缩孔,可以将曲径式汽封看成是由许多环形缩孔和环形汽室串联而成的汽流通道,当蒸汽经过缩孔时,由于通流面积变小,蒸汽压力降低,流速增大,如图中 b 点所示,在通过第一个缩孔时,蒸汽压力由 p_0 降至 p_1,流速增加,焓值由 h_a 下降至 h_b;当蒸汽进入缩孔后的环形汽室时,由于通流面积变大,在环形汽室中通过摩擦、涡流等作用,蒸汽流速下降,蒸汽的宏观动能又转变成热能,如

图中 c 点所示,汽流进入环形汽室后,蒸汽的压力 p_1 不变,流速下降到零,蒸汽的焓由 h_b 恢复到 $h_c(h_c=h_0)$,熵由 s_b 增大为 s_c。

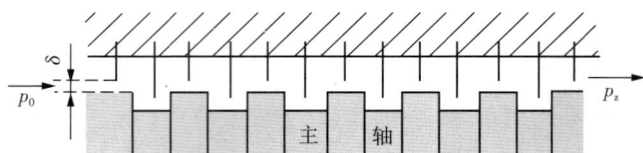

（a）曲径式汽封结构

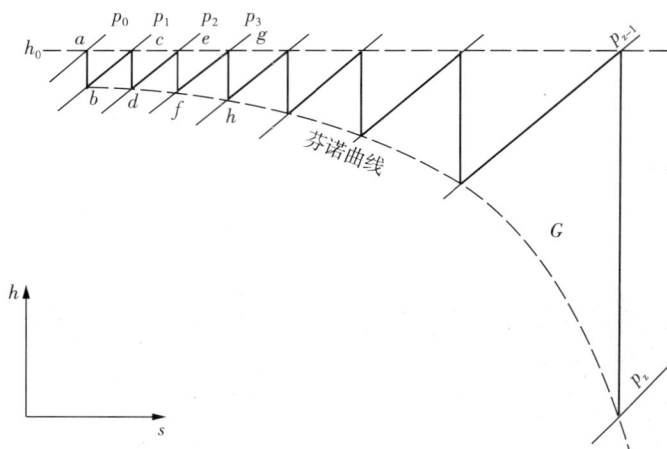

（b）热力过程线

图 2-90 曲径式汽封工作原理

蒸汽依次流经各缩孔和其后的环形汽室,重复上述过程。每经过一个缩孔就产生一次节流,压力降低一次,汽封前后的总压差等于各汽封片前后的压差之和。图中 b、d、f 和 h 各点为各轴封环形缩孔出口截面处蒸汽的状态点,其压力依次为 $p_1 > p_2 > p_3 > \cdots > p_z$,在稳定状态下,这些状态点所对应的蒸汽流量均相等,因此,将 $bdfh$ 等各轴封环形缩孔出口处蒸汽状态点的连线称为等流量曲线(芬诺曲线);图中 a、c、e 和 g 等各点为各轴封环形汽室出口截面处蒸汽的状态点,蒸汽的压力保持不变,焓值恢复到原来值,即 $h_0 = h_a = h_c = h_e = \cdots = h_{z-1}$。

由图可见,蒸汽依次流经各个缩孔膨胀加速,任何一个缩孔的焓降必然比前一个缩孔的焓降大,而比下一个缩孔的焓降小,因此,通过任何一个缩孔的汽流速度必然比前一个缩孔的流速大,而比下一个缩孔的流速小;当通过最后一个缩孔的汽流速度达到当地音速时,通过该汽封的漏汽量也就达到了最大值。

由连续方程 $\Delta G = \mu A c \rho$ 可知,轴封漏汽量 ΔG 与漏汽间隙的面积 A、ρ 和汽流速度 c 有关。因此,可以通过减少漏汽间隙的面积 A 或降低汽流速度 c 来减少漏汽量。

(1)减少轴封漏汽间隙 δ,可以减小漏汽面积 A,使漏汽量减少;但漏汽间隙 δ 又不能太小,以免在受热变化或转子振动等情况下,引起汽封片与主轴发生碰撞摩擦,造成局部发热和变形,为此,δ 一般取 $0.3 \sim 0.6$ mm。

（2）汽流速度 c 取决于缩孔两侧的压差，齿数越多，每个缩孔前后的压差就越小，汽流速度就越小，漏汽量也就越少，但齿数增多又会加大转子的轴向长度。

三、典型的汽封结构

按汽封安装位置的不同，汽轮机的汽封可分为通流部分汽封（包括叶根汽封和叶顶汽封）、隔板汽封（静叶环汽封）、轴端汽封和平衡活塞汽封等，由于所处位置、蒸汽参数和工作条件的不同，汽封的结构形式也有所不同。

如图 2-91 所示，为了减少隔板漏汽损失，冲动级在隔板体内缘的汽封安装槽中安装了隔板汽封，因隔板前后压差较大，隔板汽封与主轴之间的间隙应设计得小一点，通常隔板汽封间隙为 0.6 mm 左右，汽封片数也较多。

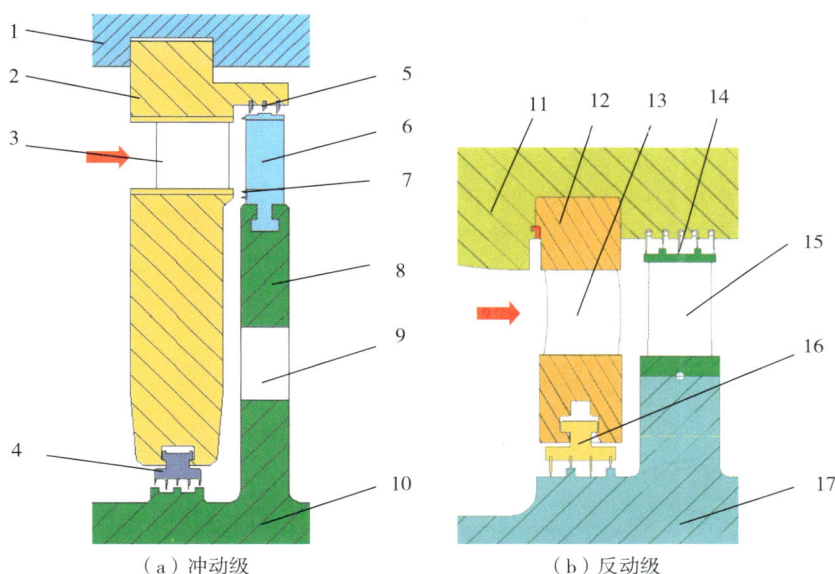

图 2-91　冲动级和反动级的汽封结构

1—汽缸；2—隔板；3—静叶片；4—隔板汽封；5—叶顶汽封；6—动叶片；7—叶根汽封；8—叶轮；9—平衡孔；10—转轴（轮式）；11—汽缸；12—静叶环；13—静叶片；14—叶顶汽封；15—动叶片；16—静叶环汽封；17—转轴（鼓式）

为了减少静叶环漏汽损失，反动级在静叶环内缘处安装静叶环汽封，由于静叶环前后压差较小，即使增大静叶环汽封与转子之间的径向间隙，对静叶环漏汽损失的影响也不大，为了避免碰撞摩擦，保证启停和运行时的安全，静叶环汽封间隙稍大些，通常静叶环汽封间隙为 1.0 mm。

1. 调节级汽封

如图 2-92(a)所示，为减少调节级动叶片围带顶部的漏汽，在喷嘴组位于动叶围带顶部处安装有 2 个汽封环。为了防止动叶根部漏汽，在喷嘴组位于动叶叶根处装了 3 个汽封环。每个汽封环都是由 8 个扇形汽封片组成，如图 2-92(b)所示，每个汽封片通过填片和锁紧片固定在喷嘴组上对应的汽封片安装槽中，将汽封片插入到喷嘴组的汽封片安装槽中，冲铆填片顶部使组合件紧密配合，然后再把锁紧片弯边压住填片。

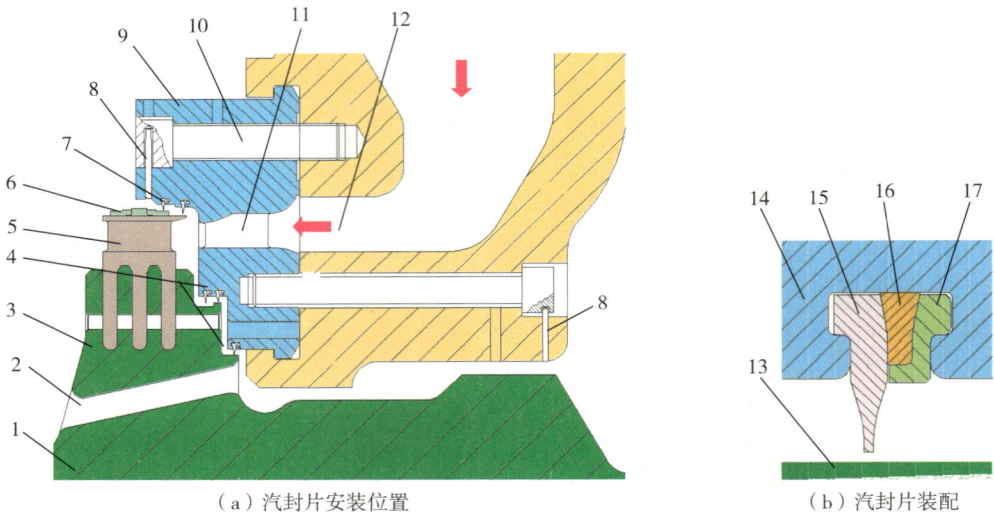

（a）汽封片安装位置　　　　　　　　　　　　　　　（b）汽封片装配

图 2-92　引进型 300 MW 汽轮机调节级汽封

1—转轴（鼓式）；2—斜孔；3—叶轮；4—调节级叶根汽封；5—动叶片；6—叶顶围带；

7—叶顶汽封；8—销钉；9—喷嘴组（喷嘴弧段）；10—螺钉；11—喷嘴；12—喷嘴室；

13—叶轮与汽封片配合处；14—喷嘴组（喷嘴弧段）；15—汽封片；16—填片；17—锁紧片

超临界 600 MW 汽轮机调节级汽封如图 2-93 所示，在喷嘴组位于动叶围带顶部处和喷嘴组位于动叶叶根处安装了汽封环。

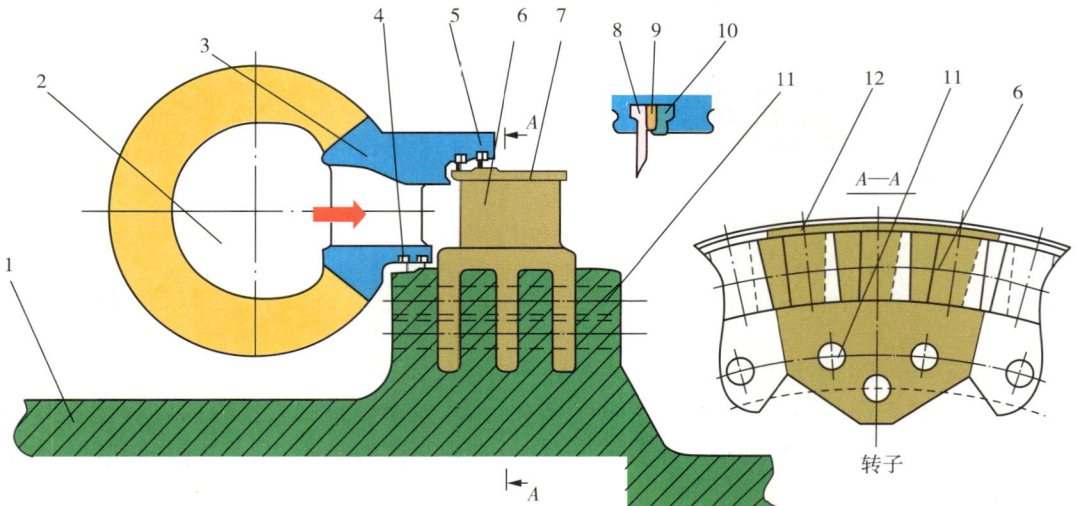

图 2-93　超临界 600 MW 汽轮机调节级汽封

1—转轴（鼓式）；2—喷嘴室；3—喷嘴组（喷嘴弧段）；4—叶根汽封；5—叶顶汽封；6—动叶片；

7—围带；8—汽封片；9—填片；10—锁紧片；11—定位销；12—围带

2. 通流部分汽封

（1）叶顶汽封

图 2-94（a）为引进型 300 MW 汽轮机高压级叶顶汽封，该汽封环是由 8 块扇形的汽封

块所组成,每块汽封块被安装到高压静叶持环相应的凹槽中,并通过定位销定位,在汽封块与静叶持环之间还装有弹簧片,将汽封块沿径向压向围带方向,以减少叶顶汽封径向间隙,减少叶顶漏汽。图2-94(b)为引进型300 MW汽轮机中压级叶顶汽封,叶顶汽封的结构、安装和定位与高压级相同。

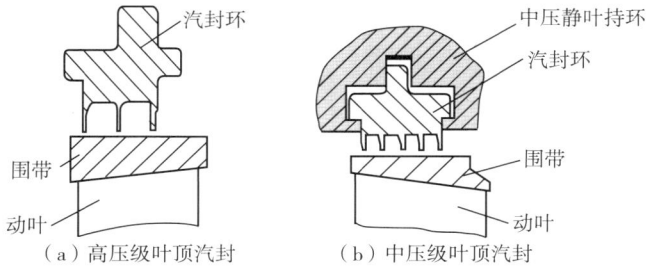

图2-94　引进型300 MW汽轮机叶顶汽封

　　如图2-63所示,引进型300 MW汽轮机低压缸中前5级动叶上都有围带,为防止漏汽,设置了叶顶汽封,而最末2级动叶顶部无围带,叶顶是自由的,其顶部尖薄,可起到一定的汽封的作用,同时也可减少动静部分碰撞带来的影响。

　　超临界机组无论是冲动式还是反动式,为提高机组的热经济性,叶顶汽封的汽封齿数较多;哈汽超临界600 MW汽轮机高压各级叶顶汽封如图2-95所示,中压各级叶顶汽封如图2-96所示。

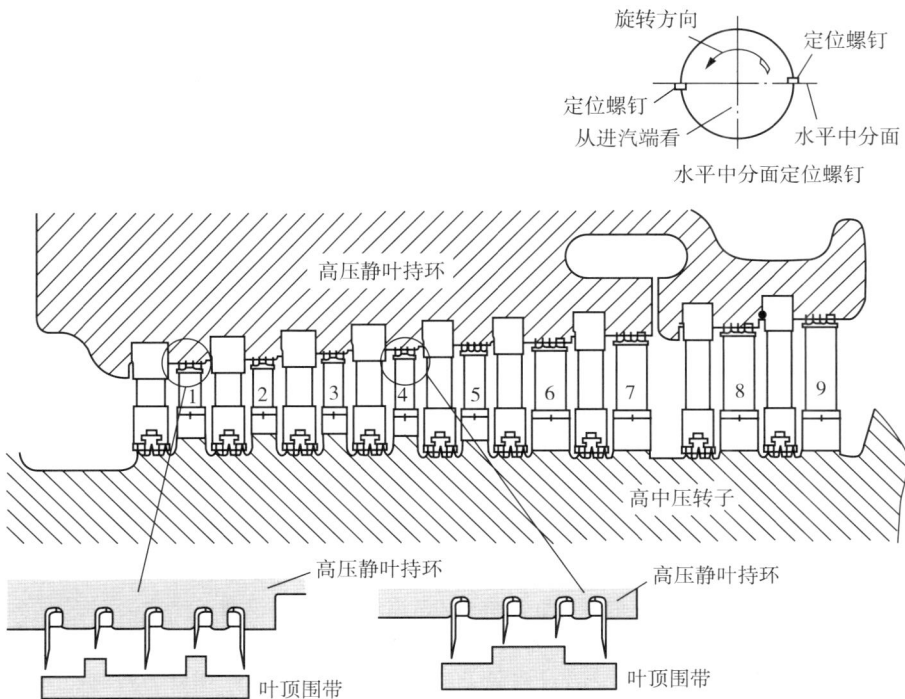

图2-95　哈汽超临界600 MW汽轮机高压各级叶顶汽封

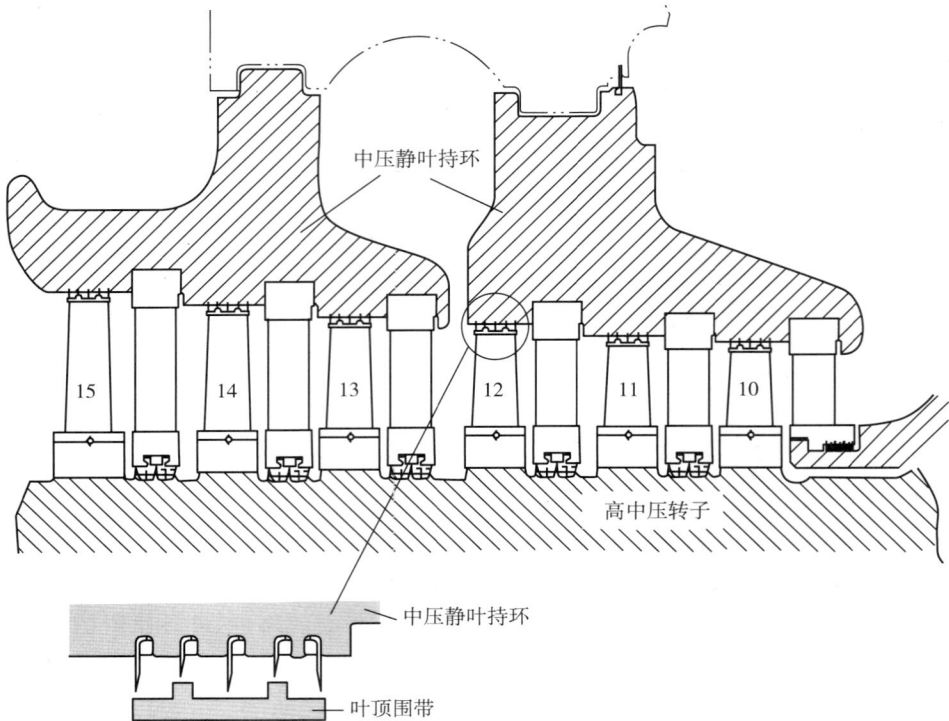

图 2-96　哈汽超临界 600 MW 汽轮机中压各级叶顶汽封

（2）静叶环汽封

图 2-97 为引进型 300 MW 汽轮机组高中压级静叶环汽封，在对应的转子上有凸肩，与静叶环的汽封齿相配合，形成静叶环漏汽迂回曲折的汽流通道，以减少漏汽量。

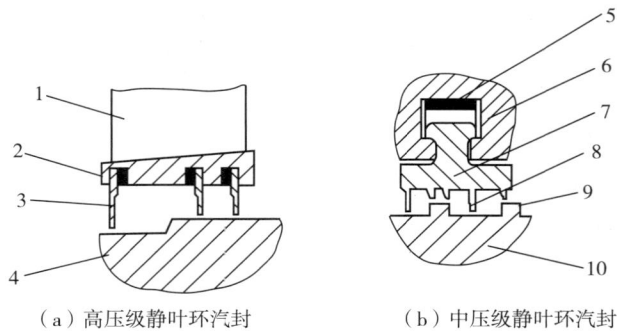

（a）高压级静叶环汽封　　　　（b）中压级静叶环汽封

图 2-97　引进型 300 MW 汽轮机静叶环汽封

1—静叶片；2—静叶环内环；3—汽封片；4—转轴（鼓式）；

5—弹簧片；6—静叶环内环；7—汽封块；8—汽封片；9—凸肩；10—转轴（鼓式）

哈汽超临界 600 MW 汽轮机高压级、中压级静叶环汽封如图 2-98 和图 2-99 所示。

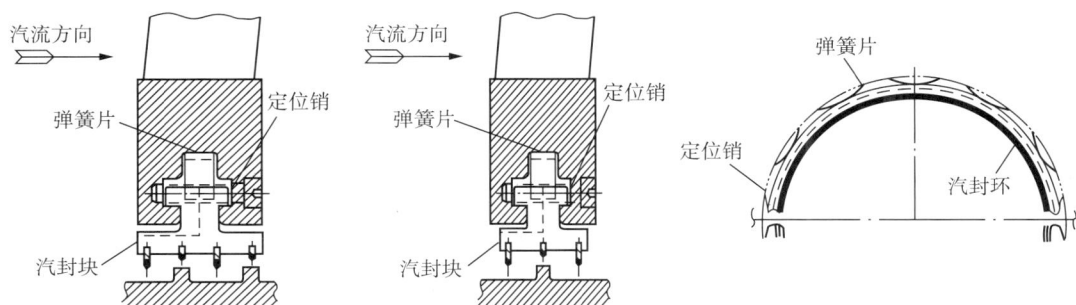

图 2 - 98　哈汽超临界 600 MW 汽轮机高压静叶环汽封

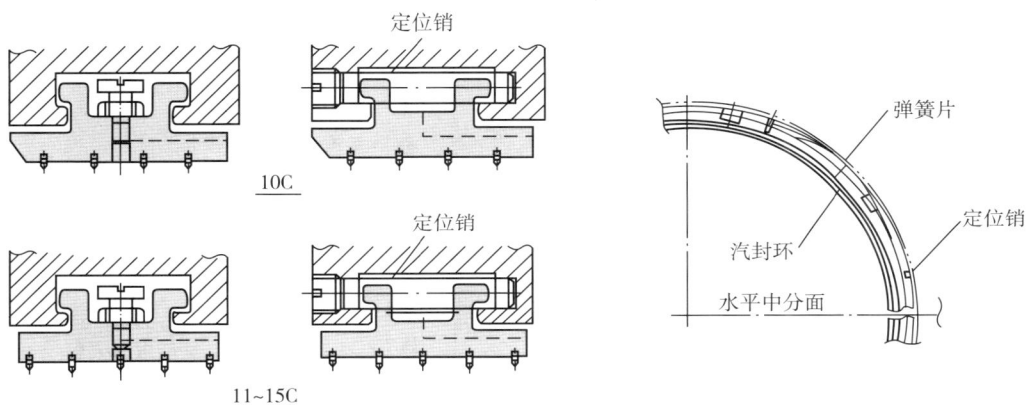

图 2 - 99　哈汽超临界 600 MW 汽轮机中压静叶环汽封

3. 轴端汽封及平衡活塞汽封

汽轮机的高压端,汽缸内的压力高于大气压力,在主轴穿出汽缸处存在间隙,蒸汽会向外泄漏,使得汽轮机效率降低,并增大汽水损失;汽轮机的低压端,汽缸内的压力低于大气压力,在主轴穿出汽缸处,会有部分空气漏入汽缸,使真空恶化,并增大抽气器的负荷。为此,在主轴穿出汽缸的两端设置轴端汽封装置,此外,反动式汽轮机还设置了平衡活塞汽封,一方面利用汽封装置来减少沿轴端的蒸汽泄漏量,另一方面利用平衡活塞两侧压差来平衡和减少轴向推力。

如图 2 - 100 所示,由于轴端汽封和平衡活塞汽封前后的压差较大,要设置若干个汽封环,这些汽封环嵌装在轴封体或平衡持环的环形安装槽内,轴封体和平衡持环分成上下两半,分别支承在上、下汽缸上。

在转轴对应位置上有凸肩,汽封环上的汽封齿高低相间,低的汽封齿对应着转轴上的凸肩,高的汽封齿对应着转轴上的凹槽,汽封环一般由 4 个或 8 个汽封弧段组成,每个汽封弧段嵌入到平衡持环或轴封体相应的环形安装槽中,并用弹簧片将汽封环压向转轴方向,弹簧片用螺钉固定在汽封弧段上,减少汽封间隙,减少漏汽量;同时,弹簧片能够弹性变形,使得汽封环能沿径向向外退让,运行时,当转轴与汽封齿发生碰撞摩擦时,因弹簧片的弹性变形使得汽封环沿径向向外移动,从而减小对转子的影响。

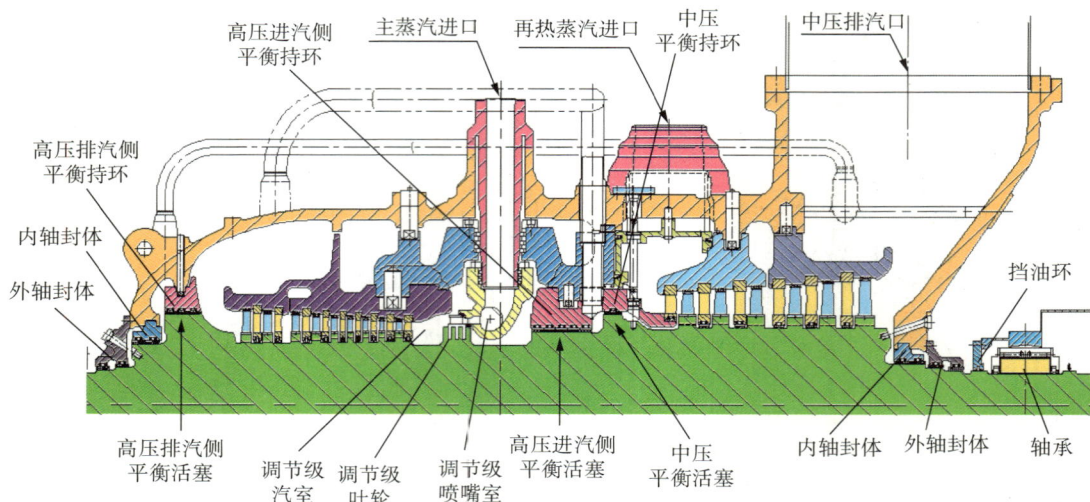

图 2-100 哈汽超临界 600 MW 汽轮机平衡活塞汽封及轴端汽封

为防止汽封环随转轴一起旋转,设置了定位销,定位销从上半汽封环接近水平中分面弧段的凹槽中穿过,在起吊上半平衡持环时,定位销可防止装在上半平衡持环凹槽中的汽封环滑落下来。

如图 2-101 所示,在组成汽封环的各汽封块上,在靠近汽封进汽侧开有压力供给槽,当蒸汽通过压力供给槽进入汽封安装槽与汽封块之间的环形腔室时,在蒸汽压力的作用下,将汽封块紧紧地压在汽封安装槽上,可以起到密封作用,防止蒸汽通过汽封块与汽封安装槽之间的缝隙泄露出去,注意,在汽封块安装时应使压力供给槽朝向蒸汽流过来的方向。

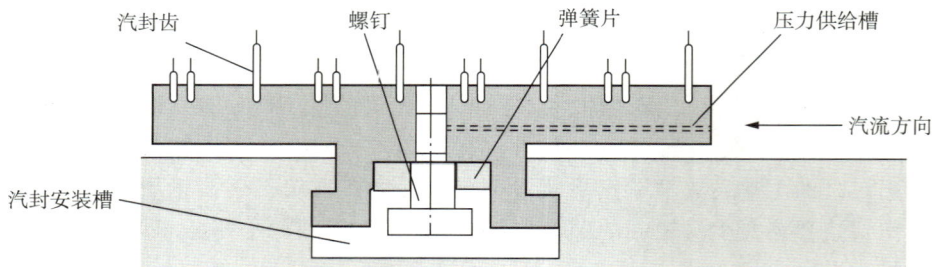

图 2-101 开有压力供给汽槽的汽封

哈汽超临界 600 MW 汽轮机高中压缸平衡活塞汽封结构组成如图 2-102 所示,平衡持环由上下两半组成,通过支撑键支承在高压内下缸水平中分面上,轴向位置靠平衡持环外缘的凸环与内缸上的环形凹槽相配合来确定,在平衡持环顶部和底部与内缸结合处的还设置了定位销,定位销位于汽缸中心线所在的垂直面上,一方面,使得平衡持环能够沿轴向自由膨胀和收缩,另一方面,使得平衡持环中心线所在的垂直面相对于内缸沿横向保持不动;高压进汽侧平衡活塞汽封由 5 个汽封环组成,每个汽封环上有 12 个汽封齿,中压平衡活塞汽封由 1 个汽封环组成,该汽封环上有 18 个汽封齿。

哈汽超临界 600 MW 汽轮机的高中压缸轴封如图 2-103 和图 2-104 所示,内轴封体

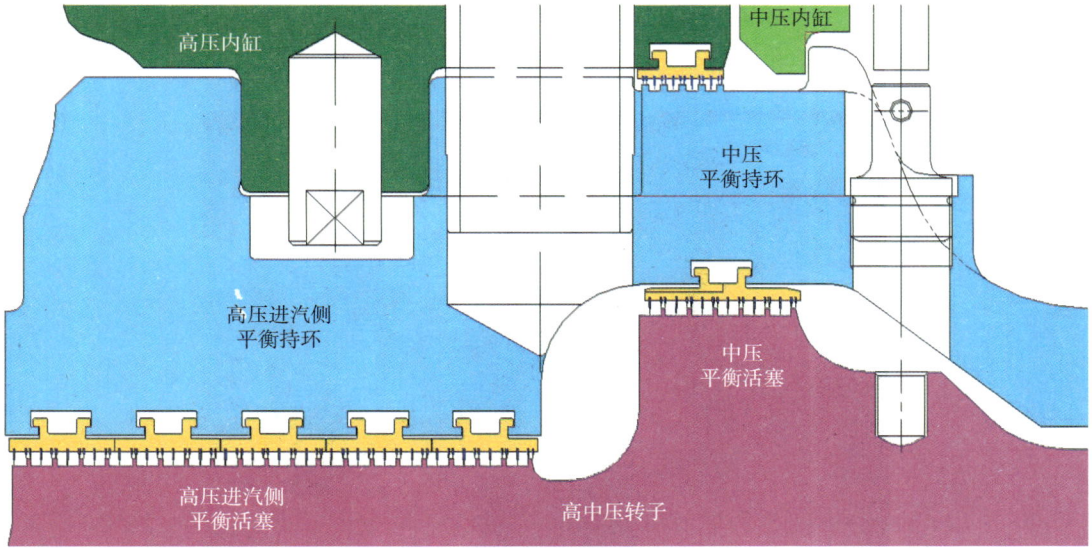

图 2-102 哈汽超临界 600 MW 汽轮机高中压缸平衡活塞汽封

安装在高中压外缸环形凹槽中,通过水平中分面处的支撑键支承在外下缸水平中分面上,底部设置了定位销,通过定位销可以确定内轴封体相对于汽缸的横向位置,并引导内轴封体沿轴向自由膨胀和收缩。

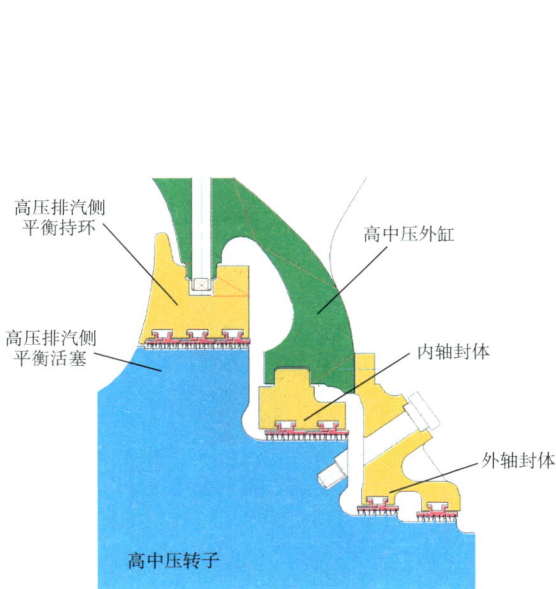

图 2-103 哈汽超临界 600 MW
汽轮机高中压缸轴端汽封

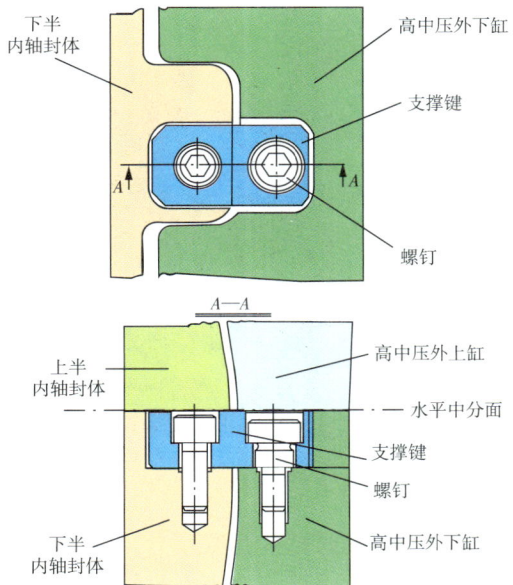

图 2-104 支撑键及内轴封体的支承

外轴封体用螺栓固定在高中压外缸的端面上,并用位于螺栓中心线上左、右两个偏心套筒来定位。

哈汽超临界 600 MW 汽轮机高中压缸平衡活塞汽封如图 2-105 所示,东汽超超临界 660 MW 汽轮机高压缸轴端汽封如图 2-106 所示。

图 2-105　哈汽超临界 600 MW 汽轮机高中压缸平衡活塞汽封

图 2-106　东汽超超临界 660 MW 汽轮机高压缸轴端汽封

四、新型汽封结构介绍

由于设计、结构和材质等方面的原因,梳齿式汽封存在一些弊端:

(1)梳齿形汽封是通过多级节流作用来减少蒸汽沿汽封间隙泄漏的;由于两齿间形成环形腔室,蒸汽的环向流动大大减少了涡流降速效果,阻汽效果变差,无法达到所要求的密封效果。

(2)启停的升速和降速过程中,当转速达到临界转速时,转子振幅较大,若汽封间隙较小,汽封齿与转轴间就容易出现碰磨,造成汽封齿磨损、倒伏,甚至脱落,径向汽封间隙变大,泄漏量增加;同时,汽封齿与转轴的碰撞摩擦还将导致大轴弯曲。

（3）沿轴端漏汽量的增加使蒸汽对轴的加热区段长度及温度都有所增加，使得转轴的轴向伸长量增加，胀差增大，使得转轴上的凸肩与汽封环的短齿的相对位置发生偏移，从而使密封效果变差。

（4）汽封间隙的测量普遍采用压胶布方法，精确度不高，为保证机组安全运行，检修时人为将汽封间隙放大，以避免汽封齿与转轴发生碰撞摩擦，但间隙的增大导致机组漏汽损失增大。

1. 蜂窝式汽封

如图 2－107 所示，蜂窝式汽封的汽封环内表面是由正六边形蜂窝状规则排列的蜂窝带构成的，蜂窝带是由耐高温的海斯特镍基合金制成，焊在曲径式汽封相邻两高齿之间，转轴上凸肩与蜂窝带配合，能保持良好的密封效果，并且蜂窝带质地较软，与转子碰撞摩擦时，对转子的损伤较轻。

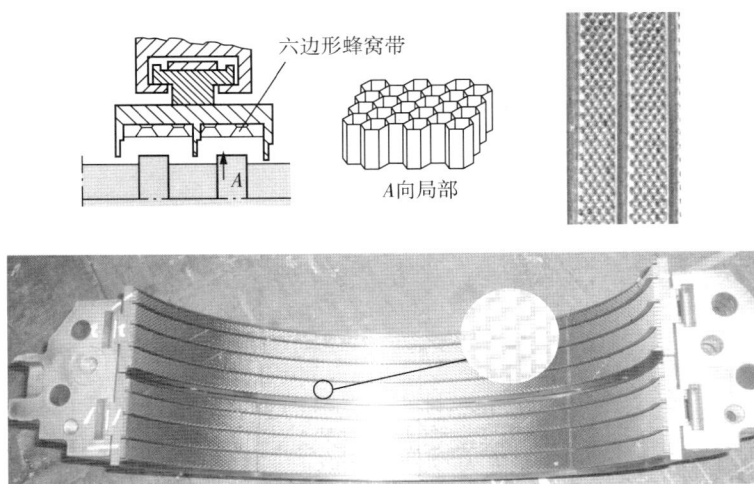

图 2－107　蜂窝式汽封

如图 2－108 所示，当进入蜂窝孔的蒸汽充满蜂窝孔后会反流出来，对汽封漏汽汽流形成阻滞作用，降低了蒸汽的流速，密封效果较好，试验表明，在相同的汽封间隙和压差条件下，蜂窝式汽封比曲径汽封泄漏损失减小约 30％～50％；且蒸汽由蜂窝孔反流出来，在转轴表面形成一层汽垫，增大了转子振动时的阻尼，阻碍了汽流激振的形成；此外，蜂窝带还可以收集水分，并通过背部的环形槽将收集的水分排出，减少末几级动叶的水蚀，提高叶片的安全性。

如图 2－109 所示，高低齿蜂窝式汽封是将蜂窝汽封和高低齿曲径式汽封结合在一起，高齿能起到节流作用，汽流经节流降压后进入蜂窝区，利用蜂窝带进行密封，如果发生碰撞摩擦，转轴将先与蜂窝带接触而不是与低齿接触，蜂窝带的金属质地较软，从而保护转轴不被磨损。同时，由于高齿的高度大于蜂窝带，避免了蜂窝带被异物撞击损伤；在高压侧，最外边高齿还能防止高压蒸汽对蜂窝带边缘的急剧冲刷，起到保护作用。

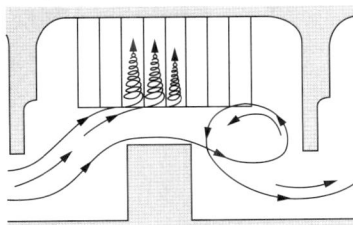

图 2－108　蜂窝式汽封原理

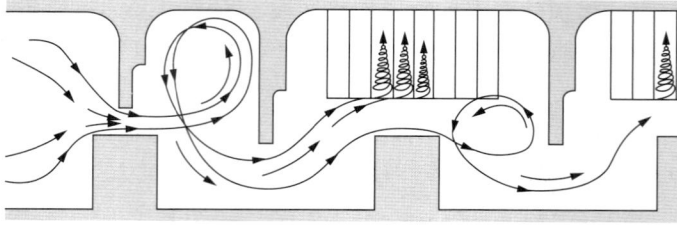

图 2 - 109　高低齿蜂窝式汽封原理

2. 刷式汽封

如图 2 - 110 所示,刷式汽封将鬃毛组件与侧板焊接在一起,刷式汽封的鬃毛沿径向向内伸展,为了适应转子的旋转运动,鬃毛沿着轴颈旋转方向被倾斜布置成 45°,因此,刷式汽封的安装应考虑汽轮机的旋转方向,使刷式汽封鬃毛倾斜方向与汽轮机的旋转方向一致;在冷态时,鬃毛的尖端刚好离开转子表面;运行时,由于受热膨胀,鬃毛与转子表面刚好轻微接触;其背板限制鬃毛因压差作用形成的弯曲变形;转轴与背板之间的径向间隙是确定刷式汽封承压能力的一个关键因素,该间隙应尽量减小,但在任何运行条件下都不能与转子接触。

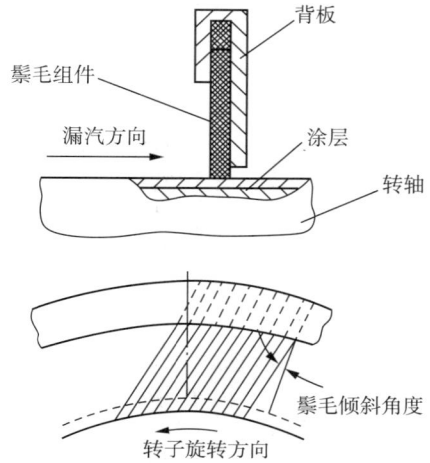

图 2 - 110　刷式汽封的结构组成

刷式汽封结构如图 2 - 111 所示,刷式汽封采用钴基或铬基合金的鬃毛丝与经过固体润滑脂处理过的织构碳化铬的转轴表面对磨,可有效地减少蒸汽的泄漏量,提高机组的热效率;目前,刷式汽封承受的最大压差为 0.5 MPa,更高压差可能导致鬃毛颤振,进而导致磨损和蒸汽泄漏量增大。

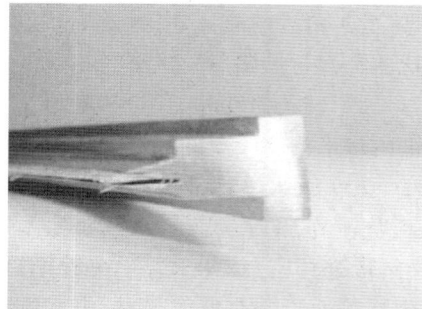

（a）可调式刷式汽封　　　　　　（b）动叶顶部刷式汽封

图 2 - 111　刷式汽封

3. 可调式汽封

传统梳齿形汽封,若汽封与转子间的径向间隙预留得过大,蒸汽泄漏量增加,机组热效率降低;若汽封与转子间的径向间隙预留得过小,在通过临界转速时,转子可能发生较大的振动,转子振幅将超过汽封间隙,从而发生碰撞摩擦。为此,采用可调式汽封,利用汽封前后压差来自动调整汽封齿和转轴之间的径向间隙,避免汽封齿与转轴发生碰撞摩擦。

布兰登可调式汽封如图2-112和图2-113所示,将螺旋弹簧安装在两个相邻汽封块的垂直断面上,在汽封块上加工出压力供给槽,以便在汽封块背部通入一定压力的蒸汽。启动和空负荷时,汽封块在螺旋弹簧弹力的作用下张开,使汽封齿与转轴间的径向间隙达$1.75\sim 2.00$ mm,大于传统汽封0.75 mm的间隙值,避免了机组在启停过程中通过临界转速时,由于振动及变形而导致的汽封齿与转轴的碰磨,但要注意,此时汽封的漏汽量较大,转子加热较快,若汽轮机冷态启动,且汽缸加热滞后时,会出现较大的正胀差;此后,随着机组负荷的增大,汽轮机各级前后压差逐渐增大,汽封块背部的蒸汽压力也逐渐增大并克服弹簧力,使相邻汽封块逐渐合拢,从而使汽封齿与转轴间的径向间隙逐渐减小,一般在20%额定负荷时,各汽封块完全合拢,达到设计的最小径向间隙$0.25\sim 0.50$ mm,小于传统曲径汽封的间隙值。

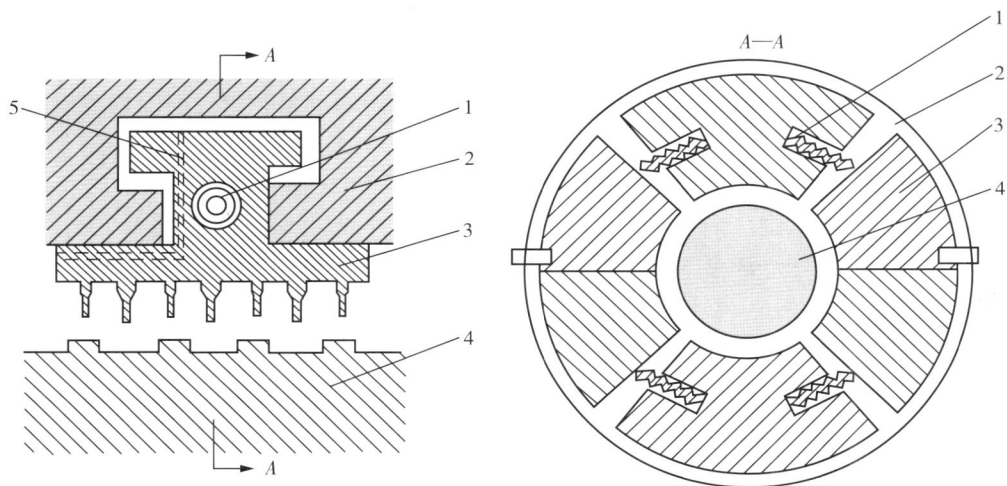

图2-112　布兰登可调式汽封
1—螺旋弹簧;2—汽封体;3—汽封环;4—转轴;5—压力供给槽

可调式汽封间隙的调整利用的是汽封块背部足够大的压力来实现的,因此,可用在高、中压缸隔板汽封和轴封上,但不适用低压部分。

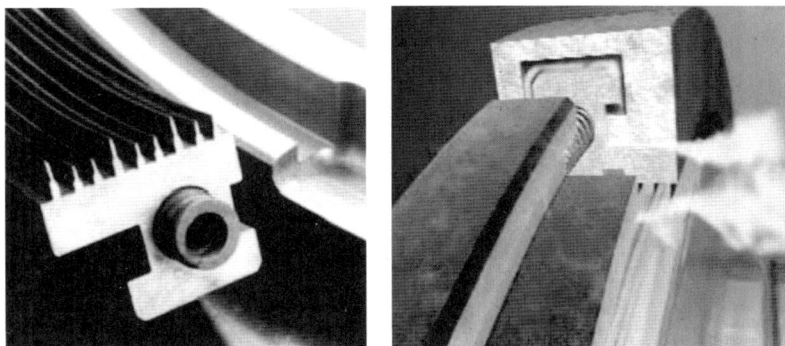

图2-113　布兰登可调式汽封

第六节　超超临界 1000 MW 汽轮机结构

上汽 N1055 - 27/600/600 汽轮机为超超临界、一次中间再热、单轴、四缸四排汽、双背压、八级回热抽汽、反动式汽轮机,额定主汽压力 27 MPa,额定主、再热蒸汽温度均为 600 ℃,末级叶片高度 1146 mm,汽轮机 THA 工况热耗率为 7327 kJ/(kW•h)。

原则性热力系统图如图 2 - 114 所示,从锅炉来的主蒸汽经过单流圆筒形高压缸两侧的主汽门和主调节汽门进入高压缸第一级斜置静叶级,当主调节汽门全开时,若想进一步增加功率参与调频,则需要开启补汽阀,从主汽阀后、主调节阀前引出一些新蒸汽(额定进汽量的 5%~10%),经补汽阀节流降低参数(蒸汽温度约降低 30 ℃)后进入高压第五级动叶后的空间,主流与这股经补汽阀过来的蒸汽混合后进入后面各级继续膨胀做功。在高压缸的第 12 级后有回热抽汽口接♯1 高加。高压缸的排汽管道接♯2 高加和再热冷段。补汽技术提高了汽轮机的过载和调频能力,使全周进汽机型的安全可靠性、经济性超过喷嘴调节机型。

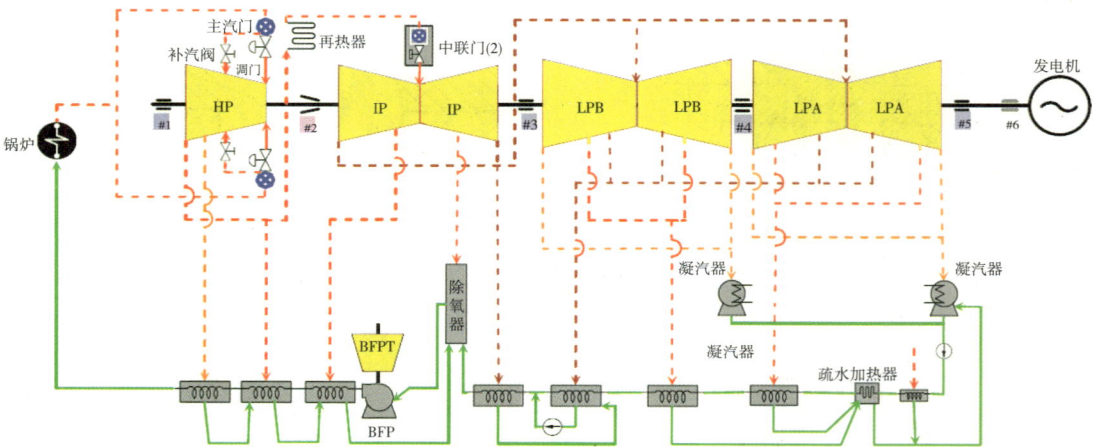

图 2 - 114　上汽超超临界 1000 MW 机组原则性热力系统图

做完功的蒸汽从高压缸下部的排汽口排出并进入再热器,通过再热器加热后的再热蒸汽经过双流中压缸两侧的中联门(中压主汽门和中压调节汽门)进入中压缸第一级斜置静叶级,然后进入中压缸各反动级做功。中压缸上接有供♯3 高加、除氧器、给水泵汽轮机、♯5 低加的抽汽管道,中压缸的排汽经过一根连通管进入两个双流低压缸。

低压缸上接有供♯6、♯7、♯8 低加的回热抽汽管道,低压排汽进入双背压凝汽器。

回热系统为"三高四低一除氧",其中三台高压加热器均内设蒸汽冷却段和疏水冷却段,高加疏水逐级自流进入除氧器,♯5 低压加热器疏水自流至♯6 低压加热器,♯6 低压加热器设有疏水泵,♯7 及♯8 低压加热器的疏水分别进入位于♯8 低加与轴封冷却器之间的疏水冷却器中,经疏水冷却器冷却后进入凝汽器中;给水泵由给水泵汽轮机驱动。

如图 2－115 所示，汽轮机的通流部分由高压缸、中压缸和低压缸三部分组成，共有 64 级，均为反动级。高压缸有 14 级。中压缸为双向分流结构，每一分流有 13 级，共 26 级。低压缸为两缸双分流结构，每一分流有 6 级，共 24 级。

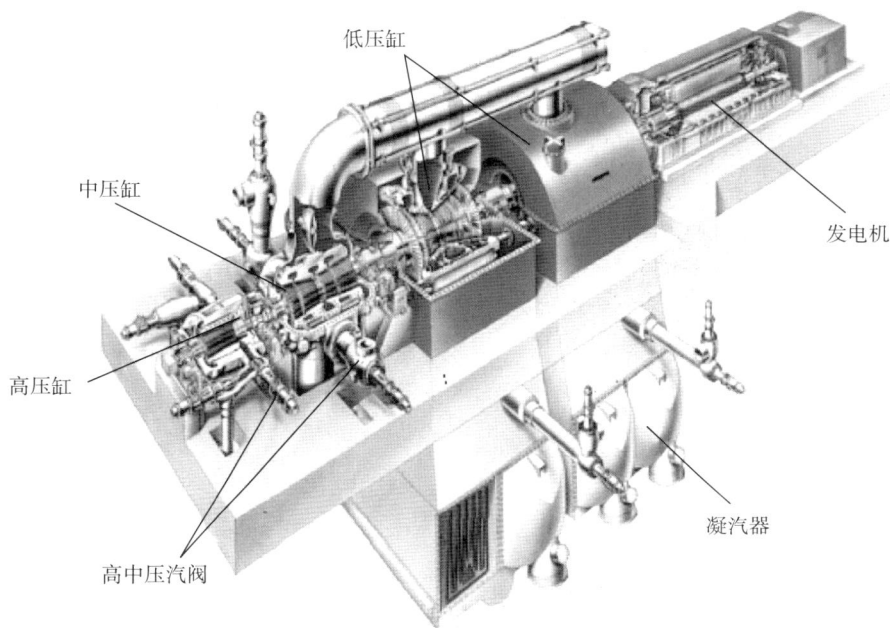

图 2－115　上汽超超临界 1000 MW 机组结构示意图

汽轮机采用全周进汽加补汽阀的配汽方式，高、中压缸均为切向进汽。高、中压阀门布置在汽缸两侧，阀门与汽缸直接连接，无导汽管；高、中压外缸两侧各布置有由一只个主汽门和一只调节汽门组成的联合汽门，阀门与汽缸之间没有蒸汽连接管道，主调节汽门采用大型螺母与高压缸连接，再热调节汽门采用法兰螺栓与中压缸连接，这种连接方式结构紧凑、损失小、附加推力小。

所有高中压汽缸和低压内缸均通过轴承座直接支撑在基础上，汽缸不承受转子的重量，变形小，易保持动静间隙的稳定；轴承座直接落在基础上，低压内缸直接通过轴承座支撑在基础上，并通过推拉装置与中压外缸相连，以保证动静间隙。

一、高压缸

如图 2－116 和图 2－117 所示，高压缸为双层缸结构，外缸为桶形结构，通过垂直中分面在轴向分为前后两半缸，分别称为进汽缸和排汽缸；用紧凑的轴向法兰连接，可承受更高的压力和温度，有极高的承压能力，汽缸应力小。

内缸为垂直纵向中分面结构，垂直中分面沿横向将汽缸分为左右两半，采用高温螺栓进行连接，螺栓不需要承受内缸本身的重量，因此螺栓应力较小，安全可靠性好。各级静叶直接装在内缸上，转子采用无中心孔整锻转子，在进汽侧设有平衡活塞用于平衡转子的轴向推力。高压缸结构紧凑，在工厂总装后整体发运到现场，现场直接吊装，不需要在现场装配。

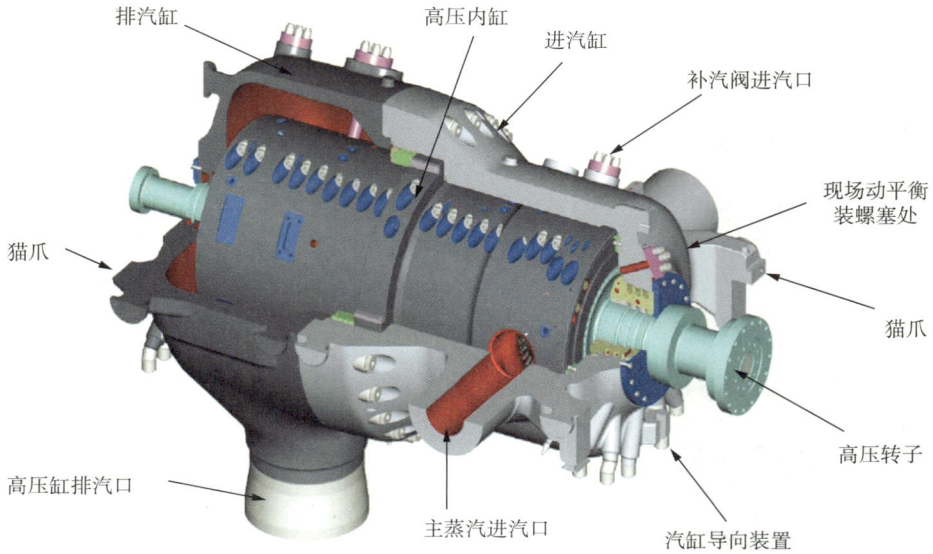

图 2－116　高压缸的三维结构

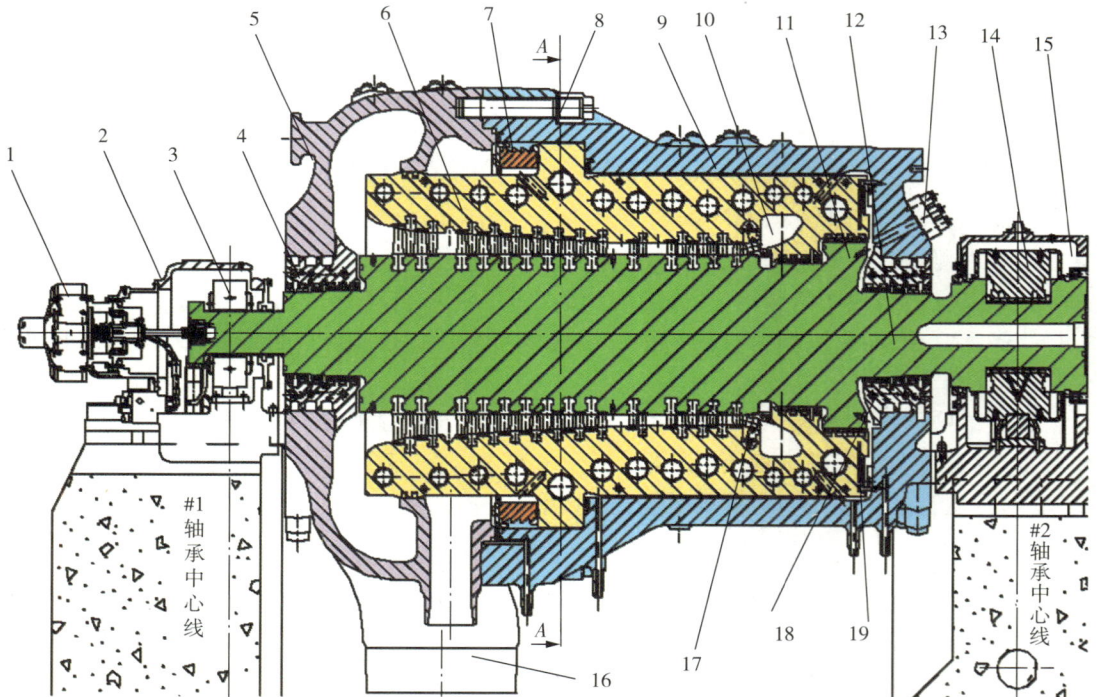

图 2－117　1000 MW 超超临界压力汽轮机高压缸结构

1—液压盘车；2—1 号轴承箱；3—高压轴承；4—轴封体；5—高压外缸排汽缸；6—高压内缸；7—螺纹环；
8—螺栓；9—高压外缸进汽缸；10—高压进汽室；11—高压进汽侧平衡活塞；12—高压转子；13—动平衡加装螺塞孔；
14—径向推力联合轴承；15—2 号轴承箱；16—高压缸排汽口；17—第 1 级斜置静叶；18—轴封体；19—内缸密封环

（注：A—A 视图详见图 3－73。）

高压缸采用单流程,单流程各级的通流面积比双流程增加一倍,叶片高度增大使得各级的叶栅损失大幅度下降;高压内缸的通流部分采用小直径多级数结构,全部采用 T 型叶根,各级均设置有汽封,漏汽损失小;高压缸的第一级采用斜置静叶、提高了级效率,第一级为低反动度级,第一级的大部分能量转换发生在斜置静叶中,静叶出口的温度相对较低。

高压缸内共有 14 级反动级,包括 1 级低反动度叶片和 13 级扭叶片,静叶采用马刀型反动式叶片,如图 2-118 所示,由叶根、整体围带和静叶叶型部分组成,典型静叶结构如图 2-119 所示。静叶通过 T 形叶根插入内缸上与之配合的凹槽中,并用填隙条嵌缝;锁紧叶片由锥销或定位螺钉固定到位,叶片的插槽由锁紧叶片封闭。当完整的静叶环组装完毕之后,整体围带就在静叶环内缘形成一整圈连续的围带,与转轴上对应的汽封片构成静叶环汽封。

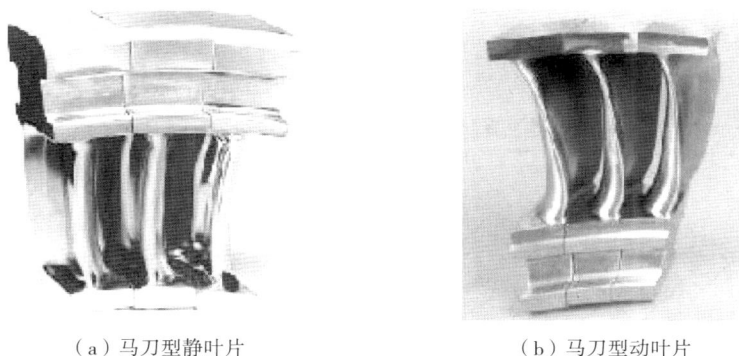

（a）马刀型静叶片　　　　　　　　　　　（b）马刀型动叶片

图 2-118　高效全新的反动式叶片

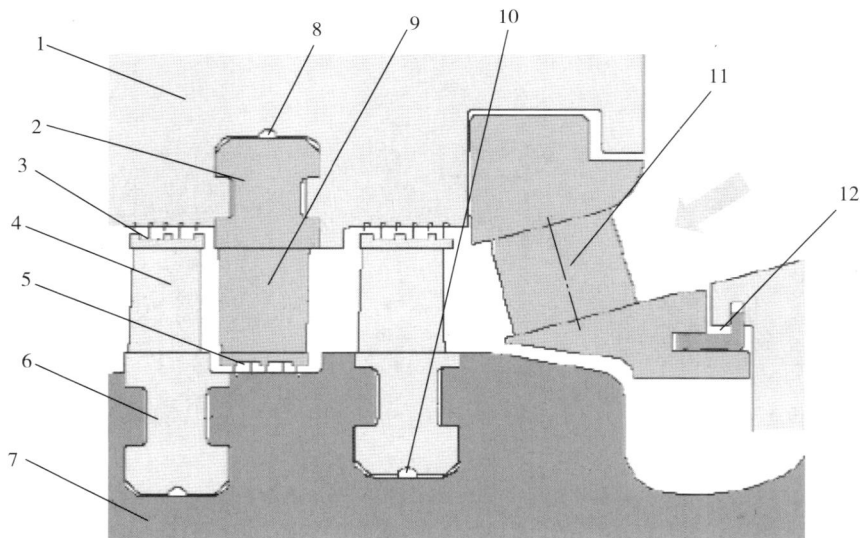

图 2-119　高压缸静叶和动叶典型布置

1—高压内缸;2—静叶 T 型叶根;3—动叶整体围带;4—动叶叶型部分;5—静叶环汽封;

6—动叶 T 型叶根;7—转轴;8—填隙条;9—静叶叶型部分;10—填隙条;11—第一级的斜置静叶;12—L 型环

动叶具有 T 形叶根和整体围带,动叶插入转轴对应的凹槽中,并用填隙条嵌缝。叶片沿环形方向彼此压紧,插入锁紧叶片后,用锥销或定位螺钉将锁紧叶片固定到位,用以封闭动叶的插槽;整个动叶片装配完成后,整体围带在叶顶就形成一个连续的围带,与汽缸上对应的汽封片构成叶顶汽封。

如图 2-120(a)和图 2-120(c)所示,在 Y 处,U 型密封环被预压紧并由蒸汽压力将其紧压在轴向密封面上,将外缸进汽缸腔室和排汽缸腔室隔开;在 X 处,外缸垂直接合面处的 U 形密封环保持外缸排汽缸的蒸汽与大气隔离;在 Z 处,I 形密封环将内缸和外缸进汽缸之间的夹层与高压平衡活塞后的腔室隔离,并允许高压内缸和高压外缸之间沿轴向自由移动。

高压内缸固定在高压外缸中,如图 2-120(a)和图 2-120(b)所示,高压内缸凸缘支承在高压外缸进汽缸的套环中,蒸汽作用在高压内缸上的轴向推力被传递到螺纹环上,螺纹环与高压外缸进汽缸配合,再将轴向推力传递到高压外缸进汽缸上,高压内缸凸缘成为内缸相对于外缸的相对固定点,高压内缸相对于外缸从凸缘开始沿轴向进行热膨胀;同时,内缸轴向力对外缸起自紧密作用,减少了高压外缸进汽缸和排汽缸之间连接螺栓的应力。

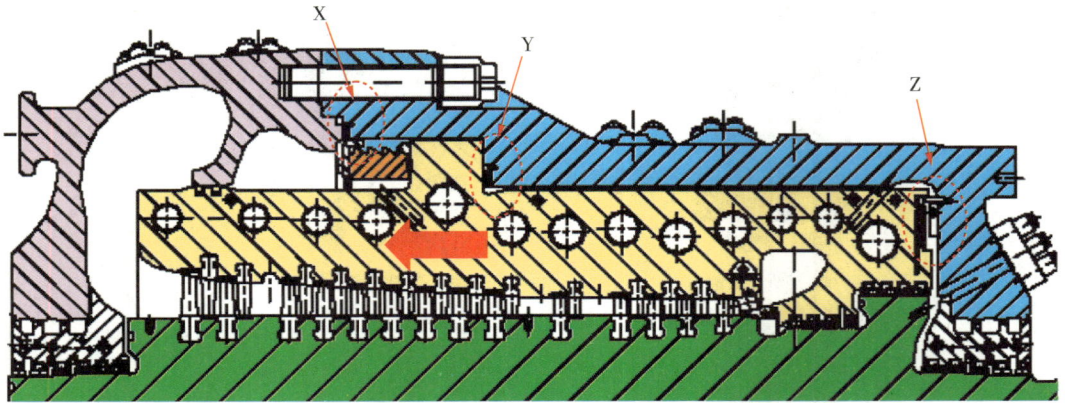

(a)高压缸密封及定位

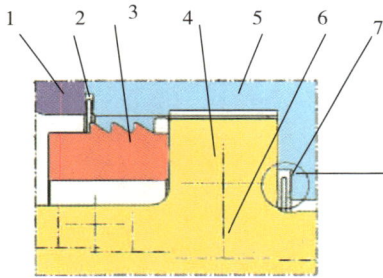

(b)螺纹环和内缸凸缘结构　　(c)U型密封环结构　　(d)内缸密封环

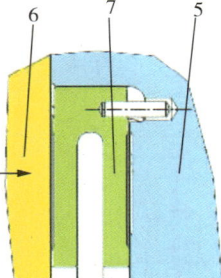

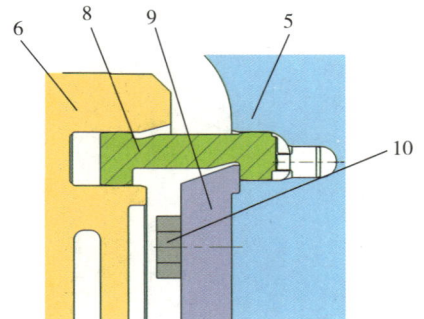

图 2-120　高压缸密封结构

1—高压外缸排汽缸;2—U 型密封环(X);3—螺纹环;4—高压内缸凸缘;5—高压外缸进汽缸;
6—高压内缸;7—U 型密封环(Y);8—I 型密封环(Z);9—压紧环;10—螺钉

如图 2-121 所示,从补汽阀来的蒸汽从高压第五级后引入高压缸,同时,高压第四级后 540 ℃左右的蒸汽漏入内、外缸的夹层,再通过夹层漏入平衡活塞前,平衡活塞前的蒸汽一路经平衡活塞向后泄漏,一路则经过前部汽封处向前流动与第一级静叶后泄漏过来的蒸汽混合后经过内缸的内部流道接入高压第五级后补汽处。通过这样内部流道蒸汽流动布置,使第一级静叶后泄漏过来的高温蒸汽只经过一小段小直径的转子表面,同时大尺寸的外缸进汽缸和转子平衡活塞表面的工作温度只有 540 ℃ 左右，降低了汽轮机的应力水平，延长了工作寿命。

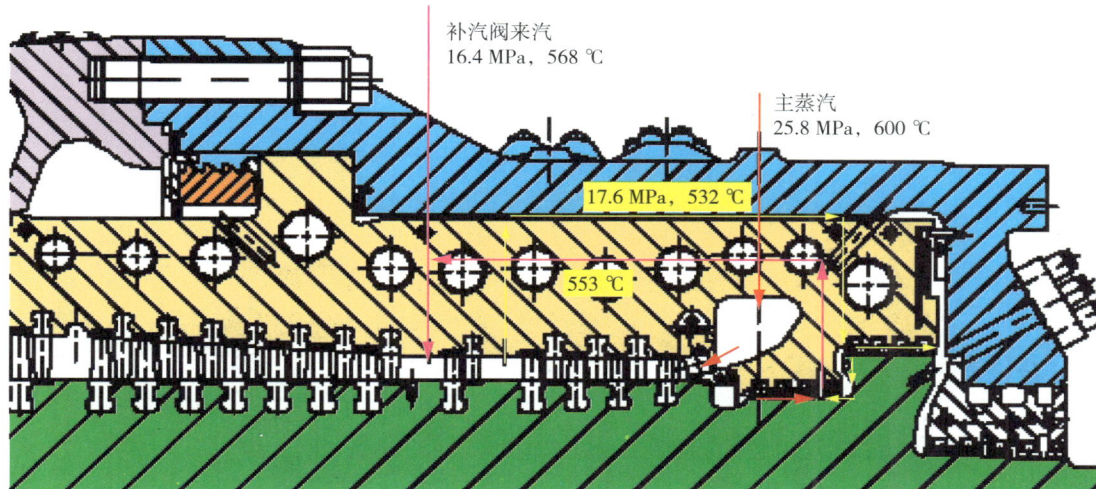

图 2 - 121　高压转子自冷却流程

　　本机组设有两只联合汽阀，如图 2 - 122 所示，主汽阀和主调节汽阀形成一个组件，共用一个阀壳组成联合汽阀，布置在汽轮机的两侧，主调节汽阀内部通过进汽插管和高压内缸相连，主蒸汽通过进汽插管直接进入高压内缸，不设常规机组的进汽导汽管，主调节汽阀的阀壳通过大型螺母与高压外缸直接连接，有利于大修拆装；

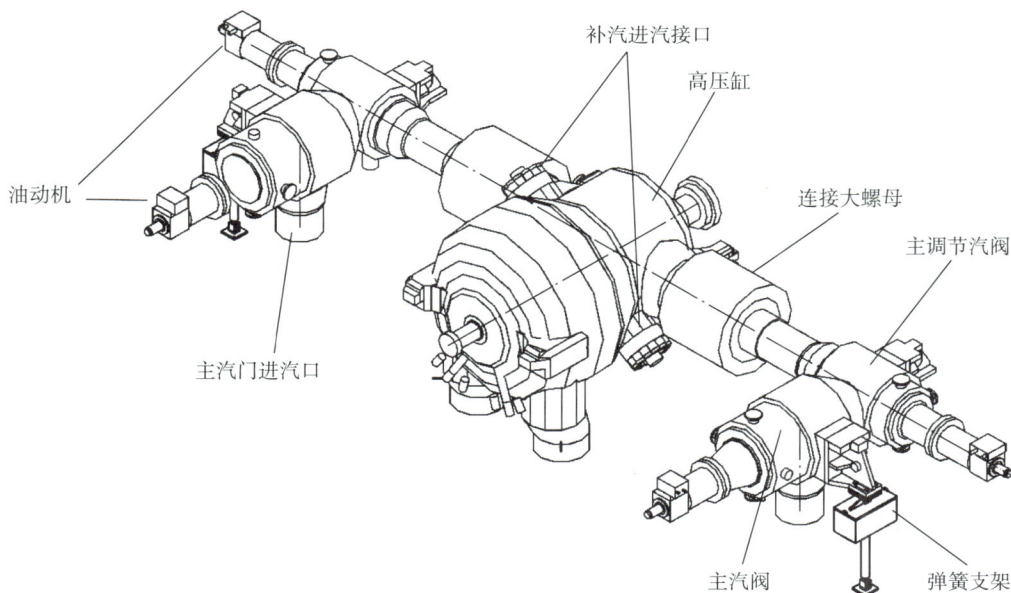

图 2 - 122　高压缸进汽

　　如图 2 - 123 所示，汽轮机的进汽采用切向进汽，主蒸汽从两个主调节汽阀出来后，通过两个进汽口进入内缸，然后由两根带半螺旋结构的导汽通道送至具有全周进汽的第一级静叶片，半螺旋导汽通道可以确保蒸汽在第一级静叶片进口得到均匀分配。

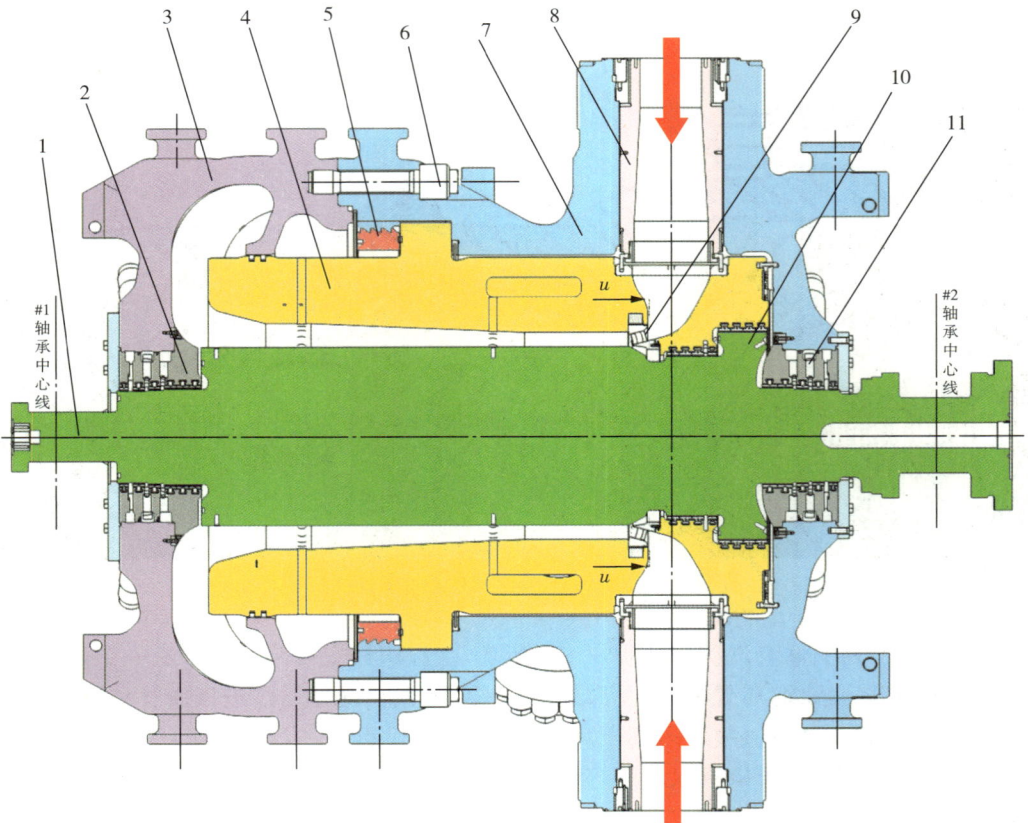

（a）高压缸进汽插管水平进汽图（转子中心线所在的水平剖面图）

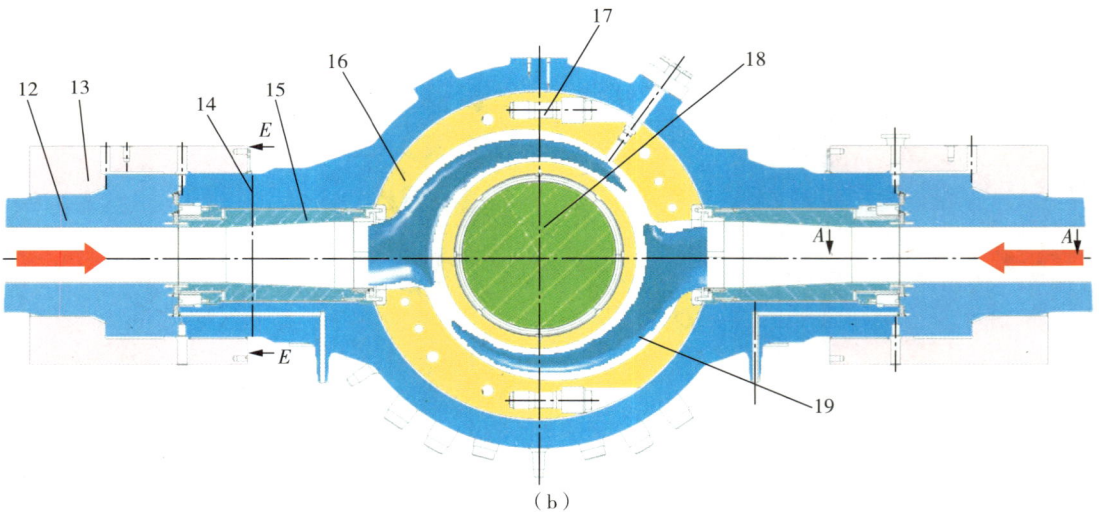

（b）

图2-123　高压缸进汽插管圆周进汽图（高压进汽管中心线所在的垂直剖面图）

1—高压转子；2—高压缸排汽端轴封；3—高压外缸排汽缸；4—高压内缸；5—螺纹环；

6—两半圆筒形外缸垂直结合面连接螺栓；7—高压外缸进汽缸；8—进汽插管；9—第一级斜置静叶；

10—高压进汽侧平衡活塞；11—高压缸进汽端轴封；12—主调节汽阀出口管；13—大型螺母；14—高压外缸进汽缸；

15—进汽插管；16—高压内缸；17—内缸垂直中分面连接螺栓；18—高压转子；19—半螺旋结构的导汽通道

二、中压缸

如图 2-124 和图 2-125 所示，中压内、外缸均在水平中分面处分为上、下两半，采用法兰螺栓连接，再热蒸汽通过再热蒸汽进汽管进入再热主汽阀和再热调节汽阀，从中部直接进入中压内缸，流经对称布置的双分流汽流通道后排到汽缸的两端，然后经内外缸夹层汇集到中压缸上半中部的中压排汽口，经中低压连通管流向低压缸。

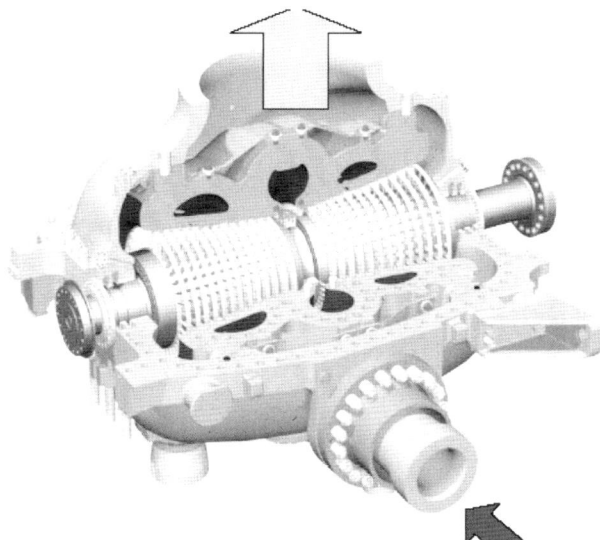

图 2-124 中压缸三维结构

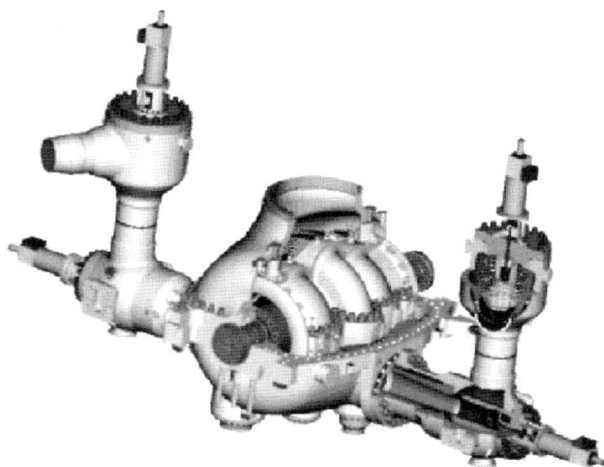

图 2-125 中压联合汽阀与中压缸连接图

中压缸采用双层缸结构，中压缸的高温进汽仅局限于中压内缸的进汽部分，中压外缸则处在小于 300 ℃排汽温度中，中压外缸承受的压力为中压缸的排汽压力，只有 0.6 MPa(a) 左右，中压外缸承受的压力和温度都比较低，外缸的法兰厚度可以减到最小，从而可以避免因不平衡温升引起法兰热变形等故障。此外，外缸中的压力使得内缸水平中分面法兰螺栓的荷载降低，仅需承受内外缸的压差。另外，在中压内外缸之间还装有遮热板以减少热辐射。

如图 2-126 所示,本机组设有两只再热联合汽阀,再热主汽阀和再热调节汽阀共用一个阀壳,组成再热联合汽阀,布置在中压缸两侧,再热调节汽阀与中压缸之间采用法兰螺栓连接,无导汽管,损失小,再热联合汽阀采用弹性支架直接支撑在汽轮机基座上,对汽缸附加作用力小,也有利于大修时的拆装。

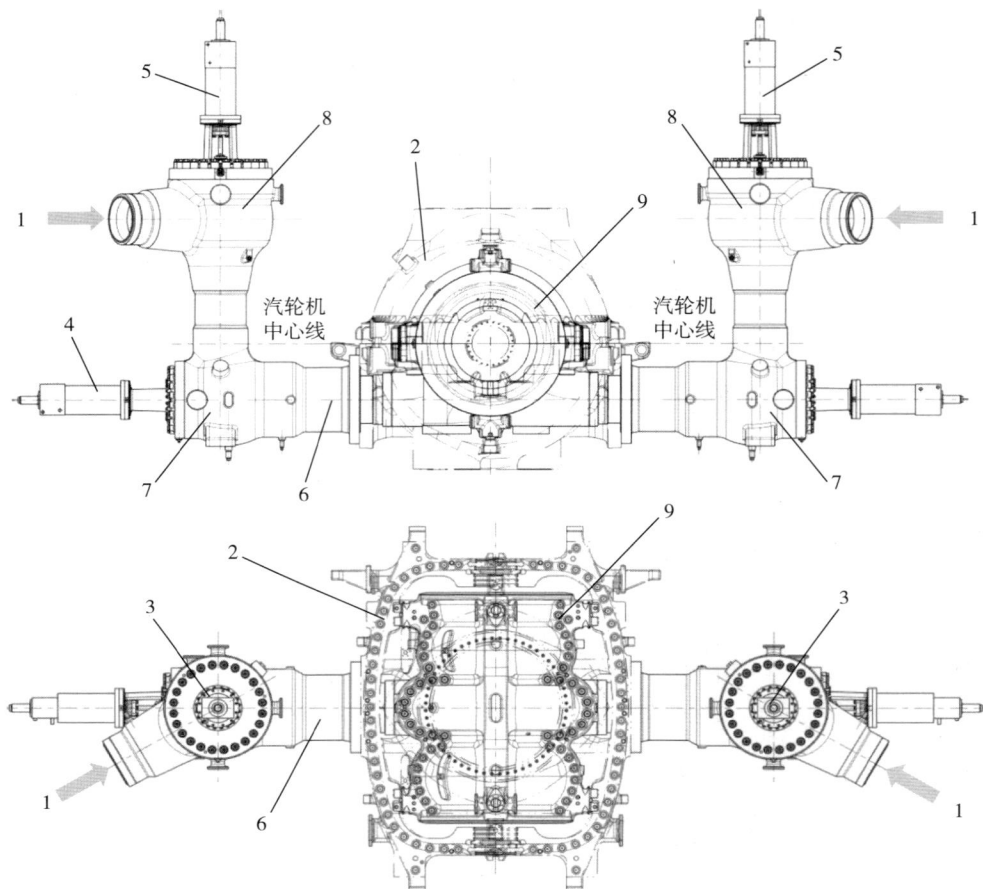

图 2-126 再热主汽阀和再热调节汽阀结构

1—再热蒸汽进口;2—中压外缸;3—再热主汽门和调节汽门组件;4—再热调节汽门油动机;
5—再热主汽门油动机;6—再热进汽插管;7—再热调节汽门;8—再热主汽门;9—中压内缸

如图 2-127 所示,再热调节汽阀通过再热进汽插管和中压缸相连,再热蒸汽通过进汽插管从中部直接进入中压内缸,中压缸进汽部分及进汽密封结构如图 2-127(b)图所示。L 型密封环用来连接调节汽阀出口与中压内缸。L 形密封环连接的短边嵌在螺纹环的套环后面,而长边则装入中压内缸的环形凹槽内。螺纹环可以使 L 形密封环的短边在螺纹环与进汽插管之间自由的膨胀和移动。L 型密封环内部的蒸汽压力压迫密封环抵住进汽插管的那一面,起到自密封作用。中压内缸环型凹槽和 L 型密封环长边的配合,使得 L 型密封环长边也可自由滑动,L 型密封环在其内侧蒸汽压力的作用下自由膨胀,其外侧面可以抵住相应槽的密封面,起到密封作用。这种结构布置在提供密封功能的同时,允许中压内缸在各个方向上自由膨胀移动。

此外,在外下缸有抽汽支管,抽汽支管与内缸之间也设有可以沿任意方向自由移动的 L 型密封环。

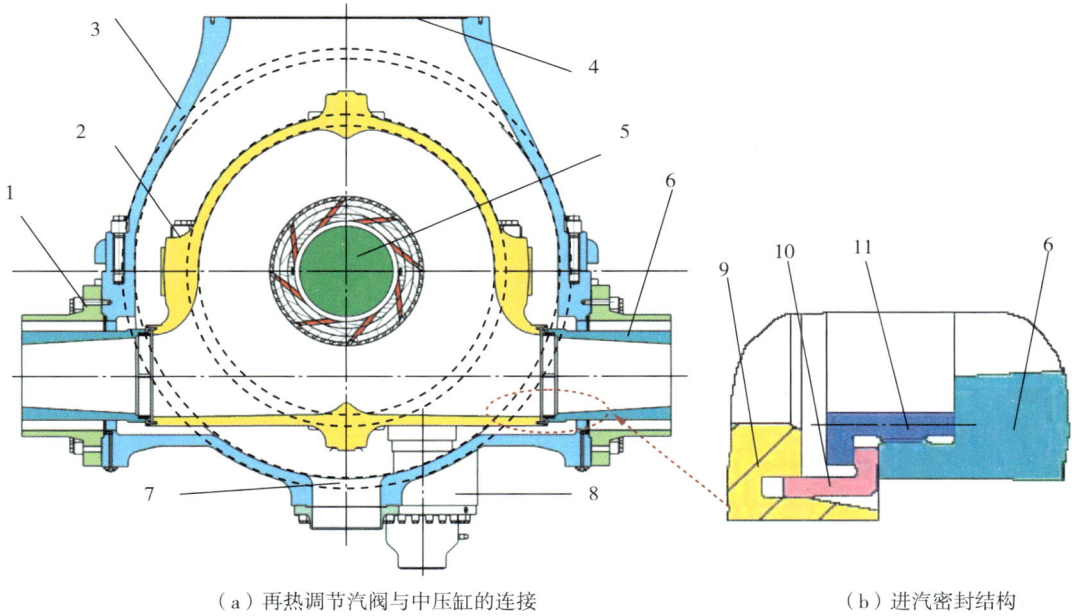

| (a)再热调节汽阀与中压缸的连接 | (b)进汽密封结构 |

图 2-127　中压缸进汽及进汽插管结构

1—调节汽阀与中压外缸法兰螺栓连接处；2—中压内缸；3—中压外缸；4—中压排汽口；5—转轴；
6—再热进汽插管；7—抽汽口；8—抽汽口；9—中压内缸下半；10—L 型密封环；11—螺纹环

如图 2-128 所示，中压缸中部两侧切向进汽，第一级为低反动度，大部分能量转换发生在斜置静叶中，因此静叶出口的温度相对较低；中压缸第一级除了采用低反动度（约 20% 的反动度）及切向进汽斜置静叶结构外，为冷却中压转子还采用切向涡流进汽，利用切向旋涡冷却作用降低温度约 15 ℃，可有效降低蒸汽进口处转子的表面温度，满足较高再热蒸汽温度的要求。

中压缸的进汽是锅炉来的再热蒸汽，温度为 600 ℃，由于中压缸进汽压力低，比容大，其容积流量比高压缸容积流量大，为使中压转子在转子直径不过大的情况下增大通流面积，同时也为了平衡轴向推力，中压部分采用分流结构。如图 2-129 所示。蒸汽作用于中压转子上的轴向推力基本上能够平衡，中压缸有 2×13 级反动级。

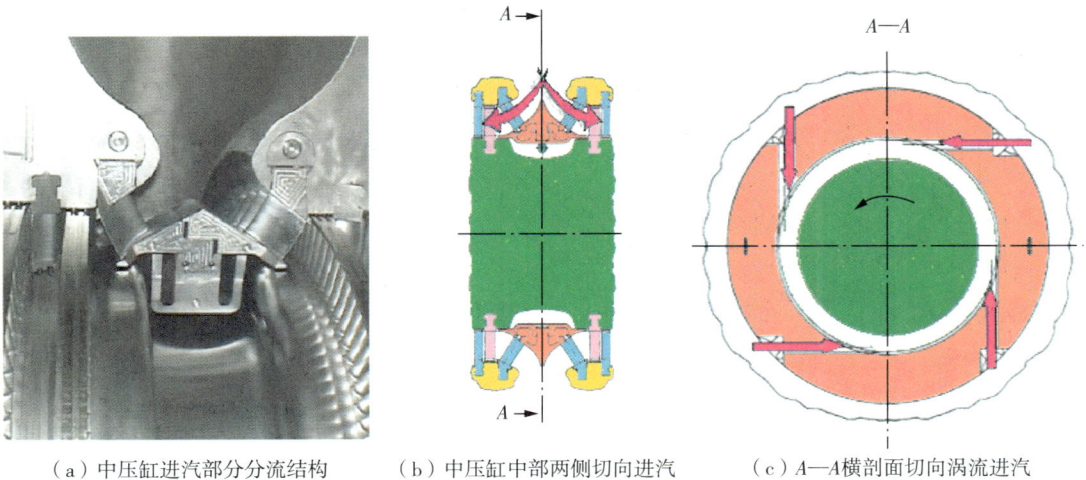

| (a)中压缸进汽部分分流结构 | (b)中压缸中部两侧切向进汽 | (c)A—A横剖面切向涡流进汽 |

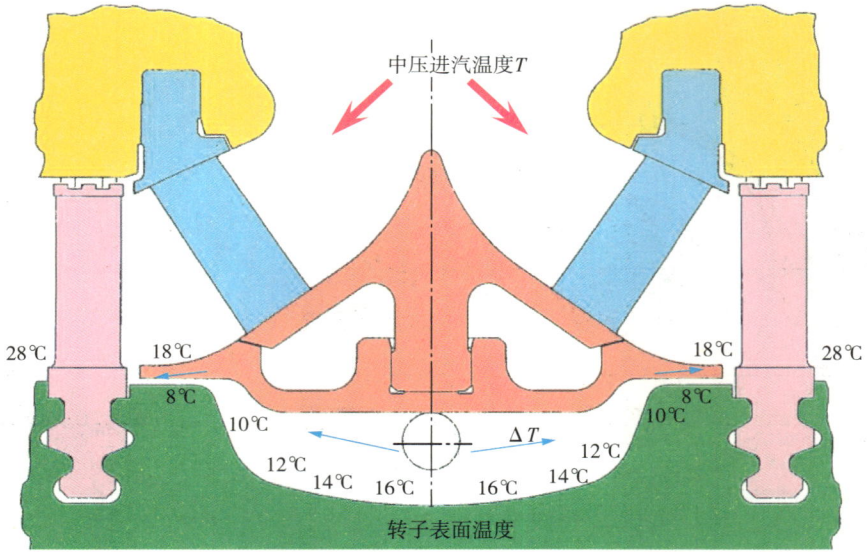

中压进汽温度T

28℃　18℃　　　　　　　18℃　28℃

8℃　　　　　　　　　　8℃

10℃　　　　　　　10℃

12℃　　ΔT　　12℃

14℃　16℃　16℃　14℃

转子表面温度

（d）切向涡流进汽流动及降温效果

图2-128　中压缸进汽部分结构及切向涡流冷却

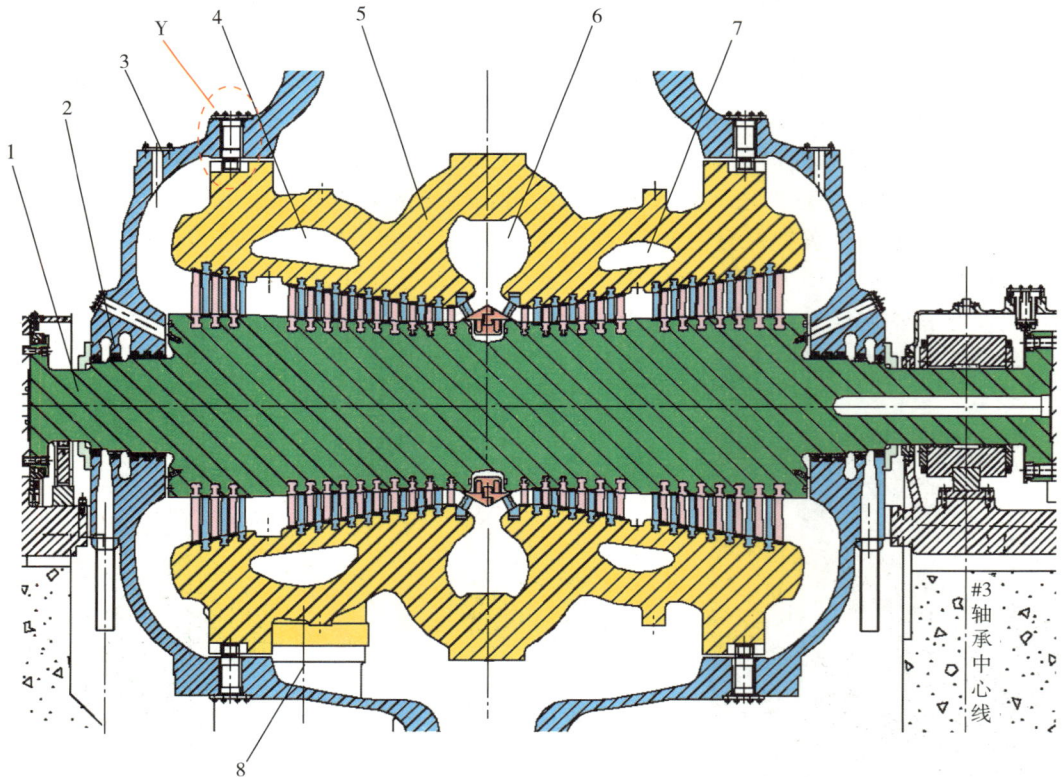

图2-129　中压缸通流部分结构

1—中压转子；2—轴封；3—中压外缸；4—抽汽环形汽室；5—中压内缸；

6—中压进汽；7—抽汽环形汽室；8—抽汽管；Y—中压内缸定位装置（详图见图3-78）

如图 2 - 130 所示,叶片由叶根部分、中间型线部分和叶顶围带部分组成,中压静叶和动叶均为 T 型叶根或双 T 型叶根;静叶和动叶依次插入中压内缸及转子上的叶根安装槽中,并用填隙条填充定位,整圈装配的最后一片静叶或动叶由锥销或螺钉锁紧,整圈叶片装配完毕之后,将围带整圈精车后和汽封片配合形成汽封。

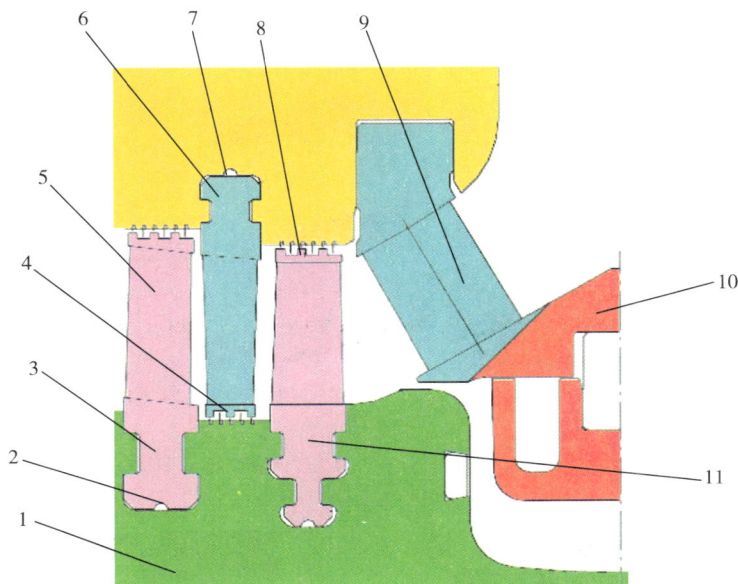

图 2 - 130　中压缸静叶和动叶结构布置

1—中压机转子;2—填隙条;3—中压动叶 T 型叶根;4—围带;5—中间型线部分;6—中压静叶 T 型叶根;
7—填隙条;8—围带;9—中压第一级斜置静叶;10—中压进口分流装置;11—中压动叶双 T 型叶根

中压转子是整锻无中心孔转子,中压转子的联轴器与转轴锻成一体。在转鼓的两个端面上设有加平衡重块的调整孔,可以在不开缸的情况下做动平衡;由于中压缸的两级抽汽口采用非对称排列,所以中压缸两侧的动叶栅是不对称的。

三、低压缸

低压缸为双层缸、分流结构,外缸和内缸在水平中分面分成上下半,用法兰螺栓连接。外缸采用钢板焊接结构,并直接落坐在凝汽器上,外缸与凝汽器为刚性连接,外缸与轴承座、内缸和基础分离开来,由于外缸与运转层基座无关联,使得基座的载荷大幅降低。

低压内缸不固定在外缸上,而是通过内缸前后的猫爪,搭在前后轴承座上,支撑起整个内缸、静叶持环及静叶的重量;并通过推拉装置与中压外缸相连,保障汽缸间的顺推膨胀,以保证动静间隙。内缸猫爪下面采用低摩擦系数的金属垫块进行支撑,减少摩擦力,有利于内缸沿轴向膨胀;外缸的受热变形对通流间隙没有影响。在低压内缸轴向两端底部中心线的正下方各有一个横向销,插入横向定位键槽中,防止低压内缸中心线所在的垂直面沿横向移动。

从低压外缸伸入到低压内缸的各部件均采用补偿器进行连接,在低压转轴穿过低压外缸处,低压外缸通过轴封补偿器与轴端汽封弹性连接,轴封补偿器可以吸收内外缸相对膨胀差;在中低压连通管穿过外缸进入低压内缸处,低压内缸和中低压连通管弹性连接,并通过波纹管补偿器吸收径向膨胀差,连通管本身及补偿器还能吸收轴向膨胀差;在内缸猫爪处的汽缸补偿器可用来补偿外缸和内缸之间的相对膨胀差。

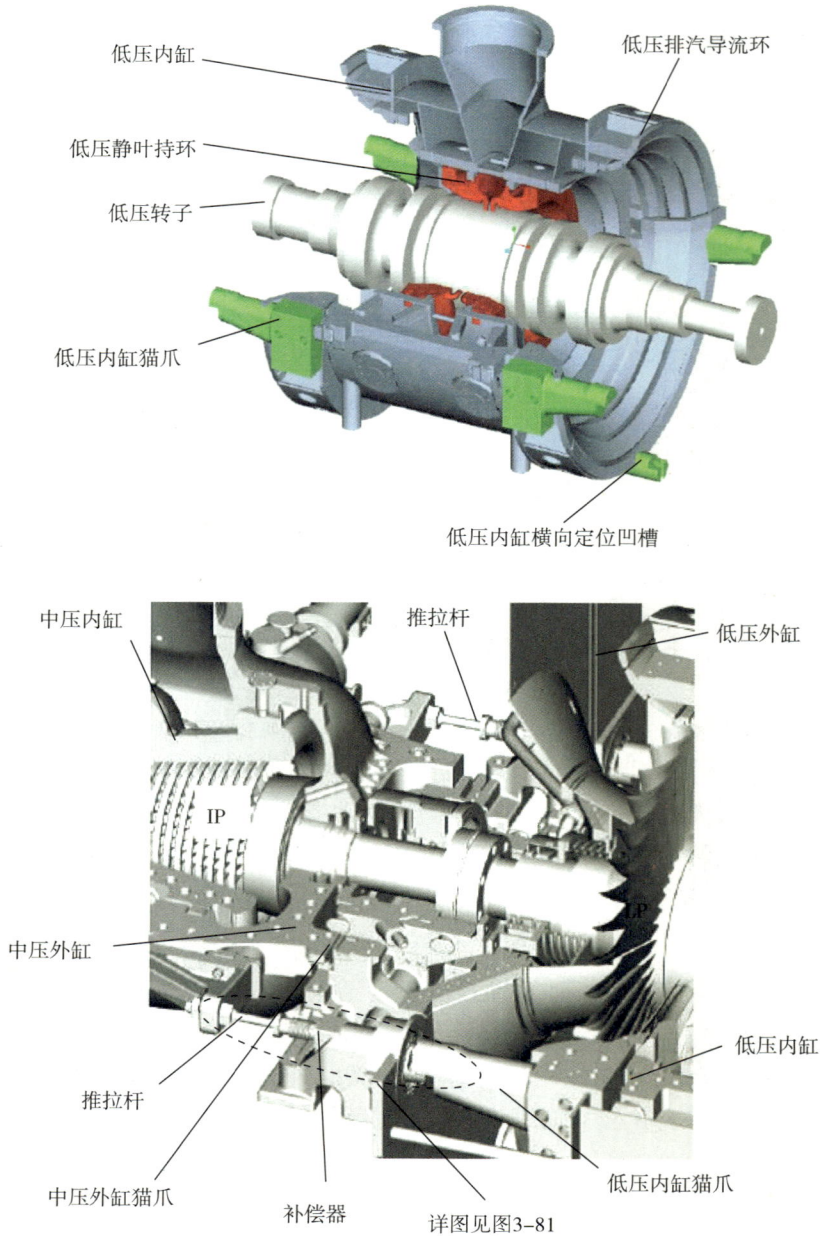

图2-131　低压缸的三维结构

如图2-132示,来自中压缸的蒸汽通过中低压连通管进入低压内缸,经过低压缸通流部分膨胀做功后,从低压缸两端的排汽导流环后面汇流进入低压外缸底部,并流进下方的凝汽器中。如图2-114所示,低压内缸中布置有抽汽口,抽汽通过抽汽管进入低压加热器中。低压缸布置有3段抽汽,其抽汽口是非对称排列的,第6段抽汽向6号低压加热器供汽;第7

段抽汽从低压缸 LPB 抽出,向 7 号低压加热器供汽;第 8 段抽汽从低压缸 LPA 抽出,向 8 号低压加热器供汽。

低压内缸中左右各有一个低压静叶持环,低压前 4 级静叶装在静叶持环中,末 2 级直接装在低压内缸上。

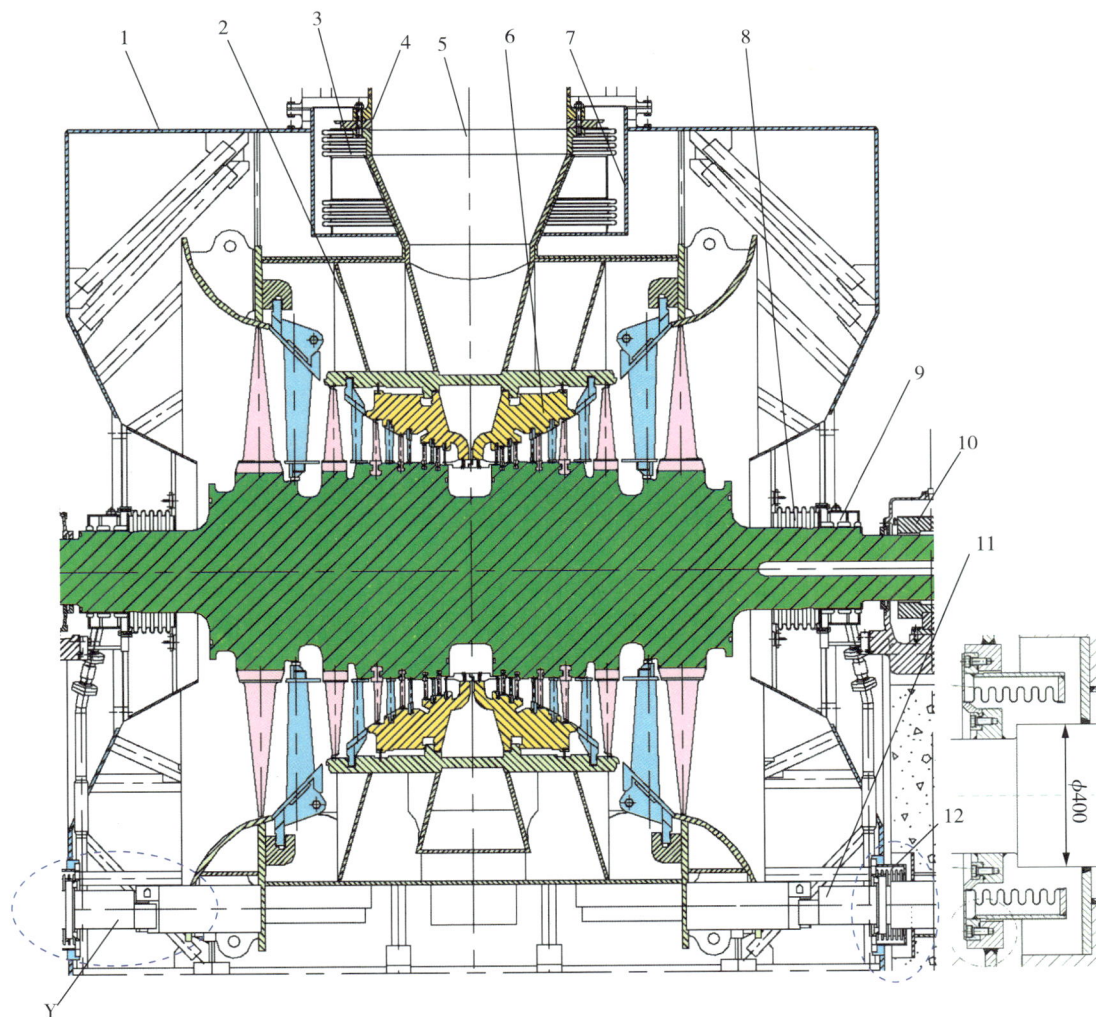

图 2-132 低压缸结构

1—低压外缸;2—低压内缸;3—中低压连通管处的波纹管补偿器;4—中低压连通管;5—低压缸进汽;

6—低压静叶持环;7—外缸和连通管的连接;8—轴封补偿器;9—轴端汽封;10—轴承;

11—低压内缸横向定位和导向装置;12—汽缸补偿器;Y—详图见图 3-82

双流低压缸每侧有 6 级反动级叶片,包括 3 级马刀形叶片和 3 级标准低压级叶片。

如图 2-133,低压缸每侧前 4 级叶片由叶根、叶型部分和整体围带组成,静叶为 L 形叶根,动叶为 T 型叶根,静叶和动叶依次插入静叶持环和转子上的叶根安装槽中,并用填隙条填充定位,整圈装配的最后一片动叶用锥销或螺钉锁紧;为了改善进汽汽道以及减少叶顶损失,在低压进汽处还装有进汽导流环。

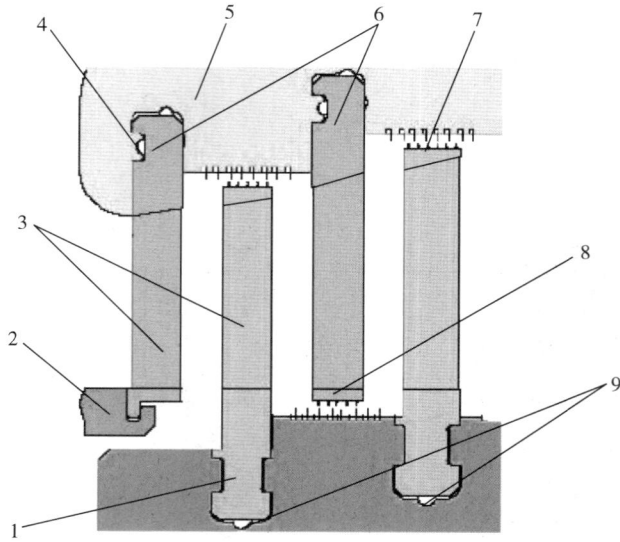

图 2-133 低压缸前两级静叶和动叶结构

1—T 型叶根;2—进汽导流环;3—叶型部分;4—填隙条;5—低压静叶持环;

6—L 型叶根;7—整体围带;8—整体围带;9—填隙条

如图 2-134 所示,低压缸每侧后 2 级静叶环将内环、静叶片和外环焊接到一起,再装入内缸中,装配完成后内环形成一个完整的围带;最后两级动叶为枞树形叶根,插进汽轮机转轴的轴向安装槽中,并用塞紧条塞紧,最末级低压动叶为自由叶片。

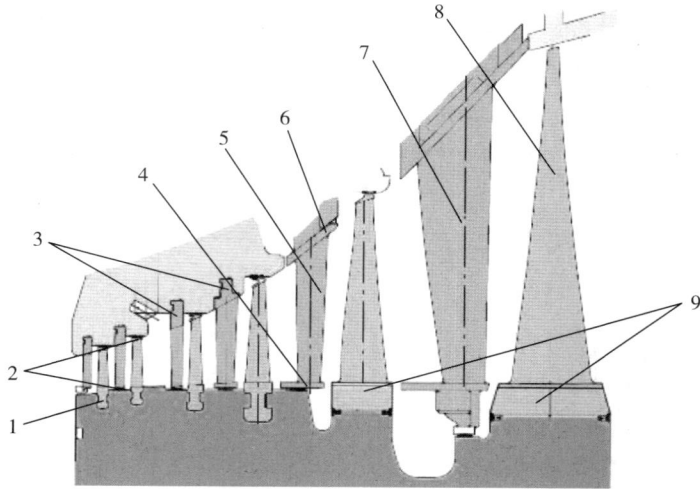

图 2-134 低压缸通流部分结构

1—T 型叶根;2—整体围带;3—L 型叶根;4—内环;5—叶型部分;

6—外环;7—末级静叶;8—末级动叶(自由叶片);9—枞树形叶根

末级叶片采用具有疏水槽的空心静叶片,可以将静叶叶型部分形成的凝结水膜抽吸到凝汽器中,此外,还对末级动叶片进行激光表面硬化,以减少水滴对末级叶片的冲蚀。

低压转子为整锻无中心孔转子,低压转子的联轴器与主轴锻成一体,在转鼓的两个端面上设有加平衡重块的调整孔,可以在不开缸的情况下做动平衡。

复 习 训 练 题

一、名词概念

1. 等截面直叶片、扭叶片、长叶片

2. 法兰螺栓加热装置

3. 窄喷嘴焊接隔板

4. 曲径式汽封

5. 蜂窝式汽封、刷式汽封

6. 喷嘴配汽、喷嘴组

二、分析说明

1. 简述按叶根形状不同,动叶的分类及其安装方法。

2. 简述上汽 300 MW 汽轮机高中压转子的结构组成。

3. 简述哈汽超临界 600 MW 汽轮机高中压缸的结构组成。

4. 简述可调式汽封的工作原理。

第三章 汽轮机的支承、膨胀与振动

汽轮机运行时,由于受热膨胀,除了产生热应力和热变形外,静止部分和转动部分之间的间隙也将发生变化,可能产生碰撞摩擦,为此汽轮机应有良好的支承方式,并设置滑销系统来引导其膨胀。通常情况下,汽轮机的高中压缸通过其前后的猫爪支撑在轴承座上,低压缸则通过撑脚直接支持在基础台板上;汽轮机的转动部分由转轴两端的轴承来支承,轴承则安装在轴承座上。

第一节 轴 承

建立液体摩擦、形成油膜的原理如图 3-1 所示,
A,B 两个面构成楔形间隙,间隙中充满油,其中 B 面
固定不动,A 面承受了载荷 p 向下的作用力,并以一定
的速度 v 向左运动,由于油有黏性,润滑油被带入楔形
间隙中,随着间隙中被带入油量的增多,油楔中的油压
逐渐增大,当油楔中的油所产生的向上的作用力 F 与
向下的载荷 p 相等时,在 A,B 两个面间就形成了一个
稳定的油膜层,称为油楔,此时,由左侧较大间隙带入
油楔的油流量和由右侧较小间隙流出的油流量相等,
A 面和 B 面就通过一层油膜隔开,不直接接触,不会产
生干摩擦,这里,油楔起到支撑、润滑和冷却的作用。

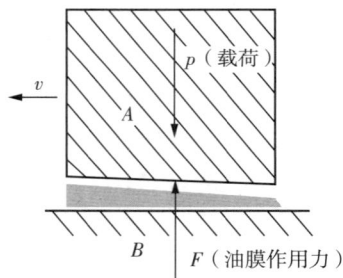

图 3-1 油楔的形成

由此可见,两平面间建立液体摩擦、维持稳定工作的条件是:

(1)两滑动面之间要形成楔形间隙;

(2)两滑动面之间要充满具有一定油性和黏性的润滑油;

(3)两滑动面之间要有相对运动,且运动方向是使润滑油由楔形间隙的宽口流向窄口。

一、支持轴承

支持轴承用来承受转子重量及剩余不平衡质量所产生的离心力,确定转子的径向位置,保持转子旋转中心与汽缸中心一致,保证转子与汽缸、汽封、隔板等静止部分合适的径向间隙。要求支持轴承有较大的承载力、油膜稳定,并尽量减少轴承的摩擦损失。

汽轮机转子的轴颈支承在浇有一层质软、熔点低的巴氏合金(乌金)的轴瓦上,并高速旋转;为了避免轴颈与轴瓦的直接摩擦,必须用油润滑,使轴颈与轴瓦间形成油膜,减小轴颈和轴瓦间的摩擦阻力,并带走摩擦产生的热量。

按轴瓦形式不同,轴承可分为圆筒形轴承、椭圆形轴承、三油楔轴承和可倾瓦轴承等;另外,按轴承支承方式不同,轴承又可分为固定式和自位式两种,固定式轴承的轴承体外形为圆筒形,而自位式轴承的轴承体外形为球面形。

1. 圆筒形轴承

如图 3-2 所示,圆筒形轴承的轴瓦内孔呈圆形,转子静止时,在转子自身重力作用下,轴颈中心 O_1 在轴瓦中心 O 的正下方,在轴颈与轴瓦之间形成上部大、下部逐渐减小的楔形间隙,轴承顶部间隙约为侧面间隙的两倍。当连续向轴承供给润滑油,并让轴颈旋转时,黏附在轴颈上的油层随轴颈一起转动,并带动相邻各层油转动,进入轴颈右下部的楔形间隙中。随着间隙的逐渐减小,油压逐渐升高,并且随着转速的升高,带入楔形间隙的油流量增大,油压也随之升高,当油压超过作用于轴颈上的载荷时,便将轴颈顶起。

当作用在轴颈上向上的力与作用在轴颈上向下的载荷平衡时,轴颈便稳定在某一位置(O_1')上;此时,轴颈与轴瓦完全由油膜隔开,建立起稳定的液体摩擦。随着转轴轴颈转速的升高,油楔内的压力逐渐增大,轴颈逐渐抬高,轴颈中心就处于较高的偏心位置。理论上,当转速达到无穷大时,轴颈中心便与轴瓦中心重合。随着转速的升高,轴颈中心运动轨迹近似一个半圆形曲线 $O_1 O_1' O$。

圆筒形轴承油楔中油压的分布如图 3-3 所示,在周向上,油楔进口处的油压最低,随着润滑油的进入,油膜厚度逐渐减小,而油压逐渐增大,在最小油膜厚度处,油压达最大值,而在油楔出口处,油压迅速降低到零。在轴向上,油压沿轴承长度呈抛物线规律分布,在轴承中间油压最大。

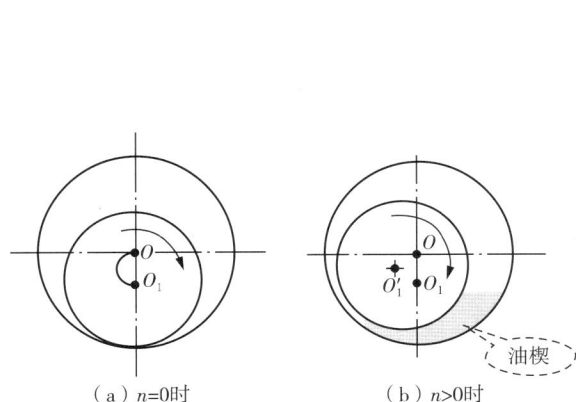

（a）n=0时　　　　（b）n>0时

图 3-2　圆筒形轴承油楔的形成

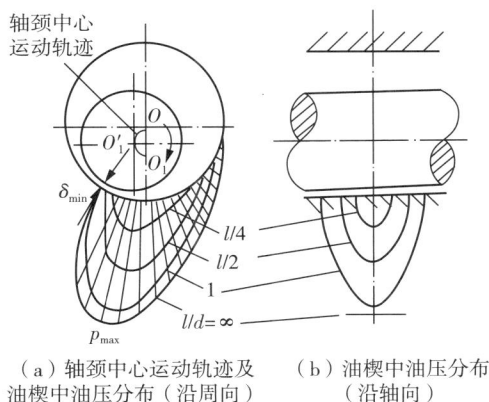

（a）轴颈中心运动轨迹及油楔中油压分布（沿周向）　（b）油楔中油压分布（沿轴向）

图 3-3　油楔中油压的分布

l—轴承长度;d—轴颈直径

轴承长度对轴承承载能力和轴承的稳定性都有影响,轴承长度 l 越长,l/d 就越大,作用于轴颈上的油压就越大,轴颈被抬起的就越高,但轴承长度过长将不利于轴承的冷却,并增加了汽轮机转子的轴向长度,且轴承长度过长还会影响到轴承的稳定性。

圆筒形轴承的稳定性不如其他三种轴承,常用于中小容量机组或大机组的低压转子。

(1)固定式圆筒形轴承

固定式圆筒形轴承结构及外观如图 3-4 和图 3-5 所示,轴瓦 1 由上下两半组成,并用螺栓 8 连接,下瓦支持在三个垫块 2 上,通过改变垫块和垫片的厚度来找中心,调整垫块和垫片的厚度可以调整轴瓦的径向位置,上瓦顶部的垫块 2 和垫片 3 用来调整轴瓦与轴承盖之间的紧力。

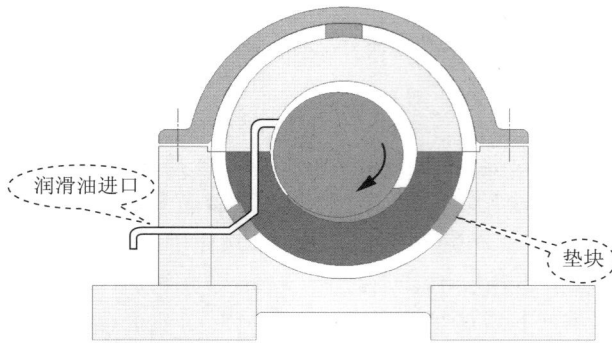

图 3-4　圆筒形轴承结构及外观

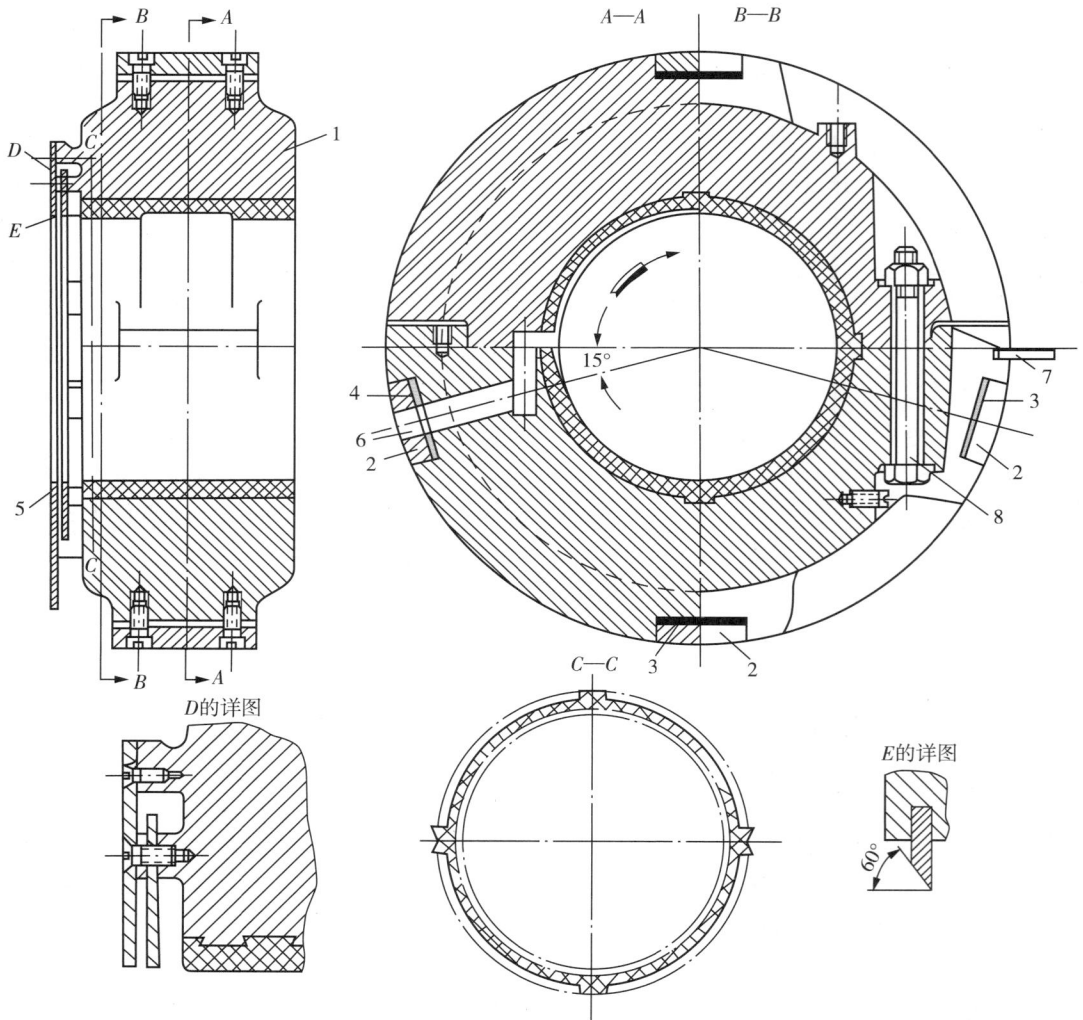

图 3-5　固定式圆筒形轴承

1—轴瓦；2—调整垫块；3—垫片；4—节流孔板；5—油挡；6—进油口；7—锁饼；8—螺栓

水平结合面处的锁饼 7 用来防止轴瓦转动,轴承在其面向汽缸的一侧装有油挡 5,以防止润滑油从这一侧漏出;润滑油从侧下方进油口 6 进入,并从轴瓦水平结合面处流进,经过轴颈和轴瓦的顶部间隙,然后经过轴颈和下瓦之间的楔形间隙,最后从轴瓦两端流出。下瓦进油口处的节流孔板 4 用来调整进油量,润滑油在轴承中不仅起到润滑作用,还有冷却作用,可将摩擦产生的热量和从转子传过来的热量带走,轴承的回油温度通常为 50~60 ℃,最高不超过 70 ℃。

轴瓦由轴瓦体和轴承合金层构成,在轴瓦体的内圆上先开出燕尾槽,然后浇铸上锡基轴承合金(乌金或巴氏合金),乌金质软、熔点低,并具有良好的耐磨性能。一旦轴颈和乌金之间发生干摩擦,乌金就会被磨损甚至熔化。汽轮机保护系统就会动作,使机组紧急停机,从而避免了轴颈与轴瓦体的摩擦。

(2)自位式圆筒形轴承

自位式圆筒形轴承结构如图 3-6 所示,其结构与固定式圆筒形轴承基本相同,不同的是该轴承体与轴承座结合处的外形呈球面。当转子中心变化引起轴颈倾斜时,轴承体在球形结合面的轴承座内可以做相应的转动,自动调整位置,从而使轴颈和轴瓦间的间隙在整个轴瓦长度范围内保持一致,使轴颈与轴瓦保持平行,使油膜均匀稳定。

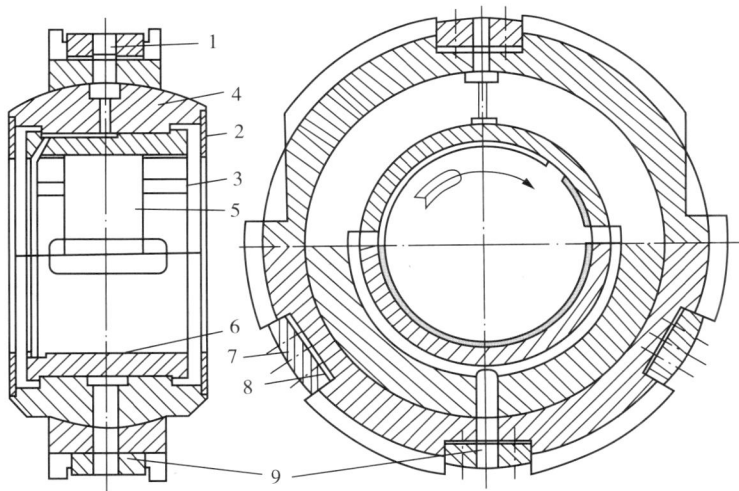

图 3-6　自位式圆筒形轴承
1—温度计插孔;2—挡油环;3—轴瓦缺口槽;4—轴承体;
5—轴瓦槽道;6—轴瓦;7—支持垫块;8—垫片;9—进油孔

垫块 7 和垫片 8 用于调整轴瓦中心,确定轴瓦的径向位置;润滑油从底部垫块上的进油孔 9 进入轴承,在进油口装有节流孔板,用以控制进入轴承的润滑油流量;进入轴承的润滑油顺轴承体 4 与轴瓦 6 在下半圆内的环形槽道流动,在轴瓦中分面左右两边顺流道进入轴瓦和轴颈的间隙中,左边进入的润滑油沿上半轴瓦的宽敞槽道 5 按转轴转动的方向流动,同时对轴颈起到冷却作用,最后从缺口 3 流向两端,如要加强冷却效果,可加大缺口 3 的尺寸。轴瓦中分面右边进入的油随着轴颈的旋转,被带入下部的楔形间隙,形成油楔,起到支承作用,然后由两端泄出,流入轴承箱回油管路,轴承两端装有挡油环 2,以防止润滑油漏出轴承;

在上轴瓦和上轴承体间开有油槽,油可通过轴承体、球面座上的孔进入温度计插孔 1,以便安装温度计来测量轴承油温。

2. 椭圆形轴承

如图 3-7(b)所示,椭圆形轴承的轴瓦内表面呈椭圆形,轴瓦与轴颈之间的侧面间隙加大,顶部间隙减小;工作时在轴瓦上下部均形成油楔,又称为双油楔轴承,使得转子不易在垂直方向上振动,由于上瓦油膜的作用力是向下的,降低了轴颈中心的位置,以及轴瓦曲率半径的增大使得轴瓦中心与轴承中心不重合,增大了轴颈在轴瓦内的绝对偏心距,使得轴承的相对偏心率增大,轴承的稳定性提高;轴瓦侧面间隙的加大,使得油楔楔形收缩的比圆筒形轴承急剧,有利于形成液体摩擦,提高油膜压力;椭圆轴承有很高的承载能力,但加工较复杂,且由于顶部间隙较小,对油中的杂质较为敏感。

如图 3-7(a)所示,椭圆形轴承的轴瓦分为上、下两半,上、下两半之间用螺栓连接,轴瓦与轴承座之间采用球面配合,为自位式轴承,为了方便润滑油进入轴瓦,在轴承的中分面处将巴氏合金切掉一点,使之成为圆角状,圆角状区域一直延展到接近轴承的两端,油沿下瓦块进油口进入,向上由瓦块的水平结合面进入轴承轴瓦与轴颈的间隙中,在水平结合面的另一侧的油槽中钻有限油孔,限油孔能够限制润滑油的泻油量,一部分润滑油通过限油口排入润滑油观察箱。

近年来,椭圆形轴承在中、大型机组上得到了广泛的应用,如东汽超临界 600 MW 汽轮发电机组中除 1、2 号轴承采用可倾瓦式轴承外,其余均采用椭圆形轴承,但是椭圆形轴承耗油量和摩擦损失大于圆筒形轴承。

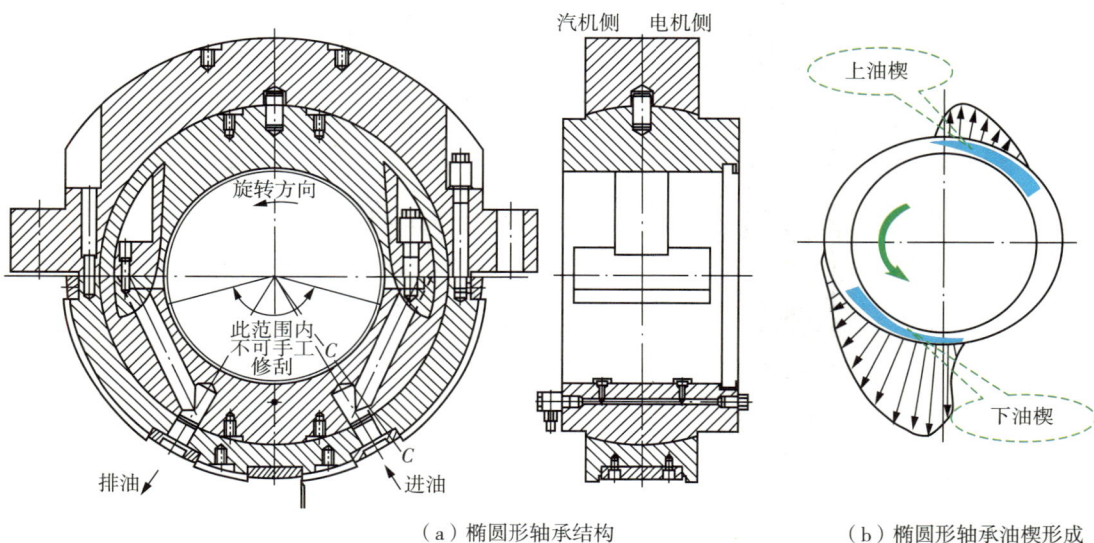

（a）椭圆形轴承结构　　　　　　　　　　（b）椭圆形轴承油楔形成

图 3-7　椭圆形轴承

3. 三油楔轴承

如图 3-8 所示,三油楔轴承是在合金面上加工出 3 个油囊,上瓦两个,下瓦一个,工作时,润滑油首先从轴承的进油口进入轴瓦的环形油室,然后经过三个油楔的进油口分别进入轴瓦与轴颈之间的三个楔形油囊中。随着转轴的转动,在三个楔形油囊中形成油楔,三个油楔中的油膜力分别作用在轴颈的三个方向上,如图 3-8 中 F_1,F_2,F_3 所示,下部主油楔所产生的力起到承受载荷的作用,上部两个小油楔产生的力将轴瓦往下压,使转轴运行平稳,并具有良好的抗震性;润滑油最后从轴承两侧的油挡与轴颈的间隙中流回轴承箱。

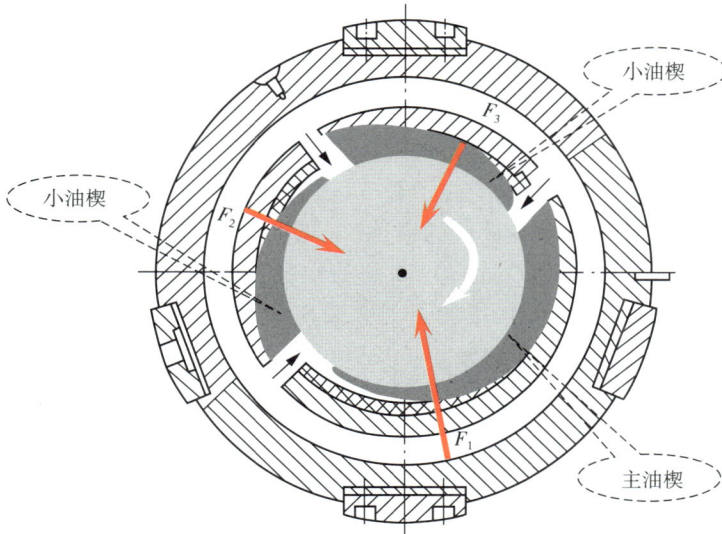

图 3-8　三油楔轴承油楔形成

如图 3-9 所示,节流孔板 6 用来调整流入轴承的润滑油流量;改变垫块 4 和调整垫片 5 的厚度可以调整轴承的中心位置;防转销 3 用来防止轴承在轴承洼窝中转动;此外,在轴瓦底部还开有高压油顶轴装置的进油口及油囊,在机组启动时,可将顶轴油泵来的高压油送入两只顶轴油孔中,建立起顶轴油压,将轴顶起来,避免刚开始转动时轴颈和轴承乌金之间发生干摩擦。

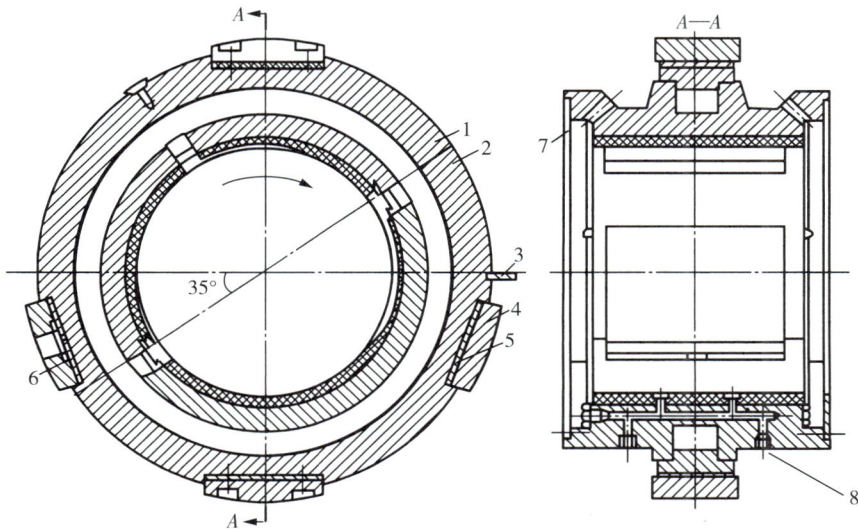

图 3-9　三油楔轴承结构

1—上半轴承;2—下半轴承;3—锁饼(防转销);4—垫块;5—垫片;6—节流孔板;7—油挡;8—顶轴油进油口

为了使油楔分布合理,并使上下瓦块的结合面不通过油楔区,需要将三油楔轴承的上下瓦结合面与水平面倾斜35°,在轴承水平安装后,就需要将轴瓦再反转35°,给安装和检修带来了不便。三油楔轴承具有较强承载能力、较好的抗震性和稳定性,适合在高速轻、中载场合下使用。

4. 可倾瓦轴承

如图3-10所示,可倾瓦轴承通常由3～5块能在支点上自由倾斜的弧形瓦块组成。工作时瓦块可以随转速、载荷及轴承温度的不同而自由摆动,在轴颈四周形成多个油楔,并能自动调整各油楔的间隙。下瓦块承受转子载荷,其余瓦块保持轴承稳定性;上瓦块装有盘形弹簧,能起到减震作用。如果忽略瓦块的惯性、支点的摩擦力等影响,每个瓦块作用在轴颈上的油膜作用力都通过轴颈中心,具有较高的稳定性,理论上可以完全避免油膜振荡的产生。此外,由于瓦块可以自由摆动,增加了支承柔性,能吸收振动能量,具有很好的减震性。可倾瓦轴承的承载能力大,摩擦功耗较小,但结构复杂,安装、检修比较困难,成本较高。

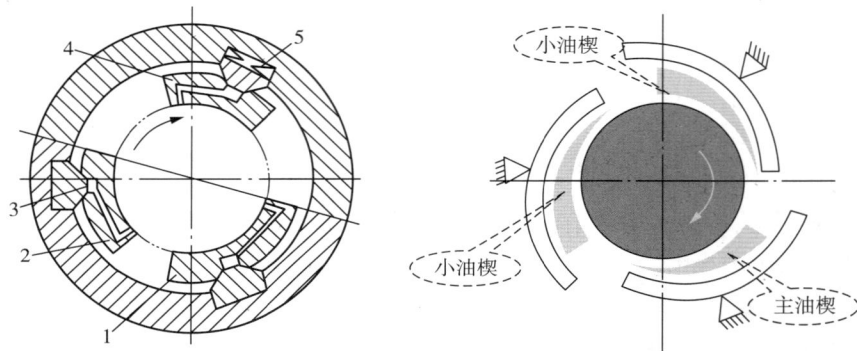

图3-10 可倾瓦轴承结构及油楔形成
1—下瓦块;2—侧瓦块;3—支点;4—上瓦块;5—盘形弹簧

四瓦块可倾瓦轴承结构如图3-11所示,该轴承有四块浇有乌金的瓦块,各瓦块间互不相连,两个下瓦块承受轴颈的载荷,两个上瓦块保持轴承的稳定性,各瓦块通过其背部的球面自位垫块6支承在轴承体(支承环)2内,并通过垫块定位;轴承体(支承环)2被分成上下两半,在中分面处用定位销连接,并被安放到轴承座和轴承盖13对应的安装槽中,轴承体(支承环)定位销8则用来固定轴承体(支承环)并确定轴承体(支承环)相对于轴承座的周向位置。

部套组装时,各瓦块借助靠近其端部的临时螺栓定位,以便在装运和现场装配期间,保持原有位置。但是在现场总装时,必须拆除临时螺栓,而代以螺塞9,螺塞旋入后,必须略低于轴承体表面或与之齐平。为了防止轴承上半部两块瓦的进油边与轴颈发生摩擦,将该处巴氏合金刮去,并在这两块瓦出油边装有弹簧17。

来自润滑油系统的轴承润滑油经软管引入轴承体后,通过位于垂直和水平中心线上的四个开孔进入瓦块,沿着轴颈与瓦块之间分布,并从两端流出;浮动油挡16可防止润滑油从两端沿轴颈向外漏;沿轴颈向外的漏油通过挡油环下边的漏油孔流出。

二、轴向推力及推力轴承

轴流式汽轮机中,高压蒸汽由一端进入,膨胀做功后的低压蒸汽由另一端流出,总的来看,蒸汽对转子施加了一个由高压端指向低压端的沿轴的作用力,称为轴向推力;作用在转子上的轴向推力是由作用在各级上的轴向推力累积而成。下面分别介绍一下作用于冲动式和反动式汽轮机上的轴向推力。

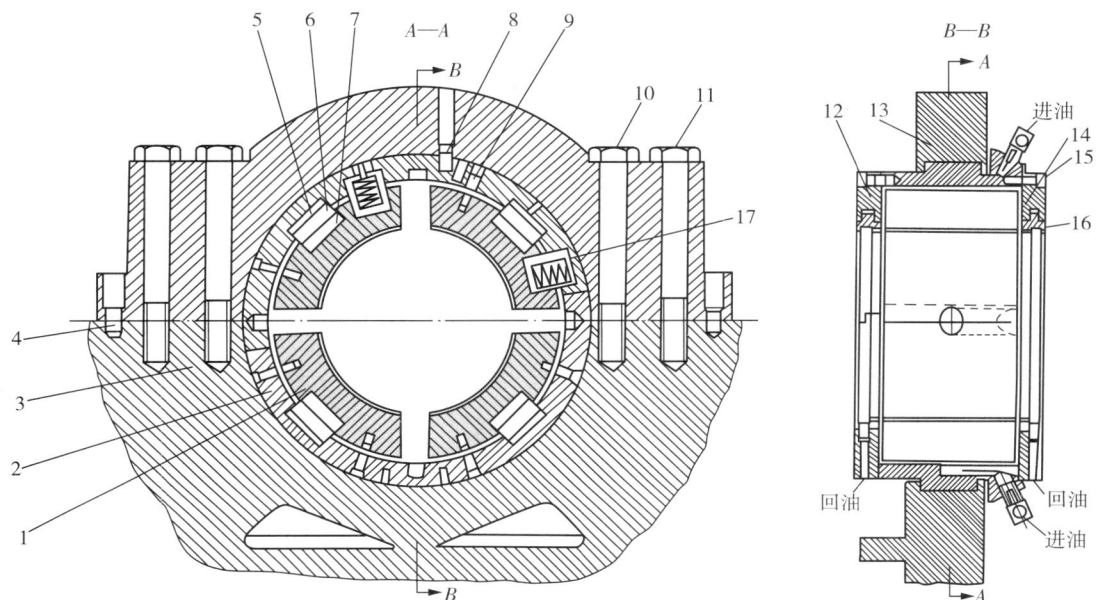

图 3-11　四瓦块可倾瓦轴承结构

1—轴承瓦块;2—支承环;3—轴承座;4—定位销;5—垫片;6—球面垫块;7—垫片;8—防转销;
9—螺塞;10,11—六角螺栓;12—浮动油挡座;13—轴承盖;14—浮动油挡座;15—六角螺栓;16—浮动油挡;17—弹簧

（a）下瓦块安装位置1　　　　　（b）下瓦块安装位置2

（c）支持环　　　　　　　　　（d）瓦块背面

图 3-12　四瓦块可倾瓦轴承结构图片

1. 轴向推力

(1)冲动式汽轮机转子上的轴向推力

冲动级的结构如图3-13所示,作用在冲动级上的轴向推力主要由作用在动叶上的轴向力、作用在叶轮轮面上的轴向力和作用在转轴凸肩处的轴向力三部分组成。图中:

P_0、P_1、P_2——喷嘴前、喷嘴后和动叶后的蒸汽压力;

P_d——隔板和叶轮之间汽室的蒸汽压力;

d_m——级的平均直径;

l_b——动叶高度;

d_1、d_2——叶轮前、后轮毂的直径。

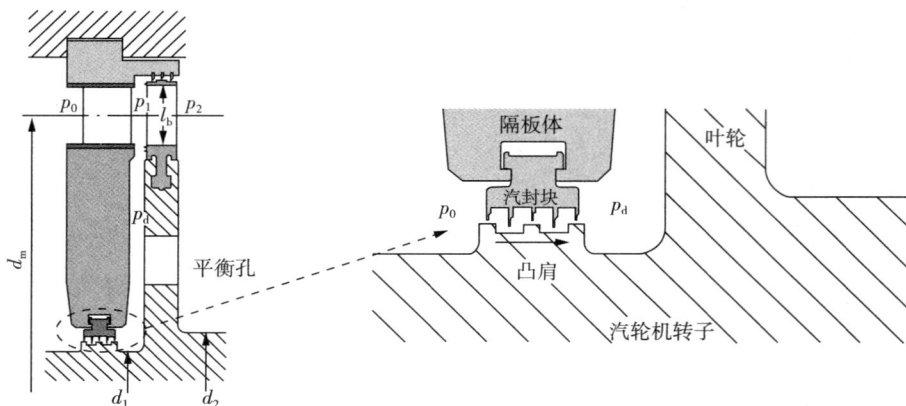

图3-13 冲动级的结构简图

① 作用在动叶上的轴向力

如图3-14所示,蒸汽作用在动叶上的轴向力由两个部分组成,一是由于动叶片前后存在静压差(p_1-p_2),静压差作用在动叶上形成的沿轴向的力,二是汽流在动叶通道中流动时给动叶的作用力 F 沿轴向的分力 F_z。

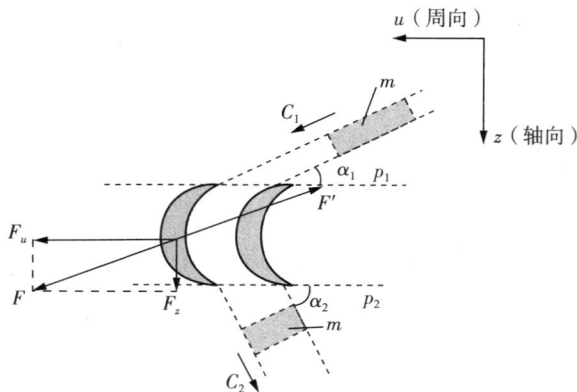

图3-14 蒸汽作用在动叶上的力

② 作用在叶轮轮面上的轴向力

由于叶轮前压力为 p_d，叶轮后的压力为 p_2，叶轮前后存在压差，形成了作用在叶轮轮面上的轴向力，为减少作用在叶轮上的轴向力，可在叶轮上开平衡孔，以减少叶轮前后压差；但若平衡孔面积不够或运行中隔板汽封的漏汽量增大，都将使作用在叶轮上的轴向力增大。

③ 作用在转轴凸肩上的轴向力

如图 3－13 所示，隔板汽封采用高低齿汽封时，在转轴上有与汽封齿相配合的凸肩，由于凸肩前后存在压差，形成了作用在凸肩上沿轴向的力。

此外，在汽轮机两端轴封处，转轴上也有与汽封齿相配合的凸肩，在这些凸肩上也会形成沿轴向的力。

（2）反动式汽轮机转子上的轴向推力

由于反动式汽轮机没有叶轮，动叶直接安装在转鼓上，作用在反动式汽轮机转子上的轴向推力主要由作用在动叶上的轴向力、作用在轮鼓锥形面上的轴向力和作用在转子阶梯上的轴向力三部分组成。反动式汽轮机的轴向推力要比冲动式汽轮机大。

① 作用在动叶上的轴向力

作用在反动级动叶片上的轴向力也是由两个部分组成，即动叶片前后静压差形成的沿轴向的力和汽流在动叶通道中流动时给动叶的作用力沿轴向的分力。由于级的反动度大，各级动叶前后的压差大，所以作用在反动式汽轮机动叶上的轴向力比冲动式大得多。

② 作用在轮鼓锥形面上的轴向力

由于反动式汽轮机各级的平均直径逐渐增大，转轴逐渐变粗，在转轴上会出现一些锥形面，在锥形面上会产生沿轴向的力。

③ 作用在转轴阶梯上的轴向力

反动式汽轮机中，转轴的直径突然变化时会形成阶梯状，在转轴的这些阶梯面上会产生沿轴向的力。

2. 轴向推力的平衡

轴向推力的大小与机组型式、容量、参数和结构等因素有关，如果轴向推力过大，将造成推力轴承过载，从而引起汽轮机动静部分沿轴向碰撞摩擦，影响汽轮机的安全运行。

平衡轴向推力的方法主要有：

（1）平衡活塞法

如图 3－15 所示，在汽轮机转子的高压侧轴端，将轴封套的外径加大，加大了外径的轴封套称为平衡活塞。由于在平衡活塞的两端存在较大的压差，从而产生一个与各级轴向力方向相反的作用力，用来平衡汽轮机各级的轴向推力。随着机组容量的增大，汽轮机各级的轴向推力愈来愈大，平衡活塞的外径也越来越大。平衡活塞汽封作为轴端汽封的一部分，由于平衡活塞加大了高压侧轴封的外径尺寸，使得平衡活塞汽封的漏汽面积增大，漏汽量增多，机组效率降低。

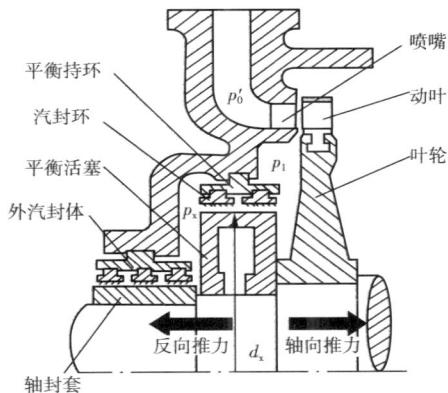

图 3－15　反动式汽轮机平衡活塞结构

（2）叶轮上开平衡孔

如图 3-13 所示，对于冲动级，特别是叶轮前后压差较大的高中压各级，为了减少作用在叶轮上的轴向力，一般可在叶轮上开平衡孔，以减小叶轮前后的压差。

（3）相反流动布置

对于多缸汽轮机，可使不同汽缸中的汽流朝相反方向流动，朝相反方向流动的汽流在转子上所产生的轴向推力方向相反，可相互抵消一部分。如图 3-16 所示，高、中压缸采用对头布置，高、中压缸中汽流朝相反方向流动，作用在高压转子上轴向推力的方向刚好和中压转子相反，使得高、中压转子的轴向推力相互抵消掉一部分；低压缸采用分流布置，汽流从汽缸中间进入、两边流出，作用在低压转子两侧的轴向推力刚好相反，相互抵消。

（4）采用推力轴承

虽然大功率汽轮机采用高中压缸对头布置以及低压缸分流等措施来减小轴向推力，但轴向推力仍比较大；考虑到变工况，特别是事故工况，例如水冲击、甩负荷等，可能出现更大的瞬时轴向推力甚至反向推力。为此，需要采用推力轴承来承担剩余的未平衡的轴向推力。

3. 推力轴承的工作原理

推力轴承用来承受蒸汽作用在转子上的轴向推力，并确定转子的轴向位置，保证通流部分

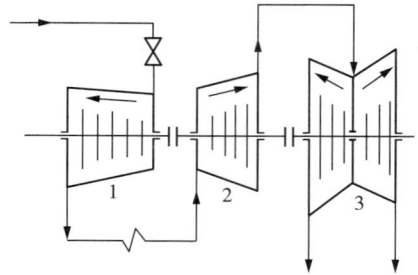

图 3-16　相反流动方向布置
1—高压缸；2—中压缸；3—低压缸

动静间正确的轴向间隙，推力轴承为沿轴向汽轮机转子的定位点，即汽轮机转子相对于静止部分沿轴向不动的点，称为相对死点。

如图 3-17 所示，转子静止时，推力瓦块和推力盘是平行的，两者之间间隙在进油口和出油口处相等；在推力瓦块和推力盘的间隙中充满润滑油，当转子高速旋转时，转子的轴向推力会通过油层传给瓦块，开始时推力瓦块和推力盘是平行的，进、出油口处瓦块与推力盘之间的间隙相等，因此油压合力 Q 的作用点在瓦块中间处，该合力 Q 与瓦块支点处支点给瓦块的作用力 R 不在一条直线上，形成一个力偶，使瓦块略微偏转形成进口间隙大、出口间隙小的楔形油流通道，并且随着瓦片的偏转，油压合力 Q 逐渐向出油口一侧移动，当 Q 与 R 位于一条直线上时，瓦块停止转动，瓦块和推力盘通过一层稳定的油楔隔开，作用于转子上的轴向推力就通过油楔传递给瓦块和支持环。

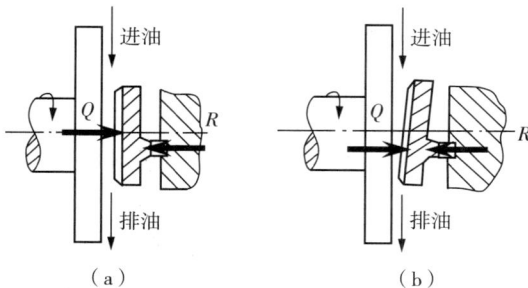

（a）　　　　　　　　（b）

图 3-17　推力瓦与推力盘间油楔的形成

4. 推力轴承结构

推力轴承的瓦块可做成固定的〔如图 3-18（a）所示〕或摆动的〔如图 3-18（b）所示〕，大功率机组都为摆动的。

推力轴承结构（摆动式瓦块）如图 3-19 所示，推力盘两侧分别安装着 12 个工作瓦块和非工作瓦块，承受转子的正向和反向推力。瓦块通过销钉支承在安装环上，安装环装在球面座

内，当轴的挠度变化时，安装环能在球面座内自动调整，保证各推力瓦块受力均匀。

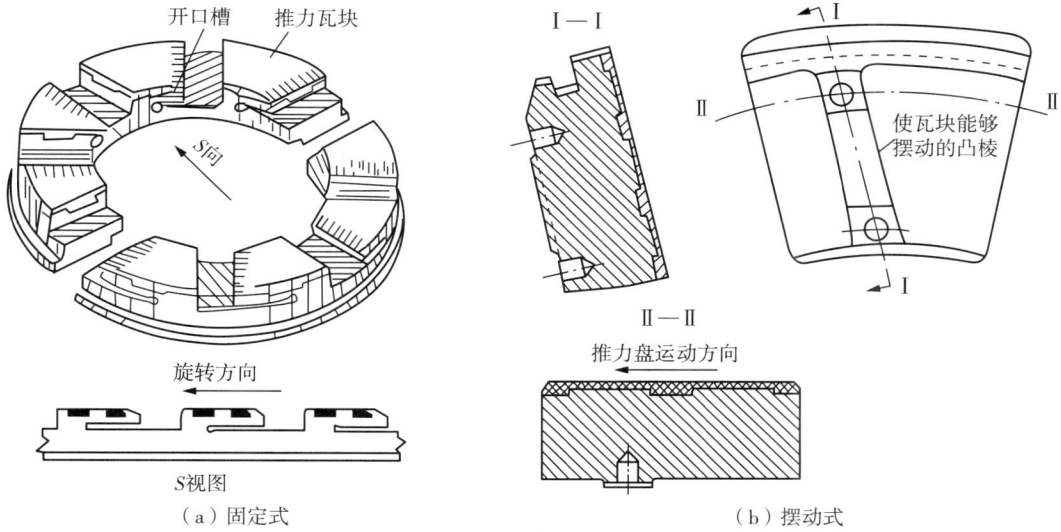

图 3-18　推力轴承瓦块结构

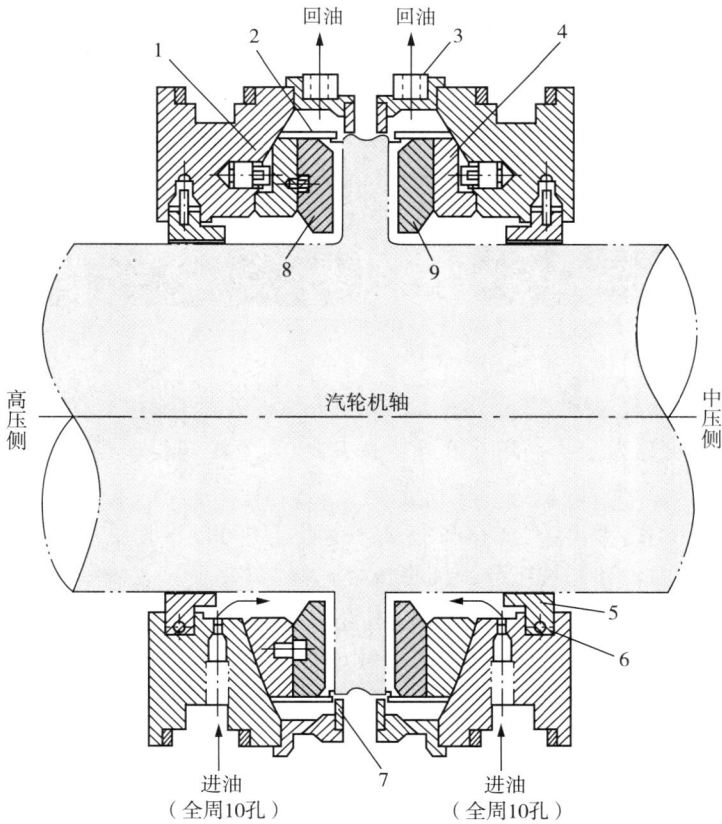

图 3-19　推力轴承结构（摆动式瓦块）

1—球面座；2—挡油环；3—调节套筒；4—推力瓦块安装环；5—进油挡油环；

6—拉弹簧；7—出油挡油环；8—反向推力瓦；9—正向推力瓦

推力瓦块的工作面上浇铸了一层乌金,背面在偏向润滑油出油侧有一条凸棱,安装环上的销钉插在凸棱上的销孔内。瓦块可绕凸棱摆动,与推力盘之间构成楔形间隙。

润滑油经球面座上 10 个进油孔进入主轴的环形油室,并进入瓦块与推力盘间的间隙,回油从上部回油孔排出,回油孔上装有两只调节套筒,用来调节回油量和控制回油温度;出油挡油环将回油与推力盘外圆隔开,以减小推力盘在油中的摩擦损失,进油挡油环通过拉弹簧箍在转轴的圆周上,防止润滑油沿轴颈向外泄漏。

推力瓦上的乌金厚度应小于通流部分及轴封处的最小轴向间隙,保证即使在事故情况下乌金熔化时,动静部分也不致碰撞,乌金厚度一般为 1.5 mm 左右。

图 3-20 为上汽 600 MW 汽轮机推力轴承推力瓦块结构图。

三、推力支持联合轴承

推力轴承经常与支持轴承组合在一起,称为推力支持联合轴承。如图 3-21 和图 3-22 所示,推力轴承的壳体与支持轴承的轴瓦连成一体,称为轴承体,为了保证各推力瓦受力均匀,轴承体的支承面采用球面,使轴承体能够在一个小的锥度范围内自由摆动,以自动适应转子弯曲和推力盘角度的变化,轴承的径向位置靠沿轴承体沿圆周布置的三块垫块及垫片来调整,轴向位置靠调整圆环 1 来调整。

图 3-20　上汽 600 MW 汽轮机的推力
轴承推力瓦块结构

图 3-21　推力支持联合轴承

轴承的推力瓦块分为工作瓦块 2 和非工作瓦块 3,工作瓦块承受转子的正向推力,非工作瓦块承受转子的反向推力,瓦块利用销子挂在它们背后对应的安装环 9 和 10 上,销子插在瓦块背面的销孔中,由于瓦块背面有一条凸棱,使瓦块可以根据油楔中油压的变化绕凸棱略微转动,从而在推力盘和瓦块工作面间形成楔形间隙,建立起液体摩擦。

为减少推力盘在润滑油中的摩擦损失,用青铜油封 4 来阻止润滑油进入推力盘外缘腔室,用油挡 11 用来防止润滑油外泄以及防止蒸汽漏入。

润滑油从支持轴承下瓦调整垫片的中心孔引入,经过轴承体上的环形腔室,一路顺中分面进入支持轴承,另一路经过油孔 A、B 流向推力盘两侧去润滑工作瓦块和非工作瓦块,最后两路油分别经过泄油孔 C、D 流回油箱,在泄油孔 D 上装有针型阀以调节润滑油流量。

靠近推力轴承部分的下部有支撑弹簧 8,用来支撑推力轴承的悬臂重量,以使轴承在轴向长度上均匀受力。

推力轴承的进油温度在 35~45 ℃,设计温升 5~15 ℃,最高不超过 20 ℃。正常情况下,推

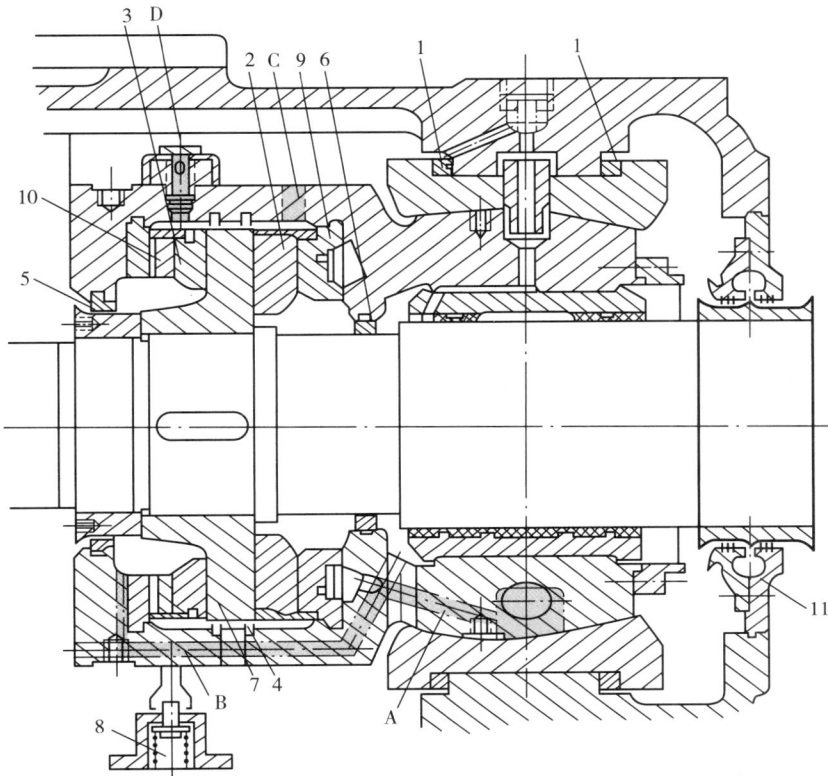

图 3-22　推力支持联合轴承结构
1—调整圆环；2—工作瓦块；3—非工作瓦块；4,5,6—油封；
7—推力盘；8—支撑弹簧；9,10—瓦块安装环；11—油挡

力轴承润滑油的温升能反映出转子轴向推力的变化，但由于推力轴承中，形成油楔的润滑油占很少一部分，大部分油是起冷却作用的，借用润滑油温升不能敏感地反映轴向推力的变化。为了更灵敏地反映推力瓦的工作情况，现在机组上都设有直接测量推力瓦温度测量装置。

上汽超超临界 1000 MW 机组的♯2 轴承为推力支持联合轴承，用来支撑转子和承受剩余的未平衡的轴向推力。

如图 3-23 所示，推力支持联合轴承由轴承体、轴承衬套、推力瓦块、球面垫块和球面座等组成。上、下半轴承体通过锥形销和螺栓固定在一起，支持轴承的轴承衬套内表面覆盖了巴氏合金，推力轴承为双推力盘结构，推力盘设置在高压转子靠近中压缸侧。

通过调整垫片 13、14 对球面垫块上的轴承体的径向位置进行调整，以满足转子对中的要求，此外，球面垫块和球面座的设计，使得转子能够根据转子挠度变化自动进行调整。

垂直向下的作用力通过下半轴承体、球面垫块、球面座、下半轴承座传递到基础上；在极端不平衡状态下会产生径向向上的作用力，通过轴承座上部的键 5 和地脚螺栓传递到上半轴承座（轴承盖），并通过上半、下半轴承座的连接螺栓传递给下半轴承座，再通过下半轴承座的地脚螺栓传递到基础上；横向作用力通过轴承体和键 7 传递到轴承座，轴向作用力通过轴承体和键 15、16 传递到轴承座，再传递到基础上。

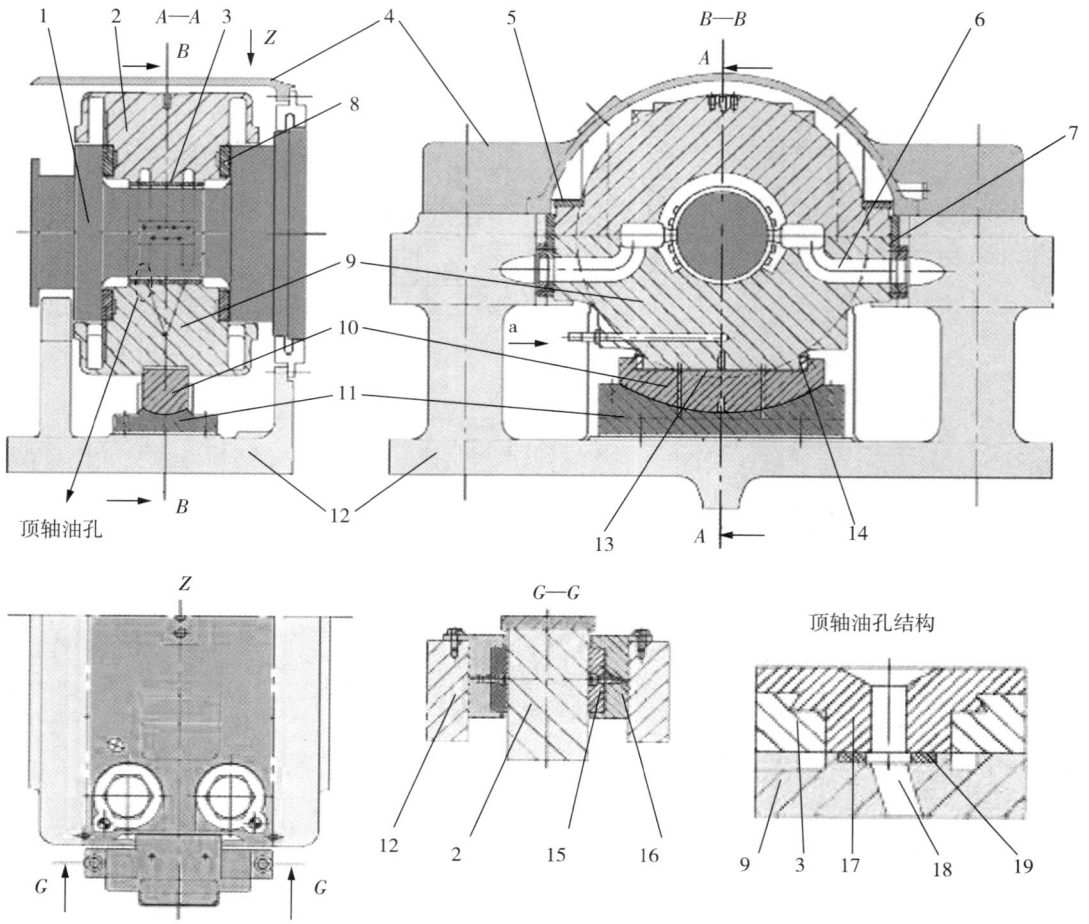

图 3-23　推力支持联合轴承的纵向和横向截面

1—转轴；2—上半轴承体；3—轴承衬套（滑动轴承的轴瓦）；4—上半轴承座（轴承盖）；

5—键；6—进油槽道；7—键；8—推力瓦块；9—下半轴承体；10—球面垫块；11—球面座；

12—下半轴承座；13—调整垫片；14—调整垫片；15—键；16—键；17—顶轴油进油凹槽；

18—进油口；19—密封环；a—顶轴进油孔

　　一部分油通过轴承衬套上的钻孔进入支持轴承的油囊中，形成油楔，支撑起转子；大部分油轴承体上的凹槽直接供油到两侧的环形油槽，与滑动轴承漏过来的油混合后，进入推力轴承瓦块与推力盘的间隙中，形成油楔，承受转子传过来的轴向推力，流经推力瓦块与推力盘的间隙后，进入轴承两端的油封，最后回到轴承座的下部。

　　推力瓦块放置在轴承体的环形槽中，如图 3-24 所示，通过圆柱定位销 6 推力轴承瓦块可以倾斜，以便与推力盘之间构成楔形间隙，形成油楔，传递轴向推力。推力瓦块通过弹性元件 5 柔性支撑，为防止盘车运行时转子和轴承干摩擦以及启动盘车时减少启动扭矩，在下半轴承体设置了两个顶轴油进油凹槽，密封环 19 放置在轴承衬套 3 与下半轴承体 9 之间，防止油的渗漏。

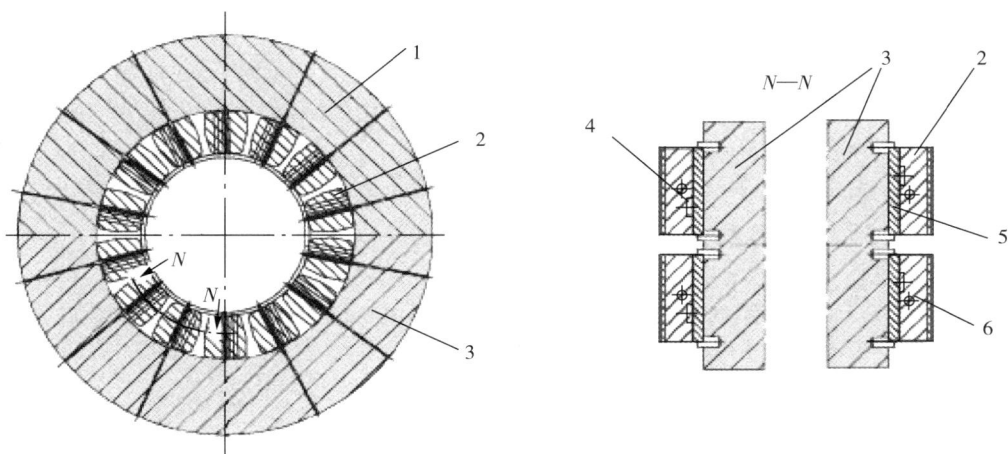

图 3-24 推力瓦块

1—上半轴承体;2—推力瓦块;3—下半轴承体;4—键;5—挡油环(弹性元件);6—定位销

第二节 汽轮机盘车

汽轮机启停过程中,汽缸上下存在温差,若转子处于静止状态,转子的上下温差将导致转子热弯曲,若此时冲转就会导致机组振动加剧,甚至损坏设备。为此,在汽轮机冲转前和停机后,要利用盘车装置驱动转子以一定的速度连续转动,以避免转子出现过大的热弯曲。下面介绍大容量机组上常用的盘车装置结构组成及其工作原理。

1. 盘车装置的作用

汽轮机启动时,为了迅速提高真空,冲转前需要向汽轮机轴封供汽,蒸汽进入汽缸后大部分滞留在汽缸上部,造成汽缸与转子受热不均;若转子静止不动,就会因上下温差而造成转子向上弯曲变形,弯曲变形后转子的重心与旋转中心不重合,冲转时将引起振动,甚至造成汽轮机动静部分碰撞摩擦。为此,在启动时,需要通过盘车装置带动转子旋转,使转子受热均匀,以便机组顺利启动。

汽轮机停机后,在汽缸和转子等部件的冷却过程中,由于上下缸散热条件不同,以及气体的自然对流作用,上缸温度高于下缸,若转子静止不动,上下温差使得转子向上弯曲变形,因此,停机时也需要通过盘车装置带动转子继续旋转,使转子温度均匀,防止热变形,并消除汽缸上下缸的温差。

此外,启动前盘车,还可以检查汽轮机是否具备启动条件,如主轴的弯曲度、有无动静部分碰撞摩擦等,并通过盘车消除转子因长期停置而形成的非永久性弯曲。

2. 对盘车装置的要求

对盘车装置的要求是:既能盘动转子,又能在转子冲转后,当转速高于盘车转速时自动脱开,并使盘车装置停止运行。

3. 盘车装置的类型

按照盘车装置结构不同,盘车装置主要有具有摆动齿轮的电动盘车、具有链轮-蜗轮蜗杆的电动盘车和液压盘车等,按照盘车转速不同,盘车装置可分为低速盘车和高速盘车两种。

(1)高速盘车(转速 40～70 r/min)

高速盘车有利于建立轴承油膜,减少轴颈和轴瓦之间的干性或半干性摩擦,保护轴颈和轴瓦;可改善汽缸内部冷热蒸汽的热交换,能有效地减少上下缸之间以及转子内部的温差,缩短机组的启停时间。

但启动力矩大,电动机的功率较大;为了减小电动机的功率,采用高压油顶轴装置,在盘车装置投入前先将轴颈顶起 0.03～0.04 mm 以上,这样,可减小启动时的力矩。

(2)低速盘车(转速 2～4 r/min)

低速盘车启动力矩小,冲击载荷小,对延长零件使用寿命有利;但对油膜的形成不利,对减少汽轮机上下缸温差以及转子内部温差的效果较差。

一、具有螺旋轴的盘车装置

1. 盘车装置的结构组成

具有螺旋轴的盘车装置结构组成如图 3－25 所示,电动机通过小齿轮、大齿轮、啮合齿轮和盘车大齿轮减速后带动汽轮机主轴转动,啮合齿轮的内表面铣有螺旋齿与螺旋轴相配合,并可沿着螺旋轴左右移动,推动手柄通过啮合齿轮上的凹槽带动啮合齿轮在螺旋轴上左右移动,并同时控制盘车装置的润滑油门和电动机行程开关。

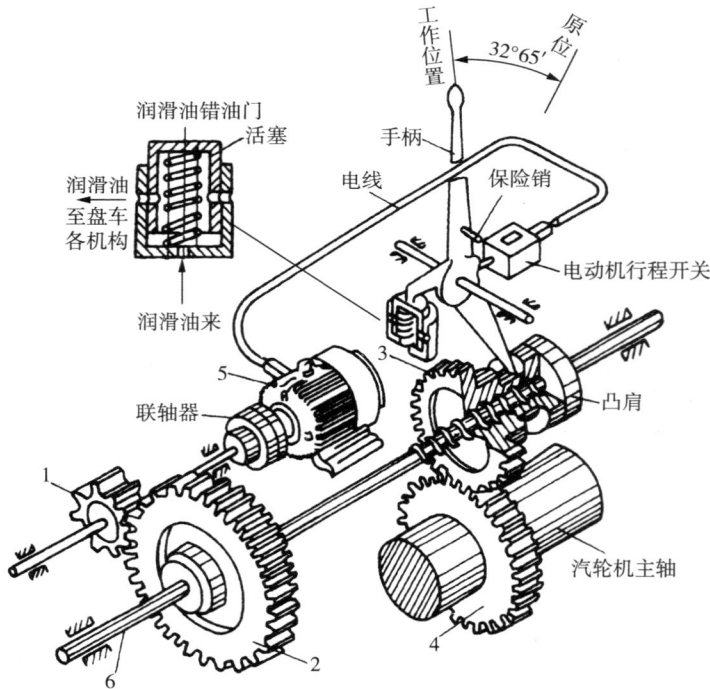

图 3－25　具有螺旋轴的盘车装置结构组成

1—小齿轮;2—大齿轮;3—啮合齿轮;4—盘车大齿轮;5—电动机;6—螺旋轴

2. 盘车装置的工作原理

(1)投入盘车装置

首先拔出保险销,向左推动手柄,啮合齿轮便沿着螺旋轴向右移动,靠向盘车齿轮,同时用手盘动联轴器,啮合齿轮便可以与盘车齿轮啮合。此时,润滑油门活塞被压下,使得润滑油门打开,向盘车装置提供润滑油,同时电动机行程开关闭合,盘车电动机投入工作。盘车电动机通过小齿轮带动大齿轮和螺旋轴旋转,螺旋轴旋转时,依靠螺旋齿作用在啮合齿轮上的轴向分力,将啮合齿轮压紧在右侧螺旋轴的凸肩上,保持与盘车齿轮始终处于啮合状态,从而通过啮合齿轮和盘车大齿轮带动汽轮机转子旋转。

(2)冲转后,转速高于盘车转速时,盘车装置退出

汽轮机冲转后,当转速高于盘车转速时,啮合齿轮由主动轮变为从动轮,螺旋齿作用在啮合齿轮上的轴向分力将改变方向,将啮合齿轮推向左侧,直至退出啮合状态。同时,带动手柄向右,由工作位置摆动回原位,并在润滑油错油门下的油压和弹簧力的作用下,润滑油错油门的活塞向上弹起,润滑油错油门复位,润滑油路被切断;同时,行程开关也复位,电动机电源断开;保险销自动落入销孔将手柄锁住。

(3)手动停机按钮切断电源

手动停机按钮切断电动机电源后,盘车装置的转速迅速下降,因为转子惯性较大,转子仍以盘车转速继续旋转,啮合齿轮就会从主动轮变成从动轮,被螺旋齿推向左边,退出啮合状态,从而使盘车装置停止运行。

二、具有链轮-蜗轮蜗杆的电动盘车装置

具有链轮-蜗轮蜗杆的电动盘车装置结构如图3-26和图3-27所示,主要由电动机、传动轮系、操纵杆及连锁装置等组成。

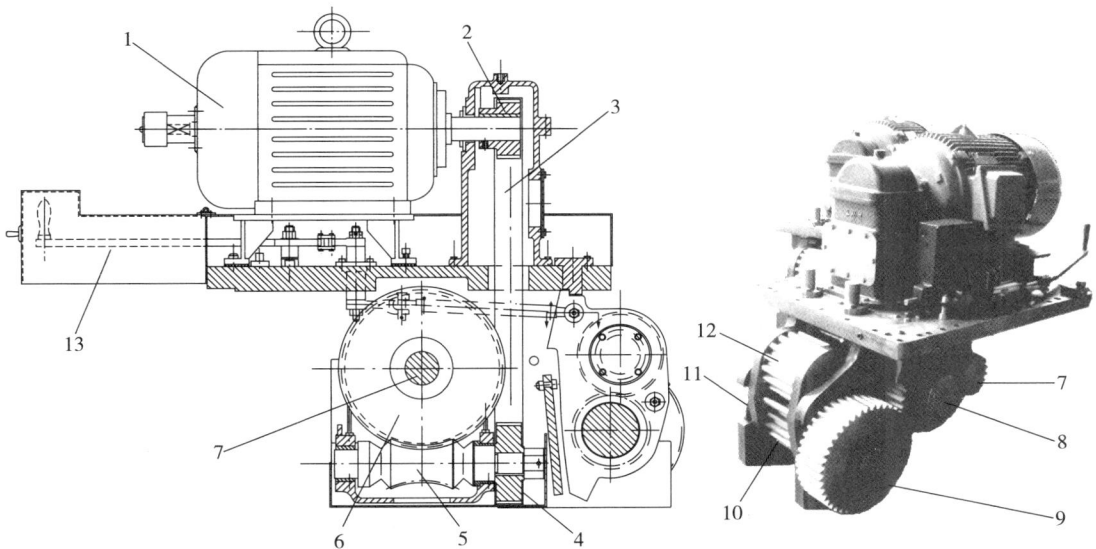

图3-26　具有链轮-蜗轮蜗杆的盘车装置
1—电动机;2—主动链轮;3—链条;4—从动链轮;5—蜗杆;6—涡轮;7—涡轮轴(小齿轮轴);8—惰轮;
9—减速齿轮;10—主齿轮轴;11—侧板;12—啮合齿轮;13—操纵杆

电动机带动主动链轮2旋转,再通过链条3带动从动链轮4、蜗杆5、蜗轮6、蜗轮轴7上的小齿轮(第一级小齿轮)、惰轮8及减速齿轮9,减速齿轮9装在主齿轮轴10上,主齿

轮轴 10 带动着侧板内与其啮合的啮合齿轮 12 转动,在操纵杆的作用下,啮合齿轮 12 可与装在汽轮机联轴器上的盘车大齿轮啮合,从而带动盘车大齿轮转动,带动汽轮机转子转动。

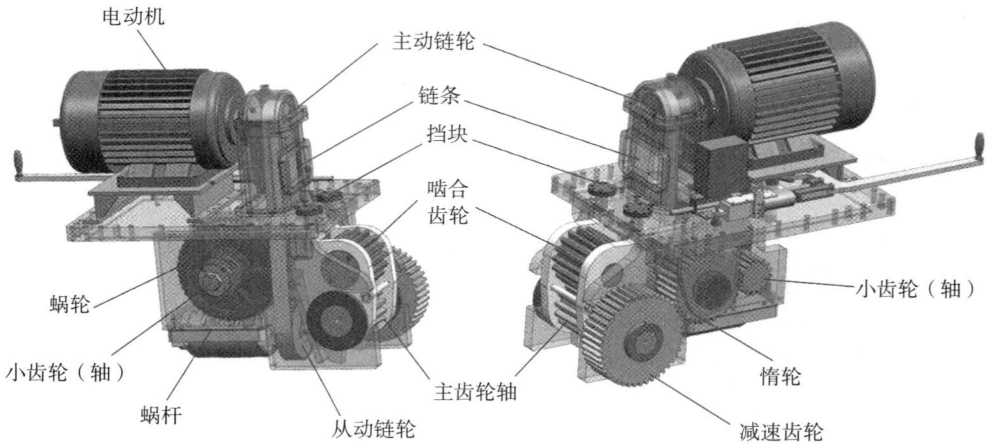

图 3-27　具有链轮-蜗轮蜗杆的盘车装置结构

1. 操纵杆控制盘车装置投入与退出

啮合齿轮装在两块侧板上,侧板可绕主齿轮轴摆动,通过操纵杆可以使啮合齿轮 12 与盘车大齿轮处于啮合或退出啮合状态。

如图 3-28 所示,当操纵杆移到啮合位置时,通过操纵杆带动,使啮合齿轮 12 与盘车大齿轮相啮合,从而由电动机带动转子转动。当操纵杆移到脱开位置时,通过操纵杆使啮合齿轮 12 和盘车大齿轮退出啮合状态。由于旋转方向以及啮合齿轮相对于侧板转动点位置的原因,只要是由啮合齿轮来带动盘车大齿轮旋转,盘车大齿轮就会给啮合齿轮一个转动力矩,作用在啮合齿轮上,使得啮合齿轮保持在啮合位置。

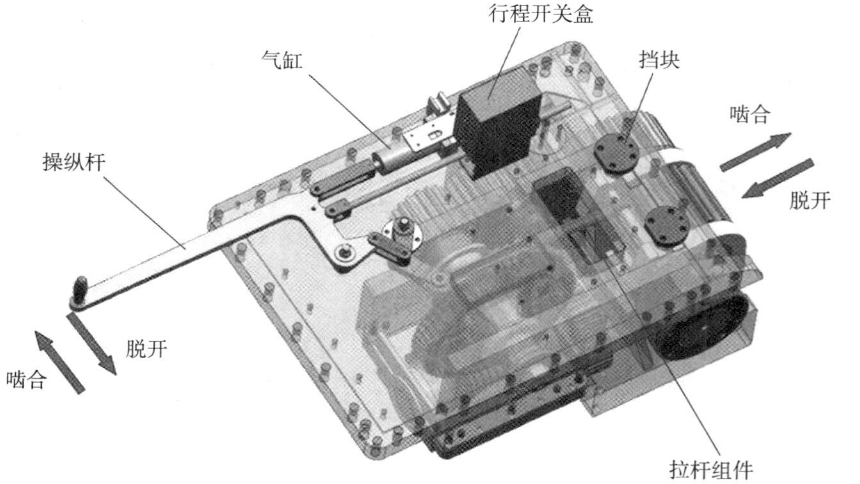

图 3-28　具有链轮-蜗轮蜗杆的盘车装置操纵杆动作原理

2. 盘车装置自动投入和退出

盘车装置可以自动投入和退出运行，在机组停止运行且控制开关处于盘车装置自动运行位置时，盘车就处于自动控制状态；正常运行时盘车控制开关也是处于自动运行位置。

（1）停机时

如图 3－29 所示，停机时，当转速降到 600 r/min 时，自动顺序电路接通，开始向盘车装置提供润滑油；当转子转速降到零转速时，"零转速指示器"发出信号，使得压力开关闭合，接通供气阀电源，打开供气阀，如图 3－29(b)所示，压缩空气进入气缸中活塞的上部，在压缩空气的作用下，活塞下移，带动操纵杆顺时针转动，两个侧板随之摆动，带动啮合齿轮摆向盘车大齿轮。当啮合齿轮与盘车大齿轮啮合后，操纵杆停止移动，气缸的活塞也不再移动。此时，触点 1 接通，盘车电动机启动，盘车装置投入运行。

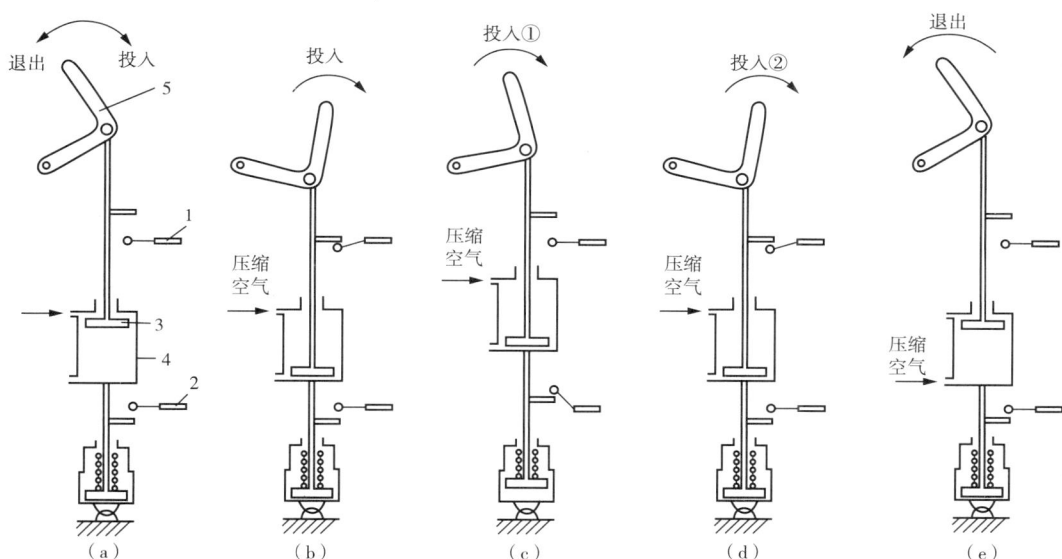

图 3－29　盘车装置啮合原理图

1,2—触点；3—活塞；4—气缸；5—操纵杆

若啮合齿轮摆向盘车大齿轮，与盘车大齿轮的齿顶相碰但不能顺利啮合时，如图 3－29(c)所示，活塞不能向下移动，但在压缩空气的作用下，气缸向上运动，使得下部弹簧被压缩。当触点 2 接通时，盘车电动机将瞬时转动，从而使啮合齿轮与盘车大齿轮相啮合。啮合后，如图 3－29(d)所示，在下部被压缩的弹簧和压缩空气的共同作用下，将气缸和活塞作为一个整体拉向下方，触点 2 断开，等到触点 1 接通时，盘车电动机启动，盘车装置投入运行。

（2）冲转后，转速超过盘车转速时

冲转后，转速超过盘车转速时，啮合齿轮由主动轮变为从动轮，被盘车大齿轮推开，退出啮合状态，带动操纵杆转向"脱开"位置，并拉动气缸活塞向上移动，直到活塞不再移动为止。此时触点 1 断开，电动机停止转动；同时，"零转速指示器"发出信号使压力开关闭合，接通供气阀电源，打开供气阀，使压缩空气进入气缸的活塞下部。将操纵杆推向脱离啮合的位置，使啮合齿轮与盘车大齿轮完全脱开。当操纵杆到达完全"脱开"位置时，压缩空气将被切断。当汽轮机转速升到 600 r/min时，盘车自动控制将不再起作用，盘车装置将停止运行，并将润滑油切断。

三、液压盘车装置

1. 盘车装置的结构组成

上汽 1000 MW 机组采用液压盘车与手动盘车组合的盘车装置,液压盘车装置结构如图 3-30 所示,液压盘车装置安装在高压转子调阀端的顶端,位于前轴承座前侧,液压盘车装置主要由液压马达、传动法兰、超速离合器、中间轴、滚珠轴承和紧固件等组成。盘车装置是自动啮合的,能使转子从静止状态转动起来,盘车转速约为 60 r/min。

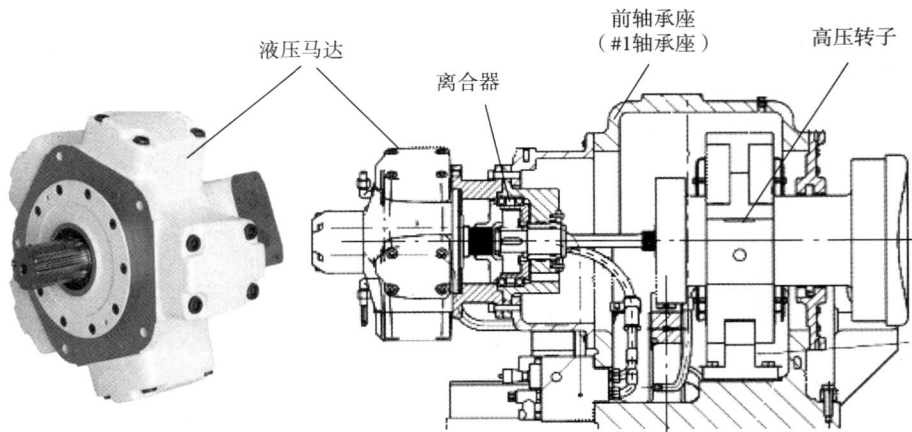

图 3-30 液压盘车装置结构

与传统电动盘车相比,液压盘车具有以下优点:

(1)液压盘车是利用顶轴油系统的高压油源来提供动力的,在顶轴油系统工作正常时方可投入自动盘车,有效避免了在顶轴油系统故障无法有效抬起轴系的情况下连续盘车造成的轴瓦磨损,保证了设备的安全。

(2)传统电动盘车采用径向布置,盘车大齿轮与转子啮合工作时,对轴系产生较大的偏心力;液动盘车布置在 1 号轴承座前,与高压转子轴向连接,有效减少了转子所受的偏心力。

(3)由于采用高压顶轴油作为盘车马达的动力用油,故液压盘车可提供较大的启动扭矩,使机组可以实现高速盘车。

如图 3-31 所示,液压马达通过特殊仿形轴 2 和传动法兰 3 带动离合器缸体外环 7 和缸体环 13 转动;缸体外环 7 通过缸体环 13 及滚珠轴承 5 支撑在离合器缸体 8 内,离合器缸体内环 6 直接固定到中间轴 11 的端部。

液压马达由顶轴油驱动,在液压马达的进油管路上装有可调节流阀,用以改变盘车转速。液压马达的泄油通过泄油管道流到传动法兰颈部润滑超速离合器,滚珠轴承则由回油来润滑。为了防止汽轮机正常运行期间液压马达和离合器的轴承发生静止腐蚀,在顶轴油系统停运后,液压马达由润滑油回路的低压油来润滑,向液压马达输送少量的润滑油,使马达缓慢转动(6~12 r/min)。

(1)液压马达

液压马达由 5 个伸缩油缸及 1 根偏心轴(曲轴)组成,盘车时,顶轴油的电磁阀打开,借助于伸缩油缸中的压力油柱,把压力传递给偏心轴,使马达的伸出轴旋转,并通过中间轴带

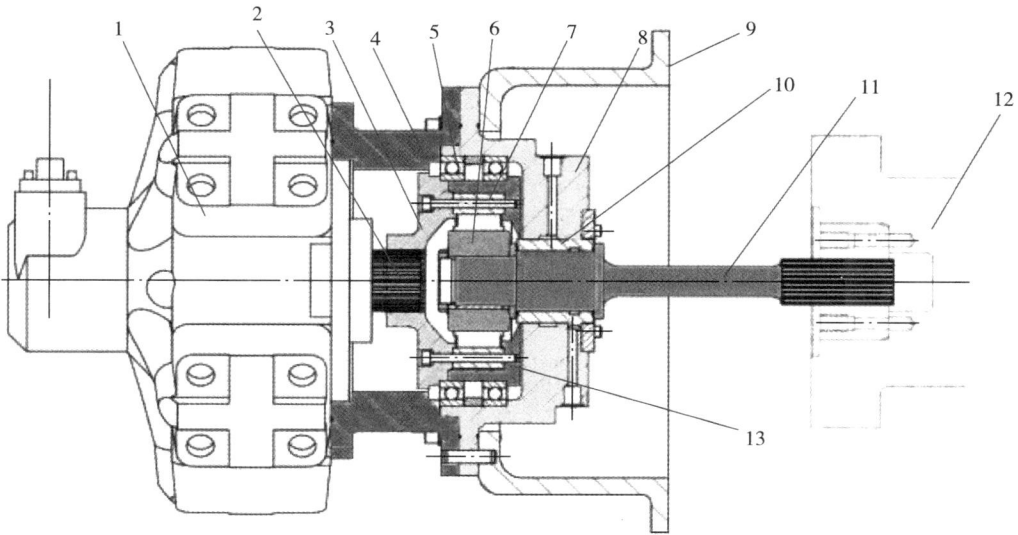

图 3 - 31 液压盘车装置结构

1—液压马达；2—特殊仿形轴；3—传动法兰；4—端盖；5—滚珠轴承；
6—离合器缸体内环；7—离合器缸体外环；8—离合器缸体；9—连接＃1轴承座法兰；
10—盘车轴承；11—中间轴；12—汽轮机转轴；13—缸体环

动汽轮机转子转动。

如图 3 - 32 所示，在液压马达壳体的圆周呈放射状均匀布置了五个伸缩油缸，伸缩油缸中的柱塞通过球铰与连杆相连接，连杆另一端为鞍形圆柱面，与曲轴上的偏心轮相接触。曲轴的一端通过一字接头与旋转配油环相连，配油环上"隔墙"两侧分别为进油腔室和排油腔室。

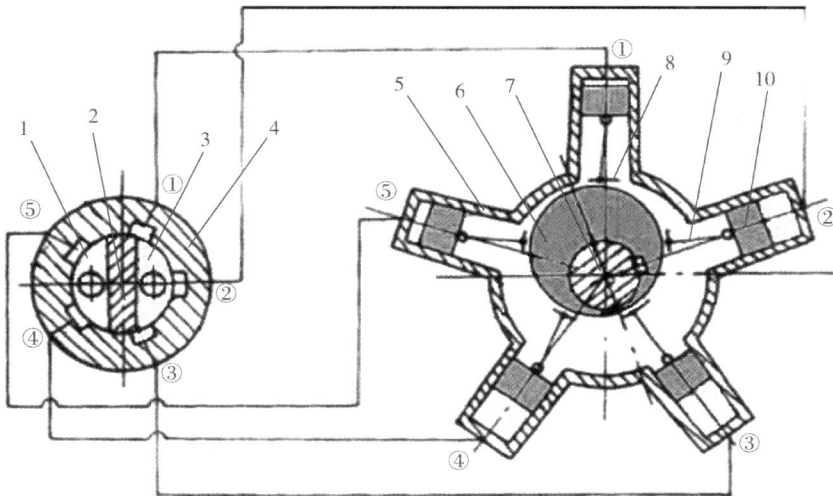

图 3 - 32 单作用连杆型径向柱塞式液压马达的工作原理

1—排油腔室；2—配流轴（隔墙）；3—进油腔室；4—旋转配油环；5—壳体；
6—偏心轮；7—曲轴；8—连杆端部鞍形圆柱面；9—连杆；10—柱塞

　　高压油进入液压马达的进油腔室后,经壳体的槽①②③引到相应的柱塞缸①②③中。高压油产生的液压力作用在柱塞的顶部,并通过连杆传递到曲轴的偏心轮上。

　　如图 3-33 所示,柱塞缸②作用偏心轮上的力为 F,是沿着连杆的中心线方向的,并且指向偏心轮的中心 O_1。作用力 F 可分解为两个力:法向力 F_n(力的作用线与连心线 OO_1 重合)和切向力 F_t。切向力 F_t 对与曲轴的旋转中心 O 产生扭矩,使曲轴绕中心 O 逆时针旋转。柱塞缸①和③与此相似,使曲轴旋转的总扭矩等于与进油腔室相通的柱塞缸(在图示情况下为①②和③)所产生的扭矩之和。曲轴旋转时,缸①②③的容积增大,④⑤的容积变小,④⑤柱塞缸中的油液经配油环的排油腔室排出。

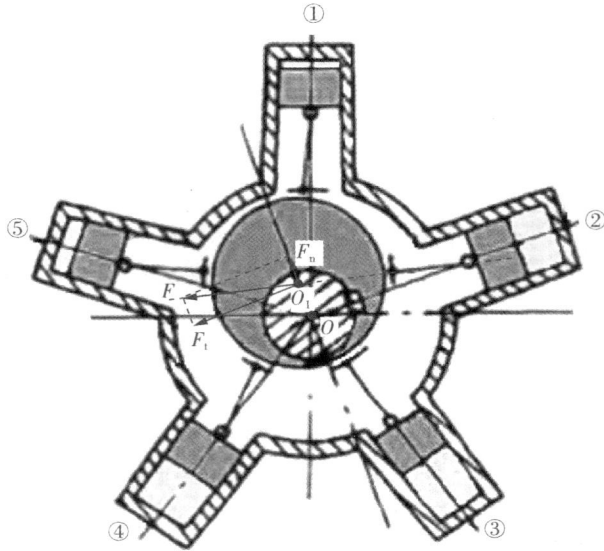

图 3-33　液压马达偏心轮受力分析

O—曲轴的旋转中心;O_1—偏心轮的中心;两个中心的偏心距 $e=OO_1$

　　当配油环随液压马达转过一个角度后,配油环"隔墙"封闭了油道③,此时缸③与进、排油腔室均不相通,缸①、缸②通高压油,使马达产生扭矩,缸④和缸⑤排油;当曲轴连同配油环再转过一个角度后,缸⑤①②通高压油,使马达产生扭矩,缸③④排油;由于配油环随曲轴一起旋转,进油腔室和排油腔室分别依次与各柱塞缸接通,从而保证曲轴连续旋转。

　　(2)超速离合器

　　超速离合器由离合器缸体、传动楔块、缸体内外环等组成,能够做到在汽轮机冲转达到一定转速后自动退出,并实现在停机时自动投入。

　　传动楔块和护圈随缸体内环一起旋转,在转子静止或者盘车转速下,传动楔块的离心力小于底部弹簧力的作用力,离合器的传动楔块在底部弹簧力的作用下向内旋转(顺时针方向),如图 3-34(a)所示,使缸体内外环之间产生刚性连接。此时,若启动液压盘车,液压马达就会通过特殊仿形轴、传动法兰及超速离合器带动转子转动。

　　当转速升高,盘车需要脱开时,传动楔块的离心力稍大于底部弹簧力,传动楔块就会在离心力的作用下克服弹簧力向外甩出(逆时针方向)。传动楔块的翻转,使得缸体内外环之间维持半脱开状态。

随着转速进一步升高,离心力进一步增大,使得随缸体内环一起转动的传动楔块继续向外旋转,直至传动楔块不再与缸体外环接触,缸体内外环之间达到完全脱开的状态。如图 3-34(b)所示。

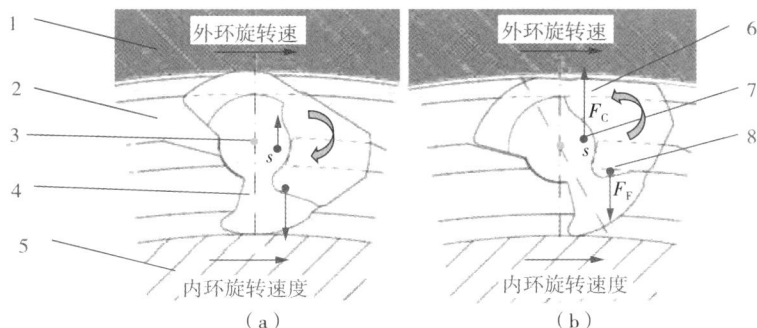

图 3-34 离合器的传动楔块工作原理

1—缸体外环;2—护圈;3—楔块旋转中心;4—传动楔块;

5—缸体内环;6—支撑边缘;7—楔块重心;8—弹簧

2. 手动盘车

手动盘车装置的作用是通过手动来转动转子,既可以用于使转子转动起来,也可以使转子转动一个给定的角度。

手动盘车使用前,应先供应顶轴油。如果感到用手盘动转子很困难,可能是某处顶轴油未调整好或是出现转子摩擦。若出现此类情况,则应在汽缸通入蒸汽前仔细检查并排除故障隐患。

上汽 1000 MW 汽轮机的手动盘车装置结构如图 3-35 所示,手动盘车装置布置在汽轮机低压缸前轴承座(♯3 轴承座)中,手动盘车装置包括齿轮和棘爪 6。工作时,用一个短棒连接到操纵杆 1 上,短棒带动操纵杆 1 动作,操纵杆上连接的棘爪就会与齿轮啮合,并驱动齿轮,从而带动转子转动。图中棘爪 6 所处的位置为非啮合状态,操纵杆 1 也处于非使用位置上。当不再需要使用手动盘车装置时,用挡块 7 挡住操纵杆,并用法兰盖 2 盖上。

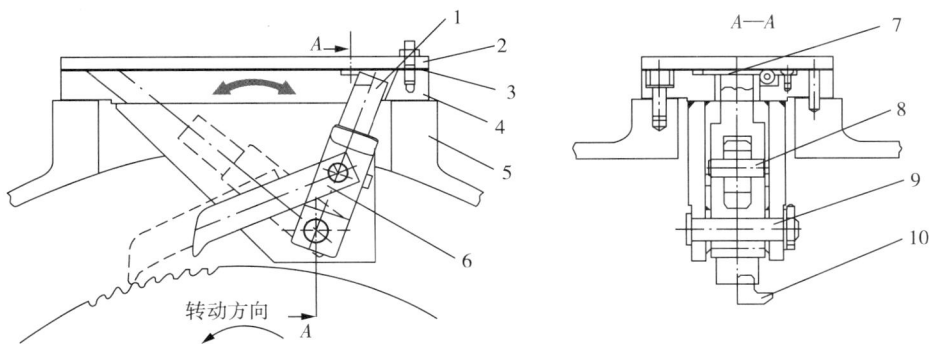

图 3-35 手动盘车装置结构

1—操纵杆;2—法兰盖;3—垫圈;4—法兰;5—轴承座;

6—棘爪;7—挡块;8—圆柱销;9—圆柱销;10—汽轮机转子

第三节　汽轮机的热膨胀与支承

汽轮机的高中压缸通过猫爪支撑在轴承座上,轴承座再支承在基础台板上;汽轮机的低压缸通过本身的撑脚直接支承在基础台板上,基础台板用地脚螺钉固定在基础上。

汽缸的支承和定位要保证汽缸受热后能够自由膨胀,且汽轮机的动、静部分中心相对不变或变化很小。下面主要介绍汽轮机外缸、内缸、隔板套和隔板等支承和定位,以及热膨胀对汽轮机动静间隙的影响。

一、高中压缸的支承

汽轮机的高压缸、高中压缸和中压缸通过其水平法兰前后两端伸出的猫爪支承在轴承座上,称为猫爪支承,按支承猫爪的不同又分为下缸猫爪支承和上缸猫爪支承。

1. 下缸猫爪非中分面支承

下缸猫爪非中分面支承利用下汽缸前后两端伸出的猫爪作为承力面,将汽缸支撑在前后两个轴承座上,如图 3-36 所示。

这种支撑方式结构简单,安装和检修方便,但由于猫爪的承力面低于汽缸的水平中分面,当汽缸受热膨胀后,汽缸的水平中分面要向上抬起,但支承在轴承座上的转子中心线未变,这会造成汽缸上部动静部分径向间隙增大,汽缸下部动静部分径向间隙减小,严重时将引起动静部分碰撞摩擦。

这种支撑方式主要用于温度不高的中低参数机组的高压缸支承。对于高参数大容量机组,因汽封间隙较小,猫爪的厚度又较大,热膨胀对动静部分径向间隙的影响比较大,一般应采用中分面支承方式。

2. 上缸猫爪支承

上缸猫爪支承是利用上汽缸前后两端伸出的猫爪作为承力面,将汽缸支撑在前后两个轴承座上,如图 3-37 所示。

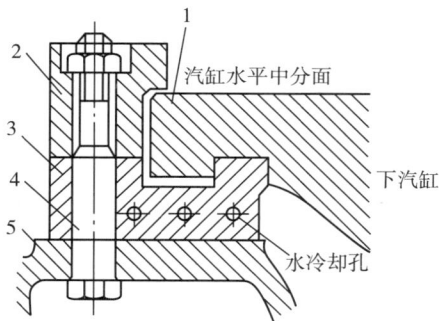

图 3-36　下缸猫爪非中分面支承

1—下缸猫爪;2—压块;

3—支承块;4—螺栓;5—轴承座

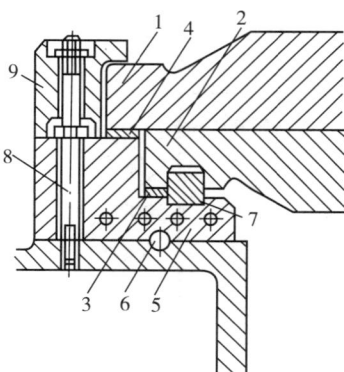

图 3-37　上缸猫爪支承

1—上缸猫爪;2—下缸猫爪;3—安装垫铁;

4—工作垫铁;5—水冷垫铁;6—定位销;

7—定位键;8—螺栓;9—压块

下缸猫爪作为安装猫爪,在安装时起到支承下汽缸的作用。安装垫铁用于安装时调整汽缸洼窝中心,汽缸安装好后,安装猫爪将不再起支承作用,安装垫铁被抽出来,这样下汽缸就通过水平法兰上的螺栓悬吊在上汽缸上,上汽缸通过上缸猫爪支承在工作垫铁上,上缸猫爪承受了整个汽缸的重量。水冷垫铁固定在轴承座上并通以冷却水,不断带走猫爪传过来的热量,防止支承面受热膨胀引起支承高度的变化。

这种支撑方式安装检修比较麻烦,并且增加了法兰螺栓的受力,法兰结合面容易产生张口,但由于承力面与汽缸水平中分面在同一水平面上,当汽缸受热膨胀后,汽缸中心线仍能与转子的中心线保持一致,汽缸在上下部动静之间径向间隙将保持不变。

3. 下缸猫爪中分面支承

下缸猫爪中分面支承是利用下汽缸前后两端伸出的猫爪作为承力面,将汽缸支撑在前后两个轴承座上,如图3-38所示。

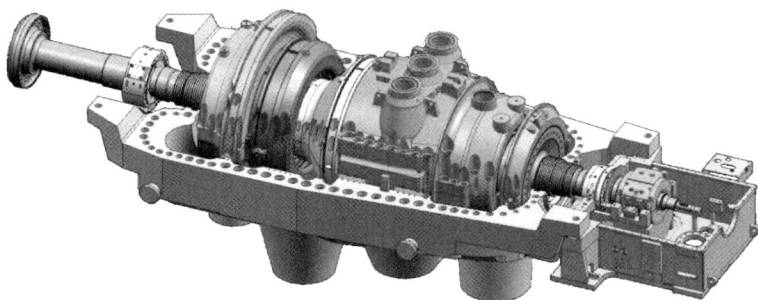

图3-38 上汽N360-16.79/538/538-HA56高中压缸下缸猫爪中分面支承

这种支撑方式与下缸猫爪非中分面支承方式不同之处在于将下缸猫爪的位置抬高(呈Z形),使下缸猫爪的承力面刚好与汽缸水平中分面在同一水平面上,如图3-39所示。

为防止下缸猫爪与轴承座之间产生脱离,在下缸猫爪与轴承座之间采用螺栓连接,并在螺栓与下缸猫爪之间留有适当的膨胀间隙。为保证下缸猫爪能够自由膨胀,在下缸猫爪和轴承座之间的垫块上部平面处,由油槽打入润滑油润滑。

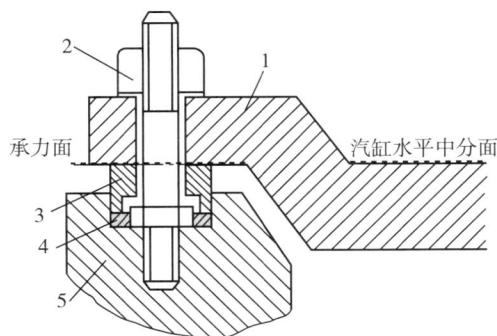

图3-39 下缸猫爪中分面支承

1—下缸猫爪;2—螺栓;3—平面键;4—垫圈;5—轴承座

在汽缸受热膨胀时,这种支撑方式下缸猫爪的热膨胀对汽缸水平中分面的影响很小。但这种结构使得下汽缸的加工复杂,引进型300 MW汽轮机的高中压缸采用这种支承方式。

二、低压缸的支承

低压缸的支承方式如图3-40所示,由于低压外缸工作温度低、外形尺寸大,通常利用下缸伸出的撑脚直接支承在基础台板上。虽然低压缸的承力面比汽缸水平中分面低,但由于低压缸的工作温度低,正常运行时膨胀不明显,所以影响不大。但在机组空负荷或低负荷运行时,随着排汽温度的升高,会造成排汽缸过热,影响转子和汽缸的同心;故在机组空负荷或低负荷运行时,要特别注意汽轮机的排汽温度,适时开启排汽缸喷水减温装置。

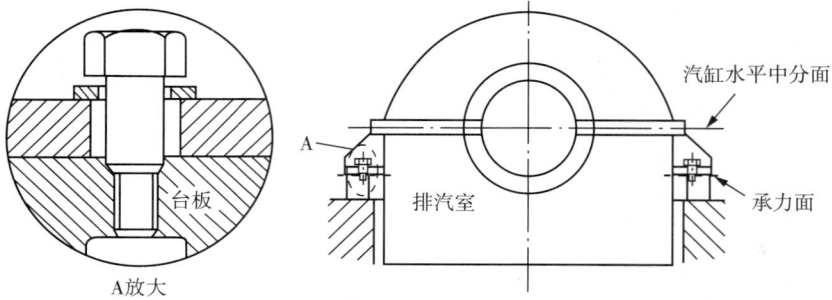

图3-40 汽轮机低压缸的支承

三、单缸汽轮机汽缸和多缸汽轮机中低压缸的支承

单缸汽轮机的汽缸或多缸汽轮机的中低压缸(如国产200 MW汽轮机的中低压缸)的支承方式如图3-41所示,汽缸的前端进汽侧采用猫爪支承,利用汽缸前端伸出来的猫爪支承在前轴承座上;后端排汽侧采用撑脚支承,利用排汽缸四周伸出的撑脚直接支承在基础台板上。

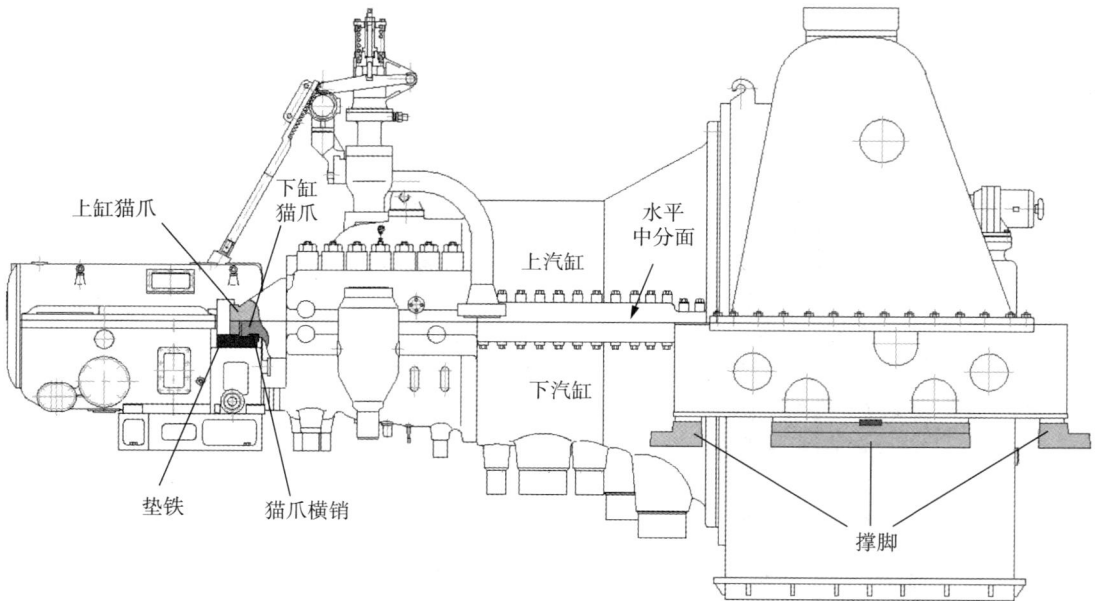

图3-41 50 MW汽轮机汽缸的支承方式

四、双层汽缸内缸的支承

内缸一般通过其水平法兰处伸出的支持搭耳或支撑键支承在外缸上,按支承方式不同,有内下缸支承和内上缸支承两种方式。内上缸支承方式如图 3 - 42 所示,内下缸通过法兰螺栓悬吊在内上缸上,内上缸则是利用其法兰中分面伸出的支持搭耳支承在外下缸的法兰中分面上,外下缸又用法兰螺栓悬吊在外上缸上,外上缸则是通过汽轮机前后端的猫爪支承在汽轮机前后两端的轴承座上,在汽缸受热膨胀时,该支承方式能保证汽缸的洼窝中心与转子中心一致。

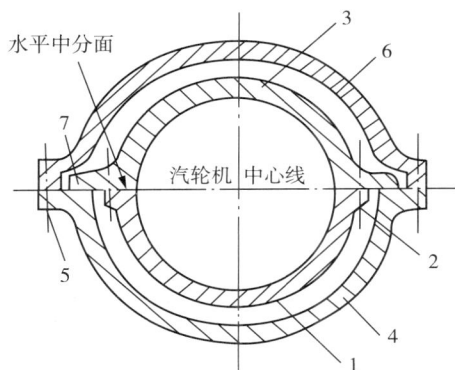

图 3 - 42 内上缸支承
1—内下缸;2—螺栓;3—内上缸;4—外下缸;
5—螺栓;6—外上缸;7—支持搭耳

引进型 300 MW、600 MW 汽轮机高中压内缸的支承如图 3 - 43 所示,汽轮机的内缸通过内下缸横向左右两侧的支承键支承在外下缸上,在汽轮机内缸的顶部和底部都设有定位销,用于在受热膨胀时保持其正确的横向位置,并允许汽缸沿轴向自由膨胀和收缩。

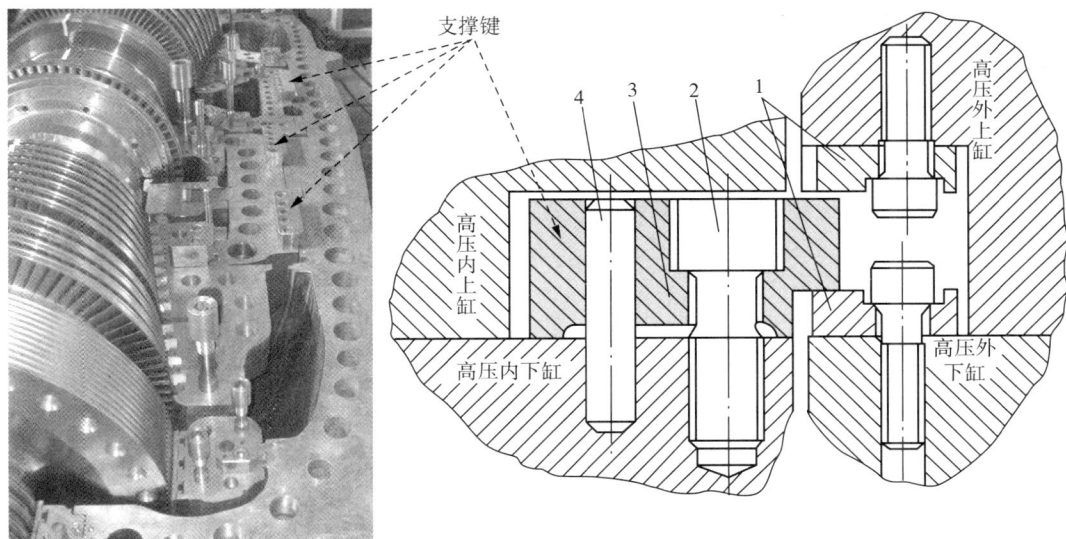

图 3 - 43 引进型 300 MW、600 MW 汽轮机高中压内缸的支承
1—垫片;2—螺钉;3—支撑键;4—销子

五、隔板及隔板套的支承

隔板在汽缸中或在隔板套中的支承以及隔板套在汽缸中的支承应保证受热时隔板和隔板套能自由膨胀并满足对中的要求,因此隔板及隔板套与对应的安装槽之间应留有适当的间隙,并采用合理的支承定位,隔板及隔板套的支承有中分面支承和非中分面支承两种方式。

1. 采用悬挂销的非中分面支承方式

采用悬挂销的非中分面支承方式如图 3 - 44 所示,下隔板通过两个靠近中分面的悬挂销支承在下隔板套内,通过调整悬挂销下边调整垫片的厚度来调整隔板的上下位置,左右位置靠下隔板底部的平键来调整,止动压板则是用来压住止动销,防止吊装时上隔板从上隔板套中脱落下来。

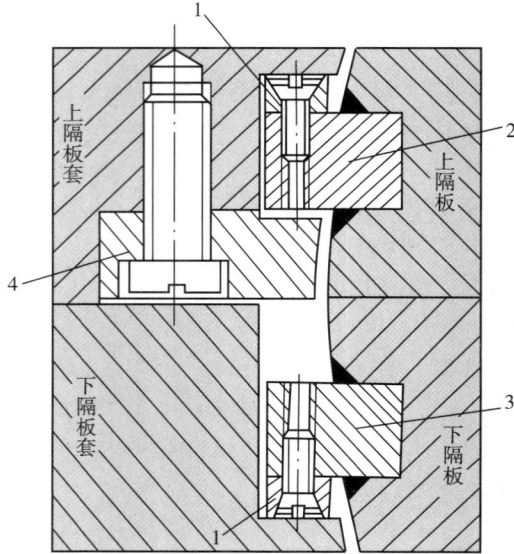

图 3-44 隔板的悬挂销支承

1—调整垫片;2—止动销;3—悬挂销;4—止动压板

由于隔板的支承面靠近水平中分面,受热膨胀后隔板中心变化较小,这种支承方式主要用在汽轮机的高压部分。

东汽 1000 MW 汽轮机隔板的支持定位如图 3-45 所示,下隔板通过隔板两侧的支撑键支承在内缸相应的凹槽中,通过调整垫片及底部的中心定位销来保证隔板与转子中心的一致。

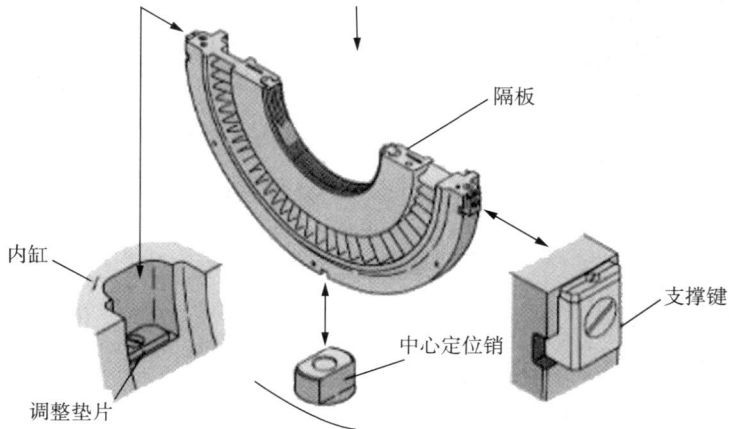

图 3-45 东汽 1000 MW 汽轮机隔板的支持定位

2. 采用 Z 形悬挂销的中分面支承方式

采用 Z 形悬挂销的中分面支承方式如图 3 - 46 所示,下隔板利用 Z 形悬挂销支承在下隔板套的水平中分面上,通过改变悬挂销下面垫块的厚度及调整下隔板底部的平键来调整下隔板在隔板套中的位置;下隔板套用 Z 形悬挂销支承在下汽缸的水平中分面上,通过改变悬挂销下面垫块的厚度及调整下隔板套底部的平键来调整下隔板套在汽缸中的位置。这种支承方式的承力面和水平中分面在同一平面上,可以保证受热膨胀后隔板中心、隔板套中心与汽缸中心一致,主要用在高参数汽轮机上。

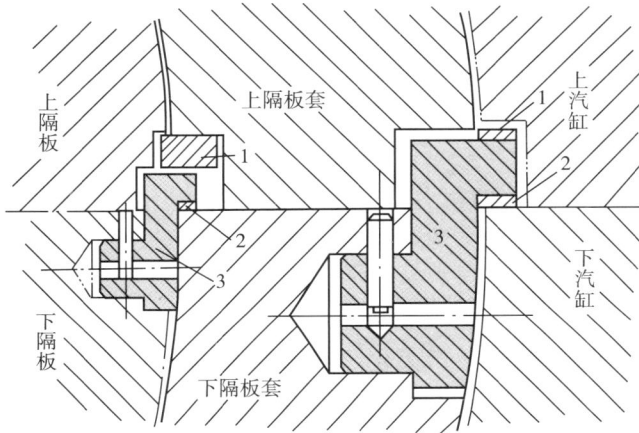

图 3 - 46　隔板及隔板套的 Z 形悬挂销支承
1—压块;2—垫块;3—z 形悬挂销

如图 3 - 47 所示,下隔板和下隔板套安装好后,上隔板套通过下隔板套水平法兰上的定位螺栓来定位,上隔板通过下隔板水平结合面上的定位键或圆柱销来定位,此外,大多数隔板还在下隔板的中分面上安装了突出的平键,与上隔板中分面上对应的凹槽配合,该平键除了能确定上隔板位置外,还增加了上下隔板连接的刚性和严密性。

图 3 - 47　隔板安装图片

第四节　汽轮机的热膨胀与滑销系统

汽轮机启停及运行时,设备及零部件间存在温差,产生热应力,引起热膨胀。各零部件几何尺寸及材质不同,热膨胀量也不同,造成汽轮机动静部分间隙的变化,影响到汽轮机的安全运行。因此,要求汽缸能自由膨胀,并且在受热膨胀过程中,汽轮机动静部分间隙及转子中心和汽缸洼窝中心保持不变或变化很小,为此汽轮机设置了滑销系统。下面将详细介绍滑销系统的组成,以及受热膨胀时滑销系统如何引导汽轮机膨胀,并分析滑销系统在引导汽轮机膨胀过程中对汽轮机动静间隙的影响。

一、汽轮机的热膨胀

1. 汽缸的热膨胀

汽轮机启停和工况变化时,汽缸各部分的温度都将发生变化,引起汽缸沿长、宽、高三个方向膨胀或收缩,其膨胀量的大小,除了与金属材料的几何尺寸及线胀系数有关外,还与汽缸各段金属温度的变化量有关。

（1）汽缸沿横向的膨胀

若调节级汽室外左右两侧法兰的温差控制良好,就能使汽缸左右两侧沿横向的膨胀均匀;否则,汽缸就会产生中心偏移。为保证汽缸左右两侧沿横向的膨胀均匀,一般规定主蒸汽和再热蒸汽左右两侧的温差不超过 28 ℃。

（2）汽缸沿轴向的膨胀

因为汽缸轴向尺寸较大,当工况变化时,沿轴向的膨胀量较大,对于高压汽轮机来说,若汽轮机的法兰壁比汽缸壁薄,则汽缸沿轴向的膨胀量就取决于沿轴向汽缸各段的温升;若汽轮机的法兰壁比汽缸壁厚得多,在加热升温时,汽缸沿轴向伸长的较多,由于法兰升温较慢,且法兰壁较厚,汽缸沿轴向的膨胀量就会受到法兰的限制,此时,汽缸膨胀量就取决于沿轴向法兰各段的温升。

正常运行时,沿轴向汽轮机各级金属温度的分布都是有规律的,并且可以测出汽缸上某点金属温度与汽缸热膨胀量之间的关系,我们通常选择调节级区段法兰内壁温度作为汽缸沿轴向膨胀的监视点,该处温度与汽缸沿轴向膨胀量之间的关系如图 3 - 48 所示,由此可见,只要监视点的温度能控制在允许范围内,就能保证汽缸的热膨胀量在规定的范围内。

正常运行时,只要监视调节级区段法兰内壁温度,将监视点温度控制在适当范围内,就能保证汽轮机安全运行。同时,还要将热膨胀值与该点温度所对应的正常值比较,当汽缸膨胀或收缩量有跳跃式增加或减小时,说明滑销系统存在卡涩现象,应查明原因并处理。

某些高参数大容量汽轮机,由于其法兰壁厚远大于汽缸壁厚,汽缸的膨胀量受到法兰膨胀量的限制;为此,有些机组设置了法兰螺栓加热装置,在启停过程中,为了使汽缸得到充分的膨胀或收缩,应投入法兰螺栓加热装置加热法兰和螺栓,并将汽缸和法兰的温差控制在允许的范围内。

2. 转子的热膨胀

转子是以推力盘为基准沿轴向膨胀的,随着机组容量增大,转子的轴向长度增加,转子

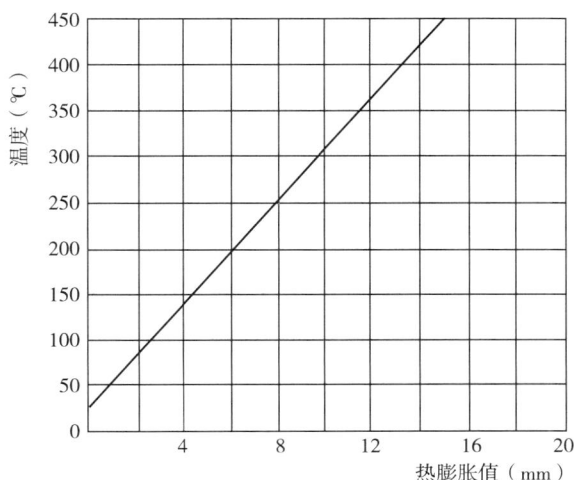

图 3-48 调节级处法兰内壁温度与汽缸膨胀量之间的关系

沿轴向的膨胀量较大,在运行中应加强对转子膨胀量的监控,以防止出现卡涩或动静部分碰撞摩擦现象。

二、滑销系统

汽轮机启停和变工况时,汽缸的温度将发生变化,汽缸将沿长、宽、高三个方向膨胀或收缩,如果汽缸的膨胀或收缩受到限制、不能自由膨胀或收缩,将在汽缸内产生很大的热应力;同时,还将引起汽缸中心的变化,造成汽轮机动静部分中心不一致,使得汽轮机动静部分间隙变化,严重时引起动静部分碰撞摩擦。

1. 单缸汽轮机的滑销系统

为了保证汽缸受到加热或冷却时能沿一定方向自由膨胀或收缩,并且保持汽缸与转子中心一致,设置了滑销系统,通常由横销、纵销、立销等组成。如图 3-49 所示。

(1)横销

作用:引导汽缸沿横向自由滑动,并在轴向上起到定位作用。如图 3-49 所示,汽缸在猫爪横销处相对于前轴承座在轴向上保持不变,若以轴承座为参考点,则汽缸以猫爪横销为支点沿轴向向右膨胀。

安装位置:横销一般安装在低压缸的撑脚与台板之间,左右各有一个,此外,高、中压缸的猫爪与轴承座之间也有横销,该横销称为猫爪横销。

(2)纵销

作用:一方面引导轴承座和汽缸沿轴向自由滑动,另一方面使得轴承座和汽缸中心线所在的垂直面不沿横向左右移动,从而确定轴承座和汽缸中心线的横向位置。

死点:纵销中心线与横销中心线的交点是整个汽缸膨胀的不动点,称为死点。死点多布置在低压排汽口中心附近,这主要是因为低压缸和凝汽器直接连接,凝汽器庞大笨重、移动困难,死点布置在低压排汽口中心附近,在汽轮机受热膨胀时,对凝汽器的影响较小。

安装位置:纵销一般安装在轴承座底部与台板之间及低压缸与台板之间,位于汽轮机的轴向中心线的正下方。

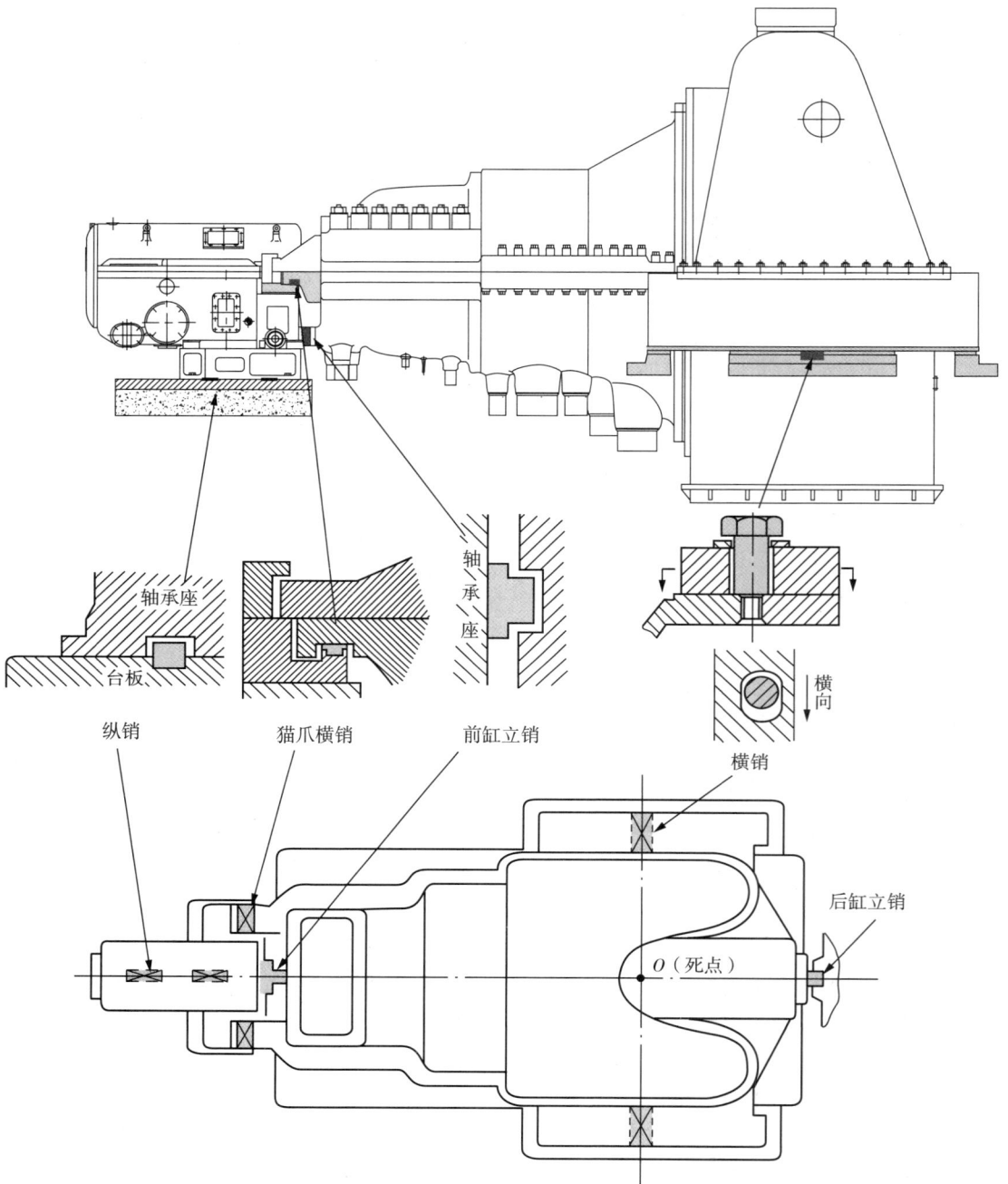

轴承座

台板

纵销　　　　　　猫爪横销　　　　　前缸立销　　　　　　　　　　横向

轴承座

横销

后缸立销

O（死点）

图 3-49　单缸汽轮机的滑销系统

（3）立销

作用：引导汽缸沿垂直方向自由膨胀，并使汽缸中心线所在的垂直面不发生横向移动，从而保持汽缸中心线所在垂直面的横向位置不变。

安装位置：立销安装在汽缸与轴承座之间及低压缸尾部与台板之间，位于汽轮机中心线的正下方。

（4）角销

作用：用来防止轴承座与基础台板脱离，产生倾斜或抬高，也称压板。

安装位置：在轴承座底部左右两侧，如图 3-50 所示。

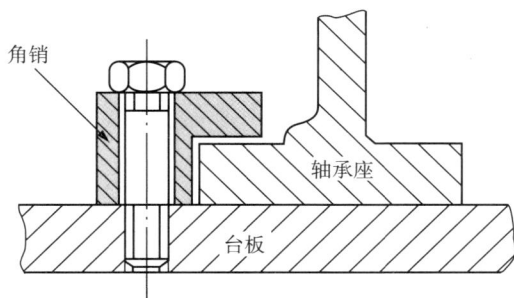

图 3-50 角销

由此可见，汽缸受热膨胀时，在轴向上，以排汽缸撑脚与台板之间的横销连线为基准，横销连线以左的部分向左膨胀，并通过两个猫爪横销推动前轴承座沿着轴承座与基础台板之间的纵销向左滑动；在横向上，以纵销连线为基准，纵销连线两侧的汽缸在横销的引导下分别向左右两侧膨胀；在垂直方向上，以汽缸的承力面为基准，在立销引导下上下膨胀。排汽缸撑脚与台板之间的横销连线与纵销连线的交点为汽轮机膨胀时不动的点，称为死点（又称为绝对死点）。

2. 胀差及其对机组运行的影响

转子与汽缸沿轴向膨胀量之差称为胀差；规定当转子沿轴向的膨胀量大于汽缸沿轴向的膨胀量时，胀差为正；反之，胀差为负。通常，汽轮机在启动及加负荷时，转子温升速度大于汽缸，转子沿轴向的膨胀量大于汽缸沿轴向的膨胀量，胀差为正；在停机和减负荷时，转子沿轴向的收缩也比汽缸快，胀差为负。

汽轮机启停及变工况时，胀差产生的原因主要有：

① 转子和汽缸的金属材料不同，热膨胀系数不同；

② 汽缸的质量大与蒸汽的接触面积小，而转子质量小与蒸汽的接触面积大；

③ 转子在旋转，蒸汽对转子表面的放热系数比对汽缸表面的放热系数大。

由于转子和汽缸沿轴向各段的温度及温升速度各不相同，使得转子和汽缸沿轴向各段的膨胀量也不一样，若将汽轮机沿轴向分成若干段，则放置在低压缸后面的胀差指示器所测量的就是各段胀差量之和。

如图 3-51 所示，单缸汽轮机受热膨胀时，汽缸将以排汽口处的横销连线为基准向右膨胀伸长，推动轴承座向右滑动；除了支持轴承外，轴承座上还装有推力轴承，支持轴承和推力轴承随着轴承座一起往右滑动，由于推力瓦的作用，带动转子也随之向右移动；转子受热也要膨胀，转子以推力盘所在位置为基准向向左伸长，推力盘为转子沿轴向膨胀时相对于汽缸和前轴承座不动的点，称为相对死点。

（1）胀差对汽轮机动静部分轴向间隙的影响

如图 3-51 所示，胀差变化将引起汽轮机动静部分轴向间隙的变化，当胀差为零时，转子和汽缸沿轴向的膨胀量相等，次末级动叶与最末级喷嘴间的轴向间隙 a 及最末级喷嘴与最末级动叶间的轴向间隙 b 保持正常值；当胀差为正时，转子沿轴向的膨胀量大于汽缸沿轴向的膨胀量，以推力盘为相对不动点（相对死点），转子相对于汽缸向左伸长，使得喷嘴出口处轴向间隙 b 增大,入口处轴向间隙 a 减小;当胀差为负时,转子沿轴向的膨胀量小于汽缸沿轴向的膨胀量,使得喷嘴出口处轴向间隙 b 变小,入口处轴向间隙 a 增大。

任何一侧轴向间隙的消失,都将造成动静部分碰撞摩擦,延误启动时间,甚至引起机组振动、大轴弯曲等严重事故。因此,汽轮机运行时,尤其是启停过程,应监视胀差的变化,并将其控制在允许的范围内。

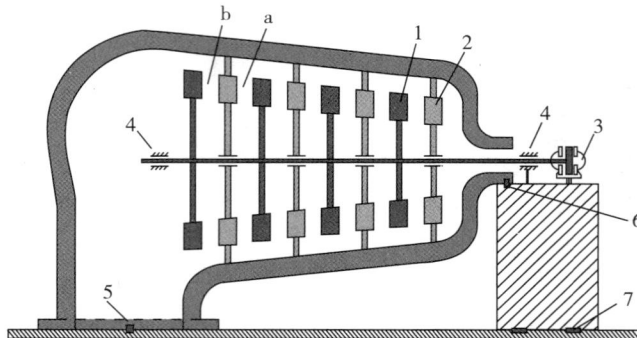

图 3-51 单缸汽轮机转子与汽缸的相对膨胀示意图
1—动叶;2—静叶(喷嘴叶片);3—推力轴承;4—支持轴承;5—横销;
6—猫爪横销;7—纵销

另外,汽轮机通流部分设计时,为了减小汽轮机级内漏汽损失,喷嘴出口处的轴向间隙 b 要比喷嘴入口处的轴向间隙 a 小一些,因此,当胀差为负时,喷嘴出口处的轴向间隙 b 减小带来的危险会更大些。这也是汽轮机冷却过快比加热过快更危险的原因之一。

(2)影响胀差的主要因素

1)蒸汽温升温降速度及负荷升降速度

胀差的大小主要取决于蒸汽的温度变化率,蒸汽的温升温降速度越大,转子与汽缸的温差也就越大,引起的胀差变化量就越大。因此,在汽轮机启停及负荷变化过程中,通常用控制蒸汽温度升降的速度亦即负荷的升降速度来控制胀差的变化。

2)轴封供汽温度和供汽时间

冷态启动时,在冲转前向轴封供汽,由于供汽温度高于转子温度,转子局部受热伸长,可能出现轴封摩擦现象。为了不使胀差正值过大,应选择较低温度的汽源,并尽量缩短冲转前向轴封送汽的时间。

热态启动时,为防止轴封供汽后胀差出现负值,轴封供汽应选择高温汽源,且要先向轴封供汽,后抽真空,并尽量缩短冲转前向轴封供汽的时间。

停机过程中,如出现负胀差过大,可向汽封送入高温汽源的蒸汽以减小负胀差值。

3)暖机

在启动过程中,为了使转子和汽缸的温差不致过大,需要进行暖机,使汽缸的温度跟上并接近于蒸汽的温度,以减少汽缸和转子的温差及胀差,暖机后再继续增加进汽量,进行升速和升负荷。

4)法兰螺栓加热装置

法兰螺栓加热装置可以提高或降低汽缸法兰和螺栓的温度,减小汽缸内外壁、法兰内外、汽缸与法兰、法兰与螺栓的温差,加快汽缸的膨胀或收缩,从而控制胀差;但如果法兰螺栓加热装置的加热蒸汽温度和压力控制不当,将会造成法兰变形或泄漏,危害更大。

因此,目前大功率机组取消了法兰螺栓加热装置,而相应的对汽缸结构加以改进,如采用双层缸和窄法兰结构,使汽缸和转子尽量同步膨胀或收缩,以此来减小胀差。

5)凝汽器真空

改变凝汽器真空可以在一定范围内调整汽轮机的胀差值,对于汽轮机高压部分,在升速和暖机过程中,真空降低时,若要保持机组转速和负荷不变,就需要增加进汽量,使高压转子的加热加快,高压部分的胀差增大。

由于鼓风摩擦损失与动叶片长度成正比、与圆周速度的三次方成正比,中低压转子的叶片较长,其鼓风摩擦产生的热量比高压转子大,鼓风摩擦产生的热量用来加热通流部分,会使汽轮机的胀差增大,特别是在小流量时,带来的影响尤为显著,随着流量的增加,其带来的影响会逐渐减小,流量达到一定值时,鼓风摩擦产生的热量能够被通流的蒸汽全部带走,这时对胀差的影响也就消失了。

因此,对于汽轮机中低压部分,启动升速过程中,真空降低时,在转速不变的情况下,进汽量增大,中低压转子的鼓风摩擦产生的热量被额外增加的蒸汽所带走,转子被加热的程度减小;中低压部分的胀差减小。真空提高时,在转速不变的情况下,进汽量减少,中低压转子鼓风摩擦产生的热量被蒸汽带走的少了,对转子的加热程度增加,使得中低压转子膨胀量增加较快,中低压部分的胀差增大;因此,在升速过程中,不能采用提高真空来减小中低压部分的胀差。

6)转速

转子旋转时,其离心力与转速的平方成正比;在离心力的作用下,转子将沿径向伸长,沿轴向缩短,从而引起胀差的减小;对于大容量机组,转速高、转子长,离心力对胀差的影响应予考虑。

7)汽缸保温和疏水

由于汽缸保温不好,会造成汽缸温度降低并且温度分布不均匀,从而影响汽缸的膨胀,并使得胀差增大;若汽缸的疏水不畅还将造成下缸温度偏低,引起汽缸的拱背变形。

(3)控制胀差的方法

胀差的大小主要取决于蒸汽的温度变化率,运行时可用蒸汽温度变化率来控制胀差。

为控制转子和汽缸的温差,可以进行暖机,暖机的目的是控制蒸汽量及蒸汽的温升速度,使汽缸升温速度赶上转子和蒸汽的温升速度,当汽缸温度接近蒸汽温度时,再继续增加进汽量,升速或升负荷。

3. 引进型 300 MW 汽轮机滑销系统

引进型 300 MW 汽轮机滑销系统如图 3 - 52 所示,该汽轮机为双缸双排汽凝汽式汽轮机,有高中压缸和低压缸两个汽缸,分别支承在三个轴承座及基础台板上,其中中轴承座和后轴承座与低压缸的外下缸焊接为一体。

高中压外缸通过猫爪支承在前轴承座和中轴承座上,外下缸的猫爪与轴承座之间设有猫爪横销,用来确定高中压外缸相对于轴承座的轴向位置,并引导汽缸沿横向自由膨胀,在前轴承座和基础台板之间设有纵销,纵销位于汽轮机中心线的正下方,用来确定高中压外缸和轴承座中心线所在的垂直面相对于基础台板的横向位置,并引导前轴承座在基础台板上沿轴向自由滑动。

如图 3-53 所示,高中压外下缸前后两端通过 H 形梁与相邻轴承座相连接,使高中压外下缸与其前、后轴承座连接成一个整体,当汽缸受热膨胀时,一方面,高中压外缸在猫爪横销的引导下沿横向自由膨胀,另一方面,通过猫爪横销和 H 形梁推动轴承座在台板上沿轴向滑动;由于 H 形梁位于汽轮机中心线的正下方,保证汽缸中心线所在的垂直面相对于轴承座在横向上保持不变。

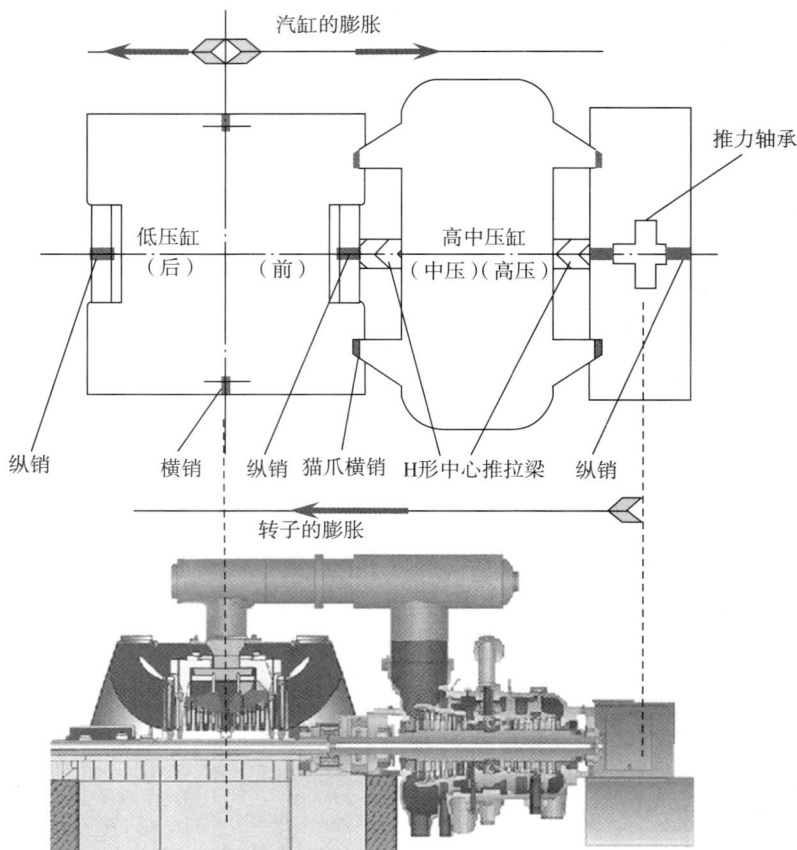

图 3-52　引进型 300 MW 汽轮机滑销系统

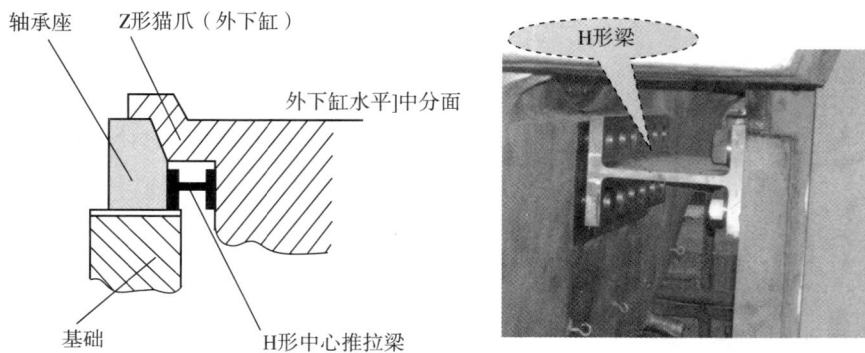

图 3-53　外下缸的猫爪支承及 H 形梁

低压外下缸撑脚与台板之间有四个滑销,在低压外下缸两侧的横向中心线上各有一个横销(轴向定位键),在撑脚和基础台板上铣有矩形销槽,横销装在基础台板的销槽中,它与汽缸撑脚上的销槽间留有膨胀间隙。

在低压外下缸前后两端轴向中心线上各有一个纵销(横向定位键),低压外缸的纵销中心线与低压外缸横销中心线的交点为外缸膨胀的死点,死点位于低压缸的中心。整个机组以死点为中心,在受热膨胀时,死点右侧的低压缸部分、中轴承座、高中压缸和前轴承座沿轴向在基础台板上向右自由膨胀并滑动,前轴承座的轴向位移量表示了这部分金属材料受热膨胀时总的膨胀量大小。

汽轮机转子以推力轴承为死点向左膨胀,推力轴承安装在前轴承座上,在汽缸受热膨胀时前轴承座是随着汽缸一起向右滑动的,若以推力轴承为相对不动的参考点,则汽轮机高中压缸和高中压转子都向左膨胀。

由于汽轮机高中压缸采用对头布置、低压缸采用分流布置,使得胀差变化对汽轮机动静间隙的影响比较复杂,中压内缸和后低压缸的动静间隙的变化规律相同,胀差为正时,动叶进口间隙增大,出口间隙减小;高压内缸和前低压缸的动静间隙的变化规律相同,胀差为正时,动叶进口间隙减小,出口间隙增大,这与单缸汽轮机动静间隙的变化规律刚好相反。为此在机组动静部分轴向间隙设计上应与单缸汽轮机有所不同,即高压内缸和前低压缸的动叶进口间隙应大于出口间隙。

引进型 300 MW 汽轮机的高中压缸为双层缸结构,为了保证内缸受热后能自由膨胀并保持与外缸中心一致,双层缸结构的汽轮机在内缸与外缸之间也设有滑销系统。

如图 3-52 和图 3-54 所示,由于进汽管是通过外缸和内缸进入喷嘴室的,汽轮机的内外缸在进汽管处不能有相对位移,因此,内缸相对于外缸不动的点位于进汽管中心线所在的横截面上。引进型 300 MW 汽轮机的高压静叶持环支承在高压内缸上,高压内缸支承在高中压外缸上,高压内缸及安装在其上的静叶持环相对于高中压外缸向右膨胀,整个高中压外缸则以低压缸处的绝对死点为基准(不动点)向右(前轴承座方向)膨胀。

中压第一静叶持环支承在中压内缸上,内缸又支承在高中压外缸上,而中压第二静叶持环直接支承在高中压外缸上,中压内缸、中压第一和第二静叶持环及安装在其上的静叶环相对于高中压外缸向左膨胀,但整个高中压外缸则以低压缸处的绝对死点为基准(不动点)向右(前轴承座方向)膨胀。

同样,低压内缸支撑在外缸上的,低压内缸也是以绝对死点为基准(不动点)向左右两侧膨胀。

由于胀差表指示的是外缸和转子的膨胀量之差,而动静间隙的变化则是由内缸与转子的膨胀量差值来决定的,而外缸和内缸的膨胀量又存在差别,其胀差指示值并不能直接说明汽轮机动静之间间隙的变化,需要根据内缸的膨胀情况进一步分析判断。

4. 哈汽超临界 600 MW 汽轮机滑销系统

哈汽超临界 600 MW 汽轮机滑销系统如图 3-55 所示,汽轮机静止部分膨胀的绝对死点位于♯1 低压

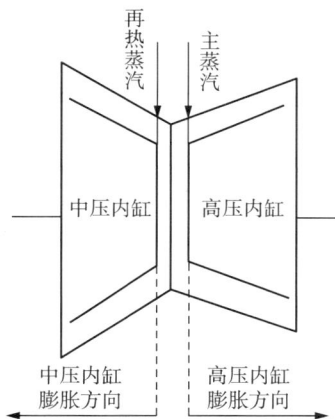

图 3-54 高中压内缸的热膨胀

缸的中心,由预埋在基础中的两个横向定位键(纵销)和两个轴向定位键(横销)来确定♯1低压缸中心的位置,并成为汽轮机的绝对死点。♯2低压缸只有两个横向定位键,限制汽缸的横向移动,但可沿轴向自由膨胀和滑动。

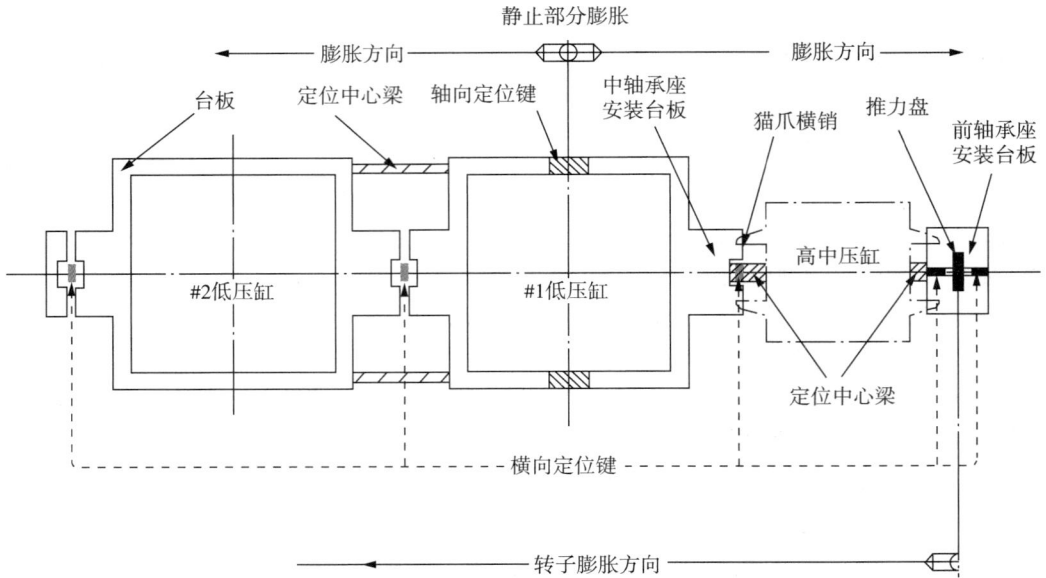

图3-55 哈汽超临界600 MW汽轮机滑销系统

高中压外缸由四只猫爪支承在其前后轴承座上,通过猫爪横销,高中压外缸可沿横向自由膨胀,高中压外缸与轴承座之间、低压♯1与♯2汽缸之间在水平中分面的下方用定位中心梁相连接;汽轮机受热膨胀时,♯1低压缸的中心保持不变,以♯1低压缸轴向定位键连线为界,连线以左的(发电机侧)向左膨胀,并通过定位中心梁推动♯2低压缸沿轴向向发电机侧膨胀滑动。连线以右的(前轴承箱侧)向右膨胀,并推着中轴承座、高中压汽缸、前轴承座沿轴向向前轴承座侧膨胀滑动。轴承座受到导向键的限制,可沿轴向自由滑动,但不能横向移动。

超临界600 MW汽轮机各转子之间用刚性联轴器联接,推力盘处为汽轮机转动部分(转子)相对于静止部分(汽缸)固定不动的点,当汽轮机转子受热膨胀时,汽轮机转子将以推力盘为基准向发电机侧膨胀;推力轴承位于前轴承箱上,相对于基础来说,在汽缸受热膨胀时,在纵销的引导下前轴承箱会沿轴向向右滑动,固定在前轴承座上的推力轴承带动推力盘及转子一起向右移动,因此推力盘所在的不动点只是转子相对于前轴承座沿轴向不动的点,称为相对死点。

三、汽缸的膨胀不畅

汽缸的热膨胀影响机组启停及增减负荷的速度,汽缸膨胀不畅,会引起机组振动、设备故障,严重时会造成设备损坏;汽轮机的低压缸直接支承在基础台板上,低压缸质量大,但进汽温度不高,膨胀量较小,一般不会出现汽缸膨胀不畅现象;汽缸膨胀不畅多发生在高中压缸中,对于高中压缸,造成汽缸膨胀不畅的主要因素有:

（1）滑销系统存在缺陷或损坏

若滑销系统存在缺陷，如纵销、立销间隙过大，纵销、立销磨损等都将造成汽缸跑偏；若滑销系统损坏，如轴承座下面的纵销损坏，在启停过程中会造成轴承座横向移动，从而引起汽缸跑偏；如立销损坏，在启停过程中也会造成汽缸横向移动，引起汽缸跑偏；如猫爪横销卡涩，也将造成汽缸横向膨胀或收缩受阻，引起汽缸跑偏。

（2）轴承座与基础台板的接触面润滑不好

轴承座与基础台板之间缺乏润滑剂以及润滑剂固化或台板锈蚀时，其摩擦阻力将大幅增加，若汽缸的膨胀作用力克服了台板生锈或润滑剂固化所产生的摩擦阻力，汽缸将开始无润滑的膨胀，对汽缸膨胀不会造成太大影响；但若此时汽缸与轴承座中心不正，受热膨胀时汽缸和轴承座就容易发生偏移，并使滑销系统产生变形、卡阻。

（3）汽缸、轴承座及转子间的错位

汽缸、轴承座及转子间的错位也将造成汽缸膨胀不畅，导致轴承、转子故障，轴封磨损漏汽，透平油进水和机组振动等问题；严重时还将造成汽轮机的损坏。

（4）管系对汽缸产生较大的侧向作用力

由于汽缸上连接有进排汽管、抽汽管、疏水管等管道，这些管道对汽缸产生一定的作用力，由于设计、制造、安装和运行等方面的偏差，使得这些管道作用在汽缸上的作用力出现偏差，并形成较大的侧向作用力，从而造成汽缸横向膨胀受阻，导致汽缸跑偏，严重时甚至会造成立销脱落和立销座开焊，汽缸严重跑偏，转轴碰撞摩擦并引起大轴弯曲等事故。

（5）汽轮机两侧进汽温差大

汽轮机两侧进汽温差会随着锅炉出口左右两侧温差的增大而增大，运行中应注意汽缸左右两侧膨胀是否均匀，要限制汽轮机左右两侧的进汽温差，并控制启停及增减负荷的速度。

第五节　汽轮机的热应力与热变形

汽轮机由静止状态到工作状态的启动过程和由工作状态到静止状态的停机过程，实际上是对汽轮机各部件的加热和冷却过程。由于温度的剧烈变化，以及汽轮机各部件结构和工作状况的不同，在汽轮机各部件中形成温度梯度，在金属部件内产生热应力，引起热变形，对汽轮机运行带来不利影响，甚至造成汽轮机损坏。下面就从汽轮机的受热特点、热应力、热膨胀和热变形等方面详细分析机组启停及运行过程中温度变化带来的影响，并分析如何减少汽轮机的热应力和热变形。

一、汽轮机的受热特点

1. 汽缸壁的受热特点

启动时，高温蒸汽进入汽缸，蒸汽的热量以对流换热方式传给汽缸内壁，再以导热方式将热量从汽缸内壁传到外壁，最后经保温层散热到周围环境中，汽缸内外壁之间存在温差，内壁温度高于外壁温度，停机时刚好相反，汽缸内壁温度低于外壁温度。

影响汽缸内外壁温差的主要因素有：

（1）汽缸壁的厚度，汽缸壁越厚，内外壁温差就越大；

（2）金属材料的导热性能；

（3）蒸汽对汽缸内壁加热的强弱。

若蒸汽对汽缸内壁的加热增强，内壁温升速度加快，汽缸内外壁的温差加大；当蒸汽与汽缸内壁间的换热量过大时，汽缸内外壁的温差就会急剧增大，这种急剧加热的状况称为热冲击。

若将汽缸壁近似看成平壁，如图 3-56 所示，根据蒸汽对汽缸内壁加热程度的不同，沿汽缸壁厚度方向温度的分布有以下三种情况：

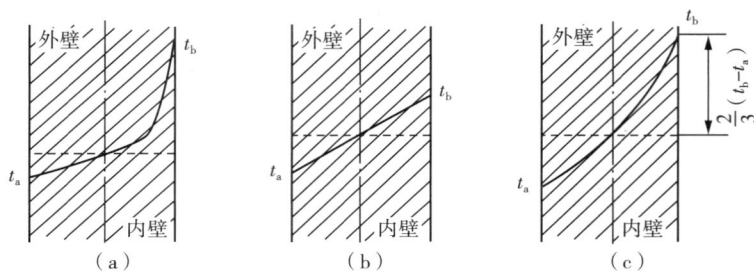

图 3-56 金属平壁单向加热时沿壁厚方向温度变化

（1）加热急剧，此时汽缸壁的吸热量远大于放热量，内壁面的温度瞬间升高很大，内外壁之间沿壁厚方向温度的分布为双曲线形，如图 3-56（a）所示，温差大部分集中在内壁一侧；汽轮机受到热冲击时，其温度分布为这种情况。

（2）加热稳定，此时汽缸壁的吸热量和放热量相等，内外壁之间沿壁厚方向温度的分布为直线形，如图 3-56（b）所示，汽轮机稳定运行时，其温度分布为这种情况。

（3）加热缓慢，此时汽缸壁的吸热量大于放热量，汽缸内壁处于缓慢加热和升温过程中，内外壁之间沿壁厚方向温度的分布为抛物线形，如图 3-56（c）所示，汽轮机启动过程中，其温度分布为这种情况。

2. 转子的受热特点

蒸汽的热量以对流方式传到转子的外表面，再以导热方式将热量从外表面传到中心，由于传热热阻的存在，在转子外表面和中心之间存在温差，温差的大小主要取决于转子的结构、材料的特性及蒸汽对转子的加热程度。

二、汽轮机的热应力

1. 热应力概念

物体温度变化时，将引起物体热膨胀，当热膨胀受到其他物体约束或物体内部其他部分约束时，所产生的应力称为热应力。

如图 3-57（a）所示，金属块自由放置，在温度为 t_0 时，长度为 l，当金属块被均匀加热，温度由 t_0 升高到 t_1 时，金属块自由膨胀未受任何约束，伸长到 $l+\Delta l$，此时，金属块仅仅产生热膨胀而不会产生热应力。

如图 3-57（b）所示，将金属块两端固定，金属块受热后不能自由膨胀伸长，在其内部将产生热压应力，而当金属块均匀冷却时，金属块的收缩受到限制，在其内部将产生热拉应力；可见，物体温度变化时，若热膨胀受到外界约束，就会在物体内部产生热应力。

如图 3-58 所示，若对金属块的上部加热而对其下部冷却，则金属块的上下形成温差，由于温差使得金属块内部的膨胀或收缩不一致,金属块某一部分的膨胀或收缩受到内部其他部分的限制和约束,即温度高的部分要膨胀伸长,但受到温度低的部分的限制,不能充分地伸长,在其内部将产生热压应力,同样,在温度低的部分将产生热拉应力。因此,即使没有外界的约束,由于物体内存在温差,也将在物体内部产生热应力,并且温度高的一侧产生热压应力,温度低的一侧产生热拉应力,即"热压冷拉"。

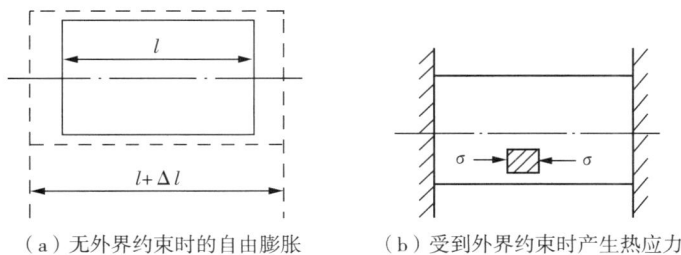

（a）无外界约束时的自由膨胀 （b）受到外界约束时产生热应力

图 3-57 均匀受热物体的热膨胀和热应力

启停或变负荷过程中,汽缸和转子的表面受到蒸汽的加热或冷却,汽缸、法兰和转子的温度都在不断变化,并且汽缸、法兰和转子等部件内部也存在温差,在这些部件内将产生热应力,热应力的大小和方向与部件内温度场的分布有关。

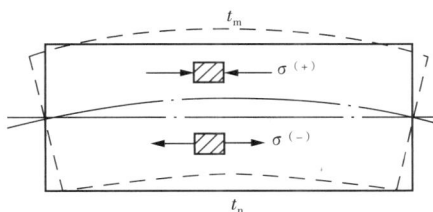

图 3-58 不均匀受热物体的热膨胀和热应力
$(t_m > t_n)$

2. 汽缸壁的热应力

如图 3-59 所示,启动时,汽缸内壁温度高于外壁温度,内壁产生热压应力,外壁产生热拉应力,且内外壁表面处的热应力均大于沿壁厚方向其他各处的热应力;由于启动时汽缸壁是被缓慢加热的,其温度分布为抛物线形,汽缸内、外壁表面的热应力分别为:

外壁:　　$\sigma_a = -\dfrac{1}{3} \cdot \dfrac{\alpha E}{1-\mu} \cdot \Delta t$　　　　(3-1)

内壁:　　$\sigma_b = \dfrac{2}{3} \cdot \dfrac{\alpha E}{1-\mu} \cdot \Delta t$　　　　(3-2)

式中:α——汽缸材料的线胀系数,$1/℃$;

　　　E——汽缸材料的弹性模数,Pa;

　　　μ——汽缸材料的泊桑比系数;

　　　Δt——汽缸内外壁的温差,℃。

由于汽缸内外壁表面处的热应力大小与汽缸壁的温差 Δt 成正比,因此可用 Δt 作为汽轮机运行中控制热应力的监视指标,汽轮机启停及负荷变化过程中,要使汽缸的热应力不超过材料的许用应力,就要控制汽缸内外壁的温差 Δt 在允许范围内。

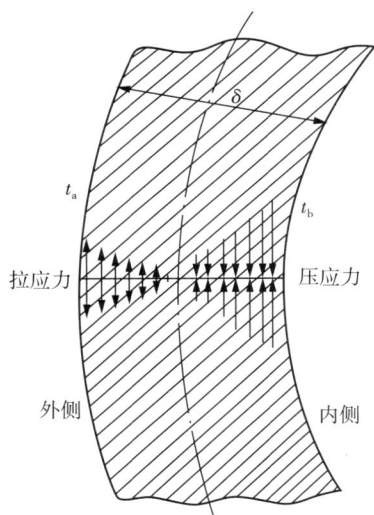

图 3-59 启动时汽缸壁热应力分布

启动过程中,汽缸内壁面热应力为外壁面热应力的2倍,内壁面受到的是热压应力,同时,由于汽缸内高压蒸汽的作用,在汽缸壁上要产生拉应力,这使得内壁面所受到的综合应力减小;但停机过程中,内壁面受到的是热拉应力,同时,内壁面还受到高压蒸汽作用在其上的拉应力,从而使得内壁面所受到的综合应力增大,有可能使内壁的应力值达到危险程度,因此,汽缸冷却过快比加热过快更危险。

机组突然甩负荷或处于热态的汽轮机使用低于汽缸温度的蒸汽来冲转时,将使汽缸快速冷却,在汽缸内壁面产生过大的拉应力,此时,汽轮机比较危险。

由于汽缸内外壁温差的大小与蒸汽对汽缸壁加热的快慢程度有关,加热的快慢程度又表现在汽缸内壁金属温升的快慢,温升速度越快,蒸汽对汽缸壁加热的就越急剧,汽缸内外壁的温差就越大,产生的热应力也就越大;因此,除了要监视汽缸内外壁温差外,还应控制好汽缸壁温升或温降的速度,而汽缸壁温升或温降的速度决定于汽轮机转速和负荷变化的快慢,亦即决定于汽轮机启停的快慢。

3. 法兰和螺栓的热应力

汽轮机启停及正常运行时,除了汽缸内外壁存在温差外,沿着法兰宽度方向法兰的内外壁也存在温差,启动时,法兰外侧的温度低于内侧温度,因而受热后内侧膨胀大,外侧膨胀小,外侧会限制内侧的自由膨胀,法兰内侧产生热压应力,法兰外侧受热拉应力;停机时,刚好相反。

此外,法兰与螺栓之间也存在温差,启动时,法兰的温度高于螺栓温度,使得螺栓产生热拉应力,且热拉应力会随着法兰和螺栓之间温差的增大而增大。同时,螺栓还要承受紧固螺栓时产生的拉应力,以及汽缸内部蒸汽压力作用在螺栓形成的拉应力。如果综合应力超过了螺栓材料的极限,螺栓就会发生塑性变形甚至被拉裂。

4. 转子的热应力

机组启停过程中,转子中心与外表面之间存在温差,在转子上产生热应力,启动时转子外表面温度高于中心温度,停机时转子中心温度高于外表面温度。因此,启动时转子外表面为热压应力,中心为热拉应力;停机时,刚好相反;并且温差越大,转子的热应力就越大。正常运行时,转子的这种径向温差变得很小,转子的热应力也随之减小并消失。

5. 转子和汽缸热应力的控制

要控制转子和汽缸的热应力就要限制机组启停及负荷变化速度,对于现在大功率汽轮机,转子的应力水平高于汽缸,主要原因如下:

(1)采用双层缸结构,每层汽缸壁相对较薄,使得转子的半径大于汽缸壁的厚度。

(2)启动时,蒸汽与旋转着的转子外表面的换热系数要大于蒸汽与静止的汽缸内壁面的换热系数,同时转子与蒸汽的接触面积相对较大,使得蒸汽对转子的加热条件优于汽缸。

(3)大功率汽轮机上下汽缸间的法兰采用小直径的连接螺栓连接,并将法兰螺栓内移,使得法兰内外壁、法兰和螺栓之间的温差减小,减少了作用于法兰和螺栓上的热应力。

(4)启动时,转子在高速旋转,作用在转子上的离心拉应力较大,但此时汽缸内的蒸汽压力较低,作用于汽缸壁上,因内外压差所产生的拉应力较小,从而使转子的应力水平高于汽缸。

因此,对于现在大功率汽轮机,启动过程中应该按转子的应力水平来控制机组最大允许温升速度,转子热应力的最大值通常出现在高压转子的调节级和中压转子的第一级附近,一般用监视和控制调节级和中压缸第一级汽缸内壁温度的方法来控制转子的热应力。

此外,金属材料在低温条件下,机械性能将发生变化,由韧性变为脆性,许用应力下降,使转子表面的宏观裂纹不断扩展,以致当温度低于某一值时,引起脆性断裂,该温度称为脆性转变温度。一次再热超临界 600 MW 汽轮机的低压转子的脆性转变温度在 0 ℃ 左右,高中压转子的脆性转变温度在 120 ℃ 左右;东汽二次再热超超临界 1000 MW 汽轮机的超高压转子和高中压转子的脆性转变温度为 80 ℃。

汽轮机超速试验一般是在定速后进行,但对于大功率汽轮机,运行规程规定:机组定速后应带部分负荷运行数小时,再将负荷减到零,解列发电机,进行超速试验。这样可以使转子温度高于脆性转变温度,同时转子的热拉应力也会大为减小,从而改善转子的工作条件。

三、汽轮机的热变形

汽轮机启停和负荷变化时,处于不稳定的传热过程,汽缸和转子受热不均匀,在汽缸和转子内部除产生热应力外,还会引起热变形。

当物体被均匀加热时,如图 3－57(a)所示,温度由 t_0 升高到 t_1,物体均匀膨胀,长度沿长度方向增加 Δl;当对物体的加热不均匀时,如图 3－58 所示,物体上部温度高于下部,物体上部的膨胀量大于下部的膨胀量,物体就会向上拱起。

如果汽缸和转子的挠曲过大,就会造成汽轮机动静部分沿径向的间隙减少,动静部分发生碰撞摩擦,碰撞摩擦不仅使汽封径向间隙扩大,增大漏汽量,使汽轮机经济性下降;而且动静部分的碰撞摩擦还将引起机组振动甚至造成大轴弯曲等严重事故。

1. 汽缸的热翘曲

启停过程中,上、下汽缸存在温差,上缸温度高于下缸温度,上缸温度高、热膨胀量大,下缸温度低、热膨胀量小,从而引起汽缸向上拱起,如图 3－60 所示,形成"拱背"变形。

造成上下汽缸温差的主要原因有:

(1)上下缸质量及散热面积不同

下缸不仅质量大,还布置有抽汽管道和疏水管道,散热面积大,使得即使在同样保温条件下上缸温度也要高于下缸温度;通常情况下,下缸的保温状况不如上缸,运行时由于振动,下缸保温材料还容易脱落;且下缸是置于温度较低的运行平台之下的,空气从下向上对

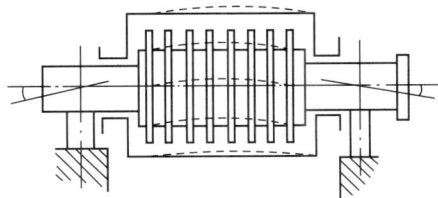

图 3－60　上下缸温差引起的汽缸拱背变形

流流动,使下汽缸冷却的较快,从而增大了上下缸的温差。

(2)汽缸内部汽水的自然流动

启动时,温度较高的蒸汽位于汽缸上部,凝结放热后的凝结水流到汽缸下部,在汽缸下部形成一层水膜,使得下汽缸的加热条件恶化。同样,停机后转子处于静止状态时,汽缸内部残存的蒸汽及温度较高的空气积聚在汽缸上部,而进入汽缸的冷空气及凝结水则在汽缸下部,从而增大了上下缸的温差。

上下缸温差的最大值通常出现在调节级附近,汽缸的最大拱起部位也在调节级附近。汽缸的拱背变形使得汽轮机下部动静部分的径向间隙减小,同时隔板和叶轮也将因拱背变形而偏离正常情况下所在的垂直面,使得动静部分沿轴向的间隙也发生变化,导致汽轮机的动静部分发生碰撞摩擦。

要减少汽缸的拱背变形,就要将上下缸的温差控制在规定范围内(35~50 ℃),就必须严格控制温升速度;同时,启动时应尽量投入高压加热器,并开足下缸的疏水门;安装或大修时,下汽缸应选用优质保温材料,或增厚下缸的保温层,并设法改进保温结构,使保温层与下缸紧密贴合,避免保温层脱落;在下缸装挡风板,以减小冷风对下缸的冷却作用。

2. 法兰内外壁温差引起的热变形

高参数大容量汽轮机法兰壁厚度比汽缸壁厚度大得多,启停过程中,法兰内外壁存在较大的温差,除引起热应力外,还将引起法兰和汽缸的热变形。

如图 3-61 所示,启动时,法兰内壁温度高于外壁温度,法兰内壁热膨胀量大于法兰外壁,使法兰在水平中分面上发生热翘曲,法兰的热变形又会引起汽缸横截面变形,汽缸中部的横截面由圆形变成立椭圆形,其法兰结合面处形成内张口,并引起汽轮机转动部分与静止部分上下方向的径向间隙增大,左右方向的径向间隙减小;汽缸两侧的横截面由圆形变成横椭圆形,其法兰结合面处形成外张口,并引起汽轮机转动部分与静止部分上下方向的径向间隙减小,左右方向的径向间隙增大。

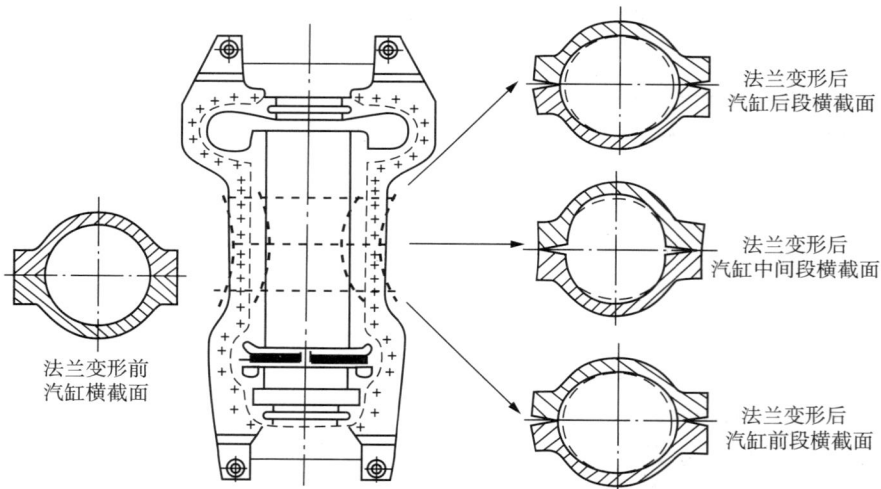

图 3-61 法兰热翘曲引起汽缸横截面变形示意图

当法兰内外壁温差过大时,法兰沿垂直(厚度)方向的膨胀量加大了法兰接合面处的热压应力,若热压应力超过材料的屈服极限,将使法兰结合面局部产生塑性变形,当法兰内外壁温差减小后,一方面,温差的减小使得法兰螺栓的拉紧力减小,另一方面,由于塑性变形,温差减小后,使得原来为立椭圆的法兰结合面出现外张口,原来为横椭圆的法兰结合面出现内张口,由此将造成汽缸结合面处漏汽;另外,法兰内外壁温差过大,还可能导致螺栓被拉断或螺帽结合面被压坏。

此外,转子振动将引起汽轮机动静部分径向间隙减小,可能导致汽封齿与转子轴颈部分发生碰撞摩擦,严重时会使汽封齿变形、变脆甚至破裂,同时,隔板径向汽封与转子所产生的碰撞摩擦还会使转子轴颈段局部过热,产生热变形甚至导致转子热弯曲,转子的热弯曲又会使汽封齿的磨损进一步加剧。

为了减小法兰内外壁温差引起的热变形,必须将法兰内外壁温差控制在允许范围内,对于具有宽厚法兰的汽缸可采用法兰螺栓加热装置,但应合理选择加热蒸汽,不允许出现法兰外壁温度高于法兰内壁温度或者法兰温度高于汽缸温度的情况,否则将会在汽缸中间段的横截面处形成横椭圆,在前后段的横截面处形成立椭圆,若此时还存在较大的上下缸温差,则在汽缸下部沿径向动静部分间隙减小很多,动静部分发生碰撞摩擦的危险性将会很大;因此,投用法兰螺栓加热装置造成法兰外壁温度高于内壁时,汽轮机运行将会更加危险。所以,现在大功率汽轮机不再采用法兰螺栓加热装置,而是在结构上加以改进,如采用双层缸结构,以减少汽缸壁的厚度;采用直径较小的螺栓,并尽量将螺栓靠近汽缸的中心线,以减少汽缸、法兰和螺栓之间的温差。

3. 转子的热弯曲

汽轮机启停过程中,若转子静止不动,转子上下也存在温差,温差将引起转子热弯曲,造成转子上下温差的原因主要有以下几个方面:

1)停机后过早停盘车,因汽缸上下缸存在温差,造成转子上下温差;

2)停盘车后,汽缸中仍有蒸汽漏入,热的蒸汽聚集在汽缸上部,凝结水聚集在汽缸下部,从而使转子受热不均,造成转子上下温差;

3)启动时操作不当,如转子未盘动时就向轴封送汽,蒸汽通过轴封进入汽缸后,同样使转子受热不均,造成转子上下温差;

4)在汽缸热变形较大的情况下冲动转子,使汽轮机动静部分局部摩擦过热。

转子的弯曲通常分为弹性弯曲和塑性弯曲两种。

弹性弯曲:转子处于静止状态时,由于汽缸上下存在温差,造成转子上面温度高,下边温度低,使得转子向上弯曲变形,当转子温度趋于均匀后,转子的弯曲变形也随之消失,这种弯曲变形是暂时的,称为弹性弯曲。

塑性弯曲:若温差过大,引起较大的热弯曲,使得弯曲处的应力超过材料的屈服极限时,转子局部将产生塑性变形,在转子温度均匀后,弯曲变形不会消失,转子不能恢复原状,这种弯曲变形称为塑性弯曲。

对于单缸汽轮机,转子弯曲的最大部位稍偏于转子的前端,通常在调节级前后;对于多缸汽轮机的高压转子和背压汽轮机转子约在中部。

转子弹性弯曲较大时,通常也是汽缸拱背变形较大时,此时汽轮机动静部分的径向间隙可能会消失,若此时冲动转子,转子弯曲突出的部位将与隔板汽封产生摩擦,摩擦会使转子弯曲突出的部位温度升高,进一步加剧转子的热弯曲,甚至造成转子塑形弯曲。

为此,设置汽轮机盘车装置,在汽轮机启停过程中,当上下缸存在温差时,利用盘车装置带动转子旋转,使转子受到均匀地加热或冷却,以减少转子的热弯曲;此外,启动前盘车,还可测量转子的弯曲程度,只有弯曲值在允许范围内才允许汽轮机冲转。

转子弯曲值一般用千分表来测量,如图 3-62 所示,通常将千分表装在高压转子的前轴封处或在前轴承箱中,位于转子轴颈或轴向位移发送器的圆盘上,通过测量转子的晃度值 f_u 来间接地得到转子弯

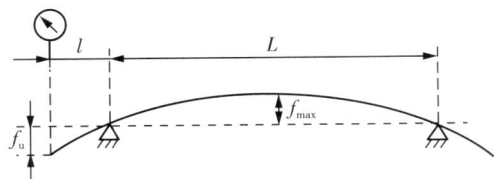

图 3-62　用千分表测量转子热弯曲示意图

曲值 f_{max}；一般规定汽轮机转子的晃度值不超过 0.05 mm，部分制造厂规定晃度表指示值不得大于原始值 0.02 mm。

第六节　汽轮发电机组的振动

振动会给汽轮机运行的安全性和经济性带来不利的影响，振动产生的机理和表现比较复杂，能引起汽轮发电机组振动的因素也很多，这里着重分析引起转子振动的几个主要因素，并以柔性大、轻载转子为例，分析汽轮机启动升速过程中可能存在的各种振动现象。

一、振动的危害

（1）使转动部件损坏。机组振动过大，会使叶片、叶轮等转动部件上也产生很大的振动，从而引起很大的交变应力，导致转动部件疲劳损坏。

（2）使连接部件松动。机组振动过大，会使与其相连的轴承座、主油泵、凝汽器等也发生强烈振动，从而引起螺栓松动甚至断裂，造成重大事故。

（3）使汽轮机的动静部分发生碰撞摩擦。机组振动过大，会使轴端汽封和隔板汽封与转轴轴颈之间发生碰撞摩擦，并使汽封齿磨损，造成漏汽间隙增大，漏汽损失增多，使汽轮机的相对内效率降低，严重时还会造成主轴弯曲变形。

（4）引起基础甚至厂房建筑物共振损坏。

（5）机组高压端振动过大，还有可能造成危急保安器误动作，从而引起机组停机。

二、振动的类型

除了在转子不平衡质量产生的离心力作用下引起的振动外，转子还要承受滑动轴承油膜作用力和蒸汽作用力，形成较为复杂的振动，汽轮发电机组的主要振动型式如下：

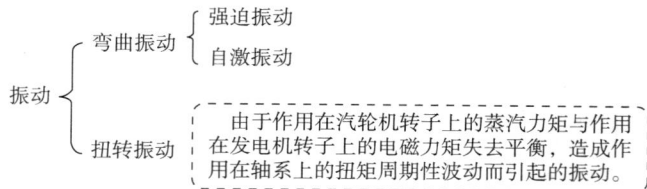

$$
振动
\begin{cases}
弯曲振动 \begin{cases} 强迫振动 \\ 自激振动 \end{cases} \\[2ex]
扭转振动 \quad \boxed{\begin{array}{l} \text{由于作用在汽轮机转子上的蒸汽力矩与作用} \\ \text{在发电机转子上的电磁力矩失去平衡，造成作} \\ \text{用在轴系上的扭矩周期性波动而引起的振动。} \end{array}}
\end{cases}
$$

按激振力振源的不同，汽轮发电机组的弯曲振动可分为强迫振动和自激振动两类。

1. 强迫振动

强迫振动是在外界干扰力的作用下使汽轮发电机组产生的振动，振动的主频率与转子转速所对应的频率值一致，振动的波形多为正弦波，引起强迫振动的因素主要有机组内的机械干扰、转子支承系统的变化和电磁力的不平衡等。

（1）机械干扰力

1）转子质量不平衡

引起转子质量不平衡的因素有：转子因加工偏差造成的转子质量偏心，转子上个别元件（如叶片、拉金等）断裂、个别元件（如螺钉等）松动、转子被不均匀磨损、叶片上的结垢层分布不均匀以及转动部分的变形等，大修时拆卸或更换部件使转子产生质量偏心；这些因素都会引起机组强迫振动,振动的频率与转子转速所对应的频率值一致,并且振动的相位稳定。

2)转子弯曲

引起转子弯曲的因素主要有:

① 启动过程中疏水不当使蒸汽带水、盘车或暖机不充分、升速或升负荷过快、停机后盘车不当以及上下缸温差大等原因,都会使得转子温度分布不均匀而产生热弯曲;

② 转子材质不均匀或有缺陷,加热后出现热弯曲;

③ 动静部分之间碰撞摩擦使转子产生热弯曲。

转子弯曲后,高速旋转时将产生强烈的振动。

3)转子的连接和对中有缺陷

转子在对轮连接处不同心或联轴器的结合面与主轴中心线不垂直(瓢偏),使得联轴器不能均匀地传递扭矩,引起机组振动,这种振动会随着负荷的变化而变化。

4)机械摩擦力

机组的膨胀超过限值,会使汽轮机动静部分的间隙消失,引起汽轮机动静部分碰撞摩擦,摩擦使得转子局部过热,因转子局部过热而形成的弯曲变形又使得碰撞摩擦进一步加剧,并且转子的弯曲变形还会加大转子的质量偏心,从而使机组产生强烈的振动。

(2)转子支承系统的变化

1)当机组基础框架发生不均匀下沉时、当安装轴承的汽缸变形时都会影响轴承的标高,使轴系的受力发生变化,从而引起机组振动。

2)当轴承供油不足或油膜遭到破坏时、当轴瓦或轴承座松动时、当因滑销系统卡涩不能自由膨胀或汽缸受到的管道推力过大而使轴承座拱起时,都会使轴系的受力情况和转子的中心发生变化,从而引起机组振动。

(3)电磁力的不平衡

1)当发电机转子线圈匝间短路或发电机转子与定子间间隙不均匀时,造成发电机转子和定子间的磁场力分布不均,从而引起机组振动。

2)当电网负荷阶跃变化或系统故障后自动合闸时,也会引起机组振动。

2. 自激振动

自激振动是一种共振现象,自激振动的主频率与转子转速所对应的频率值一致,并且与临界转速所对应的频率值基本一致,汽轮发电机组的自激振动主要有间隙自激振动和油膜振荡。

当汽轮机的转子与汽缸不同心时,汽轮机动静部分径向间隙沿圆周方向的分布就不均匀,间隙小的一侧漏汽量小,作用在动叶片上的作用力大,间隙大的一侧漏汽量大,作用在动叶片上的作用力小;作用在动叶上的作用力是用来驱动动叶和叶轮旋转做功的,除了在叶轮上产生一个驱动叶轮旋转的力矩外,由于作用在动叶片上的作用力大小不一样,还存在一个沿叶轮切向的切向分力;当切向分力大于阻尼力时,就会使转子产生涡动,涡动的离心力又使得切向分力进一步增大,使得涡动的幅度进一步加大,从而形成间隙自激振动。

间隙自激振动的出现与机组负荷有显著的关系,若机组带到一定负荷时突然发生强烈的振动,当负荷减少时,振动又突然消失,并且振动的频率又与转子的一阶临界转速相近,则可以判断这种振动是间隙自激振动。

消除间隙自激振动的措施有：

（1）改善汽轮机转子与汽缸的同心，以减小激振力；

（2）减小轴承间隙，增大润滑油黏度等，以增加涡动时的阻尼力。

三、振动现象分析

以柔性大、轻载转子为例，在启动升速过程中，当转速逐渐增大时，汽轮机的轴颈中心会出现如图 3-63 所示的振动情况。

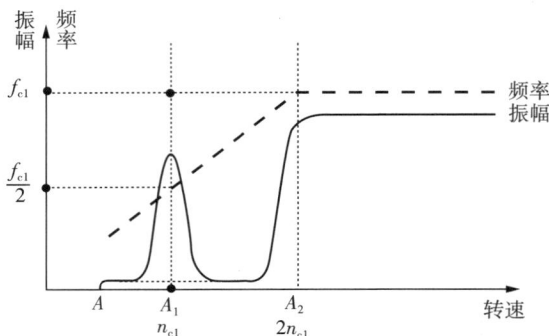

图 3-63 轴颈中心涡动频率、振幅与转速的关系

1. 半速涡动

转速开始升高时，刚开始没有任何振动，只是随着转速不同，轴颈中心处于不同的偏心位置，当转速升高到 A 点时，轴颈中心开始出现振动，振幅不大，振动频率约为 A 点转速所对应的频率值的一半，继续升速时，振幅基本保持不变而频率保持为升速后的转速所对应的频率值的一半。

当转速升高至 A_1 点，即达到一阶临界转速 n_{c1} 时，振动加剧，振幅突然增大，频率为一阶临界转速所对应的频率值；越过一阶临界转速后，振幅减小，并恢复到原来大小，频率也恢复为转速所对应的频率值的一半。

当转速继续升至 A_2 点，达到两倍一阶临界转速 $2n_{c1}$ 时，振动又加剧，振幅增大，频率为此时转速所对应的频率值的一半，即等于一阶临界转速所对应的频率值，此后，随着转速继续增大，振幅不会减小，频率维持为一阶临界转速所对应的频率值并保持不变。

这里，把从 A 点至 A_2 点轴颈中心发生的频率等于当时转速之半所对应的频率值的小幅振动称为半速涡动；此时，轴承的振动突然加剧，不仅轴颈绕着轴颈中心高速旋转，而且轴颈中心还将绕其平衡点涡动；A 点开始轴颈失去稳定时的转速 n_l 称为失稳转速；转速上升时，半速涡动振动的频率也随之增大，并等于此时转速所对应的频率值的一半，即 $f=\dfrac{n/60}{2}$。

如图 3-64(a)所示，在一定载荷 p 和转速下，转子轴颈在轴瓦中稳定运行，轴颈中心处于某一平衡位置 O'，此时，轴颈只绕其平衡位置 O' 旋转，油膜对轴颈的作用力 p_g 与作用在轴颈上的载荷 p 相平衡。

如图 3-64(b)所示，如果转子受到外力的扰动，例如周围的振动源、进油黏度、油压瞬时变化等，使轴颈中心偏离了平衡位置，轴颈中心从 O' 移到 O''，轴颈下部的油楔随之发生变

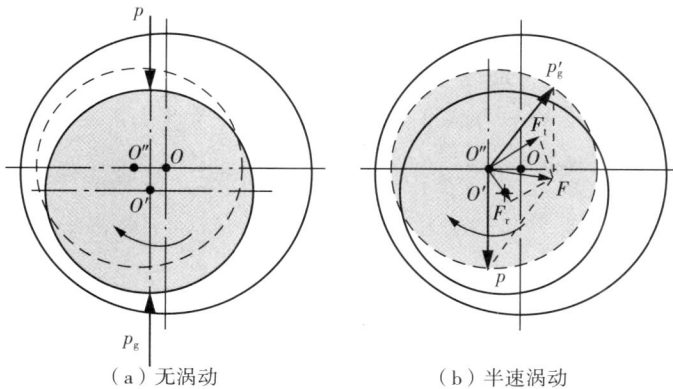

（a）无涡动　　　　　　（b）半速涡动

图 3 - 64　半速涡动及油膜振荡的产生

化，此时作用于轴颈上油膜作用力的大小和方向也将发生改变，由 p_g 变为 p_g'，p_g' 与载荷 p 不再平衡，它们的合力为 F。

合力 F 可分解为沿油膜变形方向的弹性恢复力 F_r 和垂直于油膜变形方向的切向分力 F_t，弹性恢复力推动轴颈返回平衡点 O'，而切向分力将破坏轴颈的稳定运转，使轴颈中心在轴承内涡动，该切向分力又称为失稳分力。

当失稳分力小于轴承阻尼力时，涡动是收敛的，轴颈中心受到扰动而偏移后会自动回到平衡位置，轴承运行是稳定的。

当失稳分力大于轴承阻尼力时，涡动是发散的，为不稳定状态，此时，轴颈中心将绕着平衡位置涡动，而涡动本身又使转轴受到离心力的作用，并在离心力的作用下进一步加大轴颈中心的偏移量，进而使失稳分力增大，涡动进一步加剧，最终发展成油膜振荡。

当失稳分力等于轴承阻尼力时，轴颈产生小振幅的涡动，此时，轴颈不仅围绕着转轴的中心高速旋转，而且轴颈中心还将围绕着平衡点 O' 涡动，称为半速涡动，半速涡动振幅不大，不会破坏轴承油膜，但振动产生动载荷，会引起零件的松动和疲劳损坏。

2. 转子的临界共振

升速过程中，当转速达到某一数值时，转子出现强烈振动，越过这一转速，振动又迅速减弱，当转速升到另一更高的转速时，转子又出现强烈振动，继续提高转速，振动又迅速减弱，这种转子产生强烈振动时所对应的转速称为转子的临界转速，如图 3 - 63 所示，在 A_1 点处，转速达到一阶临界转速 n_{c1} 时出现的强烈的振动即为一阶临界共振。

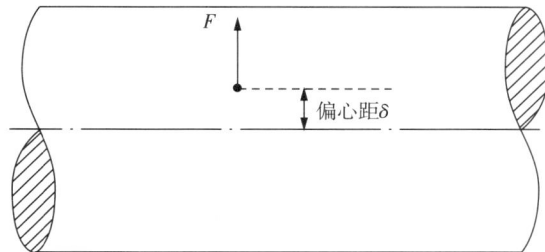

图 3 - 65　转子质量偏心引起的激振力

（1）临界共振产生的机理

理论上汽轮机转子为对称的旋转体，其质量中心处于转子旋转的中心线上，但实际上，由于制造和装配的误差，以及材质的不均匀，转子的质量中心和转子旋转的中心线不重合，产生质量偏差。如图 3-65 所示，旋转时，偏心质量使转子产生离心力 F，离心力 F 是一个周期性的外力，是激发转子振动的激振力，其频率为 $f = \dfrac{n}{60}$；升速过程中，随着转速的上升，转子质量偏心所产生的离心力的幅值和频率都在增大，而转子本身存在着固定的自振频率 f_{ci}，当激振力频率等于转子自振频率时，即 $f = \dfrac{n}{60} = f_{ci}$ 时，就形成共振，此时对应的转速 $n_{ci} = 60 f_{ci}$，该转速即为转子的临界转速，此时转子强烈的振动为临界共振。

（2）影响临界转速的因素

如图 3-66 所示，转轴两端为铰支的等直径均布质量转轴，其临界转速 n_c 为

$$n_c = \frac{30 n^2 \pi}{l^2} \sqrt{\frac{EI}{\rho A}} \tag{3-3}$$

式中：l——跨度；

$\quad\quad A$——轴的横截面面积；

$\quad\quad I$——截面积的惯性矩；

$\quad\quad \rho$——材料密度。

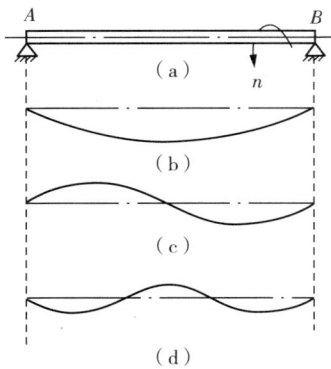

图 3-66　等直径均布
质量转轴的振型

由上式可见，均布质量的转轴有无穷多个临界转速，$n = 1$ 时为一阶临界转速，用 n_{c1} 表示；达到一阶临界转速时，转轴临界共振的振型如图 3-66(a)所示；$n = 2$ 时为二阶临界转速，用 n_{c2} 表示，达到二阶临界转速时，转轴临界共振的振型如图 3-66(b)所示，此时，转轴上有一个不动的节点。……

实际的汽轮机转轴呈阶梯形，中间较粗、两端轴颈部分较细，转轴上还有若干级叶轮及其他零部件，结构复杂。转子的临界转速与转子的直径、重量、几何形状、两端轴承间的跨度、轴承支承的刚度等有关，一般情况下，转子直径越大，重量越轻，跨度越小，轴承支承刚度越大，转子的临界转速就越高。

汽轮发电机组的每根转子两端用轴承来支承，各转子之间用联轴器连接起来，构成了多支点转子系统，称为轴系；轴系的临界转速由组成该轴系的各转子的临界转速汇集而成，但并不是简单的集合，用联轴器连接各转子后，使各转子的刚度增大，使轴系中的各阶临界转速比原来的单个转子相应的各阶临界转速有所提高，联轴器刚性越好，轴系中各阶临界转速提高得就越多。

此外，临界转速还要受到工作温度和支承刚度等因素的影响，当工作温度升高时，由于材料弹性模量 E 降低，使得临界转速值下降；另外，转子是由油膜、轴承座、台板和基础等组成的支承系统来支承的，支承系统的刚度越低，临界转速下降的就越多。

按自振频率大小不同转子可分为刚性转子和柔性转子两种，一阶临界转速高于正常工

作转速（$n_0 < n_{c1}$）的转子称为刚性转子，一阶临界转速低于正常工作转速（$n_0 > n_{c1}$）的转子称为柔性转子，随着机组参数和容量的增大，转子主轴直径增加的不多，而其长度却有明显的增大，故大容量汽轮机转子多为柔性转子。

（3）避免临界共振、保证机组安全运行

汽轮发电机组的工作转速应避开轴系的临界转速，这样才能保证机组的安全运行。

在汽轮机转子设计和制造方面，要求临界转速避开工作转速并有一定的裕量，对于刚性转子要求 $n_{c1} > (1.2 \sim 1.25)n_0$，且 n_{c1} 不允许在 $2n_0$ 附近；对于柔性转子要求 $1.4n_{ci} \leqslant n_0 \leqslant 0.7n_{c(i+1)}$。对于做过高速动平衡的转子，平衡精度大大提高，质量偏心所引起的离心力大为减小，临界转速与工作转速之间避开的裕量可以减小很多，国外有的制造厂只采用了 5% 的避开裕量。

在机组运行方面，要求运行人员熟悉本机组的临界转速值，在启停过程中，应设法使机组快速通过临界转速，不要让机组在临界转速值附近长时间停留。现代高参数大功率机组，由于转子平衡技术的不断提高，特别是挠性转子平衡技术的采用，在机组启动过程中，通过临界转速时，不再产生过分异常的振动，机组启动不必采取冲过或快速通过临界转速的方法，因为冲过或快速通过临界转速时，过高的升速率对机组的安全运行也是不利的，但转子也不宜在临界转速值的附近长时间停留。

3. 轴承的油膜振荡

如图 3-63 所示，A_2 点以后发生的频率等于一阶临界转速所对应的频率值的强烈的振动称为油膜振荡；A_2 点处轴颈中心的半速涡动的速度正好等于转轴的一阶临界转速，即轴颈中心形成涡动的激振力频率正好等于转轴的一阶自振频率，涡动振动被共振放大，表现为更加剧烈的振动，从而产生油膜振荡，油膜振荡一旦发生，涡动速度将始终保持一阶临界转速，不再随转速的升高而升高，因此，不能用提升转速的办法来消除油膜振荡。油膜振荡的激振力来自轴颈本身的涡动，而与外界无关，属于自激振动。

（1）影响油膜振荡的因素

由上述分析可见，只有当机组转速大于失稳转速且转速高于两倍一阶临界转速时，转子才会发生油膜振荡。对于刚性转子或一阶临界转速高于 1500 r/min 的挠性转子，在工作转速（全速汽轮机的工作转速 $n_0 = 3000$ r/min）范围内只会发生半速涡动，而不会发生油膜振荡。因此，避免发生油膜振荡的基本方法就是尽量提高转子的失稳转速或一阶临界转速。

1）临界转速

临界转速仅决定于转子本身，对于刚性转子和 n_{c1} 高于 $n_0/2$ 的柔性转子，在其工作转速范围内，只可能发生半速涡动，不会发生油膜振荡；对于高参数大功率机组，汽轮发电机组转子的一阶临界转速 n_{c1} 较低，会低于 $n_0/2$，此时只有通过提高失稳转速 n_1，将失稳转速 n_1 提高到 n_0 之上，才能避免油膜振荡的发生。

2）失稳转速

失稳转速与轴承的结构型式、间隙、载荷、临界转速以及轴颈在轴瓦中的相对位置等因素有关，轴承的相对偏心率如图 3-67 所示。

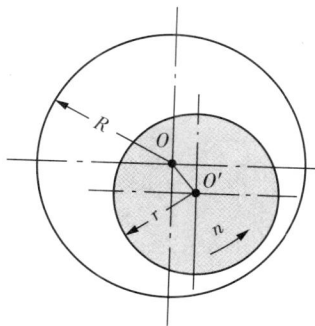

图 3-67　相对偏心率

$$相对偏心率 K = \frac{轴颈与轴瓦间的绝对偏心率 OO'}{轴瓦和轴颈的半径差(R-r)}$$

通过增大相对偏心率可以提高失稳转速,从而防止和消除油膜振荡。相对偏心距越大,轴颈受到扰动后产生的相对偏移量就越小,失稳分力就越小,就越不容易产生半速涡动和油膜振荡,通常认为 K 大于 0.8 时,在任何情况下都不会发生油膜振荡。

(2)消除油膜振荡的主要措施

1)增加比压

$$比压 = \frac{轴承载荷}{轴承垂直投影面积(轴承长度 \times 直径)}$$

比压越大,轴颈在轴瓦中浮的高度就越低,相对偏心率就越大,轴承的稳定性就越好。增大比压的方法主要有:调整对轮中心,改变各轴瓦的负荷分配,从而增大失稳转速低的轴承的载荷;通过缩短轴瓦的长度来减小轴瓦的投影面积;车去轴瓦两端的部分乌金等方法。

2)降低润滑黏度

润滑油的黏度越大,旋转时带入油楔中的油流量就越多,油膜就越厚,轴颈在轴瓦中浮得就越高,相对偏心率就越小,就越容易失去稳定,因此降低润滑油的黏度有利于轴承的稳定。降低润滑黏度的方法主要有:提高油温或更换黏度较小的润滑油。

3)调整轴承间隙

对于圆筒形或椭圆形轴承,减小轴瓦顶部间隙,可以增加油膜阻尼,并产生或加大向下的油膜作用力,减小了轴颈浮起的高度,增大了相对偏心率,轴承的稳定性得到提高;若在减小轴瓦顶部间隙的同时,加大轴瓦两侧间隙,消除油膜振荡的效果就会更显著。

4)在下瓦适当位置开泄油槽孔来降低油楔中油压,可以减小轴颈浮起的高度,从而增大相对偏心率,如图 3-68 所示。

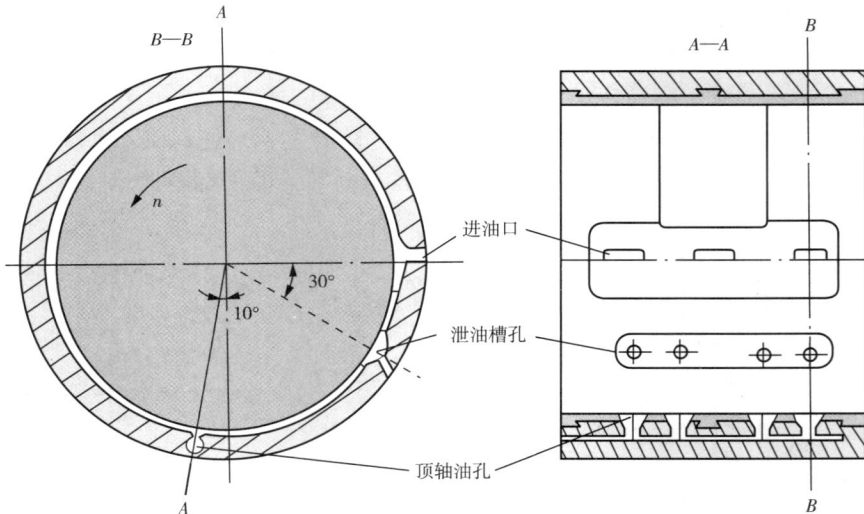

图 3-68 带有泄油槽孔和顶轴油孔的轴承

5)在汽轮机的设计制造上,应尽量提高转子的 n_{c1},选择稳定性好的轴承,尽量做好转子的动静平衡,减小不平衡质量,以降低转子在 n_{c1} 下的共振放大能力,减小振动时的振幅。

四、振动的测量

机组振动的大小一般是用轴承振幅值或轴振幅值来衡量的，振动允许值随机组不同而不同，双峰振幅值是单峰振幅值的 2 倍，双峰振幅值也称为全振幅值或峰–峰值，测量时分别取轴承座垂直方向、水平方向和轴向三个方向上的最大测量值。测点的位置如图 3–69 所示，分别在轴承顶部中间垂直方向、轴承水平结合面中间的横向和轴承端部转轴正上方的轴向进行测量。

由于受到轴承及油膜刚度等因素的影响，在轴承上测量的振幅并不能够完全反

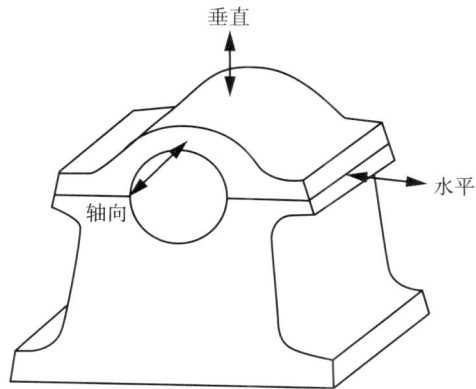

图 3–69　轴承振动测点位置

映出转子的振动情况，随着技术的发展，目前已有直接测量转子振动的非接触式仪表，并在机组上安装使用，国家规定全速 3000 r/min 汽轮机轴承和轴的振动标准如表 3–1 所示。

表 3–1　汽轮机轴承和轴的振动评价标准

评价		优	良	正常	合格	需重新找平衡	允许短时运行	立即停机
全振幅（mm）	轴承	<0.0125	<0.02	<0.025	<0.03	0.03~0.058	<0.05	0.05~0.063
	轴	<0.038	<0.064	<0.076	<0.089	0.102~0.127	—	0.152

第七节　超超临界 1000 MW 汽轮机支承与膨胀

一、汽轮机转子的支承

上汽超超临界 1000 MW 汽轮机的各转子用刚性联轴器连接在一起，汽轮机的四根转子分别由五个径向轴承来支承，高压转子由两个径向轴承支撑，中压转子和两根低压转子均由一个径向轴承支承，如图 3–70 所示。这种支承方式不仅结构比较紧凑，还能减少基础变形对轴承载荷和轴系对中的影响。

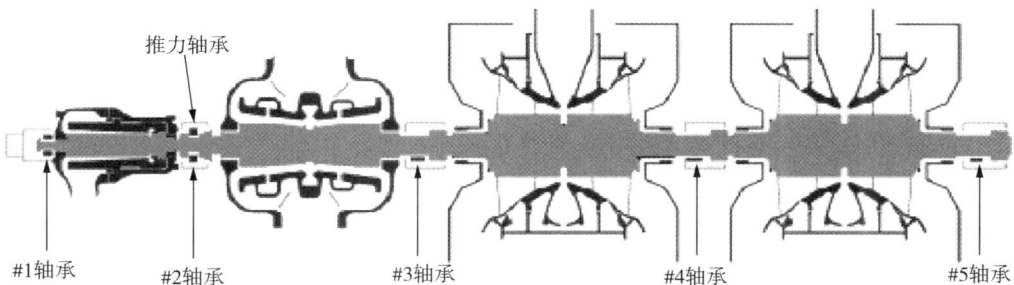

图 3–70　上汽超超临界 1000 MW 汽轮机转子的支承

所有轴承座都直接支撑在基础上，并通过地脚螺栓与基础固定，轴承座与基础之间不发生相对滑动，不参与机组的滑销系统。汽缸通过猫爪搭在其前后轴承座上，轴承座与猫爪之间的滑动支承面均采用低摩擦系数耐磨的合金滑块，该合金为自润滑形式，不需要加注润滑脂，有利于机组膨胀顺畅。

径向推力联合轴承位于♯2轴承座内，转子和汽缸都是以♯2轴承座为死点向两头膨胀的，中压外缸与低压内缸之间以及两个低压内缸之间用穿过轴承座的推拉杆相连接，并顺推传递膨胀和位移。

二、汽缸的支承与膨胀

如图 3－70 所示，汽轮机通流部分由一个高压缸、一个双流中压缸和两个双流低压缸所组成，高压缸、中压缸和低压内缸都是通过轴承座直接支撑在基础上的，汽缸不承受转子的重量，变形小，动静之间的间隙易保持稳定。

1. 高压缸的支承与膨胀

（1）高压外缸的支承与膨胀

如图 3－71 和图 3－72 所示，高压外缸由外缸前后伸出来的猫爪支撑在♯1轴承座和♯2轴承座的滑块上，支承面的高度与转子中心线高度相同，汽缸受热膨胀时，汽缸猫爪可在滑块上水平自由滑动，滑块（12）与定位键（13）组装在一起，这种支撑方式能够保证受热膨胀时高压外缸的支承面与转子的中心线高度一致。

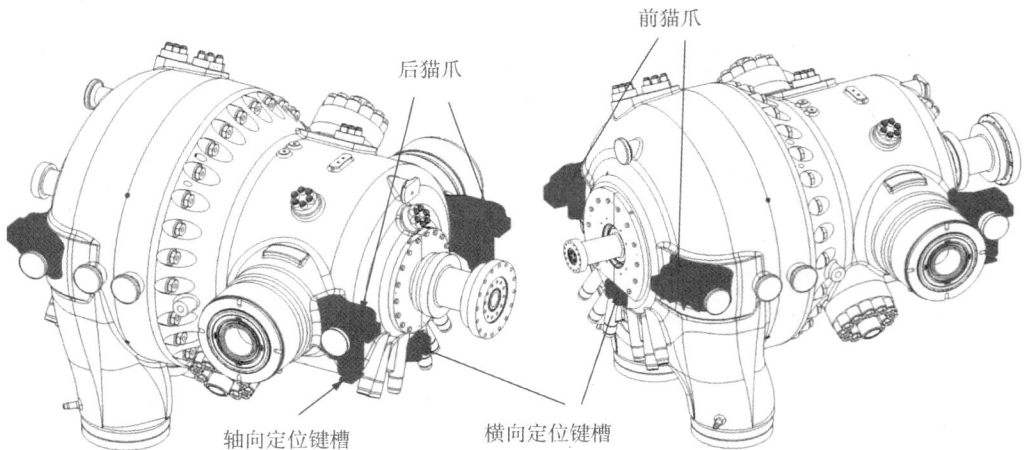

图 3－71 高压外缸结构及支承

在♯2轴承座上的高压外缸进汽缸的猫爪处，有凸肩向下伸到轴线的下方形成轴向定位键槽，与轴承座上相应的凹槽及定位键配合形成高压外缸的轴向定位装置，受热膨胀时，高压外缸从♯2轴承座上的猫爪处开始，沿轴向朝♯1轴承座方向膨胀移动。

高压外缸的横向位置由汽缸导向装置（$B—B$ 和 $D—D$）来确定，对中导向装置由轴承座上的定位凸肩和高压外缸上相应的凹槽配合组成，轴承座上定位凸肩和外缸上的凹槽位于转子中心线的正下方，通过调整凸肩（9）与凹槽间的垫片（15）来保证汽缸与轴承座的精确对中，受热膨胀时对中导向装置能引导汽缸沿垂直方向和沿轴向滑动。

（2）高压内缸的支承与膨胀

如图 3－73 所示，高压内缸卡在高压外缸进汽缸的四个凹槽内，并通过定位键与外缸保持对中，内缸固定在高压外缸中由外缸来支撑，可以沿径向和轴向自由膨胀。

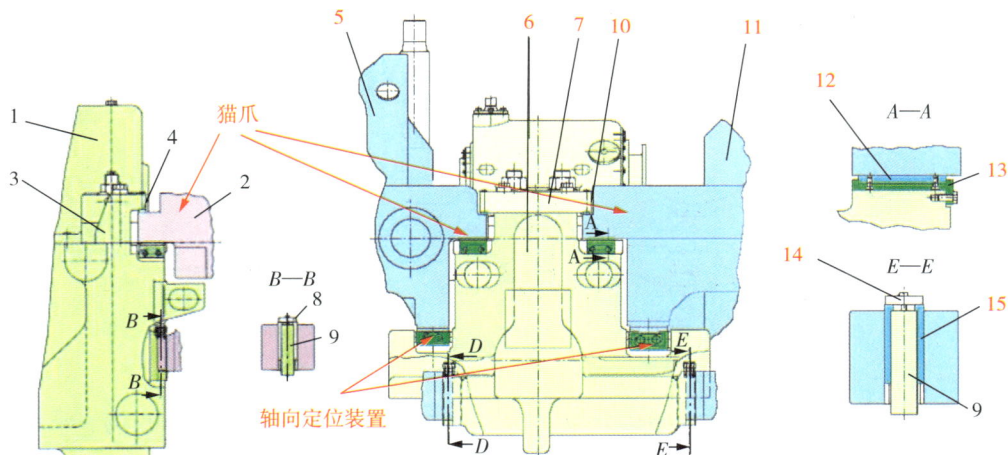

（a）高压外缸支承在#1轴承座上　　　　　　（b）高压外缸支承在#2轴承座上

图 3－72　高压外缸的支承与导向

1—#1 轴承座；2—高压外缸排汽缸；3—弓形梁；4—滑块；5—高压外缸进汽缸；
6—#2 轴承座；7—压块；8—板；9—导向键（定位凸肩）；10—垫片；11—中压外缸；
12—滑块；13—定位键；14—板；15—调整垫片

高压内缸沿轴向定位如图 2－120 所示，内缸凸缘的一侧支承在高压外缸进汽缸上的凹槽中，另一侧与固定在高压外缸进汽缸上的螺纹环配合，蒸汽作用在内缸上的轴向推力传递到螺纹环，再由螺纹环传递给高压外缸，内缸凸缘处为内缸相对于外缸膨胀时的固定点，高压内缸相对于外缸沿轴向的热膨胀和位移从这一基准点开始。

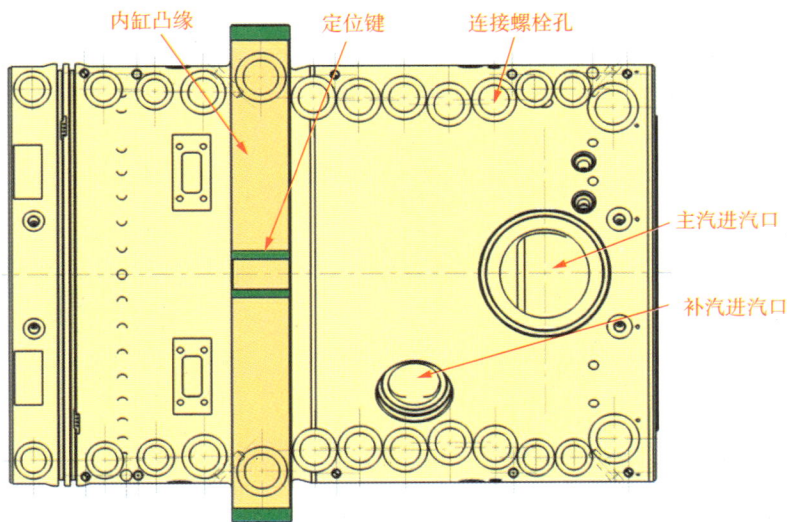

（a）高压内缸凸缘及连接螺栓位置

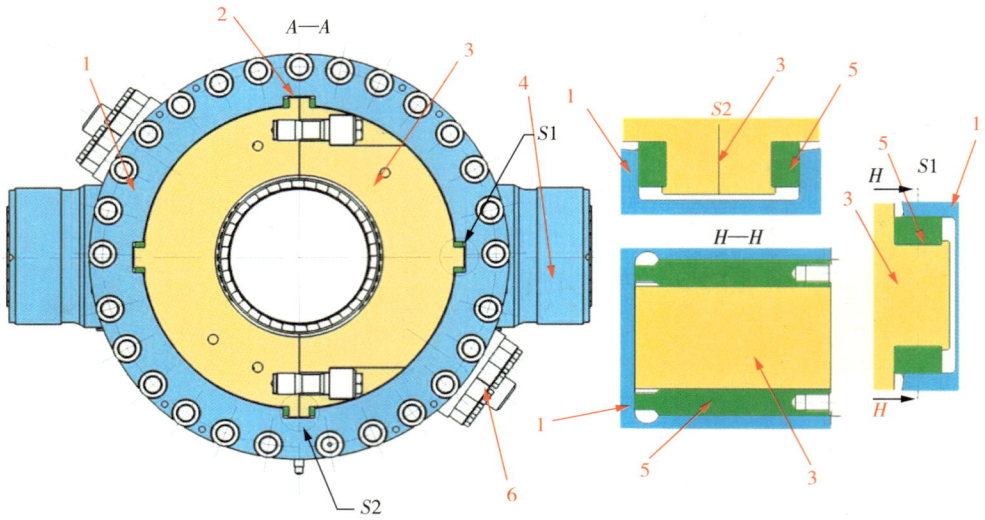

（b）图2-116中A—A剖视图　　　　　（c）图（b）中局部放大图

图 3－73　高压内缸对中

1—高压外缸进汽缸；2—外缸上的定位槽；3—高压内缸；

4—主汽进汽口；5—定位键；6—补汽进汽口

2. 中压缸的支承与膨胀

（1）中压外缸的支承与膨胀

如图 3－72、图 3－74 和图 3－75 所示，中压外缸通过上猫爪搭在♯2 和♯3 轴承座上，支承面的高度与水平中分面的高度相同，汽缸受热膨胀时，汽缸猫爪可在滑块上水平自由滑动，滑块（5、12）与定位键（6、13）组装在一起，这种支撑方式能保证中压外缸和转子的水平对中；此外，还将猫爪嵌入到轴承座的压块（4、7）下，用来防止汽缸猫爪向上翘起。

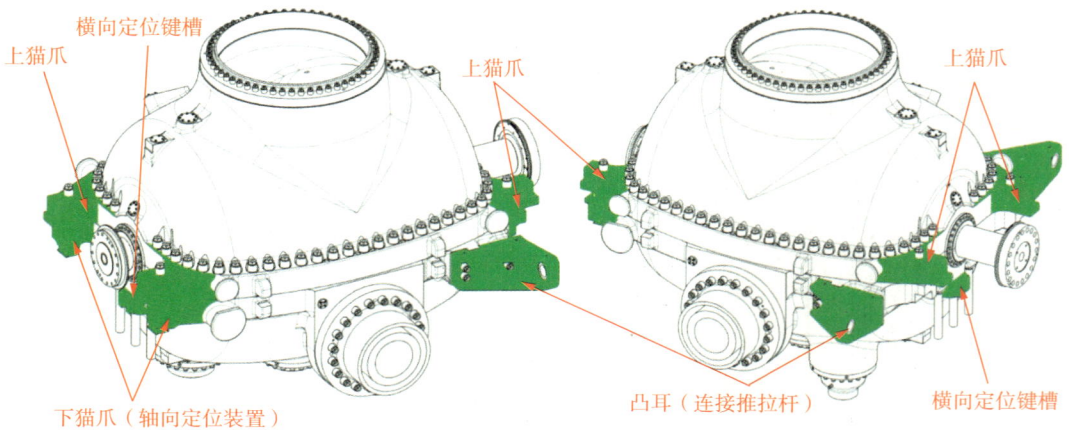

图 3－74　中压外缸结构及支承

在♯2 轴承座上中压外缸的下猫爪处，有凸肩向下伸到轴线的下方形成轴向定位键槽，与轴承座上相应的凹槽及定位键配合形成中压外缸的轴向定位装置，受热膨胀时，中压外缸从♯2 轴承座上的猫爪处开始,沿轴向朝♯3 轴承座方向膨胀移动。如图2-131 所示,在靠近发电机端的中压外缸法兰接合面上装有凸耳,通过推拉杆连接到低压内缸,用以平衡并顺推传递轴向膨胀位移量。

中压外缸的横向位置由汽缸导向键(E—E 和 D—D)来确定,对中导向装置由轴承座上的定位凸肩和中压外缸上的横向定位键槽组成,轴承座上定位凸肩和外缸上的定位键槽位于转子中心线的正下方,通过调整安装于定位凸肩与定位键槽间的垫片(8、15)来保证汽缸中心线与轴承座的精确对中,受热膨胀时对中导向装置能引导汽缸沿垂直方向和沿轴向自由滑动。

(2)中压内缸的支承与膨胀

如图3-76 所示,中压内缸采用中分面支承方式,内上缸和内下缸各通过四个猫爪(搁脚)支撑在外下缸的水平法兰中分面上。

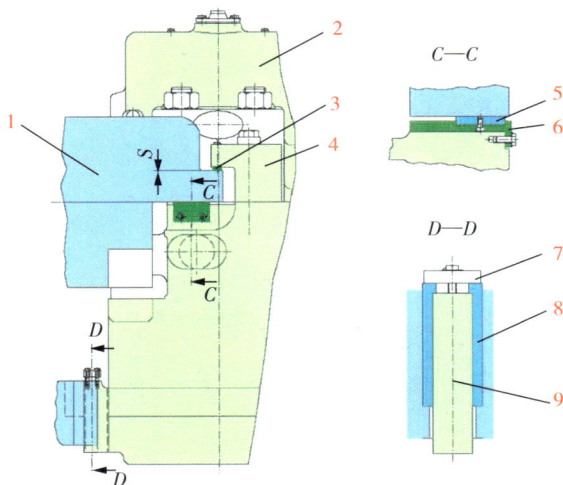

图 3-75　♯3 轴承座,中压外缸导向键和猫爪

1—中压外缸猫爪;2—♯3 轴承座;3—垫片;4—压块;5—滑块;
6—定位键;7—板;8—楔形调整垫片;9—定位凸肩

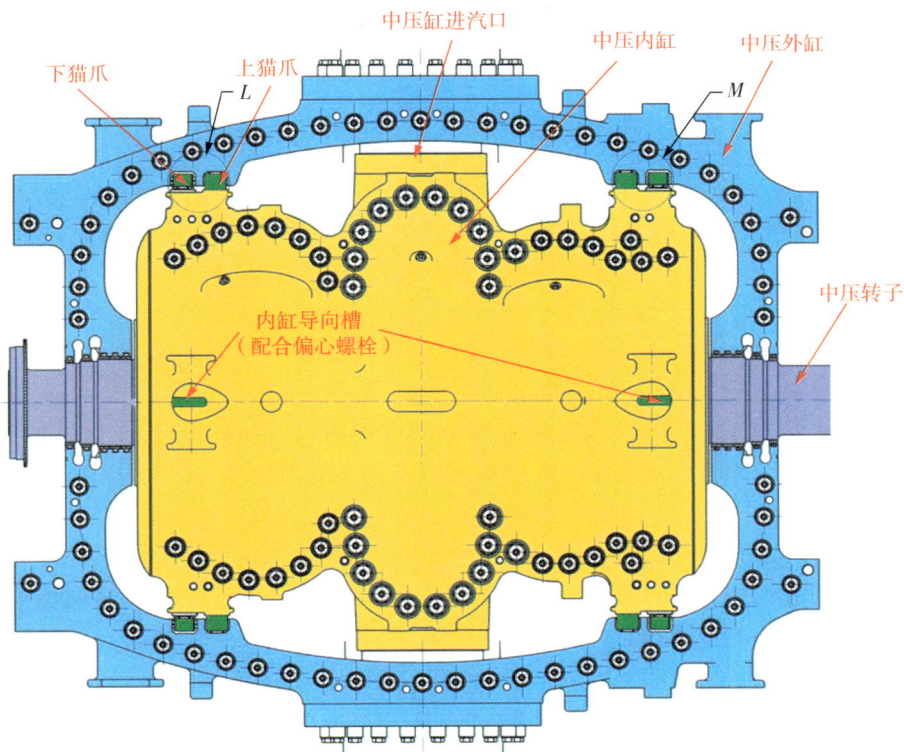

图 3-76　中压缸水平中分面俯视图

　　如图 3-76 和图 3-77 中的详图 L 和 M 所示,在中压外缸的水平中分面上,内上缸由四个猫爪(搁脚)及填片(7)支撑在外下缸(4)的水平法兰中分面上。沿垂直方向上的热膨胀从支撑面(水平中分面)开始,中分面支承方式在受热膨胀时能使内缸的水平中分面与转子中心线保持在一个平面上不变;内下缸的四个猫爪(搁脚)装入外下缸的凹槽中,猫爪的顶部安装了填片(6)。

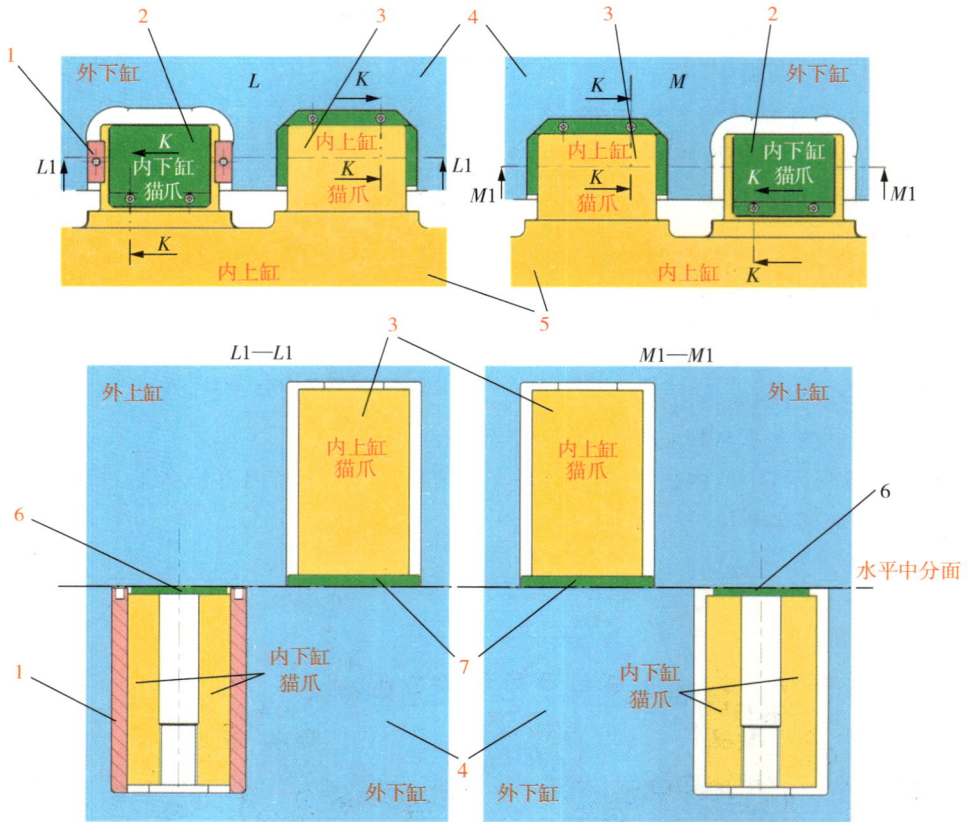

图 3-77　中压内缸猫爪支撑结构

1—调整垫片;2—中压内下缸猫爪;3—中压内上缸猫爪;4—中压外下缸;
5—中压内上缸;6—填片;7—填片

　　调阀端的中压内下缸猫爪处装有调整垫片(1)(调阀端:详图 L),中压内缸的热膨胀从该点开始沿轴向朝发电机方向伸展,电机端的中压内下缸猫爪(电机端:详图 M)无调整垫片,沿轴向可以自由膨胀滑动,中压内缸沿轴向的膨胀方向与转子的膨胀方向相同。

　　如图 2-129 和图 3-78 所示,在中压缸的垂直中分面上中压内缸通过装于外缸上下的四个带有偏心衬套的螺栓进行定位,确定中压内缸中心线所在的垂直面的横向位置;带有偏心衬套(1)的螺栓(2)与中压内缸(5)对应的凹槽配合,在受热膨胀时能起到导向作用,引导汽缸沿轴向自由膨胀滑动。

　　安装时通过调整偏心衬套使内缸和转子对中,内缸对中后,偏心衬套通过上紧定位螺钉(6)来固定。

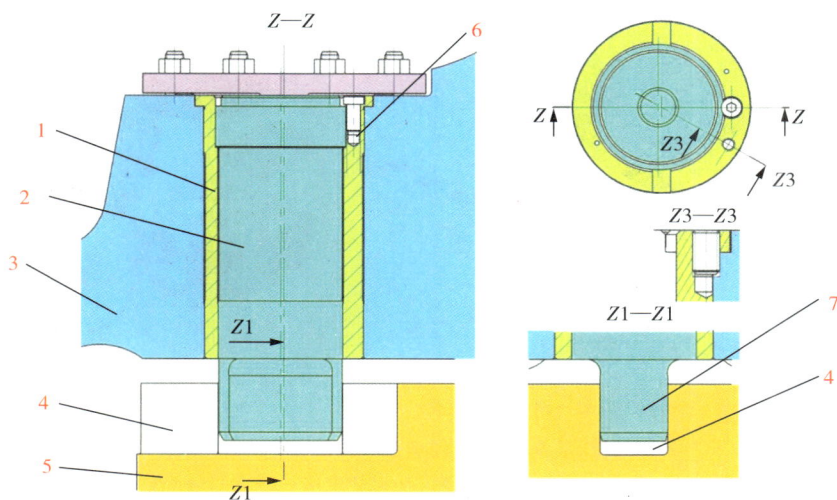

图 3-78　中压内缸垂直方向支撑定位

1—偏心衬套；2—螺栓；3—中压外上缸；4—内缸导向槽；5—中压内缸；6—定位螺钉；7—螺栓上的定位销

3. 低压缸的支承与膨胀

(1)低压外缸的支承与膨胀

如图 2-131 和图 3-79 所示,低压缸的支撑方式比较独特,低压外缸焊接并直接支撑在凝汽器上,低压外缸的重量由凝汽器来承担,低压外缸随凝汽器一起膨胀,低压外缸与轴承座、低压内缸和基础分离,与汽轮机滑销系统无关联。

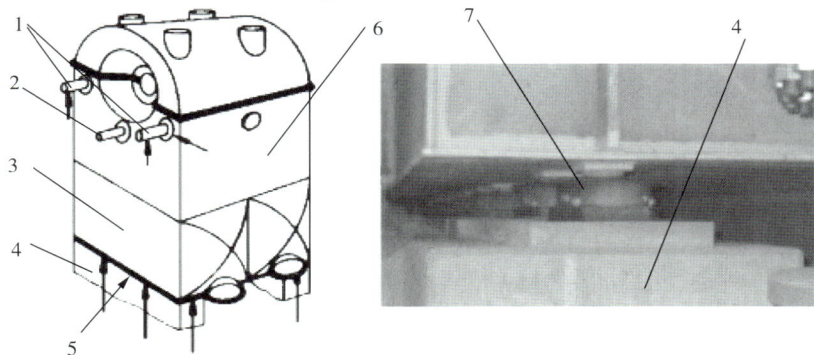

图 3-79　凝汽器定位及导向示意图

1—内缸猫爪；2—低压内缸横向定位和导向装置；3—凝汽器；4—基座；
5—基座上固定支座与导向支座安装位置；6—低压外缸；7—基座上的轴承支座

如图 3-79 和图 3-80 所示,凝汽器底部用支座支承在底部的基座上,由固定支座、导向支座和多球轴承支座构成凝汽器的支承和导向装置;沿轴向和沿横向导向支座连线的交点处为凝汽器和低压外缸膨胀的死点;低压外缸和凝汽器在横向上以基座上沿转轴中心线方向导向支座的连线为界向轴线两侧膨胀移动,在轴向上以基座上沿横向导向支座的连线为界朝轴线两端膨胀移动,在垂直方向上以凝汽器的基座为界向上膨胀移动。

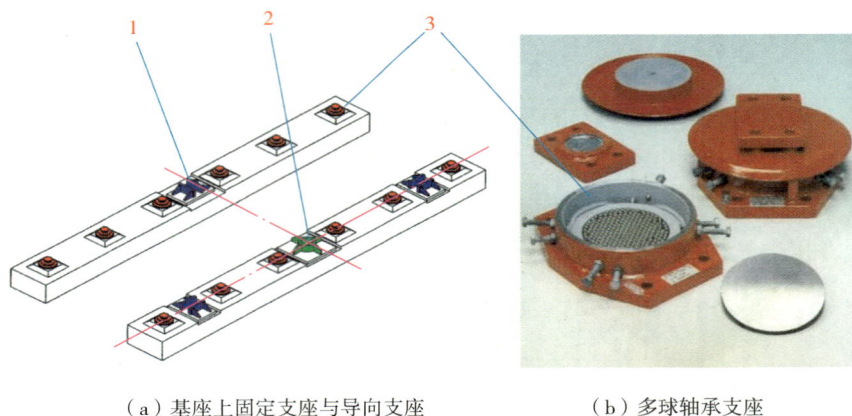

（a）基座上固定支座与导向支座　　　　（b）多球轴承支座

图 3-80　凝汽器定位及导向示意图

1—导向支座（定向导轨）；2—固定点（固定支座）；3—多球轴承支座

（2）低压内缸的支承与膨胀

如图 2-131 和图 3-81 所示，低压内下缸的猫爪沿轴向向外伸出搭在前后二个轴承座上，支撑起整个内缸、静叶持环及其静叶环的重量，并且猫爪通过穿过轴承座的推拉杆与中压外缸及另一个低压内缸相连，这样可以使各汽缸的膨胀位移得到顺推传递，转子和内缸的膨胀死点都在♯2 轴承座的支持推力联合轴承处，汽缸和转子受热后都朝同一方向膨胀。

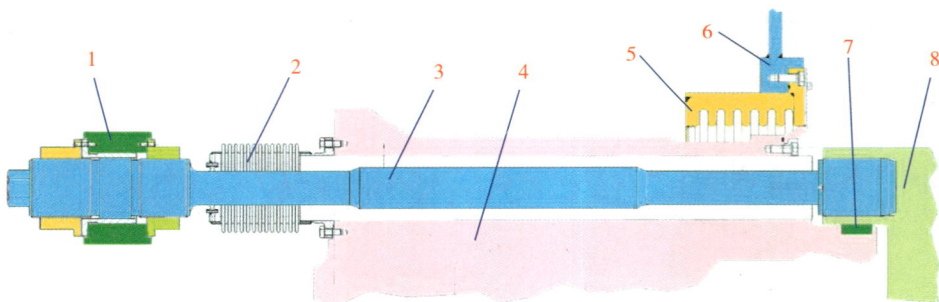

图 3-81　推拉杆结构图

1—中压外缸；2—补偿器；3—推拉杆；4—轴承座；

5—汽缸补偿器；6—低压外缸；7—自润滑板；8—低压内下缸猫爪

如图 2-132 和图 3-82 所示，在汽轮机转子中心线的正下方，低压内下缸底部的两端各安装了一个低压内缸横向定位和导向装置，该装置由两部分组成，一个是直接安装并固定在基础上的轴向导销，轴向导销从轴承座下方的基础上伸出来穿过低压外缸，导销的前端为定位销；另一个是固定在低压内下缸底部并向两端凸出来的凹槽（销槽）；通过两者的配合来确定低压内缸中心线所在垂直面的横向位置，在受热膨胀时该装置能引导汽缸在垂直方向上和轴向上自由滑动。

低压内缸与低压外缸之间不存在任何支撑关系，受热膨胀时低压内、外缸不会彼此影响。机组运行时，由于低压外缸和低压内缸及轴承座之间存在膨胀差，因此，在低压内外缸接合处均通过波纹管弹性连接，以此来吸收这些连接处内外缸间的膨胀差，如图 2-132 所

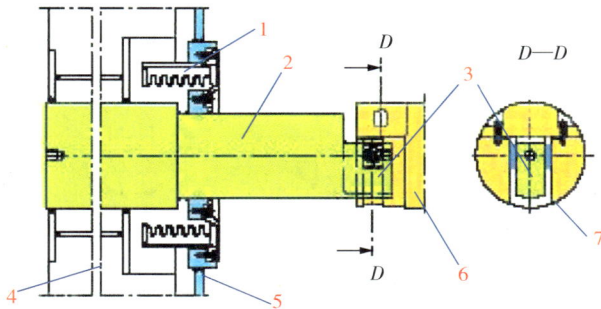

图 3-82　低压内缸横向定位和导向装置

1—汽缸补偿器；2—轴向导销；3—定位销；4—♯3、♯4、♯5 轴承座下的水泥基础；
5—低压外下缸；6—低压内下缸；7—低压内下缸两端凸出的凹槽

示，低压内外缸、轴承座及低压进汽管之间的相对膨胀差通过在内缸猫爪处的汽缸补偿器、端部汽封处的轴封补偿器及中低压连通管处的波纹管补偿器来吸收补偿。

三、滑销系统

如图 3-83 所示，♯2 轴承座是汽轮机静止部分膨胀的死点，高压外缸受热后以♯2 轴承座为死点朝调速端膨胀，中压外缸与低压内缸之间及两个低压内缸之间用穿过轴承座的推拉杆相连接，受热后朝发电机端顺推膨胀。

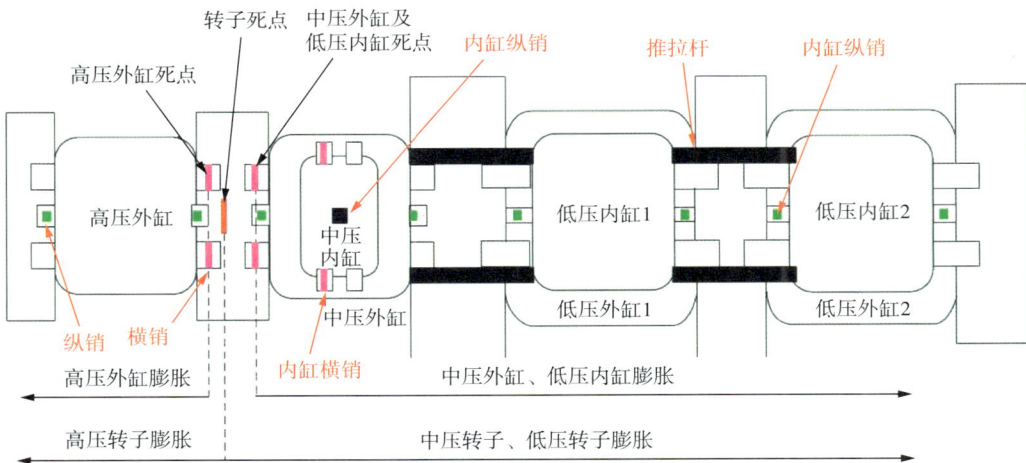

图 3-83　上汽 1000 MW 汽轮机组滑销系统

♯2 轴承座内装有径向推力联合轴承，轴系以推力轴承为死点向两头膨胀，高压转子从推力轴承处朝调速端膨胀，中压转子和低压转子从推力轴承处朝发电机端膨胀；启停时转子膨胀和收缩的方向与汽缸膨胀和收缩的方向保持一致，使得机组通流部分动静间膨胀量的差值比较小，有利于机组的快速启动。

如图 3-84 所示，转子和汽缸都是以♯2 轴承座为死点向两头膨胀的，高压缸和高压转子之间的胀差，是从♯2 轴承座开始的因动静部分膨胀量的不同而产生的差值，在距♯2 轴承座最远的一端，高压部分的胀差值达到最大；中压转子和中压缸之间及低压转子和低压缸之间的胀差,也是由从♯2轴承座开始因动静部分膨胀量的不同而产生的差值,在距推力轴承最远的一端,中、低压部分的胀差值达到最大。

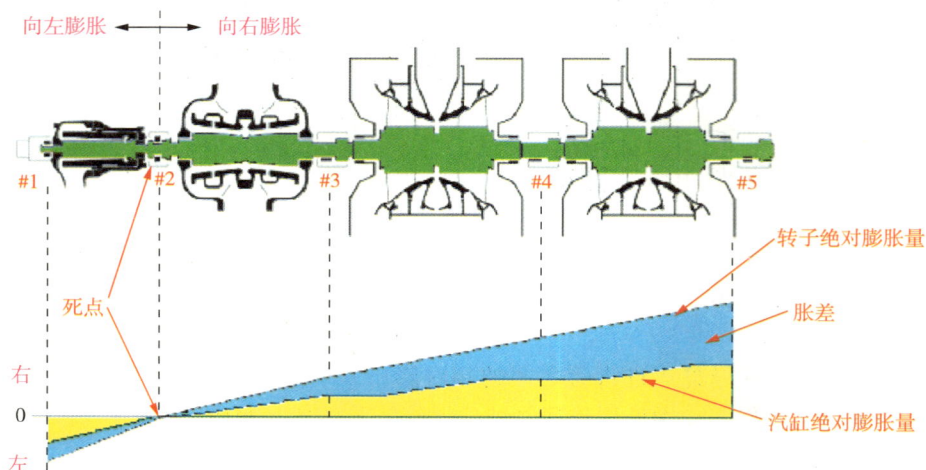

图 3-84　汽缸与转子的膨胀

复 习 训 练 题

一、名词概念

1. 支持轴承、推力轴承

2. 中分面支承方式、非中分面支承方式

3. 相对死点、绝对死点、胀差

4. 滑销系统

5. 汽缸的拱背变形

6. 转子热弯曲

7. 刚性转子、柔性转子

8. 半速涡动、油膜振荡

二、分析说明

1. 画图说明滑动轴承的工作原理。

2. 画图说明可倾瓦轴承的工作原理。

3. 多级汽轮机轴向推力的平衡方法有哪些?

4. 简述盘车装置的作用以及对盘车装置的要求。

5. 画出单缸汽轮机的滑销系统示意图,并说明启动过程中滑销系统是如何引导汽缸膨胀的。

6. 以单缸汽轮机为例,说明汽缸在启动过程中,胀差的变化及其对汽轮机动静间隙的影响。

7. 以柔性大、轻载转子为例,画图说明在升速过程中轴颈中心的运动情况,并说明转子在什么情况下不会出现油膜振荡。

8. 影响油膜振荡的主要因素有什么? 消除油膜振荡有哪些主要措施?

第四章 汽轮机的凝汽设备及运行

凝汽设备是汽轮机的重要组成部分,利用循环水来冷却汽轮机的排汽,由于排汽在凝汽器内的大量凝结,形成真空,真空的高低(凝汽器压力)直接影响到整个电厂运行的安全性和经济性。

第一节 凝汽设备的工作原理

火电厂是通过水-蒸汽的热力循环来实现连续的热功转换的,通过水-蒸汽的热力循环,不断地在锅炉中吸热,在汽轮机中膨胀做功,在凝汽器中凝结放热;凝汽器真空越高,汽轮机的排汽压力就越低,汽轮发电机组的做功量就越大。

一、凝汽设备的组成

凝汽设备是由表面式凝汽器、抽气设备、凝结水泵、循环水泵以及连接管道和附件等组成,凝汽设备的示意图如图4-1所示。

汽轮机的排汽进入凝汽器汽侧,由循环水泵来的循环水进入凝汽器水侧,吸收排汽凝结放出的热量,排汽凝结成水,并通过凝结水泵送往除氧器。

由于蒸汽凝结时,体积骤然缩小,在凝汽器中形成高度真空。但处于负压的凝汽设备及管道接口并非绝对严密,外界空气会漏入,漏入的空气会阻碍传热。为保持真空,需要利用抽气器不断地将漏入凝汽器内的空气抽出,以防止不凝结气体在凝汽器内积聚,使凝汽器压力升高。

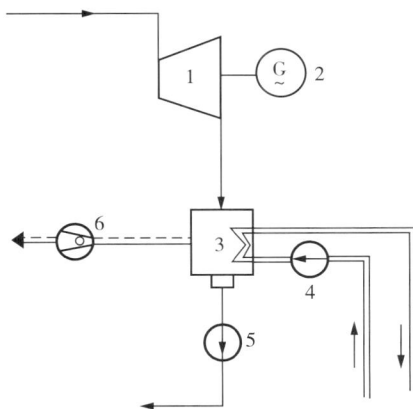

图4-1 凝汽设备的原则性系统
1—汽轮机;2—发电机;3—凝汽器;
4—循环水泵;5—凝结水泵;6—真空泵

二、凝汽设备的作用

(1)在汽轮机排汽口建立并维持高度真空,使蒸汽在汽轮机中尽量膨胀到最低的压力,以增大蒸汽的可用焓降,将更多的热能转变为机械功;

(2)将汽轮机的排汽凝结成洁净的凝结水,经加热后送入锅炉循环使用;

(3)除氧,防止凝汽器和主凝结水管道腐蚀;

(4)凝汽器是热力系统中压力最低的汽水汇集处,接收机组启停时旁路系统来的蒸汽及各种压力较低的疏放水。

三、凝汽器压力的测量

凝汽器压力指的是凝汽器汽侧蒸汽凝结时所对应的饱和压力,但由于凝汽器汽侧各处压力并不相等,凝汽器性能试验规程规定,凝汽器压力指的是凝汽器入口距离第一排冷却水管约 300 mm 处的蒸汽绝对压力(静压),如图 4-2(a)所示。汽轮机的排汽压力为 p'_c,凝汽器压力为 p_c,显然,p'_c 和 p_c 存在压差,压差 $\Delta p'_c$ 决定于凝汽器喉部的阻力和扩压情况,现代大型机组凝汽器喉部一般都装设有抽汽管道、低压加热器等,其阻力不能忽视。

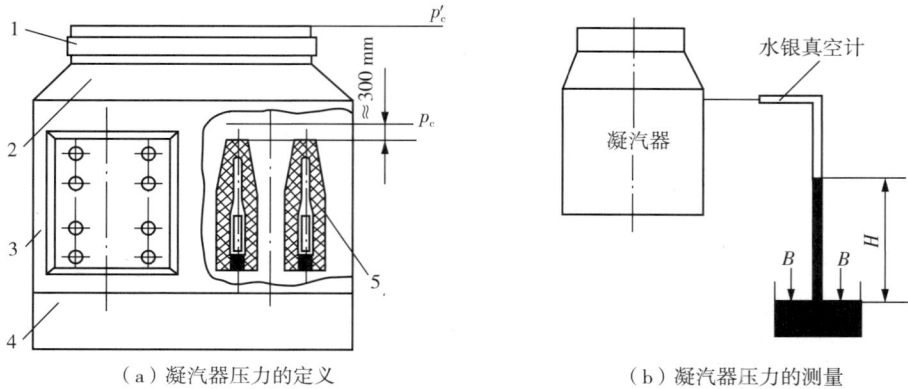

（a）凝汽器压力的定义 （b）凝汽器压力的测量

图 4-2 凝汽器压力的定义和测量

1—喉部直段;2—喉部斜段;3—壳体;4—热井;5—管束

大型机组的凝汽器压力一般采用水银真空计测量,测点应布置在距离管束第一排冷却水管约 300 mm 处,如图 4-2(b)所示,凝汽器中的绝对压力为

$$p_c=133.3(B-H) \tag{4-1}$$

式中:B——当地当时大气压的汞柱高度,mm;

H——真空计中汞柱高度,mm。

凝汽器的真空度指的是大气压力和凝汽器压力的差值 H 与大气压力 B 之比,即

$$V=\frac{H}{B}\times 100 \tag{4-2}$$

四、影响凝汽器压力的因素

凝汽器压力是凝汽器运行中的一项重要参数,由对应的饱和蒸汽的温度 t_s 可以确定凝汽器压力,通过分析影响饱和蒸汽的温度 t_s 的因素,进而得到这些因素对凝汽器压力的影响。

当蒸汽与冷却水逆流时,蒸汽和冷却水温度沿冷却表面的分布如图 4-3 所示,理想情况下,凝汽器内只有蒸汽而没有其他气体,且凝汽器汽侧各处的压力 p_c 是相等的,蒸汽在汽侧压力对应的饱和温度下等压凝结放热。

若冷却水量和冷却面积为无限大,蒸汽与冷却水之间的传热端差等于零,则凝汽器汽侧压力就等于冷却水温所对应的饱和蒸汽压力,即 $p_c=p_b$;但实际上冷却水量和冷却面积并非无限大，且传热必然存在温差，使得蒸汽凝结温度高于冷却水温度，凝汽器汽侧压力高于冷却水温所对应的饱和蒸汽压力，即 $p_c > p_b$。

此外，在凝汽器内除了水蒸气外，还有漏入的空气；在主凝结区，水蒸气占绝大部分，空气的含量很少，故凝汽器的总压力 p_c 近似等于凝汽器内水蒸气分压力 p_s，即 $p_c \approx p_s$，蒸汽在主凝结区等压凝结放热，蒸汽凝结放热温度 t_s 为对应的凝汽器内水蒸气分压力下的饱和温度，且在主凝结区凝结放热温度 t_s 基本保持不变。在空气冷却区，由于蒸汽已大量凝结，空气含量相对较大，蒸汽分压力 p_s 低于凝汽器压力 p_c，使得 p_s 所对应的饱和温度 t_s 明显下降。

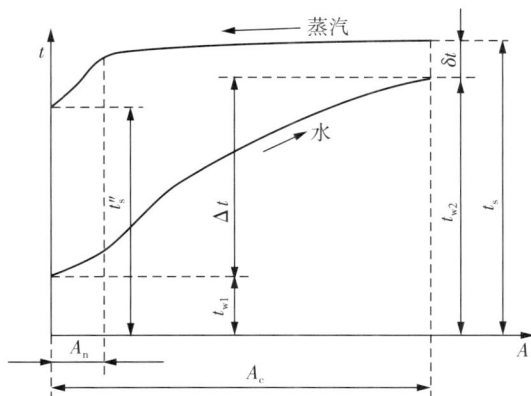

图 4-3　凝汽器中蒸汽和冷却水温度沿冷却表面的分布
A_c—凝汽器总传热面积；A_n—空气冷却区面积

由图 4-3 可见，蒸汽凝结时的温度 t_s 为：

$$t_s = t_{w1} + (t_{w2} - t_{w1}) + \delta t = t_{w1} + \Delta t + \delta t \qquad (4-3)$$

式中：t_{w1}、t_{w2}——冷却水进、出口温度；

Δt——冷却水温升，$\Delta t = t_{w2} - t_{w1}$；

δt——传热端差，$\delta t = t_s - t_{w2}$。

由此可见，凝汽器压力 p_c 可由凝汽器内蒸汽凝结时的饱和温度 t_s 来确定，而影响饱和温度 t_s 的因素有 t_{w1}、Δt 和 δt，若 t_{w1}、Δt 和 δt 越小，则凝汽器的压力 p_c 就越低，真空就越高。

1. 冷却水进口温度 t_{w1}

冷却水进口温度 t_{w1} 取决于供水方式、季节和地区，在其他条件不变时，冬季 t_{w1} 低，则 t_s 也低，凝汽器压力低，真空高；夏季冷却水进口温度 t_{w1} 高，t_s 也高，真空低。

2. 冷却水温升 Δt

降低冷却水的温升 Δt，可降低 t_s，根据凝汽器热平衡方程式得到冷却水温升为：

$$\Delta t = \frac{h_c - \bar{t}_c}{c_p D_w / D_c} = \frac{h_c - \bar{t}_c}{c_p m} \qquad (4-4)$$

式中：D_c、D_w——汽轮机的排汽量、冷却水量；

h_c、$\bar{t}_c$——凝汽器进口蒸汽焓、凝结水焓；

$\bar{t}_{w2}$、$\bar{t}_{w1}$——冷却水进口、出口的焓；

c_p——水的定压比热；

m——凝汽器的冷却倍率（循环倍率）。

由上式可见，若增大循环倍率 m，则冷却水温升 Δt 减小，t_s 也相应减小，凝汽器可达到较低的压力，由于 $m = D_w / D_c$，要增大 m，可以增大冷却水量 D_w 或降低汽轮机的排汽量 D_c，排汽量 D_c 是由机组负荷决定的。因此，运行人员只能通过改变冷却水量 D_w 来控制冷却水温升 Δt。

增大冷却水量 D_w,一方面可降低汽轮机排汽压力,使汽轮机所发功率增加;另一方面增加了循环水泵耗功。若只有一台循环水泵工作,且冷却水量可连续调节,则汽轮机功率增量 ΔP_T、水泵耗功增量 ΔP_P 与冷却水增量 ΔW 的关系如图 4-4 所示。随着循环水量的增加,机组电功率增量 ΔP_T 逐渐增大,而循环水泵所耗功率增量 ΔP_P 也在逐渐增大。由图 4-4 可见,当 $\Delta P_T - \Delta P_P$ 的差值达到最大时,增加 D_w 所获得的净收益达到最大,此时的真空为最佳真空。

3. 传热端差 δt

传热端差 δt 与冷却面积 A_c、传热量 Q 及总体传热系数 K 有关,传热系数 K 越大,端差就越小,真空就越高。凝汽器的传热端差 δt 为:

$$\delta t = \frac{\Delta t}{\exp\left(\dfrac{KA_c}{D_w c_p}\right) - 1} \quad (4-5)$$

式中:A_c——冷却水管外表总面积;

K——凝汽器的总传热系数。

总传热系数 K 受许多因素的影响,如冷却水进口温度、冷却水流速、管径、流程数、管子材料、冷却表面洁净程度、空气含量、蒸汽速度及管子排列方式等。

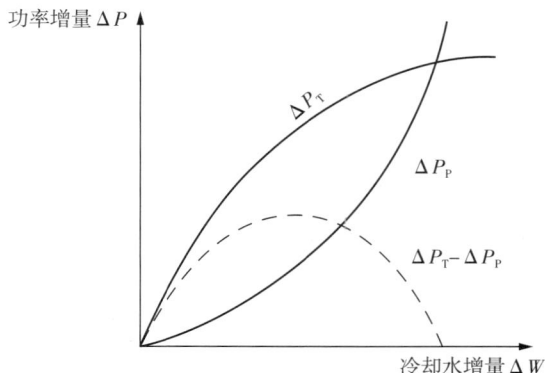

图 4-4 汽轮机功率增量、水泵耗功增量
与冷却水增量之间的关系

五、多压凝汽器

随着机组容量的增加,汽轮机排汽口的数目相应增加,为提高凝汽器效率,将凝汽器汽侧分隔成几个互不相通的汽室,冷却水管顺序穿过各汽室。由于进入各汽室的冷却水的进水温度都不相同,使得各汽室的汽侧压力也不同,这样的凝汽器称为多压凝汽器。

单压凝汽器如图 4-5(a)所示,凝汽器的四个排汽口压力都相同,其压力为 p_c;若将凝汽器改为双压凝汽器,在单压凝汽器的汽侧用隔板分隔成两个汽室,冷却水顺序流过两个汽室,如图 4-5(b)所示,由于进入两个汽室的冷却水温度不同,造成两个汽室的汽侧压力不同,并且 $p_{c1} < p_{c2}$。

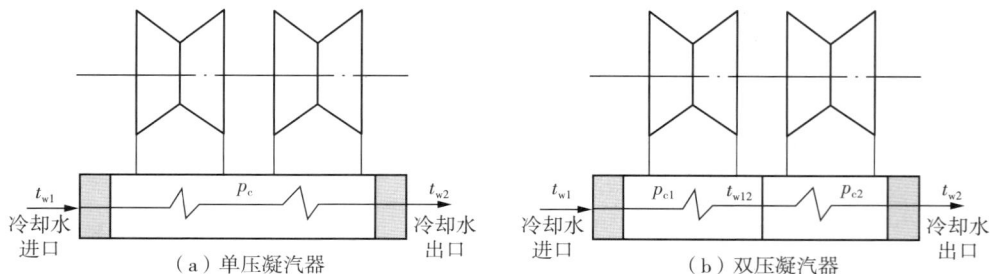

图 4-5 多压凝汽器示意图

单压凝汽器和双压凝汽器的传热过程如图 4-6 所示,双压凝汽器两个汽室的传热面积和热负荷各为单压凝汽器的一半,而冷却水量则相等并与单压凝汽器的冷却水量一样,所以

两汽室的冷却水温升均为 $\Delta t/2$。

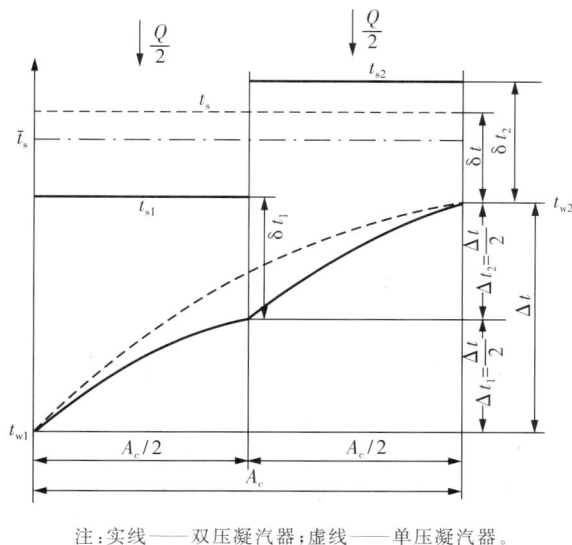

注：实线——双压凝汽器；虚线——单压凝汽器。

图 4 - 6　双压凝汽器与单压凝汽器的传热过程比较

图中中间垂直分界线相当于双压凝汽器的中间隔板，把凝汽器的传热过程分成两部分，左侧为低压凝汽器，右侧为高压凝汽器，冷却水顺序通过低压和高压凝汽器，吸收热量后温度升至 t_{w2}。由于冷却水先流经低压凝汽器（其进口水温为 t_{w1}），温度升高后再流经高压凝汽器（其进口水温为 $t_{w1}+\Delta t/2$ 后），因此低压凝汽器内蒸汽温度及对应的蒸汽压力较低，而高压凝汽器内蒸汽温度和对应的蒸汽压力较高。

冷却水总的吸热量相同，单压和双压凝汽器冷却水的出口温度也是相同的，但由于冷却水进口处蒸汽和冷却水的平均传热温差较大，单位面积传热负荷较大，所以冷却水的温升曲线在进口处较陡，在出口端较平缓。如果汽侧被隔开的汽室越多，循环水的温升曲线就会越接近直线，使得各汽室内蒸汽和冷却水之间的换热温差最小，蒸汽可在更低的温度下凝结放热，从而使凝汽器获得更低的平均压力，使得汽轮机的做功能力损失减小。对于双压凝汽器，蒸汽凝结放热时的平均温度为 $\bar{t}_s=(t_{s1}+t_{s2})/2$，其平均折合压力为该平均温度所对应的饱和压力。由于双压凝汽器的平均放热温度 $\bar{t}_s$ 低于单压凝汽器的放热温度 t_s，因此双压凝汽器的平均折合压力比单压凝汽器低。

第二节　凝汽设备的结构组成

一、凝汽器的总体结构组成

按冷却介质不同，表面式凝汽器分为空气冷却和水冷却两种。其中，水冷凝汽器应用得较广泛，而空冷凝汽器仅用于缺水地区。这里主要介绍水冷凝汽器的结构特点。

表面式凝汽器的三维结构如图 4 - 7 所示。凝汽器上部为进汽口，通过补偿器直接连接到汽轮机的排汽管上；两端是水室，水室是由端盖、外壳和管板构成；冷却水管则安装在开有许多小孔的管板上;凝汽器下部是收集凝结水的热井。

根据冷却水在凝汽器内流程不同,凝汽器可分为单流程、双流程和多流程。若同一股冷却水在凝汽器内转向先后两次流经冷却水管,称为双流程凝汽器。结构如图4-8所示。冷却水由进水管4进入凝汽器的进水室,流过位于凝汽器下部的冷却水管流入回水室5,再流过位于凝汽器上部的冷却水管进入出水室13,通过出水管6排出。冷却水管2安装在两侧的管板3上,蒸汽进入凝汽器汽测,在冷却水管外凝结,凝结下来的凝结水汇集到凝汽器下部热井7中,并由凝结水泵送往除氧器。

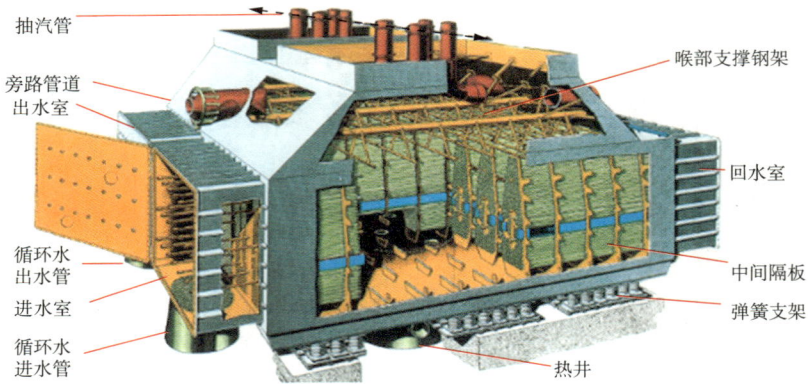

图4-7 表面式凝汽器三维结构

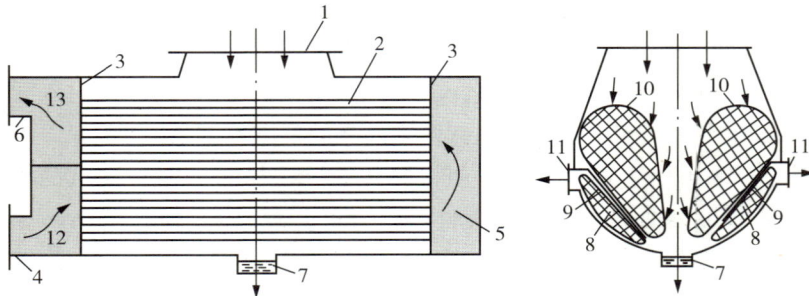

图4-8 双流程表面式凝汽器结构简图

1—外壳;2—冷却水管;3—管板;4—冷却水进水管;5—冷却水回水室;
6—冷却水出水管;7—热井;8—空气冷却区;9—空气冷却区挡板;10—主凝结区;
11—空气抽出口;12—冷却水进水室;13—冷却水出水室

凝汽器的传热面分为主凝结区10和空气冷却区8两部分,并用挡板9隔开,汽气混合物被进一步冷却,使被抽出的汽气混合物中蒸汽含量大为减少,工质损失减少;同时,温度的降低也使汽气混合物的容积流量减小,减轻了抽气器的负担。

对于双流程或多流程凝汽器来说,其水室内装水平挡板将其分成几个独立的水室,以构成所需的流程数。

若同一股冷却水一次通过冷却水管流出,而不在凝汽器内转向,称为单流程凝汽器,结构如图4-9所示。

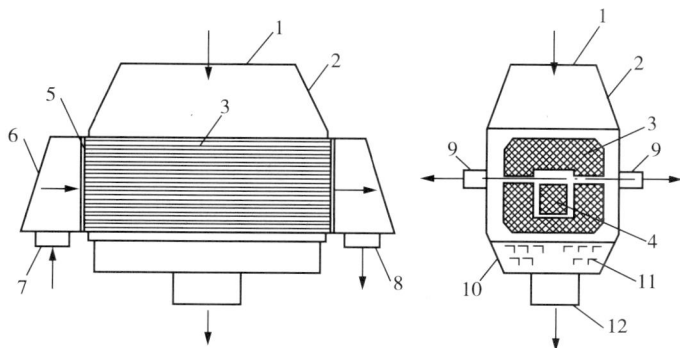

图 4-9 单流程表面式凝汽器结构简图

1—排汽进口；2—外壳；3—主凝结区；4—空气冷却区；5—管板；6—端盖；
7—冷却水进口；8—冷却水出口；9—抽气口；10—热井；11—除氧装置；12—出水箱

二、凝汽器的结构特点

1. 凝汽器与汽轮机排汽口的连接

凝汽器喉部与汽轮机排汽口的连接处应严密不漏，并且在汽轮机受热后应具有良好的膨胀性能，否则将引起汽轮机排汽缸变形或位移，导致机组振动。凝汽器喉部与排汽口的连接方式主要有波纹管连接和法兰盘连接。

采用波纹管连接时，凝汽器和汽轮机排汽缸分别安装在各自的基础上，中间用波纹管连接起来，如图 4-10 所示。

如图 4-11 所示，采用法兰盘连接时，凝汽器喉部与汽轮机排汽室利用法兰螺栓连接起来，凝汽器本体用弹簧支承在基础上，汽轮机排汽管不承受重力，其受热膨胀时，利用弹簧的弹性变形来补偿补偿凝汽器与汽轮机排汽缸的热膨胀量，并具有良好的密封性，因此这种连接方式得到广泛应用。

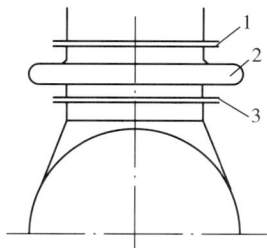

图 4-10 波纹管连接

1—排汽缸法兰；2—膨胀补偿器；
3—凝汽器法兰

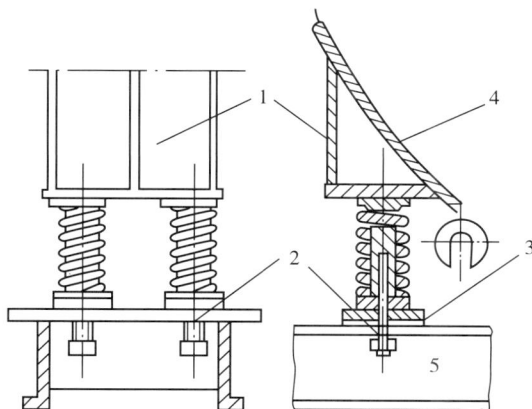

图 4-11 凝汽器的弹簧支架

1—凝汽器外壳的支脚；2—调整螺栓；
3—垫圈；4—凝汽器外壳；5—基座

2. 凝汽器抽气口的布置

根据抽气口位置不同,汽流在凝汽器中的流动状况也不同,现代凝汽器通常采用的抽气口布置位置有汽流向心式和汽流向侧式两类,如图 4-12 所示。

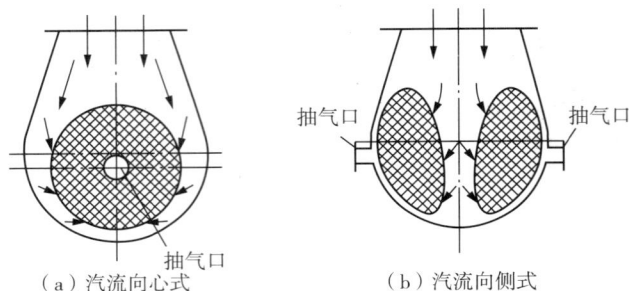

（a）汽流向心式　　　　　　　（b）汽流向侧式

图 4-12　不同汽流方向的凝汽器

① 汽流向侧式:抽气口布置在凝汽器两侧,排汽由排汽口到抽气口的流程较短,汽阻较小;并在凝汽器中间设有蒸汽通道,可使部分排汽直接流到热井,对热井中的凝结水进行回热加热,使凝结水温度接近汽轮机的排汽温度。

② 汽流向心式:抽气口布置在管束的中心,蒸汽由管束四周向中心流动,汽阻小,并且蒸汽可以从两侧流向热井,对热井中的凝结水进行回热加热,但下部的管束与蒸汽接触较少,各部分管子的热负荷不均匀。

3. 凝汽器冷却水管的布置与安装

（1）冷却水管的排列和布置

① 冷却水管在管板上的排列方式

冷却水管在管板上的排列方式一般有正方形排列、三角形排列和辐向排列三种基本方式,如图 4-13 所示。

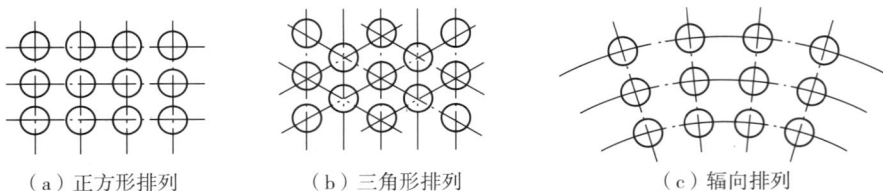

（a）正方形排列　　　　（b）三角形排列　　　　（c）辐向排列

图 4-13　凝汽器管子的排列方式

a. 正方形排列:汽流流过的通道弯曲较小,阻力较小。

b. 三角形排列:此排列方式布置紧凑,当节距相同时能在单位管板面积上排列最多的管子,使单位体积内换热面积最大。同时,错列布置使得汽流扰动大,换热效果好,但汽流的流动阻力较大。

c. 辐向排列:随着蒸汽的不断凝结,蒸汽的流量逐渐减小,所需的通流面积也随之逐渐减小,这样的布置沿流程各段流动阻力基本保持不变,换热效果也较好。

② 凝汽器管束的布置方式

凝汽器管束的布置方式直接影响到凝汽器热交换效率、汽阻和凝结水过冷度,凝汽器管束的布置既要保证凝汽器有最高的传热系数,又要保证凝汽器具有最小的汽阻和最小的过冷度。

图 4-14 所示为带状布置管束,蒸汽从排汽口进入凝汽器后,向两侧流动。管束的布置使得凝汽器的进汽通道呈渐缩状,流动阻力较小,并使蒸汽可以和多排管子接触,加之管束的蛇形布置,增大了换热面积。随着蒸汽的流动,蒸汽逐渐凝结下来,所需通流面积也逐渐减小,两侧的管束在下部并不封口,使部分蒸汽直接流到下部,对热井中的凝结水进行回热加热,减少了凝结水的过冷度。

随着单机功率的增大,凝汽器尺寸和冷却水管数量剧增,为加大管束四周的进汽边界,以缩短蒸汽流程、减小蒸汽流动过程的汽阻,并使热负荷分配均匀,提高传热性能,出现

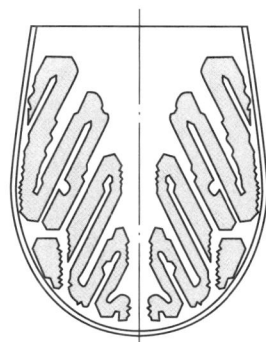

图 4-14 管束呈带状布置

了多区域向心式凝汽器,如图 4-15 所示,凝汽器管束为教堂窗式布置,由若干个独立区域均匀布置于矩形外壳内,每个区域的中部都设有空冷区。

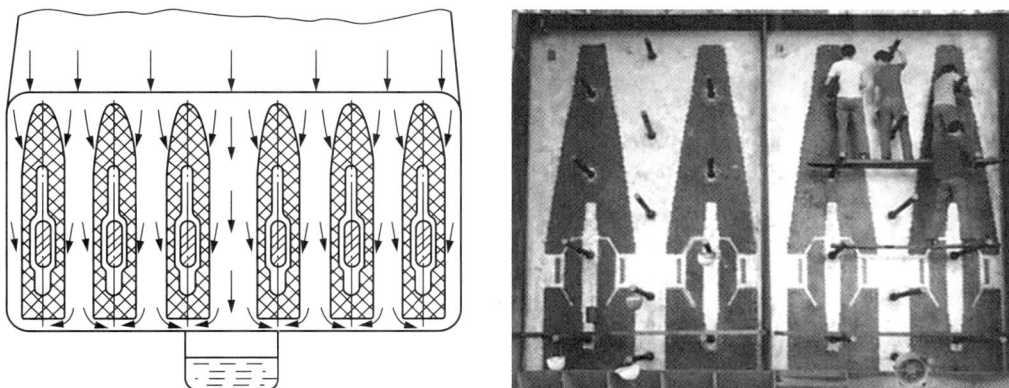

图 4-15 教堂窗式管束布置

带状管束布置成连续的条带状,形成明显的进汽通道和排汽通道,每一股汽流从进汽通道穿过管束条带基本上完成凝结任务,剩余汽气混合物沿着排汽通道一直流向空冷区。如图 4-16 所示,300 MW 机组采用的 N-17650-13 型凝汽器为辐射式带状管束布置。空气冷却区布置在管束的中央,排汽从四周进入管束,在管束四周有足够的蒸汽通道,流速均匀,汽阻极小,且有部分蒸汽直接向下流动,对热井中的凝结水进行回热除氧。空气冷却区设置有一层顶式包壳,用于防止蒸汽直接从主凝结区流向抽气口。凝汽器管束布置方式的发展过程如图 4-17 所示。

(2)冷却水管在管板上的固定方法

蒸汽与冷却水的热交换是通过冷却水管管壁来实现的,如果管壁受到腐蚀穿孔,循环水就会漏入汽空间,污染凝结水;因此,要求冷却水管的材料应具有良好的抗腐蚀和导热性能,并且管子与管板连接处不能有漏水现象;冷却水管在管板上的固定方法主要有胀接法、用压紧螺母垫装和用密封圈垫装三种方法,如图 4-18 所示。

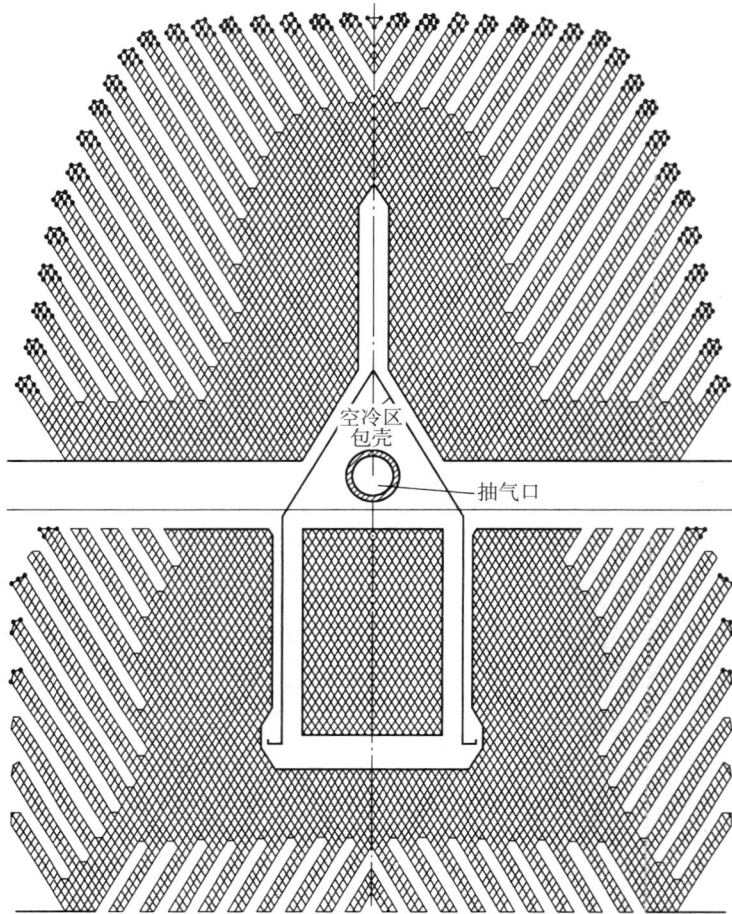

图 4 - 16   300 MW 机组 N - 17650 - 13 型凝汽器管束布置

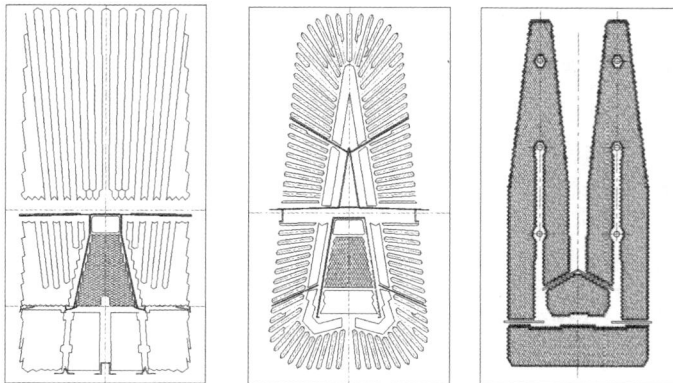

外围带状（20世纪70年代）   卵形（20世纪80年代）   模块式（20世纪90年代）

图 4 - 17   凝汽器管束布置方式的发展过程

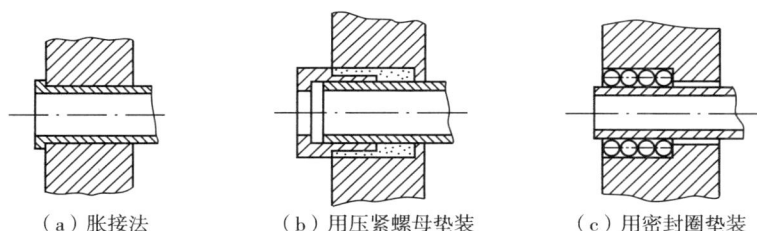

（a）胀接法　　　（b）用压紧螺母垫装　　　（c）用密封圈垫装

图 4-18　凝汽器管子在管板上的连接方法

① 胀接法:利用胀管器将管子直径扩大,使管子产生塑性变形,从而使管子和管板孔紧密接触,并在接触表面形成弹性压力,保证了连接的强度和严密性,这种连接方法应用最为广泛。

② 用压紧螺母垫装:在铜管与管板间装密封垫料,然后用带螺纹的管头把垫料压紧,以保证密封效果。其管头与铜管间留有一定间隙,使铜管受热时可以自由膨胀。但这种连接方法密封效果较差,应用较少。

③ 用密封圈垫装:在钢管与管板之间塞入若干个塑料密封圈,以保证密封效果.其一般采用四个密封圈,当工作水压力达到 0.9 MPa 时,不会发生泄漏;这种连接方式可使钢管自由膨胀,适用于温度变化较大的场合。

（3）凝汽器管子安装的要求

采用胀接法将管子两端胀紧在管板上,为了使管子受热时能够自由膨胀,安装时,利用中间隔板使管子向上拱起,铜管的拱起程度如图 4-19 所示。这样既可以增强管子的刚性,改善管子的振动特性,避开共振,又可以补偿壳体和铜管的膨胀差。同时,管壁上形成的凝结水可以沿拱形管子流到各管板处;再顺管板流下,避免滴在下部管子上,使下部管子壁面上的水膜厚度增厚,影响传热效果。此外,在凝汽器停运时,便于铜管内的循环水排出,防止产生沉积腐蚀。

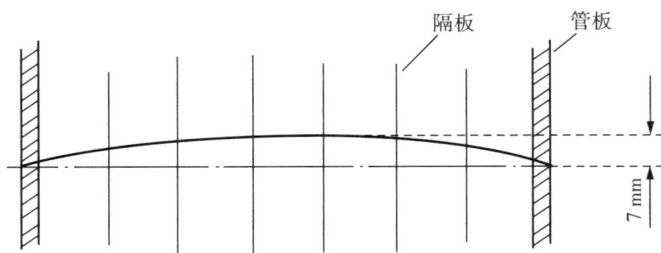

图 4-19　凝汽器中铜管的拱起程度

4. 真空除氧

通常在热井上方还布置有除氧装置,对凝结水进行初步除氧,防止对低压设备及管道造成腐蚀,淋水盘式真空除氧装置如图 4-20 所示,凝结水进入热井前,先沿集水板流入带有许多小孔的淋水盘,水自小孔流下,形成水帘,由上面流下来的蒸汽对淋下来的凝结水进行加热,当凝结水被加热到饱和温度时,溶于水中的氧气和其他气体就会被分离出来。此外,水落在角铁上,溅成水滴,与蒸汽接触的表面积增大,起到进一步加热除氧的作用。为了将除氧逸出的不凝结气体及时排出,在真空除氧装置上设有一根管子将其引到空气冷却区,通过空气冷却区冷却后再由抽气器抽出。

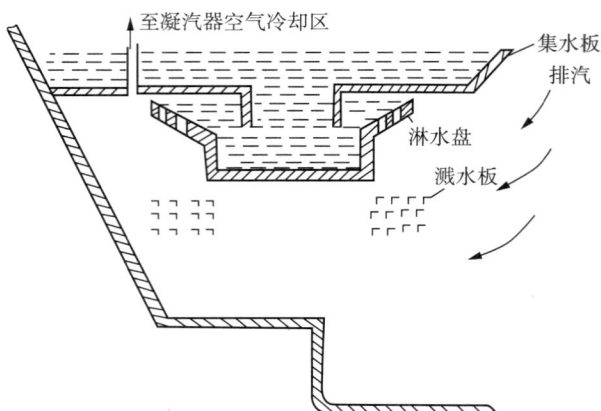

图 4 - 20　淋水盘式真空除氧装置

　　真空除氧装置在 60% 额定负荷以上工作时除氧效果最好。在低负荷或机组启动时,由于蒸汽量少,蒸汽在管束上部就已凝结,不能深入到热井,对凝结水进行回热加热;且凝汽器压力降低,漏入的空气量就会增多,使得凝结水的含氧量和凝结水的过冷度增大。为此在凝汽器热井中设置鼓泡除氧装置,如图 4 - 21 所示,热井中的凝结水被蒸汽鼓泡搅动,混合并加热至饱和温度,从而使氧气等不凝结气体从水中逸出。

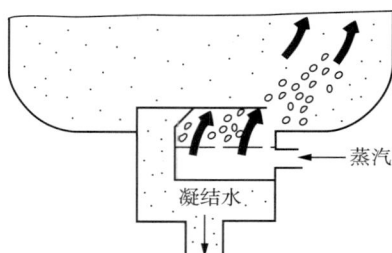

图 4 - 21　凝汽器中的鼓泡除氧装置

　　5. 水幕喷水保护装置

　　凝汽器的水幕喷水装置安装在凝汽器喉部、低压旁路排汽口的上部,环绕喉部一圈,通过喷水在凝汽器喉部形成水幕,防止低压旁路蒸汽进入凝汽器后引起低压缸升温,保护低压缸。

　　6. 多压凝汽器带来的凝结水过冷及汽室分隔板的密封问题

　　(1) 凝结水的过冷问题

　　多压凝汽器各汽室的压力不同,使得各汽室凝结水的温度也不相同.由于高压汽室中的蒸汽温度高于低压汽室,若高压汽室中的凝结水自流进入低压汽室,则整个凝汽器的凝结水温度将低于单压凝汽器的凝结水温度,产生凝结水过冷。为避免产生过冷损失,需要将低压汽室的凝结水送入高压汽室,利用高压汽室的蒸汽将其加热,使多压凝汽器的凝结水温度高于单压凝汽器。这样可减小低压加热器的抽汽量,提高机组的热经济性。其具体方法如图 4 - 22 所示。

　　① 靠压差自流与水泵输送

　　将低压凝汽器内的凝结水用泵打到高压凝汽器内,并通过特制的喷头将其雾化,使其与高压凝汽器内的蒸汽充分接触,达到回热加热的目的。

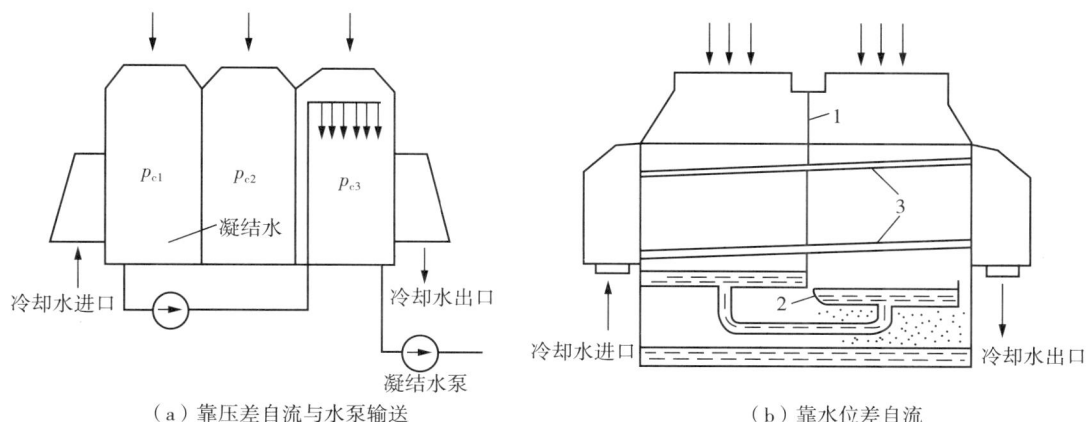

图 4-22 多压凝汽器凝结水的回收方式

（a）靠压差自流与水泵输送　　（b）靠水位差自流

1—汽室分隔板；2—底盘；3—冷却水管

② 水位差自流

使低压凝汽器内凝结水收集箱水位高于高压凝汽器内凝结水收集箱水位，在重力的作用下，克服两汽室的压差，使低压凝汽器内的凝结水溢流到高压凝汽器内，并从高压凝汽器内淋水盘上的许多小孔淋下，被高压凝汽器内的蒸汽加热。这种方法虽然需要增加热井高度，但系统简单，不需要额外增设水泵，无耗功，维修费用低，布置容易，是目前常用的方法。

（2）汽室分隔板上冷却水管管孔处的密封问题

双压凝汽器由中间的隔板分成两个汽室，如图 4-23 所示，由于这两个汽室之间存在压差，且冷却水管穿过分隔板处存在间隙，在压差的作用下，蒸汽将从高压侧漏向低压侧，为此要求分隔板的管孔处密封效果要好，目前常用的密封方法如图 4-24 所示。

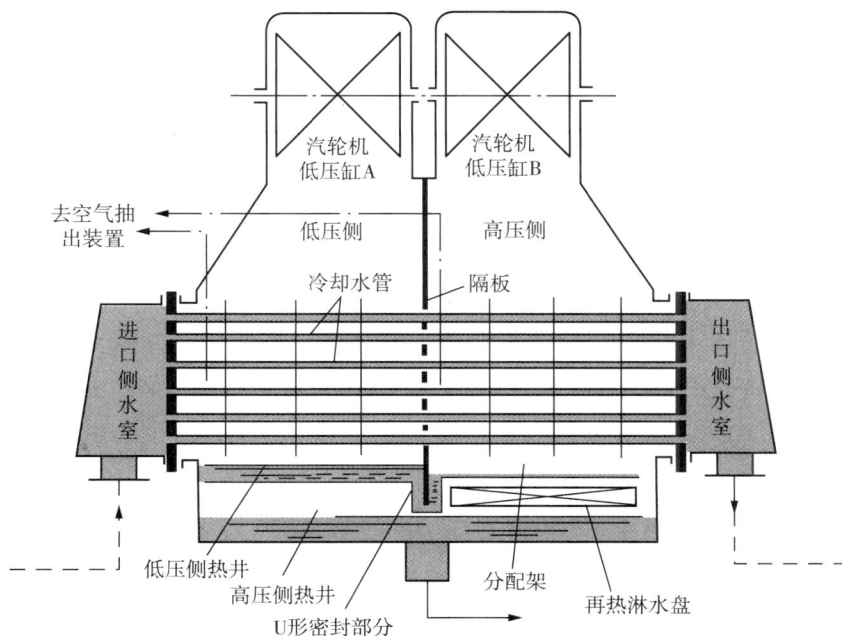

图 4-23 双压凝汽器中间分隔板示意图

① 将尼龙制的密封衬套插在分隔板与冷却水管之间[图 4 - 24(a)]，每个密封衬套的顶端部分的内径要比冷却水管的外径稍小，利用其弹性来密封。

② 将隔板与冷却水管之间的间隙做得尽可能小[图 4 - 24(b)]，虽然会有一些蒸汽通过间隙漏过去，但漏汽量较少，多压凝汽器的性能不会受到太大的影响。

③ 将间隔不大的两块隔板，通过上下盖板构成密封汽室。在下端安装带有 U 形密封的排水管[图 4 - 24(c)]，隔板与冷却水管之间的间隙与图 4 - 24(b)所示的相同。只要适当选取这个密封汽室的冷却面积，使得从冷却水管与分隔板之间间隙漏入的蒸汽冷凝，并获得比左右两边蒸汽室都要高的真空度，就能将凝汽器高低压两侧汽室分隔开。

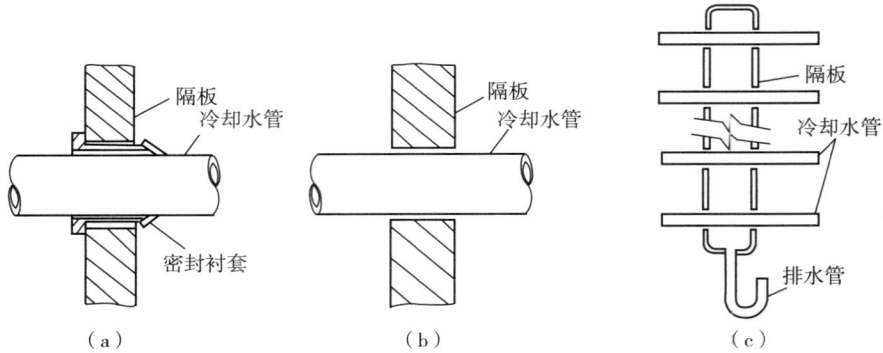

图 4 - 24　隔开部分的密封方法

三、典型凝汽器结构介绍

1. N - 7000 - 1 型凝汽器

N - 7000 - 1 型凝汽器的结构如图 4 - 25 所示，主要由接颈、水室、管束、管板、中间隔板、集水箱及淋水盘式真空除氧装置等组成。

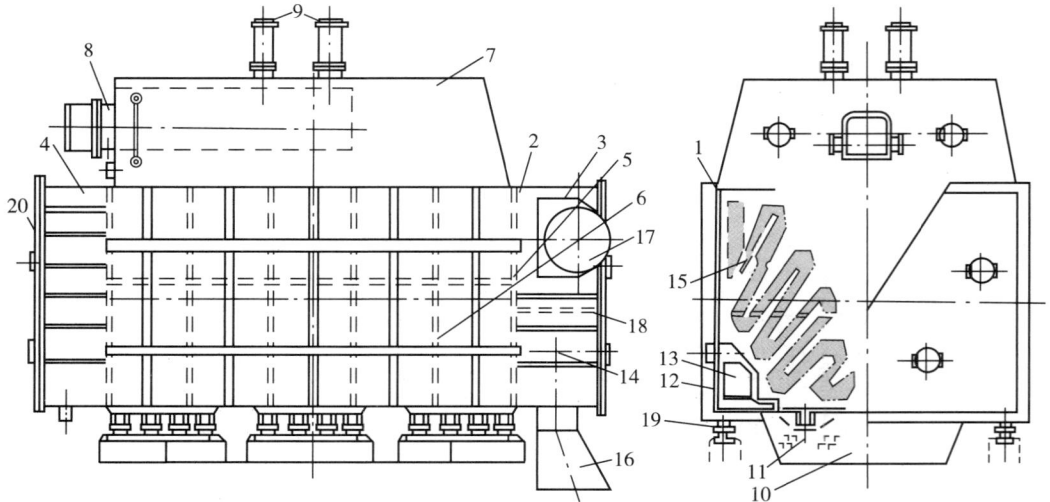

图 4 - 25　N - 7000 - 1 型凝汽器结构示意图

1—外壳；2—管板；3—前水室；4—后水室；5—冷却铜管；6—中间隔板；7—进汽口；8—低压加热器；
9—抽汽管道；10—集水箱；11—凝结水除氧装置；12—除气连通管；13—空气冷却区；14—空气抽出口；
15—挡汽板；16—冷却水入口；17—冷却水出口；18—水室隔板；19—弹簧；20—端盖

N-7000-1型凝汽器管束均采用带状布置,冷却水管在管板上的排列采用三角形排列方式,这种排列方式冷却水管排列密集程度比较大,所需的管板面积较小。

凝汽器外壳采用钢板焊接而成,具有良好的密封性能,凝汽器上部通过排汽管与汽轮机低压缸排汽口连接在一起,下部由弹簧支座支承在基础上,这种支座方式能克服汽轮机和凝汽器在受热膨胀或冷却收缩时产生的位移,同时组装方便,严密性较好。

2.N-34000型凝汽器

N-34000型凝汽器为双壳体、单流程、双背压表面式凝汽器,其由两个斜喉部、两个壳体(包括热井、水室,回热管系)、循环水连通管及底部的滑动、固定支座等组成,如图4-26所示。

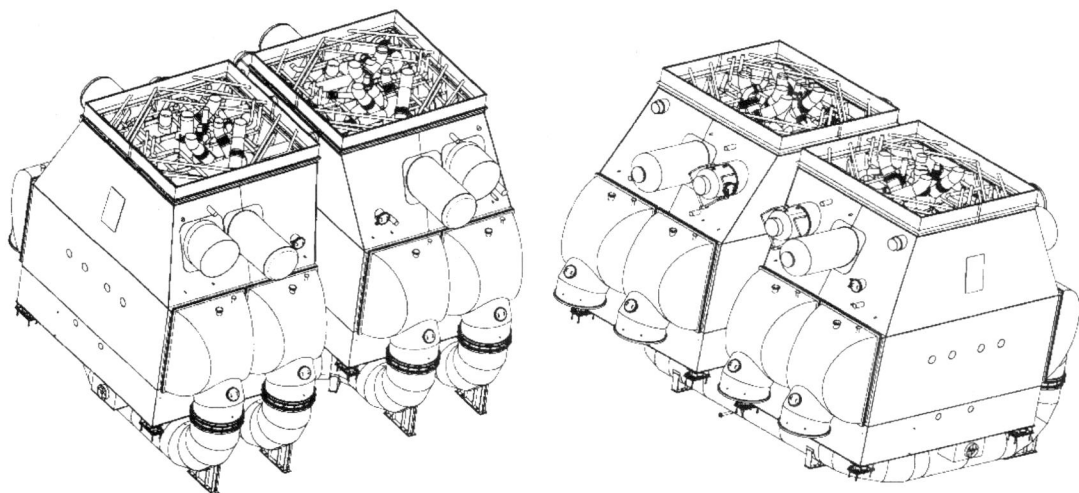

图4-26　N-34000型凝汽器外观

(1)凝汽器喉部

凝汽器喉部的四周由钢板焊接而成,内部用一定数量的钢管及工字钢组成井架支撑,整个喉部的刚性较好,喉部还布置有组合式低压加热器、给水泵汽轮机的排汽连接管、汽轮机旁路系统的减温减压器等装置。

在减温减压器的上方设置了水幕喷水保护装置,高压凝汽器和低压凝汽器的喉部分别布置了20只喷嘴,当喉部温度高于80℃时,水幕保护装置动作,进行喷水减温,防止喉部温度过高。

第五、六段抽汽管分别通过喉部处壳壁引出,第七、八段抽汽管接入布置在喉部内的组合式低压加热器中。高压凝汽器和低压凝汽器的喉部各有两根抽空气管子引出,其抽空气系统采用并联连接,这样有利于凝汽器进行半侧清洗和运行。

(2)凝汽器壳体

凝汽器壳体分为低压和高压两部分,壳体由钢板拼焊而成,内有支撑杆等加强件,具有良好的刚性。如图4-27所示,每个壳体内有四组管束,在每组管束下部均设有空冷区,管子在管板上采用三角形排列方式,冷却水管的两端采用"胀接＋焊接"的方式固定在端部管板上,为防止腐蚀,冷却水管采用耐海水腐蚀的钛管。壳体下部为热井,凝结水出口设在低压侧壳体热井底部,前后水室均为钢板卷制成的弧形结构。

凝汽器中循环水流程如图4-28所示,凝汽器循环水为双进双出式。其中,前水室分为四个独立腔室,低压侧两个前水室为进水室,高压侧两个前水室为出水室,后水室也分为四个独立腔室,与循环水连通管相连,用以连通低压侧和高压侧后水室的两根循环水连通管布置在壳体的下面。

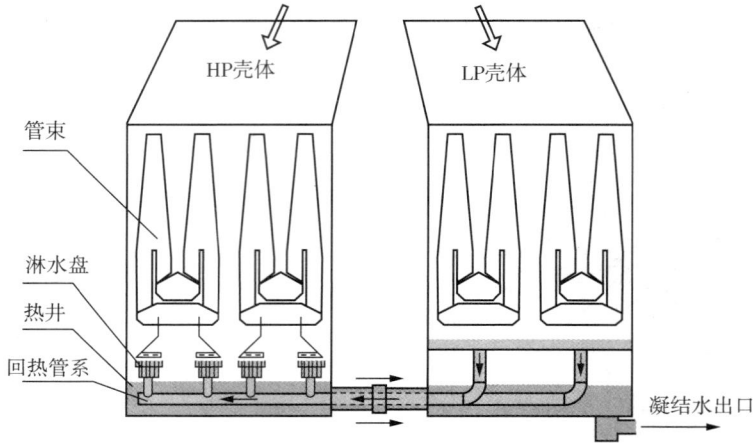

图4-27 凝汽器中凝结水回热装置

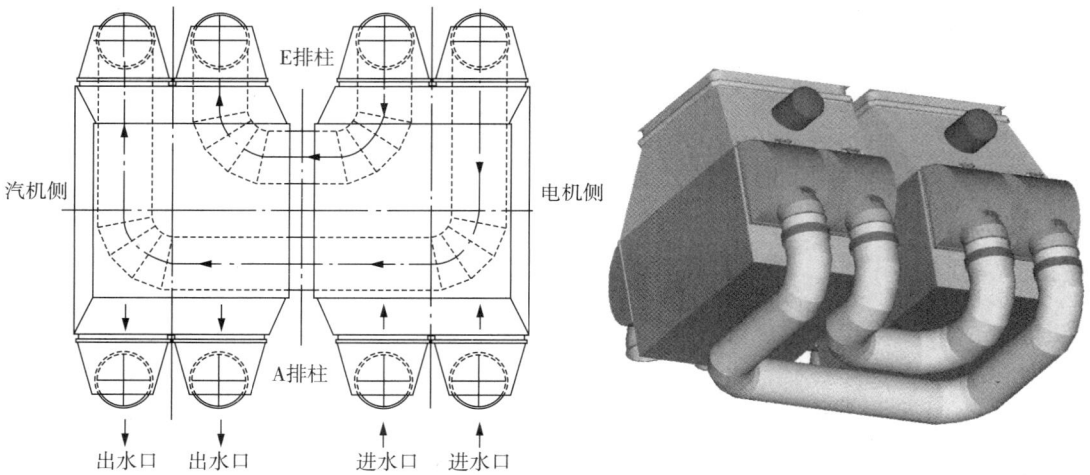

图4-28 凝汽器中循环水流程

(3)凝结水回热系统

凝结水回热装置是用来消除凝结水过冷,减小凝结水含氧量,提高机组循环热效率的(如图4-27)所示。在凝汽器的低压侧壳体内,设有集水板,从集水板向下引出两根凝结水回热主管,由低压侧引到高压侧,通过高压侧设置的双层淋水盘回热加热,并与高压侧热井中的凝结水汇合;然后通过高压侧和低压侧热井之间的凝结水连通管(回热主管从其中穿过)进入低压侧热井,并通过凝结水出口引出。

（4）连接和支承方式

凝汽器与汽轮机排汽口之间采用不锈钢膨胀节挠性连接，凝汽器下部为刚性支承，运行时凝汽器垂直方向的热膨胀量由波形膨胀节来补偿。在每个壳体的底部设有一个固定支座和四个滑动支座，如图4－29所示，在凝汽器壳体底部中间处为固定支座，其位置与汽轮机低压缸的死点一致，滑动支座采用多球支座。

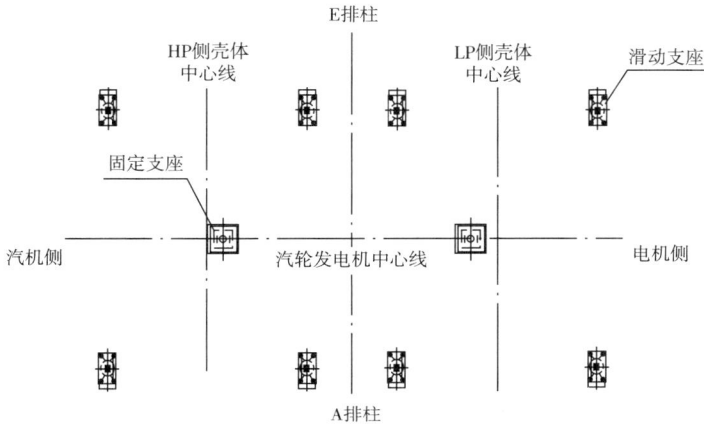

图4－29　凝汽器底部支承

正常工作时，冷却水由低压侧的两个前水室进入，经过凝汽器低压侧壳体，流到后水室，经循环水连通管转向后，通过凝汽器高压侧壳体流至高压侧前水室，再由凝汽器出水口排出。蒸汽则由汽轮机排汽口进入凝汽器，然后均匀地分布到管子的全长上，经过管束中央通道及两侧通道使蒸汽能够全面地进入主管束区凝结，在冷却水管管壁与循环冷却水进行热交换。另外，有部分蒸汽由中间通道和两侧通道直接向下进入热井，对热井中的凝结水进行回热加热。回热加热后剩余的汽气混合物经空冷区再次冷却，剩下的少量未凝结的蒸汽和空气混合物经抽气口排出凝汽器。汇集在热井内的凝结水则由凝结水泵抽出，升压后送入各低压加热器中。

3．N－41000型凝汽器

N－41000型凝汽器采用双壳体、双背压、单流程、横向布置结构，由两个斜喉部、两个壳体（包括热井、水室，回热管系）、循环水连通管和底部的滑动、固定支座等组成全焊接不锈钢结构。

（1）壳体与冷却管束

壳体是凝汽器的核心部件，其作用是接受汽轮机排汽和其他各种辅助排汽、疏水和补水等，包容全部冷却管束和热井以实现真空条件下的蒸汽凝结，收集凝结水。整个壳体内由钢管交错支承组成框架结构，以承受外部的大气压力。

壳体分为低压侧（LP侧）壳体和高压侧（HP侧）壳体，每个壳体四周都由20～25 mm厚的钢板拼焊而成。每个壳体内有四组管束（管束内管孔为三角形排列），在每组管束下部均设有空冷区。端管板为不锈钢复合板。冷却管的两端采用胀接＋焊接的方式固定在端管板上，端管板组件与壳体采用焊接形式构成整体，中间管板通过支撑杆与壳体侧板及底板相焊。在壳体内还设置了一些集水板和挡汽板，靠近两端管板处，还设置有取样水槽等，以便在运行中检测冷却管与端管板之间的密封性。

低压缸排出的蒸汽进入凝汽器后，迅速地分布在冷却管的全长上，经过管束中央通道及两侧通道使蒸汽能够全面地进入主管束区，通过冷却水管的管壁与冷却水进行热交换后被凝结成水；部分蒸汽由中间通道和两侧通道进入热井对凝结水进行回热。剩余的汽气混合物经空气冷却区再次进行热交换，少量未凝结的蒸汽和空气混合物经抽气口由汽侧真空泵抽出。

（2）喉部（接颈）

凝汽器喉部由高压侧（HP 侧）喉部和低压侧（LP 侧）喉部两部分组成。凝汽器喉部的四周由 20～25 mm 厚的钢板焊成，内部采用一定数量的钢管及工字钢组成桁架支撑结构，使整个喉部的刚性较好。喉部上布置有 9♯/10♯ 低压加热器、给水泵汽轮机的排汽接管、汽轮机旁路系统的四级减温减压器等。汽轮机的第七、八、九、十段抽汽管道以及汽封回汽、送汽管道单独从喉部顶部引入，第五、六段抽汽管分别通过喉部壳壁引出，第九、十段抽汽管接入布置在喉部内的 9♯、10♯ 低压加热器。抽汽管的保温设计，应用气体隔热原理，采用不锈钢保温罩，从而避免了采用一般保温材料作保温层时，由于保温材料的剥落而影响凝结水水质的缺陷。抽空气系统为并联系统，即由四根平行布置的独立抽汽管道组成。四根抽汽管经 LP 侧喉部壳壁引出，在 LP 侧、HP 侧喉部各两根。

喉部也是各种蒸汽和水的汇集地点，例如疏水膨胀箱来的蒸汽直接进入凝汽器的喉部。当汽轮机排汽速度较高或加热器以及喉部内其他部件布置不当时，都将使蒸汽的压力损失增大，而使机组效率降低，甚至可能出现影响安全性的某些事故。

（3）水室和热井

凝汽器的前后水室均为由钢板卷制成的弧形结构，水室内壁涂防腐层。该凝汽器采用循环冷却水双进双出形式，其中水室分为八个独立腔室，在 A 排柱靠汽机侧两个水室为出水室，在 A 排柱靠电机侧两个水室为进水室，其余靠 B 排柱四个水室，与循环水连通管相连，水室与端管板采用法兰连接，如图 4-30 所示。在水室上均设有人孔，以便对凝汽器进行检修、维护。水室上还开有通风孔、放气孔等。

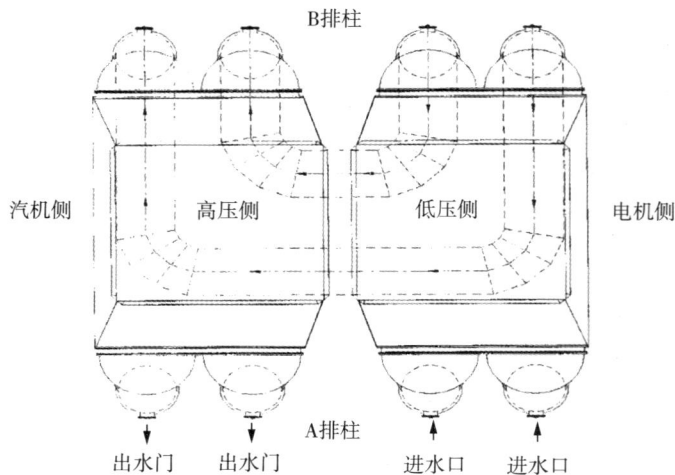

图 4-30　凝汽器循环水连通管布置及冷却水流向示意图

壳体下部为热井,凝结水入口设置在低压侧壳体热井底部,凝结水管出口处设置了滤网和消涡装置。热井上装有人孔门,以方便安装和检修。在凝汽器热井内配置有一套水位计,包括磁式液位显示器和平衡容器。运行时,可对凝汽器热井水位进行就地及远传显示检测。

(4)凝汽器与汽轮机低压汽缸的连接和凝汽器的支承

凝汽器喉部与汽轮机排汽口的连接必须保证严密不漏,同时在汽轮机受热时应该允许其只有膨胀,否则将会使汽轮机低压缸发生位移和变形,因此凝汽器与汽轮机排汽口采用不锈钢波形膨胀节挠性连接,其示意图如图4-31所示。

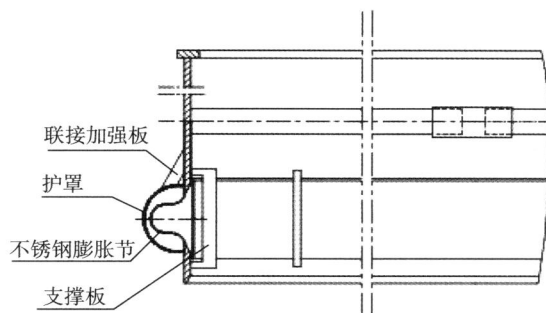

图4-31　凝汽器与汽轮机的连接方式

凝汽器正常工作时,冷却水由 A 排柱靠电机侧的两个进水室进入,经过凝汽器低压侧壳体内冷却水管,流入 B 排柱靠电机侧另外两个水室,经循环水连通管水平转向后进入 B 排柱靠汽机侧的两个水室,再通过凝汽器高压侧壳体内冷却水管流至 A 排柱靠汽机侧的两个出水室并排出凝汽器(冷却水流向参见图4-30)。蒸汽由汽轮机排汽口进入凝汽器,然后均匀地分布到冷却水管全长上,经过管束中央通道及两侧通道使蒸汽能够全面地进入主管束区,与冷却水进行热交换后被凝结;部分蒸汽由中间通道和两侧通道进入热井对凝结水进行回热。LP 侧壳体凝结水经 LP 侧壳体部分蒸汽回热后被引入凝结水回热管系,通过淋水盘与 HP 侧壳体中凝结水汇合,同时被 HP 侧壳体中部分蒸汽回热,以减小凝结水过冷度。被回热的凝结水汇集于热井内,由凝结水泵抽出,升压后输入主凝结水系统。HP 侧壳体与 LP 侧壳体剩余的汽气混合物经空冷区再次进行热交换后,少量未凝结的蒸汽和空气混合物经抽气口由抽真空设备抽出。

第三节　凝汽设备的运行

随着季节、机组负荷以及循环水泵工作情况的改变,循环水进水温度 t_{w1}、排汽量 D_c 和循环水量 D_w 等都将发生变化,使得凝汽器的压力 p_c 也相应发生变化,应分析这些因素对机组运行带来的影响以及在运行中应监视和控制的参数;此外,为保证凝汽器的严密性,应定期进行凝汽器真空严密性试验,为及时除去运行中形成的污垢,保证凝汽器的良好性能,应定期对凝汽器管壁进行胶球清洗。

一、凝汽器变工况

凝汽器变工况是指凝汽器不在设计条件下运行,凝汽器变工况特性指的是凝汽器的压力 p_c 随着 t_{w1}、D_c 和 D_w 变化而变化的规律。由于 $t_s = t_{w1} + \Delta t + \delta t$,只要确定变工况时,$\Delta t$ 和 δt 随着 t_{w1}、D_c 和 D_w 等参数的变化规律,就可以确定凝汽器饱和温度 t_s 的变化规律,从而确定凝汽器压力 p_c 随着 t_{w1}、D_c 和 D_w 参数的变化规律。下面将分析一下 Δt 和 δt 随着 t_{w1}、D_c 和 D_w 等参数的变化规律。

1. 循环水温升

$$\Delta t = \frac{520}{D_w} D_c = \alpha D_c \qquad (4-6)$$

当冷却水量 D_w 不变时,冷却水温升 Δt 与凝汽器负荷 D_c 成正比,若冷却水量 D_w 越大,则 α 值就越小。

2. 传热端差 δt

$$\delta t = \frac{\Delta t}{\exp\left(\dfrac{KA_c}{D_w c_p}\right) - 1} \qquad (4-7)$$

当冷却水量 D_w 和传热系数 K 都不变时,δt 与 D_c 成正比关系,如图 4-32 中虚线所示,当 D_c 在设计工况附近时,传热系数 K 基本上是保持不变的;但当 D_c 小于设计值较多时,由于汽轮机的负压区域扩大,漏入凝汽器的空气量增大,使传热系数 K 减小。当 D_c 下降到一定程度后,由于 K 值的减小,δt 将不再随 D_c 的减小成正比下降,而是几乎维持不变,如图 4-32 中实线所示,并且 t_{w1} 越低,δt 保持不变的水平段就越长。因为 t_{w1} 越低,真空就越高,漏入的空气量就越多,对传热系数 K 的影响就越大。

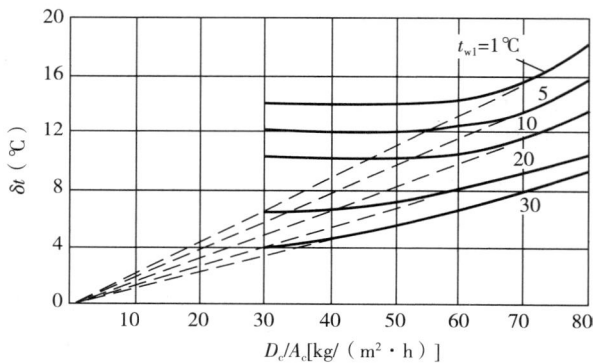

图 4-32　传热端差 δt 与热负荷率 D_c/A_c 及 t_{w1} 的关系

3. 凝汽器的特性曲线

凝汽器压力 p_c 随着 t_{w1}、D_w 和 D_c 的变化而变化的规律被称为凝汽器的热力特性。将 p_c 随着 D_w、D_c 及 t_{w1} 的变化关系绘制成曲线,称为凝汽器特性曲线。

图 4-33 为 N-11220-1 型凝汽器特性曲线,由图可见,在一定冷却水量和冷却水进口温度下,凝汽器压力随汽轮机负荷的减小而降低,即凝汽器真空随负荷的降低而升高。另外,当冷却水量和汽轮机负荷不变时,凝汽器真空将随冷却水进口温度的降低而升高。

二、凝汽器的运行监视

凝汽设备运行的好坏对汽轮发电机组运行的安全性与经济性影响很大,要求凝汽设备在最佳真空下运行、尽量减少凝结水过冷度,并保证凝结水的品质合格。

在凝汽设备运行时,应对下列参数进行监视:

① 凝汽器的真空;

② 凝汽器进口蒸汽温度;

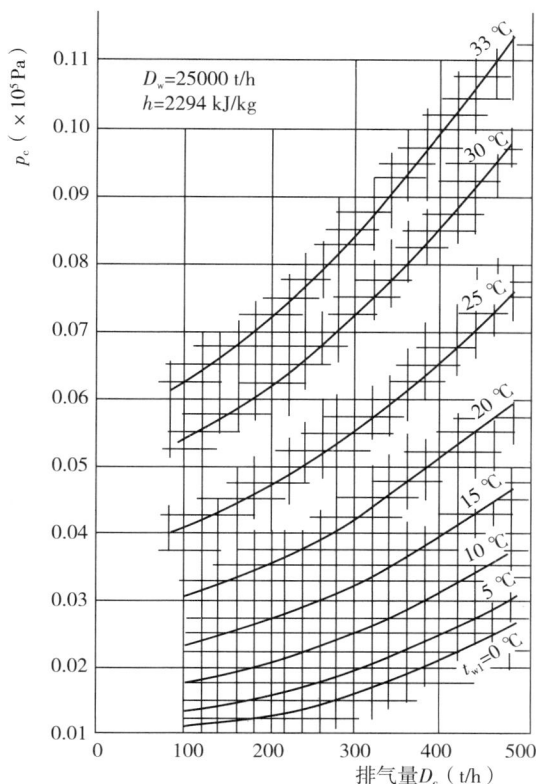

图 4 - 33　N - 11220 - 1 型凝汽器特性曲线

③ 凝汽器出口凝结水温度；

④ 凝汽器循环水进、出口温度；

⑤ 循环水泵耗功；

⑥ 冷却水在凝汽器前和凝汽器后的压力。

将运行时的监视数据和设计时的数据（如凝汽器的特性曲线）进行比较，以判断设备工作情况是否正常；若发现异常时，应根据现象找出原因，采取措施予以解决。

1. 凝汽器的真空

运行中影响凝汽器真空的因素主要有：

（1）冷却水的进口温度

如果凝汽器冷却水的进口温度降低，将引起汽轮机排汽温度的降低。

对于开式循环供水系统，进入凝汽器的冷却水的温度是由气候和季节所决定的；对于闭式循环供水系统，冷却水的温度除受气候和季节影响外，还与闭式循环供水系统的冷却设备运行好坏有关。

（2）冷却水的温升

当排入凝汽器的蒸汽量一定时，若凝汽器中循环冷却水的温升增加，则说明循环冷却水量不足，并引起循环冷却水出口温度升高，真空下降。循环冷却水量不足的主要原因有循环水泵出力不足或水阻增加。

凝汽器的水阻指的是循环冷却水在凝汽器内的流动时所受到的阻力。凝汽器的流程数越多,水阻就越大;水阻越大,循环水泵的耗功就越大。水阻增加的主要原因有铜管堵塞、循环水泵出口或凝汽器进水阀开度不足以及虹吸破坏等。

（3）凝汽器的端差

凝汽器的端差增大,引起汽轮机的排汽温度升高,凝汽器的真空降低。

凝汽器端差与冷却水进口温度、蒸汽负荷、铜管表面的清洁程度及凝汽器内积累的空气量等因素有关。若凝汽器铜管表面结垢或脏污,影响传热效果,使端差增大。若凝汽器内积聚的空气较多,空气和水蒸气混合物对铜管表面的放热系数降低,影响传热效果,使端差增大。真空系统管道阀门不严密、汽封供汽压力不足甚至中断或抽气器效率降低不能将漏入凝汽器的空气及时抽出等因素都将造成凝汽器内积聚的空气量增多。此外,凝汽器水位升高,淹没部分冷却水管,造成冷却面积减小,也将影响到凝汽器的真空大小。

2. 凝结水过冷

凝结水温度低于凝汽器压力下的饱和水温度,两者的温度差称为过冷度。

凝结水过冷,一方面使得传给循环冷却水的热量增大,循环冷却水带走额外的热量,降低了机组的热经济性;另一方面还将造成凝结水的溶氧量增加,使得凝结水系统管道、低压加热器等设备腐蚀加剧。

引起凝结水过冷的主要因素有:

① 蒸汽凝结时,在冷却水管外表面形成一层水膜,水膜外表面的温度是对应压力下的饱和水温度,水膜内表面的温度可近似看成循环冷却水的温度,则水膜内外表面的平均温度低于对应压力下的饱和温度。

② 冷却水管排列不当(如管束上排冷却水管上形成的凝结水往下滴时,接触到下排的冷却水管,其凝结水将再次被冷却),使凝结水过冷度增大。

③ 凝汽器的汽阻过大,使得凝结水过冷度增大。

凝汽器的汽阻指的是蒸汽空气混合物在凝汽器中的流动阻力,即空气抽出口处和凝汽器蒸汽入口处的压力差。汽阻增大,一方面使得凝汽器蒸汽入口处的压力升高,造成汽轮机做功减少,经济性的降低;另一方面,汽阻增大,使得凝汽器内中下部管束处蒸汽压力低于排汽口处的蒸汽压力,其凝结水的温度较低,使得凝结水的过冷度和含氧量增大。

④ 当回热通道布置不当或管束布置过密,使得凝结水过冷度增大。

为避免凝汽器的汽阻过大,降低凝结水的过冷度,凝汽器一般都设有从排汽口直达凝汽器热井的蒸汽通道,使刚进入凝汽器的蒸汽直接到达凝汽器热井,加热热井中的凝结水,这种凝汽器称为回热式凝汽器。

⑤ 凝汽器漏入空气增多或抽气设备工作不正常,使得凝结水过冷度增大。

凝汽器内积存空气的增多,使得空气的分压力增大,蒸汽分压力相应降低,而凝结水是在对应蒸汽分压力下凝结放热的,凝结水温度为蒸汽分压力所对应的饱和水温度,其温度低于凝汽器压力下的饱和温度,造成凝结水过冷度增大。

⑥ 凝汽器热井水位调节不当,水位过高,使得凝结水过冷度增大。

凝汽器热井水位过高,淹没凝汽器下部的部分冷却水管,热井中的凝结水再次被所淹没的循环冷却水管中的冷却水所冷却,造成凝结水过冷度增大。

3. 凝结水水质的监视

为了防止热力设备结垢和腐蚀,必须经常通过化学分析对凝结水水质进行监督。

造成凝结水水质不良的主要原因是循环水漏到凝汽器的汽侧,运行中如果铜管腐蚀或由于振动造成铜管损坏,冷却水将会大量漏入凝结水中。此时,应停止凝汽器运行并查漏,将发生泄漏的铜管用木塞或紫铜棒堵死。

三、凝汽器系统的严密性

凝汽器中的空气主要是通过汽轮机设备处于真空状态下的低压各级加热器及相应的回热系统管路、排汽缸、凝汽设备等不严密处漏入的;还有一些是新蒸汽进入汽轮机时带进来的极少量的不凝结气体。

空气漏入凝汽器将影响汽轮机工作的安全性和经济性,空气漏入对汽轮机的影响主要表现在以下几个方面:

① 蒸汽和空气混合物一起流向冷却水管时,蒸汽在冷却水管外表面凝结,并沿着拱形管子流向管板或由管子底部滴下去;而不能凝结的空气则在冷却水管外不断增多,蒸汽分子只有通过扩散才能靠近冷却水管,阻碍了蒸汽的凝结放热,使凝汽器的传热系数 K 减小,端差增大,凝汽器真空下降。

② 漏入的空气使凝汽器内蒸汽分压降低,蒸汽是在对应的蒸汽分压力下等压凝结放热的,因此,造成凝结水温度(蒸汽分压力下的饱和水温度)低于凝汽器总压力 p_c 所对应的饱和水温度,使凝结水的过冷度增大。

③ 空气溶解在凝结水中,使凝结水的含氧量增加,导致冷却水管、凝结水系统管道阀门腐蚀加剧,降低了设备的可靠性,增加了除氧设备的负担。

④ 空气的漏入,造成凝汽器真空的下降,使得单位蒸汽在汽轮机的做功量减少。

为防止外界空气从系统不严密处漏入凝汽器,影响凝汽器真空,必须保证凝汽器系统的严密性,在运行中应密切监视凝汽设备的严密性,并定期做真空严密性试验。

严密性试验:一般在汽轮机带 $80\%\sim100\%$ 额定负荷下,暂时关闭真空抽气阀,观察真空下降速度,从而判断凝汽器真空系统的严密性。对于大功率机组,一般规定真空下降速度小于 $0.13\ kPa/min$ 为良好,真空下降速度小于 $0.39\sim0.52\ kPa/min$ 为合格,真空下降速度大于 $0.52\ kPa/min$ 为不合格。

若真空系统严密性不合格就必须对凝汽器系统进行检漏,常用的检漏方法有烛光法、薄膜法、静水压法和卤素检测法等。但这些检漏方法的使用受到机组运行条件的限制,如氢冷发电机严禁采用烛光法检漏,而静水压法和薄膜法必须在停机后进行检漏。

卤素检测法是利用特定的卤化物气体向可能泄漏的部位喷射,如果有泄漏点,则会通过泄漏点吸入卤化物气体,在抽气器出口处,就能用专用的卤素检测仪测量到卤化物气体的含量,从而判断真空系统泄漏情况及泄漏量的大小。卤素检测法使用范围广、检测精度高、安全可靠,在现代真空系统检漏中得到广泛应用。

如图 $4-34$ 所示,利用氦气检漏仪来检查真空系统中焊缝、管接头、法兰和阀门接合处的严密性。将氦气接近真空系统中可能的泄漏点(图中 A 点),并在真空泵后进行取样,由检漏仪测出所取试样中氦气的浓度,从而确定泄漏的位置和泄漏的程度。

四、凝汽器管束脏污及清洗

冷却水质不良或冷却水中含有有机物或杂物等,都会使凝汽器冷却水管内壁逐渐脏污或结垢,由于附着物的传热性能很差,导致凝汽器的真空下降,机组的出力下降,热经济性下

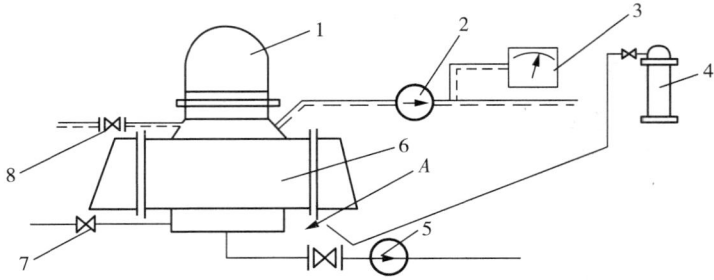

图 4-34　使用氦气检漏仪对凝汽器真空系统检漏
1—汽轮机的低压缸；2—真空泵；3—检漏仪；4—氦气瓶；5—凝结水泵；
6—凝汽器；7—疏水接管 8—排气管；

降；此外，管子内壁脏污后还容易引起铜管的腐蚀、泄漏，使冷却水漏入凝结水中，恶化凝结水水质，影响汽轮机的安全。因此，运行中应及时除去管子内壁上的污垢。

凝汽器的清洗系统及清洗方法如下：

1. 凝汽器胶球清洗系统

胶球清洗装置由二次滤网、加球室、胶球泵、收球网、阀门、管道及自动控制等部分组成，如图 4-35 所示，清洗时把密度与循环水相近的海绵橡胶球装入加球室 8，然后启动胶球泵 7，胶球泵将加球室 8 内的胶球带出，经注球管 3 注入凝汽器的冷却水进水管，与通过二次滤网 1 来的主循环水混合并进入凝汽器的前水室，并随着冷却水进入冷却水管。胶球被压缩成卵形，与水管内壁整圈接触，如图 4-36 所示。在胶球行进过程中，通过对管壁的挤压和摩擦将壁面的污垢带出管外。胶球离开水管时，在自身弹力作用下，恢复原状，使黏附在胶球表面的污垢脱落，并随冷却水排出凝汽器，胶球则由收球网 6 回收，进入收球网的网底，由于胶球泵进水管口接在收球网网底，所以收球网底部的胶球在胶球泵进口负压的作用下被吸入胶球泵内，随后进入加球室中循环使用。

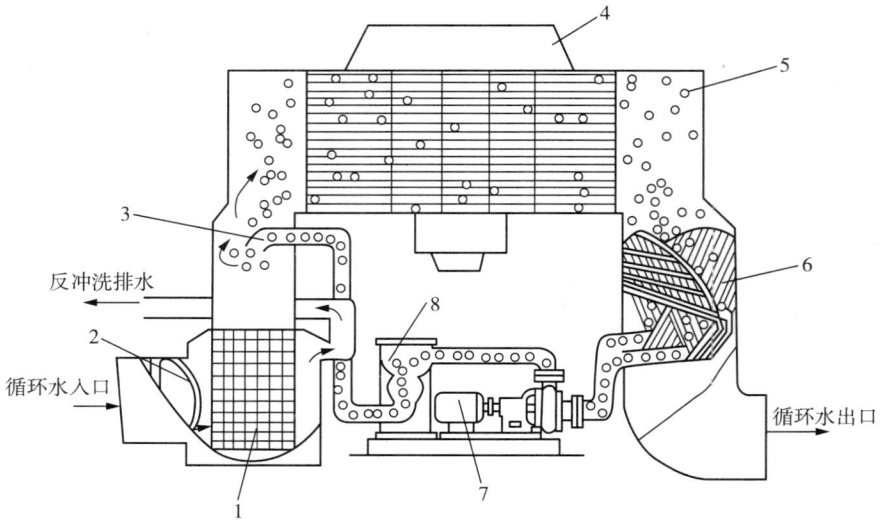

图 4-35　凝汽器胶球清洗系统
1—二次滤网；2—反冲洗蝶阀；3—注球管；4—凝汽器；5—胶球；6—收球网；7—胶球泵；8—加球室

600 MW 机组循环水及胶球清洗系统的系统图如图 4-37 所示,循环水经循环水泵升压后,通过循环进水母管进入主厂房,然后分成两路进入凝汽器,其流程为:循环水进水母管→循环水进口电动阀→低压凝汽器的管束→高压凝

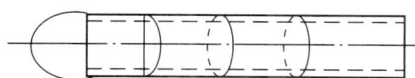

图 4-36　软胶球在冷凝管行进示意图

汽器的管束→循环水出口电动阀→循环水排水母管。此外,还设有胶球清洗系统,定期对凝汽器换热管束进行清洗。

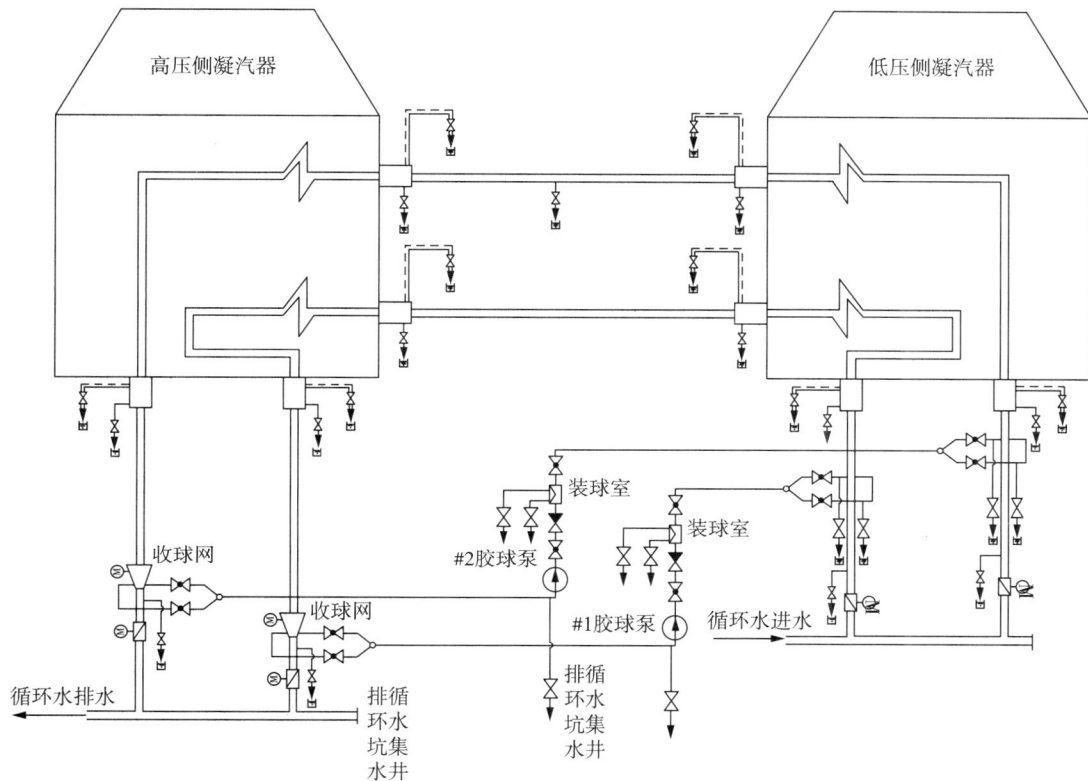

图 4-37　600 MW 机组循环水及胶球清洗系统

2. 化学清洗

化学清洗是利用酸来溶解沉积在管子内壁上的碳酸盐,只能在机组停运时进行清洗,酸洗液一般采用 2%～5% 的盐酸溶液,浓度不宜过大或过小,过小清洗效果不佳,过大又易腐蚀铜管。

3. 水力清洗

水力清洗指的是用冷却水逆向冲洗或采用高压水冲洗。逆向冲洗是在机组带负荷运行时,停止半边凝汽器,借助切换阀使凝汽器管束内的循环冷却水逆向流动以冲去杂物;高压水冲洗则是利用高压水流的能量对凝汽器管壁进行冲洗,以除去污垢。

4. 热干燥清洗

黏附于管壁上的大多数微生物,在温度达到 40～60 ℃ 时就会死亡,在空气中会逐渐干燥、收缩,并从管壁上剥离下来,当再次通入循环水时,就能将剥离下来的生物和污垢冲走。

五、660 MW 机组循环水系统投运

熟悉 660 MW 机组循环水系统的投运。

循环水系统投运

第四节　抽 气 设 备

抽气设备的任务是在机组启动时在凝汽器内建立真空,在机组正常运行时不断抽出漏入凝汽器的空气,以维持凝汽器的真空。常用的抽气设备有射汽式抽气器、射水式抽气器和水环式真空泵。

一、射汽式抽气器

射汽式抽气器主要由工作喷管、混合室和扩压管三部分组成,如图 4-38 所示,工作蒸汽进入缩放喷管,膨胀加速到 1000 m/s 以上,在喷管出口形成高度真空。混合室的入口与凝汽器的抽气口相连,蒸汽和空气混合物不断地被抽吸到混合室中,与高速汽流一起进入扩压管,混合汽流在扩压管中进行扩压,速度下降,压力升高,最后在略高于大气压下排出扩压管。

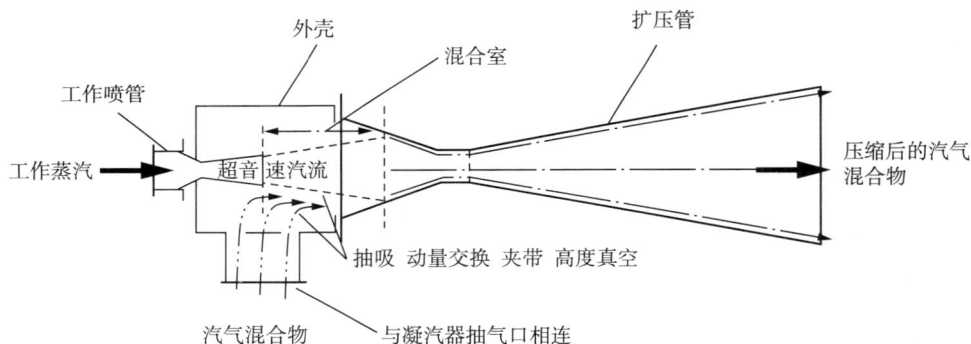

图 4-38　射汽式抽气器工作原理

单级射汽式抽气器一般作为启动抽气器,用于在机组启动前使凝汽器迅速建立起所需的真空,以缩短启动时间;其设计的抽吸能力较大,由于汽气混合物中工作蒸汽的热量和凝结水不能回收,所以启动抽气器长时间运行是不经济的,当真空达到要求后,就应将主抽气器投入,并关闭启动抽气器,用主抽气器来维持凝汽器的真空。

两级射汽式抽气器的结构组成及其系统如图 4-39 和图 4-40 所示,凝汽器中的蒸汽和空气混合物由第一级抽气器抽出后,在扩压管中扩压至比大气压力低的某一中间压力值,然后进入中间冷却器 2,用主凝结水作为冷却水,来冷却和凝结抽气器抽吸过来的汽气混合物,其中大部分的蒸汽凝结成水,回收部分热量和工质,降低汽气混合物的温度,减轻下一级抽气器的负担;未凝结的蒸汽和空气混合物被第二级抽气器抽出,被抽出的汽气混合物在第二级抽气器的扩压管中扩压至高于大气压,再经过外冷却器 4 的冷却,将大部分的蒸汽凝结成水,最后少量未凝结的蒸汽和空气混合物被排入大气。

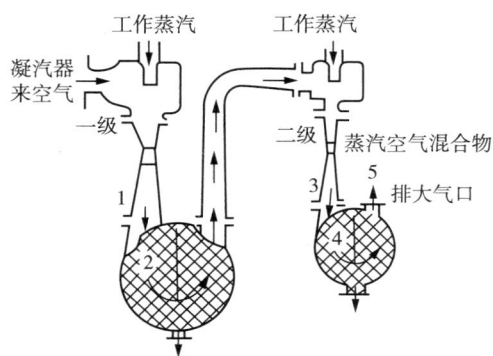

图4-39 两级射汽式抽气器的结构组成

1—第Ⅰ级抽气器；2—中间冷却器；

3—第Ⅱ级抽气器；4—外冷却器；5—排空气口

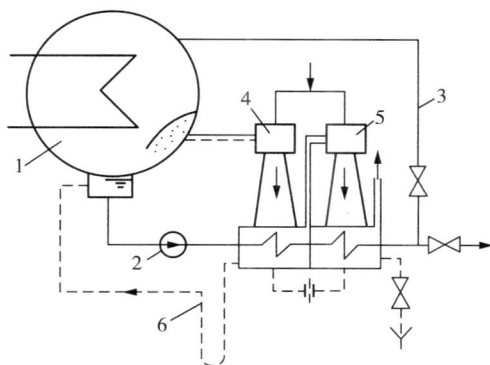

图4-40 两级射汽式抽气器的系统图

1—凝汽器；2—凝结水泵；3—凝结水再循环管；

4—第一级抽气器；5—第二级抽气器；6—水封管

二、射水式抽气器

射水式抽气器的结构组成如图4-41所示，由射水泵来的工作水，经喷嘴膨胀加速，以一定速度喷出，在混合室形成高度真空，将凝汽器中的蒸汽和空气混合物吸入，混合后进入扩压管，经扩压后在略高于大气压的情况下排出。

若水泵发生故障时，工作水室的水压立即消失，混合室内就不能建立真空。此时凝汽器压力仍很低，而水箱水面上的压力为大气压，射水式抽气器的工作水将在压差的作用下从扩压管倒流回凝汽器，污染凝结水。为此在混合室入口处设置一逆止阀，当水泵发生故障时，逆止门自动关闭，防止工作水倒流。

射水式抽气器系统简单，结构紧凑，运行可靠，维护方便，但抽真空效果易受到水温变化的影响。

三、水环式真空泵

1. 水环式真空泵的结构及工作原理

水环式真空泵广泛用于大型机组凝汽设备上，其结构如图4-42所示，其性能稳定、效率较高，但结构复杂，维护费用较高。

水环式真空泵的叶轮偏心安装在圆筒形泵壳

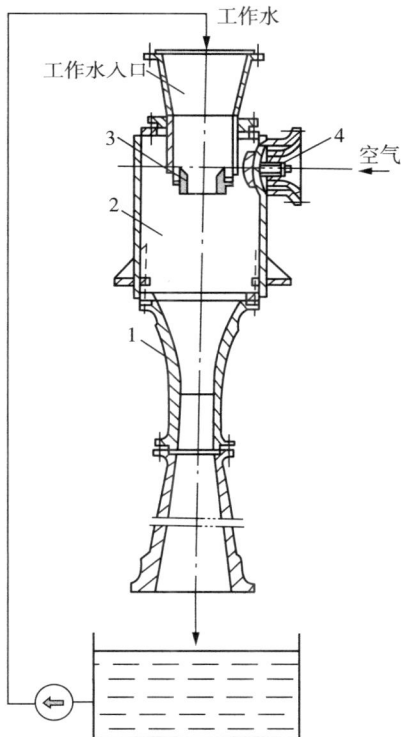

图4-41 射水抽气器结构组成

1—扩压管；2—混合室；3—喷嘴；4—逆止门

内，叶轮上装有后弯式叶片，在水环式真空泵工作前，需要先向泵内注入一定量的工作水，当叶轮旋转时，工作水在离心力的作用下甩向四周，形成与泵壳近似同心的旋转的水环，水环、叶片与叶轮两端的盖板构成若干个空腔，这些空腔的容积随着叶轮的旋转呈周期性变化，类

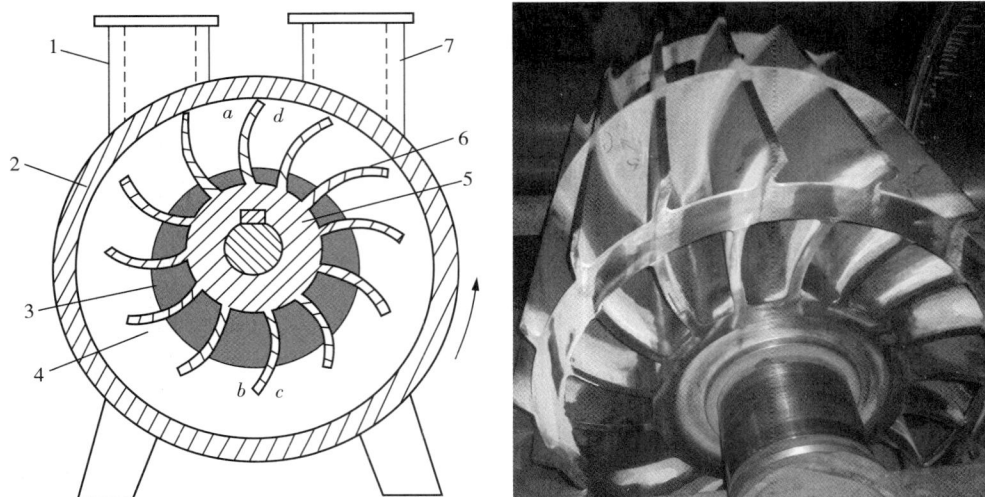

图 4 - 42　水环式真空泵结构简图
1—出气管；2—泵壳；3—空腔；4—水环；5—叶轮；6—叶片；7—吸气管

似于往复式活塞。

当叶片由 a 处转到 b 处时，在水环活塞的作用下，两叶片间所夹的空腔容积逐渐增大，空腔内的压力逐渐降低，形成负压（低于大气压力），在 b 处端盖上开有孔口，空气就由此处被吸入真空泵内。

当叶片由 c 处转到 d 处时，在水环活塞的作用下，两叶片间所夹的空腔容积逐渐减小，空腔内的压力逐渐升高，形成正压（高于大气压力），在 d 处的端盖上也开有孔口，将空腔内的气体向外排出。随气体一起排出真空泵的还有一小部分工作水，经气水分离罐分离后，气体被排向大气，水经冷却器冷却后被送回真空泵内继续工作。

影响水环式真空泵工作性能的因素主要有：

（1）真空泵转速

转速升高时，真空泵耗功的增加速度是真空泵抽吸能力增加速度的平方，转速过高，水环式真空泵的耗功量增加过大，因此，想通过提高转速来增加真空泵的抽吸能力得不偿失。但转速过低，水环活塞的作用就不理想，甚至不能形成。

（2）工作水温度

工作水温度升高，将造成真空泵实际抽吸能力下降，在机组运行时，应注意冷却器的工作状况。此外，在机组启动时，真空泵的抽吸能力将直接影响到凝汽器启动真空建立所需时间的长短。水环式真空泵建立真空所需时间远小于射水式抽气器或射汽式抽气器建立同样真空所需的时间。

2. 水环式真空泵系统流程

水环式真空泵系统如图 4 - 43 所示，由凝汽器抽吸来的气体经吸入口和气动蝶阀 1 进入真空泵 3，该泵由低速电动机 2 驱动，由真空泵排出的微正压气体进入气水分离器 4，分离出来的气体经气水分离器顶部对空排气口排向大气，分离出来的水与补充水一起进入工作水冷却器 6。被冷却后的工作水一路被喷入真空泵的进口处，使将要进入真空泵的汽气混合物得到冷却,使汽气混合物中的蒸汽部分凝结,减少所抽吸的混合气体的容积,提高真空泵的抽吸能力;另外的一路直接进入泵体,形成真空泵工作所需的水环活塞。

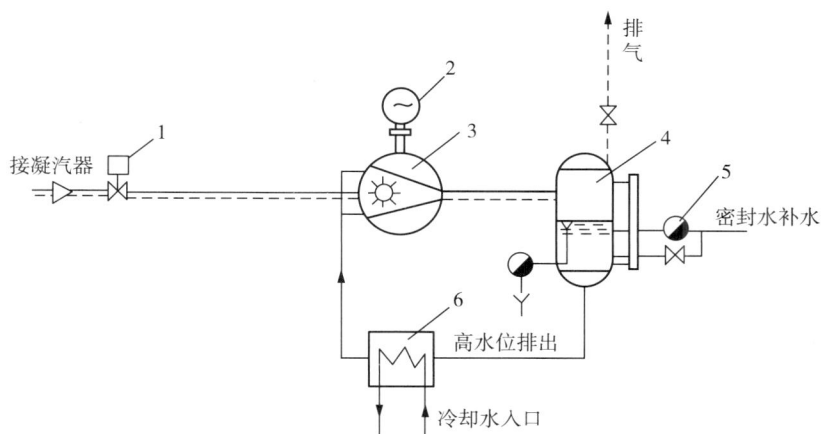

接凝汽器

排气

密封水补水

高水位排出

冷却水入口

图 4 - 43　水环式真空泵系统
1—进气密封隔离阀(气动蝶阀);2—电动机;3—水环真空泵;
4—汽水分离器;5—水位调节阀;6—工作水冷却器

3. 水环式真空泵抽真空系统的组成

660 MW 超临界机组抽真空系统如图 4 - 44 所示,每台汽轮机组配置三台 50％容量的真空泵组,电动机与真空泵采用直联方式,机组启动时,3 台真空泵同时运行,正常运行时,2台运行 1 台备用。

在高压凝汽器和低压凝汽器的壳体上各开有两个抽空气的接口连接到抽空气管道,在凝汽器处的抽空气管道上安装了水封截止阀,在各真空泵入口处的抽空气管道上安装了水封截止阀、气动蝶阀和止回阀,其中水封截止阀可用以保证阀门的严密性;在每个气水分离器的顶部还装有向空排气管道,用来排出气水分离器中分离出的空气;在排气管道上安装了止回阀,防止外界空气经备用泵组倒流入凝汽器。此外,在高压凝汽器和低压凝汽器的壳体上还接有真空破坏装置,在汽轮机紧急事故跳闸时,真空破坏阀开启,使凝汽器与大气接通,快速降低汽轮机转速,缩短汽轮机转子的惰走时间。

真空泵组启动前需要先注水,通过补充水系统向气水分离器中注水,由于真空泵工作时,会有少量的工作水随着空气一起通过向空排气管排出,因此在真空泵运行时,需要不断补充工作水,以保证水环式真空泵内有一个稳定的水环厚度,为此,在运行中要使气水分离器的水位维持在一定范围内,而气水分离器的水位可由进水阀、放水阀和溢流阀来控制,水位低时,通过进水阀补水;水位高时,通过放水阀,将多余的水排出。

工作水温度的高低对水环式真空泵的抽吸能力影响较大,当工作水温度升高时,水环式真空泵抽吸能力下降;在机组正常运行时,由于摩擦以及被抽吸过来的气体中所携带的部分蒸汽的加热作用,会使真空泵的工作水温度不断升高,为了确保真空泵的抽吸能力,必须对工作水冷却,图中利用开式循环水作为冷却水将真空泵系统的工作水冷却。

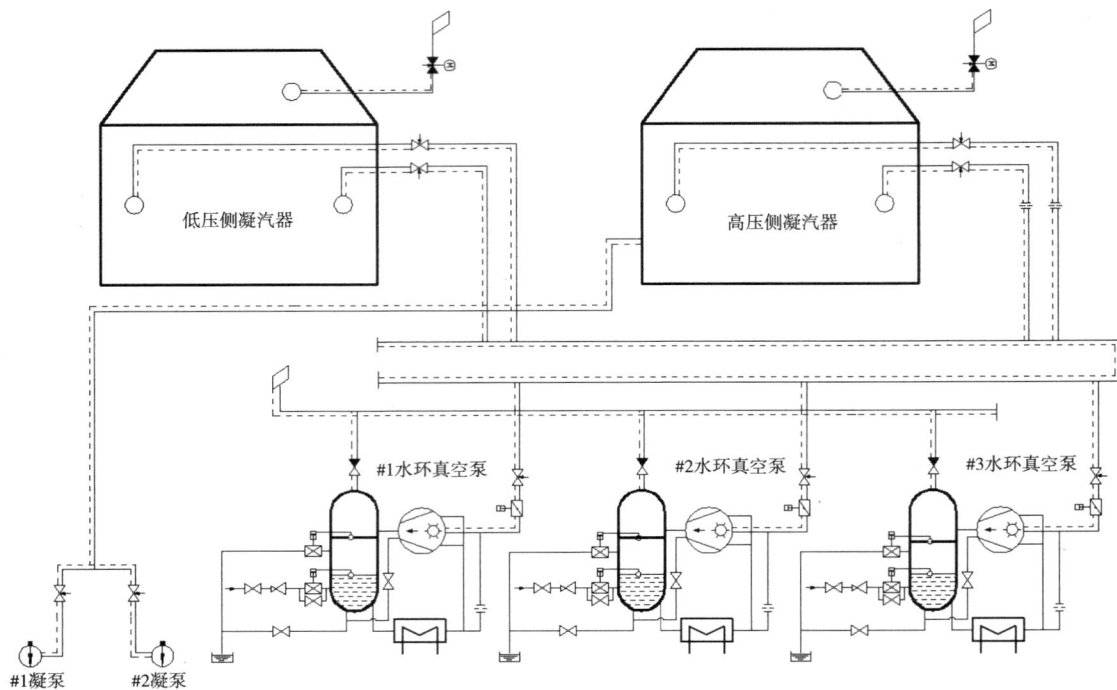

图 4-44 660 MW 超超临界汽轮机抽真空管道系统

四、660 MW 机组抽真空系统投运

熟悉 660 MW 机组抽真空系统的投运。

复习训练题

抽真空系统投运

一、名词概念

1. 凝汽器压力、凝汽器真空、最佳真空

2. 凝汽器的端差、凝结水过冷度、凝汽器的冷却倍率

3. 真空除氧装置

4. 水幕喷水保护装置

5. 多压凝汽器

6. 凝汽器的水阻、凝汽器的汽阻

7. 凝汽器严密性试验

二、分析说明

1. 凝汽设备的任务是什么？画图说明凝汽设备的组成及其工作流程。

2. 影响凝汽器真空的因素有哪些？这些对凝汽器真空带来何种影响？

3. 在下图中标出表面式凝汽器的主要结构名称，并说明凝汽器中汽水工作流程。

4. 凝汽器中冷却水管在管板上的固定方式有哪几种？

5. 简述凝汽器正常运行时监视项目有哪些，以及这些监视项目对凝汽器运行的影响。

6. 简述射汽式抽气器的工作原理。

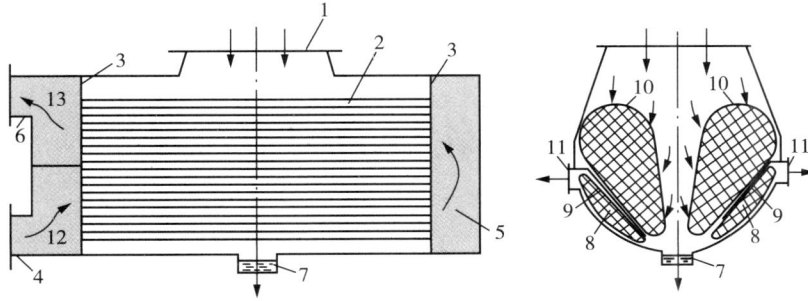

7. 简述水环式真空泵的工作原理。

三、操作训练

结合 660 MW 仿真机组进行运行操作：

1. 熟悉 660 MW 超超临界机组循环水系统，在仿真机上完成循环水系统的投运操作；

2. 熟悉 660 MW 超超临界机组抽真空系统，在仿真机上完成抽真空系统的投运操作。

第五章 汽轮机的调节与保护

由于电用户的用电量在不断变化,而电能又不能大量储存,因此,应随时对汽轮发电机组进行调节,以满足外界电用户的需要。汽轮机调节系统是根据转速的变化来进行调节的,以往的调节系统有直接调节系统、间接调节系统以及具有旋转阻尼调速器的调节系统等典型的纯液压调节系统。目前广泛采用的是数字电液调节系统(DEH),DEH 不仅具有转速和功率的调节功能,还具有运行方式选择、阀门管理、自动程序控制启动和热应力计算等多种功能。此外,为了防止运行中因部分设备工作失常而导致重大事故,汽轮发电机组还设置了相应的保护系统。

第一节　调节系统的组成及其工作原理

由于电能不能大量储存,汽轮发电机组需要随时根据外界用电量的变化来调节其发电量。对于汽轮发电机组转子来说,作用于转子上的驱动力矩反映了蒸汽做功能力的大小,电磁阻力矩则反映了外界电负荷的大小。根据转子运动方程,若外界用电量增加,将引起汽轮机转速下降,因此,可以通过感受转速的变化来调节汽轮发电机组的功率。

一、调节系统的基本工作原理

1. 汽轮机调节系统的任务

汽轮发电机组应随时进行调节,使其发电量与用户的用电量一致,除了要保证供电量外,还要保证供电的品质、供电频率和电压应符合要求。由于发电机的端电压取决于无功功率,无功功率可以通过发电机的励磁系统加以调整,因此,供电电压通过发电机的励磁系统来调节。而供电频率仅取决于汽轮发电机组的转速,频率与转速之间存在一一对应关系。对于具有一对磁极的汽轮发电机组来说,其发电频率为 $f = \dfrac{n}{60}$ Hz,当汽轮机转速为 3000 r/min时,频率为 50 Hz。频率是通过汽轮机调节系统来控制。

由此可见,汽轮机调节系统的任务是:

① 供应用户足够的电力,及时调节汽轮发电机组的功率以满足外界的需要;

② 使汽轮机转速保持在额定转速附近,从而保证发电频率在额定值附近。

2. 作用于汽轮发电机组转子上力矩的自平衡特性

作用在汽轮发电机组转子上的力矩有:蒸汽作用在转子上的驱动力矩 M_d、叶轮和轴颈等处所产生的摩擦阻力矩 M_f,转子在磁场中旋转所受到的电磁阻力矩 M_{em},根据刚体转动理论,转子运动方程式为

$$M_{d} - M_{em} - M_{f} = I \frac{d\omega}{d\tau} \qquad (5-1)$$

其中：

$$M_{d} = \frac{P_{d}}{\omega} = \frac{G\Delta H_{t}\eta_{i}}{\omega} \qquad (5-2)$$

$$M_{em} + M_{f} \approx A\omega + B\omega^{2} \qquad (5-3)$$

式中：I——汽轮发电机组转子的转动惯量；

ω——汽轮发电机组转子旋转时的角速度；

τ——时间；

P_{d}——汽轮机的输出功率；

G——汽轮机的进汽量；

ΔH_{t}——汽轮机的理想焓降；

η_{i}——汽轮机的相对内效率；

A，B——与鼓风摩擦和发电机输出电流有关的系数。

在机组结构确定的情况下，驱动力矩 M_{d} 与转速成反比，反映汽轮发电机组功率的大小，与汽轮机的输出功率成正比。电磁阻力矩 M_{em} 则主要取决于外界负载的特性：当外界负载为风机或水泵时，阻力矩与转速的平方成正比；若外界负载为机床、磨煤机等负载时，阻力矩与转速成正比；若外界负载为照明、电热设备等负载时，则与转速无关；一般情况下，当外界负荷一定时，阻力矩将随转速的增加而迅速增加，且负荷越大，曲线越陡。由式(5-3)可知，电磁阻力矩 M_{em} 和摩擦阻力矩 M_{f} 之和是转速的二次函数。

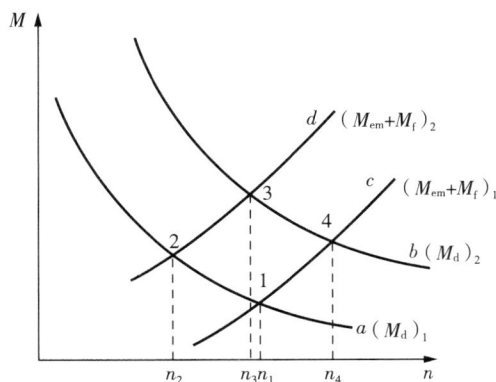

图 5-1　汽轮发电机组力矩与转速的关系

如图 5-1 所示，曲线 a 和曲线 b 为蒸汽作用在汽轮机转子上的驱动力矩 M_{d} 随转速变化的关系曲线，由于 $\omega = \frac{2\pi n}{60}(\text{rad/s})$，将其代入式(5-2)可以得到

$$M_{d} = \frac{G\Delta H_{t}\eta_{i}}{\omega} = \frac{30}{\pi} \cdot \frac{G\Delta H_{t}\eta_{i}}{n} \qquad (5-4)$$

由此可见，当 $G\Delta H_{t}$＝定值 1 时，驱动力矩 M_{d} 与转速 n 成反比，如图中曲线 a 所示；而

当 $G\Delta H_t$＝定值 2 时，驱动力矩 M_d 与转速 n 的关系曲线将变为曲线 b，且 $G\Delta H_t$ 的值越大曲线位置就越高。

曲线 c 和曲线 d 为转子旋转时，叶轮和轴颈等处所产生的摩擦阻力矩 M_f 与发电机转子在磁场中旋转所受到的电磁阻力矩 M_{em} 之和随转速变化的关系曲线。

由式（5－3）可见，在外界负荷一定时，即 P＝定值 3 时，阻力矩 $M_{em}+M_f$ 是转速的二次函数，将随转速的增加而迅速增加，如图中曲线 c 所示；而当 P＝定值 4 时，阻力矩 $M_{em}+M_f$ 与转速 n 的关系曲线将变为曲线 d，且外界电功率 P 越大，曲线位置就越高。

当功率平衡时，即 $M_d=M_{em}+M_f$，此时，曲线 a 和曲线 c 的交点为 1 点，则 $I\dfrac{d\omega}{d\tau}=0$。由于 $I\neq0$，故 $\dfrac{d\omega}{d\tau}=0$，即转子的角加速度等于零，则转子的转速为一定值 n_1，并保持不变。

当电用户用电量增加时，电力系统的阻抗减小，发电机输出的电流增大，电磁阻力矩 M_{em} 相应增大，阻力矩 $M_{em}+M_f$ 随转速 n 变化的曲线由曲线 c 变成曲线 d。如果汽轮机不进行任何调节，即 $G\Delta H_t\eta_i$ 保持不变，此时驱动力矩 M_d 不变，则 $M_d<M_{em}+M_f$，$\dfrac{d\omega}{d\tau}<0$，转子角速度降低。随着转速 n 的降低，在曲线 d 上阻力矩 $M_{em}+M_f$ 也相应减小。由于 $M_d=\dfrac{30}{\pi}\cdot\dfrac{G\Delta H_t\eta_i}{n}$，随着转速 n 的降低，在曲线 a 上驱动力矩 M_d 将逐渐增大。当转速达到 n_2 时，功率重新达到平衡，曲线 a 和曲线 d 相交于 2 点，由上图可知此时 $n_2<n_1$。反之，当用户用电量减小时，转子角速度 ω 增加，在较高的转速下力矩达到新的平衡。因此，当外界负荷改变时，即使不调节汽轮机功率，理论上也可以从一个稳定工况过渡到另一个稳定工况，这种特性称为汽轮发电机组的自平衡特性。

若电用户的用电量保持不变，增加汽轮机的进汽量，使得驱动力矩 M_d 增大，由于 $M_d=\dfrac{30}{\pi}\cdot\dfrac{G\Delta H_t\eta_i}{n}$，驱动力矩 M_d 随转速变化的关系曲线将由曲线 a 变为曲线 b；但由于 $M_d>M_{em}+M_f$，$\dfrac{d\omega}{d\tau}>0$，转子转速 n 将升高。随着转速的升高，阻力矩 $M_{em}+M_f$ 沿曲线 c 逐渐增大，同时驱动力矩 M_d 沿曲线 b 逐渐减小，曲线 c 和曲线 b 相交于 4 点，在较高的转速下达到新的平衡。反之，当驱动力矩 M_d 减小，转子转速降低，在较低的转速下达到新的平衡。

汽轮发电机组的这种自平衡特性造成转速的波动过大，使得供电频率变化很大，不能满足电用户对用电品质方面的要求。不过，这种特性也提供了一个能够反映外界负荷变化的信号：转速降低，说明外界电负荷增加；转速升高，说明外界电负荷减小，可以通过感受转速的变化来进行汽轮机的调节。

3. 汽轮发电机组的调节过程

根据转子力矩自平衡特性，机组转速升高，表明汽轮机的输出功率大于外界电负荷，因此可以将转速变化作为调节信号。图 5－1 中，若原来的工作点在 1 点，当外界负荷增大后，阻力矩 $M_{em}+M_f$ 随转速 n 变化的曲线将由曲线 c 变成曲线 d。根据转子力矩的自平衡特性，随着转速的降低，驱动力矩 M_d 逐渐增大，而阻力矩 $M_{em}+M_f$ 则逐渐减小，最终达到新的平衡点（2 点），但此时汽轮发电机组的转速变化太大，转速由 n_1 变为 n_2。

此时若通过汽轮机转速调节系统开大调节阀，增加汽轮机的进汽量，则驱动力矩 M_d 增大，驱动力矩 M_d 随转速 n 变化的曲线将由曲线 a 变成曲线 b，在转速 n_3 下达到新的平衡（3点），与调节前的转速 n_1 相比，转速的变化幅度就很小了。

二、典型汽轮机液压调节系统介绍

1. 直接调节系统

直接调节系统如图 5-2 所示，其工作过程如下：

当外界负荷减小时，转速上升，调速器的飞锤向外飞出，带动滑环上移，通过杠杆的带动关小调节阀，减小进汽量，使汽轮机的实发电功率下降，以满足外界负荷的需要。

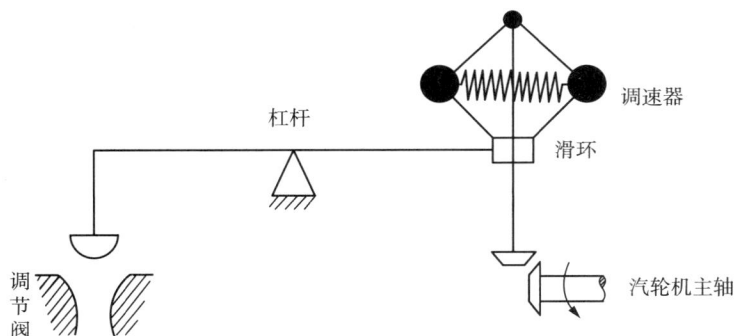

图 5-2　汽轮机直接调节系统简图

该调节系统的方框图如图 5-3 所示。

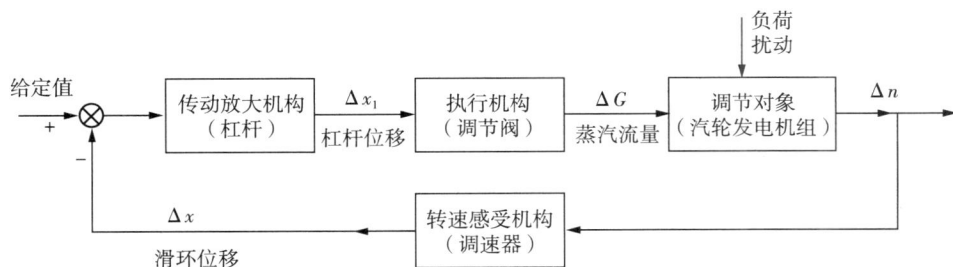

图 5-3　直接调节系统方框图

汽轮机转速调节系统包括转速感受机构、传动放大机构、执行机构和调节对象四个部分。其中，转速感受机构又称调速器，用来感受转速的变化，并将其转变为滑环的位移信号；传动放大机构将调速器送来的信号进行传递和放大，并将放大后的信号送至执行机构；执行机构则根据传动放大机构送来的信号调节汽轮机的进汽量，改变汽轮机的功率以适应外界对供电量的要求。

2. 间接调节系统

间接调节系统如图 5-4 所示，其工作过程如下：

当外界负荷减小时，转速上升，滑环上移，以 C 点为支点带动 B 点上移，使滑阀活塞上移，压力油进入油动机上油腔，油动机下油腔与泄油接通，从而使油动机活塞下移，关小调节阀，使发电功率下降，与外界负荷相适应。

在油动机活塞下移的同时，以 A 点为支点带动杠杆向下移动，则 B 点下移，滑阀活塞下移。当滑阀恢复至居中位置时,将油动机上下油腔的进出油口关闭,压力油不再与油动机相通,油动机活塞停止移动,汽轮机就在新的负荷下稳定运行。

这里,油动机活塞的运动是由滑阀活塞的位移引起的,而油动机活塞的运动反过来又影响到滑阀活塞,称之为反馈。因为这种反馈是使滑阀活塞朝相反方向移动,所以又称为负反馈。如果没有这个负反馈,油动机的油口将一直处于进油或排油状态下,油动机活塞将一直移动到全开或全关位置,无法实现稳定的调节功能。

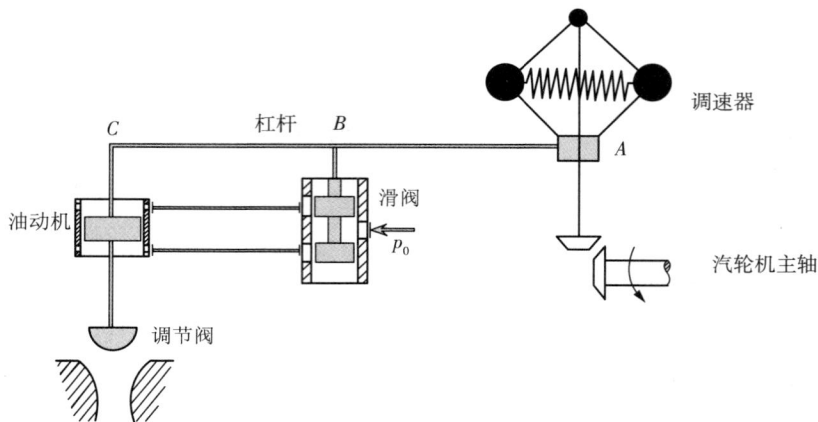

图 5-4　间接调节系统简图

此外,图 5-2 中调节阀是由调速器通过杠杆直接带动的,称为直接调节系统。但由于调速器的能量有限,一般难以带动调节汽阀,为此,可以将调速器滑环的位移信号在功率上加以放大后再带动调节阀动作,如图 5-4 所示,调节阀的开启靠的是作用于油动机活塞上压力油的油压差,这样的调节系统称为间接调节系统,油动机活塞上下的油压差越大,开启阀门时的提升力就越大。

该调节系统的方框图如图 5-5 所示。

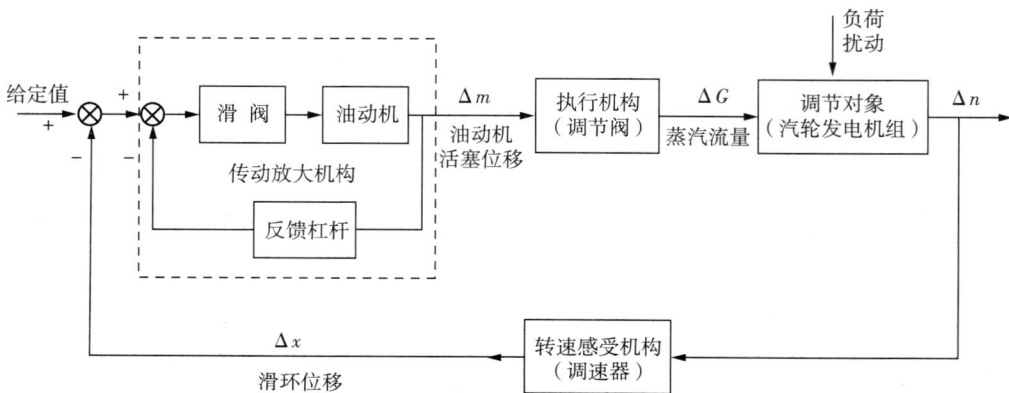

图 5-5　汽轮机间接调节系统方框图

3. 具有旋转阻尼调速器的液压调节系统

125 MW 机组采用具有旋转阻尼调速器的液压调节系统,如图 5-6 所示。

旋转阻尼调速器的结构如图 5-7 所示,旋转阻尼主要由阻尼管、油封环(稳流网)、壳体及节流孔板等组成。来自主油泵的压力油,经节流孔板降压后进入 A 腔室,然后经阻尼管沿径向向内流动,最后由排油口排回油箱。A 腔室的油压即调节系统的一次油压信号 p_1,当机组转速升高时,阻尼管内油柱所产生的离心力增大,阻尼管出口的一次油压 p_1 升高。

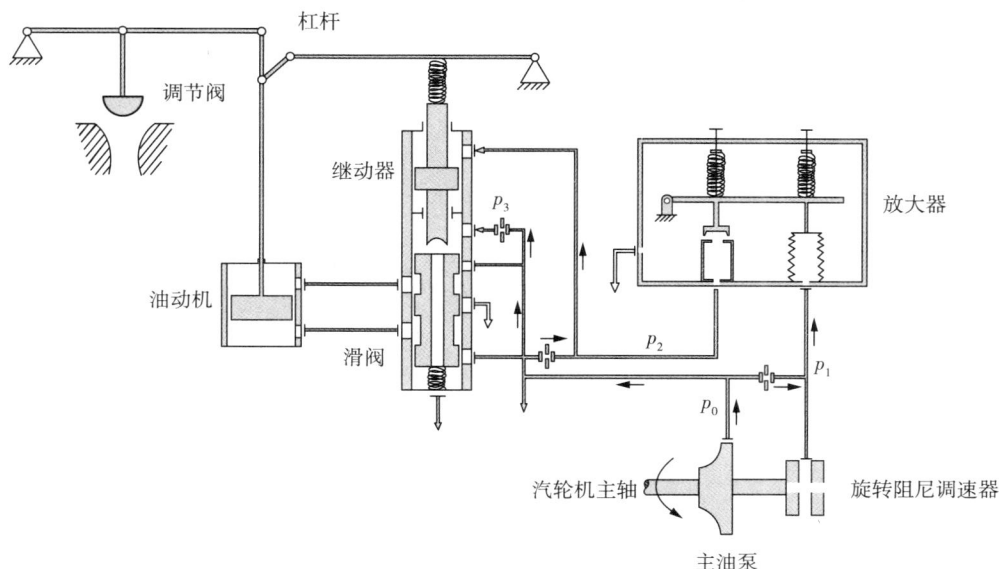

图 5-6　具有旋转阻尼调速器的液压调节系统图

图 5-6 中,主油泵出口的压力油 p_0 除了提供调节系统油动机的动力油,还有三路去处:一路经节流孔板节流后通往旋转阻尼形成一次油压 p_1;另一路经节流孔板进碟阀所控制的二次油室形成二次油压 p_2;还有一路经节流孔板通往滑阀活塞上部油室,并经继动器活塞下的碟阀与滑阀活塞之间的间隙后从滑阀的中心孔向下排出,在滑阀活塞上部油室形成三次油压 p_3。

当外界负荷减小时,汽轮机的转速升高,旋转阻尼管中油柱所产生的离心力增加,使得一次油压 p_1 升高。一次油压 p_1 经波纹筒作用在平衡板上,从而使平衡板绕支点逆时针转动,使得放大器的碟阀上移,碟阀的泄油间隙变大,造成二次油压 p_2 下降。

二次油压 p_2 的下降破坏了继动器活塞上原来的二次油压与反馈弹簧之间力的平衡。

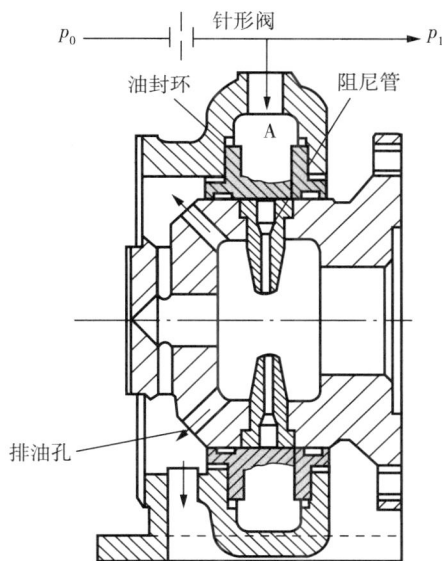

图 5-7　旋转阻尼调速器结构

继动器活塞向上移动,使得继动器活塞下的碟阀与滑阀活塞之间的泄油间隙增大,三次油通过滑阀活塞中心孔的泄油量增大,导致三次油压 p_3 下降。滑阀活塞在下部弹簧的作用下向上移动,从而使油动机的上油室与主油泵出口的压力油接通,油动机的下油室与回油接通,使得油动机活塞下移,关小调节阀,汽轮发电机组的功率下降。

此外,在油动机活塞下移的同时,带动反馈杠杆向下移动,使反馈弹簧所受的拉力减小。继动器活塞在二次油压 p_2 的作用下向下移动,关小三次油的泄油间隙,使得三次油压 p_3 逐渐增大并恢复到原来数值。此时,滑阀活塞也逐渐回到原来的中间位置,油动机活塞上下油室的进、出油口刚好被滑阀活塞挡住,油动机的上下油室不再进油和泄油,油动机活塞不再移动,汽轮机的调节阀就处于新的开度下稳定工作。

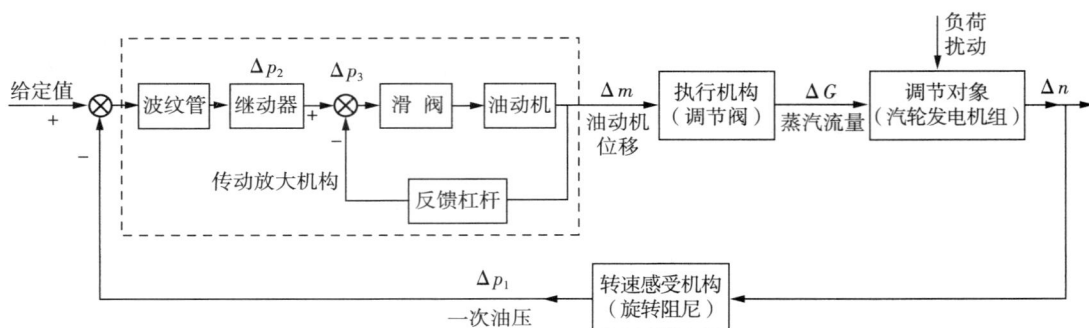

图 5 - 8　具有旋转阻尼调速器的液压调节系统方框图

具有旋转阻尼调速器的液压调节系统也是由转速感受机构、传动放大机构和执行机构三部分组成,其方框图如图 5 - 8 所示。转速感受机构将汽轮机的转速信号 Δn 转变为一次油压信号 Δp_1,传动放大机构包括波纹管、继动器、滑阀、油动机和杠杆等装置,传动放大机构将转速感受机构输出的一次油压信号 Δp_1 转变为油动机活塞的位移信号 Δm,执行机构将油动机活塞的位移信号 Δm 转变成汽轮发电机组的功率变化信号 Δp_{el}(或流量信号 ΔG)。

第二节　调节系统的特性

调节系统的输出信号(汽轮机功率)与输入信号(转速)之间的关系称为调节系统的静态特性。其中,速度变动率和迟缓率是静态特性中的两个重要参数,其对并列运行机组负荷分配、甩负荷时转速的最大飞升值以及过渡过程的稳定性等都有很大的影响。

汽轮机调节系统的静态特性是由转速感受机构、传动放大机构和执行机构的静态特性所决定的,通过分析和简化,汽轮机调节系统的静态特性可表示为 $\dfrac{\Delta p_{el}}{\Delta n}=k$,其静态特性曲线如图 5 - 9 所示。

一、速度变动率

单机运行时,汽轮机的功率从零增至额定负荷,

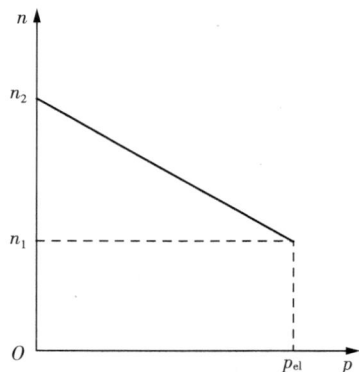

图 5 - 9　调节系统的静态特性曲线

其稳定转速从 n_2 变为 n_1，转速差 Δn 与额定转速 n_0 之比称为调节系统的速度变动率，即

$$\delta = \frac{n_2 - n_1}{n_0} \times 100\% \tag{5-5}$$

速度变动率 δ 越大，说明同样负荷变化下转速变化量越大，曲线越陡；速度变动率 δ 大小对并列运行机组负荷分配、甩负荷时转速最大飞升值以及过渡过程的稳定性等都有很大的影响。

并网运行机组，当外界负荷发生变化时，将使电网频率发生变化，各机组调节系统将根据各自的静态特性自动增、减负荷，以满足外界用电量的需要，这一过程称为一次调频。

下面以两台机组并网运行为例说明一次调频过程，假设 1 号机组和 2 号机组的速度变动率分别为 δ_1 和 δ_2，且 $\delta_2 > \delta_1$；如图 5-10 所示。在稳定工作时，电网周波为 $50\,\text{Hz}$，对应的机组转速为额定转速 n_0，此时，1 号机组的功率为 P_1，2 号机组的功率为 P_2，$P_1 + P_2$ 刚好等于外界的用电量；若外界用电量增大 ΔP，则机组发电量和外界用电量不再相等，将造成电网周波的下降，并网各机组的转速相应下降 Δn，此时，1 号机组功率增加 ΔP_1，2 号机组功率增加 ΔP_2，且 $\Delta P_1 + \Delta P_2 = \Delta P$，使各机组的发电量满足外界用电量的需要。

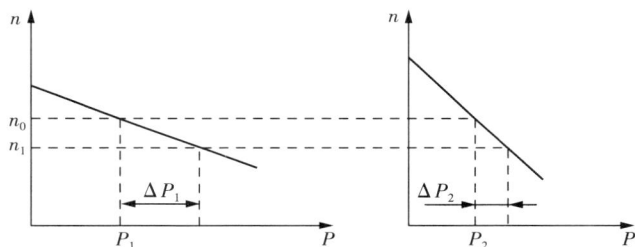

图 5-10　两台机组并列运行的一次调频过程

在外界用电量变化时，各机组所承担的变动负荷量为

$$\Delta P_i = \frac{P_{i\max} \dfrac{1}{\delta_i}}{\displaystyle\sum_{i=1}^{n} P_{i\max} \dfrac{1}{\delta_i}} \Delta P \tag{5-6}$$

式中：$P_{i\max}$—— 第 i 台机组的额定功率；

　　　δ_i—— 第 i 台机组的速度变动率；

　　　ΔP—— 外界总用电量的变化；

　　　ΔP_i—— 第 i 台机组所承担的变动负荷量。

可见，速度变动率的大小对机组参与电网的一次调频影响很大。速度变动率愈小、额定功率越大的机组，在电网负荷波动时，所承担的变动负荷量 ΔP_i 就越大。

速度变动率越小，调节系统的静态特性曲线就越平坦，在同样的电网周波波动下引起的功率变化量就越大，汽轮机的进汽量和进汽参数的变化也就越大，汽轮机各部件的温度和应力也将发生很大的变化。速度变动率过大，则机组参与一次调频的能力下降，并且，在汽轮机甩负荷后，汽轮机的稳定转速过高，若甩负荷后最高飞升转速超过危急保安器的动作转速，将对机组的安全运行和甩负荷后重新并网带负荷带来不利的影响。因此，速度变动率的

大小应根据机组在电网中所处的地位和安全性方面的要求来确定,对于大型机组,速度变动率一般在 $4.5\% \sim 5.0\%$。

二、迟缓率

由于调节信号在传递过程中的延时、各调节部件的摩擦阻力和空行程等因素的影响,当外界负荷变化时,机组的功率不能及时进行调节,而是当转速变化到某一数值后,功率才开始变化。如机组在 n_a 转速运行,当转速上升较小时,调节系统没有调节动作,只有当转速升高至 n_b 时,功率才开始沿 bc 线减小;同样,若机组在 n_c 转速运行,当转速下降较小时,调节系统也没有调节动作,只有当转速降低至 n_d 时,功率才开始沿 da 线增加。显然,调节系统在转速上升和转速下降时的静态特性不再是同一条曲线而是近乎平行的两条曲线,如图 5-11 所示,这种现象称为调节系统的迟缓现象。

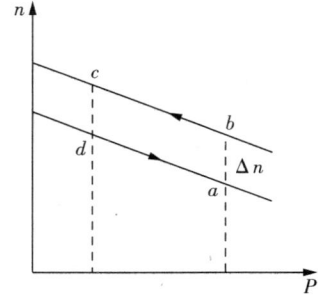

图 5-11 调节系统的迟缓现象

由于迟缓现象,转速上升和转速下降过程线不重合,在同一功率下转速上升和转速下降两条过程线所对应的转速差与额定转速的比值称为迟缓率,即

$$\varepsilon = \frac{\Delta n}{n_0} \times 100\% \qquad (5-7)$$

迟缓率延长了汽轮机从外界负荷发生变化到调节阀开始动作的时间,造成汽轮机不能及时适应外界负荷变化,迟缓率 ε 的大小对机组运行时负荷的波动大小、甩负荷时转速最大飞升值以及过渡过程的稳定性等都有很大的影响。

(1)孤立运行的机组

迟缓率对孤立运行机组的影响如图 5-12(a)所示,由于汽轮机的功率决定于外界负荷,在外界负荷一定时,由于存在迟缓现象,将造成机组的转速在不灵敏区内摆动,其转速摆动量的大小为 $\Delta n = \varepsilon n_0$。

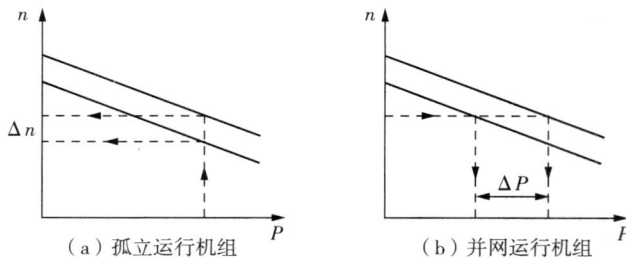

(a)孤立运行机组   (b)并网运行机组

图 5-12 迟缓率对机组运行的影响

(2)并网运行的机组

迟缓率对并网运行机组的影响如图 5-12(b)所示,由于汽轮机的转速决定于电网频率,在电网频率一定时,由于存在迟缓现象,将造成机组的功率在不灵敏区域内自发变化,称为负荷漂移。其负荷漂移量的大小为

$$\Delta P = \frac{\varepsilon}{\delta} \cdot P_{el} \tag{5-8}$$

可见,并网机组负荷漂移量与迟缓率和速度变动率都有关系,迟缓率愈大、速度变动率愈小,则机组的负荷漂移量就愈大。为提高调节系统的控制精度和运行稳定性,要求迟缓率尽可能小。由于整个调节系统的迟缓率是由各个组成元件的迟缓率累积而成,故应提高每个元件的灵敏度。一般来说调节系统的迟缓率 $\varepsilon < 0.5\%$ 时,质量合格;新装机组则要求 $\varepsilon < 0.2\%$。

三、同步器及调节系统静态特性曲线的平移

由图 5-9 所示,调节系统静态特性曲线上转速和功率是一一对应的,即不同功率对应的转速是不同的,这给机组的运行调节带来了一些问题。

1. 静态特性曲线上转速和功率的一一对应关系给机组运行带来的问题

(1)孤立运行时

如图 5-13(a)所示,某一时刻,机组的转速为额定转速 n_0、功率为 P_1。当外界用电量增加,机组功率增大为 P_2 时,根据调节系统的静态特性曲线,汽轮机转速将由 n_0 降到 n_2;发电量增大了,但供电频率降低了。

为了保证供电质量,应设置能够人为改变汽轮机转速的装置。如图 5-13(b)所示,当机组功率增大为 P_2 时,能够将调节系统的静态特性曲线向上平移到 CD 线所示的位置上,这样既增大了机组功率,又保证了汽轮机的转速为额定转速。

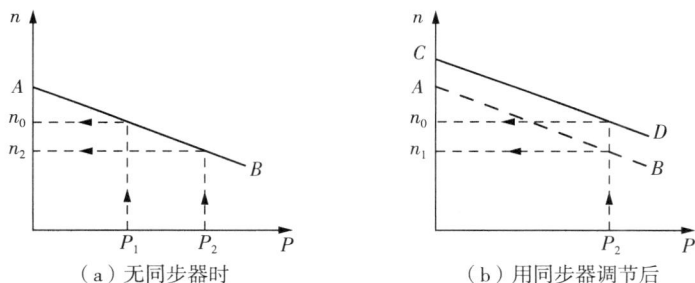

图 5-13　孤立运行时同步器的作用

(2)并网运行时

如图 5-14(a)所示,某一时刻,机组的转速为额定转速 n_0、功率为 P_1。在电网周波不变的情况下,机组的转速将保持不变,根据调节系统的静态特性曲线,机组的负荷将保持不变。

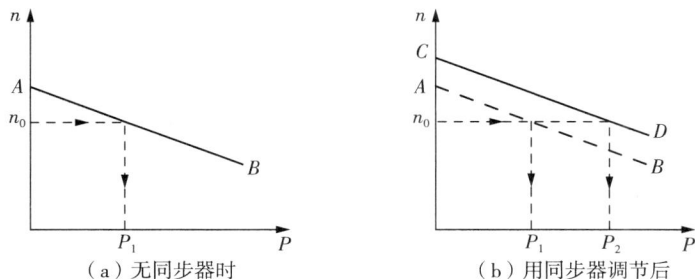

图 5-14　并网运行时同步器的作用

为了使并网运行的机组能够根据需要增减负荷,应设置能够人为改变汽轮机功率的装置。如图 5-14(b)所示,能够将调节系统的静态特性曲线向上平移到 CD 线所示的位置时,在转速不变的情况下,机组功率将增大为 P_2,从而实现增减机组功率的目的。

由上述分析可见,通过平移静态特性曲线,能够人为改变汽轮机的转速(孤立运行时)或功率(并网运行时),这种能够平移静态特性曲线的装置就称为同步器。

2. 二次调频

利用同步器增减某些机组的功率,以恢复电网频率的过程称为二次调频。只有经过二次调频,才能确保电网的频率为额定值。下面以两台机组并网运行为例说明二次调频过程。

图 5-15 中,1 号机组和 2 号机组的速度变动率分别为 δ_1 和 δ_2,当外界用电量增大 ΔP,各并网机组按各自调节系统的静态特性参与一次调频过程。一次调频后,电网周波下降,汽轮发电机组的转速下降 Δn,1 号机组功率增加 ΔP_1,2 号机组功率增加 ΔP_2,并且 $\Delta P_1 + \Delta P_2 = \Delta P$,满足了外界用电量的要求。

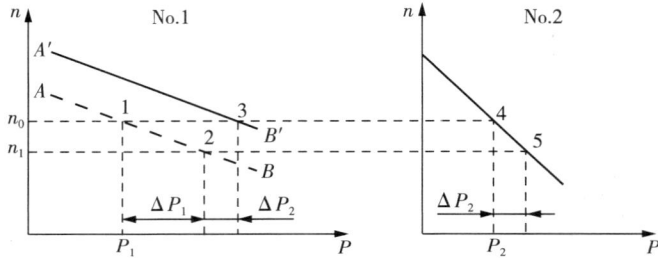

图 5-15　两台机组并列运行的二次调频过程

若操作同步器,使 1 号机组的静态特性曲线向上平移,则 1 号机组所带的负荷增大,同时电网周波上升;随着电网周波的上升,2 号机组所带的负荷减少。当 1 号机组的静态特性曲线向上平移到 $A'B'$ 线时,2 号机组所带的负荷减至 P_2,减少的负荷 ΔP_2 都由 1 号机组来承担(图 5-15)。通过二次调频不仅使 1 号机组承担了所有的外界负荷变动量,同时还能使得电网周波恢复为额定值。

3. 同步器的工作原理

同步器的结构组成如图 5-16 所示。该调节系统采用波纹管放大器作为同步器,通过改变波纹管放大器中主、辅同步器弹簧的预紧力,来实现调节系统静态特性曲线的平移。

具有旋转阻尼调速器的液压调节系统见图 5-6 所示。当汽轮机转速 n_0 不变时,一次油压 Δp_1 将保持不变,此时,对应的汽轮机调节系统静态特性曲线为 AB 线,机组功率为 P_1,如图 5-14 所示。若

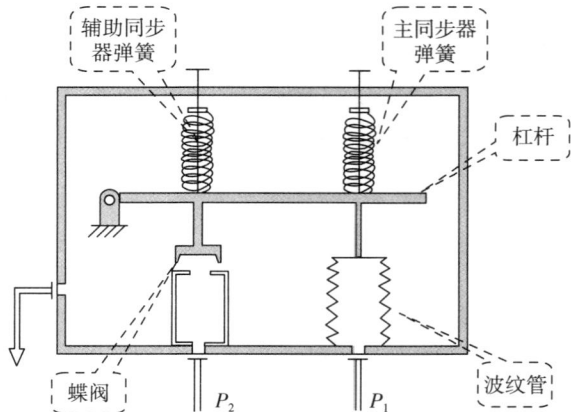

图 5-16　同步器结构组成示意图

转动主同步器手轮,压缩主同步器弹簧,杠杆将顺时针向下转动,带动碟阀下移关小泄油间隙,通过碟阀的泄油量减少,使得二次油压 Δp_2 增大,三次油压 Δp_3 随之增大,开大调节汽门,汽轮机进汽量增多,实发功率增大,即在转速不变的情况下,通过操作同步器将静态特性曲线由 AB 线向上平移到 CD 线,使汽轮发电机组的实发功率增大为 P_2。

四、中间再热对汽轮机调节系统特性的影响

大容量机组普遍采用中间再热,如图 5-17 所示。锅炉出来的过热蒸汽在高压缸中膨胀做功后,经管道返回锅炉再加热,加热后的再热蒸汽再引至中低压缸中继续膨胀做功。中间再热可以提高汽轮机的排汽干度,保证汽轮机末几级工作的安全;中间再热还可以降低排汽湿度,减少湿汽损失,提高机组的热经济性,但中间再热也给汽轮机的调节带来了新的问题。

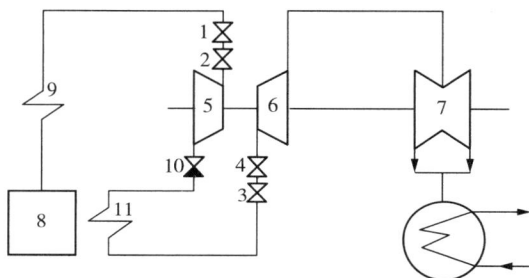

图 5-17　中间再热机组蒸汽连接系统示意图

1—高压主汽门;2—高压调节阀;3—中压主汽门;4—中压调节阀;5—高压缸;

6—中压缸;7—低压缸;8—锅炉;9—过热器;10—止回阀;11—再热器

1. 中间容积给汽轮机调节带来的问题

(1)中低压缸功率的滞后

中间再热机组由于冷、热再热管道及再热器的存在,所以会形成一个很大的中间容积,如图 5-18 所示。当某一时刻 τ_0 机组功率从 P_a 增大至 P_b 时,高压调节汽阀立即开大。高压缸功率 P_1 可以看成是瞬间增大,而低压缸的功率 P_2 只能随中间再热容积压力的逐渐升高而缓慢增大,并且,随着中间再热压力的升高,高压缸功率 P_1 将略有减小。因此,在 τ_0 时刻高压调门开大后,整个机组的功率不会马上增大到 P_b,而是缓慢地增加到外界负荷要求的数值,导致机组调节时,功率变化"滞后",如图中阴影部分所示。中低压缸功率的滞后,降低了机组参加一次调频的能力,使电网周波变化幅度增大。

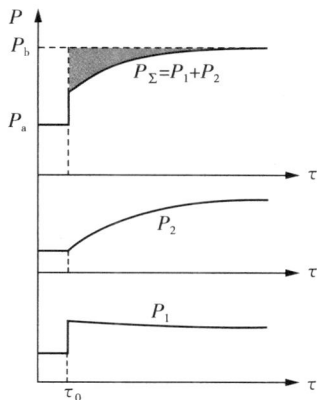

图 5-18　中间再热机组功率滞后现象

P_1— 高压缸功率;P_2— 中低压缸功率;

P_Σ— 机组总功率($P_\Sigma = P_1 + P_2$)

为了克服机组功率的"滞后",提高大容量机组参加一次调频的能力,一般可采用高压缸调节阀的动态过调、中压缸调节阀的动态过调、瞬时切除高加回热抽汽和向再热器喷水来增大再热器的进汽量等方案,其中较为常用且比较合理的为高压调节阀动态过调。

高压缸调节阀动态过调指的是当机组负荷突然变化时,将高压调节阀的开度暂时调到

超过负荷变化时调节阀所需的静态开度,利用高压缸负荷过量的变化来弥补中低压缸的功率的迟滞。此后,随着在中低压缸功率的逐渐变化,高压调节阀逐渐恢复到与负荷相对应的开度。

大容量机组高压缸动态过调的过程如图5-19所示。当外界负荷突然增加时,高压调节阀动态过开,高压缸所发出的功率瞬时增大,多发功率 $P'_1 - P''_1$ 正好弥补了中低压缸滞后的功率 $P''_2 - P'_2$,即 $P'_1 - P''_1 = P''_2 - P'_2$。此时,整个汽轮发电机组所发的功率 $P_\Sigma = P_1 + P_2$ 从调整开始就能立刻响应,并达到需要的功率。此后,随着中低压缸功率的逐渐增大,高压调节阀逐渐关小,高压缸功率逐渐减小,但高压缸和中低压缸功率之和保持不变。

(2)甩负荷时的超速

由于中间再热容积的存在,在机组甩负荷时,即使高压调节阀迅速关闭,中间再热容积中储存的大量蒸汽仍然会进入中低压缸继续膨胀做功,使汽轮机超速达到 $40\% \sim 50\%$。为了防止甩负荷时汽轮机超速,在中压缸前设置中压主汽门和中压调节汽门,如图5-17所示。

当机组甩负荷时,转速飞升,汽轮机转速调节系统将立刻关闭高、中压调阀若干秒,切断高、中压缸进汽,防止中间再热容积中储存的蒸汽进入中低压缸继续膨胀做功。若转速能够控制在危急遮断器动作转速以下,稍后重新开启高、中压调门维持机组空转。若转速继续升高,超过了危急遮断器的动作转速,则危急遮断装置动作,使高、中压主汽门和高、中压调节汽门同时关闭,迅速切断汽轮机的进汽,紧急停机。

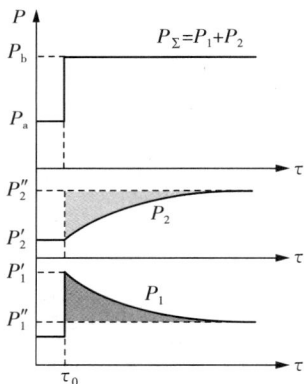

图 5-19　大容量机组高压缸
动态过调的过程

P_1—高压缸功率;P_2—中低压缸功率;

P_Σ—机组总功率($P_\Sigma = P_1 + P_2$)

此外,为了减小机组运行时节流损失,只在负荷低于一定值时,中压调门才参与机组负荷调节。在负荷高于这一定值时,中压调门将保持全开,机组负荷全都由高压调门来控制。

2. 单元制给汽轮机调节带来的问题

由于再热蒸汽压力随着机组功率的变化而变化,不同机组的再热蒸汽压力不同,不能用母管相连接。另外,为了保证锅炉的稳定运行,需要使流经过热器的过热蒸汽流量与流经再热器的再热蒸汽流量保持严格的比例关系,这也使得不同机组的再热蒸汽管道不能用母管相连接,但采用单元制给锅炉和汽轮机带来了新的问题。

(1)机炉最低负荷不一致给汽轮机的调节带来的问题

锅炉稳定燃烧的最低负荷为额定负荷的 $30\% \sim 50\%$,但汽轮机的空载汽耗量仅为锅炉额定负荷的 $5\% \sim 8\%$,甚至可以小到 2%;机炉最小负荷的不一致给汽轮机的调节带来不利的影响(如当汽轮机在空负荷或低负荷运行时,锅炉需要稳定燃烧,但锅炉在最低负荷时所提供的蒸汽比汽轮机空负荷或低负荷运行所需要的蒸汽量大的多)。此外,由于再热器位于锅炉烟道中烟温较高的区域,需要足够的蒸汽流量来冷却管道,而汽轮机在空负荷运行时,空载汽耗量仅为 $5\% \sim 8\%$,小于再热器冷却所需的最小流量 15%,为此设置旁路系统。一方面解决了汽轮机空载时所需的蒸汽流量与锅炉最低负荷时所提供的蒸汽流量不一致的问题;另一方面可以保护再热器,回收工质。

三级旁路系统如图 5-20 所示,其中Ⅰ级旁路又称高压旁路,Ⅱ级旁路又称低压旁路,Ⅲ级旁路又称大旁路。当通过汽轮机的流量低于锅炉稳定燃烧的最低流量时,锅炉产生的多余蒸汽可通过Ⅲ级大旁路减温减压后排向凝汽器,以回收工质;当通过汽轮机的流量低于再热器冷却所需的最低冷却流量时,部分主蒸汽可以绕过高压缸经Ⅰ级旁路减温减压后进入再热器,以保护再热器。

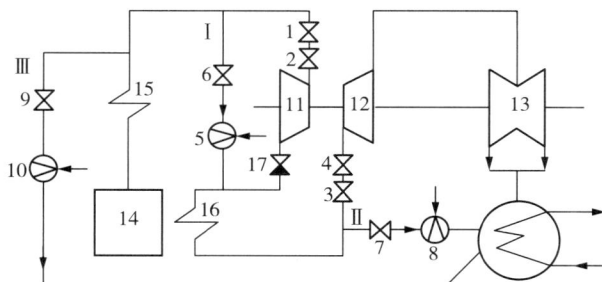

图 5-20　三级旁路系统

1—高压主汽门;2—高压调节阀;3—中压主汽门;4—中压调节阀;
5、8、10—减温调节阀;6、7、9—截止阀;11—高压缸;12—中压缸;
13—低压缸;14—锅炉;15—过热器;16—再热器;17—止回阀

(2)机炉动态响应时间的不同给汽轮机调节带来的问题

由于汽轮机和锅炉的动态响应时间相差很大,对于汽轮机来说,汽轮机的时间常数一般为 $7 \sim 8 \, s$。当电网负荷变化时,通过汽轮机调节系统,汽轮机的功率能很快响应负荷的变化。对于锅炉来说,从锅炉开始调整燃烧到锅炉出来的蒸汽量发生改变,需要 $100 \sim 250 \, s$。由于采用单元制,汽轮机既不能利用其他锅炉的蓄热量,也没有蒸汽母管的蓄热量可以利用,使得单元机组适应外界负荷变化的能力变差。当外界负荷变化时,在开大或关小汽轮机的调节阀门使机组功率增减的同时,还将引起锅炉出口蒸汽压力的剧烈变化。若外界负荷增大过多,将导致锅炉出口压力大幅下降,造成"汽水共腾",使蒸汽带水,并进一步危及汽轮机的安全运行。

控制系统主要是通过控制锅炉燃烧率和汽机调节门开度来调节机组负荷和主汽压力的。为了提高机组负荷的适应性,同时避免对汽轮机和锅炉的安全带来不利影响,应选择合适的控制方式,目前采用的控制方式有汽轮机跟随方式、锅炉跟随方式和机炉协调方式等。

① 汽轮机跟随方式(机跟炉(TF))

a. 汽轮机定压运行时

汽轮机定压运行时,外界的负荷指令先送给锅炉,锅炉调节出力。待新汽压力改变后,压力变化信号通过汽轮机压力调节器改变调节阀开度,使机组功率改变,如图 5-21 所示。该控制方式可维持主蒸汽压力的相对稳定。

b. 汽轮机滑压运行时

汽轮机滑压运行时,调节阀全开,外界的负荷指令先送给锅炉。锅炉调节出力,待新汽压力改变后,随蒸汽压力的增减,通过汽轮机的流量相应增减,从而使汽轮发电机组的电功率相应变化,如图 5-22 所示。该控制方式因锅炉燃烧响应慢,机组的功率响应延滞较大,不能满足电网负荷控制的要求。

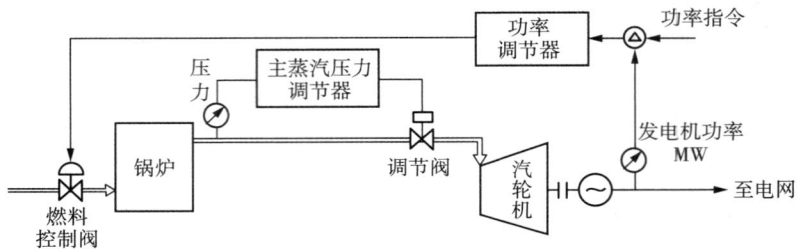

图 5-21　汽轮机定压运行时的机跟炉控制方式

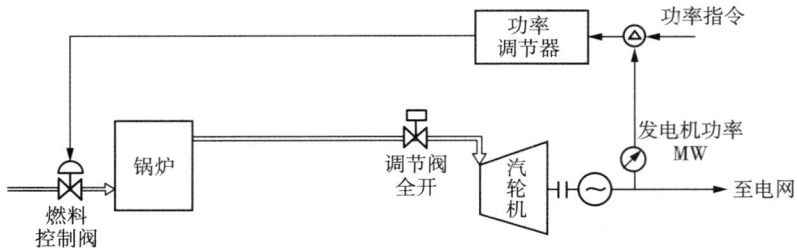

图 5-22　汽轮机滑压运行时的机跟炉控制方式

② 锅炉跟随方式(炉跟机(BF))

炉跟机控制方式如图 5-23 所示,若外界负荷增加,则负荷增加的指令先送入汽轮机,通过调节系统开大调节阀,增加进汽量使机组的功率增大;但在开大调节阀增加进汽量时,新蒸汽压力将下降,锅炉再根据流量和压力的变化信号来调节燃烧。

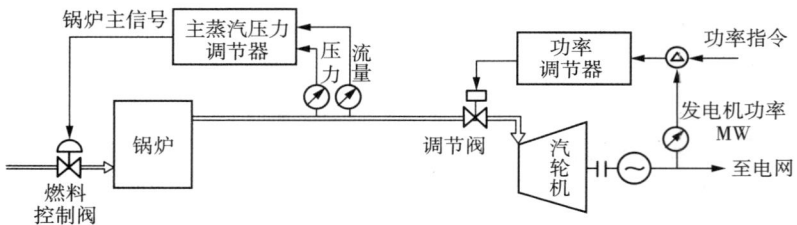

图 5-23　炉跟机控制方式

该控制方式能够利用锅炉的蓄热量来适应外界负荷的变化,在负荷变化较小时,可快速响应外界负荷的变化,对电网的负荷控制比较有利;但在负荷变化较大时,由于锅炉燃烧的迟滞较大,将造成主蒸汽压力过大的波动,影响到锅炉和汽轮机运行的安全。

③ 机炉协调方式(CCS)

机炉协调方式如图 5-24 所示,将功率指令同时送入锅炉和汽轮机的控制系统,对汽轮机调节阀的开度和锅炉的燃烧同时进行调节,并协调汽轮机和锅炉的运行。这种控制方式结合了前两种控制方式的优点,既利用了锅炉蓄热量,使汽轮机能够快速响应外界负荷的变化,又使新蒸汽的压力波动小。

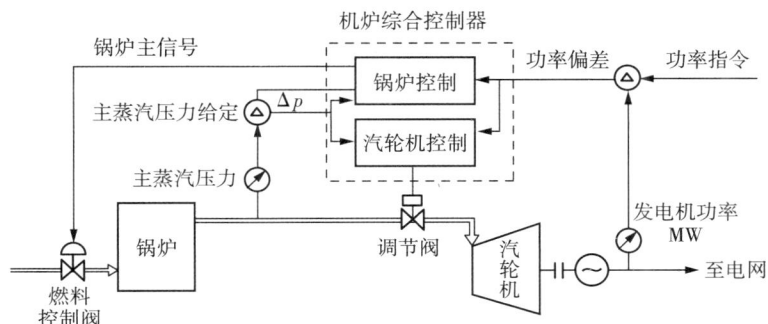

图 5-24　机炉协调控制方式

五、调节系统的动态特性

1. 调节系统的动态特性曲线

汽轮机的调节经历由一个稳定工况过渡到另一稳定工况的过渡过程,在此过程中被调量将随时间变化而变化。过渡过程中被调量随时间变化的关系称为调节系统的动态特性。将调节系统被调量(汽轮机转速 n)随时间 τ 变化的关系绘制成曲线,称为调节系统的动态特性曲线。

图 5-25 为机组甩负荷后过渡过程中汽轮机转速随时间变化的曲线。其中,曲线 a 为无振荡的单调过渡过程,曲线 b 为小幅振荡快速衰减的过渡过程,曲线 c 为大幅振荡慢速衰减的过渡过程。为了使机组的调节系统满足供电质量和品质的要求,调节系统应能快速响应各种扰动,并稳定地进行调节。对汽轮机调节系统动态特性的要求是:稳定性好、过渡过程超调量小、振荡次数少以及过渡过程时间短。

下面简要分析影响汽轮机调节系统动态特性的主要因素及其对动态特性的影响。

(1)稳定性

稳定性指的是在受到扰动离开原来稳定工况后,汽轮机调节系统通过调节是否能够很快地过渡到新的稳定工况,或在扰动消失后能否回复到原来的稳定工况,如图 5-25 所示。

机组受到干扰离开原来的稳定工况后,经过调节系统的调节最终能够过渡到新的稳定工况,这样的调节系统是稳定的。如图 5-26 所示,机组受到干扰离开原来的稳定工况后,虽然经过调节系统的调节,但转速随着时间 τ 的增大做不衰减的谐振,或转速振动的幅度不断增大,或转速一直上升,这样的调节系统是不稳定的调节系统。

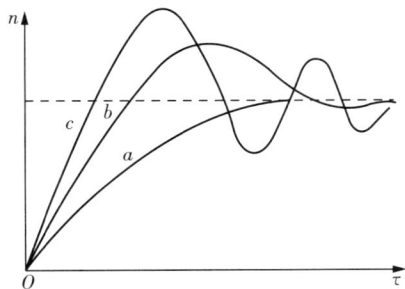

图 5-25　甩负荷后过渡过程中
转速随时间的变化关系(稳定)

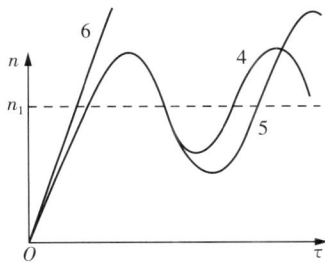

图 5-26　甩负荷后过渡过程中
转速随时间的变化关系(不稳定)

241

（2）过渡过程

汽轮发电机组在额定工况下运行时，其转速为额定转速，功率为额定功率。当机组出现故障甩全负荷时，在汽轮机调节系统的作用下，汽轮机的转速随时间变化的关系曲线（转子飞升曲线）如图 5-27 所示。当调节结束达到新的稳定工况后，汽轮机的转速稳定在新的转速 n_1 以下。

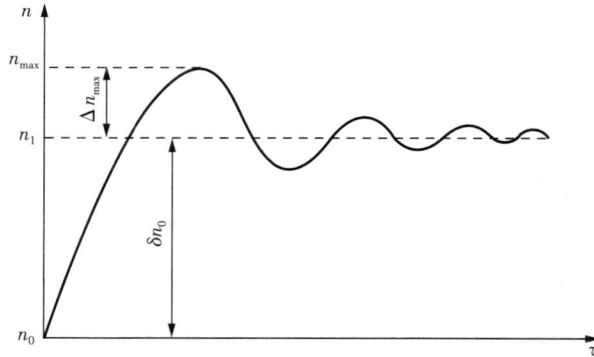

图 5-27　转子飞升曲线

① 动态偏差

由图 5-27 可知，在机组甩全负荷的过渡过程中，过渡过程曲线上存在一个最高转速 n_{max}，最高转速与调节结束后的稳定转速 n_1 之差，称为转速的超调量 Δn_{max}。因此，甩负荷时转速的最大飞升值为 $n_{max} = n_1 + \Delta n_{max} = (1+\delta) \cdot n_0 + \Delta n_{max}$。由此可见，影响转速最大飞升值的因素有速度变动率 δ 和转速超调量 Δn_{max}。要想减小转速的最大飞升值 n_{max}，速度变动率 δ 就不能过大，同时还应尽量减小转速超调量 Δn_{max}。

在机组甩负荷时，为了使转子转速飞升不致引起超速保护装置动作，甩全负荷后的最高飞升转速 n_{max} 应低于超速保护装置的动作转速，并考虑留有 3% 左右的裕度，因此 $n_{max} \leqslant (107\% \sim 109\%) n_0$。

② 静态偏差

图 5-28 所示为汽轮机调节系统静态特性曲线。由此图可以看出，在汽轮机孤立运行时，外界负荷的改变将引起机组转速的变化。由调节系统的静态特性可知，机组甩负荷时功率大小不同，则静态偏差的大小也不一样。当机组在额定功率下从电网中解列、甩去全部负荷后，转速的静态偏差值就是甩全负荷后的稳定转速与额定转速的差，甩去全部负荷后转速的静态偏差值的大小为 $n_1 - n_0 = \delta n_0$。

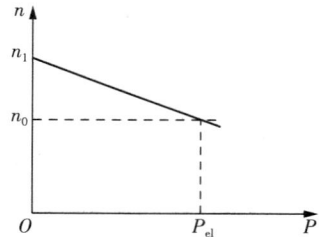

图 5-28　调节系统的静态特性曲线

③ 过渡过程时间

过渡过程时间指的是当扰动作用于调节系统后，从响应扰动开始到被调量达到基本稳定所经历的时间。当被调量 n 与新的稳定值 n_1 之差 Δn 小于静态特性偏差（$n_1 - n_0$）的 5% 时，即 $|n - n_1| < 5\% \cdot (n_1 - n_0) = 5\% \cdot \delta n_0$ 时，就认为调节系统已经达到新的稳定状态。

显然,调节系统过渡过程时间应尽可能短,一般为数秒或数十秒,最长不应超过 1 min。

2. 影响动态特性的主要因素

影响汽轮机调节系统动态特性的因素主要来自机组本体设备(如再热器的中间容积、转子等)和调节系统两个方面。

(1)本体设备对动态特性的影响

① 转子时间常数 T_a

转子时间常数 T_a 指的是当转子上受到额定蒸汽力矩作用时,从静止状态升速到额定转速时所需要的时间。转子时间常数 T_a 表示了转子转动惯量与额定转矩的相对大小,T_a 越大,系统的稳定性能就越好,甩负荷后转速的最大飞升值就愈小。

随着机组容量的增大,作用于转子上的蒸汽力矩的增加比转子转动惯量的增加快,所以大型机组转子时间常数小于小型机组。故机组功率越大,甩负荷后动态超速的可能性就越大。

② 蒸汽中间容积时间常数 T_v

从汽轮机的调节阀出口一直到最末级为止,在蒸汽流过的整个通道内,包括调节阀后的蒸汽管道、蒸汽室、通流部分、回热抽汽管道以及再热器和再热蒸汽管道,这些被蒸汽占据的容积就是汽轮机的中间容积。

蒸汽中间容积时间常数指的是蒸汽在额定流量下,以多变过程充满中间容积并达到额定工况下的密度所需要的时间。中间容积时间常数 T_v 反映了中间容积贮存蒸汽的能力。T_v 越大,表明中间容积蒸汽做功能力愈强。在机组甩负荷后,即使调节阀能够迅速关闭,但中间容积内积存的大量蒸汽仍然继续流进汽轮机膨胀做功,使得汽轮机的转速额外飞升。所以,中间容积的存在使调节系统的动态超调量增加,甩负荷时更容易超速。

因此,在导汽管及调节汽室的结构设计与布置时应尽量减小蒸汽中间容积。对于中间再热机组,为避免再热器中的蒸汽给甩负荷带来的不利影响,在中压缸进口处设置中压调节阀和中压主汽阀。

(2)调节系统对动态特性的影响

① 速度变动率

速度变动率对调节系统动态特性的影响很大,如图 5 - 29 所示$\left(\text{其中 } \varphi = \dfrac{n - n_0}{n_0}, \text{为转速}\right.$的相对变化量$\Big)$。速度变动率 δ 越大,一方面,单位转速变化所产生的调节阀的关闭量就愈

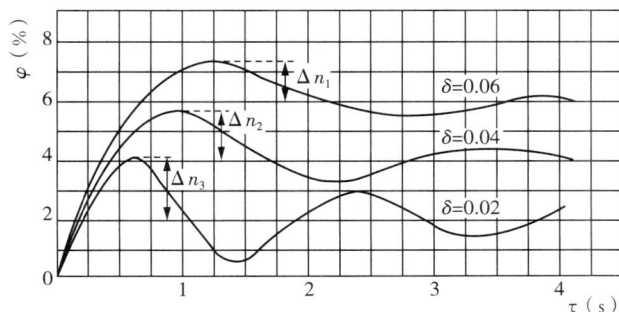

图 5 - 29　速度变动率对甩负荷动态特性的影响

小,在甩负荷工况下调节阀的关闭时间就延长,最高飞升转速相应增大;另一方面,δ增大将减缓油动机的关闭速度滞后于转子转速飞升的时间,使动态超调量减小,过渡过程的振荡次数减小,过渡过程调整时间缩短。一般要求速度变动率δ为3%～6%。

② 油动机时间常数 T_m

油动机时间常数指的是在错油门油口处于最大开度时,油动机活塞走完全部行程所需要的时间。

油动机时间常数 T_m 反映油动机的动态关闭性能,如图5-30所示。T_m 愈大,油动机的关闭速度滞后于转速飞升就愈大,导致转速动态飞升增加,过渡过程的振荡次数增多。一般要求 T_m 为 0.1～0.3 s。

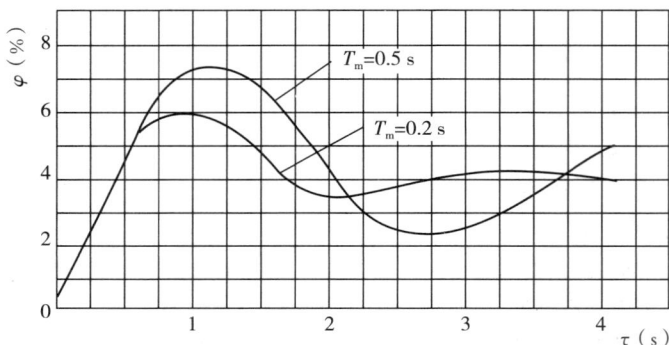

图 5-30 油动机时间常数对调节系统动态特性的影响

③ 迟缓率 ε

由于迟缓现象的存在,只有当转速的相对变化量超过迟缓率后才能引起调节系统油动机的动作,造成油动机动作的滞后。一方面使转速的最大飞升值 n_{max} 增大,转速的动态超调量 Δn_{max} 增大,过渡过程的振荡次数增多,过渡过程时间变长,严重时可能产生不衰减振荡;另一方面,迟缓也是引起调节系统不稳定晃动等动态故障的重要原因。由于迟缓率对调节系统的稳定性和甩负荷后的动态特性均产生不利影响,因此迟缓率 ε 越小越好。

六、对汽轮机调节系统性能的要求

调节系统在运行中应满足如下要求:

① 调节系统应能保证机组启动时平稳升速至 3000 r/min,并能顺利并网。

② 机组并网后,蒸汽参数在允许范围内,调节系统应能使机组在零负荷至满负荷之间任意工况下稳定运行。

③ 在电网频率变化时,调节系统能自动改变机组功率,以适应外界负荷的变化;在电网频率不变时,能维持机组功率不变,具有抗内扰性能。

④ 当负荷变化时,调节系统应能保证机组从一个稳定工况过渡到另一个稳定工况,而不发生较大的和长时间的负荷摆动。

⑤ 当机组甩全负荷时,调节系统应能使机组维持空转(使遮断保护不动作)。

⑥ 调节系统中的保护装置,应能在被监控的参数超过规定的极限值时,迅速地自动控制机组减负荷或停机,以保证机组的安全。

第三节 高中压缸进汽阀门

进汽阀门是调节系统中控制汽轮机进汽的重要部件,分为高压主汽门、高压调节汽门、中压(再热)主汽门和中压(再热)调节汽门四种。对汽轮机进汽阀门的要求是:能自由启闭、不卡涩,关闭时严密不漏汽;其流量特性满足运行要求,且蒸汽的流动阻力应尽量小;启闭阀门所需的提升力要小,结构简单,工作可靠。

一、阀门的结构形式

常见调节汽阀的结构型式有单座阀和带预启阀的调节汽阀。

1. 普通单座阀

普通单座阀主要有两种型式,如图5-31所示。图5-31(a)为球形阀,其阀芯形状为球形;图5-31(b)为锥形阀,有深入到阀座内的节流阀锥,对汽流的节流作用较大。在调节系统中首先开启的第一个调节阀往往采用锥形阀,以减小空负荷时调节系统的摆动。单座阀的结构简单,但由于作用在阀芯上的蒸汽力比较大,因此开启时所需的提升力较大,一般用在小型汽轮机上。

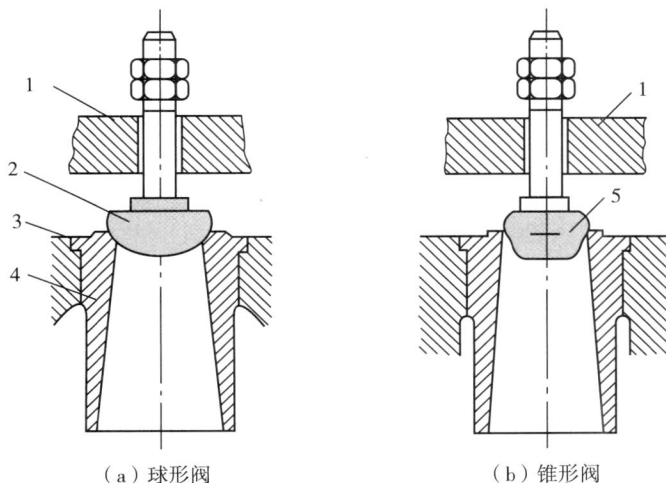

(a) 球形阀　　　　　　　　　　　(b) 锥形阀

图5-31 普通单座阀

1—提板;2—球形阀;3—阀座;4—扩压管;5—节流锥

2. 普通预启阀

带有普通预启阀的调节汽阀如图5-32所示。在阀门开启时,首先提升预启阀,蒸汽经预启阀进入汽轮机。由于蒸汽对预启阀的作用面积小于对主阀的作用面积,因此所需的提升力大为减小。当预启阀开启到一定程度后,主阀才开始提升,此时主阀后压力 p_2 已经提高了,主阀前后压差减小,所需要的提升力也减小。

3. 蒸汽弹簧预启阀

带有蒸汽弹簧预启阀的调节汽阀如图5-33所示。当阀门关闭时,压力为 p_1 的新蒸汽自 B 孔进入 A 室，A 室的压力 $p_2' = p_1$，将主阀紧紧地压紧在阀座上，保证主阀有较好的严密性。随着预启阀的开启，由于 B 孔的节流作用，A 室的压力由 p_2' 很快降至 p_2，从而减小了主阀前后的压差，使主阀的提升力减小。

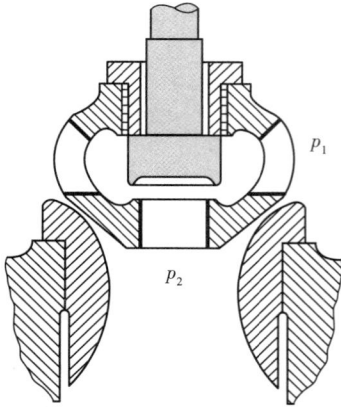

图 5-32　带有普通预启阀的调节汽阀　　图 5-33　带有蒸汽弹簧预启阀的调节汽阀

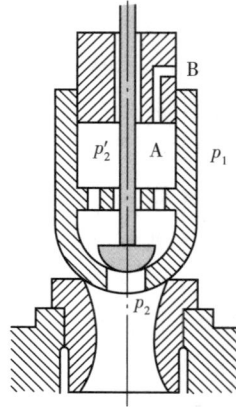

二、典型机组进汽阀门的结构与布置

上汽 300 MW（K156）（图 5-34）和上汽 600 MW 汽轮机进汽阀门的布置及结构型式基本上是一样的。下面就以上汽 300 MW 汽轮机（K156）进汽阀门为例介绍进汽阀门的布置、管道连接及阀门结构。

1. 高压进汽阀的结构与布置

（1）高压进汽阀的布置

上汽 300 MW（K156）汽轮机的高压进汽阀是由一个高压主汽阀（TV）和两个调节汽阀（GV）构成的，高压进汽阀组件有两个，分别置于高中压缸的两侧。高压进汽阀组件通过主汽阀的阀座支架支承在基础平台上；高压主汽阀的进口与锅炉来的新蒸汽管道相连接；两侧调节汽阀的出口共有 4 根管道，两根接至高压缸上缸，两根接至高压缸下缸，该管道为挠性管，可吸收管道的热变形，减小运行时管道热胀对汽缸产生的推力。

如图 5-35 所示，主汽阀的阀座支架是由三个结构相同的杠杆式支架组成的，支承在主汽阀和调节汽阀组件的下部。该支承方式使主汽阀和调节汽阀组件在水平方向上可以有一定的位移，而上下方向的位移受到约束。

（2）主蒸汽进汽管道布置

调节汽阀及主蒸汽管道布置如图 5-36 所示。主蒸汽进汽管道位于高压缸的两侧，对称布置，将主蒸汽从调节阀出口送入高压缸。主蒸汽进汽管道由 4 根挠性管段组成，各段受热膨胀后，将在其与汽缸及调节汽阀的接口处产生附加推力。由于各管道均具有足够的长度及一定的挠性，可吸收其热膨胀量，并减少由于热膨胀在管道上产生的应力。挠性主蒸汽管的一端焊接在位于调节汽阀底部的出口处，另一端焊接在高中压缸的主蒸汽进汽接管进口处。两个进汽口在下半缸，两个进汽口在上半缸。在进入上汽缸的管道上设有法兰，通过法兰螺栓进行连接，结合面处用波纹垫片密封，允许管道断开，以便拆开上半缸进行维修。在每根进汽管子的最低点设有疏水接口，可在启动和停机时排出主蒸汽进汽管道内的凝结水,防止凝结水进入汽轮机,引起汽轮机的损坏。

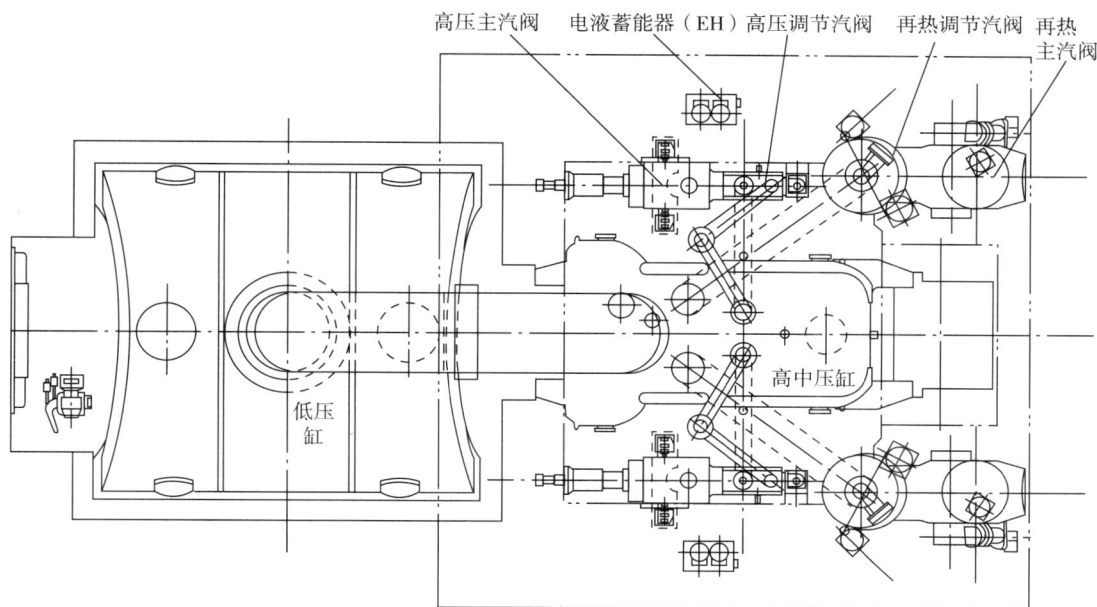

图 5-34　上汽 300 MW(K156)汽轮机进汽阀门及管道布置

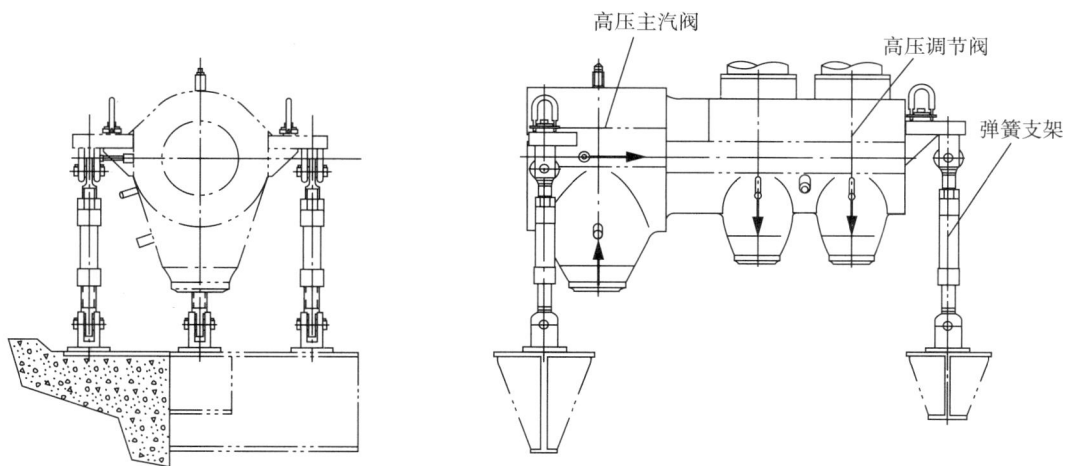

图 5-35　主汽阀和调阀的阀体及其支架

(3)高压主汽阀

主汽阀的作用如下:

① 在紧急时关闭阀门,切断汽轮机进汽;

② 在汽轮机启动时用来控制汽轮机转速。

主汽阀为卧式布置,使得蒸汽转弯的总角度减至最小。主汽阀靠液压开启,靠弹簧力关闭。主汽阀的主阀内带有一个预启阀,其通流能力约为 25% 额定蒸汽流量,并且在汽轮机启

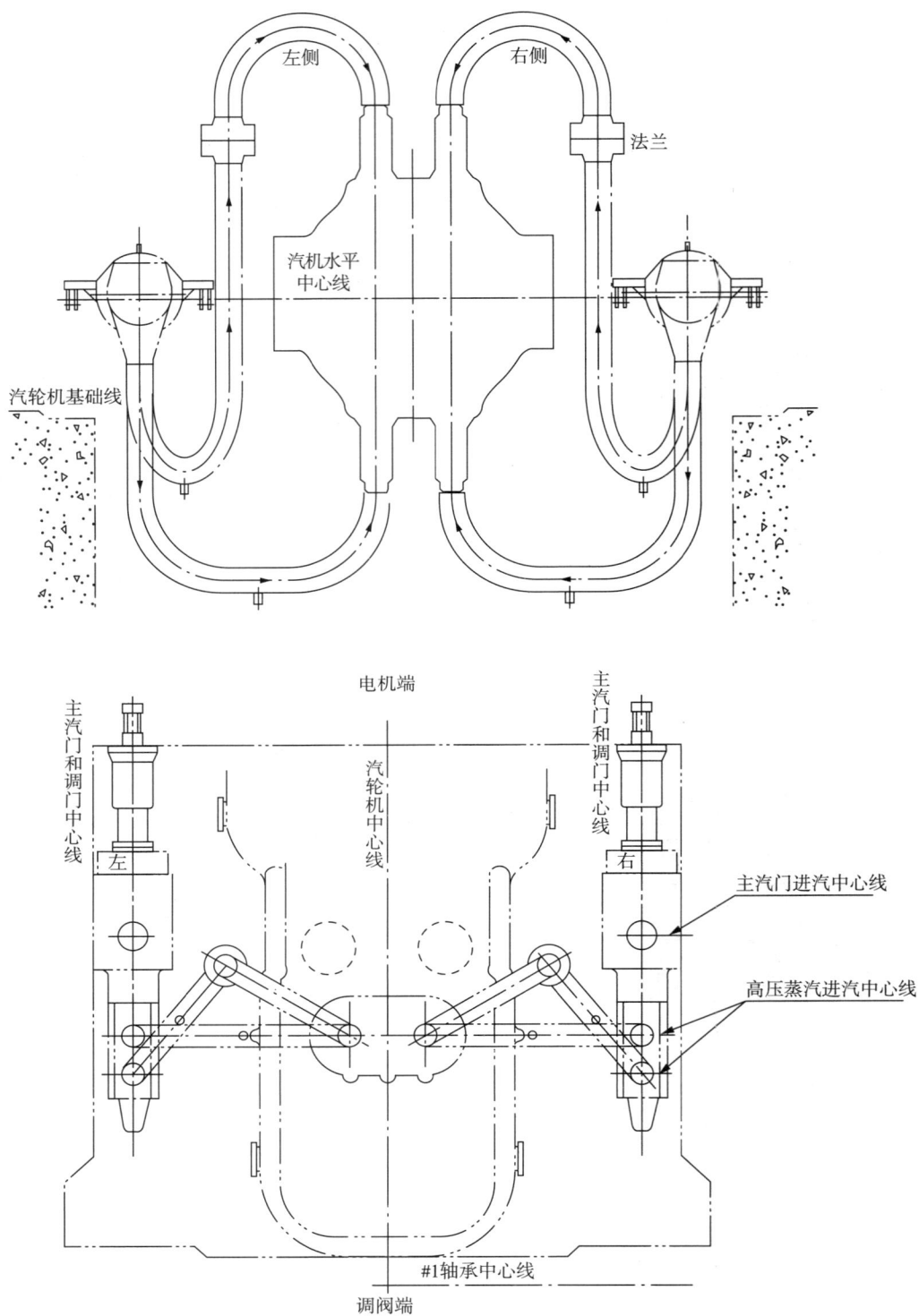

图 5-36　调节汽阀及主蒸汽管道布置

动过程中(调节汽阀全开、汽轮机全周进汽时)能精确控制转速。

主汽阀在全开和全关位置时,阀杆都有自密封装置,以减少阀杆漏汽。如图5-37所示,主汽阀处于关闭位置,进汽压力和压缩弹簧的作用力将主阀和预启阀的阀碟压紧在阀座上,保证其关闭的严密性。预启阀的阀碟与阀杆间采用挠性连接,当主汽阀关闭时,预启阀的阀碟密封面在主阀碟内能自行对中。当阀杆被伺服油动机带动,朝开启方向移动时,预启阀的阀碟首先开大,少量蒸汽通过预启阀流至主阀碟后,减少了主阀碟前后的压差,因此减小了打开主汽阀碟所需的提升力。预启阀的阀碟达到行程的极限位置时,背向落座紧抵着"X"座,而后再带动主阀碟开启,当主阀碟开到行程极限位置时,背面落座于"Z"座。这种"后座"的结构使阀门的漏汽量降到最低,碟形弹簧组用以限制套筒背面落座时的作用力。在主汽阀未开或未全开时,阀杆与衬套之间的间隙会产生泄漏,称为门杆漏汽。这些漏汽节流降压后,通过高、低压漏汽管引出,分别送入除氧器(或五段抽汽)和轴封蒸汽冷却器。

为确保阀门动作的可靠性,规定主汽阀每周进行一次阀门动作试验。

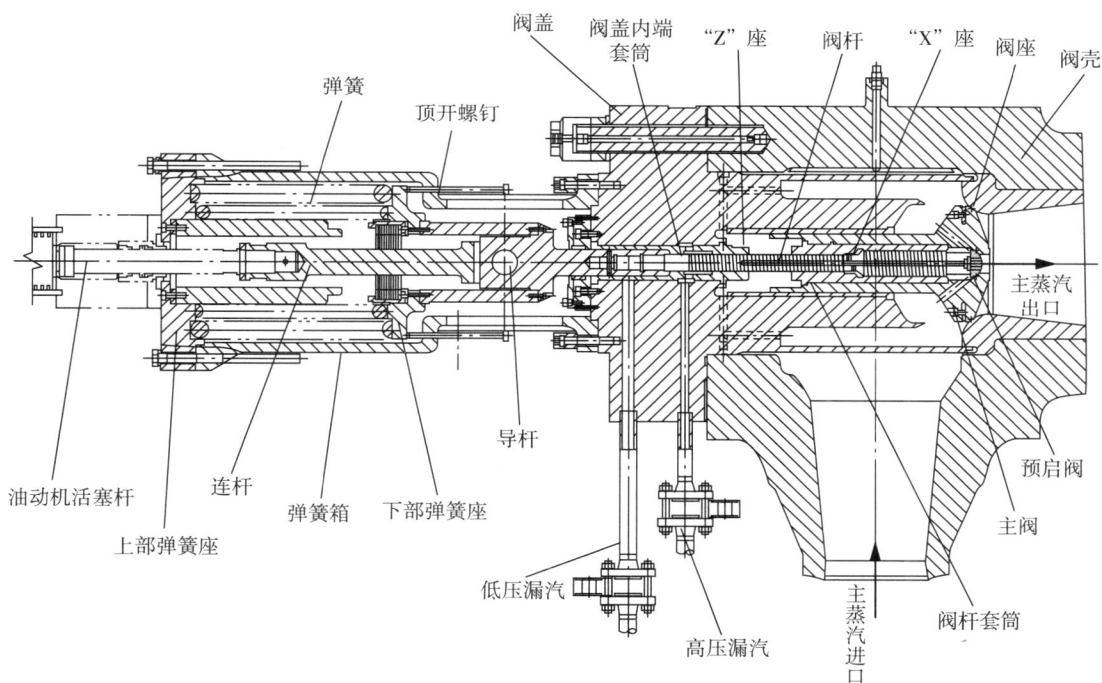

图5-37　主汽阀结构

(4)高压调节汽阀

本机组有4个高压调节汽阀,如图5-38所示。调节汽阀的阀壳与主汽阀阀壳做成一体,4个调节汽阀均为立式布置,各由一个油动机控制。油动机直接装在调节汽阀上部,高压调节汽阀采用单座阀结构,密封性能较好,阀头与阀杆采用挠性连接,以保证阀碟能正确对中。为了减少阀门的提升力,主阀碟采用压力平衡型结构,主阀碟内还设有与阀杆连接成一体的预启阀,降低了阀门开启时主阀前后的压差,减少了主阀的提升力。调节汽阀靠液压开启,靠弹簧力关闭。

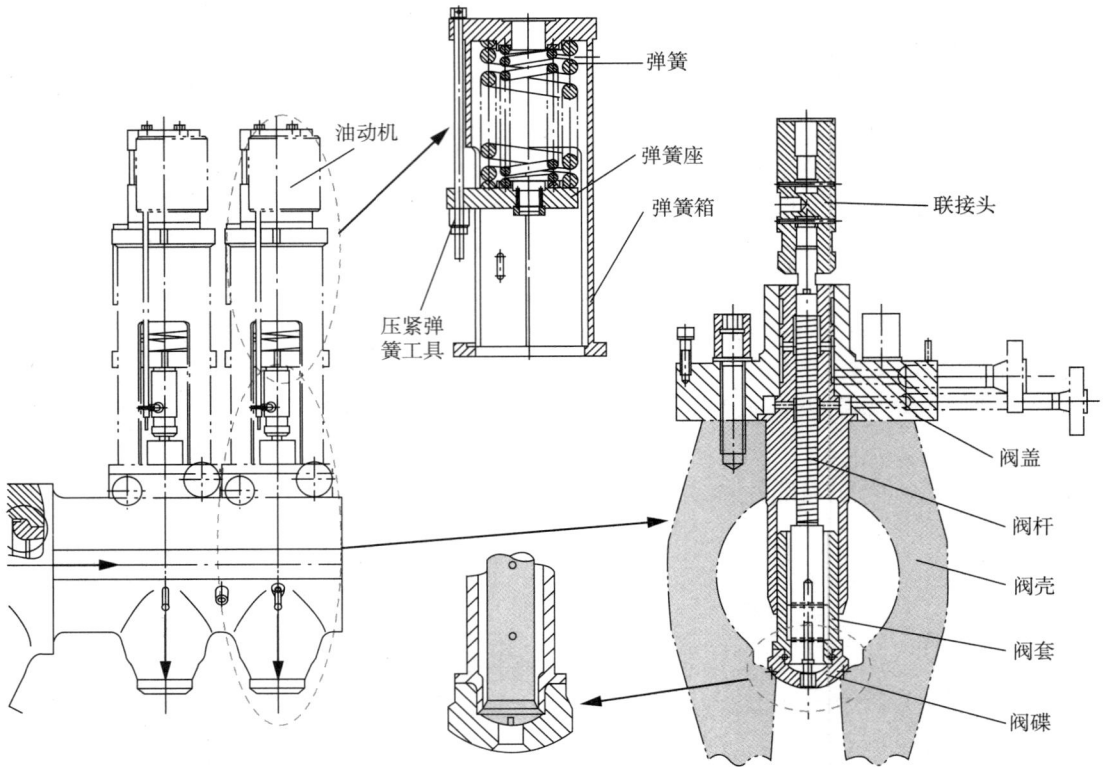

图 5-38 调节汽阀结构

阀杆汽封由插入阀盖的密配套筒组成,并被调节汽阀阀盖固定在适当位置上,密配套筒有两个漏汽接口,其中高压漏汽口接至除氧器(或五段抽汽),低压漏汽口接至轴封蒸汽冷却器。

调节汽阀是通过控制进入汽轮机的蒸汽流量来调节汽轮机的转速或负荷的,为确保阀门动作的可靠性,规定调节汽阀每周进行一次阀门动作试验。

2. 再热进汽阀的结构与布置

(1)再热进汽阀的布置

再热进汽阀组件布置在中压缸两侧,由一个再热主汽阀(RSV)和一个再热调节汽阀(Ⅳ)构成,如图 5-39 所示。再热主汽阀为摇板式,卧式布置,再热调节汽阀为立式布置。再热进汽阀组件由弹簧支架支承在基础平台上,包括两个恒力支架和一个弹簧支架。该支承方式使得再热主汽阀和再热调节汽阀组件在各个方向上都能有一定的位移。

(2)再热蒸汽进汽管道

如图 5-40 所示,再热蒸汽进汽管道位于前轴承座及高中压外缸两侧下方,由两根挠性管道组成,受热膨胀后,将在其与汽缸及再热调节汽阀的接口处产生附加推力。由于各管道具有足够的长度及一定的挠性,能够吸收其热膨胀量,减少了由于热膨胀在管道上产生的应力。再热蒸汽管道的一端焊在再热调节汽阀底部出口处,另一端焊在高中压外下缸的中压进汽口处,并且在每根管子的最下部都设有疏水口,可排出启动和停机时再热蒸汽管道中积存的凝结水。

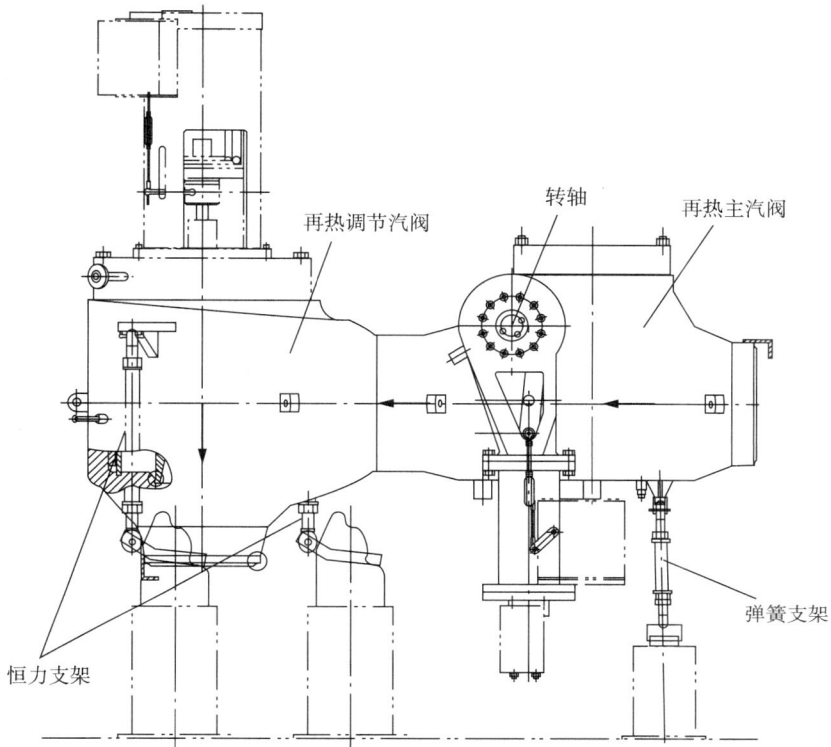

图 5 - 39 再热主汽阀和再热调节汽阀组件

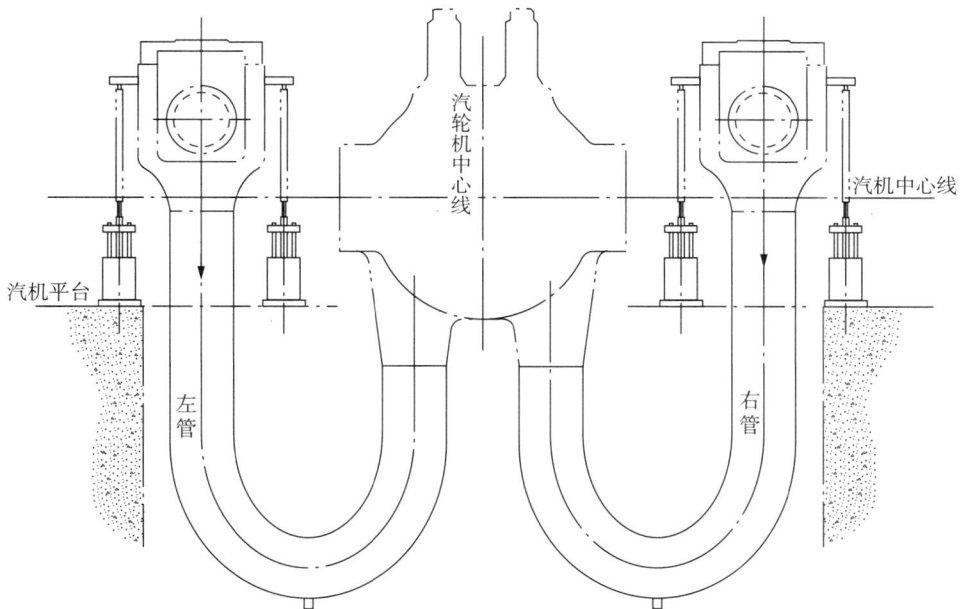

图 5 - 40 再热蒸汽进汽管道

（3）再热主汽阀

再热主汽阀为摇板式碟阀，其结构如图 5-41 所示，只有全开和关闭两个位置。当油动机进油时，碟阀开启，全开时阀瓣置于汽流通道之上，流体阻力损失很小；当控制油失压时，靠弹簧作用力关闭，全关时汽流以全压差作用于阀瓣上，以保证阀门关闭时的密封性。

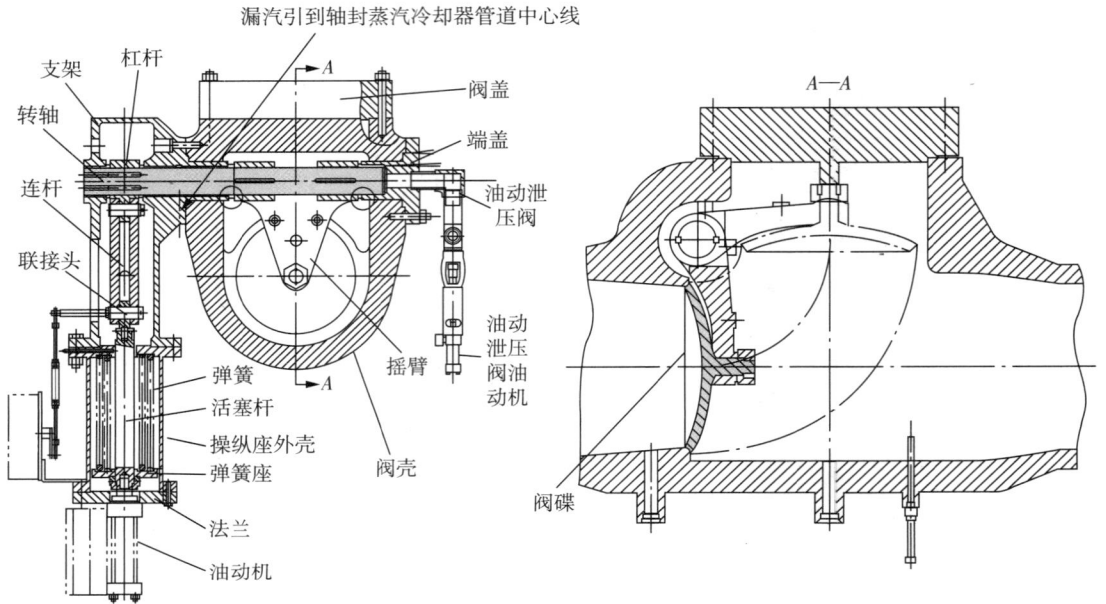

图 5-41 再热主汽阀结构

该阀门的阀瓣通过摇臂悬挂在转轴上，转轴再通过连杆与活塞杆相连接，阀瓣为带中心杆的等厚球盖，球面具有很高的承载能力，装配时中心杆穿过摇臂孔，并用螺母锁紧。全开时，阀瓣中心杆与阀盖挡块相接触，防止阀瓣在汽流作用下抖动；在再热主汽阀的底部阀瓣前、后开有外旁通节流孔，其流量低于额定转速时的空载流量，通过外旁通节流孔可平衡阀瓣前后的压力，以保证阀门在试验时能打开。

开启阀门时，压力油推动油动机活塞，转动摇臂，开启阀瓣。紧急情况需要关闭阀门时，压力油被泄放掉，阀门借助于弹簧力及蒸汽压力而快速关闭。当阀瓣关闭至接近阀座时，油动机活塞的缓冲头进入排油孔，抑制了压力油的进一步外流，使压力回升，减轻了对阀座的冲击力，起到液压弹簧的作用。

正常运行时，再热主汽阀处于全开位置，阀体内的蒸汽通过阀碟轴和衬套间的间隙向外泄漏，其漏汽通过相应的管道引入轴封蒸汽冷却器中。轴的另一端用端盖封闭，没有漏汽，且其轴端压力等于再热蒸汽压力。这样在轴的两端就存在压差，从而产生了不平衡力，使得转轴朝低压端移动，直到与衬套端面接触为止，这样可以消除或减小低压端的蒸汽泄漏。但是由于轴肩与衬套的接触，在转轴转动时将产生很大的摩擦阻力，因此，在再热主汽阀转轴的另一端安装了油动泄压阀。在转动再热主汽阀阀碟轴前，控制系统会自动打开油动泄压阀，卸去高压轴端的蒸汽压力，以减少转动时的摩擦阻力，使再热主汽阀的关闭速度加快。

在正常运行时，再热主汽阀处于开启状态，油动泄压阀油动机中的安全油压作用于活塞上,使得油动泄压阀处于关闭状态,如图 5-42 所示。当超速遮断装置动作时,油动机中的安全油泄掉,在弹簧力的作用下,油动机的活塞杆和泄压阀的阀杆向左移动,开启油动泄压阀,使再热主汽阀转轴右端腔室中蒸汽压力泄掉,以减少关闭再热主汽阀时的转动阻力。

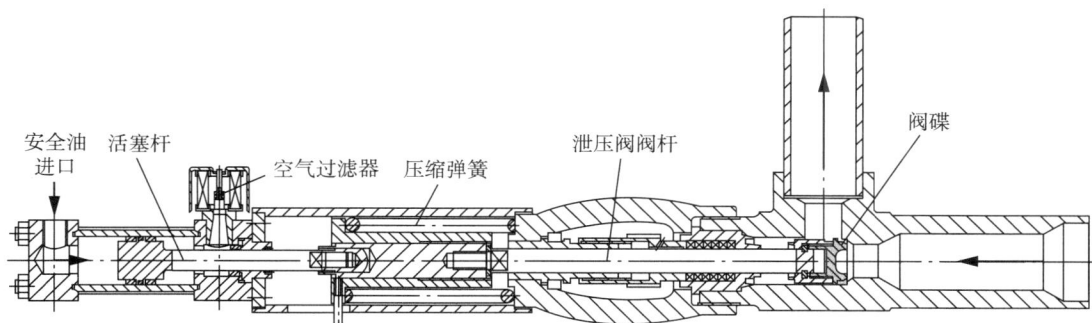

图 5-42　油动泄压阀

（4）再热调节汽阀

再热调节汽阀为立式布置,其阀壳与再热主汽阀阀壳为一整体。再热调节汽阀靠液压开启,靠弹簧力关闭,再热调节汽阀为平衡式柱塞单座阀,如图 5-43 所示。圆筒形锻钢滤网围绕着再热调节汽阀,以防止异物进入汽轮机造成事故。

当主阀碟处于全开位置时,阀杆凸缘与套筒底面相接触,形成自密封,阻止全开时蒸汽沿阀杆与套筒之间的间隙向外泄漏,使沿阀杆的漏汽量减至最小。为避免高压蒸汽沿阀杆继续向外泄漏,将阀杆漏汽经阀盖上的管道引入轴封蒸汽冷却器。此外,阀碟在阀盖内移动,在阀盖内装有衬套,在阀碟的周向槽中安装了活塞环,使沿阀碟与阀盖衬套间的漏汽量减至最小,使阀碟与阀盖衬套间的腔室内维持低压,达到良好的平衡效果。

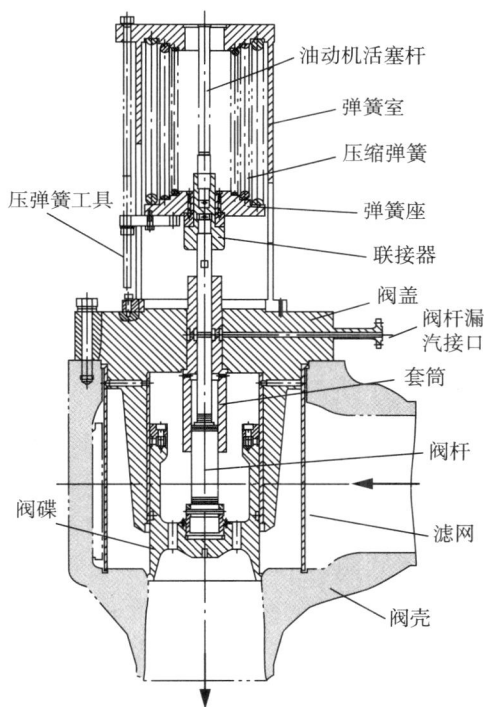

图 5-43　再热调节汽阀结构

第四节　DEH 的组成及其工作原理

随着汽轮机容量的增大和参数的进一步提高,人们对汽轮机调节系统的调节品质提出了更高的要求,仅以频率偏差作为调节信号的纯液压调节系统已很难适应机组发展的需要。

随着计算机技术的发展,目前国内外广泛采用了数字电液调节系统(DEH),不仅引入了功率和频率信号,还引入了调节级压力信号。这些信号的给定、比较、综合和 PID 运算都在计算机中进行,将计算机系统与液压执行机构有机地结合起来,不仅可以满足日趋复杂的汽轮机控制方面的要求,而且迟缓率小,可靠性高,便于组态和维护。

一、数字电液调节系统的基本工作原理

数字电液调节系统的基本工作原理如图 5-44 所示。考虑到调节级汽室压力、发电机功率和电网频率对汽轮发电机组的影响,将汽轮机转速、发电机功率和调节级汽室压力作为调节系统的输入信号,构成数字电液调节系统的三种基本控制回路。系统中的虚拟开关 K1 和 K2 的开关状态由软件来控制,既可以通过逻辑判断和跟踪系统自动切换,也可以通过键盘操作来切换。

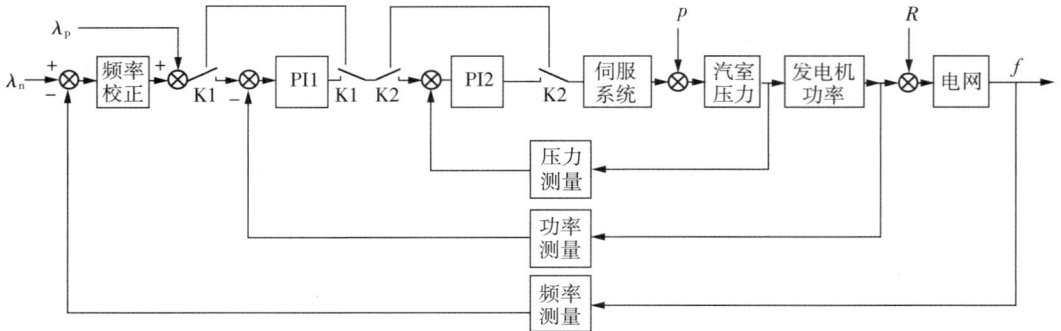

图 5-44 数字电液调节系统的原理框图

R—负荷变化(外扰);p—蒸汽压力变化(内扰);f—电网频率;
λ_p—功率给定值;λ_n—转速给定值;PI—比例积分调节器

在串级 PI 调节方式下,当发生系统受到外扰时,电网频率的变化将引起汽轮机调节汽阀动作,调节级汽室压力首先发生变化。而根据汽轮机变工况理论,若将定压运行凝汽式汽轮机的所有非调节级看成一个级组,则调节级汽室压力变化与主蒸汽流量变化成正比,流量变化又与汽轮机功率变化成正比。考虑到发电机功率变化要受自身惯性的影响,又要受中间再热容积的影响,响应较慢,可用调节级汽室压力变化来提前反映出汽轮机功率的变化,使得系统能较快地做出响应。此外,投入调节级压力回路,在蒸汽压力内扰下,还能很快地调整调节汽阀的开度,迅速消除内扰的影响。因此,调节级压力回路在内外扰动下能起到快速粗调机组功率的作用,功率的细调则是通过功率回路的进一步调节来完成的。

在机组启停或甩负荷时应投入转速控制回路,并网运行但不参与电网调频时应投入功率控制回路,并网运行参与调频时应投入功率和频率控制回路。

外回路 PI1 为主调器,当系统处于非调频方式运行时,能够保证系统输出的功率严格等于负荷给定值;在调频方式运行时,系统输出的功率等于频率校正后的负荷给定值。

在单级 PI 调节方式下,若 K2 倒向旁路,调节级汽室压力信号被切除,系统仅依靠外回路 PI1 来抗内扰并维持功率不变,不能及时消除内扰且动态品质将有所下降;若 K1 倒向旁路,发电机功率信号被切除,系统可以依靠内回路 PI2 来抗内扰并间接地保证机组的输出功率,但不能精确地维持功率不变。尽管单级 PI 调节方式不如串级 PI 调节方式,但由于系统仍可继续运行,可作为调节系统的一种冗余控制手段。

二、数字电液调节系统的组成

如图 5 - 45 所示，600 MW 机组 DEH 主要由数字式控制器、阀门管理器、液压控制组件、进汽阀门和控制油供油系统等组成，并与工作站（操作员站和工程师站）、数据采集系统（DAS）、机械测量系统（TSI）、防超速保护（OPC）、跳闸保护系统（ETS）、自动同期装置（AS）相连接，还留有与锅炉燃烧控制系统（BMS）等的通信接口。DEH 是分布式控制系统（DCS）的一个子系统，可实现机炉协调控制（CCS）。下面简单介绍一下 DEH 的组成及其特点。

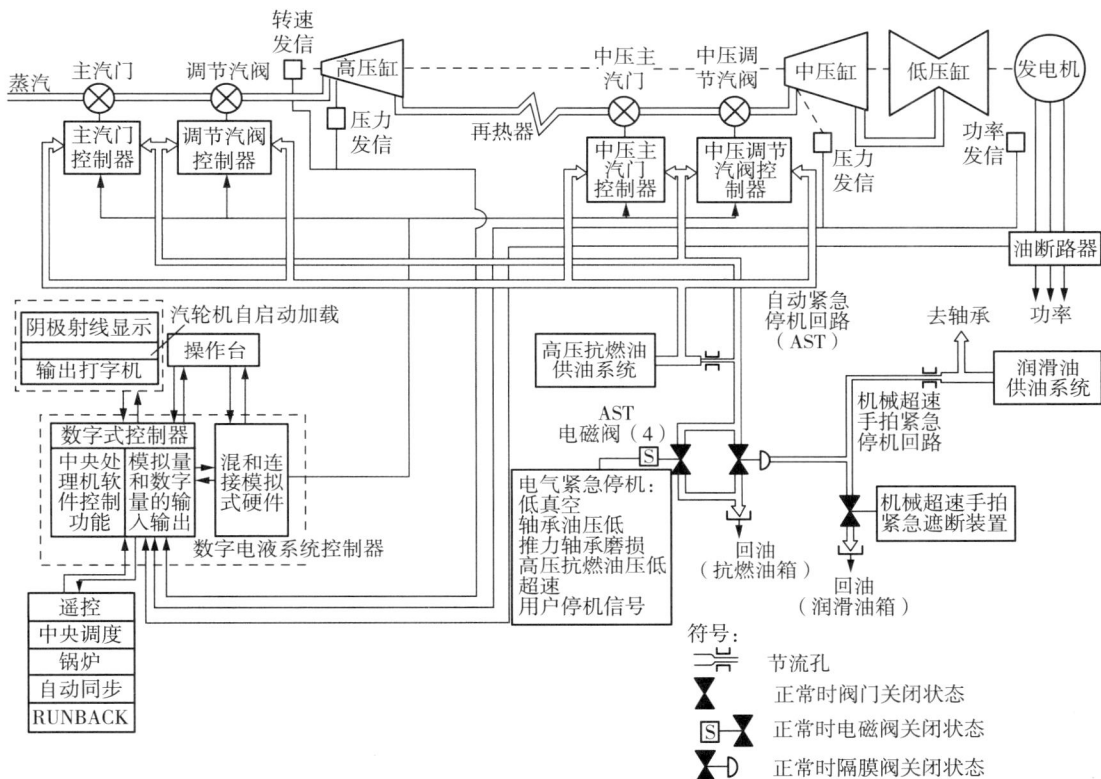

图 5 - 45　600 MW 机组 DEH 系统原理示意图

1. 工作站

工作站是 DEH 的外围设备，包括操作员站和工程师站。

操作员站包括终端设备、显示器和键盘，是操作员运行监视和操作的平台。通过显示界面，运行人员可以了解各系统的组成、运行状态和参数，以及重要参数的变化趋势并进行控制方式的选择和控制参数设置。

工程师站供工程师对系统组态和控制程序进行离线或在线的调试和修改，监测数据的储存、复制和表格打印。

2. 数字式控制器

数字式控制器是 DEH 系统的核心设备，由三台主计算机和若干微处理器、单片机等组成，通过总线进行连接，完成数据处理、通信、运算、监测和控制任务。其中两台主计算机完成基本控制数据的采集、处理和运算，发出流量调节指令，再经阀门管理器转换为阀门开度指令;另一台计算机完成运行参数检测、图像生成、转子应力计算和机组自动启动程序控制等任务。

3. 阀门管理器

阀门管理器接受数字式控制器发出的蒸汽流量调节指令,进行主蒸汽压力修正和阀门特性线性化处理,将流量调节指令转换成阀位指令,并根据实际运行需要选择阀门控制方式,采用单阀控制方式或顺序阀控制方式。单阀控制时,所有高压调节汽阀同步启闭,适用于节流调节;顺序阀控制时,多个高压调节汽阀按一定顺序启闭,适用于喷嘴调节。节流调节能使汽轮机接近全周进汽,受热均匀,从而可以减小转速变动过程中和负荷变动过程中转子的热应力,但部分负荷下节流损失较大,降低了机组运行的热经济性。

每一个开度连续可控的进汽阀都配有 Vcc 卡,它由数/模(D/A)转换卡、比较器和功率放大器组成,如图 5-46 所示。阀门管理器输出的阀门开度指令,经数/模(D/A)转换引入比较器,阀位反馈信号也引入比较器,与阀门开度指令进行比较,其差值输入功率放大器进行功率放大。若阀位反馈信号与阀门开度指令不相等,则输出的差值信号送入电液转换器,控制油动机来改变阀门开度;当两者相等时,断流式错油门处于关断位置,切断油动机的油路。

图 5-46 阀门控制的 Vcc 卡

4. 液压控制系统

液压控制系统用来控制进汽阀的开度,每一个进汽阀都配置一套液压控制系统。

三、汽轮机的运行方式

DEH 接受汽轮机转速、发电机功率和高、中压缸第一级后压力等信号来控制汽轮机的运行,对于上汽超临界 600 MW 汽轮机有 OPER AUTO(操作员自动方式)、ATC(汽轮机自动程序控制方式)、REMOTE(远方遥控方式)、AUTO SYNC(自动同期方式)和 TM(手动方式)等运行方式。

(1)操作员自动方式

操作员自动方式是最基本的运行方式,在此方式下,可以投入 DEH 控制器的所有功能,包括设定汽轮发电机组的升速率和目标转速,执行 TV/IV 转换和 TV/GV 转换;在机组同步并网后设定目标负荷和负荷变化率,投入或切除压力反馈回路和功率反馈回路等。

(2)汽轮机自动程序控制方式

在汽轮机自动程序控制方式下,调节系统根据机组的温度状态、预定的程序以及转子的应力水平,优化启停过程,实现机组启动过程中各种操作、阀门切换等计算机自动程序控制,尽可能降低启动过程的热应力,并使启动和加负荷所需的时间最少。

(3)远方遥控方式

在远方遥控方式下,厂级管理计算机和电网调度均能以遥控方式对 DEH 系统发出增、减负荷指令。

（4）自动同期方式

在自动同期方式下，汽轮机接受自动同期装置升、降转速的信号，来调整其转速设定值，使发电机达到同步转速，此时，操作员不能改变转速的目标值和升速率。

（5）手动方式

手动方式是一种开环控制方式，作为操作员自动方式的备用。在此方式下，操作员通过操作盘上的"阀位增"或"阀位减"按钮，直接控制阀门的开度；在系统刚上电、总阀位信号故障、刚并网、转速低于 2980 r/min 或按动手动按钮时，汽轮机将自动进入手动方式。

四、数字电液调节系统的主要功能

DEH 一般都具有转速控制、负荷控制、阀门试验及阀门管理、热应力计算和控制、自动程序控制启动、自动检测和监控以及保护等方面的功能，但不同机组 DEH 的具体功能稍有不同，下面以超临界 600 MW 机组 DEH 为例介绍调节系统的主要功能。

（1）转速控制

在机组启动并网前、甩负荷和跳闸后对机组转速进行自动控制。DEH 可以提供在汽轮机寿命损耗允许条件下，与汽轮机所处不同热状态和蒸汽参数相适应的升速率和目标转速，实现从盘车转速到额定转速的自动升速控制；也可以由操作员来设置目标转速和升速率，控制升速过程，并且，在甩负荷及跳闸后能将转速控制在 3300 r/min 以下。

（2）负荷控制

系统根据协调控制（CCS）主控器或运行人员给出的负荷指令或外界负荷的变化，自动调节汽轮发电机组的输出功率。当出现异常工况（如转子应力过大、真空降低、汽压降低、辅机故障等）时，系统可将负荷指令限制到一个适当值，并发出负荷限制报警信号。

（3）阀门试验及阀门管理

运行人员可以对进汽阀门逐个进行在线活动试验，可选择高压进汽阀控制进汽方式、中压进汽阀控制进汽方式或高压和中压进汽阀同时控制进汽方式。在进行活动试验时，汽轮机能正常运行，可实现单阀/顺序阀的无扰切换。在阀门切换时，扰动值小于额定值的 1.5%。

（4）热应力计算和控制功能

DEH 可计算高中压转子的热应力，并将实时热应力值与极限值进行比较，自动设定升速率或变负荷率的允许值。当任一热应力超过极限值时，发出保持转速或保持负荷的信号。在机组运行过程中，系统还可以根据汽轮机转子热应力对其寿命消耗进行计算和累计。

（5）自动程序控制启动

当机组具备启动冲转条件，选择自动程序控制启动方式时，启动程序将按机组的温度状态和应力允许值，设定启动各阶段的目标转速和升速率，进行阀门切换，将机组转速由盘车转速提升到额定转速，通过自同期装置进行并网带初始负荷。在自动程序控制启动过程中，操作员可随时切换为操作员自动或手动方式。

（6）自动检测和监控

在机组启停和运行中，DEH 能对输入信号进行检测、对机组的运行状态进行监控，一旦出现异常，发出报警信号，提醒运行人员进行干预。

（7）保护

DEH 具有 OPC 防超速保护、ETS 危急遮断保护、机械超速遮断保护以及阀门快关等保护功能，并能通过 DEH 操作员站完成汽轮机超速试验、危急遮断器喷油试验等保护试验，以保证保护系统的可靠性。

五、数字电液调节系统基本控制原理

数字电液调节系统的基本控制功能为：①单机运行时的转速控制；②并列运行时的功率控制。无论是转速控制还是功率控制，都是通过改变汽轮机进汽阀门的开度来调节汽轮机的进汽量，从而实现对汽轮机转速或功率的控制。

1. 转速控制回路

转速控制回路是用来保证汽轮机采用与其热状态、进汽条件和允许的寿命损耗率相适应的最大升速率，将汽轮机从盘车转速逐渐提升到额定转速，并为机组并网创造条件。

如图 5-47 所示，转速控制回路由转速给定值形成单元、比较器、阀门选择、比例积分器、转速测量等元件组成。转速给定值形成单元是将设定的目标转速阶跃值，按设定的升速率转换为逐渐变化的转速给定值。目标转速与转速给定值在比较器内进行比较，若有差值，则双向计数器按设定的升速率进行计数，差值为正，则正向计数，转速给定值逐渐增大；差值为负，则负向计数，转速给定值逐渐减小，最终使转速给定值与目标转速相等。

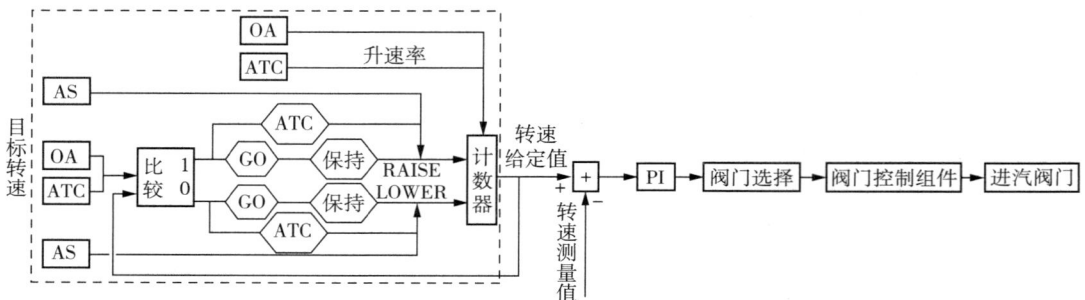

图 5-47 转速控制回路原理图

在操作员自动方式（OA）下，目标转速和升速率由操作员设定，按动"GO"按钮后，计数器进行计数；按"保持"按钮，计数器停止计数，保持转速给定值不变；再按动"GO"按钮，只要转速给定值与目标转速不相等，双向计数器将继续计数。在"程控启动"（ATC）方式，目标转速和升速率由启动程序设定；在同期并网过程中，由自同期装置（AS）自动叠加一个幅值为 30 r/min 周期性变化的目标值。

转速给定值与转速测量值的差，引入比例积分器（PI），其输出直接送往相应进汽阀的 Vcc 卡和阀门液压控制组件，控制阀门开度。

转速控制回路能根据机组不同热状态下的启动升速要求，实现高压主汽门、高压调节汽门和中压调节汽门之间的自动切换。如汽轮机采用高中压缸同时进汽启动方式时，冲转前将旁路系统切除（BYPASS OFF）。在启动的开始阶段（0~2900 r/min），高压调节汽阀全开，通过高压主汽阀与中压调节汽阀来控制汽轮机的升速过程；当汽轮机转速达到 2900 r/min 时，进行阀切换，切换为高压调节汽阀来控制转速。

表 5-1 为高压缸和中压缸同时进汽控制汽轮机冲转时，进汽阀门的开启逻辑。

表 5-1　高、中压缸控制进汽冲转阀门开启逻辑（旁路投入）

阀　门	冲转前	0~2900 r/min	阀门切换(2900 r/mm)	2900~3000 r/min
高压主汽阀	关闭	控制（逐渐开大）	控制→全开	全开
高压调节阀	全开	全开	全开→控制	控制
中压调节阀	关闭	控制	控制	控制

2. 负荷控制回路

负荷控制回路能在汽轮发电机组并入电网后,实现汽轮发电机组从带初始负荷到带满负荷的自动控制,并能够根据电网要求参加一次调频和二次调频;当机组运行状态或蒸汽参数异常、主要辅机故障时,可以限制或降低机组负荷。

如图 5-48 所示,机组并网后,转速给定值 n_0 设定为 3000 r/min,通过"开关"手动投入功率校正回路,负荷自动控制回路的调节信号为 $S_1 = K(n_0 - n) + P_0$,它与功率测量值 P 进行比较,其差值经比例积分校正和限幅,产生逐渐变化的信号 S_2。由于此时调节级压力校正回路未投入,流量请求信号 $S_3 = S_2$,经阀门管理器和液压控制组件改变高压调节阀的开度,从而改变机组的输出功率 P。

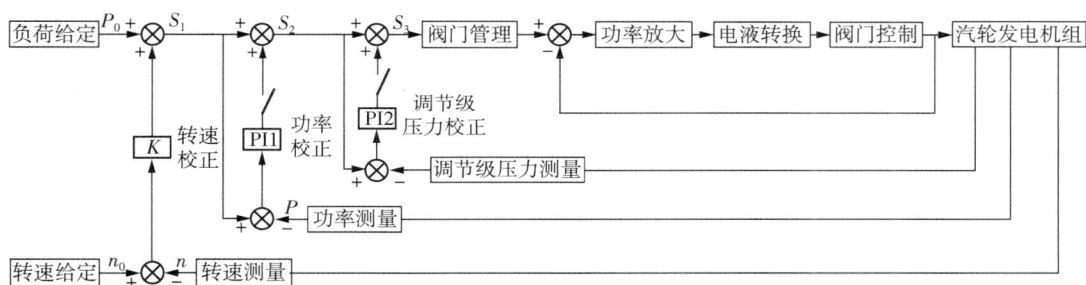

图 5-48　负荷自动控制回路原理框图

引入发电机功率测量信号可以提高系统的抗内扰能力,只要外界负荷不变,任何内部扰动(蒸汽参数波动、油压波动等)的出现,调节系统均能维持机组输出功率不变。如图所示,当 S_1 与 P 相等时,$S_2 = S_1$。此时,若电网频率和负荷给定值 P_0 不变,机组输出功率 P 就不变。

当负荷大于 40% 后,可手动投入调节级压力校正回路。此时,S_2 与通过变换后的调节级压力测量值进行比较,其差值经过比例积分校正和限幅,产生变化的流量请求值 S_3,改变高压调节阀的开度,从而改变机组的输出功率 P。当 $S_3 = S_2$,机组输出功率 $P = S_1$ 时,调节过程结束。

由此可见,速度反馈投入时,机组参与电网的一次调频(这时的负荷给定值是经过速度修正后的给定值)。功率回路投入时,机组定功率运行,可以消除由于蒸汽参数波动引起的功率扰动,可以通过改变机组的负荷给定值使机组参与电网的二次调频。调节级压力回路投入时,可以对负荷起到"粗调"作用,加快系统的调节速度,缓解再热机组功率变化滞后的影响,改善机组的动态特性,还可以很快消除内扰。

负荷给定值 P_0 由负荷给定值形成单元产生,其工作原理与转速给定值形成单元相似,如图 5-49 所示。负荷给定值形成单元的目标负荷是根据机组状态和运行方式,经逻辑判断来确定的。在操作员自动方式(OA)下,目标负荷和变负荷率由操作员通过键盘输入;在远方遥控方式下,目标负荷和变负荷率通过遥控接口输入,遥控指令来自协调控制系统(CCS)或网调;在电厂计算机控制方式下,目标负荷和变负荷率来自厂级计算机;在汽轮机自动程序控制方式(ATC)下,目标负荷和变负荷率由操作员通过操作盘输入,但变负荷率要受到热应力和设备状况允许变负荷率的限制,控制系统会选择两者之中的较小值。

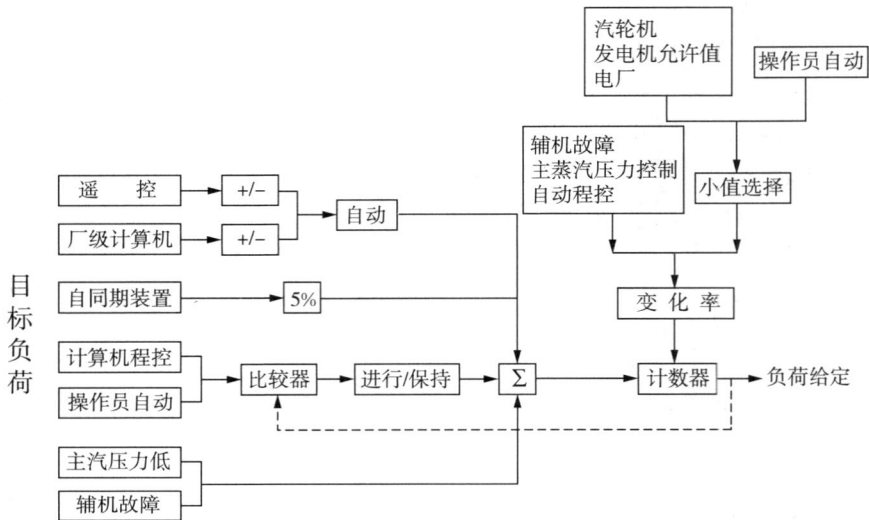

图 5-49　负荷给定值形成单元原理框图

此外,当机组的运行工况或蒸汽参数出现异常时,为避免设备损坏,并使机组尽快恢复正常运行,控制系统能对机组的负荷及变负荷率进行限制。如主汽压力降低到规定值时,主汽压力限制回路自动投入工作,输出一个减小进汽阀开度的指令去限制机组的负荷;同样,在辅机故障时,也需要限制机组的功率。

3. 汽轮机自动程序控制(ATC)

汽轮机自动程序控制(ATC)分为负荷控制和转速控制两种。

(1)ATC 转速控制

在启动并网过程中,根据转子应力及临界转速等要求,设定升速率和暖机时间,将汽轮机从盘车转速升速到同步转速,然后向自动同期装置发出信号,汽轮发电机组的并网由自动同期装置来完成;并网后,DEH 控制汽轮发电机组带上初始负荷。

(2)ATC 负荷控制

并网后,由汽轮机自动程序控制(ATC)来确定增减负荷时的负荷变化率,完成从机组带初始负荷到目标负荷的升负荷过程;在负荷调整过程中使得金属膨胀量、蒸汽压力和温度、转子的热应力、轴承振动等维持在允许的变动范围内,以保证机组运行的安全性。

在 ATC 负荷控制期间,ATC 连续监视汽轮机动态参数,如压力、温度、热应力、振动、膨胀等的变化。若参数超过了预定的报警值,且负荷变化率的调整纠正不了机组参数的不正常变化时,机组将自动切换到操作员自动方式。在操作员自动方式下,ATC 系统的监视功能仍然保留,可供运行人员调用。

六、数字电液调节系统的特性

调节系统的静态特性决定了调节系统的动作是否正确;调节系统的动态特性则直接影响机组的安全运行及其对外界负荷的适应能力,决定了调节系统的调节品质。

1. 数字电液调节系统的静态特性

调节系统的静态特性指的是在稳定工况下,汽轮发电机组的转速与功率之间的关系。当机组处于稳定工况时,内回路保持调节级汽室压力等于负荷给定值 S_2,发电机功率信号 P 也等于负荷给定值 S_1,所以功率校正回路的 PI 输入信号为零,由此可得:

$$S_1 = K(n_0 - n) + P_0 = P \qquad (5-9)$$

$$n = -\frac{1}{K}P + \left(n_0 - \frac{P_0}{K}\right) \qquad (5-10)$$

式中:P——汽轮发电机组的功率,MW;

　　K——频率校正环节的放大倍数,(MW · min)/r;

　　n——机组的实际转速,r/min;

　　n_0——机组的额定转速(3000 r/min);

　　S_1——经过频率校正后的负荷给定值,MW;

　　P_0——负荷给定值,MW。

频率校正环节的放大倍数 K 反映了系统的速度变动率,即 $\delta = 1/K$。改变 K 可以改变静态特性曲线的斜率,由此可以画出 DEH 的静态特性曲线,如图 5-50 中曲线 1 所示。根据功率特性方程式,若运行中改变功率给定值 P_0,可平移特性曲线,实现二次调频(如可将曲线 1 平移至曲线 2 所示位置)。

此外,在机组正常运行时,不希望电网频率经常性地小波动影响到机组出力,造成系统振荡。在频率校正系统中可以根据需要来设定转速不灵敏区,即死区,以滤掉速度信号中的高频低幅干扰。如某厂 DEH 频率校正系统的死区为 ± 2 r/min,即转速在 2998 r/min 和 3002 r/min 之间变化时,负荷给定值 S_1 不会发生变化;只有当转速超过 3002 r/min,对应的负荷给定值 S_1 才会线性减小;也只有当转速低于 2998 r/min 时,对应的负荷给定值 S_1 才会线性增加。若 Δn 取得足够大,则机组将不参与电网的一次调频,其出力只随功率设定值变化而变化,如图 5-50 中曲线 3 所示。

2. 数字电液调节系统的动态特性

汽轮机调节系统的动态特性指的是调节系统受到扰动后,转速随时间变化的关系。DEH动态特性与其运行方式、控制手段和控制规律有关,按不同方式运行会有不同的动态特性。

(1)机组单机运行时的动态特性

理想情况串级 PI 控制下,机组甩额定负荷时 DEH 调节系统的过渡过程如图 5-51 所示。此时机组已脱离电网,处于单机运行状态。图

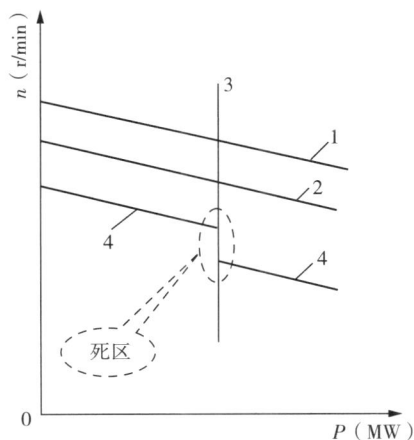

图 5-50　DEH 的静态特性

5-51中曲线1和曲线2均为甩负荷后中调门关闭情况下的动态过程,此时中间再热对机组超速不再构成影响;但由于曲线2是在功率给定不切除情况下进行的,其动态品质较差,稳态时存在转速偏差 $\delta n_0 = 3150$ r/min。图5-51中曲线1和曲线3均为甩负荷时功率给定均切除情况下的动态过程,仅有中间再热容积影响的差别;由于曲线3在甩负荷后未关闭中调门,其动态品质下降,但稳态时也无转速偏差。

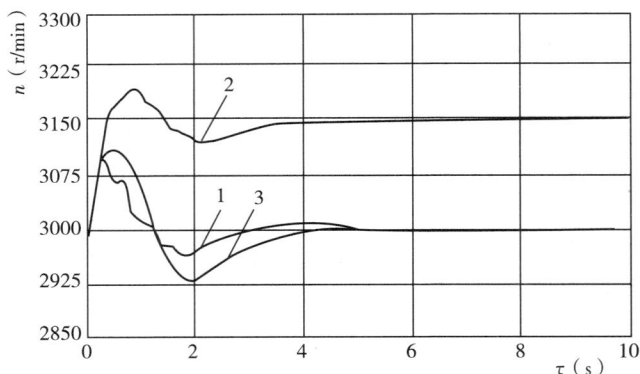

图5-51 理想情况串级PI控制下,机组甩负荷时DEH调节系统的过渡过程

（2）机组并网运行时的动态特性

机组大多处于并网运行工况,此时DEH既受到机组自身条件的影响,又受到电网中其他机组的影响,其动态特性与单机运行有很大的区别。在电网负荷变化时,变动负荷分摊到网内各台机组以后,对每一台机组的影响相对较小,但若本机容量较大,则承担的电网变动负荷量就比较大,所受的影响也较大。

DEH若采用不同的PI运行方式时,其动态特性将不同。在电网负荷变化2%时,三种运行方式下的过渡过程如图5-52所示,图中曲线1、曲线2和曲线3分别表示串级PI控制方式、单级PI1控制方式和单级PI2控制方式的情况。从图中可以看出,由于串级控制有双内回路的快速响应作用,其动态特性优于单级PI控制方式。当过渡过程结束时,三种控制方式的转速都能回到电网对应的转速,即机组能够处于稳定的空载状态。

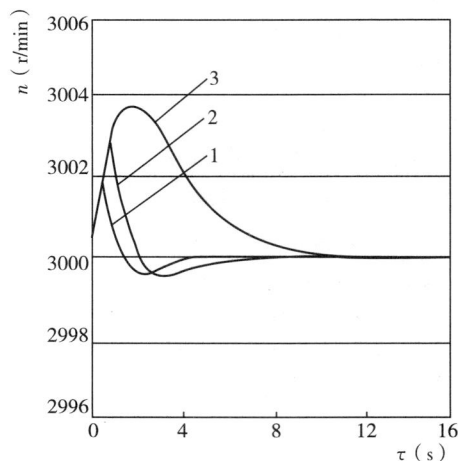

图5-52 在电网负荷变化2%时,三种控制方式的过渡过程

综合以上分析,可以得到下述结论:

① DEH在串级PI控制方式运行时动态品质最好,应作为基本的运行方式;

② 为避免反调,机组甩负荷时功率给定必须切除,此时机组能稳定在给定转速上,有利于重新并网;

③ 中间再热容积对机组转速的影响很大,机组甩负荷时,除了应该立即关闭高压汽阀外,同时也应关闭中压汽阀。

第五节　DEH 液压控制系统

液压系统是 DEH 的重要组成部分,按照功能的不同,可将液压系统分为供油系统、液压控制系统和危急遮断系统(保护)三部分。其中,液压控制系统根据 DEH 数字控制器发出的指令来控制阀门的开度;危急遮断系统在监视到参数超限,危及机组安全时,使机组跳闸以保护机组;供油系统则向液压控制系统和危急遮断系统提供抗燃油。

一、DEH 的液压控制系统

DEH 液压系统以抗燃油(EH 油)为工作介质,超临界 600 MW 汽轮机 DEH 的液压控制系统如图 5－53 所示,右下方为危急遮断系统,是在机组失常时起保护作用的;右上方为低 EH 油压试验块,是进行 EH 油压低遮断试验用的;左下方为高压主汽阀(2 个)和高压调节汽阀(4 个)的液压伺服系统;左上方为中压主汽阀(2 个)的控制系统和中压调节汽阀(4 个)的液压伺服系统。

DEH 液压控制系统中的每个汽门都配有一套独立的控制装置,形成具有控制和快关功能的组合执行机构。阀门的开启依靠高压抗燃油作为动力油,阀门的关闭靠弹簧力;按控制要求及结构特点的不同可分为主汽阀、调节汽阀、中压主汽阀和中压调节汽阀四种类型。

二、DEH 液压执行机构的工作原理

DEH 液压执行机构按油动机动作情况不同可分为伺服型和开关型两种。

1. 伺服型执行机构

伺服型执行机构根据 DEH 数字控制器输出的阀位信号来控制阀门(高压主汽门、高压调节阀和中压调节阀)的开度,可将汽阀控制在任意的开度上。伺服型执行机构由油动机、隔绝阀、单向阀、过滤器、伺服放大器、电液转换器、快速卸载阀和线性位移差动变送器(简称 LVDT)等组成。

(1)高压主汽门和高压调节汽门的液压伺服系统

高压主汽门和高压调节汽门液压伺服系统的原理图如图 5－54 所示。当给定负荷或外界负荷发生变化时,经计算机计算处理后,DEH 输出一阀位控制信号,经 D/A 转换与阀位反馈信号进行比较,其差值经伺服放大器放大后送入电液转换器;在电液转换器中通过对油动机下油室进油或泄油的控制实现对油动机活塞位移的调节,从而开大或关小进汽阀门。

当外界负荷增加时,从 DEH 来的控制信号大于阀位反馈信号,伺服放大器的输出增大,通过电液转换器使高压供油管路与油动机下油室的供油管路相通,高压油进入油动机下油室,使油动机活塞向上移动,通过连杆带动进汽阀开大。而当外界负荷减小时,从 DEH 来的控制信号小于阀位反馈信号,伺服放大器的输出减小,通过电液转换器使回油管路与油动机下油室的油管路相通,油动机下油室泄油,在弹簧力作用下,油动机活塞向下移动,通过连杆带动进汽阀关小。

在油动机活塞位移的同时,通过 LVDT 将活塞的位移量作为阀位反馈信号与 DEH 送来的阀位控制信号比较。当输入的阀位控制信号与阀位反馈信号相等时,输入伺服放大器的信号为零,电液转换器处于中间位置,油动机下油室既不与高压油相通、也不与回油相通。此时,阀门停止移动,在新的开度下稳定运行。

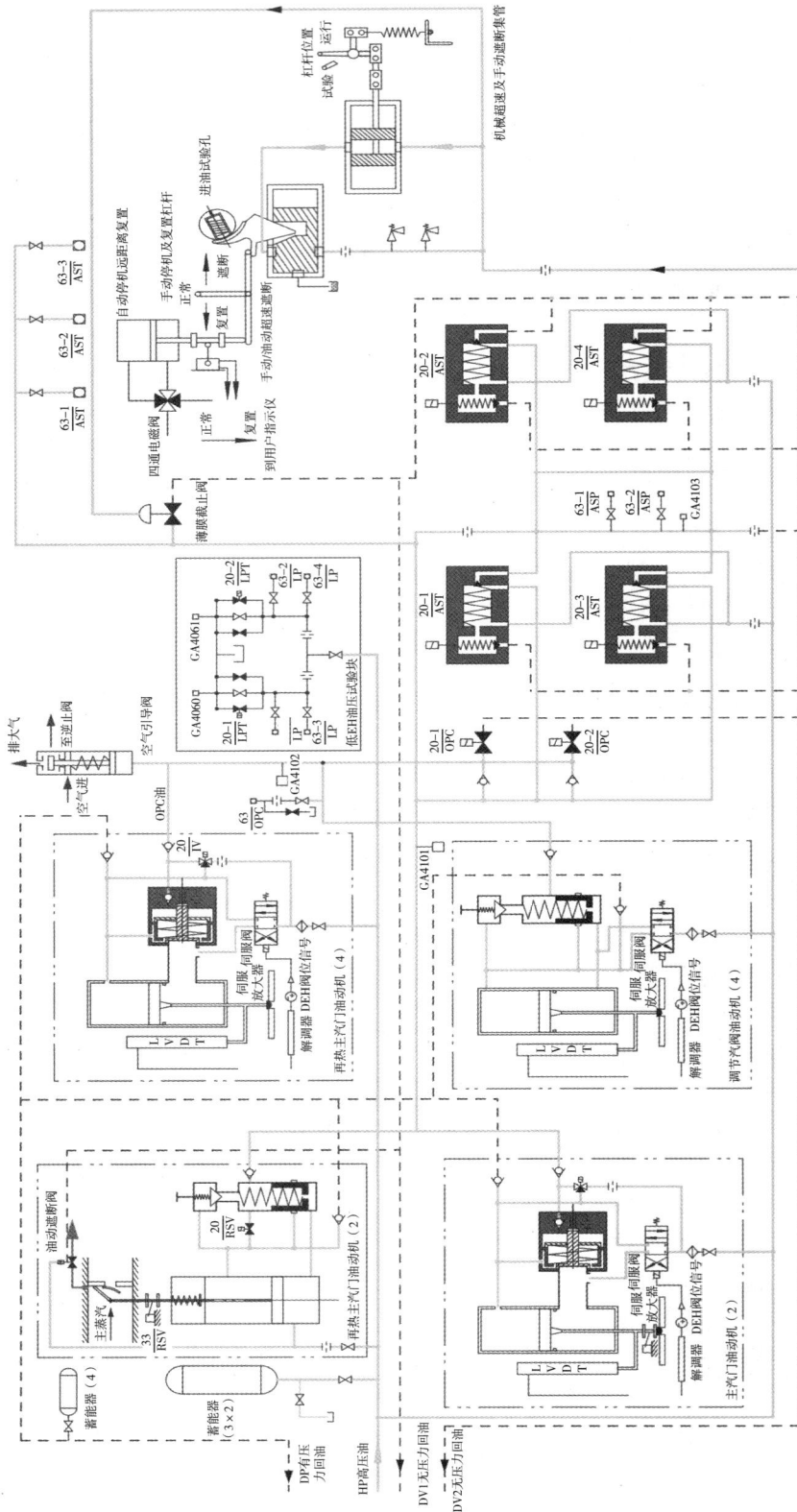

图5-53 超临界600 MW汽轮机DEH液压控制系统

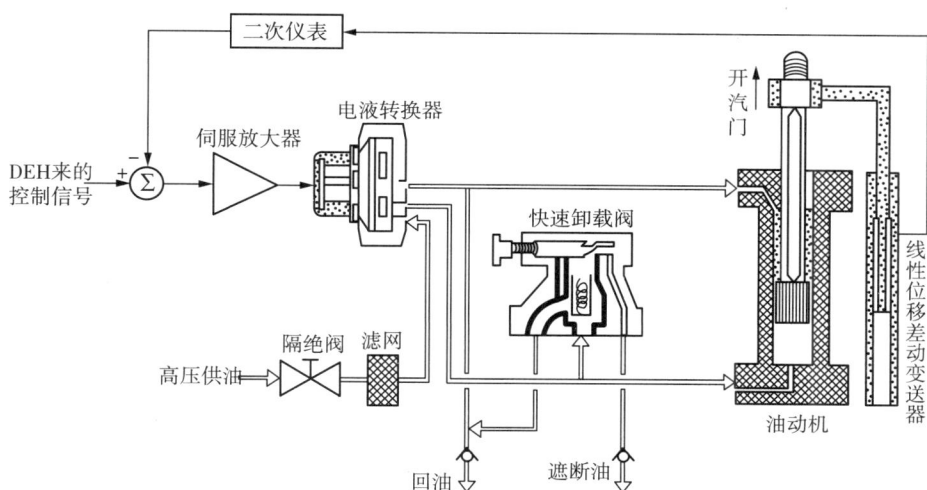

图 5-54 高压主汽门和高压调节汽门液压伺服系统的原理图

（2）中压调节汽门的液压伺服系统

中压调节汽门液压伺服系统原理如图 5-55 所示，阀门调节过程与高压主汽门调节过程相同。根据机组的控制要求，中压调节汽门在 30% 负荷时达到全开，且再热器的容积很大。在危急状态时，需要以更快的速度关闭，以减小动态超速，为此采用碟阀式快速卸载阀，以增大泄油口面积，控制系统单独设置试验电磁阀，进行阀门活动试验以及遥控关闭中压调节阀。

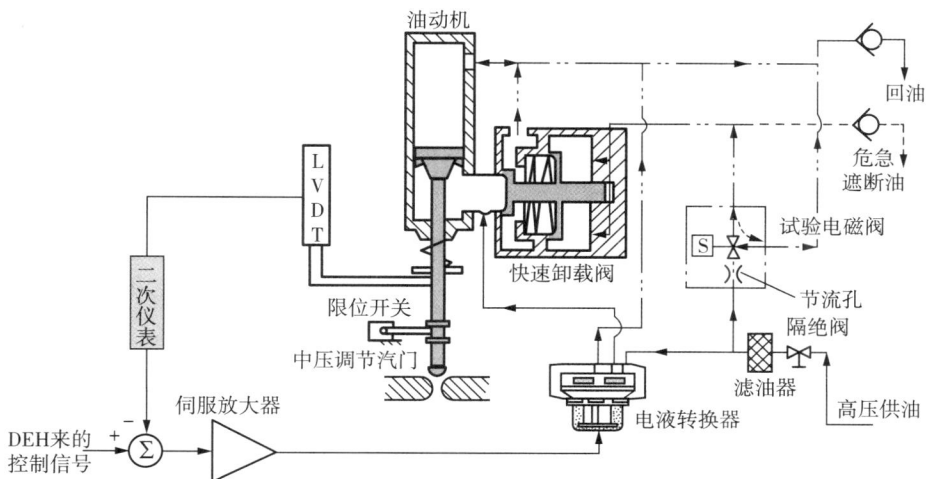

图 5-55 中压调节汽门液压伺服系统的原理图

机组正常运行时，电磁阀处于断电状态，高压油经节流孔通往快速卸载阀的上部腔室，并为遮断油管补油，快速卸载阀关闭。此时，油动机由电液转换器控制，通过电液转换器控制油动机的下油室进油或泄油，从而开大或关小调节汽门。

进行阀门活动试验时，试验电磁阀通电，切断高压油的供油，并将快速卸载阀上部腔室与回油接通,快速卸载阀打开,油动机下油室的油通过快速卸载阀泄掉,使得中压调节汽门快速关闭。当试验电磁阀断电时,重新接通高压油至快速卸载阀上部腔室的油路,快速卸载阀关闭,中压调节阀就在电液转换器的控制下重新开启,阀门活动试验结束。

2. 开关型执行机构

中压主汽门液压伺服系统原理如图 5-56 所示。其为开关型执行机构,阀门只在全开和全关两个位置,没有调节功能,不需要设置伺服放大器、电液转换器和 LVDT 位移变送器。

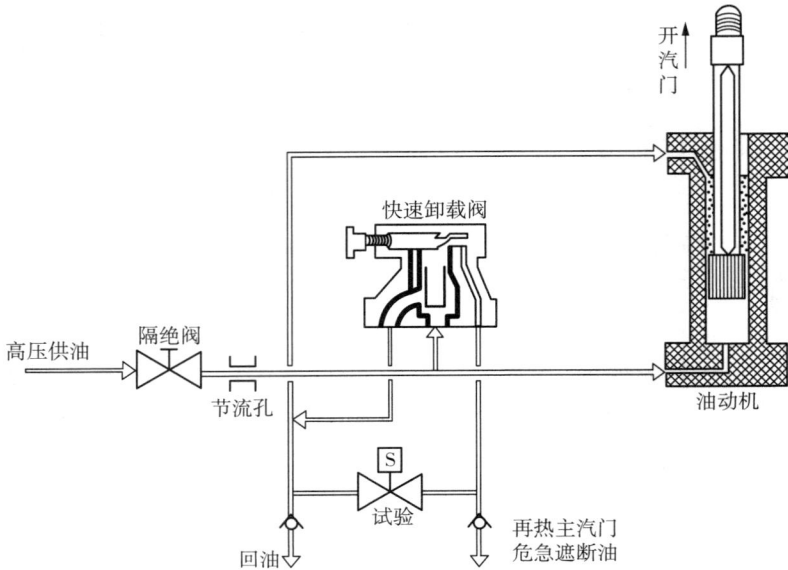

图 5-56　中压主汽门液压伺服系统的原理图

DEH 挂闸复位后,危急遮断油压建立,快速卸载阀关闭,切断了油动机下油室的压力油与回油的通道。高压抗燃油自隔绝阀引入,经过节流孔板后直接进入油动机的下油室。油动机活塞在油压的作用下,克服弹簧力向上移动,使得中压主汽门自动全开。

危急遮断装置动作后,危急遮断油压降低,快速卸载阀打开,将油动机下油室的压力油与回油通道接通,油动机泄油,在弹簧力的作用下中压主汽门迅速关闭。在快速卸载阀打开时,由于节流孔板能起到限制通过隔绝阀进入油动机油量的作用,因此,在危急遮断系统动作时,通过快速卸载阀的泄油量大于通过隔绝阀和节流孔板进入油动机的进油量,保证阀门能够快速关闭。

图 5-56 中的试验阀为二位二通电磁阀,用于遥控关闭阀门及定期进行阀杆活动试验。当试验电磁阀通电打开时,将快速卸载阀的危急遮断油通过试验电磁阀与回油管接通,使快速卸载阀迅速打开,中压主汽门迅速关闭;当试验电磁阀断电关闭时,中压主汽门将重新打开,活动试验结束。

三、液压执行机构的部件结构

1. 电液转换器

电液转换器将伺服放大器来的电信号转换为液压信号,其结构如图 5-57 所示,电液转换器主要由力矩马达、喷嘴、挡板、滑阀阀芯和机械反馈等组成。

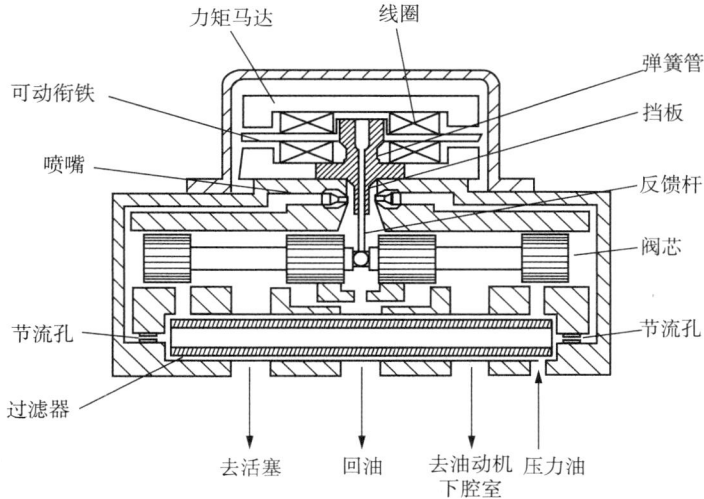

图 5 - 57 电液转换器结构

力矩马达由永磁线圈和两侧绕有线圈的可动衔铁组成,由伺服放大器来的电流信号,引入力矩马达衔铁两侧的线圈。稳定工况时,力矩马达衔铁上的线圈中没有电流通过,衔铁处在水平位置;和衔铁相连的挡板与两侧喷嘴的距离相等,使两侧喷嘴的泄油间隙相等。而经过滤器两端节流孔来的压力油分别由两侧的喷嘴喷出,因此,滑阀阀芯两端的油压相等,滑阀阀芯处在中间位置,油动机活塞下油室与压力油和回油均隔开。

当衔铁上的线圈有电流信号输入时,衔铁产生磁场,在两侧永久磁铁作用下摆动一个角度,带动挡板摆动,使挡板靠近某一侧喷嘴,该侧喷嘴的泄油间隙变小,流量减小,该侧节流孔后的油压变高;而其对侧的喷嘴与挡板间的距离增大,泄油量增大,节流孔后的压力降低。由于两侧喷嘴前的油路分别与下部滑阀两端的腔室相连通,使得滑阀阀芯在两端压差的作用下移动,使油动机活塞下油室与压力油进油口或回油口接通,从而开大或关小进汽阀。

伺服阀中的支撑弹簧和挡板构成动态反馈机构,在衔铁偏转、滑阀阀芯移动时,滑阀阀芯的移动反过来通过反馈弹簧带动挡板向相反方向移动。在线圈电流为零时,这种反馈能保证滑阀阀芯回到中间位置,使油动机活塞下油室不再进油或排油,调节系统在新的平衡点稳定工作。

2. 线性差动位移变送器(LVDT)

LVDT把油动机活塞的位移信号转换成电压信号,并反馈到伺服放大器,如图 5 - 58 所示。LVDT有三个线圈绕组:一个一次绕组和两个二次绕组。一次绕组缠绕在芯杆上,由交流电源供给电,在外壳中心点两侧各绕有一个相同的二次线圈绕组,两个绕组反向连接。当铁芯处于中间位置时,两个二次绕组的感应电动势相等,变送器输出的电压信号为零。当铁芯移动时,二次绕组的感应电动势经整形滤波后,转

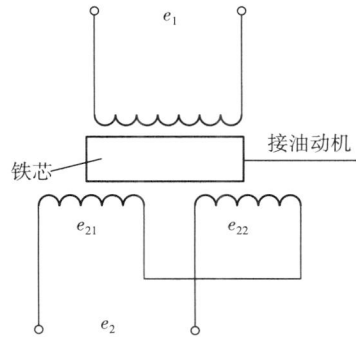

图 5 - 58 LVDT 工作原理简图

变为铁芯相对位移的电压信号输出。由于铁芯通过杠杆与油动机的活塞连杆相连,其输出的电压信号代表了油动机的位移(即进汽阀门的开度)。

3. 快速卸载阀

快速卸载阀是由遮断油(OPC 或 AST)控制的溢流阀,快速卸载阀打开时,油动机活塞下油室的油经快速卸载阀迅速排出。此时不论伺服放大器输出信号为多少,油动机活塞将在弹簧力作用下迅速下移,进汽阀门快速关闭。

(1)杯状滑阀式快速卸载阀

如图 5-59 所示,快速卸载阀的上部有一杯状滑阀,滑阀下部的腔室与油动机活塞下油室的高压油路相通,承受高压油的作用力,在杯状滑阀底部中间有一小孔,使压力油可充满滑阀上部。杯状滑阀上部的油室有一路经过逆止阀与危急遮断油路相通,另一路经针形阀缩孔与回油通道相通,这样,杯状滑阀上部就会有少量的压力油通过针形阀排入回油管,通过调节针形阀的开度就能调整杯状滑阀上的油压。

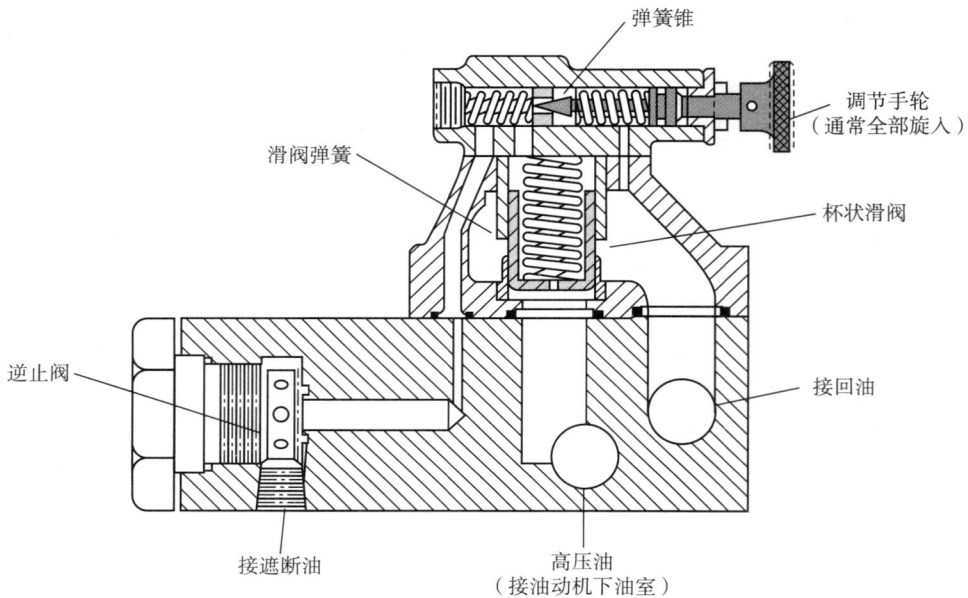

图 5-59　快速卸载阀的结构简图

① 正常运行时

机组正常运行时,危急遮断油管路内为高压油。危急遮断杯状滑阀上的油通过一油路经逆止阀与危急遮断油路相连,其油压低于遮断油的油压,使得逆止阀关闭,杯状滑阀上的压力油不能由此油路泄掉;同时,针形阀开度很小,通过针形阀缩孔的泄油量也很小。此时,作用于杯状滑阀上油压及弹簧力大于滑阀下高压油的油压,杯状滑阀被压紧在底座上,将滑阀套下部泄油口封住,油动机下油室的快速泄油通道被关闭。

② 危急遮断油泄油失压时

当机组故障需要紧急停机时,危急遮断装置动作,危急遮断油管路内油压降低。此时,杯状滑阀上的油压较高,将顶开逆止阀泄油,使杯状滑阀上的油压急剧下降;杯状滑阀下部的压力油推动杯状滑阀上移,打开滑阀套筒上的快速泄油口,使油动机活塞下的压力油经快速卸载阀迅速排出。为保证油动机动作迅速，防止快速排油时回油管路过载，将回油管路与油动机上油室相连，在油动机活塞向下运动的同时，油动机的排油暂时储存在油动机的上油室；此外，在回油管道上还装有低压蓄能器，以容纳油动机迅速关闭时的大量泄油。

调节汽门快速卸载阀的遮断油为 OPC 油，当 OPC 保护项目动作时，高、中压调节汽门的快速卸载阀打开，关闭高、中压调节汽门；主汽门快速卸载阀的遮断油为 AST 油，当 AST 保护项目动作时，高、中压主汽门的快速卸载阀打开，关闭高、中压主汽门。

③ 用快速卸载阀手动关闭汽门

快速卸载阀还可用于阀门活动试验及手动关闭进汽门。手动关闭汽门时，先关闭油动机的进油隔绝阀，以防止关闭进汽门时通过快速卸载阀放掉大量的高压油。然后旋转针形阀调节手轮，将针形阀杆慢慢旋出，开大针形阀控制的泄油口，使杯状滑阀上的压力油从针型阀控制的泄油口中泄掉，杯状滑阀上移，开启快速泄油口，使油动机下油室的油压迅速下降，汽门关闭。

如果需要重新开启阀门，首先应将调节手轮全部旋入，隔断杯状滑阀上的压力油经针型阀控制的泄油口到回油的泄油通道；然后再缓慢打开隔绝阀，高压油将通过电液转换器进入油动机下油室，使阀门重新开启。

（2）碟阀式快速卸载阀

碟阀式快速卸载阀用于中压调节汽门的液压伺服系统中，如图 5－60 和图 5－61 所示。当机组挂闸、安全油压建立后，高压油通过节流孔和试验电磁阀从快速卸载阀左侧的油口进入，使逆止阀关闭，并经内部流道引入腔室 Z，此时 Y 腔室通过节流孔与 Z 腔室相通，Y 腔室的油压迅速与 Z 腔室相等。由于试验电磁阀前的节流孔的节流作用，Y 腔室内的油压低于电液转

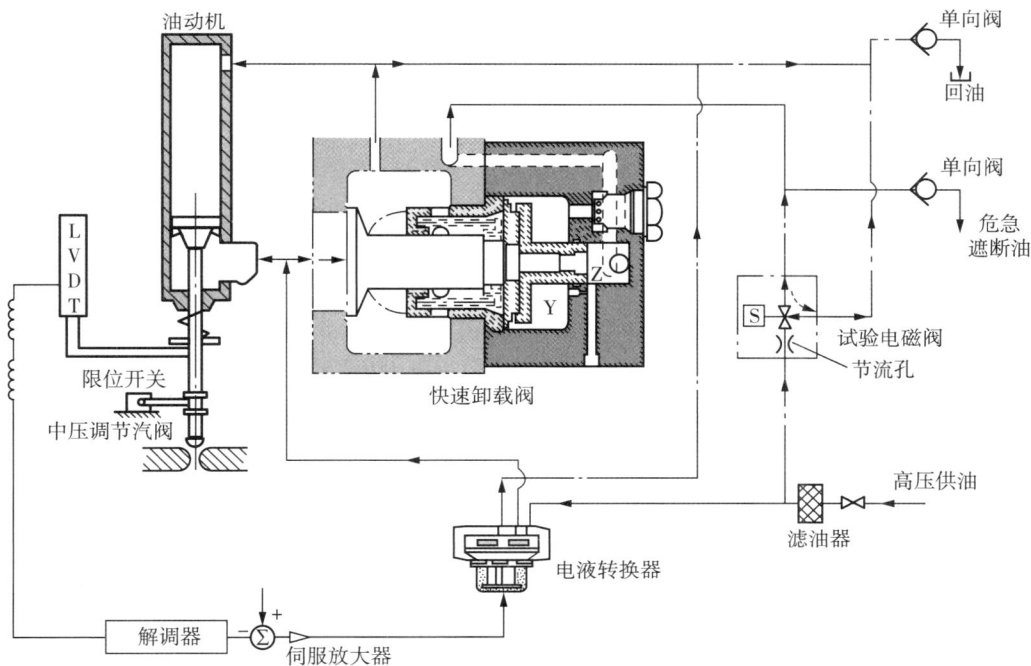

图 5－60　中压调节汽门的液压伺服系统（关闭位置）

换器供给油动机的高压油的油压,但由于 Y 腔室的承压面积较大,作用在阀门定位器上的油压能克服弹簧力使快速卸载阀的泄油碟阀关闭,此时,油动机活塞下油室就可以建立油压。

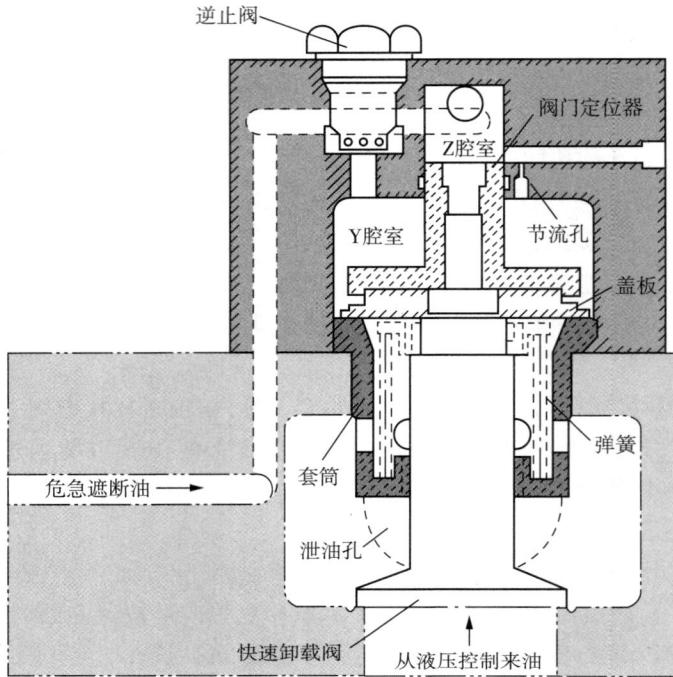

图 5-61　碟阀式快速卸载阀结构简图(关闭位置)

OPC 动作泄油时、OPC 油压降低,通往危急遮断油母管的单向阀打开,使得阀门定位器顶端的油压(Z 腔室油压)降低。由于快速卸载阀内危急遮断油管路油压降低,使得快速卸载阀内逆止阀打开,Y 腔室油压通过危急遮断油管路泄掉,Y 腔室油迅速下降。在弹簧的作用下,快速卸载阀的碟阀被打开,油动机活塞下油室泄油,迅速关闭中压调节阀。此时试验电磁阀虽然还与压力油管路相连通,但由于其进口节流孔的节流隔离作用,Y 油室油压仍然能够降低,而且对高压供油管路压力油油压的影响很小。

做阀门活动试验时,试验电磁阀通电,使油室 Z 与回油管相通,Z 腔室油压下降,并使得逆止阀打开;Y 腔室通过快速卸载阀内危急遮断油管路泄油,快速卸载阀在弹簧力的作用下迅速打开,从而使得中压调节阀关闭。在试验电磁阀通电时,DEH 还提供了一个偏置电压信号,使电液转换器产生关闭中压调节阀的动作;在试验电磁阀断电时,该偏置电压信号消失,Y 腔室和 Z 腔室又重新与压力油路相连通,快速卸载阀关闭,中压调节阀在 DEH 的控制下重新打开。

第六节　汽轮机保护系统

为了防止因部分设备工作失常而导致汽轮机的重大事故,设置了汽轮机保护系统。汽轮机保护系统一般分为预防性保护和危急遮断保护两大类。当影响机组安全运行的参数超限时,预防性保护发出报警信号或操作指令;当影响机组安全运行的参数严重超限时,危急遮断保护动作,关闭全部进汽阀门紧急停机。

如图 5-62 所示,为了保证机组的安全运行,超临界 600 MW 机组至少应具有以下遮断保护:

① 手动停机;

② 机组超速保护(至少有三个独立于其他系统,且来自现场的转速测量信号);

③ 主蒸汽温度异常下降保护;

④ 凝汽器低真空保护;

⑤ 机组轴向位移超限保护;

⑥ 汽轮机振动超限保护;

⑦ 转子偏心度超限保护;

⑧ 胀差超限保护;

⑨ 油箱油位过低保护;

⑩ 排汽温度超限保护;

⑪ 支持轴承或推力轴承金属温度超限保护;

⑫ 轴承润滑油压力低保护;

⑬ 汽轮机抗燃油压力低保护;

⑭ 发电机故障保护;

⑮ DEH 断电保护;

⑯ MFT(总燃料跳闸);

⑰ 汽轮机、发电机制造厂要求的其他保护项目。

除第①、②、⑮、⑯外,其他各项保护在遮断保护值之前均设置了越限报警值。另外,润滑油和抗燃油压力低保护在遮断之前,通过联锁保护会自动投入备用泵。

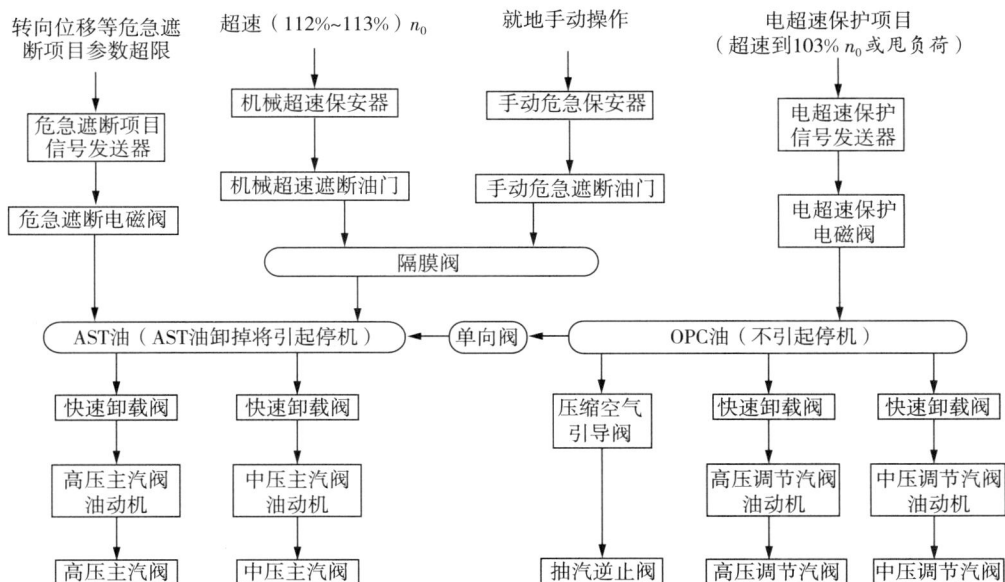

图 5-62　汽轮机保护系统组成框图

一、OPC 电磁阀组件

如图 5 - 63 所示,两只 OPC 电磁阀并联布置,并通过两个单向阀与危急遮断油路(AST)相连接。正常运行时两个 OPC 电磁阀断电关闭,切断了 OPC 母管的泄油通道,使高、中压调节阀油动机活塞下油室建立油压,高、中压调节阀具备开启条件。此时,来自计算机的控制信号通过伺服放大器和电液转换器,使油动机下油室进油或泄油,从而调节高、中压调节阀的开度。

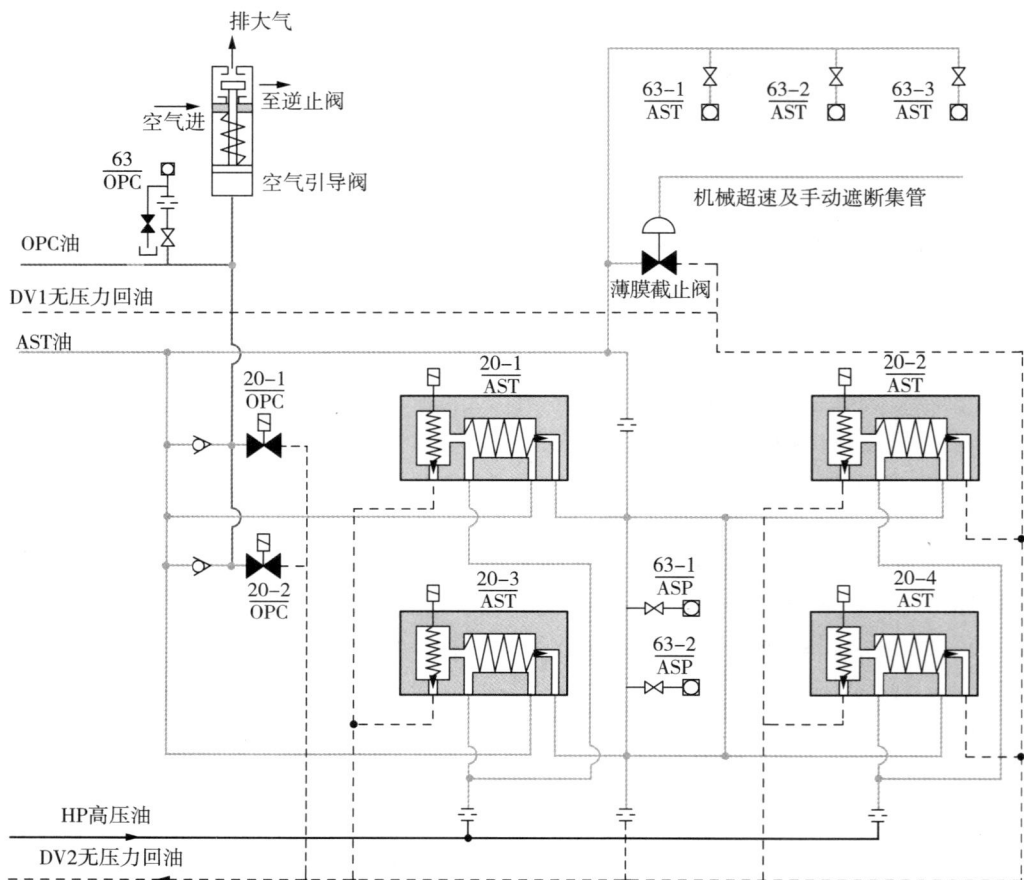

图 5 - 63　电磁阀及控制块系统图

当转速超过 103% 的额定转速(或其他 OPC 保护项目动作)时,OPC 电磁阀通电打开,OPC 母管的油经无压力回油管路排至油箱,快速卸载阀迅速开启,使各高、中压调节阀快速关闭;同时使空气引导阀打开,各回热抽汽的气动逆止阀迅速关闭,避免加热器中的蒸汽倒流回汽轮机引起超速。延时 2 s 后,OPC 电磁阀断电,OPC 母管油压恢复,高、中压调节阀重新开启。

这种保护方法可避免机组停机,减少重新启动的损失,节约时间。

OPC 超速保护项目有:

① 转速超过 103% 额定转速(3090 r/min)时;

② 甩负荷时,中压缸排汽压力仍大于额定负荷的 15% 对应的压力时;

③ 转速加速度大于某一值时；

④ 发电机负荷突降，发电机功率小于汽轮机功率一定值时。

由于单向阀的单向导通作用，OPC 油压的泄掉不会引起 AST 油压的下降，也就不会引起高中压主汽阀关闭，不会引起汽轮机停机。此外，两个 OPC 电磁阀并联布置可提高超速保护的可靠性，并能进行在线试验，在对某一回路进行在线试验时，另一路仍具有保护功能。

二、AST 电磁阀组件

AST 电磁阀由危急跳闸装置（ETS）的电气信号来控制，其结构如图 5-64 所示。滑阀 1 由电磁铁控制，电磁铁由 ETS 信号控制。

正常运行时，AST 电磁阀带电关闭。滑阀 1 切断了高压油至无压回油的通道，滑阀 2 左侧的高压油克服弹簧拉力将滑阀 2 推至右端，切断 AST 油至无压回油通道。危急遮断油压建立后，危急遮断油进入快速卸载阀下部。在危急遮断油压和弹簧力的作用下，将杯状滑阀压向底部，关闭油动机下油室至回油管路的快速泄油口，使高中压主汽门具备开启条件。

当机组发生危急情况时，使危急遮断电磁阀（AST）失电打开。AST 电磁阀的滑阀 1 向上移

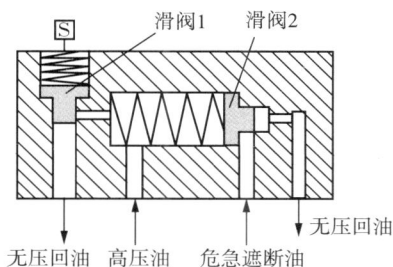

图 5-64　AST 电磁阀示意图

动，使得滑阀 2 右侧的高压油与无压回油接通，高压油泄掉。在弹簧力和危急遮断油压的作用下，滑阀 2 向左移动，使得危急遮断油与无压回油接通。AST 母管中的油经无压回油管路排回 EH 油箱，AST 油压迅速下降，通过快速卸载阀使高中压主汽阀迅速关闭。同时，通过单向阀泄掉 OPC 油，使高中压调节阀和抽汽逆止阀也迅速关闭。

为提高系统的安全性，防止误动作，4 个 AST 电磁阀以串联和并联方式布置，并可进行在线试验；2 个压力开关（63-1/ASP，63-2/ASP）是用来监视供油压力的，可监视 AST 电磁阀每一通道的状态；另外 2 个压力开关（63-1/AST，63-2/AST）是用来监视汽轮机的状态（复置或遮断）的。

三、EH 油压低跳闸试验组件

EH 油压低跳闸试验组件如图 5-65 所示。

EH 油压低跳闸试验组件由 2 个压力表、2 个电磁阀和 4 个监视油压低的压力开关等组成。它采用双通道，每个通道上都有 1 个节流孔，使得试验时被测参数不受影响；供油端有一个隔离阀，保证在 EH 油压低跳闸试验组件检修时不会影响系统其他部分的正常运行。

汽轮发电机组正常运行时，控制 EH 油压低的两组压力开关 63-1/LPT、63-3/LPT 和 63-2/LPT、63-4/LPT 的触点是闭合的，中间继电器工作正常。如果 EH 油压低达到停机值，压力开关动作，中间继电器就会释放，引起自动停机遮断母管泄压，汽轮机遮断停机。试验时，可以通过就地的手动试验阀，或者通过 ETS 面板遥控试验电磁阀，使所试验的通道中的压力降到遮断停机值。

四、空气引导阀

OPC 保护项目动作后，引起高、中压调节汽阀关闭，汽轮机进汽量迅速降至零，各抽汽

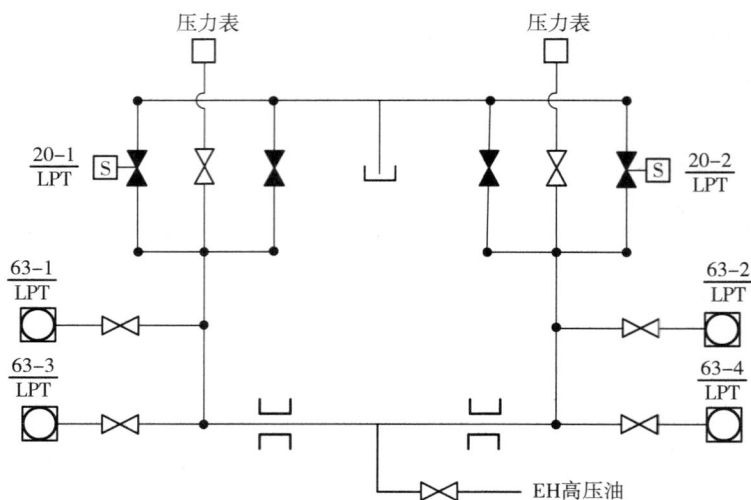

图 5-65   EH 油压低跳闸试验组件

口的压力也迅速下降。但由于抽汽管道容积的存在,使得短时间内回热加热器中的压力高于抽汽口压力,导致回热加热器内的蒸汽倒流入汽轮机引起超速,为此设置空气引导阀。

如图 5-66 所示,空气引导阀用于控制抽汽管道上各气动逆止阀的压缩空气。该阀由油缸和带弹簧的阀体所组成。机组正常运行时,OPC 母管有压力,油缸活塞上移,提升头封住排大气口,使压缩空气进入各抽汽管道上的气动逆止阀,开启抽汽逆止阀。

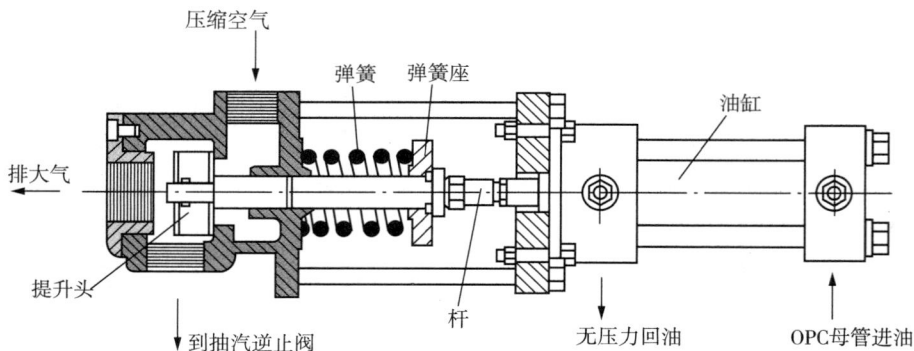

图 5-66   空气引导阀

OPC 母管失压时,空气引导阀在弹簧力的作用下向右移动,提升头封住压缩空气的进口通道;同时,打开各抽汽逆止阀至排大气口的通道,抽汽逆止阀的压缩空气通过排大气口排大气,使各抽汽逆止阀迅速关闭。

五、机械超速遮断与手动遮断系统

如图 5-67 所示,机械超速遮断系统由危急遮断器、危急遮断器滑阀、操纵装置、隔膜阀及超速试验装置等组成。机械超速与手动遮断母管中的压力油来自主油泵出口,主油泵出口的压力油经节流孔板后分两路进入危急遮断滑阀,一路经 2 级节流后引入危急遮断滑阀;另一路经超速试验滑阀后引入危急遮断滑阀。

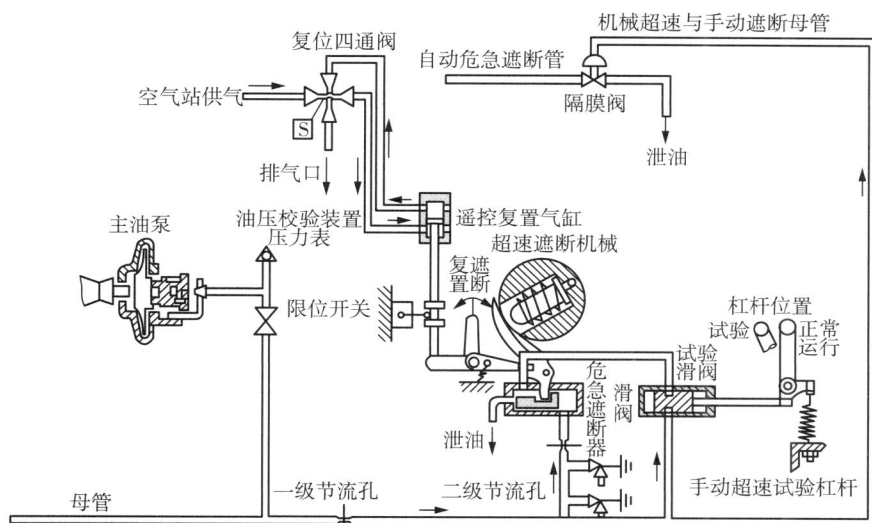

图 5-67　机械超速遮断系统

1. 正常运行时

危急遮断器滑阀活塞位于左端,压力油作用面小,不足以克服弹簧力。故滑阀活塞被紧压在左侧阀座上,堵住泄油孔,使危急遮断母管维持正常油压,低压机械遮断油进入隔膜阀的上腔室中。

正常运行时,进入隔膜阀上腔室的低压机械遮断油克服弹簧力,使隔膜阀保持在关闭位置,切断 AST 总管的回油通道,使高、中压主汽门正常工作,如图 5-68 所示。

2. 危急遮断时

飞锤式危急遮断器如图 5-69 所示,由撞击子和压缩弹簧组成,安装在汽轮机转子延长轴的径向通孔内,并用可调螺纹套环压紧套在撞击子上的弹簧。由于撞击子的重心偏离转子的回转中心,在正常转速下,撞击子的离心力小于弹簧的压紧力,撞击子保持原位不动。

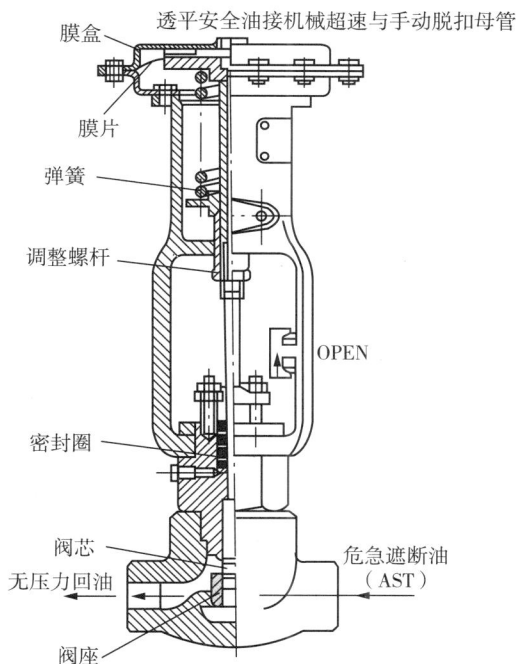

图 5-68　隔膜阀

当转速升高到危急遮断器的动作转速(额定转速的 109%～110%)时,撞击子的离心力超过了弹簧的约束力,撞击子开始向外飞出;撞击子一旦向外飞出,其偏心距将增大,此时离心力与弹簧约束力同时增大;但离心力增大量大于弹簧力的增大量,使撞击子加速向外飞

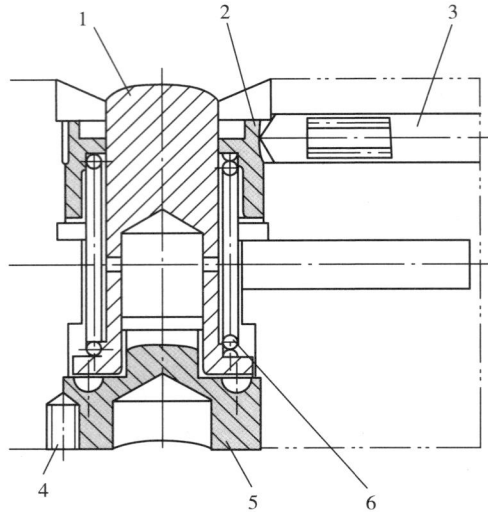

图 5-69 飞锤式危急遮断器结构

1—撞击子;2—螺纹套环;3—超速挡圈销;4—螺钉;5—平衡块;6—压缩弹簧

出,撞击危急遮断滑阀上的碰钩,使危急遮断滑阀活塞向右移动;危急遮断滑阀左边的泄油口打开,使隔膜阀上的低压机械遮断油压降低或消失;在弹簧力作用下打开隔膜阀,导致危急遮断母管泄压,使 AST 总管失压。通过快速卸载阀使高、中压主汽阀和高、中压调节汽阀迅速关闭,同时通过空气引导阀使抽汽逆止门关闭,切断汽轮机的进汽,汽轮机紧急停机。

此外,也可以通过就地手动位于前轴承箱的遮断手柄,使其转动到"遮断"位置,从而使机组紧急停机。

3. 挂闸

机组遮断后,随着机组转速下降,撞击子离心力逐渐减小,当转速降至复位转速(3050 r/min左右)时,离心力与弹簧力相等;转速再下降,离心力下降速率将大于弹簧力,在弹簧力作用下,撞击子向孔中缩回;随着撞击子的缩回,其偏心距减小,离心力进一步减小,撞击子快速向内缩回复位。复位转速不宜太高,也不宜太低,一般要求复位转速高于机组的额定转速,这样在降速到达额定转速之前系统就已经复位。

危急遮断滑阀动作后,由于危急遮断滑阀(右移后)左侧承压面变大,尽管油压降低,油压仍大于滑阀右侧的弹簧力,只有人为操作才能使遮断滑阀回到正常运行时的位置。使危急遮断器滑阀复位的操作称为挂闸,挂闸操作应在汽轮机启动前,且转子转速降至撞击子回到正常运行时位置的转速后进行。挂闸一般有手动挂闸和远方挂闸两种。

远方挂闸是通过复位四通电磁阀和挂闸气缸来实现的,在集控室按"挂闸"按钮,复位四通电磁阀接收到 DEH 发出的挂闸信号后,电磁阀带电,使气缸上端进气,下端排大气,气缸活塞向下移动,推动危急遮断滑阀的连杆,使危急遮断滑阀复位,低压机械遮断油压重新建立,关闭隔膜阀。同时远方挂闸通过 DEH 送出 ETS 复位信号,使 AST 电磁阀恢复带电状态,从而恢复 AST 母管油压。

对于上汽超临界 600 MW 汽轮机,挂闸完成后,DEH 的挂闸灯应点亮,中压自动主汽门执行机构"开"指示灯点亮,手动遮断复位手柄也自动回到"正常"位置上。在气缸活塞向下移动的过程中,当限位开关检测到气缸行程终了时,四通电磁阀断电,空气进入气缸的下端,使气缸活塞返回,复位杠杆也返回到"正常"位置。

远方挂闸的脉冲信号发出 10 s 以后就会自动消失。如果汽轮机仍未挂闸,则 DEH 给出"挂闸失败"的信号指示。

手动挂闸是通过操作就地"复置/遮断"手柄来实现的。将手柄扳向"复置"位置,并保持一会儿,该手柄将带动遮断复置连杆逆时针旋转,推动碰钩,使危急遮断器滑阀向左移动,重新封闭超速遮断器滑阀左侧的泄油口,使隔膜阀上部的油压上升,关闭隔膜阀,从而使 AST 油压得以重新建立。

4. 危急遮断器的喷油试验

危急遮断器的喷油试验是在正常运行时,用来活动危急遮断器防止其卡涩的,当一套危急遮断器隔离开来进行喷油试验时,另一套应能起到超速保护作用。

在进行喷油试验前,先将试验手柄向左拉至试验位置,使试验滑阀向右移动,切断了低压机械遮断母管的主泄油通道;再手动打开喷油试验阀,压力油从喷嘴喷出,经轴端的小孔进入危急遮断器撞击子的下腔室,在撞击子的下部建立起油压,克服弹簧的作用力推动撞击子向外移动;直至撞击到碰钩上,使得危急遮断器滑阀活塞向右移动,打开危急遮断器滑阀左边的泄油口。由于试验滑阀将低压机械遮断母管的主泄油通道切断,低压机械遮断母管中的油通过另一泄油通道泄油,但该泄油通道因为有 2 级节流孔板的节流作用,使得低压机械遮断母管的油压降低的不多,不会使隔膜阀打开,不会因试验而停机。

关闭喷油试验阀停止喷油后,危急遮断器撞击子下腔室内的油在离心力的作用下,从定位螺塞的小孔逐渐甩出。因危急遮断器撞击子复位转速高于额定转速,一旦试验油泄掉,在弹簧力的作用下,撞击子迅速向内缩回复位。然后,再手动"遮断/复位"手柄或遥控复位四通电磁阀,使危急遮断器滑阀复位,在确认低压机械遮断油压恢复到正常值后,松开试验杠杆,试验滑阀复位。

第七节　DEH 操作画面

数字电液控制系统操作员站的操作画面能显示机组各汽水系统过程变量实时数据和设备的运行状态,可以通过汽轮机自动控制的主菜单进行调用。运行人员通过键盘、鼠标能直接对操作画面上的按键进行操作,实现对机组运行过程的全面监视和控制。

660 MW 仿真机组 DEH 操作画面如图 5-70 所示。

一、自动控制

为便于分析,将 660 MW 机组汽轮机自动控制画面(图 5-71)分成以下几个部分分别加以说明。

1. 模式选择区

在此区域(图 5-71 中 1 区),运行人员点击鼠标,进入相应功能子菜单,通过对弹开的小窗口的操作,完成机组的控制。

(1)控制方式(CONTROL MODE)

数字电液控制系统提供了操作员自动方式(OPER AUTO)、汽轮机自动程序控制方式

（ATC）、自动同期方式（AUTO SYNC）、远方遥控方式（REMOTE）和手动控制（TM）五种运行方式，允许运行人员改变机组的运行控制方式。

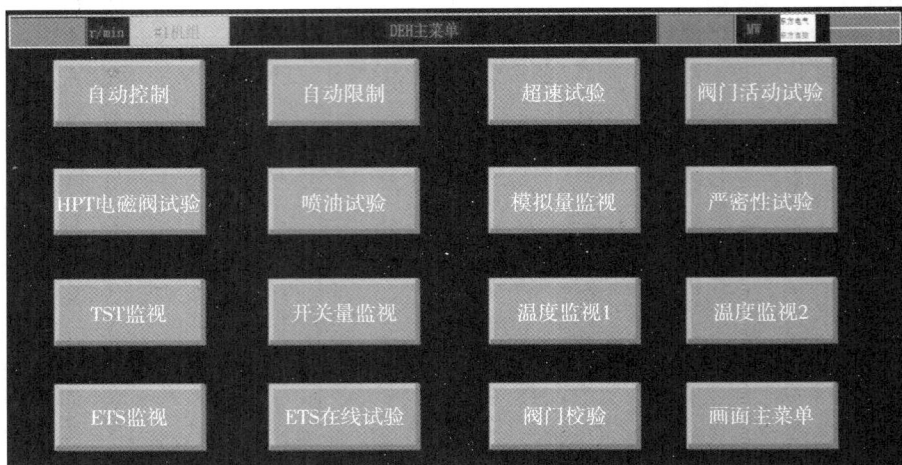

图 5-70 660 MW 机组汽轮机 DEH 画面（DCS）

图 5-71 660 MW 机组汽轮机自动控制画面（DCS）

为了投入或切除一个控制方式，运行人员要将鼠标移到所要选择的控制方式按钮上面，点击，并在弹出的子菜单进行确认，然后，按投入按钮将该控制方式投入，或者按切除按钮将该控制方式切除，如图 5-72 所示。

① 操作员自动/手动方式（OPER AUTO/TM）

操作员自动是汽轮发电机的主要控制方式，运行人员可投入 DEH 控制器的所有功能，如果运行人员在子菜单上选择手动方式或者是其他原因转到手动方式，则退出操作员自动方式；如果选择的是 ATC、CCS 和自动同期等控制方式，则不退出操作员自动方式，只是更

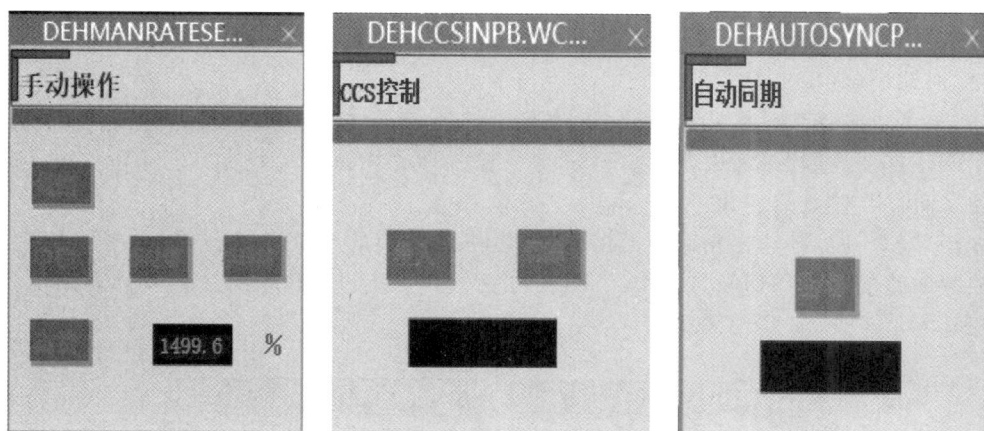

图 5-72　控制方式选择画面

改了指令的来源。

在手动方式下,由运行人员直接操作"增/减"按钮来实现阀门的"开大/关小"功能,进而控制汽机,作为操作员自动方式的备用。

② 汽轮机自动程序控制方式(ATC)

ATC 控制方式不需要运行人员来操作,机组将根据温度状态及转子热应力计算结果,自动设定目标,选择合适的升速率或负荷率对机组进行全自动控制。

③ 机炉协调控制(CCS)

机炉协调控制方式是一种远方遥控方式(REMOTE),只有在操作员自动方式下,发电机已经并网并带上负荷,遥控信号有效且遥控允许接点闭合的情况下,才能选择这种控制方式。在这种方式下,DEH 接受机炉协调控制(CCS)来的负荷指令(目标负荷和负荷变化率),通过 DEH 对机组负荷进行控制。此时,运行人员是不能通过 DEH 操作画面改变负荷的目标值和变负荷率的。

④ 自动同期(AUTO SYNC)

汽轮机转速达到 3000 r/min,选择自动同期方式(AUTO SYNC)后,接受来自自动同期装置的升高和降低转速的信号,来调整转速设定值,使汽轮发电机组达到同步转速,以便机组并网。选择自动同期方式必须满足下列条件:

a. 控制系统在操作员自动或汽轮机自动程序控制方式下;

b. 汽轮机转速必须受调节汽阀控制;

c. 发电机油开关必须断开(机组在转速控制状态);

d. 自动同期装置允许接点必须闭合。

(2)启动方式

① 高中压缸联合启动方式(HIP)

此种启动方式下旁路处于投运状态,从挂闸冲转开始,高、中压主汽阀开启,阀位调节指令分别发送到高压调节汽阀和中压调节汽阀,由其控制汽轮机进汽量的多少。

② 中压缸启动(IP)

此种启动方式下旁路处于投运状态,高压缸不进汽,阀位调节指令直接发送到中压调节汽阀参与机组进汽调节。到转速升到额定值或机组并网带一定负荷后,再切换到高、中压缸同时进汽。

（3）回路控制（LOOP MODE）

DEH 系统接受汽轮机转速、发电机功率和高、中压缸第一级级后压力三种信号,运行人员在 DEH"自动控制"画面中,可以选择"功率控制"和"主汽压力控制",投入相应的回路控制以便及时接收参数的变化。

如图 5-73 所示,选择相应的回路后,点击进入相应的子菜单进行确认,投入相应的回路。控制回路的投入和切除是一个无扰切换过程,在转换的瞬间系统会重新计算设定值,从而保持实际值不变,来实现无扰动切换。

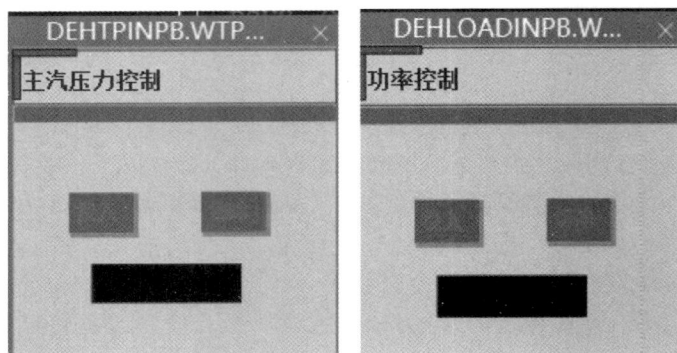

图 5-73 回路控制选择画面

（4）保护功能选择

① PLU 投切（功率负荷不平衡）

当再热蒸汽压力与发电机负荷之间的偏差超过设定值（40%）时,功率负荷不平衡继电器动作,快速关闭高、中压调节汽阀,抑制汽轮机超速。

② TPC 控制（主蒸汽压力控制）

此种控制投入时可以控制机组主蒸汽压力大于某一给定值。例如负荷突然增大时,必定要求开大调门,这就会引起主蒸汽压力下降,一旦主蒸汽压力下降过快,很容易引起汽轮机进水,此时就可以投入 TPC,先开一部分调门,减缓主汽压力下降,等到压力升上来之后再继续开大调门。

2. 控制设定值（CONTROL SETPOINT）

目标值（TARGET）:在并网前指的是转速要达到的目标值;在并网后指的是功率要达到的目标值。目标值可由运行人员给定,当协调控制投入后,目标值是由 CCS 给定的。

升速率和升负荷率为设定值向目标值变化的快慢。当设定值向目标值变化时,为了指示变化在进行中,在 DEH"自动控制"画面中,"进行/保持"按钮下的状态显示将由"保持"变成"进行",在操作员自动控制方式时,任何时候运行人员都能够输入目标值、升速率和升负荷率。

在 DEH 自动控制画面（图 5-74（a)）上,点击"目标值",调出目标值设定画面,如图 5-74（b）所示,在输入区用标准键盘上的数字键输入要求的目标值,然后点击"输入",设定的目标值就会出现在 DEH 自动控制画面"目标值"下面。

在 DEH 自动控制画面上,如果显示的升速率或功率变化率不是想要的数值,则可以输入一个新的数值,不管机组是在运行还是在保持中,在任何时候都可以输入新的变化率值。点击 DEH 自动控制画面(图 5-75(a))中的"升速率"或"功率变化率"调出升速率或功率变化率的设定画面,如图 5-75(b)、图 5-75(c)所示,在输入区用标准键盘上数字键输入要求的升速率或功率变化率,然后点击"输入",设定值将出现在 DEH 自动控制画面"升速率"或"功率变化率"的下面。

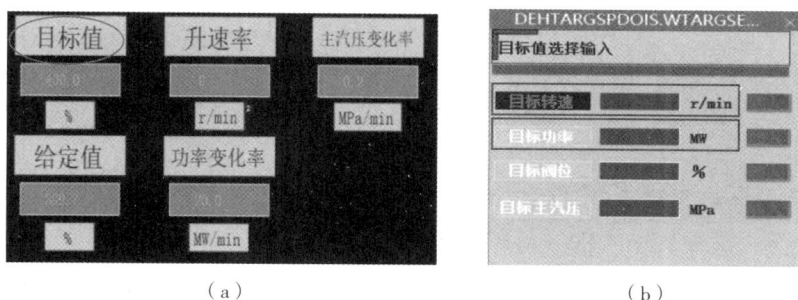

（a）   （b）

图 5-74 转速和负荷的目标值设定画面

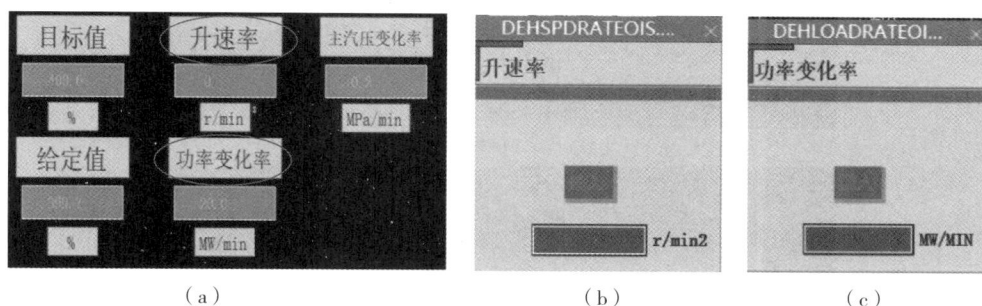

（a）   （b）   （c）

图 5-75 升速率和功率变化率选择画面

在 DEH 自动控制画面上,点击"进行/保持"键,出现相应的操作画面,点击"进行"键,调节系统开始按给定的升速率或功率变化率进行升速或升负荷,并在"进行/保持"下面显示"进行",直到设定值等于目标值;或者由运行人员再次点击"进行/保持"键,并在出现的画面上选择并点击"保持",则机组将处于保持状态,并在"进行/保持"下面显示"保持"。在任何情况下,运行人员都可以使用 HOLD 功能,停止升速或升负荷。

3. 运行数据及状态显示

如图 5-76 所示,汽轮机运行的重要参数会在主屏幕上显示,如高压主汽阀压力、中压主汽阀压力等,有关机组状态的重要信息也会在主屏幕显示。

图中 a 区,显示目前机组所处的状态,主要包含并网、冷态启动、CCS 请求、缸切换结束、挂闸等重要状态过程信息,比如,在汽轮机冲转前,先复位汽轮机,然后要点击挂闸按钮,在挂闸的过程中,有关挂闸的过程信息就会悉数显示在此状态栏中(如图 5-77 所示),以便在操作中及时掌握机组状态变化。

图中 b 区和 d 区显示的是汽轮机各阀门的状态,其中 MSV1、MSV2 代表高压主汽阀,CV1、CV2 代表高压调节汽阀,RSV1、RSV2 代表中压主汽阀,ICV1、ICV2 代表中压调节汽阀。图中通过汉字与柱状图显示阀门的开度。

图中 c 区,显示目前汽轮机运行时的一些重要参数数值。

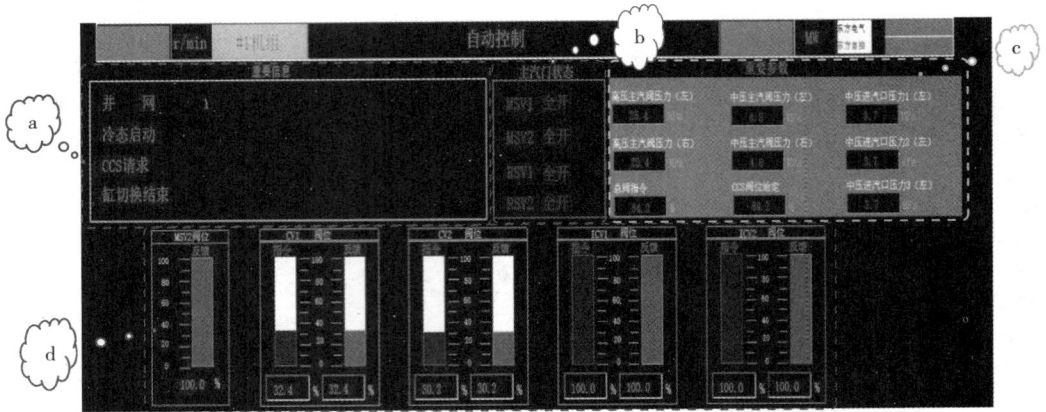

图 5 - 76　运行数据及状态显示画面

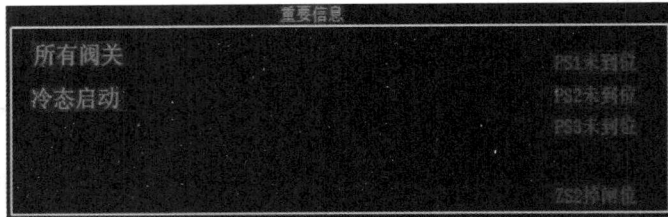

（a）汽机挂闸前

（b）汽机挂闸中

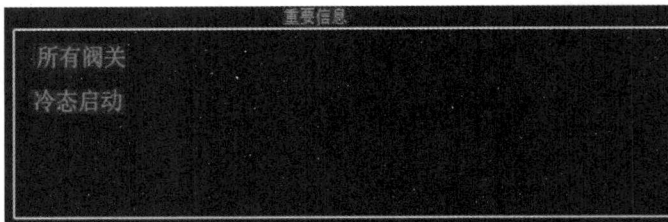

（c）汽机挂闸完成

图 5 - 77　汽机挂闸前后状态显示画面

二、自动限制

如图 5-78 所示,显示当前各限制器的限制值,包括阀门位置限制、高负荷限制、低负荷限制和主蒸汽压力限制,任一限制起作用时,相应的报警信息将在屏幕上出现。

1. 高负荷限制(HLL)和低负荷限制(LLL)

高负荷限制(HLL)用来设定负荷的最大限制值,在"高负荷限制"的下侧输入框中输入限制值,按输入(ENTER)键,改变高负荷的限制值。低负荷限制(LLL)用来设定负荷的最小限制值。机组在负荷控制时,当负荷增加时,设定值将增加,一直到达 HLL 值,这时负荷设定值的增加将被停止,并出现限制器已限制的信息。

图 5-78　660 MW 机组汽轮机自动限制画面

2. 主汽压力限制

主汽压力限制用来设定最低主汽压力,只有汽轮机处于自动运行负荷控制方式下、主蒸汽压力大于运行人员设定的最低主汽压力值且主汽压力传感器没有故障的情况下才能投入主汽压力低限制。若控制方式由自动切为手动,则会引起主汽压力限制退出。主汽压力限制投入后,若主汽压力低于设定值,将引起机组负荷降低,直到主汽压力恢复到设定值以上为止;若主汽压力大于设定值,则主汽压力限制回路将不起作用,机组按正常负荷及控制方式运行。

3. 阀位限制(VPL)

调节汽阀阀位限制是始终投入的限制,以满行程的百分比来表示,每次机组遮断时VPL 被复置到零位,DEH 复位后,由操作人员把阀位限制设为 120%,为冲转做好准备;操作员也可在运行中改变阀位限制值,以适应不同工况运行的需要。

三、基本操作简介

数字电液控制系统基本操作及图例,见表 5-2 所列。

表 5-2　数字电液控制系统基本操作及图例

序号	图形符号	名称	操作说明及图例
1		就地手动蝶阀	点击▶按钮,阀门逐渐打开,控制按钮上方有阀门实时开度显示;点击◀按钮,阀门逐渐关闭;如果要让阀门停在中间某个开度,可以点击开度显示标尺下任意一个数字,阀门即可打开到对应开度位置。阀门红色代表开启状态,绿色代表关闭状态,玫红色代表未全开或未全关的状态。 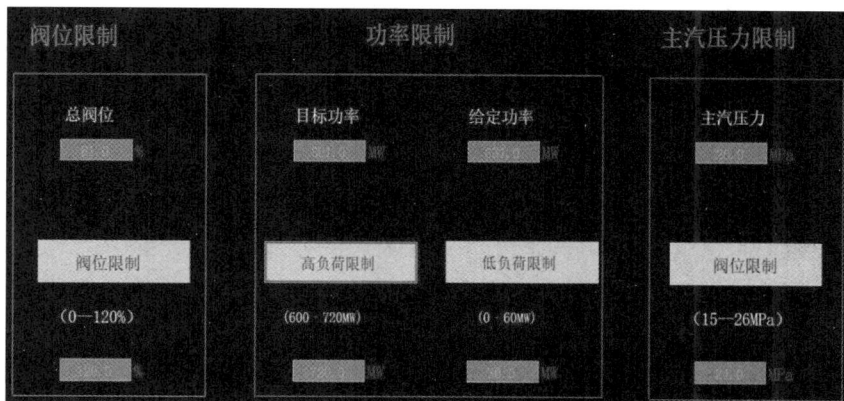
		就地手动截止阀	

序号	图形符号	名称	操作说明及图例
2		气动截止阀	气动截止阀是手动控制方式,操作员直接对气动截止阀进行操作,通过点击打开按钮,阀门逐渐开启;点击关闭按钮,阀门逐渐关闭;阀门红色代表开启状态,绿色代表关闭状态,黄色三角形中间加上红色感叹号代表该阀门处于检修状态,阀门设有信号复位按钮。
		电动截止阀	
		抽汽逆止阀	
3		调节阀	调节阀有手动和自动两种控制方式。①手动控制:操作员直接对调节阀进行调节,可以通过 OV 输入阀门开度指令,也可以通过开大或关小按钮来改变阀门的开度,箭头上方进度条为阀门开度位置的模拟显示。②自动控制:根据被调节对象的测量值和设定值的偏差进行自动调节,使被调量保持在设定值范围内,可以通过 SP 输入被调节对象的设定值来改变阀门的开度,也可以通过增加或减小按钮来改变被调节对象的设定值。 操作画面上边有该阀门的名称,名称下面是该阀门的点号,在控制方式开关(A、M)左边为被调节对象的模拟量显示。

（续表）

序号	图形符号	名称	操作说明及图例
4		泵	泵有手动启动和联锁投入的情况下自动启动两种模式。①手动启动模式：通过依次点击启动、确认按钮来启动泵；依次点击停止、确认按钮来停止泵运行。泵红色代表运行状态，绿色代表停止状态。如果该设备启动不起来，请点击画面右下角的图书按钮，会弹出该泵的启允许条件、联锁启动条件及跳闸首出。 操作画面上有该设备的名称，名称下面是该设备的点号，点号下方显示设备的状态，状态后边有两个可操作按钮，一个是设备复位的按钮，一个设备检修的按钮，点击检修按钮后该设备呈现出一个黄色的三角形，中间是红色的感叹号，能够很容易区分出设备的状态。

复习训练题

一、名词概念

1. 速度变动率、迟缓率

2. 转速摆动、负荷漂移

3. 同步器、一次调频、二次调频

4. 机跟炉、炉跟机、机炉协调控制方式

5. 操作员自动方式、自动透平控制

6. DEH、OPC、ETS、AST、死区

7. 挂闸、自动同期

8. 高中压缸联合启动方式、中压缸启动方式

9. 高（低）负荷限制、主汽压力限制、阀位限制

二、分析说明

1. 简述汽轮机调节系统的任务。

2. 画出直接调节系统原理图，并说明其工作过程。

3. 画出间接调节系统原理图，并说明其工作过程。

4. 利用汽轮机调节系统的静态特性曲线，画图说明一次调频和二次调频的过程。

5. 分析说明调节系统的速度变动率对机组运行的影响。

6. 采用中间再热给汽轮机的调节带来哪些问题？采取哪些措施来解决？

7. 简述蒸汽弹簧预启阀的工作原理。

8. 简述油动泄压阀的作用及其工作过程。

9. 画出数字电液调节系统原理框图，并说明其工作原理。

10. DEH 控制系统具有哪些功能？

11. 结合高压主汽门和高压调节汽门的液压伺服系统原理图说明其工作原理。

12. 结合中压调节汽门的液压伺服系统原理图说明其工作原理。

13. 结合中压主汽门的液压伺服系统原理图，分析说明碟阀式快速卸载阀在机组正常运行时、在危急遮断油泄油失压时及在阀门活动试验时的动作过程及其工作流程。

14. 汽轮机保护系统的作用是什么？

15. OPC 系统的作用是什么？OPC 系统监视的项目有哪些？

16. 简述空气引导阀的作用及其工作过程。

17. 结合机械超速遮断系统原理图说明其工作原理（正常运行时、危急遮断时）。

第六章 汽轮发电机组辅助系统

汽轮机的轴封系统、EH 油系统、润滑油系统、发电机氢气冷却系统、定子冷却水系统及发电机密封油系统等与汽轮发电机组的本体结构及其运行联系紧密,本章先介绍各系统组成及其工作流程,再结合超超临界 660 MW 仿真机组进行相关系统投运操作。

第一节　轴　封　系　统

汽轮机转轴与汽缸间存在间隙,且汽轮机高压侧汽缸内蒸汽压力高于外界压力,造成汽轮机内部分高压蒸汽通过间隙向外漏,形成热量和汽水的损失,若漏汽冲进轴承,还将使润滑油乳化和老化,影响润滑效果;而在汽轮机低压排汽侧,汽缸内压力低于大气压力,外界空气将由排汽侧的轴端间隙漏入汽缸,进入凝汽器,使排汽压力升高,真空恶化,冷源损失相应增大。为了避免高压侧蒸汽沿轴端向外漏及低压侧外界空气沿轴端向内漏,并减少漏汽损失,在汽轮机轴端设置汽封装置,并用管道和附件相连接,形成汽轮机的轴封系统。

一、引进型 600 MW 机组汽轮机轴端汽封装置

在汽轮机的高压端轴封两侧的压差很大,漏汽量较大,为了减小轴封漏汽损失,往往将轴封分成数段,各段间形成环形汽室。环形汽室连接有管道,可将轴封漏汽从中间环形汽室引出,并加以利用。

哈汽超临界 600 MW 机组汽轮机的高中压缸轴封装置结构如图 6-1 所示,在高中压缸轴端外侧,由汽封装置形成 X 和 Y 两个环形汽室。其中,X 汽室通过管道接到轴封蒸汽母管上,此汽室靠轴封蒸汽母管自动维持在大约 113.76～126.50 kPa 的压力下;Y 汽室设置在高、低压轴封外侧出口处,通过管道引到轴封蒸汽冷却器,且 Y 汽室的压力比大气压力稍低,由 X 汽室沿轴端间隙漏过来的轴封漏汽和从外界漏进来的空气进入 Y 汽室,再一起通过抽空气管道引至轴封蒸汽冷却器中加热主凝结水,这样既可以避免轴封漏汽沿轴端漏入大气,影响车间环境;又可以避免高压轴封漏汽继续沿轴端漏入轴承,致使油中带水、恶化油质。

哈汽超临界 600 MW 机组汽轮机的低压缸轴封装置结构如图 6-2 所示,同样,在低压缸轴端外侧,也有由汽封装置形成的 X 汽室和 Y 汽室。由于低压缸排汽端为负压状态,为了防止外界空气沿轴端间隙漏入低压缸,影响凝汽器真空,将压力比大气压力稍高的轴封蒸汽通过轴封母管送入低压轴封内侧的 X 汽室,该股蒸汽一部分漏入汽缸内,和低压缸的排汽一起排入凝汽器;另一部分则沿着主轴继续向外漏入 Y 汽室,从而阻止了外界空气漏入汽缸。

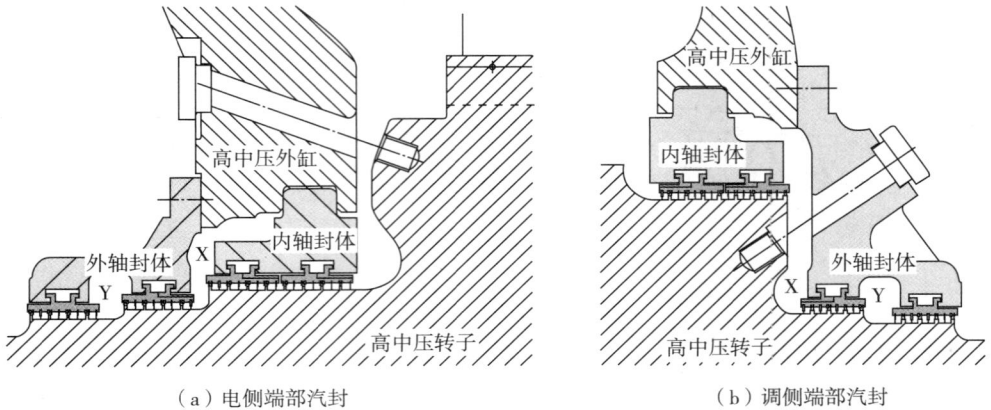

（a）电侧端部汽封　　　　　　　　　　　（b）调侧端部汽封

图 6-1　哈汽超临界 600 MW 机组汽轮机高中压缸端部汽封结构

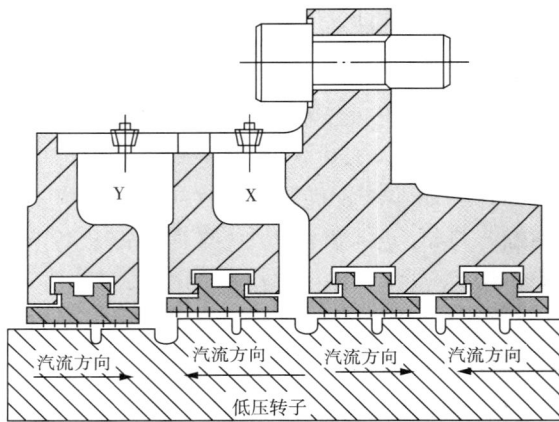

图 6-2　哈汽超临界 600 MW 机组汽轮机低压缸外汽封结构

二、引进型 600 MW 汽轮机轴封系统

引进型 600 MW 机组汽轮机轴封系统如图 6-3 所示，高、中压缸轴封与低压缸轴封通过轴封供汽母管连接起来，在机组正常运行时，可实现轴封系统的自密封，在轴封供汽母管上还设有主蒸汽、冷再热蒸汽和辅助蒸汽三个汽源，可根据汽轮机运行状态选用合适的汽源向轴封系统供应轴封用汽。

如图 6-4 所示，去往各个汽封的密封蒸汽压力是由高压供汽阀、冷再热供汽阀、辅助供汽阀和溢流阀这四个调节阀来调节的，在汽轮机启动和低负荷运行时，汽轮机各汽缸内的压力都低于大气压力，为防止空气漏入，要用轴封备用汽源向轴封蒸汽母管供应轴封用汽，由轴封蒸汽母管供至 X 汽室的汽封蒸汽一方面通过汽封装置向汽缸内侧漏汽，另一方面通过汽封装置向汽缸外侧漏汽，其漏汽进入 Y 汽室。由装在轴封冷凝器上的轴封风机使 Y 汽室维持稍低于大气压力。因此空气也将通过外汽封漏入 Y 汽室，Y 汽室的汽气混合物被抽出并送入轴封蒸汽冷凝器中。

当高中压缸的排汽压力超过 X 汽室压力时，高中压缸的内汽封圈的轴端漏汽将反向流动，如图 6-5 所示，且其流量随着排汽压力的升高而增加，高压缸的各汽封约在 10% 负荷时

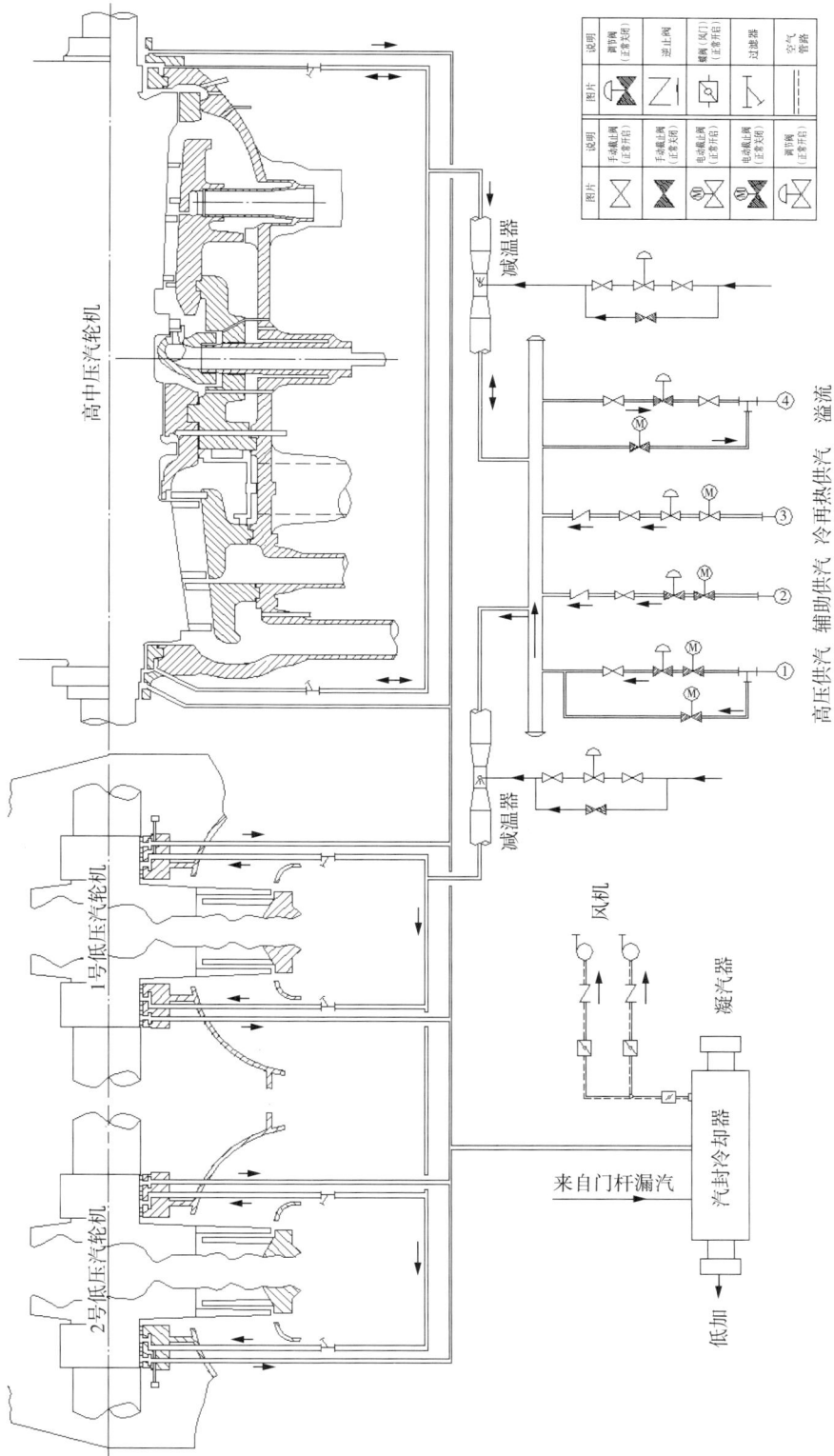

图6-3　引进型600MW机组汽轮机的轴封系统

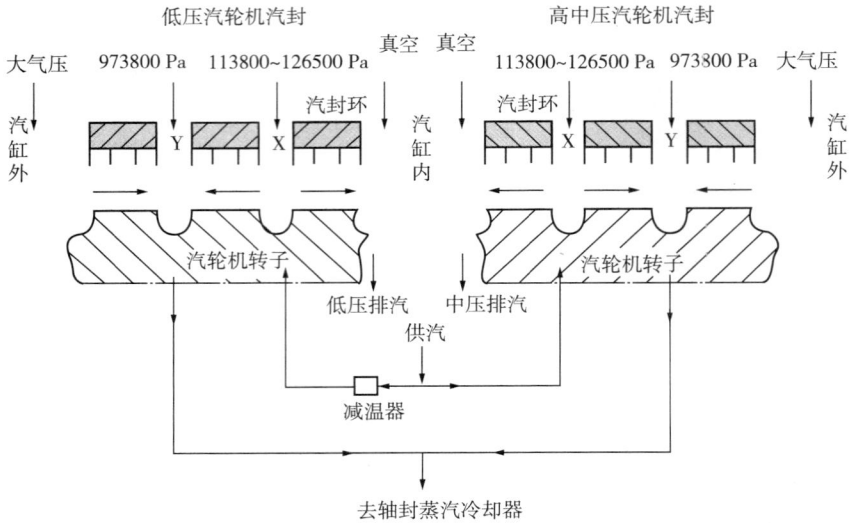

图 6-4　汽轮机在空负荷或低负荷下的轴封蒸汽流动方向

变成自密封。中压缸的各汽封约在 25% 负荷时变成自密封,此时,高中压缸 X 汽室的蒸汽流向轴封蒸汽母管,再从轴封蒸汽母管流向低压端汽封,大约在 75% 负荷下,高中压缸端部轴封的漏汽可满足低压缸端部轴封供汽的要求,整个轴封系统达到自密封。若负荷再升高,高中压缸轴端漏汽将超过低压缸轴端密封用汽,多余的蒸汽就会通过溢流阀排向凝汽器。

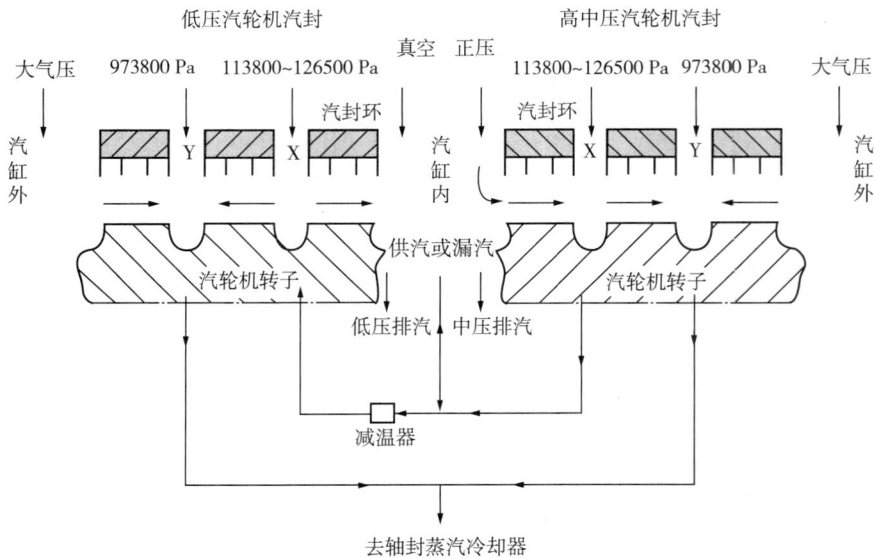

图 6-5　汽轮机在 25% 负荷或更高负荷下的轴封蒸汽流动方向

　　由于低压缸温度比较低,送往低压缸两端的汽封蒸汽温度不易过高,但从高中压缸轴端 X 汽室漏出的轴封漏汽温度较高。因此,高中压缸的轴封漏汽在进入低压缸轴端 X 汽室前,应先进行喷水减温,使低压汽封蒸汽温度维持在 120~180 ℃之间,以防止低压缸汽封体变形和汽轮机转子损坏。

此外,为了限制在启动和停机过程中轴封蒸汽和转子表面之间的温差,防止轴封区段转子在热应力作用下产生裂纹损坏,当汽封蒸汽温度与调端高压缸端壁金属温度之差大于 85 ℃时,由高压减温调节阀控制喷水减温,冷却高压汽封蒸汽。

三、660 MW 机组轴封系统投运

熟悉 660 MW 机组轴封系统投运。

轴封系统投运

第二节　EH 油系统

高参数大容量机组,由于汽轮机进汽压力很高,作用在主汽门和调节汽门阀芯上的力很大,开启主汽门和调节汽门所需的提升力大,需要通过提高供油系统的压力来增加油动机的提升力。但供油压力的提高又会使油泄漏的可能性增大,易引起火灾,因此现在多采用高压抗燃油作为动力油。高压抗燃油具有良好的抗燃性和稳定性,在事故情况下,若有高压抗燃油泄漏到高温部件上,也不易发生火灾。但高压抗燃油的润滑性能差,并且有一定的毒性和腐蚀性,不宜在润滑系统中使用,因此现在汽轮机的油系统分别设置了 EH 供油系统与润滑油系统两套油系统。

一、EH 油系统的组成

EH 油系统为液压控制系统和危急遮断系统提供高压抗燃油,通过液压控制系统可以控制汽轮机的各主汽门和调速汽门开度,进行汽轮机转速和负荷的调节。当运行参数超过极限值时,通过危急遮断系统可以将全部或部分汽轮机进汽阀门快速关闭,从而保证设备的安全。

EH 油系统采用三芳基磷酸酯抗燃油,油压很高(11.9～15.1 MPa),具有良好的抗燃性和流动稳定性。

EH 油系统主要由油箱、EH 油泵、滤油器、溢流阀、逆止阀、冷油器、蓄能器、油再生装置等组成,如图 6-6 所示。这些部件均设有两套,一套投运,一套备用。

二、EH 油系统的工作原理

EH 油泵采用电动柱塞油泵,EH 油泵出口的油经滤油器、单向阀和溢流阀后进入高压母管;通过高压母管再送到各执行机构和危急遮断系统。在高压母管上装有高压蓄能器,用来降低油压的波动幅度。各执行机构的回油在返回油箱前先经过方向控制阀,引导其流经一组或两组冷油器后再流回油箱。

当高压油母管的油压达到 14.5 MPa 时,高压油推动恒压阀上的控制阀,控制阀操作泵的变量机构,使泵的输出流量减少,当泵的输出流量和系统用油流量相等时,泵的变量机构维持在某一位置;当系统需要增加或减少用油量时,泵会自动改变输出流量,并维持系统油压为 14.5 MPa;当系统瞬间用油量很大时,蓄能器将参与供油。正常情况下,高压柱塞泵一台运行,高压油母管上装有压力开关(PS)来感受 EH 油系统的压力过低信号,当压力低至11.03 MPa 时,触点闭合,启动备用泵。供油母管上还设有弹簧式溢流阀作为系统的安全阀,当高压油母管的油压达到(17±0.2)MPa 时,溢流阀动作,将多余的压力油送回油箱,起

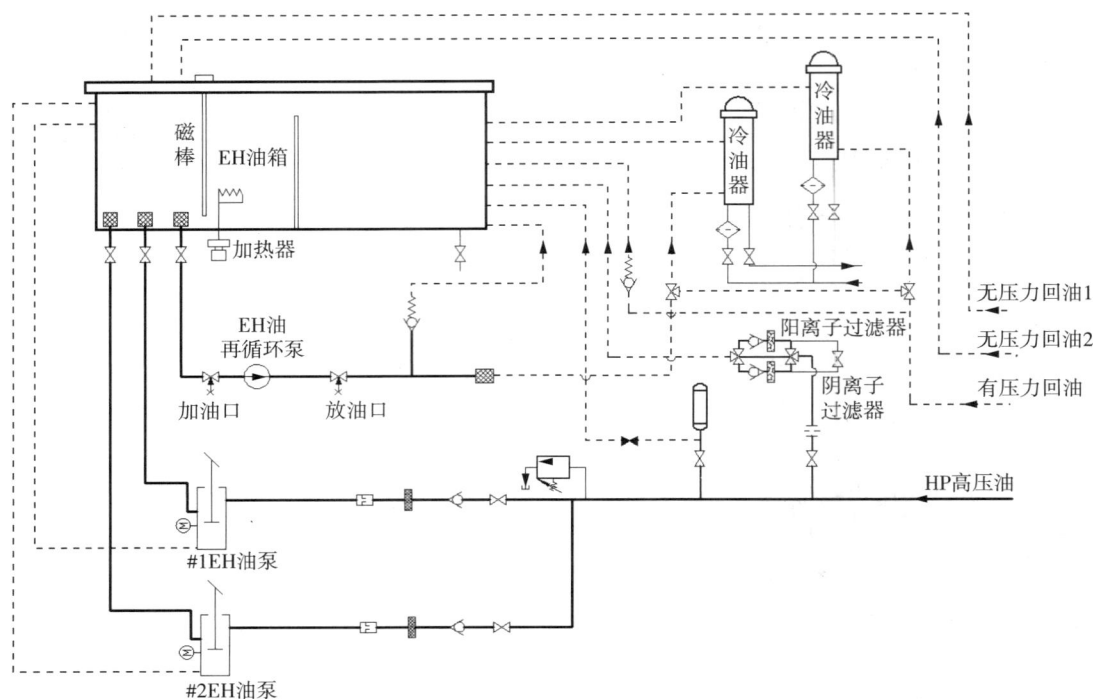

图 6 - 6 EH 油系统

到过压保护作用。液压系统各油动机的回油通过低压回油母管返回油箱。在低压回油母管上,接有低压蓄能器,以减小回油压力的波动。此外,还配置了 EH 油再循环泵将油从油箱中吸出,经过滤和冷却后再返回油箱。

正常运行时,抗燃油冷却器一组运行,一组备用。优先投入有压回油冷却器,如有压回油冷却器不能稳定抗燃油温度在正常范围内,再投入 EH 油再循环泵使油在油箱和冷却器之间循环流动,以降低油箱油温。

当回油流量波动较大(如系统快速关闭)或回油过滤器滤网堵塞,使得回油滤网进口油压超过 0.24 MPa 时,过载旁路阀打开,回油通过旁路直接返回油箱,以降低回油压力,避免回油过滤器的损坏。

为了维持高压母管的油压相对稳定,在 EH 油系统的高压母管上安装了高压蓄能器,300 MW 机组 EH 油系统中采用的高压蓄能器如图 6 - 7 所示。

活塞式蓄能器活塞的上部是气室,下部是油室,油室与高压油母管相连。为了防止泄漏,活塞上装有密封圈。蓄能器的气室充以干燥的氮气,由于气体是可压缩的,当油压高于气压时,活塞上移,压缩气体,油室中油量增多。而在调节机构动作需要大量用油时,蓄能器储存的油会借助气体的膨胀被活塞压入高压油母管,保证调节机构动作所需的油量和油压。

为了维持有压力回油管道的油压相对稳定,在 EH 油系统的有压力回油管道上安装了低压蓄能器,300 MW 机组 EH 油系统中采用的低压蓄能器如图 6 - 8 所示。

由合成橡胶制成的球胆装在不锈钢壳体内,通过壳体上的充气阀可以向球胆内充入干燥的氮气,充气压力为 0.2096 MPa。壳体下端接有压力回油管道,球胆将气室与油室分开,起隔离作用。由于合成橡胶球胆可以随氮气的压缩或膨胀而变形,在回油管路上起到缓冲作用,减小回油管中压力的波动。

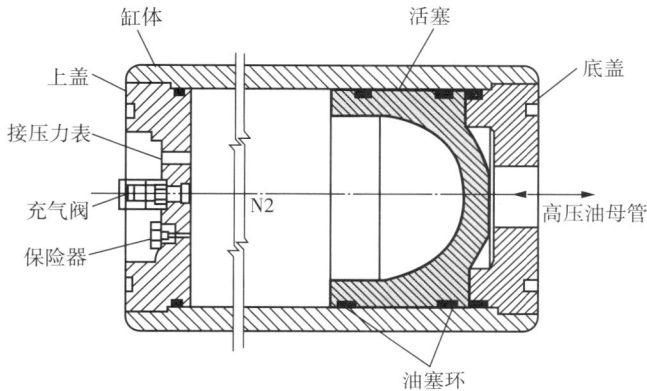

图 6-7　活塞式蓄能器　　　　　　　图 6-8　低压蓄能器

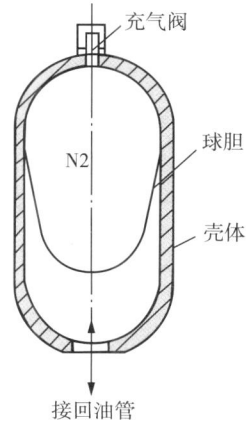

三、660 MW 机组 EH 油系统投运

熟悉 660MW 机组 EH 油系统投运。

第三节　润滑油系统

EH 油系统投运

　　润滑油系统的任务是向机组各轴承和盘车装置提供润滑和冷却用油、向发电机氢密封油系统提供密封油及向机械超速遮断装置提供低压机械遮断用油。润滑油系统采用透平油,主油泵由汽轮机主轴直接拖动。如果润滑系统油流突然中断,即使只是很短时间的中断,也将引起轴承烧瓦,从而可能导致严重事故。同时油系统油流中断还将使低油压保护装置动作,导致机组故障停机。因此必须保证润滑油系统连续不间断工作。

　　在汽轮机静止状态下,投入顶轴油,在轴颈底部建立油膜,托起轴颈,使盘车能够顺利盘动转子;在机组正常运行时,润滑油在轴瓦和轴颈之间形成稳定的油膜,维持转子的良好旋转;同时转子的热传导以及表面摩擦等产生的热量,也需要一部分油来冷却。另外,润滑油还为低压机械遮断油系统、顶轴油系统、发电机密封油系统提供稳定可靠的油源。

　　汽轮机的润滑油系统如图 6-9 所示。润滑油系统主要由主油泵、冷油器、注油器、顶轴油泵、主油箱、交流润滑油泵、直流事故油泵、密封油备用泵、滤网、电加热器、止回阀等组成。

　　正常运行时,由主油泵和注油器向系统供油。主油泵出口的高压油分成两路:一路通过逆止阀向低压机械超速遮断系统和高压密封油系统供油;另一路进入注油器,注油器出来的低压油又分为三路:一路经冷油器和滤网后向各轴承、盘车装置以及顶轴油系统提供润滑用油和顶轴用油;一路作为主油泵的进油;另有一路作为发电机密封油系统的低压密封油。

　　另外,当润滑油压低至一定值时,会通过联锁保护启动交流润滑油泵和高压备用密封油泵,以确保机组的安全运行。交流润滑油泵用于在启动和停机过程中为系统提供轴承润滑油和低压密封油,高压备用密封油泵在启动和停机过程中为系统提供高压密封油和低压机

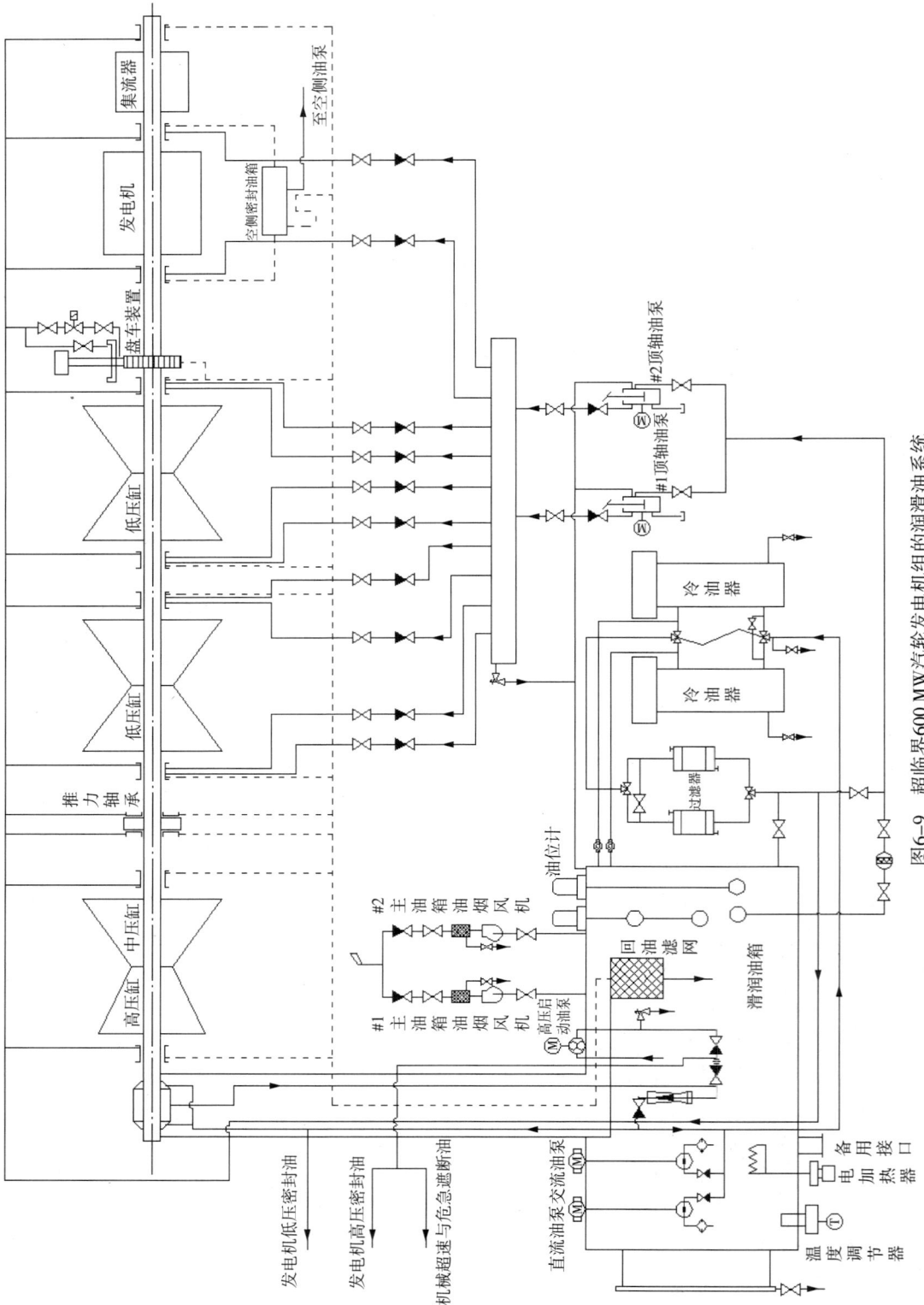

图6-9 超临界600 MW汽轮发电机组的润滑油系统

械超速遮断母管用油。直流事故油泵用于在交流润滑油泵出现故障或者启动交流润滑油泵后仍不能满足系统对油压的最低要求时启动。

一、润滑油系统各主要设备结构及作用

（1）主油泵

主油泵安装在前轴承箱中汽轮机的小轴上，与汽轮机主轴采用刚性连接，由汽轮机主轴直接驱动，以保证汽轮机运行期间供油的可靠性。

主油泵结构如图6-10所示，离心式主油泵自吸能力较差，并且油泵吸入口位于油箱之上，一旦漏入空气就会造成吸油困难，甚至使供油中断。为了提高油泵工作的可靠性，必须保证主油泵入口为正压，为此需要不断地向其入口供应低压油。在启动升速和停机期间，由交流润滑油泵向其供油；在额定转速或接近额定转速时由注油器向其供油。

图6-10 主油泵结构

（2）注油器

注油器安装在主油箱内液面下面。注油器主要由喷管、混合室及扩压管组成。如图6-11所示，主油泵来的压力油在注油器喷嘴内膨胀加速后进入混合室，并在喷嘴出口处形成负压，由于负压及自由射流的卷吸作用，不断地将混合室内的油带入扩压管，混合油流在扩压管内减速升压，注油器扩压管后面装有翻板式止回阀，防止主油泵在中、低转速时，油从注油器出口倒流回油箱。

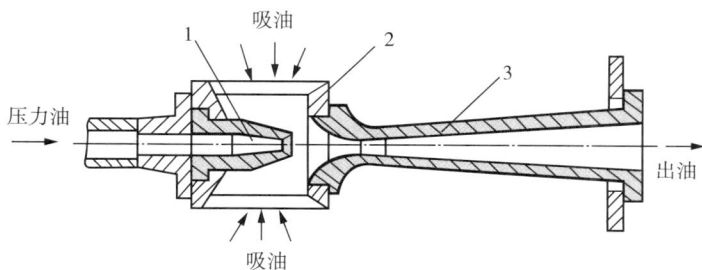

图6-11 注油器工作原理图
1—喷嘴；2—混合室；3—扩压管

（3）交流油泵（润滑油泵）

交流油泵的出口经过翻板式止回阀分别连至主油泵进油管和冷油器入口，向主油泵和轴承润滑油母管供油。

交流润滑油泵在机组启动前手动投入，机组并网前停泵，并且置于自动方式。当轴承油压降至 0.0758～0.0827 MPa 时，交流润滑油泵自动投入运行，使油压回升到设定值。

（4）直流油泵（事故油泵）

直流油泵是由直流电动机驱动的离心式油泵，其出口经过翻板式止回阀分别连至主油泵进油管和冷油器入口，向主油泵和轴承润滑油母管供油。作为交流润滑油泵的事故备用泵，当交流电断电或轴承润滑油压降到 0.0689～0.0758 MPa 时，事故油泵自动投入运行。

（5）密封油备用泵

密封油备用泵安装在油箱顶部，油泵出口通过逆止阀与发电机高压密封油母管和低压机械遮断油母管相通。在机组启动、停机或主油泵不能满足高压密封油时，密封油备用泵投入运行。

当停机或出现意外时，轴承油压降低到 0.0758～0.0827 MPa，密封油备用泵自动启动，把发电机高压密封油总管压力升到设定值。停机后，只要发电机氢压为额定值，密封油备用泵就要一直运行；只有在发电机排氢，氢压低于润滑油压后，密封油备用泵才能停止运行。

在汽轮发电机组启动前，若要对发电机充氢，在提升氢压前，若汽轮机转速低于 2700 r/min，则主油泵出口的油压不能满足密封油压的要求，密封油备用泵在发电机氢气升压前就应投入运行。到主油泵能满足密封油压要求（大约 90%额定转速）时，密封油备用泵才能停止运行。

（6）冷油器

冷油器通常有两台，正常运行时，一台运行，一台备用。润滑油在进入轴承前要经过冷油器冷却，冷油器的冷却水流量由供水管上的手动操作阀调节，通过手动操作阀的调节可以控制冷油器出口油温，正常情况下当进油温度为 60～65 ℃时，冷油器出口温度在 43～49 ℃。

（7）顶轴油泵

在启动盘车前，要先启动顶轴油泵，顶轴油泵出口油压 13 MPa 左右，可以将轴颈顶起，避免轴颈与轴瓦之间发生干摩擦，同时可以减少盘车的启动力矩。汽轮机两个低压转子的轴承和发电机的轴承底部均设有顶轴油的进油孔。

（8）排油烟风机

为了将润滑油运行时产生的油烟、空气和水蒸气排出，在油箱顶部设有排油烟风机，将主油箱中的油气排到主厂房外，以保证润滑油的品质，防止危及人员和设备的安全。

二、660 MW 机组润滑油系统投运

熟悉 660MW 机组润滑油系统投运。

润滑油系统投运

第四节　发电机氢气冷却系统

发电机运行时,其绕组和铁芯将产生大量的热量,造成发电机温度升高,影响到发电机的绝缘。为此设置发电机冷却装置,目前常用的有空冷、氢冷、水-氢-氢冷却和双水内冷等冷却方式。

一、概述

发电机由定子、转子、端盖及轴承、油密封装置、冷却器及其外罩、出线盒、引出线、集电环等部件组成,如图6-12和图6-13所示。发电机采用水-氢-氢冷却方式,即定子绕组及引线采用水内冷,在发电机内部氢气循环流动,转子绕组采用氢内冷,转子本体及定子铁芯采用氢气表面冷却。

由于发电机通风损耗的大小取决于冷却介质的质量,质量越轻,损耗越小,氢气的密度最小,用氢气冷却发电机,有利于降低损耗;此外,氢气的传热系数是空气的5倍,换热能力好;氢气的绝缘性能好,控制技术也比较成熟。但用氢气冷却发电机,如果氢气泄漏使得环境中的氢气达到一定浓度(4%～74%),就可能引起爆炸,为此设置发电机密封油系统,并且,在机组启停过程中,采用CO_2作为氢气充、排过程中的中间置换介质。

二、发电机内氢气冷却回路及结构

发电机定子主要由机座、定子铁芯、定子绕组、端盖等部分组成,机座是用钢板焊成的壳体,起到支持和固定定子铁芯和定子绕组的作用。此外,机座可以防止氢气泄漏和承受住氢气的爆炸力,如图6-14所示。

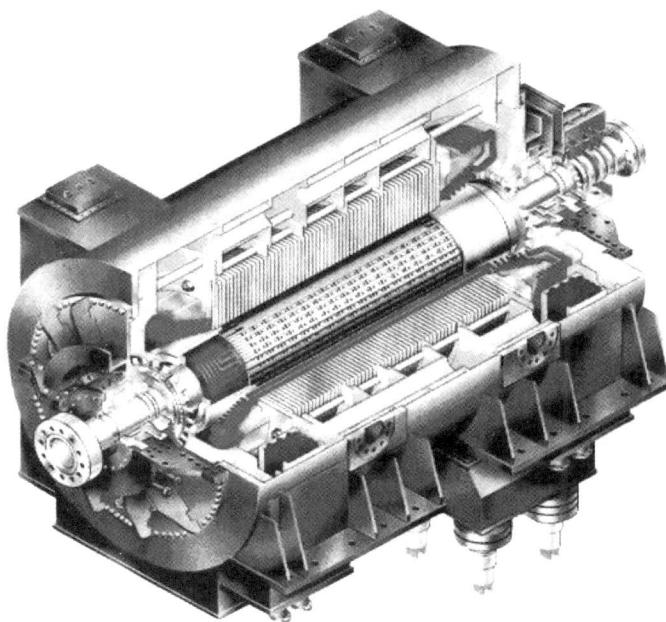

图6-12　发电机剖视图

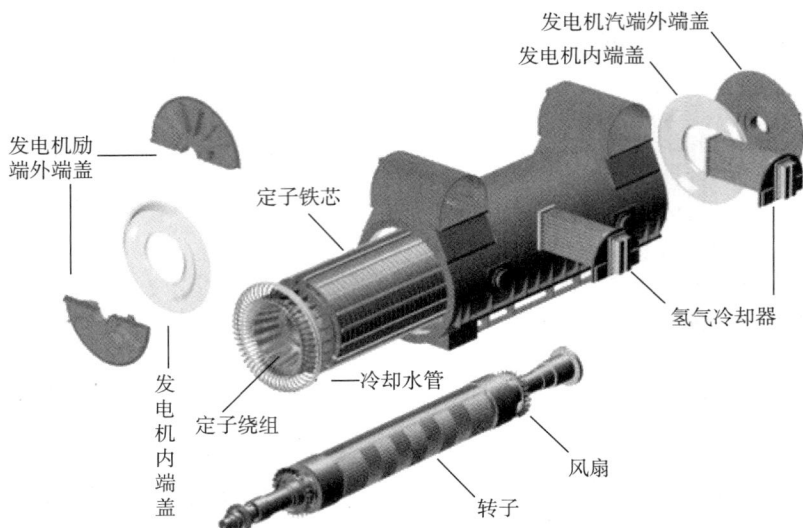

图 6 - 13　发电机主要部件示意图

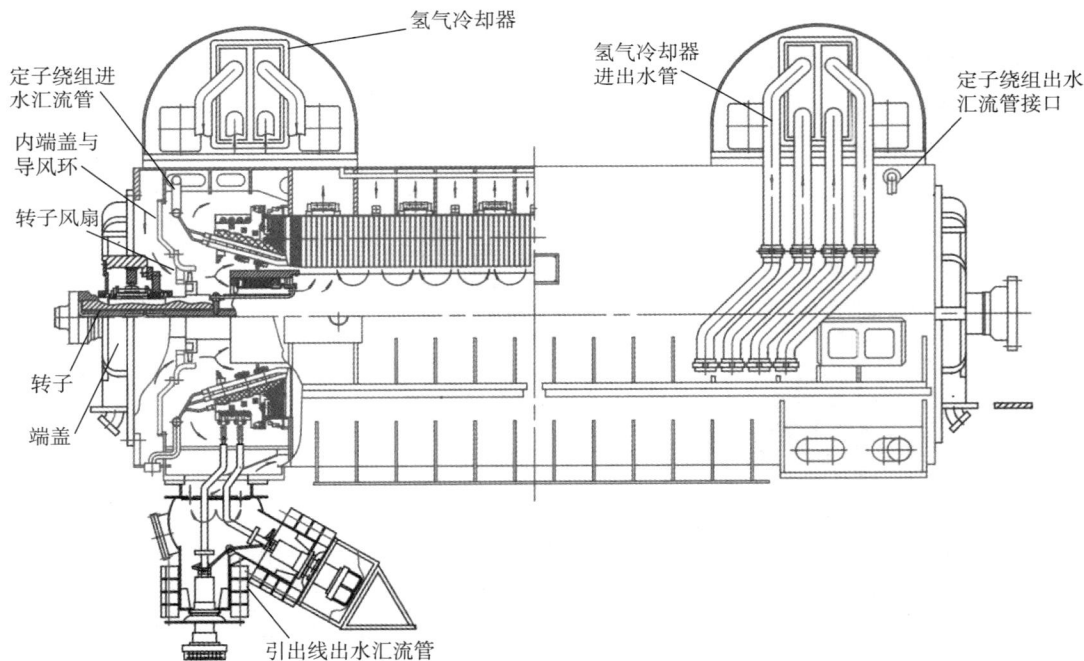

图 6 - 14　QFSN - 600 - 2YHG 型发电机冷却回路示意图

1. 发电机定子氢气冷却回路

　　由于发电机定子采用多路径向通风,将机壳和铁芯背部之间的空间沿轴向分隔成若干段,每段形成一个环形小风室,各小风室相互交替分为进风区和出风区,如图 6 - 15 所示,这些小室用管子相互连通,并能交替进行通风。氢气交替地通过铁芯的外侧和内侧,保证了发电机铁芯和绕组的均匀冷却,可有效地减少热应力,并防止局部过热。

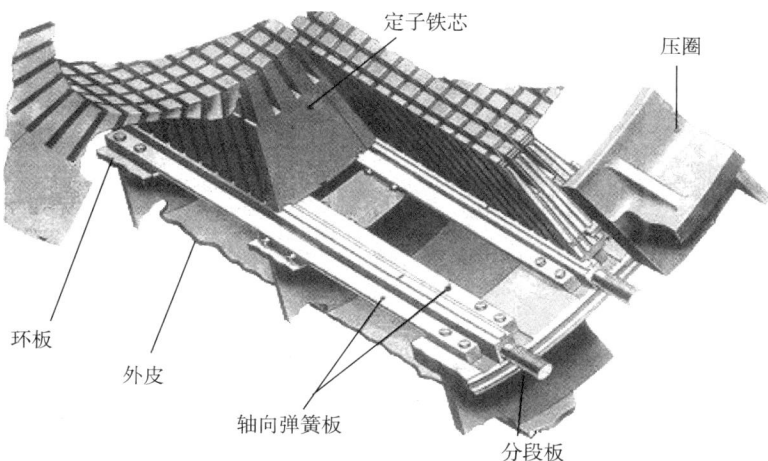

图 6 - 15 定子铁芯和发电机机壳结构

发电机内氢气冷却回路见图 6 - 16 所示,首先,被风扇(汽侧、励侧各一个)加压的冷氢气由机座端部通过机座隔板上的轴向通风风管进入各冷风区。然后,氢气由铁芯背部经过铁芯径向通风风道冷却进风区铁芯后进入气隙;进入气隙中的氢气大部分由转子槽楔上的风斗导入转子绕组通风孔内,其余氢气分别通入相邻的两个热风区。在热风区内,转子槽楔上的风斗将冷却转子绕组后的热氢气排至气隙中,并与来自相邻风区的氢气一起经过铁芯径向通风风道流出至铁芯背部,再由轴向通风管汇集到一起,然后热氢气进入布置在发电机

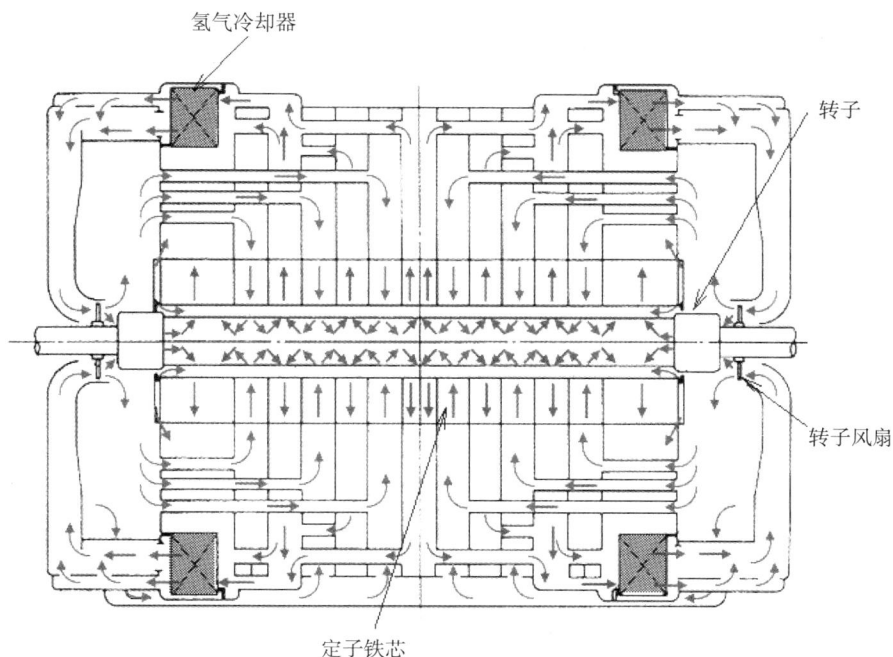

图 6 - 16 发电机内氢气冷却回路

汽、励两端的冷却器内冷却。从冷却器出来的氢气经风扇加压后再次进入发电机各冷风区，如此循环冷却发电机。

2. 发电机转子氢气冷却回路

转子采用气隙取气径向斜流式通风系统，在转子线棒上凿了两排不同方向的斜流孔至槽底，沿转子本体轴向形成了若干个平行的斜流通道，如图 6-17 所示。

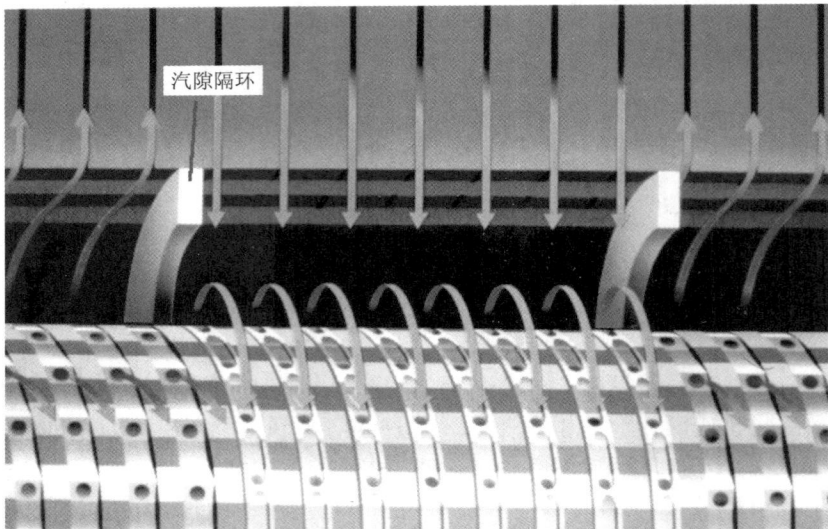

图 6-17 转子通风冷却方式

在转子两端装设有轴流式风扇，将冷氢气鼓进转子的进风口，进入转子后分别从两个方向沿斜流通道进入，并到达导体槽的底部，然后拐向两侧，同样沿着斜流通道再流出导体。由两侧出风通道来的热氢气汇流在一起后，从出风口流出进入气隙。

对于转子两端绕组，斜流气隙取气系统所冷却不到的部分，冷却气体由风扇鼓入护环下的轴向风道，然后从本体端部由径向风道进入气隙。通过氢气在发电机内的循环流动，对转子绕组以及转子绕组线圈端部进行冷却。

沿转子长度方向，高温出风区和低温进风区交替分布。为了防止风路的短路，常在定子与转子之间气隙中冷热风区间的定子铁芯上加装气隙隔环，以避免由转子抛出的热风混入低温区后，被再次吸入转子。

三、发电机氢气冷却系统

发电机运行之前，要将氢气充入，并保证较高的纯度。但由于氢气是可燃性气体，当氢气和空气混合后，混合气体中氢气的含量达到 3%～75% 时，就会有爆炸的危险，为了保证充氢和排氢时的安全，空气和氢气不能直接接触，要采用其他气体进行置换，即在发电机充氢或排氢过程中，采用惰性气体（二氧化碳或氮气）作为中间介质进行置换。气体置换应在发电机静止或盘车时进行，同时应保持轴端密封瓦处密封油的压力。

发电机氢气冷却系统如图 6-18 所示，氢气冷却系统向发电机转子绕组和定子铁芯提供适当压力、高纯度的氢气，并对氢气进行冷却、干燥和检测，主要由氢气供气装置、二氧化碳供气装置、CO_2 汇流排、氢气干燥器、纯度分析仪等组成。图中阀门开关状态已作出说明。

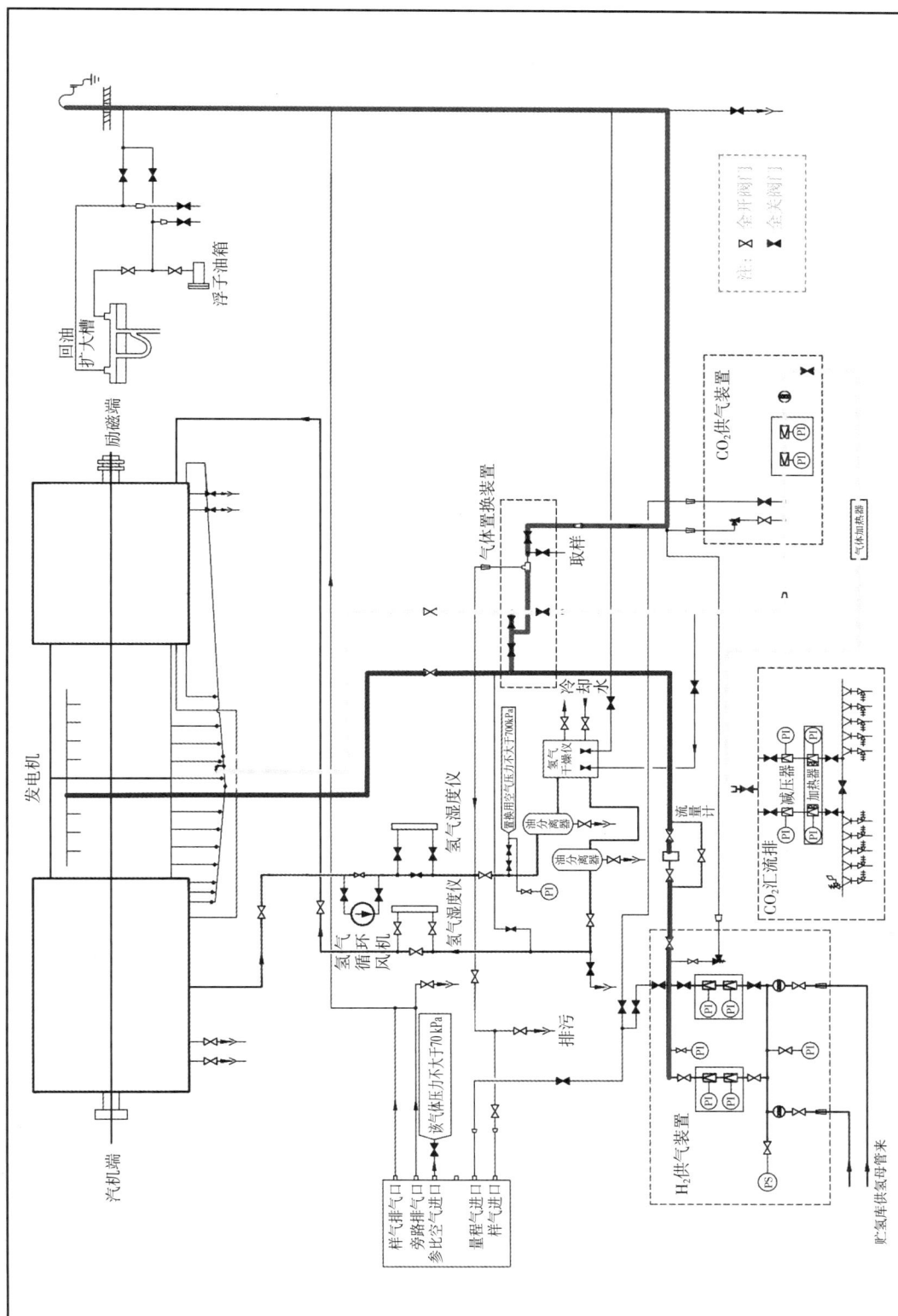

图6-18 氢气冷却系统

注：☒ 全开阀门 ◪◩ 全关阀门

CO₂供气装置

气体置换装置

气体加热器

取样

冷却水

氢气干燥仪

CO₂汇流排

减压器

加热器

发电机

励磁端

回油

扩大槽

浮子油箱

汽机端

氢气湿度仪

氢气循环风机

氢气湿度仪

氢气湿度仪

该气体压力不大于70kPa

备船用空气压力不大于70kPa

油分离器

油分离器

流量计

排污

样气排气口

旁路排气口

劳比空气进口

量程气进口

样气进口

H₂供气装置

贮氢库供氢母管来

· 301 ·

蓝线所示为充氢气时流程,黄线所示为充二氧化碳时流程,紫红色线所示为发电机向外排气的流程。

(1)供氢装置

氢气在发电机内循环流动过程中,会因为泄漏进入冷却水侧或密封油中,造成氢气工质损失,降低了冷却效果。因此,运行过程中应适时补充氢气,从供氢装置来的氢气经过过滤和压力调整后,通过设在发电机顶部的氢气汇流管进入发电机。此外,为消除静电,防止静电火花引起火灾,在排气口处设置火焰消除器。

(2)氢气干燥器

长时间运行后,氢气会逐渐吸潮,对线圈绝缘带来不利的影响,并易产生电晕。因此,设置了氢气干燥器,来吸收氢气中的水分。图 6-18 中采用的干燥器是冷凝式干燥器的一种——机械压缩制冷式干燥器,其主要是利用制冷剂在蒸发器、压缩机、冷凝器之间的循环,不断吸收氢气的热量,使氢气中的水蒸气温度降到露点以下来进行氢气干燥的。此外,在去湿装置管路上设置一台循环风机,主要用于增加氢气流动的动力。氢气干燥器进、出口管路上各装有一个油分离器,其作用是滤除氢气中的油水及油蒸汽、灰尘、杂质等。

(3)氢气纯度分析仪

在发电机内,氢气的流动是靠发电机转子风扇驱动的,氢气沿管路进入氢气纯度分析仪,可自动对纯度进行分析,如果纯度低于96%,立即发出报警信号。

四、660 MW 机组发电机氢气冷却系统投运

熟悉 660 MW 机组发电机氢气冷却系统投运。

发电机氢气冷却系统投运

第五节　发电机定子冷却水系统

水内冷绕组的导体既是导电回路又是通水回路,每个线棒分成若干组,每组含有一根空心铜管和数根实心铜线,空心铜管内通过冷却水带走线棒产生的热量。在线棒出槽的末端,空心铜管与实心铜线分开,空心铜管与其他空心铜管汇集成型后与专用水接头焊好,并由一根较粗的空心铜管与绝缘引水管连接到总的进(或出)水汇流管。发电机定子绕组进出水汇流管分别装在机座内的励端和汽端,汇流管的进口位置设在机座励端顶部的侧面,出口位置设在机座汽端顶部的侧面,如图 6-19 和图 6-20 所示。

进入发电机的冷却水由励端进入定子线圈的进水汇流管,再分别流过发电机定子线棒中的空心铜管,冷却发电机定子线圈后由汽端的定子线圈出水汇流管汇集后流出,通过冷却水的循环流动,带走由于定子线圈损耗所产生的热量,使定子线圈温度保持在允许范围内。

一、定子冷却水系统设备组成

定子冷却水系统主要由定子冷却水泵、定冷水冷却器、过滤器、水箱、离子交换器、发电机定子线圈、电导率仪等组成,见图 6-20 所示,各组成设备的作用如下:

(1)定子冷却水箱

发电机正常运行时,少量的氢气可通过绝缘引水管渗入定冷水并在水箱内释放。为防

图 6-19　发电机定子线圈进水结构

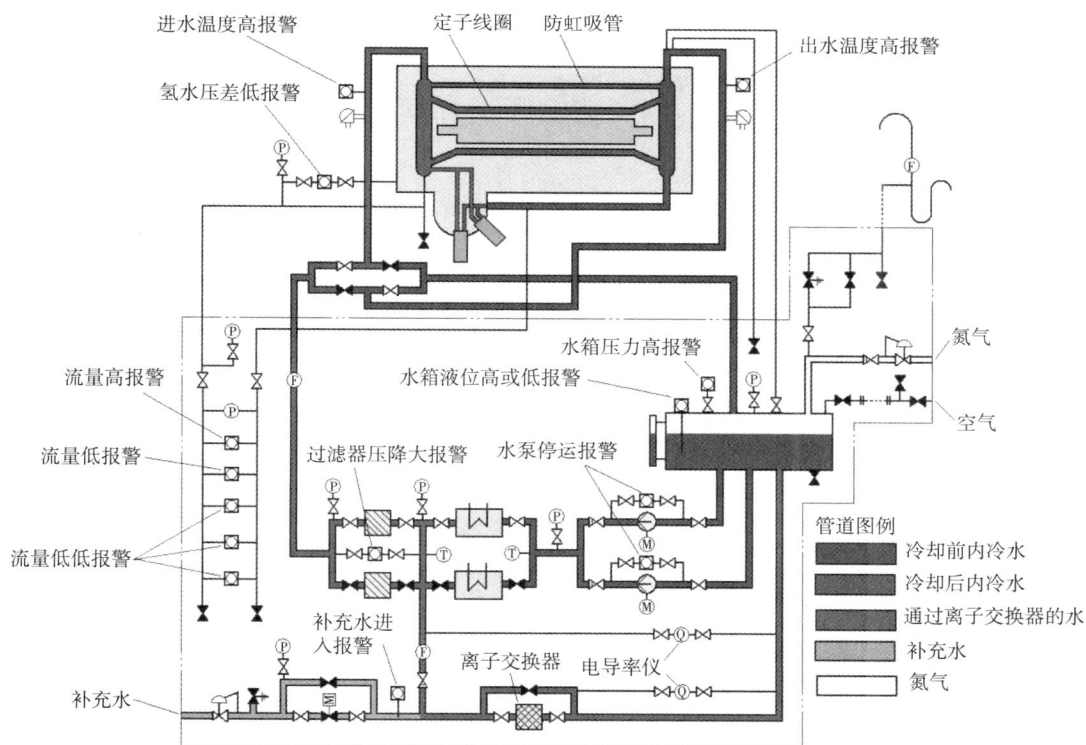

图 6-20　定子冷却水系统

止运行中冷却水质被污染,在冷却水箱液位以上的空间充有一定压力的氮气,以隔离空气对水质的不良影响,防止发电机定子绕组空心导线内壁和管道内壁被氧气及渗入的 CO_2 腐蚀。水箱中氮气压力由氮气减压器自动稳定在 14 kPa,当箱内气体压力高于设计整定值时,可通过水箱上的安全阀自动排汽,安全阀出口接一 U 形管,上部排大气,下部通过溢水 U 形管排水。在系统投入时可以开启安全门的手动旁路阀,以排出定子冷却水系统中的空气。

在内冷水箱上还装有两个液位开关,自动控制补水以保持箱内正常的液位水平,并对过高或过低的液位发出报警。水箱上还有液位计,用以观察水箱液位。

(2)定子冷却水泵

定子冷却水系统设有两台并联的离心泵,泵的出口装有逆止阀。正常运行时一台运行,一台备用。当泵出口压力低于整定值时或定冷水流量低于设定值时,联动备用泵,以维持系统的正常运行,同时报警。

由跨接在水泵进出口管道上的压差开关来提供泵组故障信号,当一台运行中的水泵发生故障,使得泵两端的压差降至 0.14 MPa 时,发出报警信号,同时自动启动备用泵以维持冷却水系统的正常运行。

(3)定冷水滤网

定子冷却水系统设有两台并联的定冷水滤网,正常情况下一台运行,一台备用。定冷水滤网的滤芯用不锈钢网布制成,滤网筒体底部设有排污口,滤网的两端跨接着差压开关,当压差增大到比正常压差高 0.021 MPa 时,发出"过滤器压差高"报警信号,此时应及时将备用滤网投入运行,并清理被堵的滤网滤芯。

(4)离子交换器

为了保证冷却水水质,设置了离子交换器,正常运行时,需要将冷却器出口少量的冷却水(约 5%~10%)经节流孔板送到离子交换器中,以保证主循环水管路中冷却水的电导率处于规定的范围内。

冷却水的电导率由三个电导率仪来监测,其中两个并联安装在定子线圈主水管道的旁路上,用于检测主水管路的电导率;一个安装在离子交换器的出水管路上。电导率仪带有报警开关,当主水管路中的电导率达到 5 μs/cm 和 9.5 μs/cm 时,分别发出"电导率高"和"电导率非常高"报警。

此外,过滤器、定冷水冷却器、离子交换器都设有连续排空气管道,空气排到水箱,其作用不仅在启动的时候可以排出空气,而且可保证过滤器、冷却器、离子交换器在备用的时候有连续的水流过,保证水质合格。

(5)定子线圈冷却水流量、温度的监测与保护

在定子线圈进出口处设置的 5 个压差开关和过滤器出口设置的 1 个流量计用来监视内冷水流量,当发电机内冷水流量降至正常流量的 80% 时,其中一个压差开关闭合,发出"定子线圈流量低"报警并送信号到 ATC;当定子线圈进出口压差比正常值大 35 kPa 时,其中一个压差开关闭合发出"定子线圈进出水压差高"报警并送信号到 ATC;当发电机内冷水流量降至正常流量的 70% 时,剩下 3 个压差开关闭合,发出"定子线圈流量非常低"报警并送信号到 ATC 延时 30 s 动作跳闸。

定子线圈进水温度要大于氢气温度 5 ℃(冬季投入加热装置),一般维持在 45~50 ℃,定子线圈入口设有一个温度开关,当定子线圈进水温度大于等于 53 ℃时,温度开关闭合发出"定子线圈进水温度高"报警,此外,还安装了一个热电偶温度计测温。在定子线圈出水总管也设一个温度开关和一个热电偶温度计。当出水温度大于等于 85 ℃时,开关闭合发出"定子线圈出水温度高"报警。

此外,机内氢气压力应大于定子绕组冷却水进水压力 0.05 MPa,以防止绕组破损时,冷却水漏出绕组破坏绝缘。在定子线圈入口设置一个压差开关,当发电机内的氢压与水压之差小于等于 35 kPa 时闭合,并发出"发电机氢水压差低"报警。

二、定子冷却水系统流程

定子冷却水箱中的冷却水通过内冷水泵升压后,经冷却器和滤网进入发电机定子绕组,定子绕组的总进、出水汇水管分别装在机座内的励端和汽端,定子线圈冷却水进入发电机励端定子机座内的环形总进水汇流管后,一路通过绝缘引水管流入定子线棒中的空心导线,然后从线圈的另一端(汽端)经绝缘引水管汇入环形出水管;另一路经绝缘引水管流入定子线圈主引线,出主引线后经绝缘引水管汇入安置在出线盒的出水管,然后经外管道也汇入汽端环形出水管。最后从汽端机座上部流出发电机,经总出水管返回水箱,如图 6-21 所示。

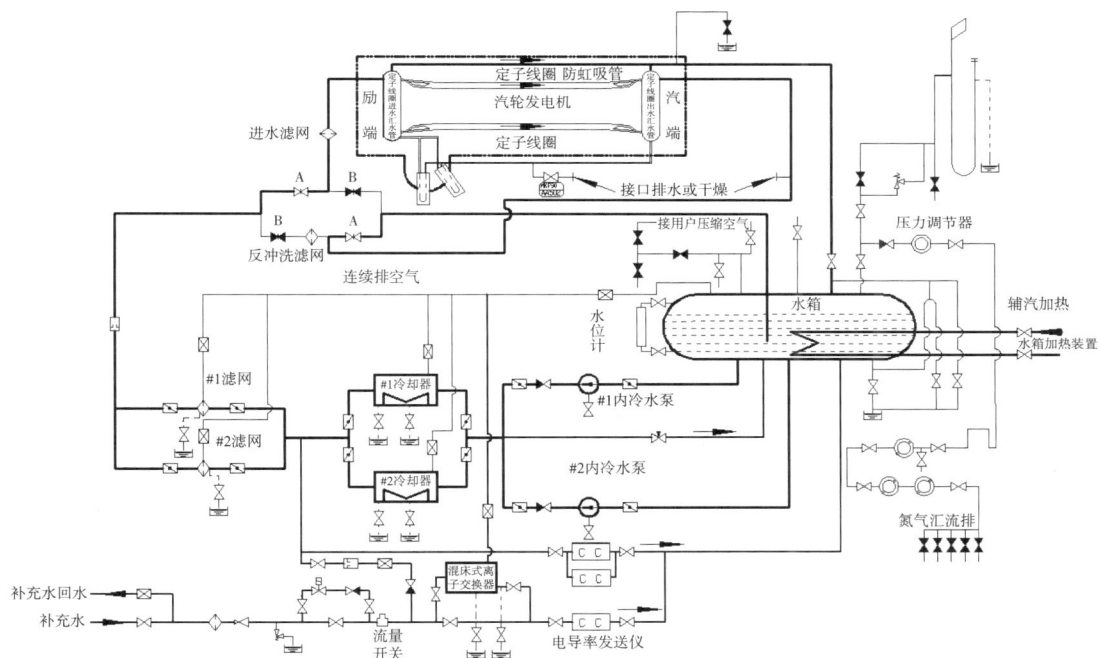

图 6-21　发电机定子冷却水系统

此外,在发电机定子绕组冷却水进出口管路上增设了旁路和一些阀门,以便对定子绕组进行反向冲洗。如图所示正常运行通过阀门 A 形成回路,反冲洗阀门 B 关闭。反冲洗时开启阀门 B,将阀门 A 关闭。

定子冷却水系统的冷却水是由凝结水泵出口母管或凝结水输送泵出口供给的,补充水经过滤器、电磁阀、离子交换器后进入定冷水箱,在定冷水箱上设有液位开关,当水箱水位下降至报警水位时,液位开关的触点动作,控制补水电磁阀向定子冷却水箱补水。为了防止补充水进水压力过高,进水管道上还装有安全阀。

定子冷却水是利用开式循环水来冷却的,在开式循环水相应冷却器的回水管路上设置了冷却水量调节阀,用来调节定子冷却水水温。为了防止冷态时水温过低导致氢气中的水分在绕组上结露,设置了提高定子绕组冷却水温度的加热装置,用来调节定子绕组内冷水进水温度,使加热后的水温高于氢温 5 ℃左右。

发电机定子绕组冷却水进出口旁各设有一个排气门,是为了防止绕组两端部汇流管内滞留空气而专设的,每次水泵开启后,应先打开这两个排气门,待有水不断流出,确定气体排完后再关闭该门。

三、660 MW 机组发电机定子冷却水系统投运

熟悉 660 MW 机组发电机定子冷却水系统投运。

发电机定子冷却水系统投运

第六节　发电机密封油系统

一、密封油系统的工作原理

如图 6-22 所示,发电机采用端盖式轴承,在端盖上设有轴承座,并由端盖支撑轴承载荷,对于氢冷发电机,由于发电机的转子必须穿出发电机的端盖,机内的氢气可能由此向外泄漏。因此,在发电机转轴和端盖之间用压力略高于氢气压力的密封油来密封,防止氢气从机内漏出,保证发电机内部气体的纯度和压力不变,同时密封油还对密封瓦起到润滑和冷却作用。

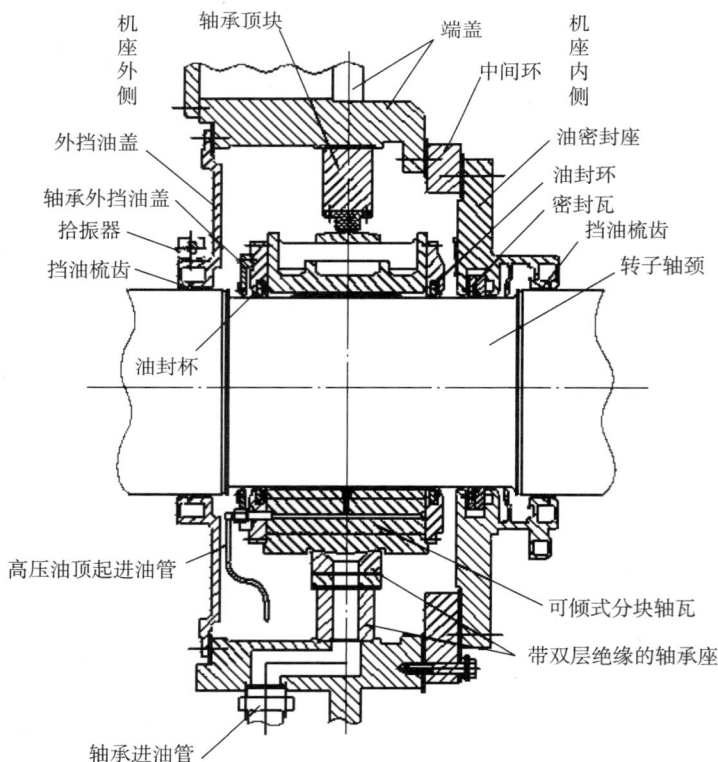

图 6-22　端盖、轴承及油封结构(励端)

在发电机前后的轴承端盖内侧设有油密封座,外侧设有外挡油盖,在油密封座和外挡油盖与转轴接触处采用迷宫式油封结构及挡油梳齿,能有效地阻止油的内泄和外漏。在油密封座内装有密封瓦,密封瓦有双流环式和单流环式两种类型。

1. 双流环式密封瓦

双流环式密封瓦结构如图 6-23 所示,密封瓦在空侧进油处沿轴向分成两个独立的环,空侧密封油使两环胀开,并分别推向密封瓦座的两个侧面,形成"双环"结构,从而使密封瓦两侧与密封瓦座侧面靠紧,减少由密封瓦与瓦座间的间隙造成的密封油损失。

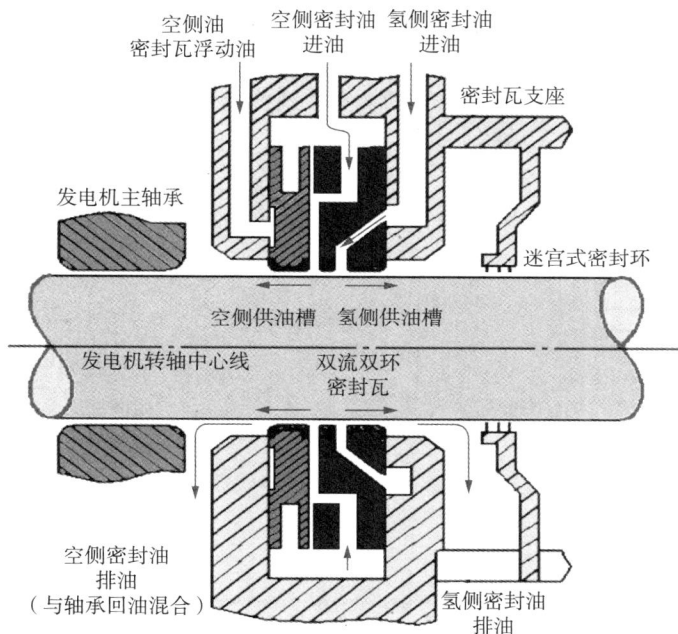

图 6-23 双流环式油密封结构

在密封瓦内设有空、氢侧两个供油槽,密封油系统提供的氢侧密封油流向氢侧供油槽、空侧密封油流向空侧供油槽,然后沿转轴轴向穿过密封瓦内径与转轴之间的间隙流出,形成两个油流各自独立的循环系统,构成"双流"结构。

如果这两个油路中的供油油压在密封瓦处恰好相等,油就不会在两个供油槽之间的间隙中窜流。此时,只要密封油压始终保持高于机内氢压,密封油系统的氢侧供油将沿转轴轴向穿过密封瓦内径与转轴之间的间隙流向发电机内侧(氢侧),进入消泡箱(如图 6-24),最后返回氢侧密封油箱,以防止氢气从发电机内逸出。而密封油系统的空侧油路供给的油则将沿轴和密封瓦之间的轴向间隙流向轴承侧,并同轴承回油一起进入空侧密封油箱,防止空气与潮气侵入发电机内部。

2. 单流环式密封瓦

单流环式密封瓦结构如图 6-25 所示,密封油路只有一路,分别进入汽轮机侧和励磁机侧的密封瓦,经中间油孔沿轴向间隙流向空气侧和氢气侧,形成了油膜,起到了密封润滑的作用,然后分两路(氢侧、空侧)回油。

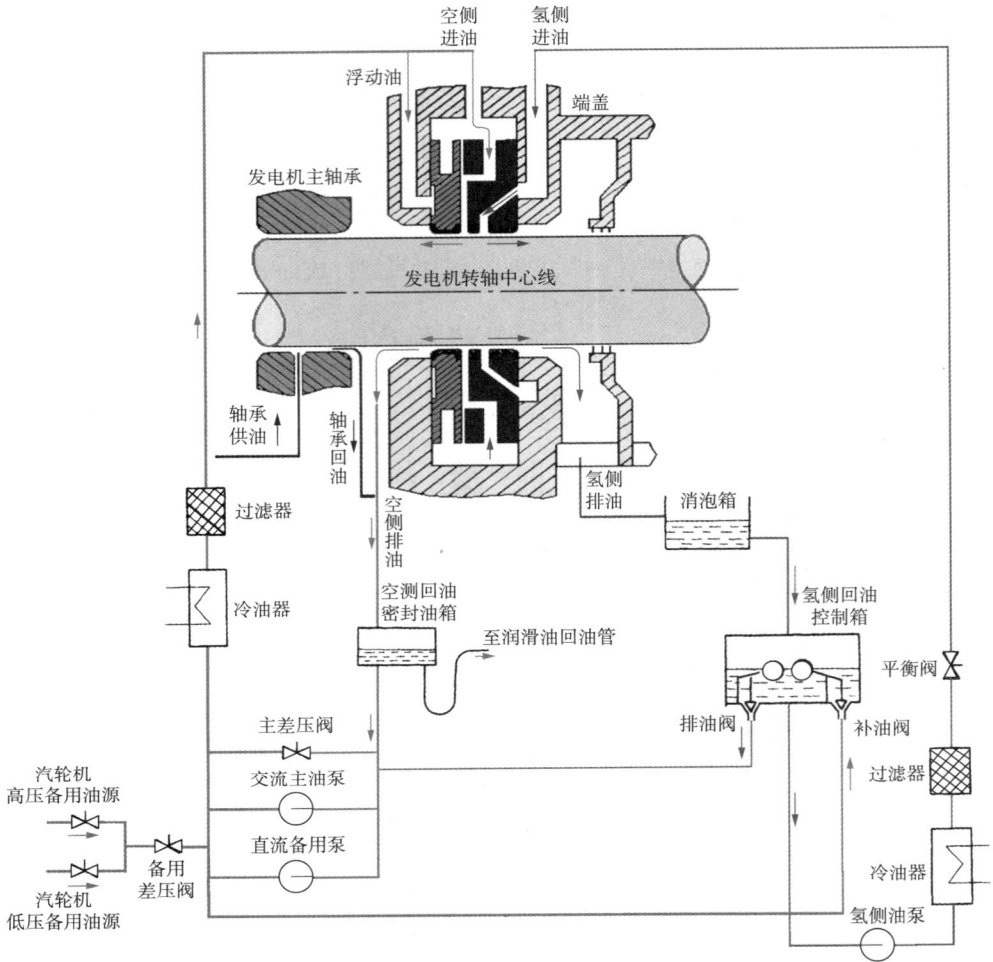

图 6-24 双流环式油密封系统流程

如图 6-26 所示,氢侧回油经由氢侧回油扩大箱,浮子油箱后流入空气析出箱,与流入的空侧回油汇合后一起经轴承润滑油排油管路流入汽机润滑油箱。

二、单流环式密封油系统的工作流程

1. 密封油路

正常工作时,密封油由交流电动密封油泵提供,从真空油箱来油经交流电动密封油泵升压后,经差压调节阀、滤网流入密封瓦,沿轴向间隙从氢侧和空侧两侧回油。一路氢侧回油经氢侧回油扩大箱,浮子油箱进入空气析出箱;一路空侧回油直接流入空气析出箱。空气析出箱中的油再经轴承润滑油排油管进入汽轮机润滑

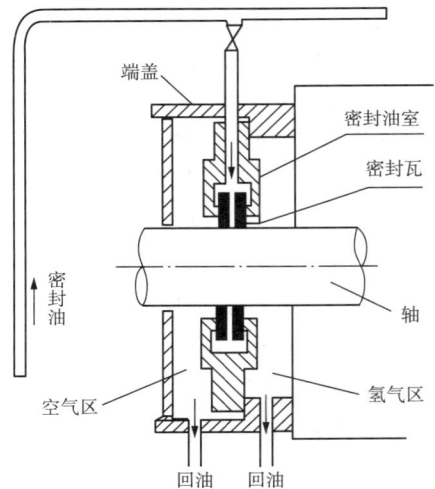

图 6-25 单流环式油密封结构

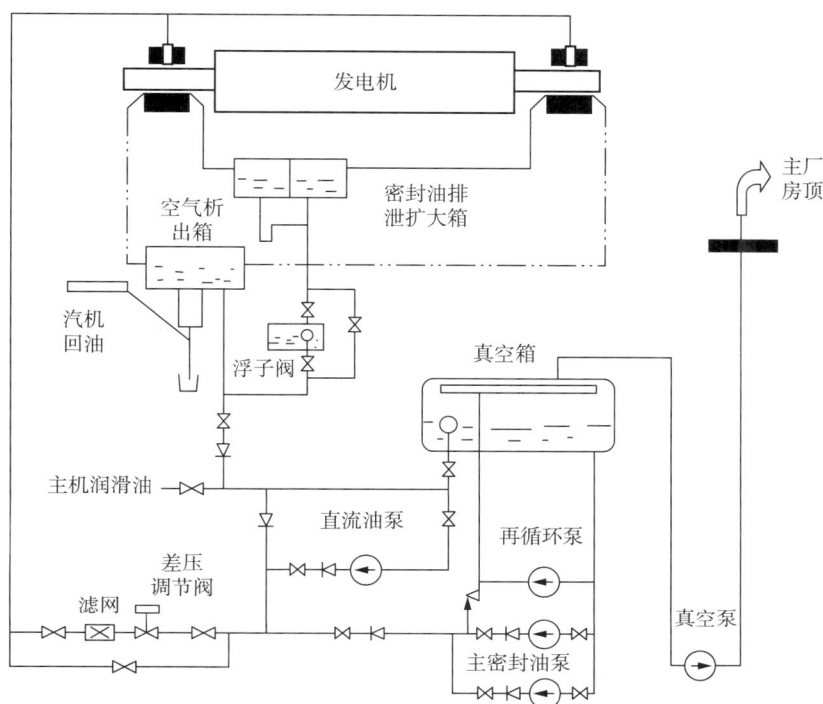

图 6-26　单流环式油密封系统流程

油箱,再去向真空油箱补油。

润滑油中含有的空气和水分进入真空油箱中被分离出来,通过真空泵和真空管路被排到厂房外,以防止空气和水分进入发电机内部对氢气造成污染。为了加速空气和水分从油中分离出来,在真空油箱内再循环泵出口管端设置有多个喷头,经过喷头扩散使汽、水更快的从油中分离出来,使油质得到更好的净化。

氢侧回油扩大箱在发电机底部靠下的位置,主要用来使氢侧回油扩容,去除油中含有的氢气。在箱内还有一个横向隔板,把空间分成两部分,主要是用来防止发电机汽端、励端两侧由于风压不同而在排油管中产生循环。扩大箱内两空间之间通过外侧的 U 型管相连,下端连接浮子油箱。浮子油箱的作用是使油中的氢气进一步分离出来,内部装有自动控制油位的浮子阀,使得浮子油箱油位始终维持一个定值,避免氢气进入空气析出箱。

发电机氢侧回油最终进入空气析出箱中和空侧回油混合在一起,油中含有的气体在此箱中得以进一步分离,空气析出箱安装位置应低于氢侧回油扩大箱以便回油管路畅通。

2. 密封油源

主工作油源:正常运行时,密封油正常油源由交流密封油泵提供,密封油压力高于氢气压力 0.056 MPa。

第一备用油源:由直流密封油泵提供,当真空密封油箱故障或者交流密封油泵全部故障、密封油出口压力低于 0.68 MPa 时,直流密封油泵联锁启动。在直流密封油泵运行时,注意加强对氢气纯度的监视,当氢气纯度明显下降时,每 8 小时应操作扩大箱上部的排气阀进行排污。

第二备用油源:由汽轮机主机润滑油管路提供,当交流密封油泵和直流密封油泵都失去作用的情况下,轴承润滑油直接作为密封油源使用,密封发电机内的氢气,注意,此时发电机内的氢气必须降到 0.02~0.05 MPa。

当主机润滑油系统停运或事故中断供油时,可使所有回油都排入真空油箱进行循环,即氢侧回油经扩大箱和浮子油箱返回真空油箱,空侧回油经空气析出箱排入真空油箱,此时应注意保持密封油真空油箱的高真空运行。

三、双流环式密封油系统的工作流程

1. 空侧密封油路

在正常工作时,空侧密封油由交流电动密封油泵提供。从空侧密封油箱来油经交流电动密封油泵升压后,一部分油经冷油器、滤油器注入密封瓦的空侧配油槽,由空侧轴向间隙向外流出,与发电机两端轴承回油汇合后,流入空侧密封箱。另一部分油则经过差压阀流回到空侧油泵的入口。通过差压调节阀的调节,使密封瓦处的空侧密封油压始终保持在高出发电机机内气体压力 0.084 MPa 的水平上,从而防止机内气体泄漏,如图 6-27 所示。

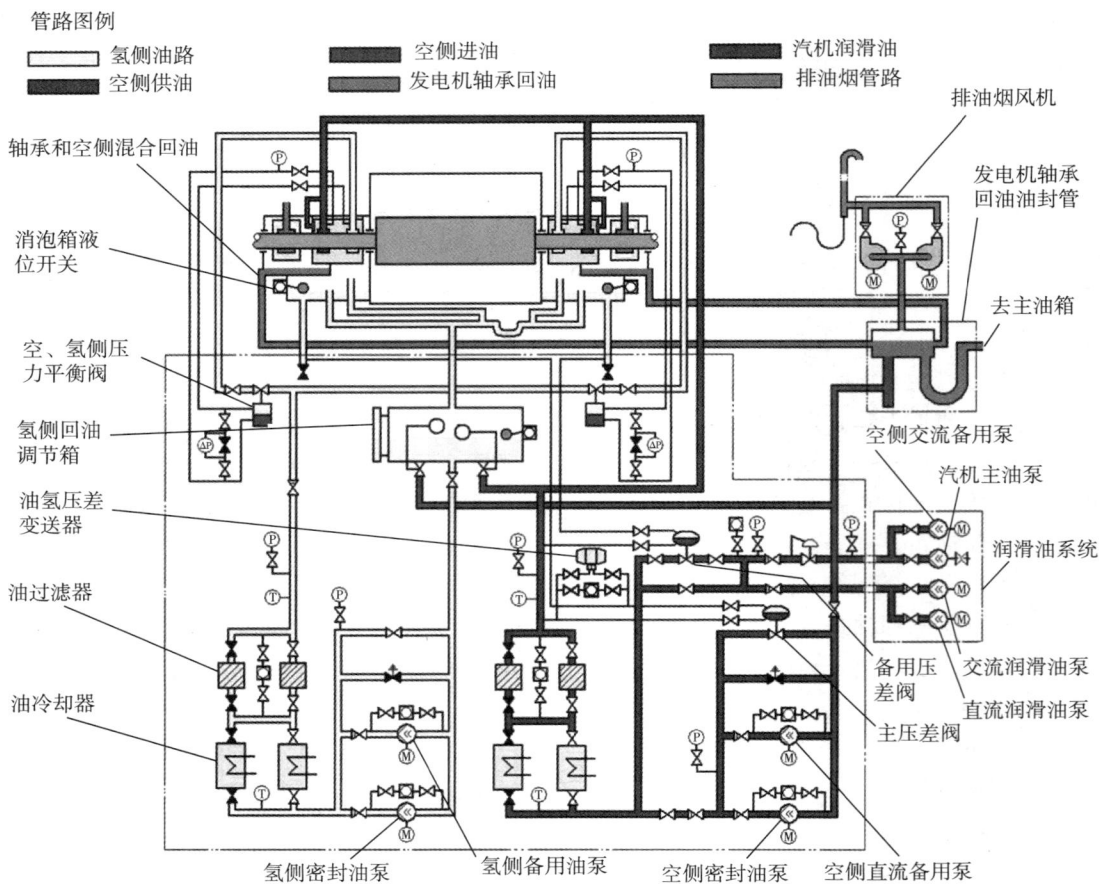

图 6-27 双流环式油密封系统流程图

发电机端部支持轴承润滑油回油与空侧密封油回油汇集到空侧密封油箱,因空侧回油中含有氢气,不能直接回到汽轮机主油箱,而是送到空侧密封油箱。在空侧密封油箱里氢、油分离后,氢气由排油烟风机排出,空侧密封油箱再通过U形管与主机润滑油的回油管道连接,大部分的回油通过U形管依靠重力作用自动溢流到润滑油回油管路,从而保持空侧密封油箱油位正常,同时,U形管还可以防止从发电机逸出的氢气进入汽轮机润滑油系统的主油箱。另一部分回油作为空侧密封油源在空侧油路中循环。空侧密封油箱把润滑油系统与密封油系统联系在一起,即使在密封油系统无油情况下,只要润滑油系统启动后十几秒钟,就会将密封油系统注满油。

2. 氢侧密封油油路

由图6-27可以看出,正常工作时,氢侧密封油由交流电动密封油泵提供,从氢侧密封油箱来油经交流电动密封油泵升压后,一部分油经冷油器、滤油器、平衡阀进入发电机汽端和励端的氢侧配油槽,由氢侧轴向间隙流出,进入消泡箱,在消泡箱中溶入油中的氢气从油中扩散逸出,然后,密封油再流回氢侧密封油箱。另一部分油由该油泵旁的再循环管道回到油泵进口,通过再循环管道上的节流阀对氢侧油压进行粗调。再利用平衡阀自动跟踪空侧油压,对氢侧油压进行细调,以保证氢侧密封油处的密封油压与空侧油压基本相等。

由于氢侧回油含有氢气,回到氢侧回油控制箱后会有部分氢气分离,分离出来的氢气,通过氢侧密封油箱上部的回气管回到发电机内。当氢侧供油压力过高时,氢侧供油溢流阀动作,维持氢侧供油压力相对稳定。

由于在密封瓦中空、氢侧油压做不到绝对的平衡,故空、氢侧仍有少量的油相互窜动,并使氢侧油路中的油量发生增减变化,为维持氢侧密封油箱油位的稳定,在氢侧密封油箱中设置了浮子式补、排油阀来自动控制油箱的补油和排油。当油箱内油位升高时,浮子上移,排油门打开,将多余的油排入空侧油路;当油箱内油位降低时,浮子下移,补油门打开,空侧密封油向氢侧密封油箱补油,从而将氢侧密封油箱的油位保持在一定范围内。密封油箱补油阀和排油阀上还设有强制开启、关闭手轮,可以人为参与油箱油位的调节。

3. 空侧密封油油源

主工作油源:正常运行时,空侧密封油正常工作油源由交流密封油泵提供,出口压力0.8 MPa,空侧密封油压力高于氢气压力0.084 MPa。

第一备用油源:由汽机主油泵来的0.9~2.1 MPa高压油,经减压后在备用差压阀入口油压为0.88 MPa。当主工作油源发生故障、氢油压差降到0.056 MPa时,该油源由备用压差调节器控制自动投入,维持氢油压差在0.056 MPa。

第二备用油源:由汽机主油箱上的高压备用密封油泵提供,当汽机转速低于2850 r/min或发生故障且氢油压差降到0.056 MPa时,该油源由备用压差调节器控制自动投入,维持氢油压差在0.056 MPa。

第三备用油源:由空侧直流密封油泵提供,如主油源和上述油源都失去,当密封油压差降到仅高于氢气压力0.035 MPa时,压差开关闭合而发出"密封油供油压力低"报警,并自动启动直流备用油泵,恢复密封油压力,控制氢油压差在0.084 MPa。若空侧交流密封油泵和汽轮机高压油源不能在短期内恢复,应将氢压降低至0.014 MPa或更低。

第四备用油源:由主机润滑油泵供给,油压较低,正常为0.08~0.105 MPa。此时必须将机内氢气压力降到 0.014 MPa。

4. 氢侧密封油系统油源

正常工作时,氢侧密封油由交流密封油泵供给,在交流密封油泵故障或氢侧交流油泵进出口差压低至 0.035 MPa 时,装在泵进出口两端的压差开关闭合,发出"氢侧密封油泵停运"报警信号,并自动启动交流备用油泵,使氢侧密封油压恢复正常。

四、密封油系统的主要部件

1. 消泡箱

从密封瓦氢侧出来的油先流入消泡箱中,在消泡箱中气体得以从油中扩散逸出。消泡箱装在发电机下半端盖中,通过直管溢流装置使箱中的油位不至于过高。消泡箱汽端、励端各装有一个,在它们之间的连接管道上装有 U 形管,以防止汽、励两端风扇压差不一致使油烟在发电机内循环流动。在消泡箱内侧还装有浮子式油位高报警开关,用来监视消泡箱油位,防止密封油流入发电机内部。

2. 差压阀

密封油系统中的差压阀有两只,主差压阀结构如图 6-28 所示,主差压阀装在空侧密封油泵的旁路管道上,差压阀活塞的上部与机内氢压相通,下部与空侧密封油出口油压相连,主差压阀可自动根据机内氢压来调节旁路的流量大小,保证密封油压始终高于机内氢压 0.084 MPa。

备用差压阀结构如图 6-29 所示,备用差压阀装在空侧高压和低压备用油路上,其信号同样取自机内氢压和密封油空侧出口压力,当空侧主油源发生故障,空侧密封油压高于机内氢压不足 0.056 MPa 时,备用差压阀自动打开,通过直接调节备用油油路的油流量,来保证备用密封油油压始终高于机内氢压 0.056 MPa。

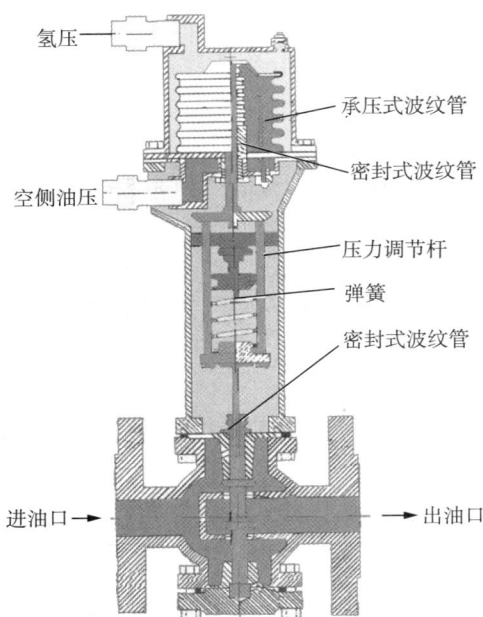

图 6-28 主差压阀结构

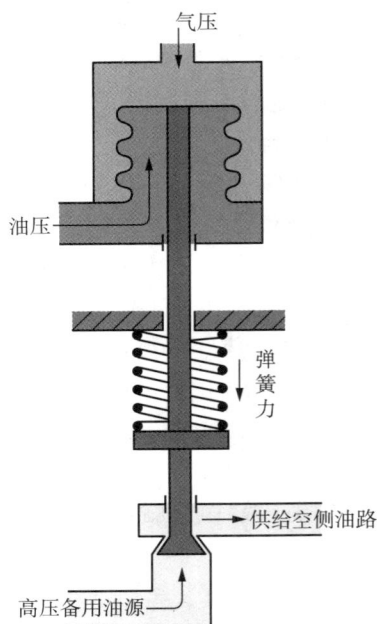

图 6-29 备用差压阀结构

3. 平衡阀

平衡阀结构如图 6 - 30 所示,平衡阀装在氢侧密封油泵出口处,其中励侧平衡阀连接在流向励端的油路上,汽侧平衡阀连接在流向汽端的油路上,平衡阀的调节信号分别取自于各自密封瓦处的空、氢侧油压。平衡阀平衡活塞的下侧为空侧密封油,上侧为氢侧密封油,在空、氢侧油压变化时,自动调节平衡阀的开度,使空、氢侧在密封瓦处的油压差保持在 ± 490 Pa 之内。

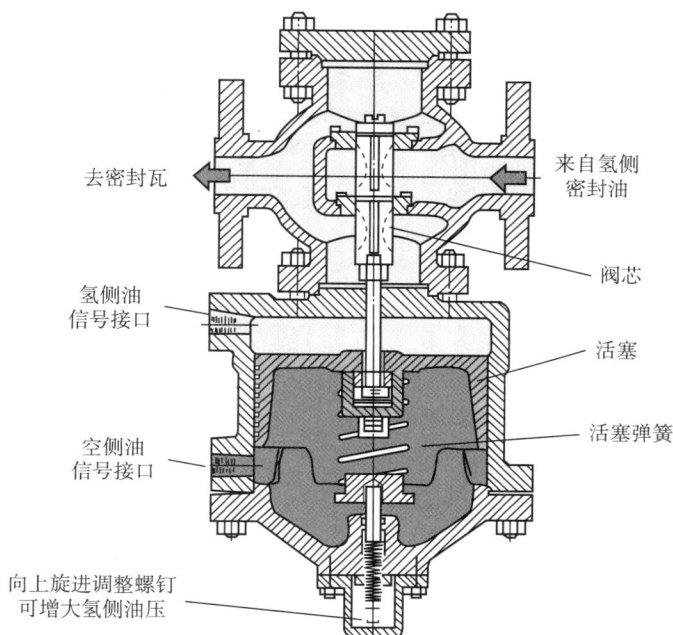

图 6 - 30　平衡阀结构

4. 氢侧回油控制箱

氢侧回油控制箱结构如图 6 - 31 所示,氢侧回油控制箱是氢侧油路的储油箱,氢侧回油箱内装有两个浮球控制阀,一个为油箱的补油阀,连接到空侧密封油路滤网的出口。另一个为油箱的排油阀,连接到空侧密封油泵的进口。

由于在密封瓦中空、氢侧油压做不到绝对的平衡,故空、氢侧仍有少量的油相互窜流,使氢侧油路中的油量发生增减变化,当油箱内油位高时,浮球上移,将排油阀打开,使多余的油排到空侧油路。当油箱油位低时,浮球下移,将补油阀打开,使空侧密封油向氢侧密封油箱补油。如果浮球失去自动调节作用,还可通过浮球上下两个顶针强制实现补、排油阀的开和关。

如图 6 - 31 所示,氢侧回油控制箱上面的两个手轮是用于在自动补油阀、排油阀故障时,强制关闭自动补油阀、排油阀的,在正常运行中这两个手轮是处于退出位置。氢侧回油控制箱下面的两个手轮是用于在自动排油阀、补油阀失去控制,需强制开启自动排油阀、补油阀对密封油箱进行强制排油或补油时,强制开启自动排油阀、补油阀的,在正常运行中这两个手轮应是处于退出位置。

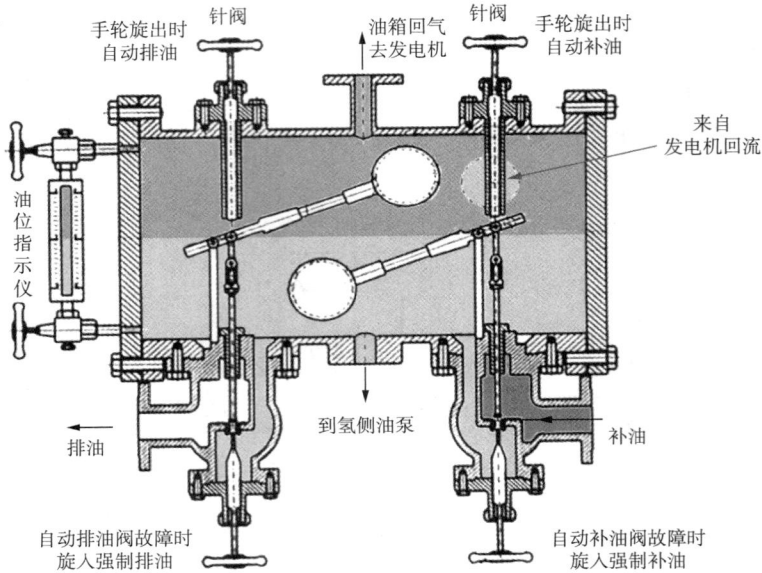

图 6 - 31 氢侧回油控制箱结构

5.密封油过滤器

油过滤器采用自洁刮式结构,如图 6 - 32 所示,在运行中可通过转动手柄去除附在滤芯上的脏污,要注意的是必须定期转动过滤器手柄来去除脏污,推荐每隔 8 小时转动手柄清理一次过滤器。由于空、氢侧油路中各安装了两套油过滤器互为备用,当滤芯阻塞严重时,可投入备用过滤器,隔离运行中的过滤器,拆下滤芯,彻底清洗或更换滤芯。

五、660 MW 机组发电机密封油系统投运

熟悉 660 MW 机组发电机密封油系统投运。

发电机密封油系统投运

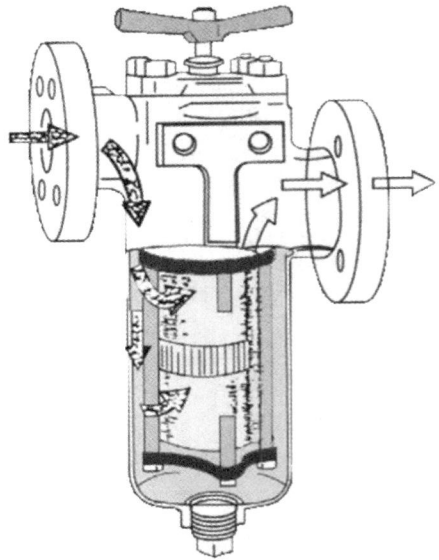

图 6 - 32 密封油过滤器结构

复习训练题

一、名词概念

1. 轴封系统

2. EH 油系统

3. 润滑油系统

4. 水-氢-氢冷却方式

二、分析说明

1. 画出 660 MW 汽轮机的轴封系统图,并分析说明其工作流程。

2. 结合 660 MW 机组润滑油系统说明交流润滑油泵、交流启动油泵、直流事故油泵在什么情况下投入运行,在什么情况下停止运行。

3. 结合 660 MW 机组氢气冷却系统说明气体置换过程。

4. 结合 660 MW 机组发电机定子冷却水系统说明冷却水系统的流程。

5. 结合 660 MW 机组发电机单流环式密封瓦结构及其密封油系统,说明该装置及系统是如何防止氢气外漏的。

6. 密封油系统中的差压阀作用是什么?

三、操作训练

结合超超临界 660 MW 机组仿真机组进行操作:

1. 熟悉汽轮机轴封系统,完成机组启动、停机及正常运行时轴封系统的操作;

2. 熟悉汽轮机 EH 油系统,完成 EH 油系统的投运操作和停运操作;

3. 熟悉汽轮机润滑油系统,完成润滑油系统的投运操作和停运操作;

4. 熟悉发电机氢气冷却系统,完成氢气冷却系统的充氢操作和排氢操作;

5. 熟悉发电机定子冷却水系统,完成定子冷却水系统的投运操作和停运操作;

6. 熟悉发电机密封油系统,完成发电机密封油系统的投运操作和停运操作。

第七章 汽轮机的启动与停机

汽轮机所处状态及所具备的条件不同,使得汽轮机的启停方式也各不相同,本章在介绍了汽轮机的各种启停方式后,结合超超临界 660 MW 仿真机组,进行汽轮机冷态滑参数压力法启动、滑参数停机、破坏凝汽器真空紧急故障停机及不破坏凝汽器真空一般故障停机等运行操作训练,从而将汽轮机启停方面理论知识的教学与仿真技能操作有机地结合起来。

第一节　汽轮机启动过程及其分类

汽轮机的启动是指将汽轮机转子从静止或盘车状态加速至额定转速,然后并网带初始负荷,并将负荷逐步增加到额定值或某一预定值的过程。汽轮机的启动过程状态变化剧烈,蒸汽温度和转速的剧烈变化使得汽轮机的热膨胀、热变形、热应力和振动增大很多,产生热疲劳和高温蠕变损伤,影响机组的安全运行。

一、汽轮机启动过程的主要问题

在启动过程中,汽轮机的零部件逐渐被加热,其受力状态和金属温度分布将发生较大的变化。汽轮机的启动速度受到许多因素的制约,如汽轮机零件的热应力、热变形、转子和汽缸的胀差、机组的振动等。考虑到以上因素的影响,汽轮机合理的启动方式应是在启动过程中使汽轮机各部分金属温差、转子与汽缸相对胀差在允许范围内,以减少金属热应力与热变形,在不发生异常振动、摩擦和金属裂纹的前提下,尽量缩短启动时间。

1. 热应力

过大的热应力会使汽轮机产生塑性变形,甚至产生裂纹。热应力主要取决于汽轮机负荷或转速的变化速度及进汽温度的变化速度,为监视金属材料的热应力,一般在汽缸上容易出现危险的地方设置温度测点,如主汽门和调节汽门的阀体以及汽缸及法兰(调节级及中压缸第一级汽室)处。

启动过程中,通过控制蒸汽温升速度和汽轮机升负荷率(或升速率)可以减小热应力,但这将延长机组的启动时间,增加启动损耗。因此,应有一个最佳的蒸汽温升速度和汽轮机升负荷率(或升速率),从而在保证热应力在允许范围内的同时,尽可能地加快启动速度,减小启动损失,以获得最大的经济效益。

2. 热膨胀

汽缸和轴承座放置在台板上,以绝对死点为基准点,在受热或冷却时通过滑销系统引导其向四周自由膨胀或收缩,并保持其中心线位置不变。若滑销卡涩,将使其膨胀或收缩受阻,则轴承座与台板支撑面可能出现间隙,造成支撑刚度下降,引起汽轮机振动,并可能造成膨胀偏斜,使推力轴承受力不均而温度升高,或使其中心线偏斜引起汽轮机振动。因此在汽轮机启动过程中,应严密监视汽缸膨胀量的大小是否合适、左右是否对称。

3. 胀差

在汽轮机启动过程中,胀差的大小与进汽参数、轴封供汽温度、真空和转速等因素有关。大功率汽轮机轴系较长,高中压缸为双层汽缸,具有内外两层缸体,使汽缸与转子的相对膨胀差值变得复杂了。胀差指示装置只能监视监测点处的胀差值,而不能准确反映汽轮机整个通流部分动静间隙的变化情况,动静间隙的变化情况必须根据汽轮机的绝对死点和各个汽缸的具体膨胀情况来分析,进而合理地控制胀差。

启动过程中为了避免出现过大的胀差,应合理控制蒸汽的温升速度和变负荷速度,合理利用轴封供汽以及真空系统来控制胀差。

4. 热变形

汽轮机的上下汽缸温差将引起汽缸拱背变形,使得下汽缸底部径向动静间隙减少甚至消失,引起动静碰撞摩擦。汽缸拱背变形后,还将造成隔板偏离正常时所在的垂直位置,而使汽轮机的轴向间隙发生变化。

启动时法兰内外壁温差将引起法兰水平结合面处热变形,因汽缸的膨胀要受到法兰的约束,使得汽缸中间段的横截面变成立椭圆,汽缸前后两端的横截面变成横椭圆,造成汽缸中间级在两侧的径向间隙变小,前后两端各级在上下的径向间隙变小。此外,法兰内外壁及法兰与螺栓之间的温差还会引起法兰在垂直方向上的变形。当温差过大时,法兰水平结合面处热压应力超过其屈服极限,法兰金属产生塑性变形,当内外温差趋于正常后法兰结合面处就会出现张口,从而在法兰结合面处出现漏汽,变形严重时还会导致螺栓损坏。

当汽轮机转子出现动静碰撞摩擦或水冲击时,转子的局部将产生过冷或过热现象,从而引起热弯曲;如果启停过程中汽缸存在上下缸温差,也将使转子上下部分产生温差,并由此产生热弯曲。

因此,启动过程中应控制上下汽缸的温差。要减小上下汽缸的温差,就必须严格控制蒸汽和金属的温升速度,保持汽缸本体疏水顺畅,防止出现水冲击;其次做好汽缸的保温,并按规程规定投盘车。

从以上分析可见,热应力、热变形和热膨胀等问题大多与汽轮机的温差有关,而温差主要取决于温升率。因此,启动过程中,应严格控制蒸汽流量及温度变化率,并适当进行暖机,使汽机金属的热应力、热变形和胀差等控制在规定的范围内。

二、汽轮机启动方式的分类

汽轮机所处的状态及所具备的启动条件不同,就需要采用不同的启动方式,并确定在不同方式下启动时的冲转参数、暖机时间、升速率、升负荷率及启动中应注意的问题,从而获得最大的经济效益。

根据机组启动时所处的状态及启动条件的不同,汽轮机的启动方式有以下几种。

1. 按新蒸汽参数变化特点分类

根据启动过程中新蒸汽参数变化的不同,启动过程可分为额定参数启动和滑参数启动。

（1）额定参数启动

从冲转一直到机组带额定负荷的启动过程中,汽轮机的蒸汽参数始终保持为额定值。

额定参数启动,由于锅炉要将蒸汽参数提高到额定值才能进行汽轮机冲转,从而延长了机组的启动时间,增大了燃料消耗量,启动时工质和热量的损失大,降低了电厂的经济性。由于新蒸汽压力和温度很高,蒸汽与汽缸、转子温差大,为了设备安全,不允许有过大的温升率,这样冲转时蒸汽流量小,蒸汽流经调节阀时产生较大的节流损失,经济性差;调节级后蒸汽温度变化剧烈,零部件受到较大的热冲击;同时,因为进汽量小,汽缸和转子的加热不均匀,产生较大的热应力和热变形,转子与汽缸的胀差也较大。额定参数启动一般用于母管制机组。

(2)滑参数启动

根据启动前汽轮机的金属温度来确定冲转时的蒸汽参数。对于喷嘴调节的汽轮机,在锅炉点火后,可用低参数蒸汽预热汽轮机和锅炉间的管道。在蒸汽的压力和温度达到冲转参数后,汽轮机开始冲转、升速、并网和接带初始负荷。在定速或并网后,调节阀一般达到全开,此后,随着电动主汽阀前新蒸汽参数(压力、温度)的升高,机组负荷逐渐滑升。

汽轮机冲转前,在锅炉最初的升温升压过程中,可用较低温度的蒸汽进行暖管、暖机,这样可缩短机组的启动时间,减少启动过程中工质和热量的损失;滑参数启动时零部件加热均匀,蒸汽与进汽部分金属温差较小,减小了金属所受的热应力;并且,由于蒸汽参数低,容积流量大,流速高,放热系数大,可在较小的热冲击下得到较大的金属加热速度,改善了机组的加热条件。这种启动方式在现代大型机组中得到广泛应用。

滑参数启动根据冲转时主汽阀前压力不同又分为真空法启动和压力法启动两种。

① 真空法启动

点火前,从锅炉到汽轮机调节级喷嘴前所有阀门全部开启,机组热力系统上的空气阀、疏水阀全部关闭,投入抽气器,真空一直抽到锅炉汽包,锅炉点火后产生蒸汽,冲动汽轮机转子,此时主汽阀前仍处于真空状态,称为真空法启动。汽轮机的升速直至带满负荷,全部由锅炉来控制。

真空法启动可以减少蒸汽对汽轮机的热冲击,且操作简单。但真空法启动蒸汽过热度低,疏水困难,由于高压缸排汽温度较低,加上再热器一般布置在烟气低温区,使再热器出口汽温很难提高,可能导致中、低压缸内蒸汽湿度很大,若锅炉控制不当,可能会引起再热器内疏水进入汽轮机,造成水冲击事故而损坏设备;真空法启动需要抽真空的系统庞大,建立真空困难,抽真空时间长;低负荷时依靠锅炉控制汽轮机运行,其汽温、汽压及转速不易控制。因此,一般很少采用真空法启动。

② 压力法启动

点火前,汽轮机主汽阀和调节阀处于关闭状态,只对汽轮机侧抽真空。锅炉点火后,待主汽阀前参数达到一定值(冲转参数)时再冲动转子,冲转和升速是由汽轮机调节汽门来控制的。从冲转、升速到带初负荷过程中锅炉维持一定的压力,汽温则按一定规律升高。在冲转和升速过程中逐渐开大调节阀,增加进汽量,使汽轮机的转速升高至额定值、并网带初始负荷;当调节阀达到全开后,再通过增强锅炉燃烧,使得汽温和汽压升高,从而使汽轮机的负荷随之滑升。

滑参数压力法的冲转参数根据机组容量不同而不同,一般压力为 1.8～4.5 MPa,温度为 250～350 ℃。在此参数下汽轮机能够完成定速及超速试验、并网接带初负荷等操作。

压力法启动在冲转升速过程中,汽轮机侧留有一定的调整余地,便于在升速和并网过程中按要求控制汽轮机转速;在冲转前能排出过热器和再热器中积水以及管道疏水。目前高参数大容量汽轮机普遍采用压力法滑参数启动。

2. 按启动前汽轮机温度水平分类

按启动前金属的温度水平,可分为冷态、温态、热态和极热态四种启动方式。启动前金属的温度水平越高,启动过程中金属的温升量就越小,启动所需的时间就越短。按启动前金属温度水平不同,国产 660 MW 及以下汽轮机启动状态的分类大致如下:

(1)冷态启动

汽缸金属温度已下降至该测点满负荷值的 40% 以下或金属温度低于 150~180 ℃ 以下,或停机后持续时间超过 72 h。

(2)温态启动

汽缸金属温度已下降至该测点满负荷值的 40%~80% 之间或金属温度在 180~350 ℃ 之间,或停机时间在 10~72 h 之间。

(3)热态启动

汽缸金属温度高于该测点满负荷值的 80% 以上或金属温度在 350 ℃ 以上,或停机后持续时间不到 10 h。

(4)极热态启动

汽缸金属温度接近该测点满负荷对应值或金属温度在 450 ℃ 以上,或停机后持续时间在 1 h 以内。

另外,不同的汽轮机,由于转子的材料和结构不同,区分其冷态、热态启动的温度值并不完全相同。如东汽超超临界 660 MW 汽轮机,启动状态的划分是以启动前高压内缸内壁(调节级处)的金属温度来确定,具体划分标准如表 7-1 所示。

表 7-1　东汽超超临界 660 MW 汽轮机启动状态分类

状态	冷态启动	温态启动	热态启动	极热态启动
温度(℃)	<240	240~360	360~480	>480

如上汽超超临界 600 MW 汽轮机启动状态的划分是根据汽轮机冲转前高压内上缸金属温度和中压缸持环金属温度来确定的。当高压缸或中压缸金属温度小于 204.4 ℃ 时,为冷态启动;当该金属温度等于或大于 204.4 ℃ 时,为热态启动。

汽轮机启动状态的具体划分,一般应根据高压和中压汽轮机转子的金属温度来确定。高压转子的金属温度是通过高压第一级处的金属测温热电偶测量的,中压转子的金属温度是由中压第一级处的金属测温热电偶测量的。国产超超临界 1000 MW 汽轮机启动状态的划分标准如表 7-2 所示。

表 7-2　国产超超临界 1000 MW 汽轮机启动状态分类

厂家	测点位置	冷态启动 I	冷态启动 II	温态启动	热态启动	极热态启动
东汽	调节级内缸内壁金属温度(℃)	<50	<320	320≤T≤420	420≤T<445	≥445
哈汽	调节级内缸内壁金属温度(℃)	—	<150	150~410	410~450	>500
上汽	调节级内缸内壁金属温度(℃)	<50	50~150	150~400	400~540	>540
	中压第一级内壁金属温度(℃)	<50	50~150	150~260	260~410	>410

3. 按控制进汽量所用阀门分类

（1）调速汽门启动

汽轮机启动时，自动主汽阀全开，通过调速汽门来控制进入汽轮机的蒸汽量。采用调节阀冲转，可节省冲转时蒸汽的消耗量，并减少蒸汽的节流损失，但由于部分进汽使汽轮机沿圆周方向各部分的受热不均匀，加剧了各部件的热应力和热变形。

（2）自动主汽门启动

汽轮机启动时，调速汽门全开，利用自动主汽门来控制进入汽轮机的蒸汽量。这种启动方式是全周进汽，高压调节级沿圆周方向上受热均匀，但自动主汽门容易因蒸汽冲刷而关闭不严。

4. 按冲转时汽轮机进汽方式不同分类

对于中间再热式汽轮机，根据启动冲转时汽轮机进汽方式的不同，有高压缸启动、中压缸启动和高中压缸联合启动三种。

（1）高压缸启动（不带旁路的汽轮机启动）

汽轮机启动冲转时，主蒸汽进入汽轮机的高压缸，然后经过锅炉再热器加热后再进入汽轮机的中、低压缸；汽轮机启动过程中，中压调节阀始终处于全开状态，不具有调节功能。

（2）高中压缸联合启动（带旁路的汽轮机启动）

汽轮机启动冲转时，主蒸汽进入汽轮机的高压缸、经过锅炉再热器加热后，再热蒸汽进入汽轮机的中、低压缸。由于启动过程中有部分蒸汽经过高、低压旁路系统，因此中压调节阀开度可以进行调节，即具有调节功能。

这种启动方式操作简单，对高中压合缸的汽轮机来说，可使高中压缸分缸处加热均匀，减小了热应力，同时缩短了启动时间。但由于高压缸的排汽温度较低，会造成再热蒸汽温度低，中压缸升温慢，有可能出现机组已经定速，但中压缸转子温度还未超过低温脆性转变温度，汽轮机不能做超速试验，从而限制了机组的启动速度。我国大容量机组通常采用滑参数压力法高中压缸同时进汽的启动方式。

（3）中压缸启动

汽轮机启动冲转时，高压缸不进汽，处于暖缸状态，主蒸汽经过高压旁路管道进入再热器。当再热蒸汽参数达到汽轮机冲转要求后，中压主汽阀和中压调节阀打开，再热蒸汽进入中、低压缸冲动转子。当转速升至 2500～2600 r/min 或机组并网带一定负荷后，再切换到高中压缸同时进汽，由主汽阀或高压调节阀控制高压缸的进汽量。

这种启动方式解决了汽轮机启动冲转时主、再热蒸汽温度与高中压缸金属温度难以匹配的问题，可以较安全地启动汽轮机；克服了中压缸温升大大滞后于高压缸温升的问题，降低了高中压转子的寿命损耗，缩短了机组的启动时间。但启动参数要选择合理，以避免高压缸开始进汽时产生较大的热冲击。

汽轮机采用何种启动方式，应根据其结构和启动前的状态来确定。在启动过程中，为保证汽轮机运行的安全性和经济性，应将金属温度快速均匀地加热到工作温度，同时应控制汽轮机的热应力、热变形、转子与汽缸的胀差以及振动值，使其在允许的变动范围内。

三、启动过程的主要阶段

根据汽轮机启动过程的特点，将汽轮机启动过程分为启动前准备、冲转升速、定速并网和带负荷四个主要阶段。

（1）启动前的准备阶段

为机组的启动做好相应的准备工作，主要包括设备、系统和仪表的检查及试验；辅助设备、系统的检查和启动；油系统的检查和试验；投入盘车；调节保护系统的校验；汽源准备；等等。

（2）冲转升速阶段

当冲转条件满足后，汽轮机开始进汽冲转，将转子由静止状态逐步升速到额定转速。

（3）定速并网阶段

当转速稳定在同步转速，经全面检查确认设备运行正常并具备并网条件后，将发电机并入电网，并网后机组即带上初始负荷。

（4）带负荷阶段

机组并网后，将机组的输出电功率逐渐增加至额定值或某一负荷下稳定运行。

第二节　汽轮机冷态滑参数压力法启动

一、启动条件的确定

1. 冷态启动冲转参数的选择

冷态启动冲转参数的选择主要考虑的是汽轮机各零部件的热应力，只有将热应力控制在合理的范围内，才能减少零部件的疲劳损伤。而热应力主要取决于蒸汽与金属部件间的温差和放热系数，蒸汽与金属部件间温差和放热系数又与机组的启动方式和启动快慢有关。

冷态启动过程中，在汽轮机刚开始冲转时，汽缸和转子的金属温度很低，过热蒸汽接触冷的汽缸内壁，热量以凝结放热形式传给金属。由于凝结放热系数很高，汽缸内壁很快升到蒸汽压力下的饱和温度。启动时所选择的蒸汽压力越高，汽缸内外壁的温差就越大，产生的热冲击就越大。为此，可在汽轮机冲转前进行盘车预热。在盘车状态下通入蒸汽或热空气，预暖转子和汽缸，减小冲转时蒸汽与金属壁的温差，使得启动时热应力减小。此外，盘车状态下将转子加热到脆性转变温度以上，可避免转子脆性断裂现象的发生。

当凝结放热结束后，蒸汽以对流的方式向金属放热，蒸汽对流放热系数比凝结放热系数小得多。并且，高压蒸汽和湿蒸汽的放热系数较大，低压微过热蒸汽的放热系数较小。放热系数越大，与蒸汽接触的金属表面的温升速度就越大，汽缸内外壁的温差也就越大，为减少汽缸内外壁的温差，应采用低压微过热蒸汽进行加热。

选择冲转参数时，除考虑调节级后蒸汽温度应与金属匹配外，还应考虑蒸汽对主汽阀、调速汽阀和导汽管的加热及调速汽阀对蒸汽的节流等，这些都将引起主蒸汽温度下降。参数越高，节流引起的温降就越大。因此，不宜采用过高的冲转参数。

考虑到锅炉调节的不灵敏性，为了避免在冲转升速及并网过程中因蒸汽参数的波动造成汽轮机转速的波动，要求冲转时的蒸汽压力应能保证在调节阀全开时汽轮机能并入电网，并带上初始负荷。此外，在保证汽轮机的热应力、热变形等在安全范围内的前提下，还应尽量缩短启动时间。为此，冲转时蒸汽压力应略微选高点。

2. 凝汽器真空的选择

启动时应维持一定的真空，真空不能选得太低，也不能选得太高。

若真空太低，在冲动转子的瞬间，会有大量的蒸汽进入汽轮机，造成真空进一步降低，可能使凝汽器内产生正压,甚至可能引起排大气的安全门动作;另外,真空过低,对应的排汽室温度必然过高,会使凝汽器铜管的膨胀加剧,造成胀口破裂,导致凝汽器漏水;真空过低还会使蒸汽在汽轮机中的焓降减小,冲转所需的蒸汽量增大,引起较大的热冲击;真空过低还将使排汽缸温度升高,影响汽轮发电机组转子的中心线,使汽轮发电机组的振动增大。

若真空太高,则冲动汽轮机所需的蒸汽量较少,达不到良好的暖机效果,并使暖机时间和冲转时间延长。一般要求冲转前的真空应大于 70 kPa。

3. 大轴晃动

当大轴弯曲大于规定值时,禁止汽轮机启动。大轴晃动度应与安装时的原始值一致,如果发生了偏差,即说明转子存在弯曲,需要认真查明原因后,再决定是否启动。为了减少大轴的弹性弯曲,一般在机组启动前,先盘车数小时,使转子各部分温度均匀。

4. 油压与油温

在机组冲转前,必须保持一定的油压与油温,保证油系统工作正常。

如果油压过高,将影响油管路及部件的安全,可能出现油管法兰处漏油。如果油压过低,将会造成调节系统工作失调,动作困难,并影响轴承正常润滑。一般来说,润滑油压应达到 0.096~0.124 MPa,抗燃油压应达到 12.4~14.6 MPa。

如果油温过高,油黏度变小,轴承油膜变薄,会使轴承的温度进一步升高,且长期在高油温下运行,油质易老化,缩短了润滑油的使用寿命。如果油温过低,油的黏度增加,又会使轴承油膜的稳定性变差,易引起油膜振荡。一般来说,冷油器出口油温度应保持在 40~45 ℃。

二、660 MW 机组冷态滑参数压力法启动操作

启动操作 1　汽轮机冷态启动过程中冲转、升速至 3000 r/min

1. 超超临界 660 MW 汽轮机冷态启动的冲转条件

（1）DEH、ETS 冲转准备。

① 联系热控检查 ETS 控制柜中钥匙开关在正常位置。

② 就地检查高、中压主汽门、调门在关闭状态,并与操作员站所显示的状态一致。

③ 在 DEH 自动控制画面上检查确认:启动方式显示"中压缸启动"。

转子冲转升速至 500 r/min

④ 检查就地遮断手柄和注油试验手柄位置正确。

⑤ 汽机复置前,在 DEH 的手操面板上显示下列状态:汽机"遮断"按钮指示灯亮;汽机"复置"按钮指示灯灭。

⑥ 冲转前全面检查汽机有关操作面板,确认阀门位置及有关参数正常。

（2）主蒸汽压力 8.0 MPa,再热蒸汽压力 0.7 MPa,主蒸汽温度 370 ℃,再热蒸汽温度 320 ℃,低旁压力调节阀压力保持在 0.7 MPa 左右。

（3）蒸汽品质合格。

（4）凝汽器真空大于 87 kPa。

（5）确认汽机已连续盘车 4 小时以上且运行正常,检查汽缸内部及各轴封处无异常金属摩擦声。

（6）测量转子双幅偏心值不大于 0.076 mm。

（7）确认所有抽汽管道及汽机本体所有疏水门开启。

（8）确认低压缸喷水调节阀前、后隔离阀打开，低压缸喷水气动调节阀投"自动"。

（9）确认交流润滑油泵、交流启动油泵、直流润滑油泵低油压联动正常、联锁投入，润滑油系统运行正常，润滑油压及各瓦回油正常，润滑油温控制在 $37\sim45\,^{\circ}\!C$，各轴承回油正常，主油箱油位正常。

（10）检查确认转子偏心度、轴向位移、缸胀等在正常参数范围。

（11）投入 EH 油系统运行。

（12）确认密封油系统运行正常且发电机氢压在 0.3 MPa 以上。

（13）确认汽机除低真空保护外所有保护均投入正常，无异常报警信号。

2．挂闸、冲转和汽轮机的摩擦检查

（1）复置汽轮机。检查 ETS 画面上有无跳闸信号，若有就点击画面右上角的"首出复位"按钮，复位 ETS 首出信号，如图 7-1 所示。

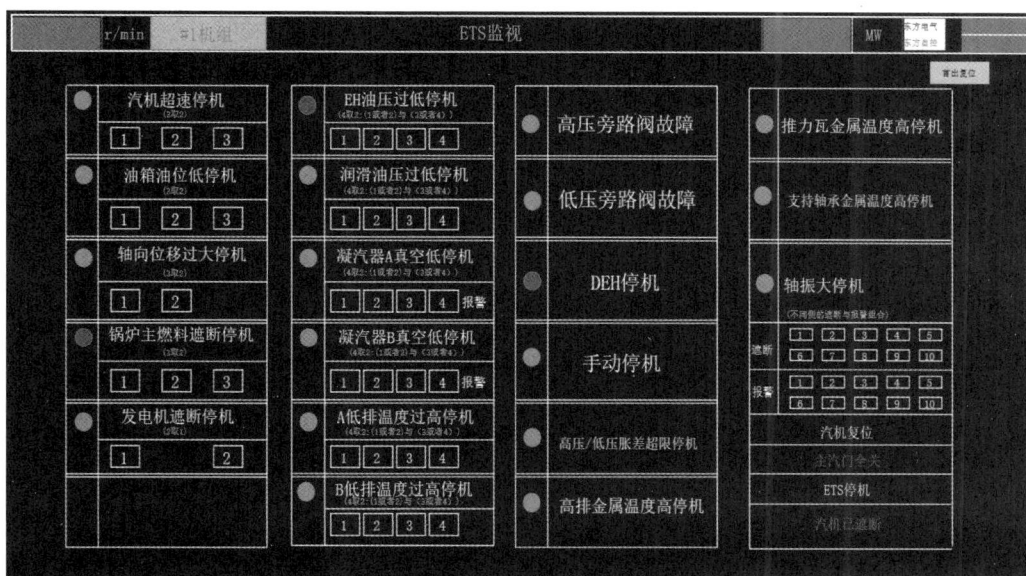

图 7-1　ETS 监视画面（DCS）/首出复位

（2）在 DEH 的"自动控制"画面上，点击"挂闸"按钮进行挂闸操作，当挂闸成功后，"挂闸"按钮下方显示"已挂闸"，如图 7-2 所示。

（3）高压调阀室预暖操作。在 DEH 的"自动控制"画面上，点击"CV 阀壳预暖"按钮进行操作。

汽轮机冲转前，当调阀室内壁或外壁金属温度低于 $150\,^{\circ}\!C$ 时，必须对高压调阀室进行预暖。预暖前需确认汽机处于盘车状态、EH 油压正常，并且主蒸汽温度高于 $271\,^{\circ}\!C$，过热度不低于 $28\,^{\circ}\!C$。

整个调阀室预暖操作是通过 #2 主汽阀完成的。将 #2 高压主汽阀（MSV2）开启至预热位置（大约 16% 开度左右），过程中注意观察高压调节汽阀蒸汽室内外壁金属的温度差（如图 7-3 所示）。当温度差超过 $90\,^{\circ}\!C$，则全关 #2 高压主汽阀；当温度差小于 $80\,^{\circ}\!C$，则重新打

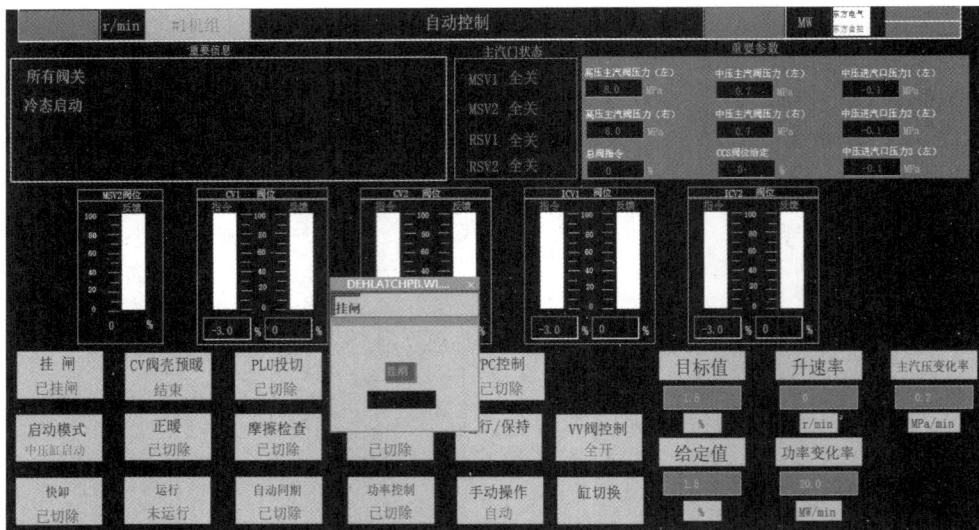

图 7 - 2 自动控制画面(DCS)/挂闸

开♯2 高压主汽阀至预热位置。根据温度差重复此操作,最终使得高压调节阀蒸汽室内外壁温度都升到 180 ℃以上,并且该蒸汽室内外壁温差小于 50 ℃或者预热时间已进行了至少1 小时后,则认为调阀室预暖操作完成,此时"CV 阀壳预暖"按钮下方显示"结束"。

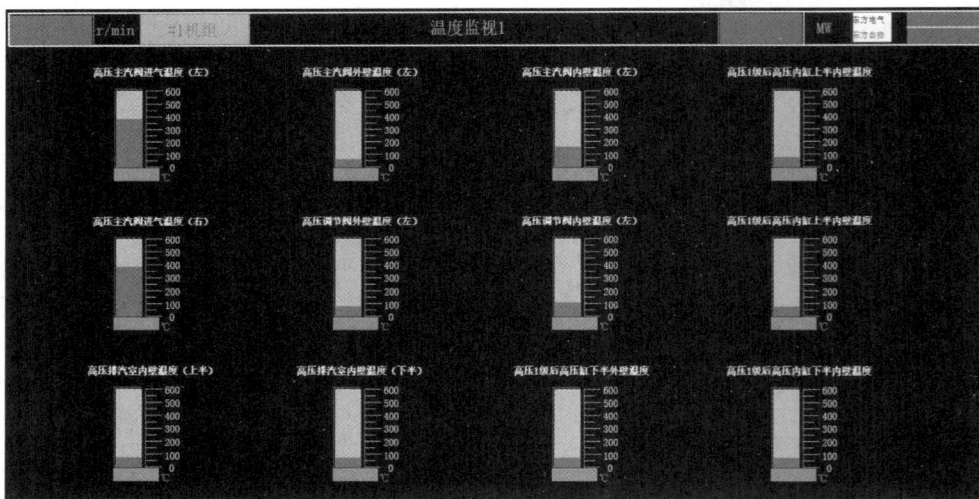

图 7 - 3 汽轮机各点温度监视画面 1

(4)高压缸预暖操作。机组冲转前,当高压缸第一级内壁金属温度不大于 150 ℃,则需要进行高压缸预暖操作。

① 检查一段抽汽管道上的逆止阀处于关闭状态,打开一段抽汽逆止阀前疏水阀。

② 打开高排逆止阀后再热冷段管道的疏水阀,避免疏水倒灌至高压缸。

③ 打开高压缸倒暖电动阀前疏水阀,并保持 5 分钟后将其关闭。

④ 将高压导汽管疏水阀开至 20%。

⑤ 在 DCS"蒸汽及旁路系统"画面上(如图 7－4 所示),打开倒暖隔离电动阀,将倒暖电动阀开启到 10％的开度,检查 VV 阀处于全关状态,保持 30 min 后将高压缸倒暖电动阀开启至 30％位置,保持 20 min 后继续开启高压缸倒暖电动阀至 55％位置,保持此开度直至高压缸第一级内壁金属温度升至 150 ℃。

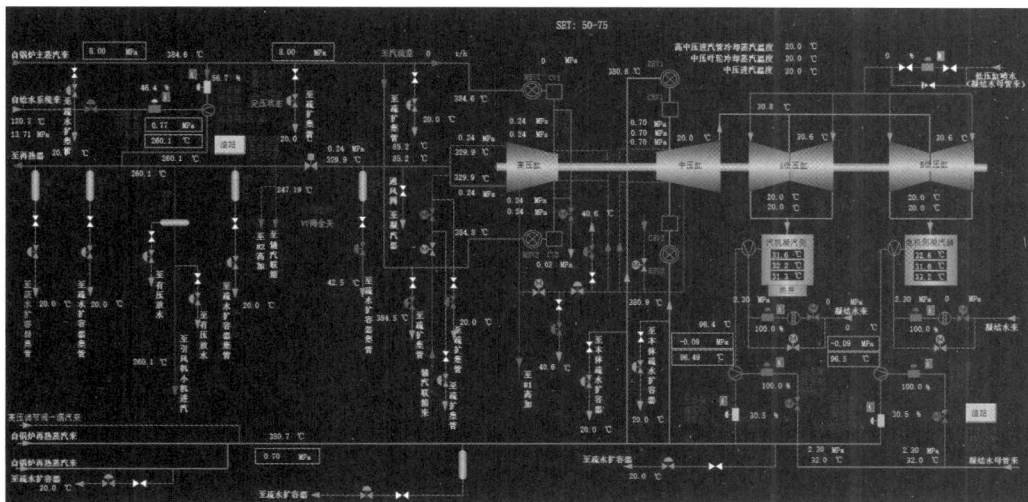

图 7－4 蒸汽及旁路系统(DCS)

⑥ 将倒暖电动阀开度由 55％关闭至 10％位置并保持 5 min,然后在 5 min 内逐步关闭倒暖电动阀直至全部关严,进行高压缸闷缸,闷缸时间根据高压缸预暖闷缸曲线(如图 7－5 所示)查出。

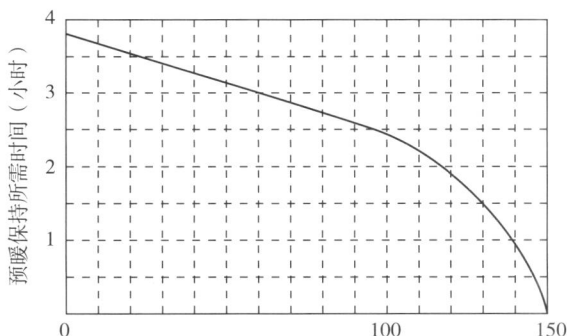

图 7－5 高压缸预暖闷缸曲线

⑦ 高压缸预暖结束后开启高压导汽管疏水阀、高排逆止阀前疏水阀、VV 阀。

高排通风阀是高压缸排汽管上连接到凝汽器的一个通风阀。在高压缸不进汽或进汽量较少的情况下,高旁逆止阀处于关闭状态。此时,鼓风摩擦作用可能造成高压缸超温。为了保证高压缸排汽不超温,机组启动时,要求再热蒸汽压力不能超过 0.728 MPa,且冲转前打开高排通风阀,可以保持高压缸内的真空。并网带初始负荷后高排通风阀才关闭,使高压缸的排汽压力尽可能低。

另外,机组甩负荷或打闸后,应打开高排通风阀,使高压缸及高排逆止阀前管道中的余汽迅速排入凝汽器,防止因高压蒸汽通过高中压缸轴封漏入中压缸(此时中压缸内为真空状态)造成转子超速。

(5)转子升速至 500 r/min。在 DEH 的"自动控制"画面上,点击"运行"按钮,观察中压主汽阀开启,点击右下角"目标值",在弹出对话框中输入"目标转速"为 500,并单击"输入";点击"升速率",输入 100,并单击"输入",然后点击"进行/保持"按钮,选择"进行",检查确认中压调节汽阀缓慢开启,中压缸开始进汽(如图 7-6 所示)。检查当汽机转速大于盘车转速时,盘车应能自动脱开,盘车点击自动停止,否则手动停止盘车。

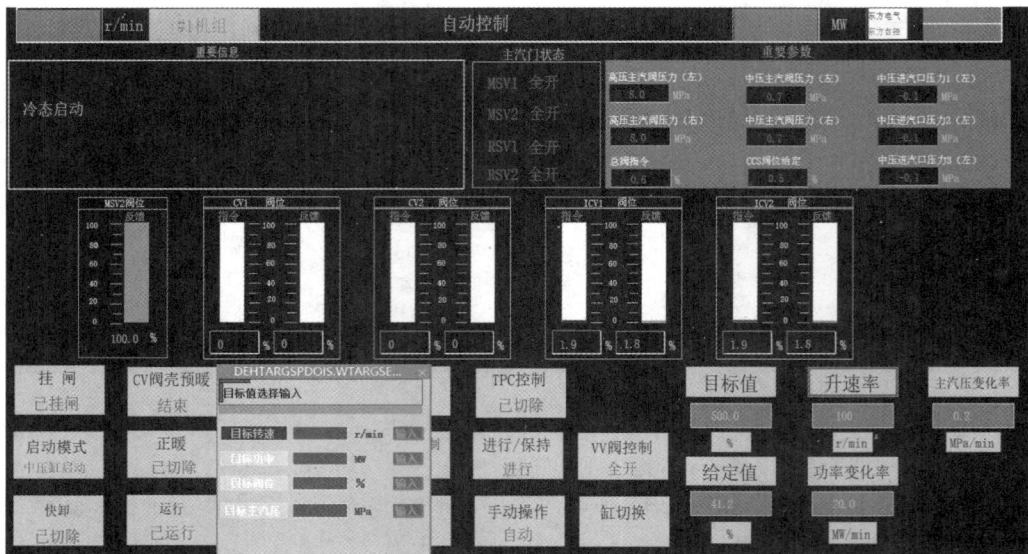

图 7-6 自动控制画面(DCS)/设定转速目标值

(6)对机组进行摩擦检查。汽轮机大小修后,在汽轮机升速过程中,一般需要做摩擦检查。当转速升至 500 r/min 时,在"自动控制"画面上点击"摩擦检查"按钮,在弹出对话框中选择"投入"(如图 7-7 所示),检查确认所有调节汽阀全部关闭,机组转速逐渐下降,机组进行摩擦检查。当汽轮机转速下降至 200 r/min 以下时,摩擦检查自动切除。

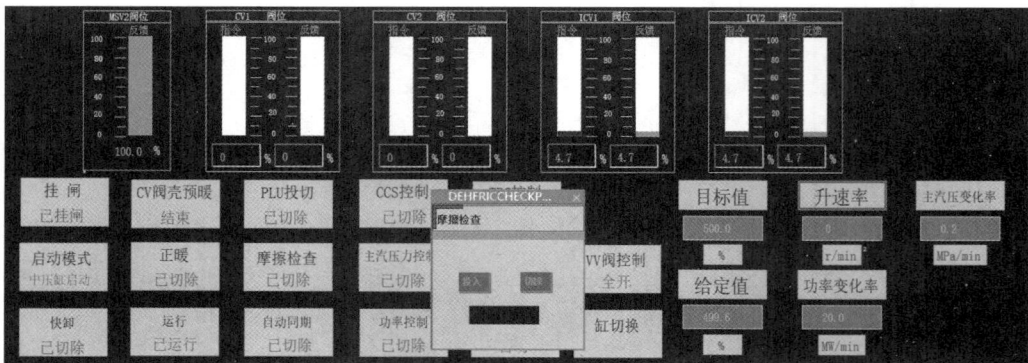

图 7-7 自动控制画面(DCS)/摩擦检查

（7）转子升速至 1500 r/min。在 DEH"自动控制"画面上点击"正暖"按钮,选择"投入",点击"目标值",在弹出对话框中输入"目标转速"为 400,并单击"输入";点击"升速率",输入 100,并单击"输入",然后点击"进行/保持"按钮,选择"进行",检查确认高压调节汽阀逐渐开启。

当转速达到 400 r/min,高压调节汽阀锁阀正常(指高压调节汽阀保持在一定开度不变,该机组仿真操作大概在 5.1% 开度)后,继续升速至 1500 r/min,此时中压调节汽阀逐渐开启,由中压调节汽阀来控制进汽量维持机组转速达到规定值。转速达到 1500 r/min 时,进行中速暖机,并注意监视 TSI 画面中胀差、轴向位移、油温、油压及各轴承振动等相关参数在允许范围内。当中压排汽口外下缸内壁金属温度超过 250 ℃ 且暖机时间大于 80 min 时,中速暖机结束,点击"正暖",选择"切除",确认高压调节汽阀逐渐关闭,VV 阀全开,由中压调节汽阀控制机组转速在 1500 r/min。

3. 升速过程中的暖机问题

暖机是为了使汽轮机各部分金属得到充分的预热,减少汽缸法兰内外壁、法兰与螺栓、转子表面和中心的温差,从而减少金属内部热应力,使汽缸、法兰及转子均匀膨胀,并将胀差控制在安全的范围内,避免汽轮机内动静间隙消失而发生碰撞摩擦。

暖机转速应合理,若暖机转速太低,则放热系数小,温度上升过慢,延长启动时间;若暖机转速太高,则因离心力过大而带来脆性破坏的危险。此外,还应考虑避开转子的临界转速,防止落入转子的共振区。为此,在汽轮机升速过程中,一般设有低速暖机、中速暖机和高速暖机等。

低速暖机考虑的主要是在冷态启动过程中,汽缸和转子的温度较低,会产生较大的热冲击,并且金属的温升量较大,热应力较大。为此,设置低速暖机,通过暖机限制了升速速度,从而限制了热应力。

对于小功率的汽轮机,超速试验一般在定速后进行。对于大功率汽轮机,由于高中压转子的脆性转变温度在 120 ℃ 左右,为提高高中压转子的温度,防止低温脆性破坏,避免产生过大的热应力,规定机组定速后应带部分负荷运行数小时,再将负荷减到零,解列发电机,再进行超速试验。这样就可以使转子内的温度高于脆性转变温度,同时转子中心孔的热拉应力也大为减小,改善了转子的工作条件。

对于东汽超超临界 660 MW 汽轮机,汽轮机高中压转子及低压转子均采用整锻无中心孔设计,大幅度降低了转子的应力。运行中为了避开轴系的一阶、二阶临界转速区,升速过程中设置了 1500 r/min 暖机和 2300 r/min 暖机。

4. 升速过程中的辅助系统操作

（1）汽机转速升至 2000 r/min 时,在"DCS/润滑油系统"画面,检查顶轴油泵应自动停止,如图 7-8 所示,否则应手动停用并投备用,注意检查确认润滑油系统压力正常,机组各轴承振动、回油温度正常。

（2）在升速过程中,在汽轮机"DCS/低压加热器系统"界面(图 7-9 所示)检查并投入低压加热器运行。先依次投入 #8、#7、#6、#5 低加水侧,再开启 #6、#5 低加进汽逆止门、电动门,投入低加汽侧运行,使低加随机滑启,并及时投入各低压加热器疏水系统,各疏水调节阀投自动,水位定值设为 0 mm。

在汽轮机就地"低压加热器系统"画面中(图 7-10 所示),在低压加热器投汽侧前,先开低加启动排气阀,汽侧投运完成后关闭;开启低加汽侧连续排气阀(排至凝汽器);低加疏水投运过程中,注意开各低加疏水就地门。

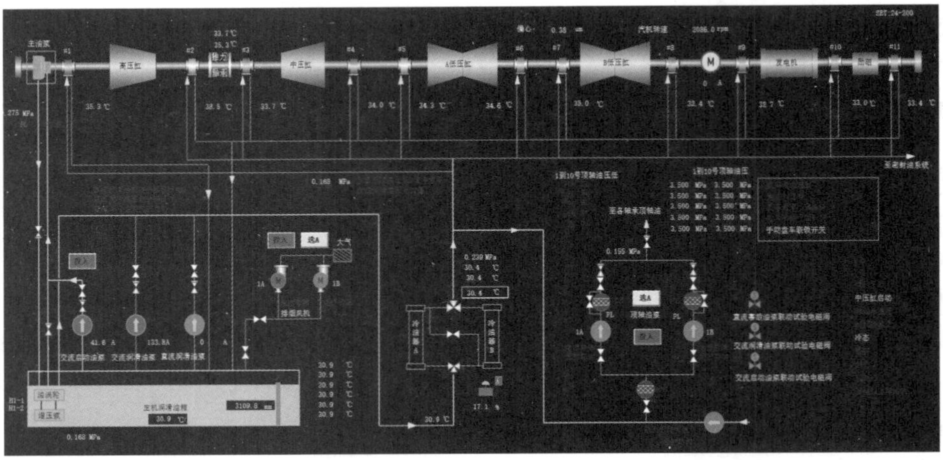

图 7 - 8　主机润滑油画面（DCS）

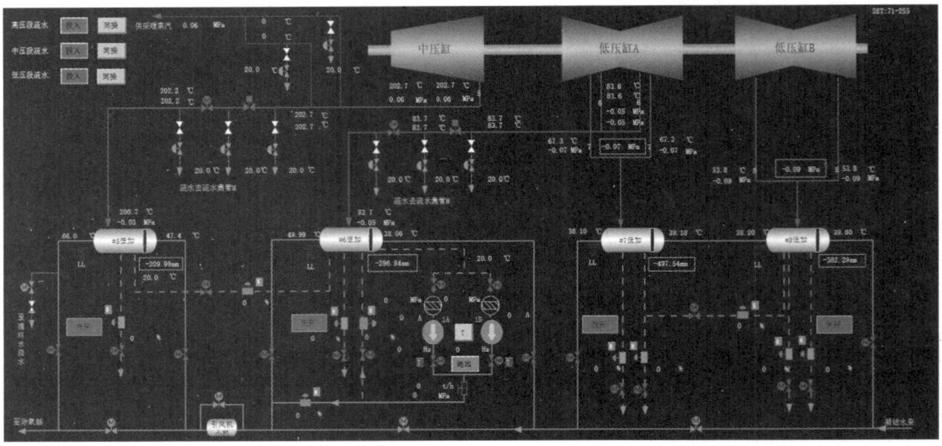

图 7 - 9　低压加热器系统（DCS）

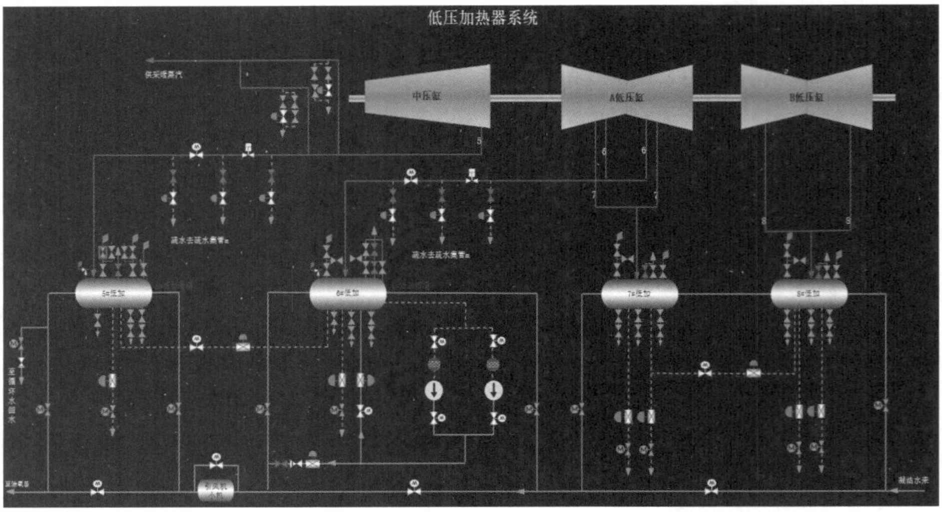

图 7 - 10　低压加热器系统（就地）

低加投运中应注意的问题：

① 应严格控制加热器出口水温温升率,低压加热器出口温升率不大于 56 ℃/h,不能超过 110 ℃/h。低压加热器温度变化率不大于 2 ℃/min。

② 加热器投入时应注意,先投水侧,后投汽侧;停止时先停汽侧,后停水侧。

③ 机组正常运行中,加热器投入时,应先投入凝结水精处理装置。

(3)转子转速升至 3000 r/min,检查主油泵运行正常,确认交流启动油泵联锁投入,停运交流润滑油泵和交流启动油泵。

汽轮机的升速暖机过程如图 7-11 所示。

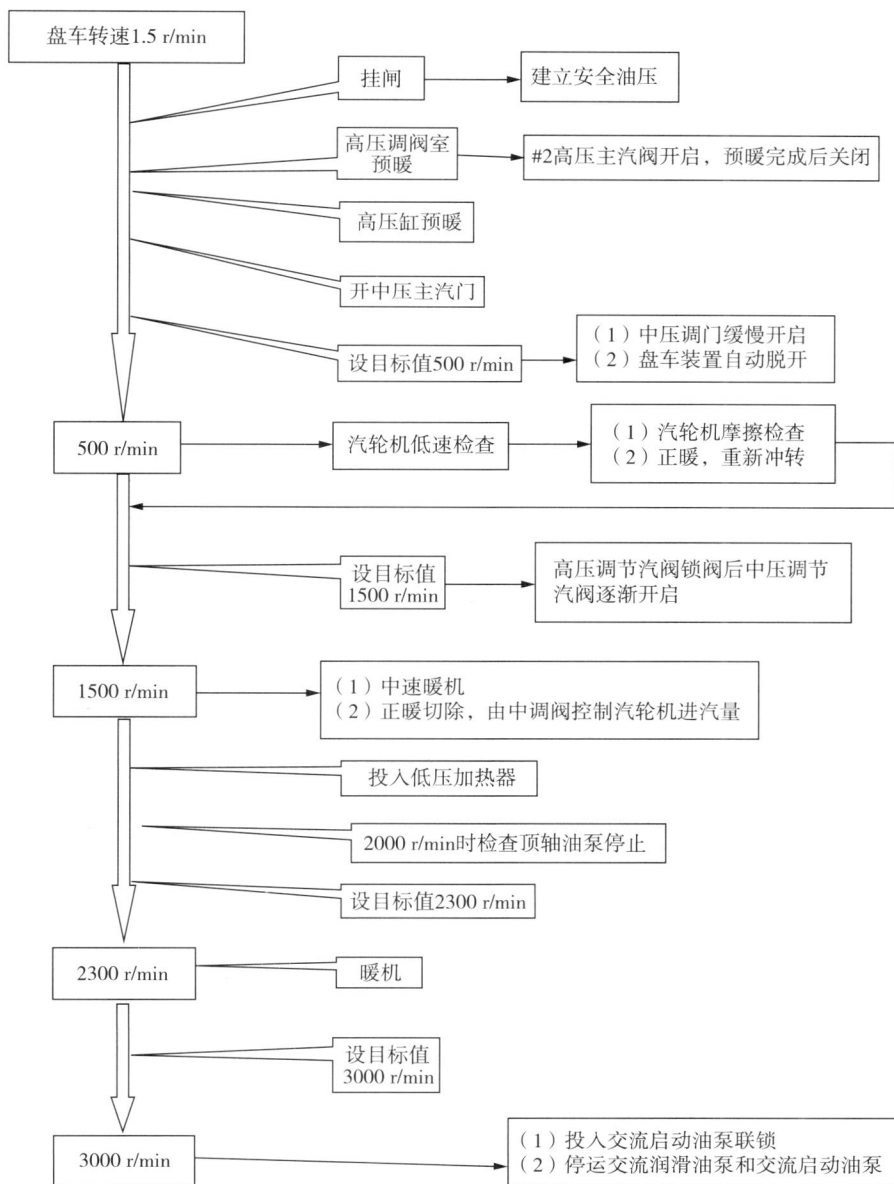

图 7-11 汽轮机的升速暖机过程

5. 汽轮机冲转、升速过程的注意事项

(1)在冲转升速过程中,注意各部分声音、润滑油温、轴承金属温度及回油温度、振动、胀差、真空、汽温、汽压、缸温、轴向位移等参数的变化。

(2)在冲转升速过程中,应特别注意机组振动情况。当振动增加时,应降速或延长暖机时间,若一阶临界转速以下轴承振动超过 30 μm 或过临界转速时,轴振超过 254 μm,应立即打闸停机,严禁降速暖机或强行升速。

在通过临界转速时,要迅速而平稳地通过,切忌在临界转速下停留,以免造成强烈振动;但也不能升速过快,以致转速失控,造成设备损坏。

东汽超超临界 660 MW 汽轮发电机组各转子的临界转速值如表 7-3 所示。

表 7-3 东汽超超临界 660 MW 汽轮发电机组转子临界转速值

转子名称	一阶临界转速(r/min)		二阶临界转速(r/min)	
	设计值(轴系)	设计值(轴段)	设计值(轴系)	设计值(轴段)
高压转子	1912.2	—	>4000	>4000
中压转子	2098.6	—	>4000	>4000
低压转子 I	1963.2	—	>4000	>4000
低压转子 II	1986.1	—	>4000	>4000
发电机转子	971.7		2652	2690

(3)机组冲转前,确认低压缸喷水控制阀在"自动"状态。在机组冲转后,维持低压缸排汽温度不超过 80 ℃。

(4)维持正常真空,冷再热蒸汽压力不超过 0.728 MPa,高排温度不超过 427 ℃。

(5)检查主机润滑油、轴封、密封油、氢气、定冷水系统各参数调节正常。在升速过程中,由于转子温度的升高和轴瓦的摩擦发热,润滑油温会逐渐升高,当油温达到 45 ℃时,应开启冷油器进水阀,投入冷油器维持油温在 40～45 ℃。

(6)检查除氧器、凝汽器、启动分离器、锅炉疏水扩容器等水位正常。

启动操作 2 汽轮机冷态启动过程中并网后升负荷至 660 MW

1. 并网后的操作

机组并网后自动带上 30 MW 左右的初始负荷,并网后的检查和操作主要有:

(1)检查炉膛出口烟温达 580 ℃时,烟温探针自动退出。

(2)投入发电机绝缘过热装置。

(3)初始负荷暖机。

机组并网后
升荷至 660 MW

在并网后的加负荷过程中,由于金属加热比较剧烈,汽缸与转子之间容易出现较大的胀差和温差。当出现较大的胀差(一般是正胀差)时,应停止升压升温,使机组在这一负荷下停留,进行初始负荷暖机(30 分钟左右),并检查低压缸喷水减温投入,控制低压缸排汽温度低于 80 ℃。

(4)启动一台汽动给水泵。

① 检查确认凝汽器真空正常,除氧器水位正常,闭式水、凝结水、开式水系统正常。

② 检查确认 B 小机润滑油系统投运正常,B 小机前置泵投运正常,B 小机轴封系统投运正常。

③ 在"汽机就地/B 汽动给水泵系统"(图 7-12)中,启动 B 小机盘车,检查 B 小机盘车啮合正常,在"DCS/MEH-B"(图 7-13)中,检查 B 小机转速升至 120 r/min。

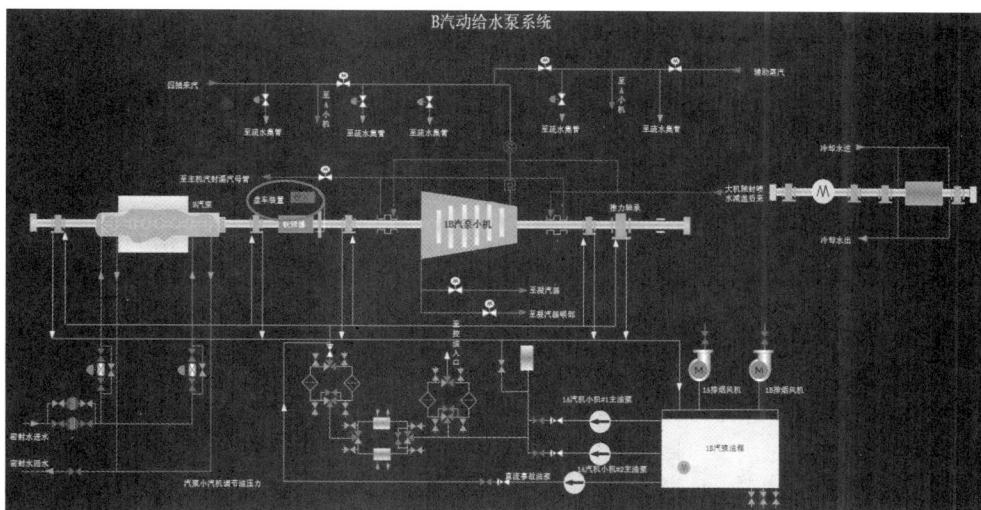

图 7-12 B 汽动给水泵系统就地画面

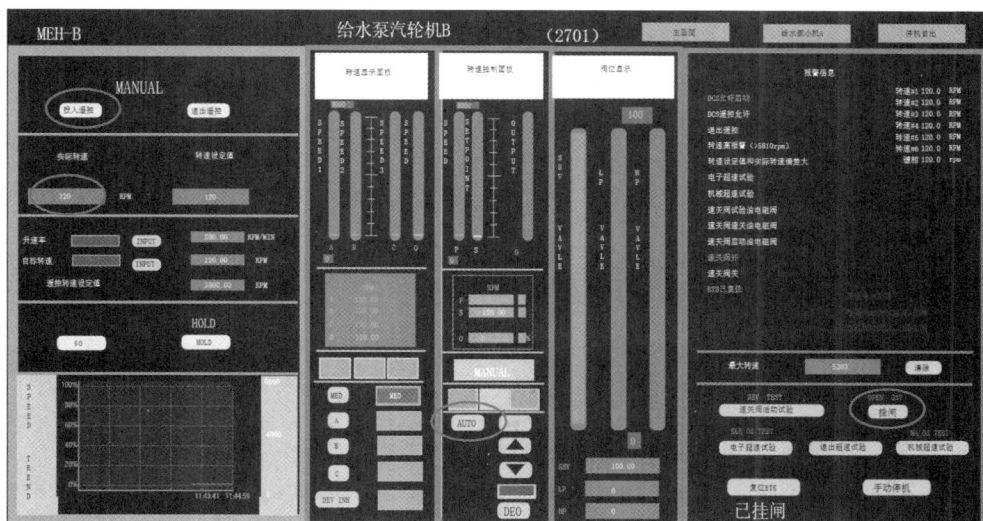

图 7-13 MEH-B DCS 画面

④ 打开 B 汽泵小机电动门前疏水手动门及疏水电动门,打开 B 汽泵小机主汽门前疏水手动门,打开 B 汽泵小机速关阀前疏水电动门,并打开 B 汽泵小机启动蒸汽电动门及启动蒸汽进汽电动门,待疏水阀出现蒸汽时再将管道疏水门关闭。

⑤ 在"DCS/MEH-B"(图 7-13)中,点击画面右上角的"停机首出"按钮,在弹出的对话框(图 7-14)中点击右下角的"首出复位",复位 B 小机首出信号。

⑥ 在图 7-13 中,点击"挂闸",建立速关油压。在画面中间"转速控制面板"上,选择 AUTO(自动)模式,在画面左边目标转速输入框手动输入 800,点击 INPUT,在升速率输入

框中手动输入 300，点击 INPUT，最后点击"GO"开始升速，转速升至 800 r/min 时检查机组振动、声音正常后暖机。

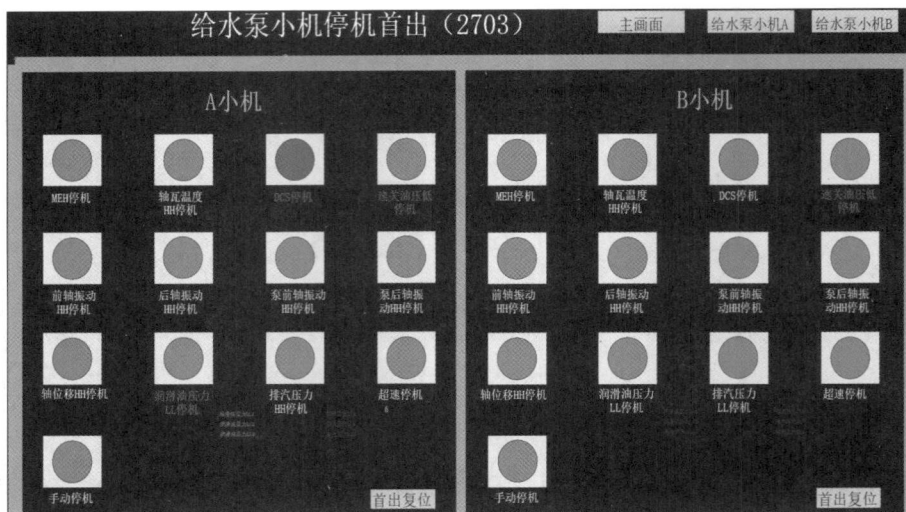

图 7 - 14　B 小机首出复位 DCS 画面

⑦ 继续在目标转速输入框中手动输入 3100，点击 INPUT，点击"GO"开始升速。

⑧ 当转速大于 3000 r/min 时，在"DCS/汽水总貌"（图 7 - 15）中，点击 B 汽泵小机遥控，然后回到"DCS/MEH - B"（图 7 - 13）中，在左上角点击"投入遥控"，在回到图 7 - 15 中通过 B 汽泵小汽机调节汽泵转速，打开 B 汽泵中间抽头电动门，当 B 汽泵小机与电动给水泵出口压力相近时，切换为 B 汽泵供锅炉给水，将 B 汽泵最小流量调节阀投自动，停运电动给水泵，此过程中注意保持主给水流量在 450 t/h 左右。

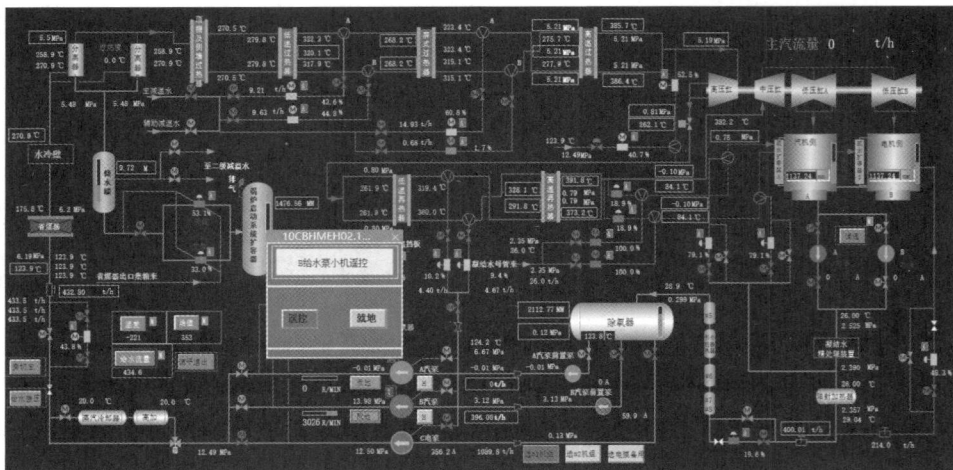

图 7 - 15　汽水系统 DCS 画面

2. 负荷由 30 MW 升至 120 MW

（1）切缸操作。

① 机组带初始负荷暖机完成后，进入"DCS/蒸汽及旁路系统"画面（图 7 - 16 所示），检

查确认机组高、低压旁路控制均在自动方式,高排逆止阀在开启释放状态,高排逆止阀前、后疏水阀开启。

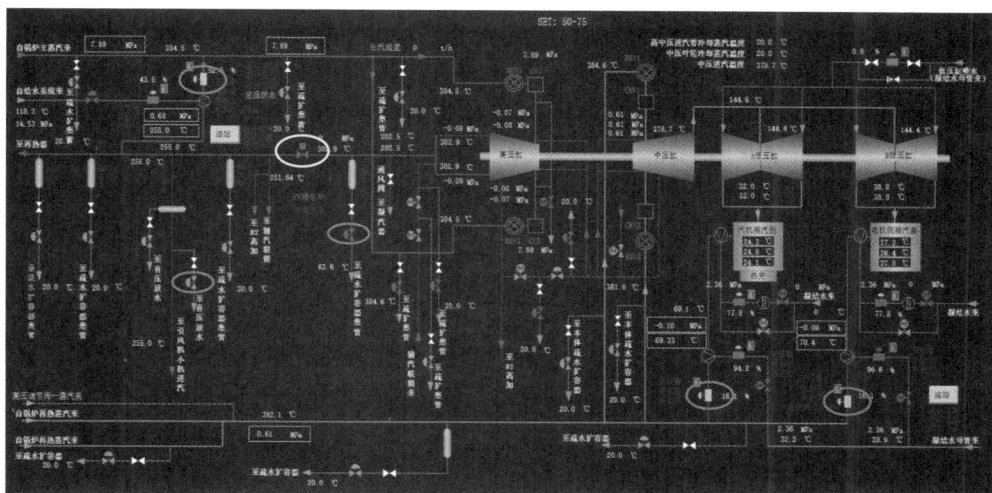

图 7-16 蒸汽及旁路系统 DCS 画面

② 进入"DEH/自动控制画面"点击目标值,选择目标阀位,输入 75,点击"输入",然后点击"进行/保持"按钮中的"进行"。观察中调门开度大于 35 后,回到自动控制画面,如图 7-17 所示。点击"缸切换",选择"切缸",检查确认高压调节汽阀开启,高排逆止阀被顶开,此时由高压调节汽阀控制机组负荷。

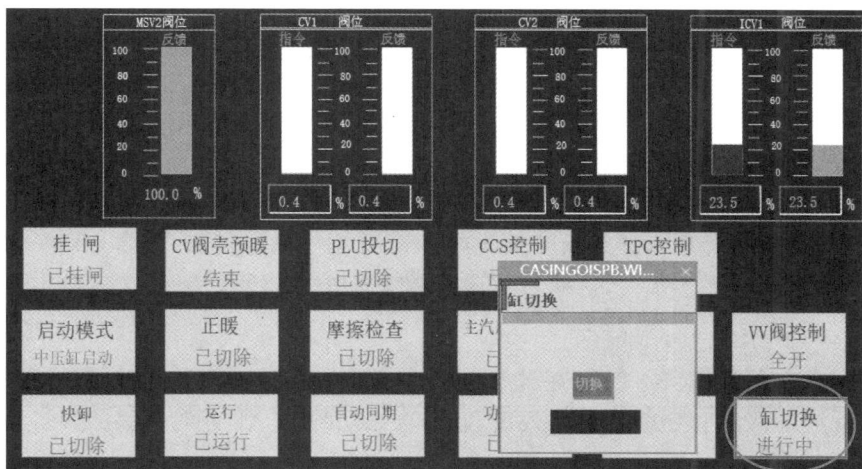

图 7-17 自动控制 DCS 画面

③ 在 DEH"自动控制"画面设定目标负荷 120 MW,设定升负荷率不大于 3 MW/min,点击"进行"开始升负荷。随着机组负荷的增加,VV 阀自动关闭,高、低压旁路开度逐渐减小。

④ 当机组负荷升至 60 MW 时,检查确认汽轮机高压段疏水阀自动关闭,否则手动关闭。

⑤ 当机组负荷升至 90 MW 时,确认低压缸喷水阀关闭。

⑥ 在机组负荷首次达到 120 MW 或高、低旁控制阀逐渐关闭至全关时，切缸结束。如果切缸结束后，高压旁路阀仍没有全关，可手动关闭或通过提高设定压力使其关闭。

⑦ 整个切缸操作与机组负荷间的关系如图 7-18 所示，切换过程中高排通风阀与高排逆止阀的状态如图 7-19 所示。

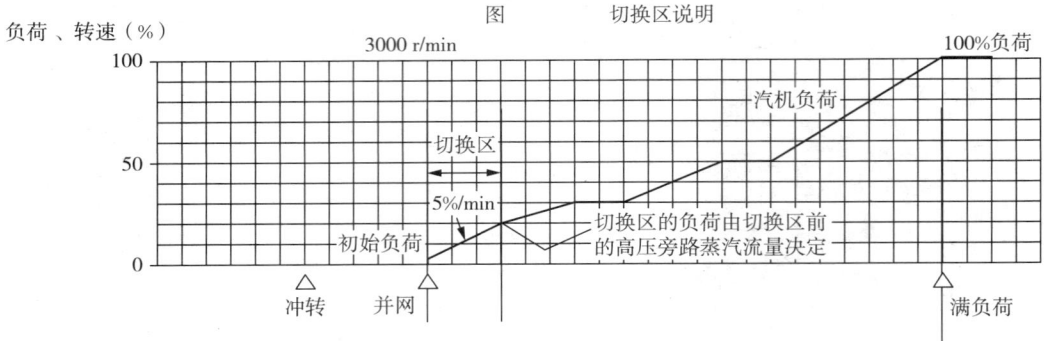

图 7-18 切缸操作与负荷变化

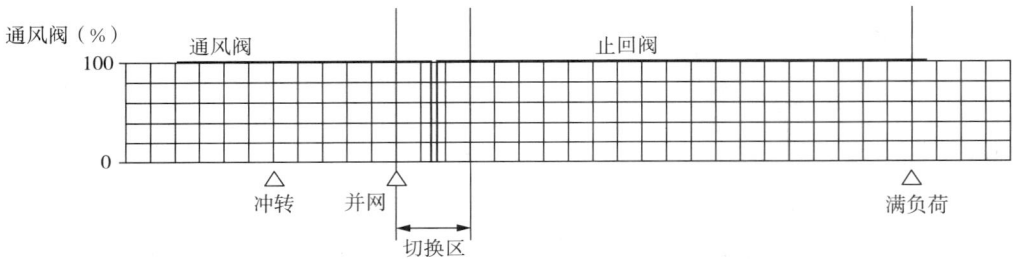

图 7-19 切缸过程中高排通风阀、高排逆止阀状态

（2）切缸过程中的注意事项

① 切缸期间注意保持锅炉燃烧稳定，汽轮机进汽参数稳定，避免参数下滑功率变化引起逆功率保护动作。

② 由于转速和负荷的变化直接影响到汽缸和转子的金属温度，因此，应限制升速率及升负荷率；对于超超临界 660 MW 机组，汽轮机在各种启动方式下的升速率和升负荷率如表 7-4 所示。

表 7-4 汽轮机在各种启动方式下的升速率和升负荷率

	升速率（r/min²）	30%额定负荷前升负荷率（MW/min）	升负荷率（MW/min）	点火~冲转（min）	冲转~额定转速（min）	并网~额定负荷（min）
冷态	100	3.3	3.3	150	103	248
温态	100	3.3	4.95	80	94	205
热态	300	6.6	11.55	70	11	70
极热态	300	6.6	13.2	70	11	60

③ 切缸期间要严密监视旁路动作情况,以保证高压缸的进汽量。注意监视高压缸排汽温度以及切缸时高排逆止阀的开启情况。

(3)切缸结束后的主要工作

① 在高旁控制阀关闭后,检查确认高旁减温水阀关闭。

② 从低到高顺序开启汽机抽汽电动阀,依次投入高压加热器汽侧运行,注意控制出水温度温升率小于 3 ℃/min。

3. 负荷由 120 MW 升至 180 MW

(1)设定目标负荷 180 MW,升负荷率不大于 3 MW/min,逐渐增加机组负荷。

(2)负荷达到 120 MW 时进行厂用电切换操作。

(3)机组负荷达到 20% 额定负荷时,确认机组中压部分疏水阀正常关闭。

(4)投入汽轮机跟随方式。在"DCS/协调控制"画面(如图 7-20 所示),点击"遥控"按钮,在"DCS/自动控制"画面(如图 7-21 所示),点击"CCS 控制",选择"投入",再去"DCS/

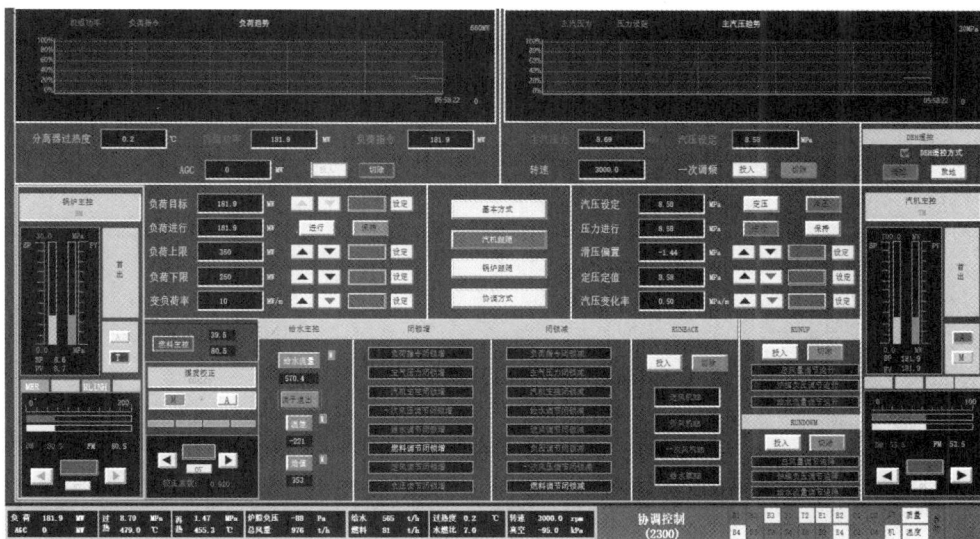

图 7-20　协调控制画面

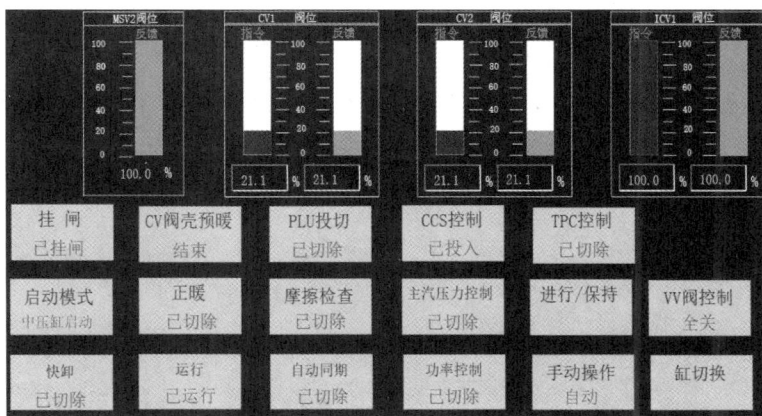

图 7-21　自动控制画面

协调控制"画面中点击"汽机主控"为"A"自动方式,在压力设定处点击"滑压",单击"进行",进入汽机跟随控制方式。机组通过调整锅炉的燃烧量、风量和给水量,按冷态滑参数启动曲线进行升温、升压和升负荷。

东汽超超临界660 MW机组冷态启动曲线如图7-22所示。

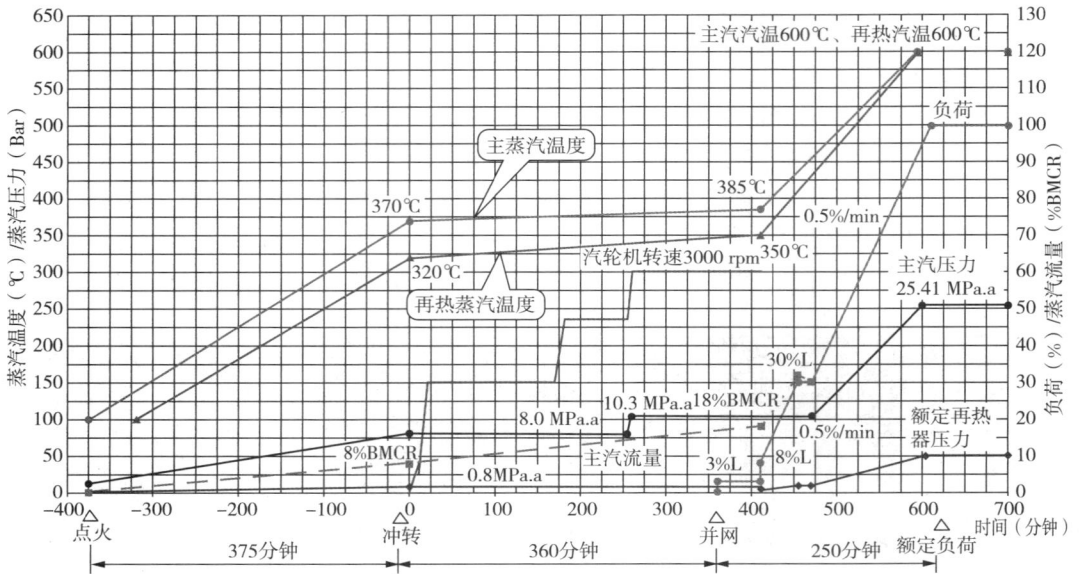

图7-22 超超临界660 MW机组冷态启动曲线

(5)启动一台汽动引风机。

① 在锅炉就地"A汽动引风机系统"画面"(如图7-23所示)中,开启油系统相关就地阀,打通该油管路系统通路。

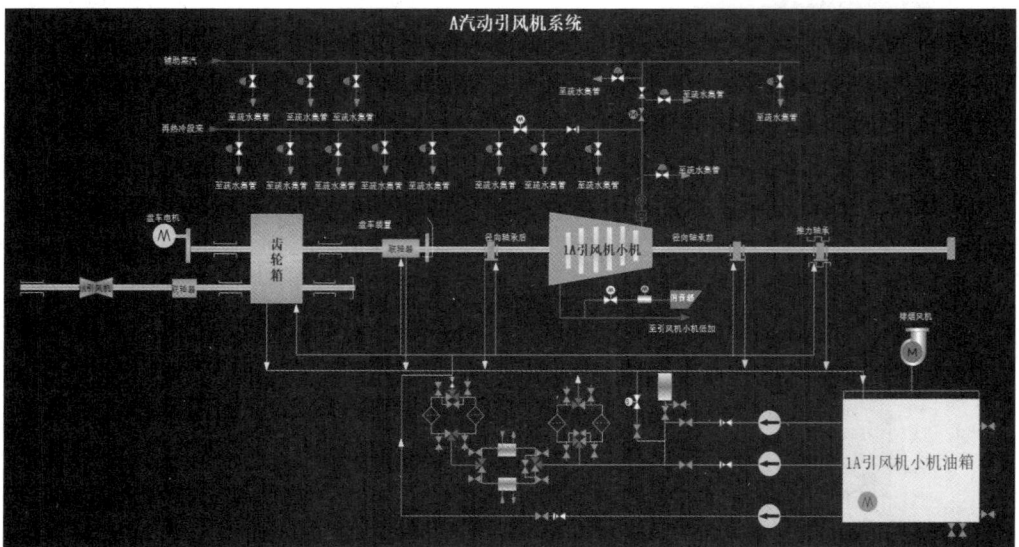

图7-23 A汽动引风机系统就地画面

② 在锅炉就地"引风机小机低加系统"(如图 7-24 所示)中,打开 A 引风机小机排汽逆止阀前、后疏水隔离阀,A 引风机小机排汽电动阀后疏水隔离阀,打开引风机小机 A、B、C 低加进汽电动阀前疏水阀、启动排气阀、连续排气阀,打通引风机小机就地疏水通路。

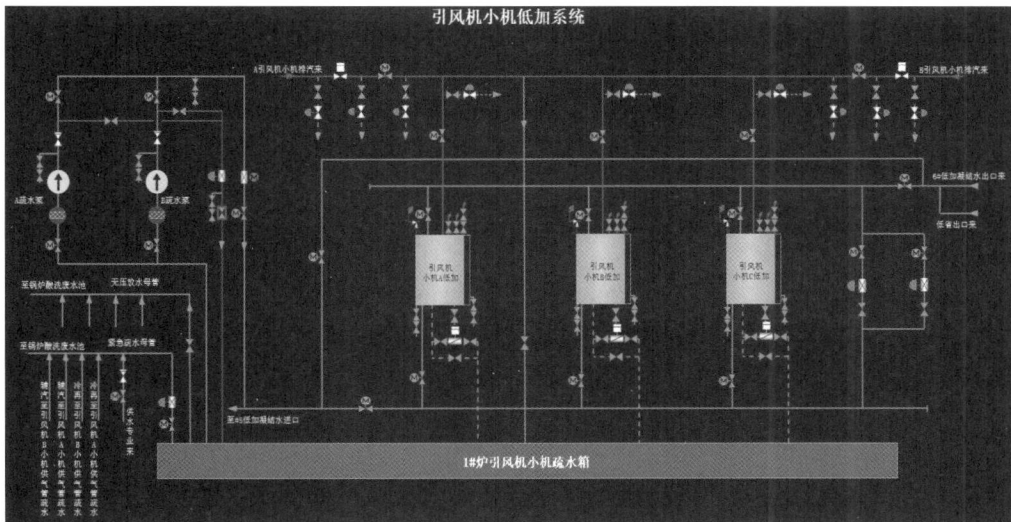

图 7-24　引风机小机低加系统就地画面

③ 在锅炉 DCS"A 汽动引风机"画面(如图 7-25 所示),打开排烟风机,投入 A 引风机小机油泵运行,对 A 引风机小机进汽管道充分疏水暖管后打通该管道通路。

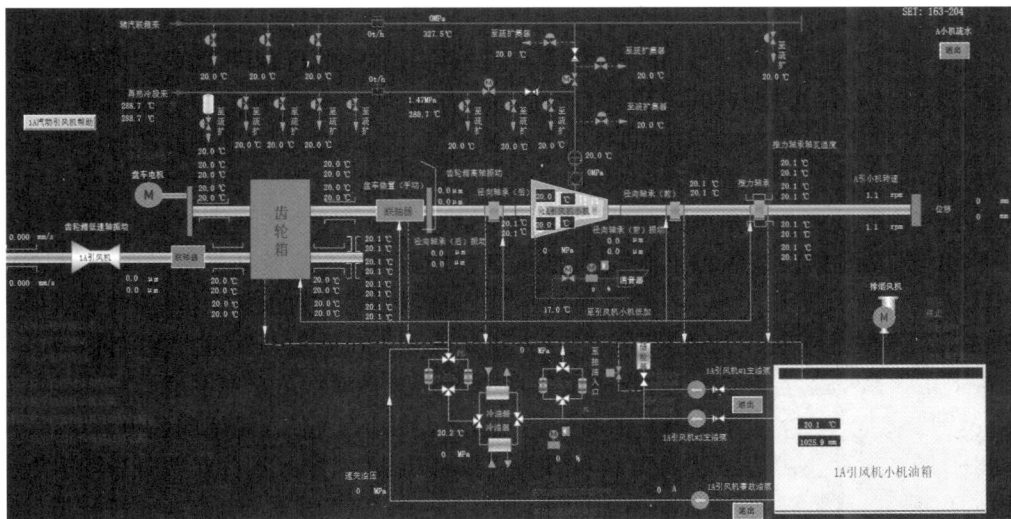

图 7-25　A 汽动引风机 DCS 画面

④ 在锅炉 DCS"引小机蒸汽系统"中,投入 A 小机轴封风机,防止受热不均,管道振动。在锅炉 DCS"引风机监视系统"中,启动 A 引风机冷却风机并投入联锁。

⑤ 打开 A 汽动引风机出口烟气挡板,打开"A 汽动引风机启动帮助"(如图 7-26 所

示），检查启动条件均满足后点击盘车电机投入。

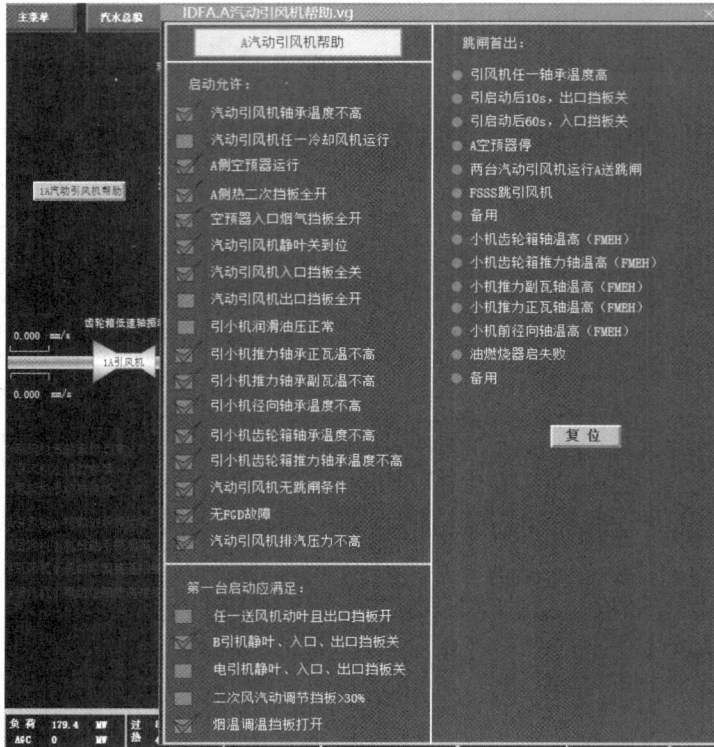

图 7-26 汽动引风机启动帮助

⑥ 在 FMEH-A 画面（如图 7-27 所示）中点击右上角"停机首出"，进入图 7-28 画面，复位小汽轮机。

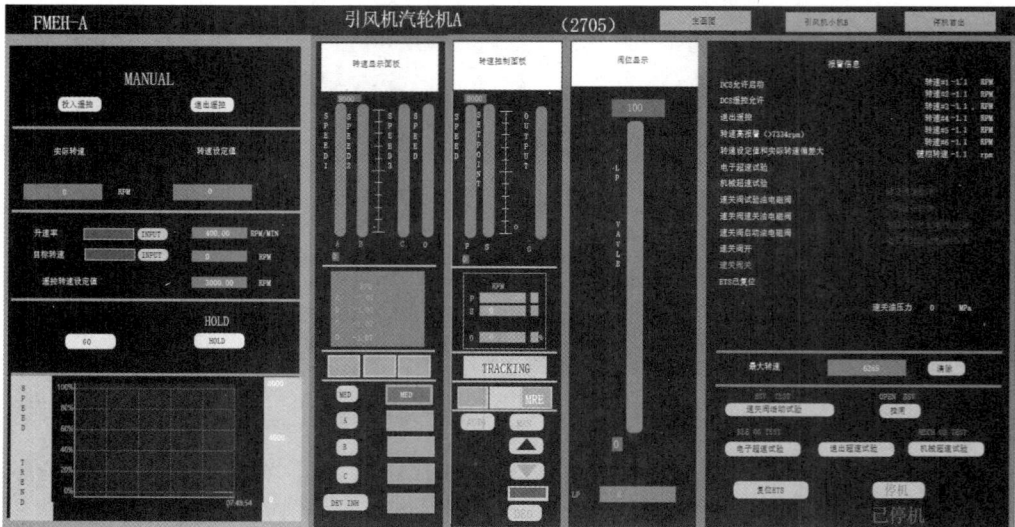

图 7-27 FMEH-A 画面

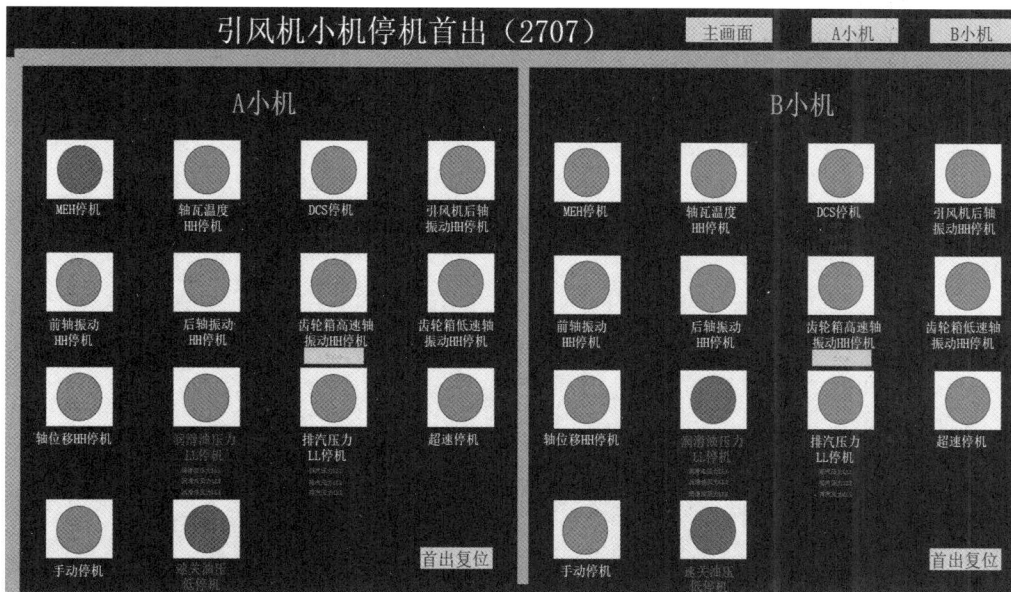

图 7-28　引风机小机停机首出

⑦ 在图 7-29 中,点击"挂闸",在转速控制面板上选择 AUTO(自动)模式,输入目标转速 800,升速率 200,开始升速暖机,之后再输入升速率 300 升速至 3100 r/min,投入 A 汽动引风机遥控。

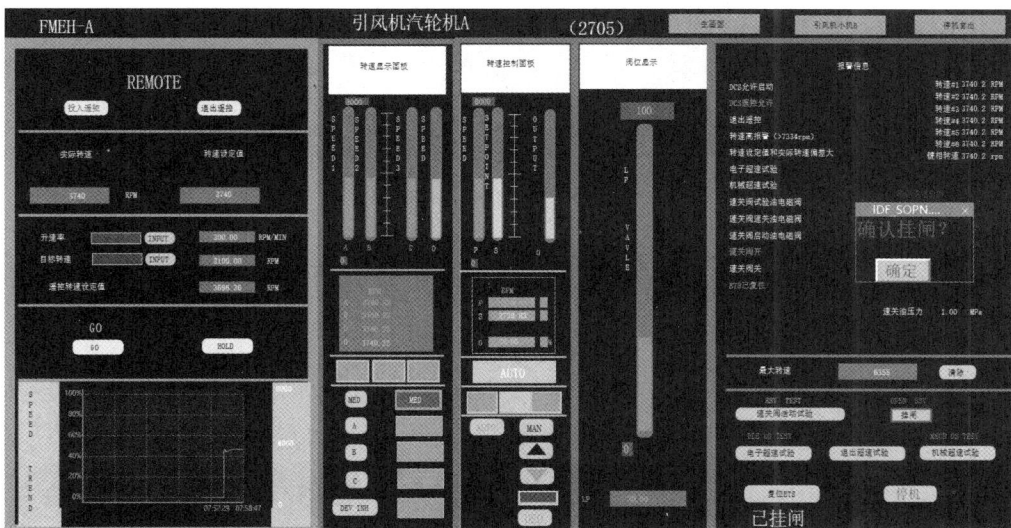

图 7-29　FMEH-A 画面/挂闸

⑧ 在 DCS 风烟系统中,逐渐开大汽动引风机静叶,关小电动引风机静叶,直至并入汽动引风机,停运电动引风机,投入 A 汽动引风机转速自动,设定负压为-100 Pa,并投运引风机小机低加系统。

(6)当四抽压力达到 0.4 MPa 后,开启四抽至除氧器电动阀,切换除氧器加热汽源至四抽。

（7）机组负荷达到 180 MW 时，检查汽机低压部分疏水自动关闭。

4. 负荷由 180 MW 升至 300 MW

（1）负荷升到 180 MW 以后，机组湿态转干态运行。维持给水流量 500 t/h 不变，逐渐增加燃料量，使水箱水位逐渐降低，溢流阀全关并解除自动，锅炉转直流后，维持分离器出口过热度在 5～15 ℃。

（2）将另一台汽动给水泵冲转至 3000 r/min，根据情况投入第二台汽泵，并泵操作期间要严密注意锅炉给水量保持稳定。

（3）负荷升至 200～250 MW，在"DCS/汽水总貌"（如图 7-30 所示）中，观察给水旁路调节阀开度大于 80% 且前后差压小于 0.2 MPa 时，点击左边"旁切主"，检查旁路切主路启动允许条件都满足时，可将主给水旁路门切至主给水电动门，将给水旁路电动调节门开度调到零，关闭主给水旁路调节门前后门。在切换过程中要注意给水压力及流量的变化。

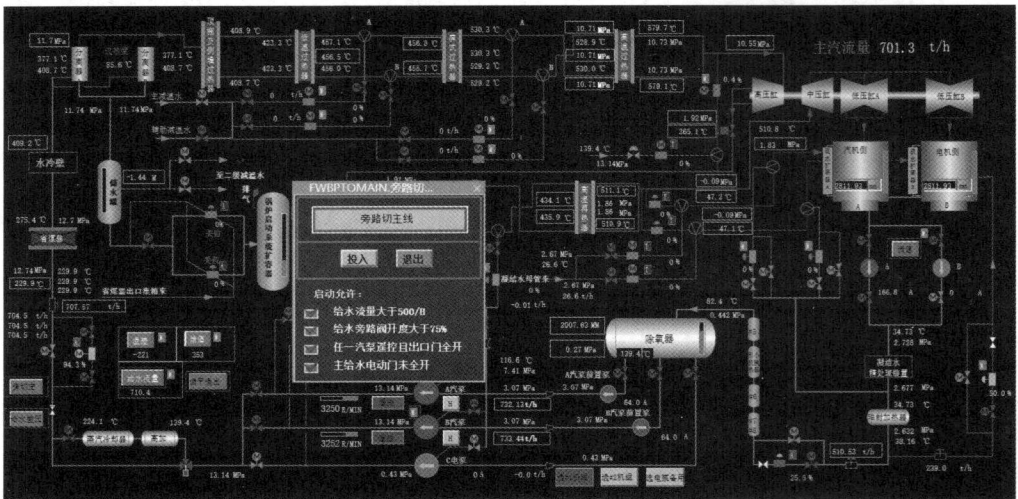

图 7-30　汽水总貌 DCS 画面

（4）负荷达到 250 MW 时，将另一台汽动引风机冲转至 3000 r/min，并根据情况并入风烟系统，并风期间注意保持炉膛负压稳定。

5. 负荷由 300 MW 升至 660 MW

（1）投入机炉协调控制。

① 检查确认机组现在处于汽机跟随运行方式，进入"DCS/燃烧系统"画面（如图 7-31 所示），将各给煤机给煤率投自动，设定值为"0"。

② 检查确认二次风已投入煤层 A/B 侧风门自动，燃尽风投自动，偏置为 0。

③ 在"DCS/风烟系统"画面（如图 7-32 所示）中，检查确认送风机、一次风机动叶及 A、B 汽动引风机转速自动。

④ 进入"DCS/汽水总貌"画面（如图 7-33 所示），依次将 A、B 汽泵小汽机，给水流量，焓值、温差投自动。

⑤ 在"DCS/协调控制"画面（如图 7-34 所示）中，将燃料主控投自动，将锅炉主控投自动，确定滑压偏置为 0。

图 7 - 31　燃烧系统 DCS 画面

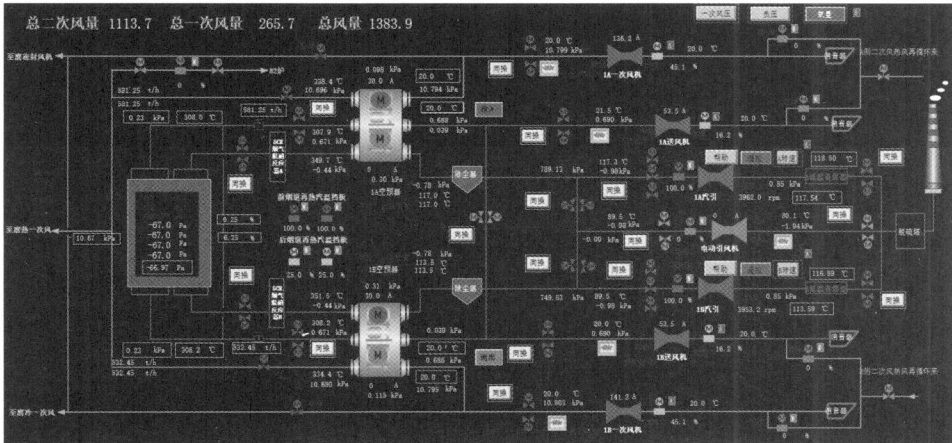

图 7 - 32　风烟系统 DCS 画面

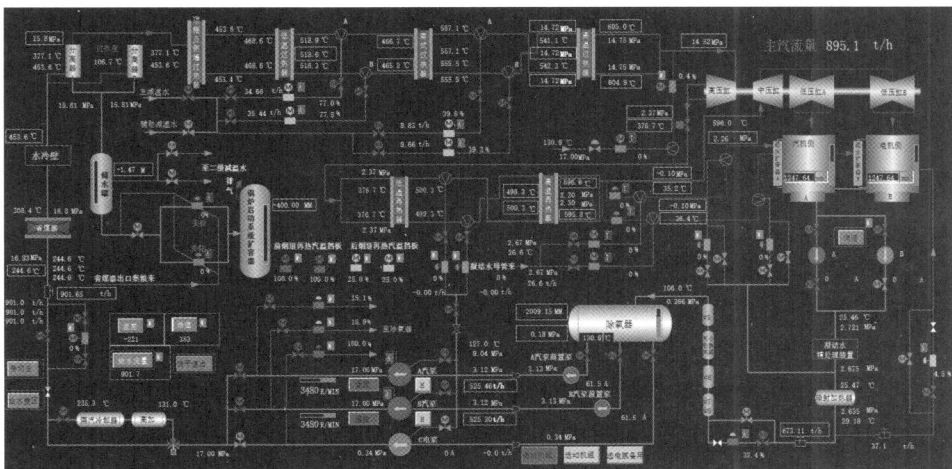

图 7 - 33　汽水总貌 DCS 画面

图 7－34 协调控制 DCS 画面

⑥ 点击"负荷设定"空格按钮，输入机组负荷 660，点击"设定"，然后点击"进行"按钮，点击"变负荷率"空格按钮，输入负荷变化率≯6 MW/min，点击"设定"。

⑦ "CCS"方式下将负荷升至 660 MW。待机组负荷稳定后，对机组进行全面检查，保证各参数在正常范围内。

（2）四抽压力达 0.5 MPa 以上，将辅汽联箱切为四抽供汽，再热冷段汽源投自动备用。

（3）机组负荷升至 400 MW，将发电机氢压补至额定值 0.42 MPa。

（4）机组负荷升至 480 MW，根据需要可做真空严密性试验。

（5）在机组负荷达到 540 MW，检查确认机组转入定压运行方式。

（6）负荷升至 660 MW，对机组各参数进行全面检查。

汽轮机的并网带负荷过程如图 7－35 所示。

6. 汽轮机并网升负荷过程的注意事项

（1）蒸汽参数和负荷的变化将直接影响到汽缸和转子金属的温度，在低负荷阶段，通过逐渐开大调节阀来增加负荷；当调节阀全开（或达到 90%）后，机组进入滑压运行，再增加负荷，主要靠加强锅炉燃烧，随着蒸发量的增加，主蒸汽压力的提高，机组负荷也随之增加。

在低负荷阶段，主蒸汽压力变化率不能过大，防止蒸汽流量增加过快，造成高压外汽缸及其法兰加热跟不上转子的加热，引起正胀差过大。此外，为了在寿命得到合理损耗的前提下，尽量减少启动过程中的损失，加快启动速度，要求按转子寿命损耗率所确定的机组冷态滑参数启动曲线来控制机组的升温升压。

（2）由于高压缸调节级汽室的汽缸厚度、法兰高度与宽度比较大，又处于蒸汽温度变化幅度大的区域，因此其内外壁温差较大，为控制热应力和热变形，应监视调节级汽室汽缸和法兰金属内外壁的温差。

（3）上下汽缸温差将引起汽缸的翘曲变形，上下缸温差过大往往还会造成大轴的弯曲。运行中应注意上下缸温差，并根据上下缸温差采取相应的措施，如控制温升速度、使高低压加热器与汽轮机同时启动等。

（4）机组正常运行后应检查并关闭机组有关疏水。

（5）严密监视机组胀差、轴向位移、各轴瓦温度及轴承回油温度等在规定范围内。

并网带初始负荷 → （1）投入发电机绝缘过热装置；
（2）初始负荷暖机；
（3）启动一台汽动给水泵，停运电动给水泵。

设目标值120 MW

切缸操作 → （1）VV阀自动关闭；
（2）高、低压旁路逐渐关闭。

60 MW → 汽轮机高压段疏水阀自动关闭

90 MW → 低压缸喷水阀关闭

120 MW → 进行厂用电切换操作

设目标值180 MW

（1）负荷达到20%额定负荷时，确认机组中压部分疏水阀正常关闭。
（2）投入汽轮机跟随控制方式。
（3）启动一台汽动引风机，并入风烟系统，停运电动引风机。

当四抽压力达到0.4 MPa后，切换除氧器加热汽源至四抽

180 MW → 汽轮机低压段疏水自动关闭

设目标值300 MW

（1）机组湿态转干态运行；
（2）启动另一台汽动给水泵并进行并泵操作。
（3）负荷达到200~250 MW，给水旁路调节阀开度大于80%且前后差压小于0.2 MPa时，主给水旁路切主路运行。

250 MW → 启动另一台汽动引风机并入风烟系统

300 MW → 投入机炉协调控制

设目标值660 MW

四抽压力达到0.5 MPa以上，辅汽联箱切换至四抽供汽

400 MW → 发电机氢压补至0.42 MPa

540 MW → 检查机组转入定压运行方式

660 MW → 全面检查机组各参数

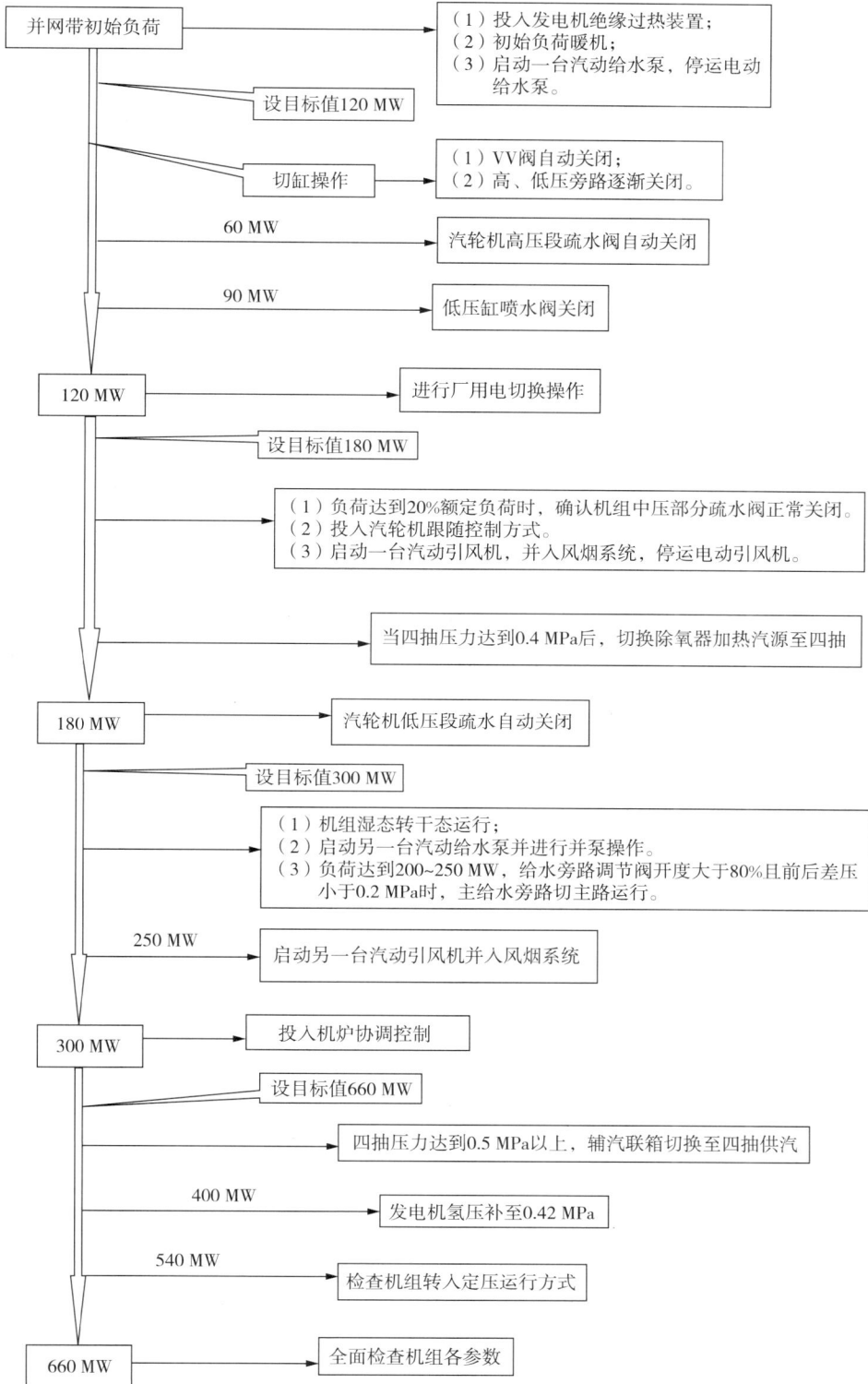

图 7-35　汽轮机的并网带负荷过程

（6）负荷的变化还可能影响机组振动，还应加强对机组振动和声音的检查，当出现振动等异常情况，应根据需要及时稳定负荷，并延长暖机时间。

（7）监视凝汽器、除氧器、加热器的水位变化，及时调整，这些参数大部分有自动控制，但仍要加强监视检查，以维持水位在正常范围之内。

（8）随着负荷的增加，应注意真空的变化，及时调节循环水流量。

第三节 汽轮机停机过程及其分类

汽轮机的停机指的是汽轮机从带负荷正常运行状态卸去全部负荷、发电机解列、切断汽轮机进汽直到汽轮发电机组转子静止下来的过程。

一、汽轮机停机过程分类

停机过程一般经历降负荷、解列、惰走（降速）、停机后处理等四个阶段，汽轮机停机过程是对汽轮机金属部件的降温冷却过程，停机过程中要防止金属冷却过快或冷却不均匀使其产生过大的热应力、热变形和负胀差。

由于通流部分动叶进口边与静叶出口边轴向间隙小于动叶出口边与下一级静叶进口边轴向间隙，而停机过程中转子的收缩快于汽缸，胀差为负，使得动叶进口边与静叶出口边轴向间隙减小，快速冷却要比快速加热更加危险。因此，在停机过程中减负荷速度应小于启动过程中加负荷速度。

按停机目的不同，汽轮机停机过程可分为正常停机和事故停机两大类。

1. 正常停机

正常停机是指按照与启动相反的顺序进行的停机过程，对于大容量机组根据实际运行情况，正常停机一般可分为调峰停机和维修停机。

调峰停机是指汽轮机调峰运行时或为了消除辅助设备缺陷时进行的短时间停机，当电网负荷增加或缺陷消除后，汽轮机很快再次启动并带负荷。为了实现调峰机组的快速启动，一般采用滑压停机方式，在停机减负荷过程中逐步降低进汽压力，尽可能维持主、再热蒸汽温度不变，以使机组金属温度在停机后保持较高的水平。

维修停机是根据机组大修或小修的需要而进行的停机，如果是不需要揭开汽缸大盖的小修，停机时间又较短，可以按调峰停机的程序进行操作。如果是需要揭开汽缸大盖的检修，为了满足检修工期的要求，多采用滑参数停机，在停机过程中逐步降低进汽压力和温度，尽量降低汽轮机高温部件的金属温度，使汽轮机尽快冷却下来，以缩短检修等待时间。

此外，对于小容量的机组，还有采用额定参数停机的，通过关小调节阀，逐渐减小负荷而停机。停机时，主汽阀前的蒸汽参数保持不变，额定参数停机能保持汽缸处于较高的温度水平，便于下次启动，热应力和负胀差较小，适合于调峰停机。但靠调节阀节流，汽轮机各金属部件的温降速度较慢，部分进汽还会使汽缸的冷却不均匀，停机后需要较长的时间方能检修，且不能利用锅炉的余热。

2. 事故停机

事故停机是指机组监视参数超限，保护装置动作或手动打闸时，机组从运行负荷瞬间降至零负荷,发电机与电网解列,汽轮机转子进入惰走阶段的停机过程。事故停机根据事故的严重程度分为一般故障停机和紧急故障停机。

一般故障停机和紧急故障停机的相同之处在于停机时,高、中压主汽门和调节阀迅速关闭,机组迅速降负荷至零,发电机与电网解列,汽轮机转子进入惰走阶段。不同之处在于机组解列时是否立即打开真空破坏阀,紧急事故停机在停机信号发出后,立即破坏真空,并且紧急事故停机应按规程规定直接进行处理,无需请示,以免延误处理时间。

3. 停机过程中应注意的问题

在停机过程中,应密切注意机组的各种参数,如蒸汽参数、胀差、轴向位移、振动、轴承金属温度、油温和油压等。停机过程中若减负荷速度过快,汽轮机的胀差负值将增大,转子外表面上的热拉应力会相应增大,停机过程中转子外表面热拉应力增大对汽轮机造成的危害比启动过程要大。

汽轮机停机后,汽缸和转子的金属温度还比较高,需要一个逐渐冷却的过程。此时,必须保持盘车装置连续运行,一直到金属温度冷却到 $120 \sim 150$ ℃满足开缸要求后,才允许停止盘车运行。盘车运行时,润滑油系统和顶轴油泵也必须维持运行。

二、660 MW 机组停机操作

停机操作 1　滑参数停机

当机组需停运较长时间时,一般采用滑参数停机,即先降压后降温的方式,机组按照定滑定曲线进行滑停。

1. 停机前的准备工作

值长接到停机命令后,通知各相关部门及各岗位做好停机前的准备工作,各岗位值班人员对所属设备、系统进行一次全面检查,对设备缺陷进行记录,准备好机组停运的有关操作票,并根据设备特点和运行情况,预想停机中可能出现的问题,制定相应的措施。

(1)启停辅助蒸汽的准备

做好辅汽、轴封及除氧器汽源切换前的准备工作,备用的蒸汽管道应预先暖管,并使之具备切换条件。

(2)油泵及盘车电机的试转

停机过程中要使用的油泵,必须预先进行试转,确保其可靠。油泵试验后将其处于联动备用状态。若试转不合格,非故障停机条件下应暂缓停机,待缺陷消除后再停机。

(3)高、低压旁路暖管备用

确认高、低压旁路暖管阀门在适当开度,需要时可切换汽源。

2. 滑参数停机操作步骤

(1)减负荷过程

① 降负荷至 300 MW

a. 减负荷至 300 MW 阶段,按照锅炉、汽机停机曲线要求,开始降压,设定负荷变化率不高于 15 MW/min,主汽压变化率不高于 0.52 MPa/min,主汽温维持额定值。

b. 通过缓慢减少锅炉燃烧,逐渐全开高压调节汽阀,使机组负荷随主蒸汽压力的降低而减少。

c. 确认轴封汽源切换正常,检查调整轴封汽温使轴封供汽温度与转子表面金属温度相匹配。

d. 随着机组负荷的降低,注意风量的调整。

e. 根据情况将一台汽泵汽源切换至辅汽。

② 降负荷至 180 MW

a. 减负荷过程中,主、再热汽温开始下降,温降速度分别小于 0.8、1.0 ℃/min,压力下降速率小于 0.11 MPa/min,控制负荷变化率不高于 10 MW/min。

b. 在降温降压过程中,主蒸汽温度每下降 20 ℃ 左右应稳定 10 min 后再降温,以控制主、再热蒸汽的温差及汽轮机高中压缸膨胀和胀差。

c. 根据机组运行情况启动电动引风机。

d. 负荷降至 250～200 MW,贮水箱溢流调节阀投自动,保持给水流量稳定,同时减少燃料量,逐渐降低分离器出口蒸汽过热度,完成锅炉干态转湿态。

e. 保持负荷稳定,退出一台四抽汽源所带的汽动给水泵运行,检查汽泵前置泵应联锁停运,小机盘车应自动投入。

f. 负荷降至 200 MW,将♯5、♯6 号低压疏水切至凝汽器。

g. 负荷降至 180 MW,检查低压部分疏水自动开启,将锅炉给水切至旁路控制。

③ 降负荷至 60 MW

a. 以不高于 1 MW/min 的速率继续降负荷,控制温降速率在 0.5 ℃/min,压降速率为 0.05 MPa/min。当主汽压力降至 8.0 MPa 时,机组转入定压运行,主汽温度及再热汽温度均达到 540 ℃。

b. 当负荷降至 120 MW 时,将除氧器汽源由四抽切换为辅汽供汽,检查除氧器水位自动切换至单冲量,注意凝结水流量、凝汽器和除氧器水位。

c. 负荷降到 120 MW 时,检查汽机中压部分疏水阀自动开启,将 6 kV 厂用电由高厂变倒为♯1 高备变接带。

d. 视情况停运高压加热器汽侧运行,低加采用随机滑停,注意监视各加热器水位变化。

e. 当低压缸排汽温度达到 47 ℃ 以上时检查低压缸喷水阀联开,维持低压缸排汽温度不大于 52 ℃。

f. 当负荷降至 60 MW 时,检查汽机高压部分疏水阀自动开启,启动主机交流润滑油泵、交流启动油泵,检查正常,手动开启高、低旁路,开度大于 5%。

g. 检查发电机有功功率已减至 60 MW,无功功率已减至 5 MVar,汇报值长,申请发电机解列。

(2)解列停机过程

① 带厂用电的机组,解列前应将厂用电切换到备用电源。

② 检查机组负荷减到零,无功功率接近于零。

③ 再次检查主机交流润滑油泵运行正常,润滑油压正常,接到值长命令后,汽轮机手动打闸停机,检查程序逆功率保护动作,发电机自动解列。

④ 检查发电机解列灭磁,汽轮机转速下降,高、中压主汽门、调门关闭,抽汽电动门、逆止门及高排逆止门均关闭。

(3)汽轮机惰走过程

① 停用主机 EH 油系统。

② 高、低旁关闭后,关闭高、低旁减温水。

③ 转速下降至 2500 r/min,检查顶轴油泵自启动,顶轴油母管及各轴承顶轴油压力正常。

④ 汽机惰走期间应严密监视各轴承振动、温度。

⑤ 转速至零,检查盘车装置啮合正常并自动投入运行,就地检查机组动静部分声音应正常,记录惰走时间、转子偏心及晃动度、盘车电流及摆动值,当盘车电流大并伴有异音时应查明原因,及时处理。

机组从打闸停机到转子停止转动的时间称为惰走时间,其转速随时间的变化曲线称为惰走曲线,惰走曲线可分为三个阶段,如图 7-36 所示。

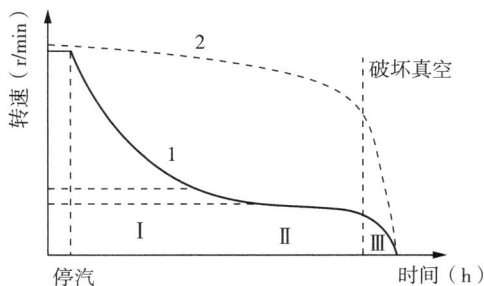

图 7-36　停机时转子惰走曲线和真空变化曲线
1—转子惰走曲线;2—真空变化曲线

第一阶段惰走曲线较陡。汽轮机打闸后转速从 3000 r/min 降至 1500 r/min 所需的时间较短,因为转速从额定转速开始下降时,转速较高,鼓风摩擦损失很大,转速下降的较快。而转速从 1500 r/min 降至 500 r/min 就稍慢一点了。

第二阶段惰走曲线较平坦。在 500 r/min 以下时,转子的能量损失主要消耗在主油泵以及轴承的摩擦阻力上,与高转速下的鼓风摩擦损失相比,机械损失很小。因此,转速降低得较为缓慢,转子惰走时间较长。

第三阶段惰走曲线更陡。由于转子转速已降得很低,轴承油膜已破坏,摩擦阻力迅速增大,转速很快降至 0。

根据转子惰走时间的长短,可以判断机组是否正常。如果惰走时间过长,应检查是否有外界蒸汽漏入汽轮机,比如蒸汽或再热蒸汽管道阀门或抽汽逆止门不严,导致有压力的蒸汽漏入汽缸;如果惰走时间过短,则可能是机组的动静部分发生摩擦或轴承磨损。

惰走过程中,可以通过调整抽气器来降低真空,当转子静止时,真空也到零。停止轴封供汽,不要过早,也不要太晚,过早停轴封供汽,会造成冷空气自轴端进入汽缸,轴封段急剧冷却导致转子变形,甚至动静部分摩擦;过迟停止轴封供汽,将使上、下汽缸温差加大,引起汽缸变形和转子的热弯曲。此外,还要控制汽轮机的轴封供汽量,不宜过大,避免汽缸压力过高,引起排汽室排大气安全门动作。

⑥ 确认辅汽无用户使用,退出辅汽联箱运行。

⑦ 调整冷油器出水门,维持润滑油温 30~40 ℃。

⑧ 根据发电机进水温度,关小或关闭定冷水冷却器冷却水出水门,并根据情况停用定冷水泵。

⑨ 及时停用氢冷器,防止氢温过低引起发电机结露。

⑩ 在确认无汽水进入凝汽器时,根据需要停止真空泵,开高、低压凝汽器真空破坏阀。凝汽器真空到零,停运轴封系统。

⑪ 确认下列条件满足,则停运凝泵:

a. 低压缸排汽温度低于 40 ℃,确认无汽水进入凝汽器;

b. 凝结水系统的用户已停用。

⑫ 当低压缸排汽温度低于 40 ℃时,且无高温汽水进入凝汽器、开式水系统无用户运行时,停止最后一台循环水泵。

⑬ 当高压缸内上壁处金属温度低于 150 ℃,检查机组偏心及晃动度正常,停止主机盘车。

⑭ 气体置换结束且汽机盘车停运后,可停止密封油系统运行。

⑮ 停运盘车 8 小时后,可停运主机润滑油系统。

⑯ 停机后做好重点参数监视,直至机组下次热态启动或高压内缸内上壁温度小于 150 ℃为止,并采取可靠隔离措施,防止汽轮机进冷汽、冷水。

3. 滑参数停机的注意事项

(1)要严格控制蒸汽降温速率在规定范围内。若降温速度太快,使胀差出现不允许的负值或造成汽轮机进冷蒸汽,影响汽轮机的滑参数停机过程的正常进行。

(2)严格控制汽缸金属温降率在规定范围内。当高压缸第 1 级前汽温低于高压内缸金属温度 30 ℃时应暂停降温,稳定 10 min 后再降温。

(3)应加强汽缸上下及内外壁温差、各段抽汽管道的上下壁温差、缸胀、胀差、振动的监视,根据参数变化趋势及时进行调整,并定期倾听汽机有无动、静摩擦声。

(4)注意对除氧器、凝汽器、高低加水位的监视与调整,保持正常水位运行。

(5)滑停中应注意主、再热蒸汽温度至少要有 50 ℃以上的过热度。严格控制主、再热蒸汽温度不得有大的波动,特别在低负荷工况下,对汽温的调整要缓慢,防止主、再热汽温大幅度波动。

(6)滑参数停机时,盘车装置投运的问题:

① 若盘车装置因故不能投入,应立即采用手动盘车,每隔 15～20 分钟盘动转子 180°,并设法尽快恢复连续盘车的运行。

② 若在运行中的盘车跳闸,应立即试投一次,如试投不成功,并确认是阻力大引起的,则表明转子已弯曲,应改用定期 180°的手动盘车,严禁强行投入连续盘车,并将高中压缸的疏水改为定期疏水。

③ 若连续盘车期间汽缸内有明显的金属摩擦声,且盘车电流大幅度晃动(非盘车装置故障),应停止连续盘车,改为手动盘车并进行直轴,直至可以恢复使用盘车装置为止。

此外,盘车运行期间,润滑油温应在 27～40 ℃之间,发电机密封油系统应正常运行,并定时倾听高低压轴封处声音。

(7)停机后,应注意上、下缸温差,主、再热蒸汽管道的上、下温差和加热器水位及压力、温度的变化,如出现上、下缸温差急剧增大,应查明进水或进冷汽的原因,切断水、汽来源,并排除积水。

4. 停机后设备的维护保养

停机后如果保养不当,往往造成设备的严重腐蚀,常见的设备保养方法如下:

(1)汽水系统的保养

开启凝汽器热井放水门,放尽凝汽器内部的存水;隔绝一切可能进入汽机内部的汽水系统;所有抽汽管道、主蒸汽、再热蒸汽及本体的疏水阀应开启;机组长时间停运时,若高、低压加热器没有检修项目,应对高、低压加热器进行保养。

① 对高、低压加热器的汽侧进行充氮保养。每个加热器汽侧都要进行放水,水放完后用鼓风机鼓入干燥的无油热风(60～80 ℃),进行 24 小时干燥。干燥结束后,利用主机真空或外加真空泵对加热器汽侧抽真空,真空建立后关闭所有阀门,在操作过程中加热器内部温度不得低于 18 ℃。在抽真空处安装真空表,当汽侧建立了 1～20 mmHg 的真空时,就停止抽真空,检查真空稳定并保持 30 min 以上后,开始充氮气,充氮压力为 $p=0.0045T+0.21$(式中 p 单位为 bar,环境温度 T 单位为 K),充入的氮气含氧量不得超过 1%,充好后应做好记录并挂警告牌。

② 对高、低压加热器的水侧充联胺溶液保养。联胺溶液浓度根据机组需停运时间确定(50 ppm×星期数)。

(2)油系统的保养

调速系统和润滑油系统中会有少量的水分,停机后水分将聚积在油箱底部、油路内和调速保安系统的部套上,水分若不能及时去除,将引起油管路或调速保安部套的锈蚀。

为防止锈蚀,停机后应定期启动调速油泵,使油循环一段时间,用油冲洗油管道及调速保安部套、活动调速系统、投用盘车装置,从而去除油管路及调速保安部套上的水分,防止锈蚀。

(3)停机后的防冻

① 环境温度低于 5 ℃时,微开各处消防栓的手动门,以有少量水流出为宜,保持水的流动,防止管道冻裂。

② 机组停运时,开启工业水各用户的进、出水门,保持水的流动。

③ 所有停运的汽、水系统均应放尽存水。

停机操作 2　破坏凝汽器真空紧急故障停机

紧急故障停机在停机信号发出后,应立即破坏真空,并按规程的规定直接进行停机处理,无需请示,以免延误处理时间。

1. 在下列情况下,应破坏凝汽器真空紧急故障停机

① 汽轮机转速超过危急保安器动作转速而危急保安器拒动。

② 轴向位移超过保护动作值而保护未动。

③ 汽轮机发生水冲击或主、再热汽温 10 分钟内急剧下降 50 ℃以上。

④ 机组突然发生剧烈振动,达到保护动作值而保护未动作或机组内部有明显金属撞击声。

⑤ 汽轮机叶片断裂。

⑥ 汽轮机任一支持轴承金属温度达 121 ℃或推力轴承金属温度达 115 ℃,保护未动作。

⑦ 轴封或挡油环严重摩擦冒火花。

⑧ 轴承润滑油压下降至 0.069 MPa,启动交、直流润滑油泵无效,而保护未动作。

⑨ 主油箱油系统大量泄漏,油位急剧下降至低油位线以下,无法维持油箱油位。

⑩ 汽轮机油系统着火,无法很快扑灭并已严重威胁人身或设备安全。

⑪ 任一轴承回油温度急剧升至 75 ℃ 或任意轴承断油冒烟。

⑫ 发电机及励磁系统冒烟、着火,或氢气系统发生火灾、爆炸。

⑬ 汽轮机胀差超限而保护未动作。

2. 破坏凝汽器真空紧急故障停机的操作步骤

① 手动按下"紧急跳闸"按钮,确认汽轮机跳闸,发电机解列;检查汽轮机转速下降,检查确认高中压主汽门、调门、高排逆止门、抽汽逆止门关闭。

② 当主机转速降至 2700 r/min 时,开启凝汽器真空破坏门。

③ 检查交流润滑油泵、交流启动油泵自启动,油压正常。

④ 检查汽轮机本体及主、再热蒸汽管道、抽汽管道疏水门开启,锅炉联动 MFT,检查 FSSS 动作正常,检查锅炉主蒸汽压力升高情况,达到条件安全门开启,注意安全门复位。

⑤ 检查轴封汽源自动切换,轴封汽源切换至辅汽供汽,注意轴封蒸汽应和金属温度相匹配,调整轴封压力。

⑥ 发电机内部着火和氢爆炸时,要用二氧化碳灭火,并紧急排氢,着火被扑灭前,尽量保持盘车运行。

⑦ 停运抽真空系统,关闭主、再热蒸汽管道至凝汽器疏水,确认高、低压旁路处于关闭状态。

⑧ 关闭汽轮机本体所有至凝汽器疏水,关闭各段抽汽逆止门前所有疏水门,对汽轮机进行闷缸,每小时开启 5 分钟进行疏水。

⑨ 真空到 0 kPa,轴封供汽停运。

⑩ 转速至 0 r/min,检查盘车自动投入。若自动投入不成功,则应手动投入;若不能投入盘车,应监视转子偏心度的变化,采用定期手动盘车 180°。记录转子惰走时间、偏心度、盘车电机电流及摆动值、缸温等。

⑪ 停机过程中应注意机组的振动、润滑油温、密封油油氢差压正常。

⑫ 运行人员应到现场仔细倾听机组内部声音,当内部有明显的金属撞击声时,严禁立即再次启动机组。

⑬ 其他操作与正常停机相同。

停机操作 3　不破坏凝汽器真空的一般故障停机

1. 在下列情况下,不破坏凝汽器真空的一般故障停机

① DEH 系统故障使得调节系统工作失常,不能增减机组负荷。

② 低压缸排汽温度大于 80 ℃,经处理无效,继续上升至 107 ℃ 以上。

③ 凝汽器真空急剧下降至 75.7 kPa,保护拒动时。

④ EH 油系统故障不能及时恢复,或 EH 油压低于 7.8 MPa 而保护拒动。

⑤ 机侧主蒸汽温度或再热蒸汽温度上升至 614～628 ℃ 超过 15 min,或超过 628 ℃。

⑥ 机侧主蒸汽压力达到 30 MPa 及以上运行时间超过 15 min。

⑦ 机组正常运行时,汽轮机主油泵工作严重失常,交流润滑油泵维持运行,无法查明故障原因时。

⑧ 高压缸排汽管道金属温度大于 427 ℃,而保护拒动。

⑨ 主、再热蒸汽管道、给水管道或凝结水管道破裂，无法继续运行。

⑩ 汽轮机逆功率运行超过 1 min。

⑪ 汽轮机切缸后任一汽缸进汽中断。

⑫ 机组甩负荷后空转超过 15 min。

⑬ 厂用电部分中断，机组无法维持正常运行。

⑭ 仪用压缩空气系统故障，无法维持机组正常运行时。

2. 不破坏凝汽器真空的一般故障停机的处理步骤

① 启动交流润滑油泵、交流启动油泵，确认油泵运行正常。

② 手动按下"紧急跳闸"按钮，确认汽轮机跳闸，发电机解列；检查汽轮机转速下降，检查确认高中压主汽门、调门、高排逆止门、抽汽逆止门关闭。

③ 检查汽轮机本体及主、再热蒸汽管道、抽汽管道疏水门开启，锅炉联动 MFT，检查 FSSS 动作正常，检查锅炉主蒸汽压力升高情况，达到条件安全门开启，注意安全门复位。

④ 检查轴封汽源自动切换，轴封汽源切换至辅汽供汽，调整轴封压力。

⑤ 停运抽真空系统，关闭主、再热蒸汽管道至凝汽器疏水，确认高、低压旁路处于关闭状态。

⑥ 真空到 0 kPa，轴封供汽停运。

⑦ 转速至 0 r/min，检查盘车自动投入。若自动投入不成功，则应手动投入；若不能投入盘车，应监视转子偏心度的变化，采用定期手动盘车 180°。记录转子惰走时间、偏心度、盘车电机电流及摆动值、缸温等。

⑧ 停机过程中应注意机组的振动、润滑油温、密封油油氢差压正常。

⑨ 运行人员应到现场仔细倾听机组内部声音，当内部有明显的金属撞击声时，严禁立即再次启动机组。

⑩ 其他操作与正常停机相同。

拓展提高

超超临界 1000 MW 机组汽轮机的运行

铜陵电厂超超临界 1000 MW 燃煤发电机组为高参数、大容量、低能耗、环保型机组，代表了目前国内发电设备的最高水平。

本汽轮机设计效率为 49.13%，运行中汽轮机能够达到设计值。设计指标及实际运行数据如表 7-5 所示。

表 7-5　设计指标与实际运行数据

项　目	设计值	实际值
额定功率（MW）	1055	1055
汽轮机最大出力工况（VWO）（MW）	1080	1100
主汽阀前蒸汽额定压力（MPa）	27	27
主汽阀前蒸汽额定温度（℃）	600	600

（续表）

项　目	设计值	实际值
再热汽额定温度(℃)	600	600
额定负荷汽轮机保证热耗[kJ/(kW·h)]	7327	7318
汽轮机效率(%)	49.13	49.19
发电标准煤耗[g/(kW·h)]	273	—
供电标准煤耗[g/(kW·h)]	289	—

一、高度集中的自动化控制

汽轮发电机组启动的全过程实现自动化,包括预热、冲转、并网、加负荷等,均可做到无需人工干预,真正做到了"一键启动",如图7-37所示。

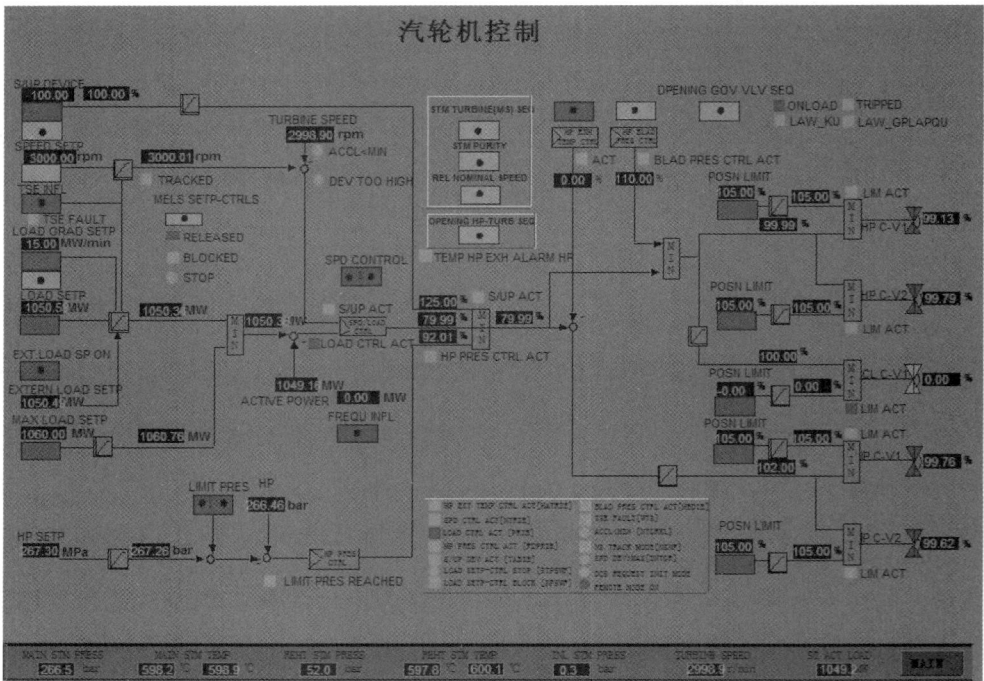

图7-37　汽轮机启动控制

机组启动过程中,DEH系统始终监测汽轮机各点温度和压力的参数,如图7-38所示。

经过汽轮机应力裕度的计算、比较,由本机组特有的"X-准则"控制汽轮机的启动过程,具体表现为在执行汽轮机启动SGC时,在上一步结束之前就要判断与下一步相关的"X-准则"是否得到满足,如果满足则执行下一步,如果不满足,就重复执行前面有关步骤,一直等到该步骤的"X-准则"满足为止。

当蒸汽参数满足条件,汽轮机应力裕度足够,如图7-39所示,汽轮机DEH系统自动控制主汽阀、调阀的开启,自动控制汽轮机的升速率、额定转速下的暖机及并网时机。

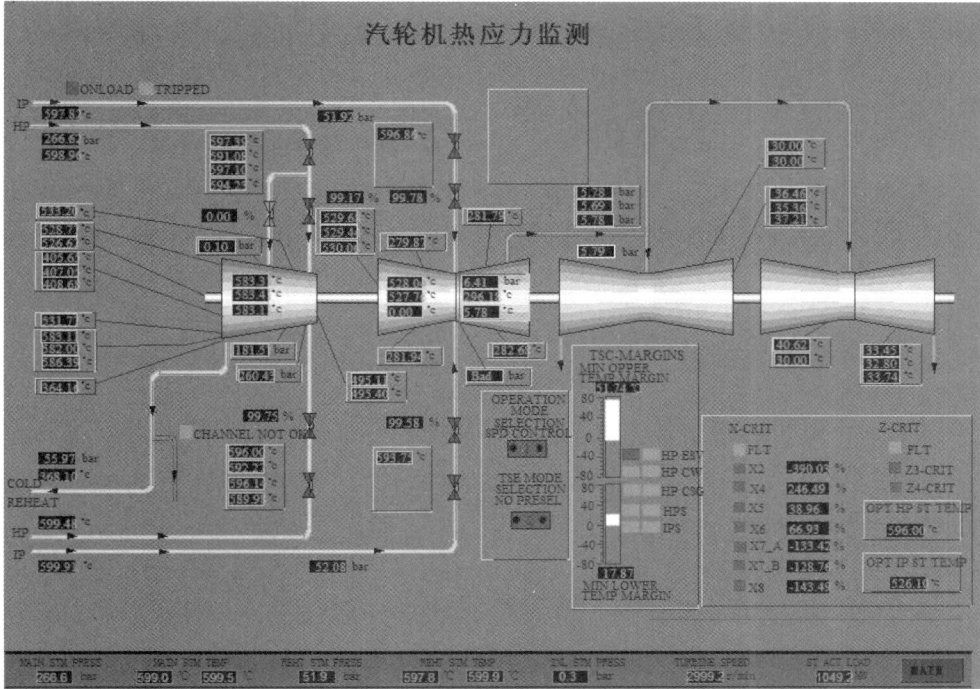

图 7 - 38 汽轮机应力监测

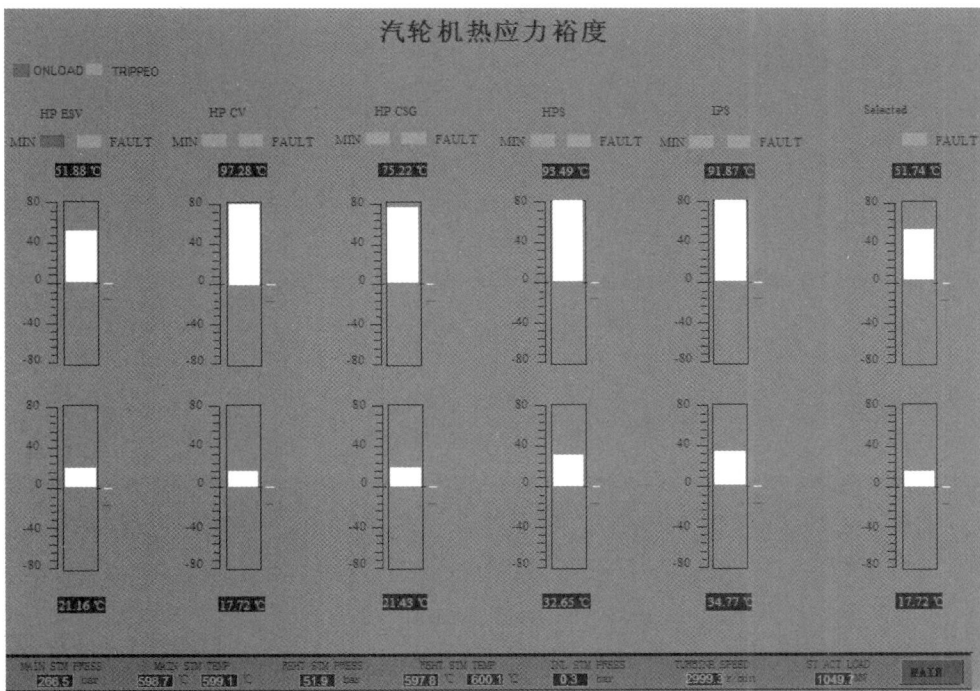

图 7 - 39 汽轮机热应力裕度

二、快速的启动性能

按照设计,冷态下机组从冲转到全速,仅需 5 min,再用 60 min 的全速暖机便可并网,热态或极热态下机组升速时间更短。1000 MW 机组汽轮机启动速度快的主要原因如下:

(1)高压外缸采用独特的轴向对分桶装结构,对分面采用螺栓联接,无水平中分面及法兰。内缸形式如水泵的芯包,为圆桶结构并采用轴向对剖垂直中分面及螺栓连接,螺栓孔直接置于缸壁内。与水平中分面相比,轴向对分面的受力远小于前者,这就能充分缩小对分法兰面,同时也使高压、高温段汽缸壁的周向均匀性得到最大的改善。采用此种结构,还能使机组在启动过程中,汽缸沿周向受热均匀。

(2)中压缸采用水平中分窄法兰外缸。因其工作压力较低,缸体相对较薄,汽缸受热均匀性较好。

(3)汽缸推杆系统的采用,解决了多缸汽轮机汽缸和转子的同步膨胀问题,使汽轮机无论在启动过程或是变负荷工况,均不必再考虑转子和汽缸间的相对膨胀及动静间隙问题。

三、独特的超速保护

无传统的机械超速保护和 OPC 保护,只有两套硬接线的电超速保护,要求设备可靠性高,要求 DEH 控制系统及主蒸汽、再热蒸汽的调阀具有非常快的响应速度和很好的调节性能。此外,1000 MW 机组汽轮机在结构上也进行了改进,如汽轮机高压缸的调阀与主汽阀的组合阀直接焊接连接在汽缸的两侧,使得蒸汽参数最高的导汽管的容积可以忽略不计。其次,反动式汽轮机采用转鼓结构,没有叶轮和隔板,使得各级级间的蒸汽容积达到最小,在调阀关闭后,缸内剩余蒸汽的做功能力大为降低,降低了机组甩负荷时的超速量,提高了机组的安全性。

四、较小的机组振动

1000 MW 机组汽轮机转子之间用整体法兰刚性联接在一起,转子的支承采用单支承系统,也就是说,轴系在两个汽缸之间的部分只有一个轴承,除高压转子由 2 个径向轴承支撑外,其他转子均为单轴承支撑,如图 7-40 所示。这种布置方式缩短了轴系长度,有利于轴系的稳定性,消除了双支点轴系相邻轴承间负荷分配的不均问题,最大程度地减小了基础变形作用在轴颈上的支承应力和弯曲应力,使轴承的负荷稳定,不受膨胀变化影响,并能避免油膜振荡。

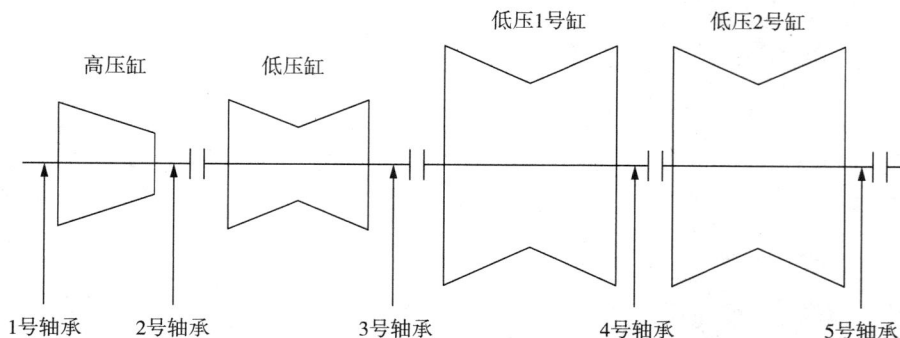

图 7-40 汽轮机转子的支承

取消调节级后,因调节级而引起的周向蒸汽汽流分布不均匀的问题就不复存在了,从而消除了周期性蒸汽激振力引起的转子振动问题,降低转子的振动水平。

通常,汽轮机的低压外缸是支撑在混凝土台板上的,在真空作用下产生向下作用力,导致基础台板微量弯曲变形,从而改变了轴承间的负荷分布,使轴系的振动加剧。但是 1000 MW机组的汽轮机采用了刚性基础和刚性连接方式,低压外缸穿过汽轮机上部混凝土台板,直接焊接在基础台板下方的凝汽器上,而凝汽器则刚性的支撑在底部混凝土基础上,由于低压外缸的支承与基础台板无关,故机组真空的变化不会引起轴承间负荷分布的改变,不会对转子的振动带来影响。

五、机组设计施工过程中采用了技术优化

(1)取消了电动给水泵,简化了系统,节省了投资,节约了厂用电;

(2)引风机与脱硫增压风机合并设置,降低了设备初投资和运行功耗;

(3)DCS、DEH、MEH、ETS 采用艾默生 OVATION 控制系统一体化设计;

(4)主变压器采用三相一体变压器,节省了初投资,减少变压器损耗;

(5)循环水系统选用一机三泵露天布置,双速电机,不同季节可采取不同运行方式,运行方式灵活,节约了厂用电;

(6)♯5、♯6 低加疏水用疏水泵打入到凝结水系统;

(7)凝泵采用一机三泵,变频调节,节约厂用电。

(8)增加轴封汽电加热装置,防止在事故情况下汽轮机大轴抱死。

复 习 训 练 题

一、名词概念

1. 额定参数启动、滑参数启动

2. 真空法启动、压力法启动

3. 调速汽门启动、自动主汽门启动

4. 高压缸启动、高中压缸联合启动、中压缸启动

5. 暖机、低速暖机、低负荷暖机

6. 挂闸

7. 滑参数停机、额定参数停机

8. 事故停机、一般故障停机、紧急故障停机

9. 惰走曲线

二、分析说明

1. 汽轮机启停过程中如何控制汽缸和转子的热应力?

2. 影响胀差的因素有哪些? 启动过程中应如何控制胀差?

3. 启动过程中汽缸和转子的热变形对机组运行带来哪些影响?

4. 汽轮机启动时凝汽器真空过高或过低将对机组运行带来哪些影响?

5. 汽轮机启动过程可分为哪几个阶段?

6. 汽轮机停机过程可分为哪几个阶段?

7. 画出汽轮机转子的惰走曲线,并说明如何利用惰走时间来判断机组的工作状况。

三、操作训练

结合超超临界 660 MW 仿真机组进行仿真运行操作：

1. 汽轮机冷态启动过程中冲转、升速至 3000 r/min 操作；

2. 汽轮机冷态启动过程中并网后升负荷至 660 MW 操作；

3. 汽轮机的滑参数停机操作；

4. 汽轮机破坏凝汽器真空的紧急故障停机操作；

5. 汽轮机不破坏凝汽器真空的一般故障停机操作。

第八章 汽轮机的运行维护

运行工况变化时，汽轮机各级级前压力、焓降、反动度及轴向推力都会发生变化，并造成各级效率及应力的变化，进而影响到汽轮机运行的经济性和安全性。为此，需要对汽轮机变工况特性进行分析，研究在流量变化、主蒸汽参数变化、叶片结垢及不同进汽方式下汽轮机各级级前压力、焓降、反动度、轴向推力及其应力等变化规律，出现异常情况时，能根据这些变化规律对汽轮机进行分析，及时采取措施，保证汽轮机安全经济运行，结合超超临界 660 MW 仿真机组，进行汽轮机运行监视和相关的试验操作。

第一节 汽轮机变工况

在设计工况下，汽轮机的进、排汽参数、转速和功率等都与设计数据相符，不仅安全可靠，而且效率最高，但由于各种原因，实际运行中总会偏离这些设计条件，此时汽轮机运行的工况称为变工况，汽轮机各级的级前压力、焓降、反动度及轴向推力等都将发生变化，并造成各级效率及各处应力的变化，影响汽轮机运行的经济性和安全性。

造成汽轮机变工况的因素主要有：

（1）流量变工况。由于外界负荷的变化，使得进入汽轮机的蒸汽流量发生变化。

（2）参数变工况。当锅炉及凝汽器运行工况发生变化时，将会引起汽轮机的进汽及排汽参数的变化。

（3）结构变工况。若汽轮机通流部分结垢、加装喷嘴或叶片折断等，将引起汽轮机通流部分面积的变化。

一、变工况前后各级级前压力的变化

通过分析和研究喷嘴变工况时通过喷嘴的流量与喷嘴前后压力之间的关系，进而可以得到通过汽轮机的流量变化时，喷嘴前后、级前以及级组前压力随流量的变化规律。

1. 喷嘴的变工况

对于渐缩斜切喷嘴，当其初参数 p_0、p_1 及出口面积 A_n 不变时，通过喷管的蒸汽流量 G_n 与喷嘴前后压力有关，通过喷嘴的流量为：

$$G_n = \mu_n G_t = \mu_n A_n \sqrt{\frac{2k}{k-1} \frac{p_0^*}{v_0^*} (\varepsilon_n^{\frac{2}{k}} - \varepsilon_n^{\frac{k+1}{k}})} \tag{8-1}$$

通过喷嘴的流量随喷嘴前后压力变化的关系曲线如图 8-1 所示，由图可见：

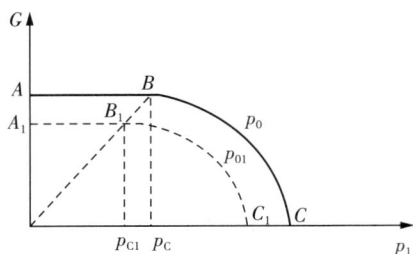

图 8-1 通过渐缩喷嘴的流量
与背压的关系曲线

(1)初压不变,背压对通过喷嘴流量的影响

当喷嘴前蒸汽参数不变时,流过喷嘴的流量与喷嘴后压力的关系如下:

当 $\varepsilon_n = 1$ 时,此时 $p_1 = p_0^*$,流过喷嘴的流量等于零;

当 $\varepsilon_n > \varepsilon_{cr}$ 时,随着背压 p_1 的减小,流量将沿 CB 线逐渐增大;

当 $\varepsilon_n = \varepsilon_{cr}$ 时,此时 $p_1 = p_{cr}$,流过喷嘴的流量达到临界流量:$G_{cr} = 0.648 A_{min}\sqrt{\dfrac{P_0^*}{v_0^*}}$;

当 $\varepsilon_n < \varepsilon_{cr}$ 时,由于最小截面处始终保持为临界状态,故随着出口背压 p_1 的减小,通过喷嘴的流量将保持不变,如图 8-1 中 BA 线所示。

(2)初压改变,初压对通过喷嘴的临界流量的影响

若变工况前后喷嘴均处于临界状态,则变工况前后通过喷嘴的临界流量为

$$\frac{G_{cr1}}{G_{cr0}} = \frac{p_{01}^*}{p_0^*}\sqrt{\frac{T_0^*}{T_{01}^*}} \tag{8-2}$$

式中:下标中的"1"为对应的变工况的参数。

由此可见,通过喷嘴的临界流量与喷嘴前滞止压力成正比,而与喷嘴前温度的平方根成反比,在大多数情况下,喷嘴前的蒸汽温度可近似认为保持不变,若略去温度的影响,则通过喷嘴的临界流量与喷嘴前的滞止压力成正比。

2. 级的变工况

(1)变工况前后,喷嘴内或动叶内均处于临界状态

不管是在喷嘴中达到临界状态,还是动叶中达到临界状态,均可称该级达到临界状态。此时通过该级的流量与级前滞止压力成正比,而与级前温度的平方根成反比,即

$$\frac{G_{01}}{G_0} = \frac{p_{01}^*}{p_0^*}\sqrt{\frac{T_0}{T_{01}}} \tag{8-3}$$

若忽略级前蒸汽温度的变化,则通过该级的流量与级前滞止压力成正比。

(2)变工况前后,级内均未达到临界状态

若变工况前后,级内均未达到临界状态,在级前后的压力和远大于级前后的压力差的假设条件下,通过推导得到:

$$\frac{G_{01}}{G_0} = \sqrt{\frac{p_{01}^2 - p_{21}^2}{p_0^2 - p_2^2}}\sqrt{\frac{T_0}{T_{01}}} \tag{8-4}$$

流经该级的流量与级前后压力平方差的平方根成正比,而与级前绝对温度的平方根成反比。若忽略级前蒸汽温度的变化,则流经该级的流量与级前后压力平方差的平方根成正比。

3. 级组变工况

在多级汽轮机中,将流通面积不随工况变化且流量相等的相邻若干级合在一起,称为级

组。当级组中任意一级达到临界时,该级组就处于临界状态,通过该级组的流量就达到临界流量。此时,级组最高背压 p_{zc} 与级组前压力 p_0 之比称为级组的临界压力比,即

$$\varepsilon_{zc} = \frac{p_{zc}}{p_0} \tag{8-5}$$

级组的临界压力比与级数 Z 有关,级组所包含的级数越多,则其对应的临界压力比就越小。通过级组的流量随级组前后压力的变化关系如图 8-2 所示。

在级组前压力 p_0 不变时,当 $\varepsilon_z > \varepsilon_{zc}(p_z > p_{zc})$ 时,$G_0 < G_c$,且随级前后压力比的增加,通过级组的流量下降;当 $\varepsilon_z \leqslant \varepsilon_{zc}(p_z = p_{zc})$ 时,通过级组的流量达到最大,$G_0 = G_c$,并保持不变。当级组前压力 p_0 增大时,通过级组的临界流量也成正比的增大。

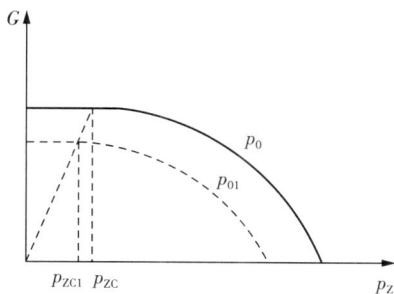

图 8-2 通过级组的流量随级组前后压力的变化关系

(1)变工况前后级组内某一级为临界状态

$$\frac{G_{01c}}{G_{0c}} = \frac{p_{01}}{p_0}\sqrt{\frac{T_0}{T_{01}}} = \frac{p_{21}}{p_2}\sqrt{\frac{T_2}{T_{21}}} = \cdots = \frac{p_{D1}}{p_D}\sqrt{\frac{T_D}{T_{D1}}} \tag{8-6}$$

级组内只要某一级在变工况前后均为临界状态,则通过该级组的流量与该级及以前各级的级前压力成正比,而与各级级前温度的平方根成反比。一般来说,首先达到临界状态的级组是级组的最末级。

(2)变工况前后级组内各级均未达到临界状态

在级组内各级均未达到临界状态时,通过级组的流量与该级组前后压力的平方差的平方根成正比,而与级组前温度的平方根成反比,即

$$\frac{G_{01}}{G_0} = \sqrt{\frac{p_{01}^2 - p_{Z1}^2}{p_0^2 - p_Z^2}}\sqrt{\frac{T_0}{T_{01}}} \tag{8-7}$$

对于采用喷嘴调节方式的汽轮机,其调节级的通流面积是随着调节阀开启数目而变化的。若变工况前后,调节汽阀的开启数目不同,则变工况前后调节级的通流面积不同,不能将调节级和以后的各级合在一起作为一个级组;若变工况前后,汽轮机的调节汽阀开启数目相同,则可将调节级和其后的压力级合在一起作为一个级组进行变工况分析。

通过级组内各级的蒸汽流量都要求相等,但对于调整抽汽式汽轮机,由于存在可调整抽汽,抽汽点前后两级的流量不等,因此,不能把调整抽汽前和调整抽汽后的级合在一起作为一个级组,但可以将两抽汽点之间的各级合在一起作为一个级组,进行变工况分析。对于回热抽汽式汽轮机(无供热抽汽),在负荷变化时,由于各回热抽汽量与新蒸汽的流量成正比,仍然可以把抽汽口前后的各级合在一起看成是一个级组,因此,对于凝汽式汽轮机,就可以把所有的压力级看成是一个级组,若级组变工况前后均为临界状态,一般是最后一级首先达到临界,则按式(8-6),可以得到,该级组前压力与流量成正比。若变工况前后均未达到临界状态,则

$$\frac{G_{01}}{G_0} = \sqrt{\frac{p_{01}^2 - p_{n1}^2}{p_0^2 - p_n^2}} \sqrt{\frac{T_0}{T_{01}}} \qquad (8-8)$$

由于凝汽式汽轮机背压 p_n 很低,由此可得

$$\frac{G_{01}}{G_0} \approx \frac{p_{01}}{p_0} \sqrt{\frac{T_0}{T_{01}}} \qquad (8-9)$$

即该级组前压力与流量成正比。无论级组是否处于临界状态,通过该级组的流量都与该级组的级前压力成正比。若将除了第一级以外的所有的压力级看成是一个级组,则通过该级组的流量也与该级组的级前压力成正比。由此可见,对于凝汽式汽轮机中间各级来说(除调节级和末几级外),在变工况时通过各级的流量均与各级级前压力成正比。

二、变工况前后各级焓降的变化

汽轮机某一级的理想焓降为

$$\Delta h_t = \frac{k}{k-1} R T_0 \left[1 - \left(\frac{p_2}{p_0} \right)^{\frac{k-1}{k}} \right] \qquad (8-10)$$

级的理想焓降取决于级前的绝对温度和级前后的压力比,而工况变化不大时,汽轮机各级级前温度一般变化也不大,可略去不计(调节级除外),故级的理想焓降主要取决于级前后的压力比。

1. 凝汽式汽轮机

(1)凝汽式汽轮机高中压各级(调节级除外)

在工况变动时,无论级组是否处于临界状态,由于各级级前压力均与通过级组的流量成正比,故各级前后压力比保持不变,各级的理想焓降保持不变。

(2)凝汽式汽轮机末几级

由于其背压取决于凝汽器工况和排汽管的压损,不与流量成正比变化,故最末级级前后压力比将随着随流量的变化而变化,若末级的排汽压力基本不变,则流量增加时,最末级级前后的压比减小,最末级焓降增加。通常凝汽式汽轮机的最末级处于临界状态,故各级的级前压力均与流量成正比。因此,在工况变化时,只有最末级焓降变化,而只有当流量减少很多使得最末级由临界状态转变为非临界状态后,最末级之前的各级焓降才开始逐渐减少。

(3)凝汽式汽轮机调节级

调节级的初压与背压主要取决于调节阀的开启状态。在第一个调节阀全开以后,当流量增加时,调节级前后的压比增大,调节级焓降减小。

因此,对于喷嘴调节凝汽式汽轮机,假设汽轮机调节汽阀前压力和凝汽器压力保持不变,若工况变动不太大,则无论级组是否达到临界状态,各非调节级中间级的焓降基本保持不变,调节级和最末级的焓降之和保持常数,当流量增大时,末级焓降增大而调节级焓降减小。但注意在负荷变化较大时,中间各级的焓降也将发生变化。

2. 背压式汽轮机非调节各级

背压式汽轮机的背压值较大,一般情况下,背压式汽轮机即使是最末级也不会达到临界状态,通过分析推导,可以得到第一级级前后压力比与流量的关系为:

$$\left(\frac{p_{21}}{p_{01}}\right)^2 = 1 - \frac{p_0^2 - p_2^2}{p_0^2 - p_z^2 + p_z^2\left(\dfrac{G_0}{G_{01}}\right)^2}$$

由此可见,当流量减少时,G_0/G_{01} 值增大,第一级级前后的压力比 p_{21}/p_{01} 随之增大,使得级的理想焓降相应减小;且 p_0 越大,流量变化对焓降的影响就越小。因此,在流量变化时,各级的焓降变化以级前压力最小的,其最末级变化最大,越往高压级,焓降的变化就越小。

图 8-3 为变工况时背压式汽轮机各级焓降与流量的关系曲线,若级组的负荷较高,则变工况时,级组前面各级焓降变化较小,可以近似认为保持不变;级组后面几级焓降变化量也不是太大,且越靠近前面级焓降的变化就越小。若级组负荷较低,则级组前面各级焓降也会发生较大变化,负荷越低、流量越小,受到影响的级数就越多;各级焓降的下降程度不同,后面各级焓降下降的幅度较大。

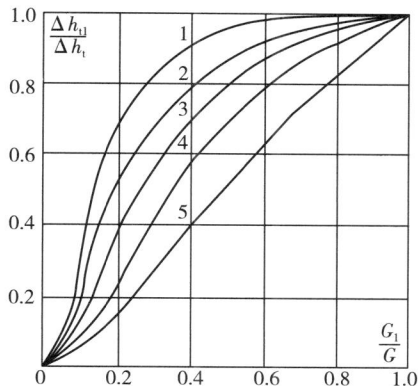

图 8-3 背压式汽轮机在变工况时各级焓降与流量的关系曲线

三、变工况前后各级反动度的变化

1. 级的焓降变化引起的反动度的变化

流量的变化将引起级前后压力比和各级焓降的变化,各级焓降的变化又将引起各级反动度的变化。通过分析可得到各级反动度变化的规律:

(1)若级的焓降增加,则级的反动度减小,且焓降增加的越大,反动度减小的就越多;

(2)反动度的变化还与设计工况下反动度值的大小有关。设计工况下级的反动度越小,则工况变动时其反动度值的变化就越大;

(3)级内焓降的变化引起反动度的变化主要发生在冲动级内,对于冲动式汽轮机,除调节级外,高中压各级的理想焓降基本保持不变,因此反动度也基本保持不变;而最末一两个低压级由于设计工况下的反动度值较大,虽然理想焓降变化较大,但反动度值的变化并不大。

2. 通流面积变化时,级内反动度的变化

反动度是通过一定的动静叶栅出口面积比来实现的。在汽轮机的运行中,由于通流部分结垢或动叶遭水浸蚀、磨损都将引起动静叶栅面积比的变化。当动静叶栅出口面积比减小时,从喷管流出的汽流在动叶汽道中引起流动阻塞,从而使动叶前压力升高,反动度增大。反之,当动静叶栅出口面积比增大时,反动度减小。

四、变工况时各级轴向推力的变化

若负荷突然增大、甩负荷或发生水冲击等都会引起汽轮机轴向推力增大。影响汽轮机轴向推力的因素很多,如汽轮机的型式、配汽方式、叶片型式、转子结构及通流部分间隙等。

1. 蒸汽流量变化对汽轮机轴向推力的影响

作用在某一级的轴向推力取决于级前后的压差和级的反动度。当蒸汽流量增大时,凝汽式汽轮机各中间级的焓降和反动度保持不变,但由于级前后压差值是与流量成正比增加的,因此汽轮机中间各级的轴向推力均与流量成正比增加。

对于节流调节凝汽式汽轮机,当负荷变化时,只有最末几级焓降发生变化,但由于最末几级设计的反动度值比较大,故反动度的变化量较小。由于中间级各级级前后压力差随着流量的增大而成正比的增大,因此,整个汽轮机总的轴向推力是随负荷的增大而增大的,如图8-4曲线1所示。

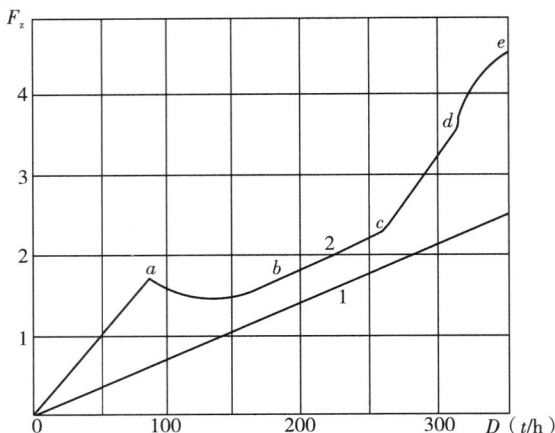

图8-4 某凝汽式汽轮机轴向推力变化曲线
注:a、b、c、d点对应于各调节阀全开工况。

对于喷嘴调节凝汽式汽轮机,当负荷变化时,除了最末几级焓降要发生变化外,调节级的焓降也要变化,由于调节级的反动度、级前后压力差及部分进汽度都在发生变化,故轴向推力的变化较为复杂,如图8-4曲线2中的0abcde线所示。在第一调节阀全开而第二阀未开时,调节级焓降达到最大,此时汽轮机的轴向推力也出现一个较大值,如图8-4中a点所示。但总的来说,喷嘴调节汽轮机的轴向推力也是随着负荷的增大而增大,且在最大负荷时总的轴向推力达到最大值。

2. 喷嘴和动叶截面变化对轴向推力的影响

反动度受到叶栅的面积比和级前后压力比等因素的影响,而喷嘴和动叶结垢将引起喷嘴和动叶流道截面积的变化,从而引起反动度和轴向推力的变化。

(1)若喷嘴和动叶结垢情况差不多,则该反动度保持不变。一般来说,动叶结垢比喷嘴严重,该级的反动度增大,该级的轴向推力也相应增大。

(2)某级结垢,蒸汽流经该级通道时受到的阻碍增大,虽然该级以前各级的焓降和反动度均保持不变,但由于该级以前各级级前压力的增大,使得该级以前各级动叶前后的压差增大,级的轴向推力增大。

因此,当通流部分结垢后,若汽轮机负荷保持不变,则汽轮机的轴向推力将增大。为此,运行中常利用调节级汽室压力和各抽汽口压力的变化情况来判断通流部分面积是否发生改变,这些压力称为监视段压力,如果在同一流量下监视段压力比原来数值增加了,说明通流部分阻力增大,就可能是某一级或某几级通流部分结垢引起的。

第二节 汽轮机进汽控制方式

当外界负荷发生变化时,并网运行的机组要改变其功率,以适应外界负荷变化,由汽轮机功率方程 $P_{el}=G\Delta H_t \eta_{ri}\eta_m\eta_g$ 可以看出,调节进入汽轮机的蒸汽量 G 或改变蒸汽的理想焓降 ΔH_t 都可以调节汽轮机的功率。对于汽轮发电机组来说,主要是通过改变蒸汽流量来调节汽轮机功率的,改变汽轮机的蒸汽流量主要有喷嘴调节(顺序阀)、节流调节(单阀)和滑压调节三种方式。随着负荷的变化,通过汽轮机通流部分的蒸汽温度也随之发生变化,并在汽轮机转子中形成热应力,热应力的大小取决于负荷的大小、升降负荷率及控制进汽的方式。

一、节流调节

如图 8-5 所示,节流调节(单阀控制)指的是进入汽轮机的蒸汽都经过一个或几个同时启闭的调节阀后,再流入汽轮机的第一级。这种调节方式通过改变调节阀的开度来改变进入汽轮机的进汽压力和蒸汽流量,进而调节汽轮机的功率。

变工况时,节流调节第一级的流通面积保持不变,可以将第一级和其后的级合在一起作为一个级组。节流调节的汽轮机没有调节级,若是凝汽式汽轮机,变工况时,第一级级前压力和级后压力均与流量成正比,第一级的焓降、反动度和效率等基本保持不变,只有最末级的焓降随着工况的变化而变化。

节流调节汽轮机的热力过程如图 8-6 所示,在设计工况下,调节阀全开,汽轮机的理想焓降 ΔH_t 达到最大,如图 8-6 中 ab 线所示。当负荷减小时,关小调节阀,使汽轮机第一级级前压力由 p_0 降至 p_{01},汽轮机进汽量相应减少,同时蒸汽在汽轮机中的理想焓降也由 ΔH_t 降至 $\Delta H'_t$,如图 8-6 中 cd 线所示。

节流调节主要是通过改变对蒸汽的节流程度来改变蒸汽流量,从而调节汽轮机功率的;在部分负荷时,汽轮机理想焓降的减小并不是很大。但理想焓降的减小将引起节流损失,使汽轮机的相对内效率下降,且负荷越小,节流损失越大,相对内效率就越低。

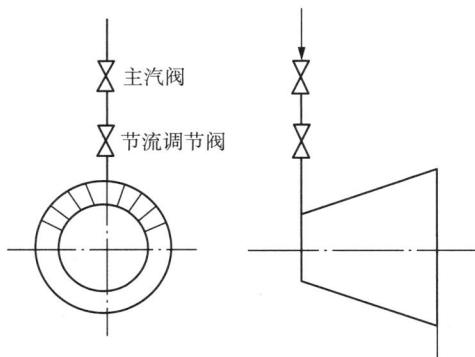

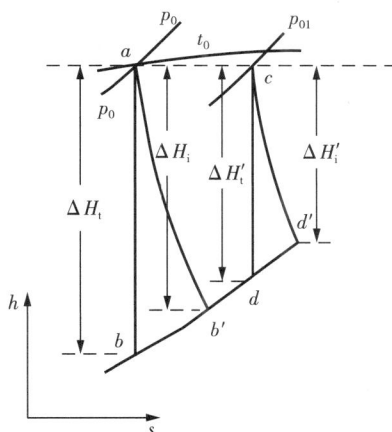

图 8-5 节流调节示意图　　　　　　　图 8-6 变工况时节流调节的热力过程线

对于背压式汽轮机由于背压高,蒸汽在汽轮机中的理想焓降相对较小。采用节流调节,在负荷变化时节流损失所占比例较大,使汽轮机相对内效率下降过大。因此,背压式汽轮机不宜采用节流调节。

但节流调节汽轮机的进汽部分结构简单,制造成本低;由于是全周进汽,对汽缸加热较均匀;并且在负荷变化时,各级焓降(末级除外)变化不大,各级的级前温度变化较小,从而减小了热变形及热应力,提高了机组运行的可靠性和对负荷变化的适应性。

节流调节一般用于如下机组:

(1)小功率机组,使调节系统简单;

(2)带基本负荷的机组;

(3)超高参数机组,使进汽部分温度均匀,在负荷突变时不致引起过大的热应力和热变形。

二、喷嘴调节

如图 8-7 所示,喷嘴调节(顺序阀控制)指的是新蒸汽经过几个依次启闭的调节阀后通向汽轮机的第一级喷嘴,每一个调节阀控制汽轮机第一级的一组喷嘴,运行时调节阀随负荷的增减依次开启或关闭,即在增负荷时调节阀依次逐渐开启,在前一个调节阀接近全开时,再开启下一个调节阀;而在减负荷时,各调节阀依次逐渐关闭。

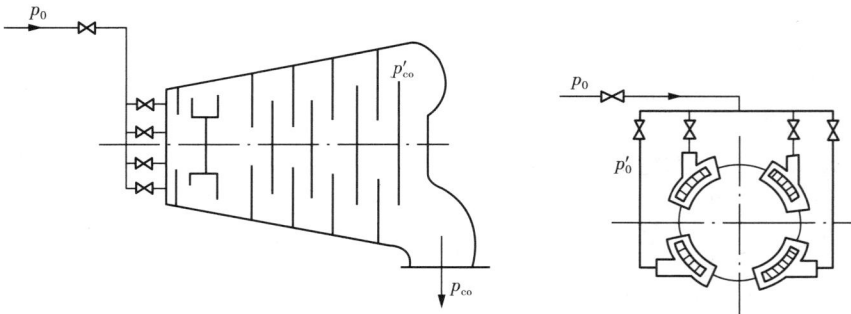

图 8-7 喷嘴调节示意图

由于喷嘴调节第一级的通流面积随着调节阀的开启数目而变化,而其后各压力级的通流面积则不随工况变动。因此第一级不能和以后的各级合在一起作为一个级组。第一级的变工况特性与其后的各级不同,第一级为调节级。

变工况运行时,随着调节阀的开启状况不同,调节级存在两种不同的热力过程。一是工作于全开阀门后的热力过程,其后调节级的实际焓降为 Δh_a,流量为 D_a,调节级排汽焓为 h_a;二是工作于未全开阀门后的热力过程,其实际焓降为 Δh_β,流量为 D_β,调节级排汽焓为 h_β,如图 8-8 所示。

两种不同状态的蒸汽进入调节级汽室,在调节级汽室压力 p_2 下等压混合,混合后的焓值为 $h_2=\dfrac{D_a h_a+D_\beta h_\beta}{D_a+D_\beta}$,混合后的蒸汽再进入后面的非调节各级。

喷嘴调节主要是通过改变第一级蒸汽通流的喷嘴数,即改变第一级的通流面积来改变蒸汽流量,进而调节汽轮机功率的。此外,由于部分开启的调节阀中存在节流作用,也会改变蒸汽的焓降,但由于通过部分开启阀门的蒸汽流量只占总流量的一小部分,因而其焓降的变化对总功率的影响比较小。

在部分负荷下运行时,仅有一个调节阀处于未全开的节流状态,也只有流经这个阀门的蒸汽受到节流作用,使得喷嘴调节的节流损失比节流调节小;但汽轮机高压部分的金属温度变化幅度较大,使调节级所对应的汽缸壁上产生较大的热应力,降低了机组迅速适应负荷变化的能力。

为便于分析讨论,以具有四个调节阀的喷嘴调节凝汽式汽轮机为例,并对调节级进行如下的简化和假设:

① 调节级的反动度为零,且在各种工况下保持不变,即 $\rho=0$,$p_1=p_2$;

② 主汽阀后的压力 p_0 不随流量改变;

③ 各调节阀的启闭无重叠度,且调节阀全开时无节流损失;

④ 不考虑调节级汽室温度变化。

(1)调节级前后压力与总流量的关系

喷嘴调节时,调节级各喷嘴组进出口压力与流量关系如图8-9所示。

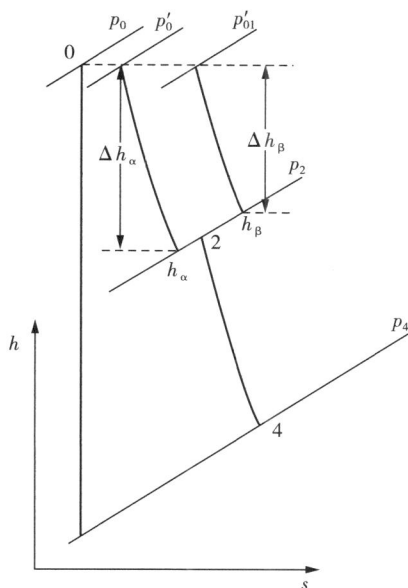

图8-8　调节级级后蒸汽的状态点及其热力过程线

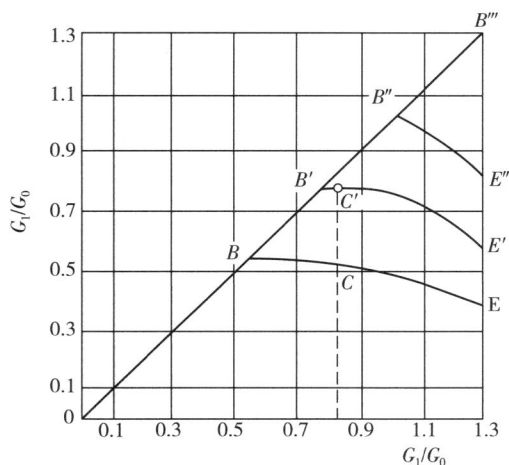

(a)通过各喷嘴组的流量曲线

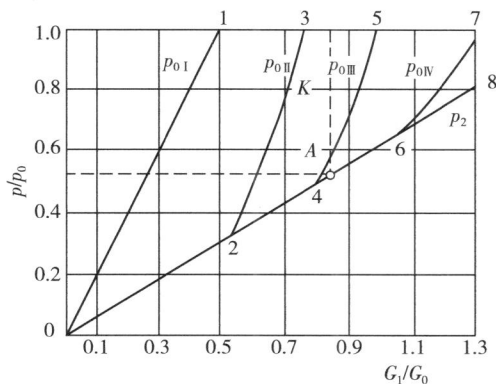

(b)各喷嘴组进出口压力曲线

图8-9　调节级各喷嘴组进出口压力与流量关系

① 调节级后压力 p_2 与总流量的关系

调节级后的蒸汽汽室即为调节级汽室,为了使通过不同喷嘴组和其后动叶出来的多股汽流在级后混合均匀,调节级后的汽室容积较大,若把调节级后所有的压力级作为一个级组,则该级组前的压力就是调节级级后(调节级汽室)压力,因此调节级汽室压力与流量成正比,如图 8-9(b)中 0—2—4—6—8 线所示。

② 调节级级前压力 p_{0i} 与总流量的关系

各调节级级前压力也就是各调节阀后的压力,若分别用 p_{0I}、p_{0II}、p_{0III}、p_{0IV} 来表示,则各调节级级前压力取决于各调节阀的开度。下面着重分析一下在各调节阀的开启过程中,各喷嘴组喷嘴前的压力 p_{0I}、p_{0II}、p_{0III}、p_{0IV} 随流量变化关系。

a. 第一个调节阀开启过程中,第一个喷嘴组的进口压力 p_{0I} 随流量增大的变化规律

在第一个调节阀开启过程中,由于调节级的流通面积为第一个喷嘴组所对应的流通面积,并且,在第一个调节阀开启过程中保持不变. 因此可以把第一级和后面的压力级合在一起看成一个级组,此时调节级前的压力 p_{0I} 即为级组前的压力,所以 p_{0I} 随流量成正比增加,如图 8-9(b)中 0—1 线所示。0 点为第一个调节阀未开时,$p_{0I}=0$ 对应的点;1 点为第一个调节阀全开时,$p_{0I}=p_0$ 对应的点。此后,随着机组其他调节阀的依次开启,通过汽轮机的流量逐渐增大,而第一个调节阀的进口压力 $p_{0I}=p_0$ 将保持不变,如图 8-9(b)中 1—3—5—7 线所示。

b. 第二个调节阀开启过程中,第二个喷嘴组的进口压力 p_{0II} 随流量增大的变化规律

在第一个调节阀全开,第二个调节阀尚未开启时,调节级汽室压力已经达到了第一个调节阀全开时对应的压力 p_2,由于喷嘴后的喷嘴和动叶间的环形间隙是相通的,因此,对于各喷嘴组来说,各喷嘴组后的蒸汽压力都是相同的,均为 p_1,由于假设级的反动度为零,故 $p_1=p_2$;由于第二个调节阀尚未开启,第二个喷嘴组的前后压力是相等的,即 $p_{0II}=p_2$,如图 8-9(b)中的 2 点所示。

随着第二个调节阀的开启,第二个喷嘴组前压力 p_{0II} 逐渐增大,第二个喷嘴组的喷嘴前后压力比 $\varepsilon_n=\dfrac{p_1}{p_{0II}}=\dfrac{p_2}{p_{0II}}$ 逐渐减小,在第二个调节阀刚开始开启时,由于 $p_2/p_{0II}>0.546$,通过第二个喷嘴组的汽流未达到临界状态,故 p_{0II} 随第二喷嘴组的流量增加而呈曲线关系增加,如图 8-9(b)中 2—K 线所示;但随着第二个调节阀的进一步开大,第二个喷嘴组前的压力 p_{0II} 和喷嘴组后压力 p_2 都在逐渐升高,但由于喷嘴后压力 p_2 的升高较慢,因此 p_2/p_{0II} 逐渐减小,当 $p_2/p_{0II}<0.546$ 时,通过第二个喷嘴组的汽流达到了临界状态,此时,p_{0II} 将随第二个喷嘴组流量的增加而成正比增加,如图 8-9(b)中 K—3 线所示。当第二个调节阀达到全开后,第二个喷嘴组前的压力 $p_{0II}=p_0$,此后,随着机组其他调节阀的依次开启,通过汽轮机的流量逐渐增大,而第二个调节阀的进口压力 $p_{0II}=p_0$ 将保持不变,如图 8-9(b)中 3—5—7 线所示。

c. 第三个和第四个调节阀开启过程中,第三个和第四个喷嘴组的进口压力 p_{0III}、p_{0IV} 随流量增大的变化规律

由于在第三个和第四个调节阀的开启过程中,调节级汽室压力 p_2 已经很高,第三个和第四个喷嘴组始终处于非临界状态,故第三个和第四个喷嘴组前的压力 p_{0III}、p_{0IV} 随流量增大的变化规律如图 8-9(b)中 4—5—7 线和 6—7 线所示。

(2)通过各喷嘴组的蒸汽流量与总流量的关系

在第一个调节阀开启过程中,随着第一个调节阀的逐渐开启,通过第一个喷嘴组的蒸汽流量逐渐增大,如图 8-9(a)中 0B 线所示,在第一个调节阀达到全开时,通过第一个喷嘴组的蒸汽流量达到了最大值。

在第二个调节阀的开启过程中,进入汽轮机的总流量为通过第一和第二两个喷嘴组的流量之和,总的流量由图 8-9(a)中的 B 点逐渐增加到 B' 点。

随着第三个调节阀的逐渐开启,调节级汽室压力 p_2 也不断升高,当调节级汽室压力 p_2 升高至 $0.546p_0$ 时,即图 8-9(b)中的 A 点,第一个和第二个调节阀均已全开,而第三个调节阀也部分开启,在第一、二两喷嘴组中,汽流速度刚好达到临界速度。

在 A 点前,由于 p_2 始终低于临界压力,所以在第一个和第二个调节阀达到全开时,第一个和第二个喷嘴组的进口压力为 p_0 并保持不变,通过第一个和第二个喷嘴组的流量达到临界流量,随着 p_2 的升高维持临界流量不变。如图 8-9(a)中的 BC 及 $B'C'$ 所示。在 A 点后,随着第三个调节阀的继续开大,p_2 将高于临界压力,于是通过第一个和第二个喷嘴组的流量将随 p_2 的升高而下降。此时流量与背压的变化关系为椭圆曲线,所以图 8-9(a)中的 CE、$C'E'$ 和 $B''E''$ 所示。

结论:在调节阀的开启过程中,当 $p_2 < 0.546p_0$ 时,全开调节阀所对应的喷嘴组的流量保持不变,正在开启的调节阀所对应的喷嘴组的流量增加;当 $p_2 > 0.546p_0$ 时,全开调节阀所对应的喷嘴组流量减小,正在开启的调节阀所对应的喷嘴组的流量增加。此外,在某一个调节阀刚刚全开(下一个调节阀尚未开启)时,通过该调节阀后喷嘴组的流量达到了最大。

(3)调节级焓降的变化

由图 8-9(b)可见,各喷嘴组所对应的调节级前后的压力比随流量的变化而变化,使得各喷嘴组所对应的调节级的焓降也随之发生变化。工作于其后的动叶所承受的应力也将发生变化。在第一个调节阀的开启过程中,蒸汽在第一个喷嘴组中的焓降也就是调节级焓降,虽然此时调节级的级前、级后压力都与流量成正比,$p_2/p_{0\mathrm{I}}$ 保持不变,但由于调节级前的温度随着调节阀的开启逐渐升高,使得调节级的焓降也逐渐增加。

在第二个调节阀未开启时,第二个喷嘴组前后的压力是相等的,其焓降为零。随着第二个调节阀逐渐开启,调节阀的节流损失逐渐减小,第二个喷嘴组前的压力 $p_{0\mathrm{II}}$ 增加的比级后压力 p_2 快,使得 $p_2/p_{0\mathrm{II}}$ 逐渐减小,因而第二个喷嘴组的焓降也从零逐渐增大,在第二个调节阀全开时,第二喷嘴组的焓降达到最大。

而在第二个调节阀的开启过程中,由于第一个喷嘴组前的压力 $p_{0\mathrm{I}} = p_0$ 保持不变,而调节级后压力 p_2 却随着流量的增加而成正比的增大,故随着第二个调节阀的不断开大,第一个喷嘴组中的蒸汽焓降逐渐减小。

当第二个调节阀达到全开时,由于第一个和第二个喷嘴组的前后压力相等,所以通过第一个和第二个喷嘴组的蒸汽理想焓降也相等。类似可分析第三个、第四个调节阀开启过程中第三个和第四个喷嘴组中蒸汽理想焓降的变化情况。

结论:调节级的焓降随着流量的变化而变化,流量增加时,部分开启调节阀所对应的喷嘴组中蒸汽的理想焓降增大,全开调节阀所控制的喷嘴组中蒸汽的理想焓降减小。此外,在变工况时,喷嘴调节汽轮机高压部分的金属温度变化较大,这使得调节级汽室处的汽缸壁产生较大的热应力。

调节级的危险工况:在第一个调节阀全开而第二个调节阀尚未开启的时候。

因为在第一个调节阀全开,而第二个调节阀尚未开启时,调节级的焓降达到最大,此时流经第一个喷嘴组的流量也达到了最大。由于蒸汽作用于动叶上的应力与流量及焓降的乘积成正比,因此工作在第一个喷嘴组后面的动叶所承受的应力达到最大,该工况是调节级最危险的工况。

由于级在最佳速比下工作时级效率最高,偏离最佳速比时级效率下降,若速比不变,级效率也基本不变。因此,当汽轮机工作转速一定时,级焓降的变化将引起级速比的变化,从而引起级效率的变化。

由此可见:对于喷嘴调节凝汽式汽轮机,当流量发生改变时,调节级和末级焓降的变化较大,其速比偏离最佳值较多,级效率下降的较大,而中间各级的焓降则基本保持不变,其级效率也基本不变。

综上所述,对于喷嘴调节凝汽式汽轮机,当负荷减小时,各级的变工况特性见表 8-1。

表 8-1 各级变工况参数特性

级		级前压力	级后压力	压力比	焓降	反动度	级效率
调节级	全开调节汽门所对应的喷嘴组	不变	正比减小	下降	增加	减小	下降
	部分开启调节汽门所对应的喷嘴组	下降	减小	增加	减小	增加	
中间级		正比减小	正比减小	不变	不变	不变	不变
末级		下降	基本不变	增加	减小	增加	下降

3. 滑压调节

随着电网容量的不断增大,电网负荷峰谷差越来越大,要求大功率的机组也参加电网调峰。大功率机组调峰运行时,机组负荷变化大,启停频繁,多采用滑压运行方式。汽轮机的主汽门和调节汽门保持全开或其中一个调节汽阀关闭(或保持部分开启位置不变),随着负荷的改变,调整锅炉的燃烧量和给水量,改变锅炉出口蒸汽压力(蒸汽温度保持不变),从而使通过汽轮机的蒸汽流量发生变化,以适应外界负荷的变化。

前面所讨论的喷嘴配汽和节流配汽,均是在汽轮机主汽压力 p_0 保持不变的前提下分析的,相对滑压调节来说,前两种调节方式称为定压调节,定压调节只有在带基本负荷时才是经济的。

滑压运行机组在部分负荷下运行时,主汽压力降低,但温度基本保持不变,汽轮机各部件的温度变化量较小,减小了金属的热应力和热变形,提高了机组运行的可靠性;故采用滑压运行方式的机组允许以较快的负荷变化率来改变负荷,缩短了机组的启停时间,提高了机组的负荷适应性。

在部分负荷下(约75%额定负荷以下)滑压运行时,主汽压力将随着负荷的减小而降低,但由于主汽温度和再热汽温度保持不变。虽然进入汽轮机的蒸汽质量及流量减小了,但容积流量变化不大,速比、焓降等也基本保持不变,且蒸汽压力的降低,还使得湿汽损失减小,故汽轮机的相对内效率较高。

在高负荷区(75%～100%额定负荷)定压运行时,由于阀门开度较大,其节流损失不大,尤其是喷嘴调节的汽轮机,节流损失就更小了;若在高负荷区采用滑压运行,由于主汽压力的降低,会使机组的循环热效率下降,反而使机组的经济性比定压运行时更低。因此,只有当负荷降低到一定数值后,采用滑压调节才是有利的。

(1)纯滑压调节

在整个负荷变化范围内,汽轮机的主汽阀和调节阀都处于全开状态,靠锅炉调节燃烧来适应外界负荷的变化。这种调节方式从外界负荷变化到汽轮发电机组功率的改变有较大的延滞,负荷适应性差;对中间再热机组,由于再热器、再热冷段和再热热段中间容积的存在,负荷变动时,低压缸有明显的功率滞后现象,为此在汽轮机调节系统中通常利用高压调节汽门动态过开的方法来补偿中低压缸功率的滞后。

(2)节流滑压调节

在机组稳定运行时调节阀未达到全开,对主蒸汽有一定的节流作用。当外界负荷突然增加时,通过调节系统将立即开大调节阀,利用锅炉的蓄能来快速增加负荷,待锅炉调整燃烧工况使主汽压力升高后,再逐渐关小调节阀,并最终恢复至原来的开度。这种调节方式提高了机组运行时的负荷适应性。但由于调节阀经常处于部分开启状态,存在节流损失,降低了滑压运行的热经济性。

(3)复合滑压调节

复合滑压调节是滑压调节和定压调节相结合的一种运行方式,以下是三种不同的复合方式。

① 低负荷时滑压调节,高负荷时定压调节。

低负荷时调节阀全开,采用滑压调节方式,随着负荷的增加,锅炉增强燃烧,主汽压力增加,汽轮发电机组所发的电功率增大,待负荷增至某一定值后,维持主蒸汽压力不变,切换到喷嘴调节方式,采用定压调节方式,随着负荷的进一步增加,逐渐开大调节阀门。

② 低负荷时定压调节,高负荷时滑压调节。

低负荷时,主汽压力维持在较低值,采用定压调节方式,随着负荷的增大,逐渐开大调节阀,待阀门达到全开后,采用滑压调节方式,依靠锅炉增强燃烧来增大负荷。

③ 高负荷和低负荷时定压调节,中间负荷时滑压调节,即定-滑-定运行方式。

低负荷时,主汽压力维持在较低值,采用定压调节方式;中间负荷区,关闭1~2个调节阀,采用滑压调节方式;高负荷区,切换到喷嘴调节,采用定压调节方式,随着负荷的进一步增加,逐渐开大调节阀门。

目前,大功率机组多采用"定—滑—定"复合滑压运行模式,在机组启动升速和低负荷区,锅炉维持最低稳定负荷低压定压运行,汽轮机采用节流调节(单阀模式),可使通流部分得到均匀加热;在中等负荷区,锅炉逐渐增加燃料升压、升温,汽轮机保持三阀全开滑压运行;在接近额定负荷时,锅炉保持额定参数定压运行,汽轮机采用喷嘴调节(顺序阀)。这种运行方式能提高机组变工况运行时的经济性,减小进汽部分金属的温差和负荷变化时的温度的变化,降低了机组的低周疲劳损伤。

如上汽600 MW超临界机组采用"定—滑—定"变负荷运行方式,负荷在90%ECR以上时,锅炉保持额定参数定压运行,汽轮机采用喷嘴调节(SEQ模式)定压运行,由4号调节阀(1、2、3号调节阀全开)控制机组负荷;负荷在30%～90%ECR时,采用滑压运行,汽轮机调门保持90%左右开度不变,由锅炉控制主蒸汽压力变化,从而改变机组负荷;负荷在30%ECR以下时,锅炉维持最低稳定负荷低压定压运行,汽轮机采用低压节流调节(即SIN模式)定压运行,各调节阀同时改变开度来控制机组负荷,从而使通流部分均匀加热。

第三节　运行监视与调整

汽轮机运行中的主要监视项目有主汽参数(压力,温度)、再热蒸汽参数(压力,温度)、真空、监视段压力、轴向位移、热膨胀及胀差、振动和声音以及油系统等,在机组正常运行时要经常监视这些参数的变化情况,对异常参数变化应分析,及时采取措施,保证汽轮机的安全经济运行。

一、蒸汽参数的监视

主蒸汽和再热蒸汽参数发生变化时,将引起汽轮机功率和效率的变化,并且使汽轮机通流部分的某些部件的应力和机组的轴向推力发生变化。

1. 主汽压力变化对汽轮机工作的影响

(1)主汽压力升高

① 采用节流调节的凝汽式汽轮机

如果保持调节汽门开度不变,当主汽压力升高时,则流量和焓降都要增大,使得机组超负荷运行,引起各压力级,特别是末几级应力增大,甚至超过允许值,这是不允许的。

如果保持机组负荷不变,则应关小调节阀门,使得进入汽轮机第一级喷嘴前的蒸汽压力与设计值相等,使得进汽机构的节流损失增加,但是各级内的工作状况并无变化,不影响机组运行的安全性。

② 采用喷嘴调节的凝汽式汽轮机

当主汽压力升高时,汽轮机的理想焓降增加,如果维持额定负荷不变,则应减少流量。

对于非调节中间各级,由于流量减少,非调节中间各级级前压力均下降,但各级的焓降基本保持不变,故流量减少各级动叶应力降低,同时隔板压差和轴向推力也减少,中间各级是安全的。

对于末几级,由于流量减少,使得级前压力降低,级的焓降减少,作用于其后动叶上的应力下降,但级的焓降的下降又会使级的反动度增大,可能使末几级轴向推力增大,但由于末几级处于低压部分,动叶前后的压差本身就比较小,同时,设计的反动度值比较大,其反动度的增加不大,加上级前压力降低的相反作用,末几级的轴向推力增加得很小,因此,整机的轴向推力还是减小的。

对于调节级,由于流量减少,调节级汽室压力将降低而主汽压力又增大,这样,工作于全开调节阀后的调节级焓降将增大,且流量也因喷嘴前压力升高,喷嘴后压力降低而有所增加;因此工作于全开调节阀后的动叶承受的应力要比初压未升高前增大了,但其数值仍然小于第一调节汽门全开、第二调节汽门未开时的调节级焓降,故调节级是安全的。

总之,当初压升高汽轮机带额定负荷时,是安全的。

在第一个调节阀刚刚开全,第二个调节阀尚未开启工况下,若主汽压力升高,则调节级是危险的。与初压未增加时相比,通过第一个喷嘴组的流量(此时为临界流量)会因初压的升高而成正比的增加,调节级后的压力也将随着流量的增加成正比的增大,因而调节级焓降将保持不变,但由于流量增加,工作于其后的动叶所受应力增大,有可能超过材料的许用应力。

为此,有些大容量机组在启动过程中,让第一、第二调节汽门同时开启,以增加第一调节汽门全开时流经汽轮机的流量,以提高调节级级后的压力,使工作于全开调节阀后调节级的焓降减小,以保证调节级的安全。

(2)主汽压力降低

当主汽压力降低时,汽轮机的理想焓降减小,若调节汽阀保持在额定开度,则蒸汽流量随初压的降低成正比减小,使得汽轮机的最大出力受到限制,但机组运行是安全的。

当主汽压力降低时,若仍要维持机组在额定负荷下运行,则要增大汽轮机流量,从而超过额定流量,将引起非调节级各级的级前压力升高,并使得末几级焓降增大,作用于非调节各级动叶的应力值增大,尤其是末几级叶片应力增大的更多,同时汽轮机的轴向推力也增加,将对汽轮机的安全运行带来不利的影响。

2. 主汽温度变化后对汽轮机工作的影响

(1)在初压和背压不变的条件下,主汽温度升高。

从经济性来看,主汽温度升高,不仅提高了循环的热效率,而且还降低了排汽湿度,减小了汽轮机末几级的湿汽损失,使机组的相对内效率也有所提高。

从安全性来看,主汽温度升高,将引起金属材料性能的恶化,缩短其使用寿命。尤其是超过允许值时,将会使汽轮机主汽门、调节汽门、调节级、高压轴封、汽缸法兰和蒸汽管道等部件的高温蠕变加剧,即使初温升高不多,也会引起急剧的蠕变而使材料的许用应力大幅度降低。因此,对超温采取相应的严格的限制措施。

(2)在初压和背压不变的条件下,主汽温度降低。

若保持流量为额定值,在主汽温度降低时,汽轮机的理想焓降随之减少,则机组的实发功率减少,机组可以安全运行。

若保持发出额定功率,在主汽温度降低时,由于汽轮机理想焓降的降低,就需要增大汽轮机的流量,并超过额定流量。对喷嘴调节的汽轮机,调节级级后的压力将随流量的增加而增大,工作于全开调节阀后调节级的焓降减小,调节级是安全的;非调节级尤其是最末几级,由于流量和焓降同时增大,将造成末几级叶片过负荷;此外汽轮机的轴向推力也将增大。

此外,主汽温度降低还使得末几级的蒸汽湿度增大,湿汽损失增加,加剧了对末几级叶片的冲蚀作用。主汽温度急剧降低,还可能导致水冲击。这些都直接威胁到汽轮机运行的安全性。为此,在必要时可在初温降低的同时降低初压,以减小排汽湿度;但此时汽轮机的功率受到的限制就更大了。

对于上汽 600 MW 超临界汽轮机组,正常运行时,主汽温应维持在 552～574 ℃,再热汽温应维持在 542～574 ℃。

二、负荷、主蒸汽流量与监视段压力的监视

由于凝汽式汽轮机调节级汽室压力和各段抽汽压力均与蒸汽流量成正比,在运行中通过监视调节级压力和各段抽汽压力就可以监视汽轮机负荷和通流部分的工作情况,监视段压力指的就是汽轮机各抽汽段和调节级汽室的压力。

根据调节级压力和各段抽汽压力与流量是否成正比来判断通流部分的结垢情况,若同一流量下监视段压力升高,则说明监视段以后通流面积减少,大多数情况是由结垢引起的,有时压力的升高也有可能是其他的原因造成的,如金属零件碎裂和机械杂物堵塞了通流部分或叶片损伤变形等。若喷嘴和叶栅通道结有盐垢,将导致通道截面积变窄,而使结垢级及之前各级叶轮和隔板压差增大,焓降增加,应力增大,使隔板挠度增大,同时引起汽轮机推力轴承负荷增大。

汽轮机通流部分结垢主要是蒸汽品质不良引起的,而蒸汽品质的好坏又受到给水品质的影响。因此,应对给水和蒸汽的品质进行监督。

三、真空的监视

(1)真空降低

真空降低,蒸汽在汽轮机中的理想焓降减小,经济性下降。对于喷嘴调节的汽轮机,背压升高不大时,若保持调节汽门开度不变,可认为蒸汽流量基本不变,理想焓降的减小将使得汽轮机的实发功率下降,且焓降的减小主要发生在末几级。因此,对于各级动叶和隔板来说是安全的。若要保证机组发出额定功率,就必须增大蒸汽量,从而使各压力级过负荷,同时,轴向推力增大,因此,背压升高较多时,应降负荷运行。

真空降低还会引起排汽温度的上升,造成排汽部分法兰、螺栓应力增大;造成排汽缸、轴承座和凝汽器等部件膨胀不正常,使机组中心发生变化,在轴承上产生不允许的振动;造成凝汽器铜管热膨胀过甚,损坏胀口而产生泄漏,使凝结水水质变差。

(2)真空升高

真空升高时,循环热效率提高,蒸汽在汽轮机中的理想焓降增大,若蒸汽流量保持为额定值,则汽轮机末级焓降增大,若末级为超声速汽流,当焓降增大时,蒸汽通过末级动叶时得不到充分膨胀,多余的膨胀将在末级动叶或喷嘴外进行,形成能量损失,造成机组热经济性下降;若末级为亚音速汽流,当焓降增大时,末级的动叶将过负荷,为了保证安全,应当限制汽轮机的流量。当减小流量时,调节级汽室压力将成正比的降低,这样又会使调节级过负荷。

对于上汽超临界600 MW的机组,采用双背压凝汽器,还要求维持高、低压凝汽器之间的差压低于11.8 kPa;当凝汽器管束脏污影响换热和凝汽器真空时,应及时进行凝汽器胶球清洗。

四、汽轮机安全监视系统(TSI)

汽轮机安全监视系统(TSI)用于对汽轮机转子的窜轴、相对膨胀、绝对膨胀、轴振动、轴偏心率、转速、零转速等重要参数进行监视,不仅能指示机组运行的状态,还能对测量值进行比较,越限时发出报警信号或停机信号。某超临界600 MW机组状态监测系统如图8-10所示。

(1)机组振动的监视

振动过大可能使轴封处动静部分发生摩擦,引起主轴局部过热,并可能产生永久变形;振动过大还可能使动叶片、叶轮等转动部件损坏;使螺栓紧固部分松弛;严重时会使整个机组损坏。

上汽600 MW超临界汽轮机在正常运行时,要求轴振不超过30 μm或轴承振动不超过80 μm,若超过,则应检查新蒸汽参数、润滑油温度和压力、真空和排汽温度、轴向位移和汽缸膨胀的情况等,并采取措施予以消除;当轴振大于254 μm将引起保护动作,汽轮机打闸停机;此外,当轴振变化±15 μm或轴承振动变化±50 μm,应查明原因设法消除;当轴承振动突然增加50 μm,应立即打闸停机。

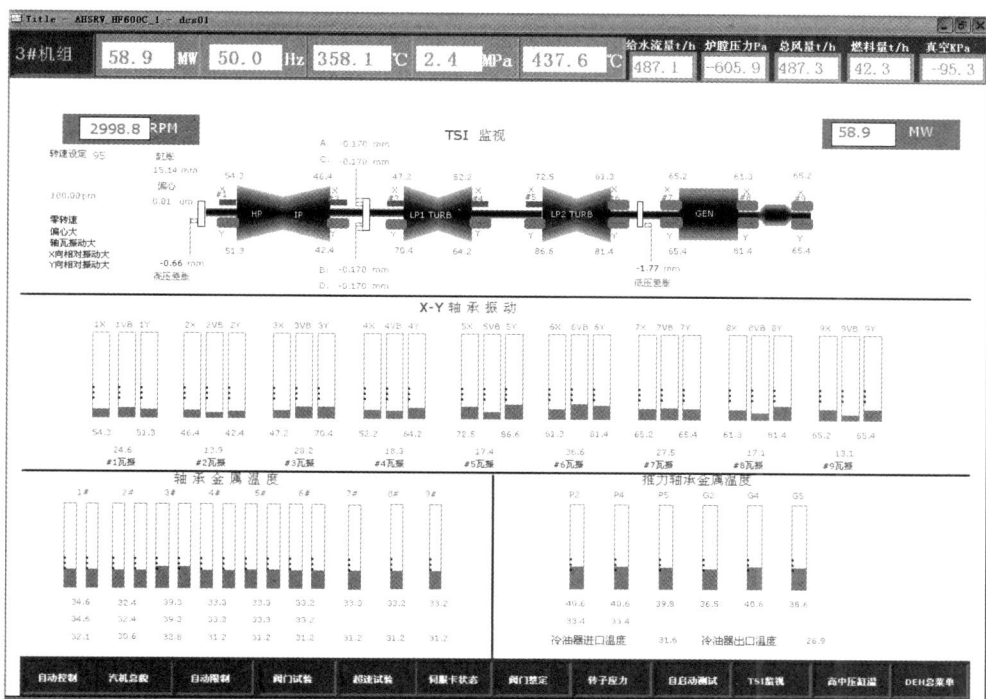

图 8-10 某超临界 600 MW 机组 TSI 监视画面

（2）胀差的监视

胀差是转子和汽缸沿轴向膨胀量的差值，当负荷增减速度过大或主汽温度骤然变化时，汽缸和转子的热膨胀将发生变化。若得胀差过大，将造成汽轮机转动部分和静止部分沿轴向碰撞摩擦。为此，在汽轮机上安装有胀差指示器，对于超临界 600 MW 机组胀差的限制值如下。

高压差胀报警值：9.52 mm，−3.8 mm；停机值：10.28 mm，−4.56 mm。

低压差胀报警值：15.24 mm，−0.26 mm；停机值：16 mm，−1.02 mm。

汽缸受热膨胀时，是以滑销系统的死点为固定点，沿轴向向高压和低压两侧膨胀的，汽缸受热后的膨胀量称为缸胀，若汽缸膨胀不均匀或膨胀受阻，汽缸就会变形或翘曲，从而引起较大的热应力。为此，在汽轮机上安装有汽缸热膨胀指示器。严密监视汽缸膨胀量。

（3）轴向位移的监视

轴向位移反映了汽轮机推力轴承的工作情况以及汽轮机通流部分动静轴向间隙的变化情况，若推力轴承承受的轴向推力超过其承载能力或轴承供油量不足、油温升高，油膜将被破坏、推力瓦块乌金被烧熔、原设计的动静部分之间的轴向间隙消失，发生碰撞摩擦。

运行中轴向推力增大的主要原因有：

① 汽温、汽压下降；

② 隔板汽封间隙因磨损而增大；

③ 蒸汽品质不良，引起通流部分结垢；

④ 发生水冲击事故；

⑤ 负荷变化,一般来讲凝汽式汽轮机的轴向位移随负荷增加而增大。

运行中应密切监视轴向位移和推力瓦温度及回油温度的变化,对于大功率机组,一般规定推力瓦块乌金温度不超过 95 ℃,回油温度不超过 75 ℃;当轴向位移增大超过极限值时,轴向位移保护装置动作,切断汽轮机进汽,紧急停机。对于超临界 600 MW 机组其轴向位移限制报警值为 -0.9 mm, +0.9 mm;停机值为 -1.0 mm, +1.0 mm。

(4)偏心率监视

汽轮机运行时,转子的弯曲情况是通过转子晃动度来间接反映的,在转子轴端圆周面上测量的晃动量的大小称为晃度,晃度的一半称为轴的偏心率,运行中必须监视轴的偏心率,偏心度达到 0.076 mm 时报警。

(5)转速监视

一般转速监控提供两个可调整的警戒设定值,即超速信号和零速信号,超速信号用于超速保护,零转速信号则用于控制盘车装置在停机时自动投入;当转速高于 110% 额定转速时,发出超速信号,超速报警并停机;当转速低于 1 r/min 时,发出零速信号,零速报警并连锁启动盘车。

五、油系统的监视

油系统担负着向轴承供应润滑油、向调节系统和保护装置供应调节和保安用油以及向氢冷发电机组供应密封用油的任务,一旦出现故障就可能导致轴瓦烧毁或使调节系统失灵。

润滑油油温升高会使油的黏度降低,进而导致油膜破坏;油温过低,油的黏度增大,又会造成轴瓦油膜工作的不稳定,从而引起振动。运行中应根据机组负荷的增减、冷却水温度的高低来调整润滑油油温,将温控制在 40~45 ℃。在机组负荷、冷却水温度没有变化、冷油器温度调节门开度正常的情况下,如果油温升高,则应检查冷油器水侧进出口压差是否过大,进出口水门就地状态是否正确,必要时切换备用冷油器运行。

油压过高可能造成油系统泄漏甚至破裂,造成油系统着火事故;油压过低可能会使轴承油量不足或断油,并造成调速系统工作失常。正常运行时,维持空侧密封油与氢气差压在 0.084 MPa 左右,当第一备用油源投入时该差压维持在 0.056 MPa 左右,空氢侧密封油差压维持在 ±490 Pa 范围内。

当主油箱油位低至 -100 mm,应及时补油;净油箱油位低于 300 mm,小机油箱油位低至 -100 mm、EH 油箱油位低时,应及时联系加油,并查明原因,予以消除。

若冷却水温度、压力不变而冷油器出口油温与出口水温的差值增大时,表明冷油器的冷却表面污脏应进行清洗;若冷却水进出口温差增大,而出口水温与出口油温差不多,则表明冷却水量不足,应增大冷却水量。此外,为了防止铜管泄漏时造成油中进水恶化水质,应始终保持冷油器油侧的压力大于水侧的压力。油系统的参数及其限制值如表 8-2 所示,

表 8-2　汽轮机油系统的参数及其限制值

项　目	正常值	报警值		跳闸值
		高限	低限	
润滑油压(MPa)	0.096~0.124	—	0.082	0.06
润滑油温度(℃)	40~45	49	35	—

项　目	正常值	报警值		跳闸值
		高限	低限	
轴承温度(℃)	90	107	—	113
推力轴承温度(℃)	80	99	—	107
回油温度(℃)	65	77	—	82
EH 油压(MPa)	14±0.5	11.03	—	9.3
EH 油温(℃)	37～55	55	37	—
油箱油位(mm)	550～650	915	430/300	200

六、轴封系统的监视

正常运行时,汽轮机的轴封系统处于自密封状态,轴封辅汽供汽调节门已自动关闭,由溢流阀将轴封联箱压力控制在 22～30 kPa,低压轴封蒸汽温度设定在 150 ℃,检查低压轴封减温水应投入自动,维持低压轴封供汽温度在 150～176 ℃。轴封系统的主要参数及其限制值如表 8-3 所示。

表 8-3　轴封系统的主要参数及其限制值

项　目	正常值	报警值	
		高限	低限
轴封蒸汽压力(kPa)	22～30	32	20
轴封蒸汽温度(℃)	149	179	121

轴封系统运行时,应注意主蒸汽和再热冷段蒸汽压力、温度的变化,检查轴封母管压力及各轴封汽源,保证轴封供汽有不小于 14 ℃的过热度,检查各轴封处是否冒汽、声音是否正常。

七、除氧器水位和压力的监视

(1)除氧器水位调整

除氧器正常水位在(2550±100)mm,当调整除氧器水位接近正常值 2550 mm 稳定后,检查除氧器水位主、副调节门 A、B 无"强制手动信号"后,投入除氧器水位主、副调节门 A、B自动,正常运行时,应尽量维持除氧器水位自动。

当除氧器水位采用手动调整时,应考虑到主凝结水流量、主给水流量、高加疏水流量、和除氧器进汽量等因素对除氧器水位的影响,防止造成除氧器失压或超压,并注意凝汽器水位的变化,尽量保持凝汽器水位不变。

(2)除氧器压力调整

机组刚开始启动时,除氧器投辅汽加热,当辅汽供汽温度超过 300 ℃时,确认辅汽至除氧器管道上的疏水门开启,开启辅汽至除氧器的电动门,稍开辅汽至除氧器的压力调节阀,保持除氧器压力 0.02～0.05 MPa(g)。根据凝结水量,逐渐开大辅汽至除氧器压力调节阀,升压至 0.047 MPa(g),注意应缓慢提升除氧器压力均匀加热给水,防止除氧器因汽水压力的不匹配而产生振动。除氧器压力达到 0.047 MPa(g)后,检查辅汽至除氧器压力调节阀无"强制手动信号"后,辅汽至除氧器的压力调节阀投入自动,压力自动调节的值设定为 0.047 MPa,除氧器进入定压运行状态。

正常运行时辅汽至除氧器压力调节阀关闭,四抽至除氧器的电动门全开,除氧器的压力随机组负荷的升高而升高,除氧器处于滑压运行状态。

八、加热器水位的监视

加热器的正常水位在 ±30 mm 左右,调节加热器水位接近正常值时,如无强制手动信号,应及时投入水位自动。若水位低于低限值,将会对加热器管壁及疏水冷却区造成冲刷;若水位高于 +38 mm,检查事故水位调节阀应自动开启,如果没有自动开启则应手动开启。当加热器水位超过 +88 mm,检查联锁保护应动作,加热器解列,并及时手动开大事故疏水门,以降低加热器水位。表 8-4 为上汽超临界 600 MW 汽轮机运行时的主要参数及其限制值。

表 8-4 上汽超临界 600 MW 汽轮机运行时的主要参数及其限制值

项 目	正常值	报警值		跳闸值	备注
		高限	低限		
主汽压力(MPa)	24.2	25.4			极限不大于 28.92
再热蒸汽压力(MPa)	3.90	4.1			
调节级压力(MPa)	<19.8	20.69			
主汽温度(℃)	566	574	552	594	
再热汽温度(℃)	566	574	552	594	
主再热汽温差(℃)	14	28			达 42 ℃(不大于 15 分钟)
蒸汽室内外壁金属温差(℃)		83			
高中压缸外缸上下温差(℃)	42			55.6	
高压缸排汽温度(℃)	<404			427	
高压胀差(mm)	+8～-2	9.5/-3.8		10.2/-4.5	
低压胀差(mm)	0～15	15/-0.2		16/-1	
轴振动(mm)	<0.076	0.127		0.254	
轴向位移(mm)	±0.6	±0.9		±1.0	

（续表）

项　目	正常值	报警值		跳闸值	备注
		高限	低限		
低压缸排汽温度（℃）	＜65	79℃			121℃运行时间小于15分钟
凝汽器压力（kPa）	4.9	24.7		31.3	
润滑油压（MPa）	0.096～0.124		0.082	0.06	
润滑油温度（℃）	40～45	49	35		
轴承温度（℃）	90	107		113	
推力轴承温度（℃）	80	99		107	
回油温度（℃）	65	77		82	
EH 油压（MPa）	14±0.5	11.03		9.3	
EH 油温（℃）	37～55℃	55	37		
油箱油位（mm）	550～650	915	430/300	200	
调节级与高压缸排汽压力比（MPa）				＜1.7	
轴封蒸汽压力（kPa）	22～30	32	20		
轴封蒸汽温度（℃）	149	179	121		
机组转速（r/min）	3000			3300	

九、660 MW 机组运行状况监视

熟悉 660 MW 超超临界机组汽轮机操作画面,对汽轮机蒸汽参数(压力,温度)、真空、机组振动、胀差、轴向位移、偏心率等参数及辅助系统运行状况进行监视,对异常的参数变化能够进行分析和记录,并能及时加以调整。

第四节　汽轮机试验

一、汽轮机的定期试验

汽轮机试验主要有主汽门严密性试验、汽轮机超速保护试验、主机润滑油泵联动试验、危急保安器注油试验、真空严密性试验等。有的试验是在启动期间完成,有的需要在日常运行中定期试验。

汽轮机的定期性能试验如表 8-5 所示。

表 8-5　汽轮机的定期试验

编号	项目		期限	编号	项目		期限
1	DEH 静态检查试验		冷态启动前			给水泵驱动汽轮机油泵低油压连锁	启动前
2	OPC 电磁阀试验		冷态启动前			给水泵驱动汽轮机MEH 静态试验	新机启动前
3	充油试验		冷态启动定速后	12	汽动给水泵组试验	给水泵驱动汽轮机超速保护试验	大修后
4	超速保护试验	主机电超速保护试验	汽轮机新安装或大修后停机一个月后再启动甩负荷试验前危急保安器解体或调整后			汽动给水泵的其他保护试验	主机启动前
		主机机械超速保护试验				给水泵驱动汽轮机主汽门活动试验	每周
				13	抽汽止回门活动试验		每月
				14	汽门严密性试验		主机启动前
5	阀门活动试验		每周			低轴承油压	大修后
6	危急遮断通道试验		每周	15	保护脱扣系统	低真空	每月
7	主机润滑油泵联动试验		每月			汽轮机电气超速	每月
8	泵的跳闸联动试验		冷态启动前			遥控脱扣（选择）	每月
9	发电机气密性试验		与氢系统有关的检修工作后			轴承油泵运转	每周
10	真空严密性试验		每月			调速泵运转	每周
11	电动给水泵组试验	电动给水泵的保护试验	大、小修后	16	润滑油系统	危急油泵运转	每周
		辅助油泵连锁试验	每月			油压开关整定值	每月
						顶轴油泵	每月

　　机组大小修后,必须先进行主、辅设备的保护和连锁试验,试验合格后才允许设备试转和投入运行。试验时,应做好局部隔离措施,不能影响到运行设备的安全,试验结束后,应做好系统及设备的恢复工作,并投入相应的连锁保护。

二、汽门严密性试验

1. 试验的目的

　　试验的目的是检验汽门的严密性,在机组初次投入运行、大小修后或高中压主汽门和调节汽门解体检修后应做汽门严密性试验。严密性试验一般安排在汽轮机并网前进行,试验时,要求主蒸汽参数为冲转参数,凝汽器背压小于 5 kPa,对汽轮机调节汽门和主汽门分别进行严密性试验,汽轮机转速能够下降至 300 r/min 以下的为合格。

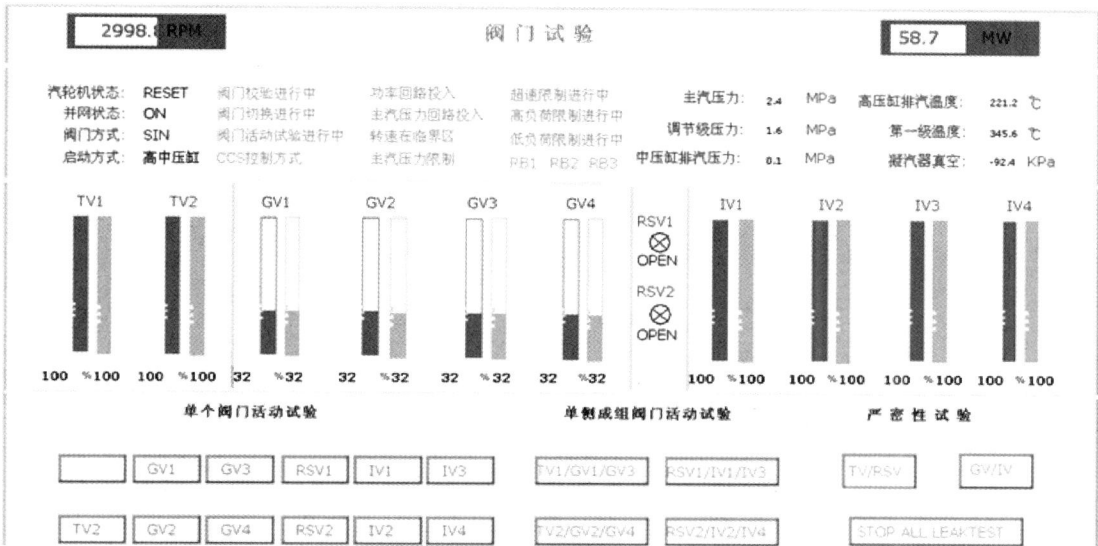

图 8-11 某 600 MW 机组汽轮机阀门试验画面(1)

2. 汽轮机汽门严密性试验方法

(1)汽轮机调门严密性试验方法

① 冲转升速至 3000 r/min 定速,凝汽器背压小于 5 kPa;

② 按"GV/IV"试验按钮,如图 8-11、图 8-12 所示;

③ 观察 GV 和 IV 阀缓慢全关至 0,TV 和 RSV 阀全开;

④ 观察汽轮机转速缓慢下降至稳定转速;

⑤ 试验结束,打闸。

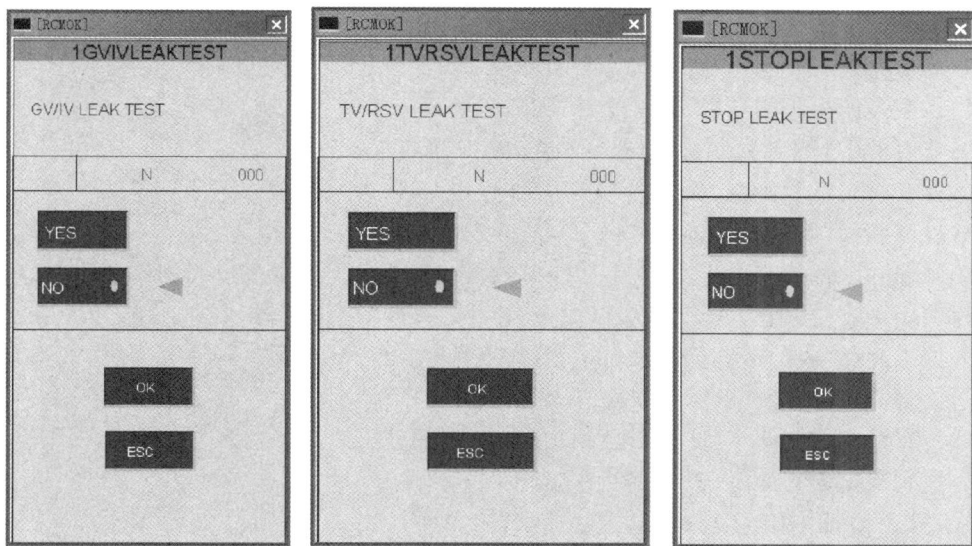

图 8-12 某 600 MW 机组汽轮机汽门严密性试验画面(2)

(2)汽轮机主汽门严密性试验方法

① 汽轮机冲转至 3000 r/min 定速,凝汽器压力小于 5 kPa;

② 按"TV/RSV"试验按钮;

③ 观察 TV 和 RSV 阀缓慢关闭,GV 和 IV 阀逐渐全开至 100%;

④ 观察汽轮机转速缓慢下降至稳定转速;

⑤ 试验结束,打闸。

三、阀门活动试验

由于正常运行时,高、中压主汽门和高、中压调节汽门基本不动作,为防止结垢等引起阀门卡涩,正常运行期间需定期对阀门进行活动试验,试验一般安排在夜班低谷时进行,试验时要求负荷保持稳定。阀门试验有单个阀门活动试验和单侧成组阀门活动试验。如图 8-11 所示。

阀门活动试验可以通过控制室内的试验开关自动进行,试验期间,运行人员应在阀门旁边观察阀门动作平滑、自由,不应有跳动或间歇动作。严密监视机组负荷、轴向位移、推力瓦温和汽轮机振动,若发现阀门故障或控制异常时,应终止试验。待查清原因并处理好后方可进行。

主汽门活动试验应单侧进行并就地检查,试验并确认汽门确已开启、汽轮机各项参数正常后,方可进行另一侧主汽门试验。

1. 试验条件

(1)检查确认所有主汽阀全开;

(2)检查确认 DEH 处于操作员自动方式;

(3)检查机组在 250~350 MW 以下负荷运行且稳定;

(4)机组处于非 CCS 方式;

(5)确认 EH 油系统运行正常。

2. 试验步骤

(1)检查高压主汽阀 TV1 处于全开状态;

(2)打开 DEH 自动控制画面,投入机组"功率回路";

(3)打开阀门试验画面,如图 8-13 所示,点击"TV1"按钮,投入;

(4)检查画面"阀门活动试验进行中"状态变红色;

(5)画面和就地检查高压主汽阀 TV1 开始缓慢关,当 TV1 关到 10%时,TV1 快关阀带电,快速关闭到零位,然后 TV1 快关阀失电,以 10%/秒的速度从全关到全开;

(6)检查画面"阀门活动试验进行中"状态变白色;

(7)检查高压主汽阀 TV1 处于全开状态;

(8)检查高压主汽阀 TV2 处于全开状态;

(9)在阀门试验画面,点击"TV2"按钮,投入;

(10)检查画面"阀门活动试验进行中"状态变红色;

(11)画面和就地检查高压主汽阀 TV2 开始缓慢关,当 TV1 关到 10%时,TV2 快关阀带电,快速关闭到零位,然后 TV2 快关阀失电,以 10%/秒的速度从全关到全开;

(12)检查画面"阀门活动试验进行中"状态变白色;

(13)检查高压主汽阀 TV2 处于全开状态。

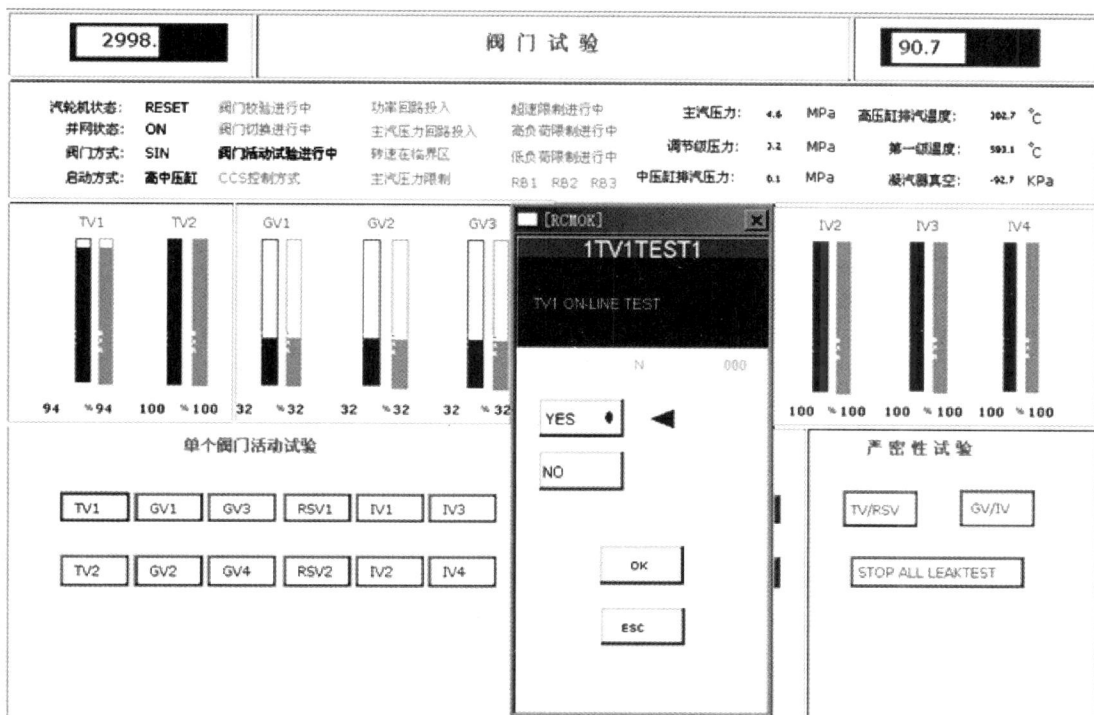

图 8-13 某 600 MW 机组汽轮机阀门活动试验画面(3)

四、真空严密性试验

真空严密性试验是用来检查主机凝汽器及主机负压系统的严密性的,在汽轮机检修后应进行真空严密性试验,正常运行时每月应进行一次试验。试验时应严密监视机组运行状况,发现异常,立即停止试验。

(1)维持机组负荷 540 MW,保持运行工况稳定,检查各运行参数均正常;

(2)记录试验前机组负荷、A 凝汽器和 B 凝汽器真空及低压缸排汽温度;

(3)关闭真空泵入口气动阀,停止真空泵运行;

(4)每隔 30 s 记录一次凝汽器真空值,共记录 8 分钟试验结束,恢复真空泵运行,并监视凝汽器真空恢复情况;

(5)如果真空下降较快,降至-87 kPa 或排汽温度上升较快,应立即停止试验,并恢复正常,查明原因和消除故障后,方可再次进行试验;

(6)取最后 5 分钟真空下降值,计算出平均值;

(7)记录当时机组的负荷和真空下降的平均值。

在进行汽轮机真空严密性试验时,应填写试验卡和记录卡。真空严密性试验标准见表8-6。

表 8-6 真空严密性试验标准

真空测量值	真空评价
<0.133 kPa/min	优
<0.266 kPa/min	良
<0.399 kPa/min	合格

五、超速试验

超速试验是用来确定危急遮断器的动作转速的,在新机试运行和大修后启动时都应进行超速试验,以保证危急保安器动作正确。试验前应先进行现场脱扣试验、控制室脱扣试验、危急保安器充油试验以及高中压主汽门、调门严密性试验,并且试验合格;超速试验应在并网前空负荷下进行,有的机组要求先并网带 20% 左右的负荷运行 4 h 后,降负荷解列,再进行超速试验。超速试验包括 OPC 静态试验、OPC 动态试验、电超速保护通道试验、电超速试验和机械超速试验等试验项目,需按顺序进行,上一级试验合格后才能做下一级试验。如图 8-14 和图 8-15 所示。

超速试验时,应严密监视机组转速、振动、差胀、润滑油压、油温、瓦温、轴向位移、低压缸排汽温度等参数变化,汽轮机转子升速过程中,应由专人密切注意转速表,并有一个运行人员在汽轮机手动跳闸手柄旁作好随时打闸停机的准备,若危急遮断器不能在规定的动作转速下自动跳闸,则应立即手动使汽轮机跳闸停机,并检查危急遮断器,在确定撞击子无卡涩现象后,重新进行超速试验,如果撞击子仍然不能动作,可能是弹簧的预紧力过大,应将压紧弹簧的螺纹套环向外拧松一点,以减小弹簧的预紧力。如果撞击子在低于规定的动作转速下跳闸,可能是弹簧预紧力过小,应将压紧弹簧的螺纹套环向内拧紧一点。在对压缩弹簧进行更改后,应重新进行超速试验,直至危急遮断器的动作转速符合要求为止。

某 600 MW 机组汽轮机超速试验画面,如图 8-14 和图 8-15 所示。

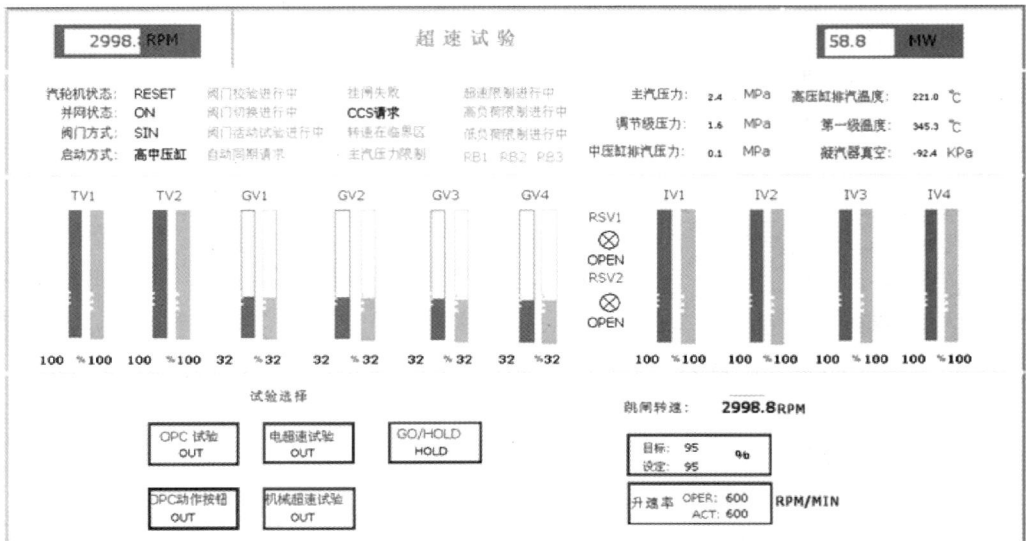

图 8-14 某 600 MW 机组汽轮机超速试验画面(1)

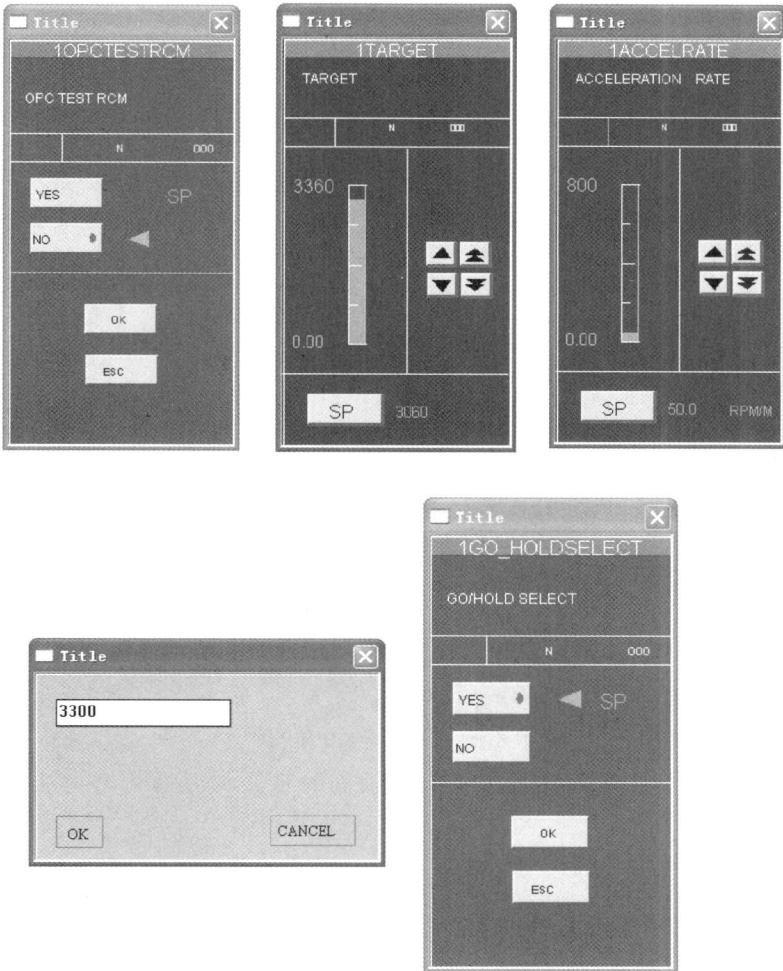

图 8-15　某 600 MW 机组汽轮机超速试验画面(2)

1. OPC 静态试验

(1)机组启动前,检查主、再热蒸汽管道无蒸汽和疏水,且管道和本体疏水门打开;

(2)联系热工解除低真空,炉 MFT、发变组联跳汽轮机保护,检查 ETS 盘无报警;

(3)启动交流润滑油泵及高压密封油泵,运行正常;

(4)启动 EH 油系统,运行正常;

(5)启动压缩空气系统,运行正常;

(6)汽机挂闸,联系热工人员手动开启 GV、IV、TV,开启各段抽汽逆止门,打开高缸排汽逆止门;

(7)在超速试验画面点击"OPC 动作按钮",并确认;

(8)检查 GV1-4、IV1-4 应迅速关闭,无卡涩现象,各抽汽逆止门及高缸排汽逆止门应联动关闭,无卡涩现象;

(9)检查 GV、IV 开启;

(10)将试验前解除的保护投入。

2. OPC 动态试验（103％超速保护功能试验）

（1）OPC 动态试验应在汽轮机手动脱扣试验、OPC 电磁阀试验合格后方可进行；

（2）机组带 60 MW 负荷暖机 4 小时后，解列发电机，维持机组转速 3000 r/min，启动交流润滑油泵，高压备用密封油泵运行，检查润滑油压正常；

（3）在超速试验画面点击"OPC 试验"按钮，并确认，指示灯"变红"；

（4）在 DEH 升速控制画面上，设定目标转速 3100 r/min；

（5）设定升速率 50 (r/min)/min，按"GO/HOLD"键、灯亮；

（6）当转速升至 3090 r/min 时，OPC 保护应动作，检查 GV1－4、IV1－4 应迅速关闭，无卡涩现象，各抽汽逆止门及高缸排汽逆止门应联动关闭，无卡涩现象；

（7）确认机组转速下降，记录下 OPC 动作转速；

（8）将转速目标值置为 3000 r/min；

（9）监视实际转速下降至目标转速 3060 r/min 后 GV、IV 应自动打开；

（10）维持机组转速 3000 r/min；

（11）若转速大于 3100 r/min 时，OPC 电磁阀不动作，应就地手动脱扣，查明原因后重新试验；

（12）试验结束后，停用高压备用密封油泵及交流润滑油泵。

3. 电超速试验（110％电超速保护）

手动脱扣试验合格后，方可进行电超速试验。

（1）并网带负荷 60 MW，暖机 4 小时后解列发电机进行；

（2）将机组转速维持在 3000 r/min，启动交流润滑油泵，高压备用密封油泵运行，检查润滑油压正常；

（3）检查 ETS 盘"电超速切除"灯灭；

（4）将 OPC 超速保护开关置"切除"位置；

（5）在机头将超速试验手柄扳至试验位置并保持；

（6）在超速试验画面中点击"电超速试验"按钮，并确认；

（7）在超速试验画面设定目标转速 3310 r/min，升速率 50 (r/min)/min；

（8）在超速试验画面点击"GO/HOLD"键、灯亮；

（9）当转速升至 3300 r/min，电超速保护应动作，TV、RSV、GV、IV 应迅速关闭；

（10）确认机组转速下降，记录电超速保护动作转速；

（11）将转速目标值置为 3000 r/min；

（12）机组转速降至 3000 r/min 以下时，重新挂闸，维持机组转速 3000 r/min；

（13）若机组转速超过 3300 r/min 以上时，电超速不动作，应松开试验手柄，打闸停机；

（14）将机头超速试验手柄恢复；

（15）将 OPC 超速保护开关置"投入"位置；

（16）试验结束后，停用高压备用密封油泵及交流润滑油泵。

4. 机械超速试验

机组手动脱扣、飞锤注油试验、电超速保护试验合格后，方可进行机械超速试验。

（1）检查 DEH 系统在操作员自动方式；

（2）机组并网带负荷 60 MW，暖机 4 小时后解列发电机；

（3）机组转速 3000 r/min，启动交流润滑油泵、高压备用密封油泵运行，检查润滑油压正常，主蒸汽压力 8～10 MPa；

（4）热工人员解除汽轮机跳闸锅炉 MFT 保护，如图 8-16 所示；

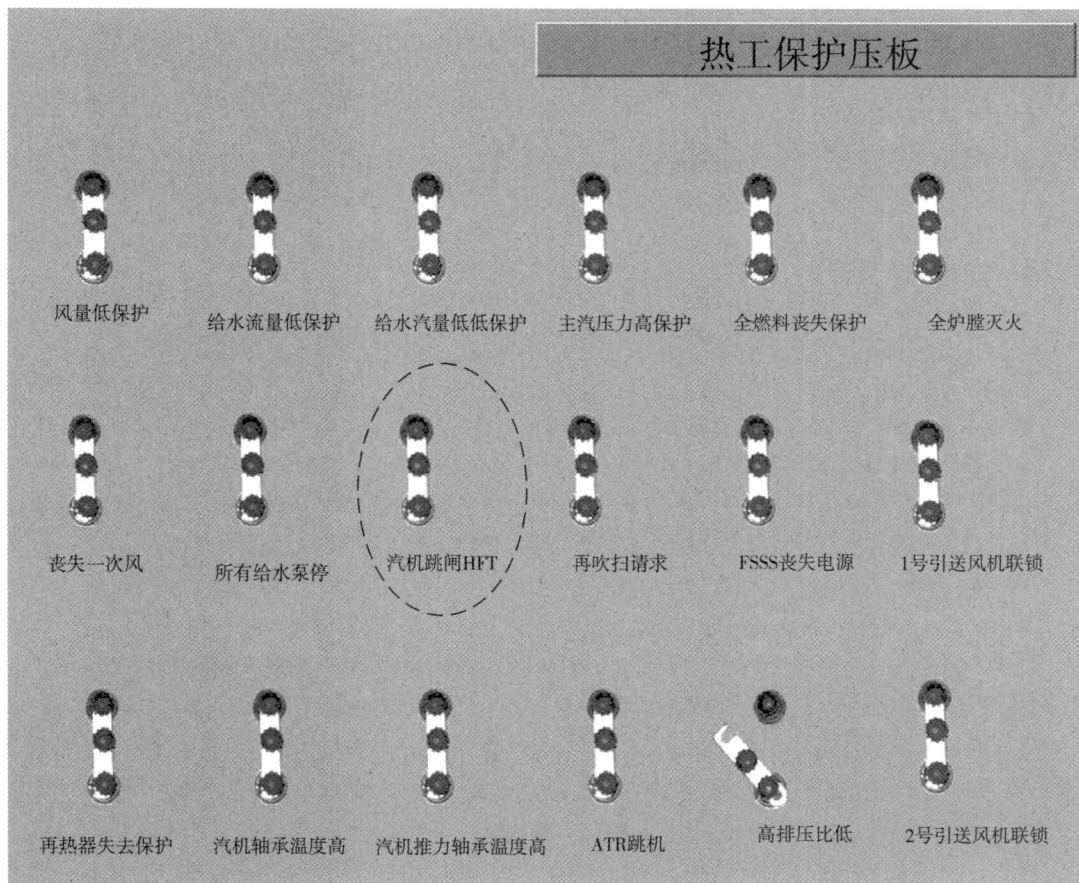

热工保护压板

风量低保护	给水流量低保护	给水汽量低低保护	主汽压力高保护	全燃料丧失保护	全炉膛灭火
丧失一次风	所有给水泵停	汽机跳闸HFT	再吹扫请求	FSSS丧失电源	1号引送风机联锁
再热器失去保护	汽机轴承温度高	汽机推力轴承温度高	ATR跳机	高排压比低	2号引送风机联锁

图 8-16　某 600 MW 机组热工保护压板画面

（5）在"超速试验"画面中，将"OPC 动作按钮"置"OUT"位置；

（6）在超速试验画面中，将目标转速设置 3360 r/min，设置升速率 50（r/min）/min，点击"GO/HOLD"键，指示灯"变红"；

（7）转速达 3330 r/min 前，机械超速保护动作，TV、GV、IV、RV 迅速关闭；

（8）记录危急保安器动作转速；

（9）若转速达 3360 r/min 时，机械超速保护不动作，应手动脱扣停机；

（10）机械超速保护试验，在同一工况下应连续进行两次，两次试验的动作转速之差不应超过 18 r/min；

（11）在"超速试验"画面中，将"OPC 动作按钮"置"IN"位置；

（12）恢复试验前解除的汽轮机跳闸锅炉 MFT 保护；

（13）试验结束后，停用高压备用密封油泵及交流润滑油泵。

复习训练题

一、名词概念

1. 级组、级组的临界压力比

2. 喷嘴调节（顺序阀控制）、节流调节（单阀控制）、滑压调节

3. 纯滑压调节、节流滑压调节、复合滑压调节

4. 调节级的危险工况

5. 汽轮机安全监视系统（TSI）

6. 汽门严密性试验

7. 阀门活动试验

8. 真空严密性试验

二、分析说明

1. 简述流量变化时凝汽式汽轮机各级级前压力、焓降、反动度及轴向推力的变化规律。

2. 简述喷嘴和动叶结垢后对各级及整个汽轮机轴向推力的影响。

3. 当新蒸汽压力升高时，若要保持额定功率不变，对汽轮机运行会带来哪些影响？

4. 新蒸汽温度高于或低于允许值，对汽轮机的安全运行有何影响？运行中应如何调整？

5. 为什么汽轮机调节级汽室压力和各抽汽段压力能用来监视汽轮机叶片结垢情况？

6. 凝汽器真空降低或升高将对汽轮机运行带来哪些影响？

三、操作训练

结合超临界 660 MW 仿真机组进行仿真运行操作：

1. 熟悉汽轮机操作画面，对蒸汽参数、真空、振动、胀差、轴向位移、偏心率等参数及辅助系统运行状况进行监视，对异常参数变化进行分析并及时加以调整。

2. 熟悉汽轮机操作画面，完成汽门严密性试验、阀门活动试验、真空严密性试验和超速试验等实验操作项目。

第九章 汽轮机典型事故及处理方法

对汽轮机可能出现的事故,应以预防为主,要求运行人员熟练掌握设备的结构和性能,熟悉系统组成和运行规程,防止人为误操作,熟悉有关事故处理的规定,做好事故预想,发生事故时能根据异常现象做出正确判断,迅速处理,防止事故扩大。

第一节 汽轮机水冲击

一、汽轮机水冲击的主要征象

当水或低温蒸汽进入汽轮机内时,可能造成汽轮机的水冲击事故,水冲击将导致叶片损伤或断裂、动静部分碰撞摩擦、汽缸和转子出现裂纹或转子产生永久性变形、推力轴承损坏等。

汽轮机水冲击的原因不同,水冲击事故时的表现也就有所不同,主要征象有:

(1)汽轮机轴向位移骤然增加,推力轴承温度和回油温度明显增加;

(2)汽轮机内有金属噪声或水击声,机组振动明显增加;

(3)汽轮机上下缸温差明显增加;

(4)抽汽管道振动,有水击声;

(5)汽轮机调节级压力异常增加;

(6)严重时,轴封处和阀盖处会有白色湿蒸汽冒出。

二、造成汽轮机水冲击的主要原因

(1)因误操作或锅炉汽温调节失灵,使得主蒸汽温度、再热蒸汽温度急剧下降,蒸汽带水进入汽轮机,严重时就会造成汽轮机水冲击事故;

(2)加热器管子破裂,大量给水进入汽侧或加热器水位调节失灵,造成加热器满水,若加热器保护拒动或抽汽阀门不严,水就会从加热器的汽侧倒流进入汽轮机,造成水冲击事故;

(3)轴封蒸汽温度不够或轴封减温水调节阀门动作不正常,水被带入汽轮机轴封腔室;

(4)♯7和♯8低加进水,疏水通过抽汽管道倒流进入汽轮机;

(5)抽汽管道低位疏水点调节阀门动作不正常,造成管道积水进入汽轮机。

(6)高排逆止门处疏水不畅,导致疏水进入汽轮机;

(7)轴封风机故障停运,备用轴封风机未能联启。

三、汽轮机水冲击的处理方法

(1)报警确认,汇报值长。

(2)汽轮机水击事故处理主要原则是:切断引起水击的汽源,同时加强疏水,并根据不同情况,采取相应地措施。

(3)若主蒸汽、再热蒸汽温度急剧下降,当过热度低于20℃或主蒸汽、再热蒸汽每10分钟下降50℃,且无法维持,应立即手动脱扣汽轮机。如无其他水击现象,可不破坏真空,但应打开所有疏水点。

(4)若加热器满水应立即解列相应的加热器,当汽轮机上下缸温差超过50℃,胀差和轴向位移明显变化时,应立即脱扣汽轮机,破坏凝汽器真空。

(5)若抽汽管道疏水不畅,造成抽汽管道积水,倒流进入汽轮机的水量不大,上下缸温差、胀差和轴向位移可能还没有变化,应立即打开抽汽管道低点上的疏水门;若进冷水、冷汽不严重,可不作停机处理,但如果轴向位移等重要参数已接近限额,应脱扣停机,破坏凝汽器真空,并打开所有疏水门。

(6)若轴封蒸汽不正常,进冷水或冷汽,应检查轴封减温水,若减温水调节阀因故障全开,则应关闭其手动隔绝门。

(7)若♯7、♯8低加满水,其疏水就会倒流进入低压缸,当发现♯7、♯8低加满水、同时汽轮机有进冷水冷汽现象时,应按紧急停机处理,并打开所有的疏水门。

(8)汽轮机进冷水、冷汽后,若造成转子弯曲、动静摩擦,汽轮机转子的惰走时间将大大缩短,为判定汽轮机损坏程度,紧急停机后,应严密监视汽轮机的各种变化,记录各项重要参数。

(9)紧急停机后,如盘车电流增加,保护动作,盘车投不上,严禁强行盘车,但油系统仍应正常投入。

(10)程度很轻的进冷水、冷汽,汽轮机运行参数没有明显变化,可不做停机处理,但应加强运行调整。

四、汽轮机水冲击的演练操作

熟悉660 MW超超临界机组操作画面,在仿真机上模拟汽轮机水冲击典型事故,完成汽轮机水冲击事故的演练操作。

第二节　汽轮发电机组振动故障

一、汽轮发电机组振动故障的主要征象

(1)DCS上报警显示"汽轮发电机振动大";

(2)DCS上显示汽轮机各轴承振动,相对轴振动达到报警值。

(3)就地实际测量的振动大。

二、造成汽轮发电机组振动故障的主要原因

(1)转子存在较大的质量不平衡;

(2)汽轮机动静部分产生碰撞摩擦;

(3)汽轮机膨胀受阻或不均匀,使部件变形;

(4)汽轮机断叶片,或内部部件脱落;

(5)汽轮发电机组轴系扭振;

(6)汽轮机进冷汽或冷水;

(7)汽轮机轴承工作不正常,油膜不稳定;

(8)油膜振动;

(9)发电机气隙不均匀等电气原因引起震动;

(10)发电机失步;

(11)电网系统振荡。

三、汽轮发电机组振动故障的处理方法

(1)启动过程中,因振动异常停机必须回到盘车状态,并查明原因,当机组已符合启动条件时,连续盘车不少于 4 h 才能再次启动。

(2)升速过程中,若轴振缓慢增加,应查明原因,如属膨胀不均匀,可增加暖机时间,如振动随转速增加而增加,可降速处理,降到轴振在 76 μm 以内,稳定一段时间后再升速。

(3)机组运行中,要求轴振不超过 30 μm 或轴承振动不超过 80 μm,超过时应设法消除,当轴振大于 254 μm 应立即打闸停机;当轴振变化 ±15 μm 或轴承振动变化 ±50 μm,应查明原因设法消除,当轴承振动突然增加 50 μm,应立即打闸停机。

(4)升速过程中,在临界转速附近不允许停留,过临界转速时,轴承振动超过 100 μm 或轴振值超过 126 μm,应立即打闸停机,严禁强行通过临界转速或降速暖机。

(5)汽轮机在升负荷时,振动增大,应停止升负荷,进行暖机,如暖机时振动不消除,降负荷暖机 30 分钟,直到振动稳定为止。当轴振动变化 ±50 μm 应立即汇报,并设法处理。

(6)正常运行中因叶片断裂,振动异常增大,并听到汽轮机内部有金属摩擦声时,应立即打闸停机,并破坏凝汽器真空。不论振动有何变化,发现汽轮机内部有金属摩擦声或撞击声,应立即打闸破坏凝汽器真空停机,并禁止重新启动。运行中发现轴封处有明显摩擦甚至冒火花时,应立即打闸破坏凝汽器真空停机。

四、汽轮发电机组振动故障的演练操作

熟悉 660 MW 超超临界机组操作画面,在仿真机上模拟汽轮机典型事故,完成汽轮发电机组振动故障的演练操作。

第三节　凝汽器真空故障

一、凝汽器真空故障的主要危害及征象

凝汽器真空故障带来的危害主要有:

(1)导致排汽压力升高,做功能力(焓降)减小,机组出力减小;若要保持机组负荷不变,就要增大汽轮机的进汽量,使得汽轮机的轴向推力增大,叶片过负荷。

(2)排汽缸和轴承座受热膨胀,使得轴承的负荷分配发生变化,机组中心发生偏移,引起机组的振动。

(3)凝汽器铜管受热膨胀产生松弛、变形,甚至断裂,造成凝汽器铜管泄漏。

运行中,按真空下降速度的不同,凝汽器真空下降一般可分为真空急剧下降和真空缓慢

下降两种,主要征象有:

(1)DCS上凝汽器真空指示值降低;

(2)DCS上汽轮机低压缸排汽温度显示上升;

(3)"凝汽器真空低"声光报警;

(4)相同负荷下蒸汽流量增加,调节级压力升高;

(5)凝汽器中凝结水的过冷度增大;

(6)凝汽器的端差明显增大。

二、造成凝汽器真空故障的主要原因

1. 循环水系统的故障

(1)引起凝汽器真空急剧下降,循环水系统故障

① 若循环水泵吸入水位过低或入口滤网脏堵,造成循环水中断,引起凝汽器真空急剧降落,排汽温度显著升高,并且循环水泵出口压力、电机电流摆动;应尽快提高水位或清除杂物。

② 若循环水泵本身故障,造成循环水中断,引起凝汽器真空急剧降落,排汽温度显著升高,并且循环水泵出口压力、电机电流大幅度下降;应启动备用循环水泵,关闭故障循环水泵的出水门;停止故障循环水泵运行。

③ 若循环水泵出口阀门误关或备用泵出口阀门误开,造成循环水倒流,使真空急剧下降;排汽温度显著升高。若在未关死前及时发现,应设法恢复供水,根据真空下降情况紧急减负荷;若发现较晚,需不破坏凝汽器真空紧急停机。

④ 若循环水泵失电或跳闸,造成循环水中断,引起凝汽器真空急剧降落,排汽温度显著升高,并且循环水泵电机电流和进出口压差到零,应不破坏真空紧急停机。

(2)引起凝汽器真空缓慢下降,循环水系统故障因素

① 若凝汽器冷却水管内有杂物进入或结垢严重而使部分冷却水管堵塞,造成凝汽器真空下降;在同一负荷下,凝汽器循环水进出口温差增大,凝汽器端差增大。应采用胶球清洗装置进行清洗。

② 若循环水泵进口法兰或盘根等处漏气、进水滤网堵塞,造成循环水量不足。使得凝汽器真空下降;在同一负荷下,凝汽器循环水进出口温差增大,循环水泵进口真空降低。应清理滤网、调整水泵盘根、密封水,拧紧法兰螺栓。

③ 夏季,冷却水温上升过高,造成凝汽器真空下降,为保证凝汽器真空应适当增加循环水量。

2. 轴封系统故障

若是在负荷降低时未能及时调整轴封供汽压力而使供汽压力降低,造成轴封供汽中断,引起凝汽器真空下降,则应及时调整轴封供汽压力;若是因轴封供汽带水造成供汽压力降低,引起凝汽器真空下降,则应及时消除供汽带水,对于轴封汽源来自除氧器的,应检查除氧器是否满水,如果除氧器满水,应迅速降低其水位,并将轴封用汽切换到备用汽源。

3. 凝结水系统故障

(1)凝汽器满水造成凝汽器真空急剧下降

由于铜管泄漏严重(同时凝结水硬度增大)造成大量循环水进入凝汽器汽侧或凝结水泵故障(凝泵出口压力和电机电流减小甚至到零)造成凝汽器短时间内满水,此时水位表指示

凝汽器水位升高,高水位报警信号灯亮,真空急剧下降。此时,应立即开大水位调节阀,并启动备用凝结水泵,必要时将凝结水排入地沟,直到水位恢复正常。

(2)凝汽器水位升高造成凝汽器真空缓慢下降

① 若凝结水泵入口汽化

表现:水位表指示凝汽器水位升高,凝汽器真空缓慢下降,同时凝泵电动机电流减小;

措施:应启动备用泵,停止故障泵运行,并进行检修。

② 若铜管破裂

表现:水位表指示凝汽器水位升高,凝汽器真空缓慢下降,同时凝结水的硬度增大;

措施:应降低负荷,停半面凝汽器,查漏堵管。

③ 若备用凝结水泵的逆止门损坏

表现:凝汽器水位升高(关备用泵的出口门后水位不再升高),凝汽器真空缓慢下降;

措施:应关闭备用泵的出水门,更换逆止门。

④ 若补充水门未关

表现:水位表指示凝汽器水位升高,凝汽器真空缓慢下降。

措施:应关补充水门。

4. 凝汽器真空系统故障

(1)射水抽气器工作失常引起凝汽器真空急剧下降

若射水泵跳闸,造成凝汽器真空急剧下降,同时射水泵出口压力、电机电流同时到零。此时应启动备用射水抽气器。若由于泵本身故障或水池水位过低,将造成凝汽器真空急剧下降,同时射水泵出口压力、电机电流下降,此时应启动备用射水抽气器,水位过低时还应补水至正常水位。

(2)射水抽气器工作水温升高引起凝汽器真空缓慢下降

由于工业水压力降低或补充水阀误关,引起的射水抽气器内工作水温升高,使得抽气室内压力升高,凝汽器真空缓慢下降,此时应开启工业水补水,以降低射水抽气器的工作水温。

5. 与凝汽器相连的处于负压状态下的管道系统漏入空气

(1)凝汽器真空急剧下降

由于膨胀不均造成管道破裂或误开与真空系统连接的阀门,导致大量空气漏入凝汽器,造成凝汽器真空急剧降落;使得排汽温度显著升高,凝结水过冷度增加,凝汽器传热端差增大。对于管道破裂引起的真空下降,应查漏补漏;对于误开与真空系统连接的阀门引起的真空下降,应及时关闭误开的阀门。

(2)凝汽器真空缓慢下降

由于真空系统不严密,造成空气漏入,空气的漏入不仅使凝汽器真空缓慢,还使得凝结水过冷度增加,凝汽器传热端差增大。

若启动低加后出现真空缓慢下降,有可能是加热器汽侧的放水阀未关或抽汽管到地沟的疏水阀未关等原因造成的;查明原因,并关闭相应的阀门。对于有凝汽器补充水箱的机组,若补充水箱的水位过低,空气将可能从补水管道进入凝汽器;查明原因后,立即关闭凝汽器的补充水阀,并将补充水箱补水至正常水位。

三、凝汽器真空故障的处理方法

发现真空降低时,应迅速核对其他凝汽器真空表与DCS上凝汽器真空显示值,并检查低压缸排汽温度,只有真空降低同时排汽温度升高才能确定凝汽器真空真正降低了。

(1)真空降低时,应查找原因,投运备用真空泵、循环水泵,设法恢复凝汽器真空。

(2)凝汽器真空下降且短时间无法恢复稳定的,应适当降低机组负荷。

(4)真空急剧降低(如循环水中断)达到停机值时,应立即打闸停机;

(5)真空降低及减负荷过程中,应注意监视以下各项:

① 监视低压缸振动情况,发现机组振动明显增大时,应提前降负荷来消除振动,如减负荷方法无效且振动继续增大,当轴振超过 254 μm 时,应立即故障停机;

② 监视低压缸排汽温度,当排汽温度达到 79 ℃时,低压缸喷水阀应自动打开,否则应手动打开,如排汽温度达到 121 ℃且运行 15 分钟应手动故障停机;

③ 高、低压旁路系统在自动方式应切为手动方式,当凝汽器真空降到 28 kPa 时,禁止投低压旁路。

(6)循环水量减少、凝汽器进出口温差增大时,应增大循环水量。

(7)循环水泵掉闸,应立即启动备用泵,向循环水系统供水。

(8)凝汽器水位升高时,可开启♯5 低加出口放水门放水或开启备用凝泵,此时应注意除氧器水位。

① 停止向凝汽器的补水;

② 如除氧器水位偏低,应适当加强除氧器补水,降低凝汽器水位;

③ 因凝结水泵跳闸,备用凝结水泵未联启导致水位高,应立即启动备用凝结水泵运行;

④ 检查凝结水泵出口至除氧器的上水管路上各阀门有无误关,如有则及时恢复正常状态,操作不动时应及时开启误关阀门对应的旁路管路;

⑤ 在停止凝汽器补水后,水位仍然持续上升,应关严有内漏现象的补水阀门,如无内漏,则为凝汽器钢管泄漏,应联系化学化验水质并进行相应处理;

⑥ 除氧已达到高水位,而凝汽器水位过高严重影响真空度时,可开启♯5 低加出口放水排地沟门。

(9)补充水系统故障时,如凝汽器补水时除盐水管道未充满水,造成空气进入凝汽器,应关闭补水门,并立即向凝结水补水箱补水至正常水位。

(10)运行真空泵故障,应立即启动备用真空泵。

(11)检查轴封母管压力是否正常。若轴封母管压力低,检查轴封的三路汽源和溢流阀门是否正常,及时调整轴封母管压力至正常值;检查轴封加热器 U 型水封是否破坏,轴加水位是否过低,调整轴封加热器疏水门保持轴加水位,并向水封管注水。

(12)检查小机真空系统是否泄漏,若小机真空系统泄漏使凝汽器真空不能维持在报警值以上时,应立即启动电动给水泵,停止真空系统泄漏的小机,并关闭其排汽蝶阀。如有小机停运,则应检查停运小机排汽蝶阀是否关严。

(13)检查凝汽器真空破坏阀是否误开,水封是否正常。

(14)检查凝结水泵的密封水是否正常。

四、凝汽器真空故障的演练操作

熟悉 660 MW 超超临界机组操作画面,在仿真机上模拟汽轮机典型事故,完成凝汽器真空故障的演练操作。

第四节　油系统故障

汽轮机油系统一旦发生故障而又处理不当,将会造成轴承烧毁,甚至损坏汽轮机设备,或使调节系统失灵,严重影响到汽轮机的安全运行。油系统故障主要有主油泵工作失常、油系统漏油、轴瓦断油、高压辅助油泵工作失常、油系统进水和油系统着火等。

一、润滑油油压下降、油位不变

1. 造成润滑油油位不变、油压下降的主要原因

(1)注油器工作失常使得主油泵入口油压降低,进油量减少甚至中断,主要表现为润滑油油压降低,供油量减少,泵内出现不正常的响声;

(2)主油泵吸入侧滤网堵塞或轴承箱、油箱内压力油管道漏油,造成润滑油油压下降;

(3)润滑油泵或氢密封油备用泵出口逆止门不严,使润滑油经上述阀门漏回油箱。

2. 润滑油油位不变、油压下降故障的处理方法

(1)当主油泵出口油压降至 0.07 MPa 时,应启动氢密封油备用泵和交流润滑油泵,并查明故障原因,必要时应停机处理;

(2)润滑油压降至 0.06 MPa 时,直流润滑油泵应联启,否则应手动启动直流润滑油泵,同时汽轮机应自动跳闸,否则应破坏凝汽器真空紧急停机;

(3)密切监视各轴承温度、回油温度及回油流量,如推力轴承、支持轴承温度异常升高接近限额时,应破坏凝汽器真空紧急停机。

3. "润滑油油压下降、油位不变"事故的演练操作

熟悉 660 MW 超超临界机组操作画面,在仿真机上模拟汽轮机典型事故,完成"润滑油油压下降、油位不变"事故的演练操作。

二、润滑油油压不变、油位下降

1. 造成润滑油油位下降的主要原因

(1)油箱事故放油门、放水门或滤油门误开;

(2)冷油器钢管轻微泄漏;

(3)密封油系统泄漏,密封油箱油位过高使油漫入发电机;

(4)系统回油管道漏油。

2. 润滑油油压不变、油位下降的处理方法

根据油箱油位情况及时补油至正常油位;

(1)若事故放油门、放水门或滤油门误开,应及时关严;

(2)若冷油器钢管轻微泄漏,应停止故障冷油器运行;

(3)若密封油箱油位过高造成泄漏,应调整密封油箱油位正常;

(4)若系统回油管道漏油,应迅速查明漏油处,联系维护及时消缺。

3. "润滑油油压不变、油位下降"事故的演练操作

熟悉 660 MW 超超临界机组操作画面,在仿真机上模拟汽轮机典型事故,完成"润滑油油压不变、油位下降"事故的演练操作。

三、润滑油油压、油位同时下降

1. 造成润滑油油压和油位同时下降的主要原因

(1)油系统的设备或压力油管路漏油至油箱外;

(2)冷油器铜管泄漏,造成大量漏油。

2. 润滑油油压和油位同时下降的处理方法

(1)启动备用润滑油泵维持润滑油油压;

(2)油箱油位下降较多时,应设法补油;

(3)油压、油位无法维持达到停机值时,应破坏凝汽器真空立即停机,并对发电机排氢,做好防火措施;

(4)发生漏油后,如不能与系统隔绝处理或热力管道已渗入油,应立即停机;

(5)若为冷油器泄漏,则应切除运行中的故障冷油器,联系检修人员处理。

3. "润滑油油压、油位同时下降"事故的演练操作

熟悉 660 MW 超超临界机组操作画面,在仿真机上模拟汽轮机典型事故,完成"润滑油油压、油位同时下降"事故的演练操作。

四、EH 油系统故障

1. EH 油系统故障现象

(1)DCS 上抗燃油油压显示下降,"EH 油压低"报警;

(2)就地 EH 油箱油位指示下降;

(3)DCS 上 EH 油油温显示升高。

2. 造成 EH 油系统故障的主要原因

(1)运行中的 EH 油泵故障;

(2)EH 油系统泄漏;

(3)EH 油系统卸载阀故障;

(4)EH 油泵出口滤网差压大或出口安全门泄漏;

(5)EH 油冷油器内漏;

(6)EH 油箱油位过低。

3. EH 油系统故障的处理方法

(1)EH 油压降至 10.8 MPa 时,备用泵应自动启动,否则手动启动;

(2)检查运行中的泵,若运行中的泵故障,应启动备用泵,停运行中的泵;

(3)检查 EH 油泵出口滤网差压,若差压过大,应切换 EH 油泵,并联系检修清洗滤网;

(4)就地检查卸载阀定值是否正确;

(5)检查 EH 油系统有无泄漏;

(6)确认 EH 油冷油器泄漏时,应切换冷油器运行;

(7)油箱油位低时,应补油至正常油位;

(8)EH 油压降至 9.3 MPa 时,机组应自动脱扣,否则手动停机。

4. EH 油系统故障的演练操作

熟悉 660 MW 超超临界机组操作画面,在仿真机上模拟汽轮机典型事故,完成 EH 油系统故障的演练操作。

复习训练题

一、分析说明

1. 汽轮机水冲击有什么征象？造成水冲击的主要原因有哪些？如何处理？

2. 造成汽轮发电机组振动故障的主要原因有哪些？如何处理？

3. 造成凝汽器真空故障的主要原因有哪些？如何处理？

4. 润滑油油位不变、油压下降故障产生的原因有哪些？如何处理？

5. 润滑油油压不变、油位下降故障产生的原因有哪些？如何处理？

6. 润滑油油压、油位同时下降故障产生的原因有哪些？如何处理？

二、操作训练

结合超超临界 660MW 仿真机组进行仿真运行操作：

1. 熟悉操作画面，进行汽轮机水冲击事故操作训练（♯1 高加泄漏）；

2. 熟悉操作画面，进行汽轮机振动故障操作训练（♯2 轴承振动大）；

3. 熟悉操作画面，进行凝汽器真空故障操作训练（真空破坏阀误开）；

4. 熟悉操作画面，进行油系统事故操作训练（汽轮机主油泵故障）；

5. 熟悉操作画面，进行油系统事故操作训练（汽轮机润滑油 A 冷油器泄漏）；

6. 熟悉操作画面，进行油系统事故操作训练（EH 油管道泄漏）。

附　　录

附录 1　热机系统图图例

图标	说明	图标	说明	图标	说明
	截止阀（常开）	Ⓜ	电动		单级节流孔板
	截止阀（常闭）		液动		多级节流孔板
	逆止阀		气动		流量计
	角阀	Ⓠ	快关阀		挠性接头
	角式弹簧安全阀		电磁		疏水器
	蝶阀	Ⓛ	液位		喷水减温器
	水封阀	Ⓟ	压力测点		减温减压器
	减压阀	Ⓣ	温度测点		排地沟
	调节阀	Ⓕ	流量测点		至疏水箱
	节流阀		柱塞泵		排水无盖漏斗
	三通阀		齿轮泵		回流视窗
	滤网		离心水泵		油雾器
	滤网		离心风机		消音器
	滤网		轴流风机		爆破盘
	主汽门		排大气		锁气器

附录 2　数字资源索引

序号	资源名称	对应章节位置	二维码	页码
1	冲动式汽轮机级的结构组成	第一章 第一节　汽轮机的热功转换过程 图 1-7		15
2	蒸汽在级内流动的汽流通道及动叶进出口速度三角形	第一章 第三节　蒸汽在级中的流动过程 图 1-24		27
3	级内漏汽及汽封装置	第一章 第四节　级内损失与级效率 图 1-33		34
4	多级汽轮机结构及蒸汽流动过程	第一章 第五节　多级汽轮机 图 1-41		40
5	动叶结构及安装	第二章 第一节　动叶 图 2-6		53
6	转子结构	第二章 第二节　转子 图 2-42		73

（续表）

序号	资源名称	对应章节位置	二维码	页码
7	汽缸结构	第二章 第三节　汽缸 图 2-50		77
8	汽轮机进汽部分结构	第二章 第四节　进汽部分、喷嘴组、隔板和静叶环 图 2-68		91
9	隔板结构	第二章 第四节　进汽部分、喷嘴组、隔板和静叶环 图 2-75		95
10	循环水系统投运	第四章 第三节　凝汽设备的运行 五、660 MW 机组循环水系统投运		220
11	抽真空系统投运	第四章 第四节　抽气设备 四、660 MW 机组抽真空系统投运		224
12	轴封系统投运	第六章 第一节　轴封系统 三、660 MW 机组轴封系统投运		291
13	EH 供油系统投运	第六章 第二节　EH 供油系统 三、660 MW 机组 EH 油系统投运		293

序号	资源名称	对应章节位置	二维码	页码
14	润滑油系统投运	第六章 第三节　润滑油系统 二、660 MW 机组润滑油系统投运		296
15	发电机氢气冷却系统投运	第六章 第四节　发电机氢气冷却系统 四、660 MW 机组发电机氢气冷却系统投运		302
16	发电机定子冷却水系统投运	第六章 第五节　发电机定子冷却水系统 三、660 MW 机组发电机定子冷却水系统投运		306
17	发电机密封油系统投运	第六章 第六节　发电机密封油系统 五、660 MW 机组发电机密封油系统投运		314
18	转子冲转升速至500 r/min	第七章 第二节　汽轮机冷态滑参数压力法启动 二、660 MW 机组冷态滑参数压力法启动操作		322
19	机组并网后升荷至660 MW	第七章 第二节　汽轮机冷态滑参数压力法启动 二、660 MW 机组冷态滑参数压力法启动操作		330

参 考 文 献

［1］马宏.汽轮机设备及运行［M］.合肥:合肥工业大学出版社,2013.

［2］上海汽轮机厂.超超临界 1000 MW 等级汽轮机:铜陵电厂培训资料［Z］.2009.

［3］皖能铜陵发电有限公司.皖能铜陵发电公司百万机组运行培训教材:汽机分册［Z］.2009.

［4］博努力(北京)仿真技术有限公司.660 MW 超超临界发电机组仿真操作说明书［Z］.2019.

［5］上海发电设备成套设计研究院,中国华电工程(集团)有限公司.汽轮机:大型火电设备手册［M］.北京:中国电力出版社,2009.

［6］靳智平.电厂汽轮机原理及系统［M］.2 版.北京:中国电力出版社,2006.

［7］胡念苏.汽轮机设备及系统［M］.北京:中国电力出版社,2006.

［8］李建刚.汽轮机设备及运行［M］.2 版.北京:中国电力出版社,2009.

［9］胡念苏.汽轮机设备系统及运行［M］.北京:中国电力出版社,2010.

［10］肖增弘,盛伟.汽轮机设备及系统［M］.北京:中国电力出版社,2008.

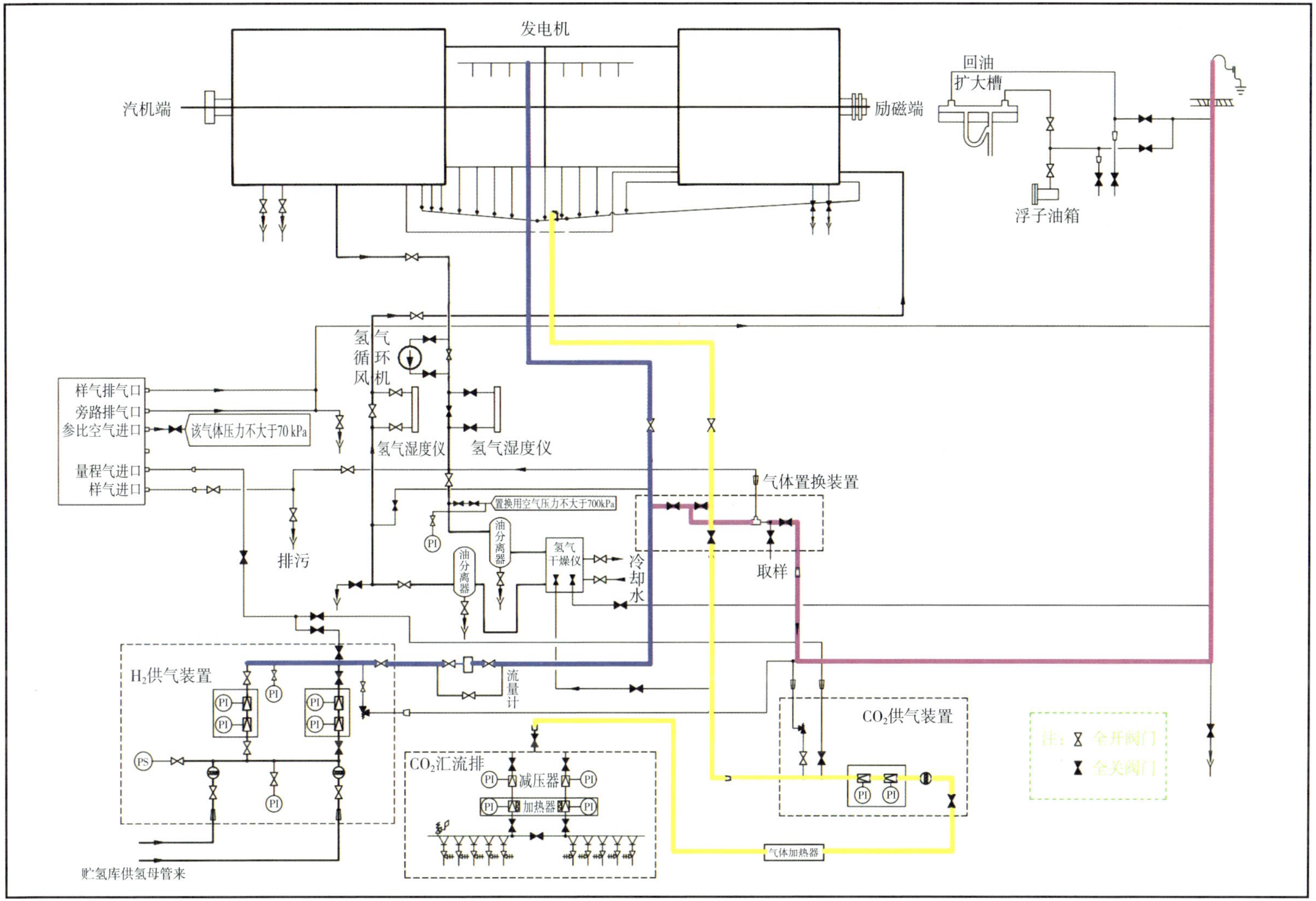

发电机
汽机端
励磁端
回油
扩大槽
浮子油箱
氢气循环风机
样气排气口
旁路排气口
参比空气进口
量程气进口
样气进口
该气体压力不大于70 kPa
氢气湿度仪
氢气湿度仪
气体置换装置
置换用空气压力不大于700kPa
油分离器
油分离器
氢气干燥仪
冷却水
排污
取样
H_2供气装置
流量计
CO_2供气装置
CO_2汇流排
减压器
加热器
气体加热器
贮氢库供氢母管来
注：全开阀门
全关阀门

图6-18　氢气冷却系统